Case Book on
Environmental Law

조홍식 저

판례환경법

박영사

서울대학교 법과대학 환경법 교실 친구들에게 드립니다.

서 문

잠자는 하늘 님이여 이제 그만 일어나요
그 옛날 하늘빛처럼 조율 한번 해주세요
— 한돌, "조율" —

선례구속(先例拘束)의 라틴어 "*stare decisis*"는 직역하면 "결정된 것을 지킨다(stand by the thing decided)"라는 것을 의미한다. 우리가 의사를 결정하는 방법으로 상정할 수 있는 것은 여러 가지이겠지만, 어떤 결정이 과거에 내려졌다는 이유만으로 그 결정을 지키고 따른다는 것은 이성의 주체로서 선뜻 납득할 수 없는 방식이다. 법적 의사결정을 제외하면, 기실 거의 모든 결정은 장래에 최선의 결과를 가져올 선택지에 그 초점이 맞추어져 있다. 개인이 내리는 사적 결정이나 공동체의 운명을 좌우하는 공적 결정 모두 장래에 정향(定向)되어져 있는 것이다. 반면 법적 의사결정은 과거에 내려진 결정을 따르거나 이를 염두에 둔 채 그것과의 관계에서 일관성이나 정합성을 중요시한다는 점에서 '회고적'이다. 이는 법적 추론 일반에도 타당한 평가이다.

도대체 어째서 법적 결정이나 법적 추론은 어떤 결정이나 판단이 가져올 장래의 결과보다 과거에 내려진 결정을 중시하는 것일까? 이런 결정방식은 평균인의 직관에 반하며(의회가 국가의 장래를 선례구속의 원칙에 따라 결정한다고 상상해보라!), "이성의 포기(exclusion of reason)"이다.[1] 뿐만 아니라 그 진정한 의미를 되새겨 보면, 논리에 반하는 오류이기도 하다.[2] "결정된 것을 지킨다"라는 것은 그 결정에 이르게 된 논거에 설득되어 그 결정을 지킨다는 것이 아니라 당해 문제에 관하여 이미 결정이 내려졌다는 사실 때문에 그 결정을 지킨다는 데 그 진정한 의미가 있다. 중요한 일을 앞둔 전야(前夜)는 푹 쉰다는 결정을 내렸다고 치자. 그 후 똑같은 상황에서 같은 결정을 내리는 것은, 그런 결정을 했었기 때문이 아니라 그렇게 하는 것이 합리적이라는 판단이 서기 때문이다. 선례구속에서는 그 선례가 필요충분한 근거에 의해 정

1 Jeremy Bentham, "Constitutional Code," in 1 *Collected Works of Jeremy Bentham* 434 (F. Rosen & J.H. Burns eds., 1983).

2 가령 D.Q. Mcinerny, *Being Logical: A Guide to Good Thinking* 142 (2005).

당화되기 때문에 따르는 것이 아니라 그 선례가 이미 결정되어졌다는 사실에 의해, 비록 그 근거에 의문을 가진다고 하더라도, 그 선례를 따르는 것이다. 요컨대 선례구속은 과거로부터 배우는 것이 아니라 과거 그 자체를 존중하는 것이다.

법적 결정·추론은 "어떻게 해야 하는가?" 혹은 "어떤 상태여야 하는가?"와 같은 당위에 관한 결정·판단인데, 과거에 무슨 일이 있었다는 사실에 이를 의존시키는 것은 논리에 반하는 것이다. 말하자면 선례구속은 당위(sollen)에 관한 판단을 존재(sein)에 관한 사실 확인에 의존시키는 것인데, 이는 데이비드 흄(David Hume)이 말한 "자연주의적 오류(naturalistic fallacy)"의 전형이다.[3]

그렇다면 어째서 선례구속의 원칙이 성립할 수 있었을까? 선례구속의 존재 이유를 브랜다이스(Louis D. Brandeis)로부터 직접 들어보자. "사건 대부분에서 문제가 잘 결정되는 것보다 결정되는 것 자체가 더욱 중요하다."[4] 수범자의 관점에서 보면 비록 불완전하지만 분명히 존재하는 법을 더 이상 의지할 수 없게 되는 손실이 법의 개선으로부터 얻는 이익보다 월등히 클 것이다. 선례의 구속을 받는 법원의 입장에서 보면, 과거의 모든 판결이 새롭게 조명되기에는 정부 자원이 턱없이 부족하다. 반면 선례구속은 사건을 인지하고 결정하는 데 있어서 효율성을 제고한다. 요컨대 선례구속은 맹목적으로 분쟁의 해결 그 자체 혹은 일관성 그 자체를 높이 평가하지만, 이것이 결국 법적 안정성과 관련된 다양한 가치에 봉사하는 것이다.

환경분쟁은 법적 안정성이 특히 강조되어야 할 분야이다. 환경분쟁은 다른 법적 분쟁과 구별되는 두 가지 특징을 가지고 있는데, 그 하나는 환경분쟁 해결의 기초가 되는 사실관계의 획정이 "자연과학적 불확실성"으로 말미암아 극히 어렵다는 것이고, 그 둘은 환경분쟁의 해결을 위한 판단 기준이 이해관계자의 가치관에 따라 제각각이라는 점이다. 환경분쟁에서 사실관계는 불확실하고 가치는 논쟁에 휩싸이는데 판단은 시급히 요구되고 그 여파는 엄청나다. 이런 환경분쟁의 특징, 특히 환경분쟁의 "가치관련성"은 환경법 시스템에 대하여 무엇보다도 법적 안정성을 요구한다. 환경분쟁을 심층적으로 분석해보면 결국 "어느 정도의 환경보호가 이루어져야 충분히 환경친화적인

3 David Hume, *A Treatise of Human Nature* book III, part I, section I (1739).

4 Burnet v. Coronado Oil & Gas Co., 285 U.S. 393, 406 (1932) (Brandeis, J., dissenting).

가?" 그리고 이러한 "환경보호 책임을 누가 부담해야 하는가?"라는 근저적(根柢的) 문제에 이르게 된다. 이런 문제에 대해서는 합리성(rationality)에 터 잡은 실천적 추론에 의한 해결을 기대할 수 없다. 분쟁당사자 모두는 각기 나름의 이념이나 가치에 대하여 헌신하고 있으며, 이러한 가치들은 다원적일 뿐만 아니라 상호 비교불가능하기 때문이다.

정치사회는 이와 같은 가치관의 상쟁이 빚어내는 그 구성원 사이의 도덕적 불확정성을 감내할 수 없다. 더 이상 논란의 여지를 남기지 않는 일종의 "매듭"을 짓지 않으면 공동생활의 편의를 누릴 수 없기 때문이다. 실천적 추론에 의하여 모두가 교감할 수 있는 해결책을 찾을 수 없는 가치관의 상쟁, 즉 "도덕적 조정문제(moral coordination problem)" 상황에서는 일단 그 문제에 관한 매듭이 만들어지면 그 도덕성 여하를 따지기보다는 이에 따르는 것이 더 도덕적일 것이다.[5] 도덕성을 따지면서 불거질 상이한 가치관 사이의 상쟁은 비극적이며, 그 정도는 일단 어떤 방향으로든 매듭이 지어지는 것이 더 나을 정도로 참혹하기 때문이다. 또한 그 매듭이 구성원 사이에 형성한 '기대' 또는 '신뢰'는 정당한 것으로 이를 존중하는 것이 도덕적이기 때문이다.

이 책에 수록된 판결들은 모두 한결같이 환경을 둘러싸고 제기된 분쟁을 해결하기 위해 우리 법원이 내놓은, 경쟁하는 가치들을 "조율(調律)"해낸 결과이다. 우리는 이 조율을 존중해야 한다. 그것이 비록 그 옛날 하늘빛과 같지 않더라도 말이다.

이 책은 환경법 교실의 구성원이 공동으로 작업해 얻은 결과이다. 나는 이들에게 이 책의 취지를 설명하고 그 내용, 형식 그리고 구성에 관한 지침을 템플릿으로 제시하였다. 이후 이들은 한결같이 성심과 성의로 관련 판례를 수집하고 선별한 후 그 요지를 추리고 평석을 달았다. 설정은, 한지형, 홍진영 판사는 먼저 판례를 검색하고 등급화한 후, 이를 배분하였다. 이에 따라 위 세 분과 황계영 과장, 송가준 법무관, 고은설, 서영호, 한재상 판사, 서세인 재판연구관, 고민징, 김홍, 박은희, 유엉석, 윤세종, 윤용희, 이명재, 최지현, 황형준 변호사, 김성희 석사, 이경호, 이영훈 학사가 판례를 검토하고 요약하는 작업을 한 후 다시 위 세 분이 이를 취합하고 정리하는 작업을 하였다. 김유미 판사는 이렇게 정리된 작업을 토대로 이를 교열하고 판결 원본의

5 拙稿, 사법통치의 정당성과 한계, 제1장, 특히 36 (2009).

중요 부분을 찾아 강조하는 작업을 하였다. 남구현 시보는 이를 다시 교정해 주었다. 나는 교정·교열이 완성된 작업을 최종적으로 다시 검토하고, 보강하고, 산정(刪定)하였다. 따라서 이 책에 미진함이나 오류가 있다면, 이는 모두 나의 책임이다. 작업과정에 대한 이상의 묘사로부터 알 수 있듯이, 이 책은 나와 환경법 교실 구성원들이 함께 만들어낸 공동작품이다. 부족한 지휘자를 만났음에도 이처럼 근사한 오케스트라가 탄생할 수 있도록 노력해 준 모든 연주자에게 고개 숙여 깊은 감사를 드린다. 우리가 만들어낸 소리의 조율이 독자들에게는 어떤 빛으로 보일지 궁금하다. 끝으로 우리의 작품을 멋진 책으로 담아주신 박영사 안종만 회장님과 조성호 부장님, 엄주양 대리님에게 감사의 뜻을 전한다.

2012년 9월 10일
三斯齋에서
趙 弘 植

차 례

chapter 01_ 환경문제해결을 위한 사법적 접근 방식 I

chapter 02_ 환경문제해결을 위한 사법적 접근 방식 II

chapter 03_ 환경문제해결을 위한 공법적 접근 방식

chapter 04_ 환경영향평가법

chapter 05_ 소음진동규제법

chapter 06_ 대기환경보전법

chapter 07_ 수질 및 수생태계 보전에 관한 법률

chapter 08_ 토양환경보전법

chapter 09_ 폐기물관리법

chapter 10_ 자연환경보전법

01_

환경문제해결을 위한 사법적 접근 방식 I

1. 초등학교 학생들의 일조권
대법원 2008. 12. 24. 선고 2008다41499 판결【손해배상(기)】
원 심: 서울고등법원 2008. 5. 1. 선고 2007나43414 판결
제 1 심: 수원지방법원 2007. 1. 23. 선고 2004가합9803 판결

1. 당 사 자	【원고, 상고인】 원고 1 외 3인 【피고, 피상고인】 피고 주식회사 ○○
2. 주요쟁점	일조이익 향유 주체의 범위
3. 사건의 경과	원고들이 50만원 내지 300만원의 위자료 지급을 구한 사건에서 1심은 피고가 원고들에게 5만원에서 20만원까지의 위자료를 지급할 의무가 있다고 판단하였으나, 원심이 1심 판결을 취소하고 원고들의 청구를 배척하였고 이에 원고들이 상고
4. 결 과	상고 기각
5. 관련조문	민법 제 2 조, 제750조
6. 관련판례	대법원 2004. 10. 28. 선고 2002다63565 판결 대법원 2007. 6. 28. 선고 2004다54282 판결 대법원 2008. 4. 17. 선고 2006다35865 전원합의체 판결

❙ 판시사항

토지·건물을 일시적으로 이용하는 것에 불과한 사람들이 일조이익을 향유하는 주체가 될 수 있는지 여부(소극)

❙ 사실관계

초등학교에 재학 중이거나 그 졸업생인 원고들이 학교에 인접한 부지에 아파트를 신축하는 사업주체인 피고(시행자, 시공자에 대한 청구 부분 생략)를 상대로 위 아파트 신축으로 인하여 학교에 수인한도를 넘는 일조 침해가 발생하였고, 이로 인하여 원고들이 충분한 일조를 향유하면서 학습을 할 수 없게 되는 등 상당한 정신적 고통을 겪게 되었다고 주장하며 손해배상을 청구한 사안

▎판결요지

1. 일조권 침해에 있어 객관적인 생활이익으로서 일조이익을 향유하는 '토지의 소유자 등'은 토지소유자, 건물소유자, 지상권자, 전세권자 또는 임차인 등의 거주자를 말하는 것으로서, 당해 토지·건물을 일시적으로 이용하는 것에 불과한 사람은 이러한 일조이익을 향유하는 주체가 될 수 없다.

2. 초등학교 학생들은 공공시설인 학교시설을 방학기간이나 휴일을 제외한 개학기간 중, 그것도 학교에 머무르는 시간 동안 일시적으로 이용하는 지위에 있을 뿐이고, 학교를 점유하면서 지속적으로 거주하고 있다고 할 수 없어서 생활이익으로서의 일조권을 법적으로 보호받을 수 있는 지위에 있지 않다.

▎평 석

일조권의 법적 성격에 관하여는 물권설, 인격권설, 환경권설, 생활이익 향수권설 등 다양한 견해가 있으나 통설적인 학설과 판례의 취지는 물권설을 취하는 것으로 보인다. 대법원도 이러한 입장에서 일조 침해를 원인으로 하는 손해배상청구소송에서 청구권자는 토지소유자, 건물소유자, 지상권자, 전세권자 또는 임차인 등 거주자라고 하면서, 초등학교 학생들과 같이 일시적인 이용자의 경우 그 청구권자가 될 수 없다고 하여 청구를 배척하였다.

▎참고문헌

권영문, "일조권침해로 인한 손해배상청구소송에서의 당사자 범위," 판례연구 21집, 부산판례연구회 (2010. 2.)

2. 환경침해에 대한 소멸시효의 기산점
대법원 2008. 4. 17. 선고 2006다35865 전원합의체 판결【손해배상(기)】
원 심: 광주고등법원 2006. 5. 17. 선고 2005나9790 판결
제 1 심: 전주지방법원 남원지원 2005. 10. 6. 선고 2003가합163 판결

1. 당 사 자	【원고, 상고인】 원고1 외 36인 【피고, 피상고인】 주식회사 부○
2. 주요쟁점	건물신축으로 인한 일조방해의 법적 성격 및 이로 인한 불법행위 손해배상청구권의 소멸시효 기산점
3. 사건의 경과	원심은 이 사건의 불법행위는 건축행위의 종료와 함께 종결되고 다만 그 손해만이 계속하여 발생한다고 판단하고, 가해아파트가 건축을 마치고 준공검사를 받은 때에 피해자가 그 손해를 알았다고 보아 그때부터 소멸시효가 진행한다고 판단하여 원고들의 청구를 모두 기각하였는바 이에 원고들이 상고
4. 결 과	상고 기각
5. 관련조문	민법 제 2 조, 제750조, 제751조, 제766조 제 1 호
6. 관련판례	대법원 1999. 3. 23. 선고 98다30285 판결 대법원 2004. 10. 28. 선고 2002다63565 판결

❙ 판시사항

일조방해의 개념 및 위법한 건축행위로 일조방해가 발생한 경우 손해배상청구권의 소멸시효 기산점

❙ 사실관계

원고들은 피고가 시행하는 아파트(가해 아파트) 신축 사업부지 인근 아파트(피해 아파트) 각 세대의 소유자(가해 아파트가 준공검사를 받기 전 분양을 받거나 수분양자로부터 양수)인데 그 신축으로 인하여 피해 아파트 일조권이 침해되었다고 주장하며 손해배상을 청구한 사안

▌판결요지

[다수의견]

일반적으로 위법한 건축행위에 의하여 건물 등이 준공되거나 외부골조공사가 완료되면 그 건축행위에 따른 일영의 증가는 더 이상 발생하지 않게 되고 해당 토지의 소유자는 그 시점에 이러한 일조방해행위로 인하여 현재 또는 장래에 발생 가능한 재산상 손해나 정신적 손해 등을 예견할 수 있다고 할 것이므로, 이러한 손해배상청구권에 관한 민법 제766조 제1항 소정의 소멸시효는 원칙적으로 그때부터 진행한다. 다만, 위와 같은 일조방해로 인하여 건물 등의 소유자 내지 실질적 처분권자가 피해자에 대하여 건물 등의 전부 또는 일부에 대한 철거의무를 부담하는 경우가 있다면, 이러한 철거의무를 계속적으로 이행하지 않는 부작위는 새로운 불법행위가 되고 그 손해는 날마다 새로운 불법행위에 기하여 발생하는 것이므로 피해자가 그 각 손해를 안 때로부터 각별로 소멸시효가 진행한다.

[반대의견]

위법한 일조방해행위로 인한 피해 부동산의 시세 하락 등 재산상 손해는 특별한 사정이 없는 한 가해 건물이 완성될 때 일회적으로 발생한다고 볼 수 있으나, 위법한 일조방해로 직사광선이 차단되는 등 생활환경이 악화됨으로써 피해 건물의 거주자가 입게 되는 정신적 손해는 가해 건물이 존속하는 한 날마다 계속적으로 발생한다고 보아야 하므로, 그 위자료 청구권의 소멸시효는 가해 건물이 피해 부동산의 일조를 방해하는 상태로 존속하는 한 날마다 개별적으로 진행한다.

▌평 석

대상판결은 일조방해로 인한 손해배상청구권의 소멸시효의 기산점에 관한 최초의 전원합의체 판결인 점, 일조방해로 인하여 손해배상이 인정되는 모든 경우에 철거의무까지 인정되는 것은 아님을 명확히 한 점, 다수의견은 일조권의 의미를 명확하게 정리하고 반대의견은 일조권이 재산권 및 인격권의 성격을 모두 가지고 있고 헌법상 환경권 규정 또한 고려하여야 함을 명시한 점 등에서 일조방해 사안에 관한 여러 쟁점을 정리해 준 가장 중요한 판결 중 하나이다.

❙ 참고문헌

김시철, "건물신축으로 인한 일조방해의 법적 성격과 이로 인한 불법행위 손해배상청구권의 소멸시효 기산점," 대법원판례해설 75호, 법원도서관 (2008)

송혜정, "일조방해로 인한 손해배상청구권의 소멸시효 기산점," 민사판례연구 31권, 박영사 (2009)

2번 판례 원문 : 대법원 2008. 4. 17. 선고 2006다35865 전원합의체 판결 【손해배상(기)】

【이 유】

1. 토지의 소유자 등이 종전부터 향유하던 일조이익(日照利益)이 객관적인 생활이익으로서 가치가 있다고 인정되면 법적인 보호의 대상이 될 수 있는데, 그 인근에서 건물이나 구조물 등이 신축됨으로 인하여 햇빛이 차단되어 생기는 그늘, 즉 일영(日影)이 증가함으로써 해당 토지에서 종래 향유하던 일조량이 감소하는 일조방해가 발생한 경우, 그 일조방해의 정도, 피해이익의 법적 성질, 가해 건물의 용도, 지역성, 토지이용의 선후관계, 가해 방지 및 피해 회피의 가능성, 공법적 규제의 위반 여부, 교섭 경과 등 모든 사정을 종합적으로 고려하여 사회통념상 일반적으로 해당 토지 소유자의 수인한도를 넘게 되면 그 건축행위는 정당한 권리행사의 범위를 벗어나 사법상(私法上) 위법한 가해행위로 평가된다(대법원 2004. 10. 28. 선고 2002다63565 판결, 대법원 2007. 6. 28. 선고 2004다54282 판결 등 참조). 일반적으로 위와 같이 위법한 건축행위에 의하여 건물 등이 준공되거나 외부골조공사가 완료되면 그 건축행위에 따른 일영의 증가는 더 이상 발생하지 않게 되고 해당 토지의 소유자는 그 시점에 이러한 일조방해 행위로 인하여 현재 또는 장래에 발생 가능한 재산상 손해나 정신적 손해 등을 예견할 수 있다고 할 것이므로, 이러한 손해배상청구권에 관한 민법 제766조 제1항 소정의 소멸시효는 원칙적으로 그때부터 진행한다(대법원 1966. 6. 9. 선고 66다615 전원합의체 판결 등 참조). 다만 지극히 예외적이기는 하지만, 위와 같은 일조방해로 인하여 건물 등의 소유자 내지 실질적 처분권자가 피해자에 대하여 건물 등의 전부 또는 일부에 대한 철거의무를 부담하는 경우가 있다면, 이러한 철거의무를 계속적으로 이행하지 않는 부작위는 새로운 불법행위가 되고 그 손해는 날마다 새로운 불법행위에 기하여 발생하는 것이므로 피해자가 그 각 손해를 안 때로부터 각별로 소멸시효가 진행한다고 볼 수 있을 것이다(대법원 1999. 3. 23. 선고 98다30285 판결 등 참조).

원심은 그 채택증거를 종합하여 그 판시와 같은 사실을 인정한 다음, 피고가 건축주로서 1995. 11. 20. 사용승인을 받은 부영아파트의 신축으로 인하여 이 사건 아파트 부지에 발생한 일조방해의 정도는 사회통념상 일반적으로 인용해야 할 수인한도를 초과하는 것이지만 그 위법성의 정도가 피고에게 철거의무를 부과해야 할 정도에는 이르지 않는다고 보고, 원고들은 1995. 11. 20.경 피고가 부영아파트를 건축하였다는 점과 이러한 피고의 불법행위로 인하여 재산상 손해 및 정신적 손해가 발생한다는 점 등을 모두 알았다고 할 것이므로 그로부터 3년이 경과함으로써 이 사건 손해배상청구권의 소멸시효가 완성되었다고 판단하였다. 앞에서 본 법리에 비추어 볼 때 원심의 이러한 조치는 정당한 것으로 수긍이 가고, 거기에 상고이유로 주장하는 바와 같은 일조방해로 인한 손해배상청구권의 소멸시효에 관한 법리오해 등 판결에 영향을 미친 위법이 없다.

2. 대법관 고현철, 대법관 김영란, 대법관 이홍훈, 대법관 김능환의 반대의견

다수의견은, 사회통념상 토지 소유자의 수인한도를 넘는 건축행위에 의하여 건물이 준공되거나 외부골조공사가 완료되면(이하, 건물 준공이나 외부골조공사 완료를 '건물의 완성'이라 한다) 그 건축행위에 따른 일영의 증가는 더 이상 발생하지 않게 되고 해당 토지의 소유자는 건물의 완성 시점에 이러한 일조방해 행위로 인하여 현재 또는 장래에 발생 가능한 손해를 예견할 수 있다고 할 것이므로, 이러한 손해배상청구권에 관한 민법 제766조 제1항 소정의 소멸시효는 원칙적으로 건물의 완성 시점부터 진행한다고 보고 있다. 그러나 다수의견의 견해 중 일조방해로 인하여 발생하는 정신적 손해에 대한 손해배상청구권에 관하여도 건물의 완성 시점부터 소멸시효가 진행한다는 부분에는 동의할 수 없다.

일조방해란 태양의 직사광선이 차단되는 불이익을 말하는 것이고, 그 일조방해의 정도가 사회통념상 일반적으로 인용하는 수인한도를 넘게 되면 사법상 위법한 가해행위로 평가되는 것이다. 우리 헌법 제35조 제1항이 모든 국민은 건강하고 쾌적한 환경에서 생활할 권리를 가진다고 선언하고 있는 점에 비추어 보더라도, 위법한 일조방해는 단순한 재산권의 침해에 그치는 것이 아니라 건강하고 쾌적한 환경에서 생활할 개인의 인격권을 침해하는 성격도 지니고 있다.

위법한 일조방해 행위로 인한 피해 부동산의 시세 하락 등 재산상의 손해는 특별한 사정이 없는 한 가해 건물이 완성될 때에 일회적으로 발생한다고 볼 수 있으나, 위법한 일조방해로 인하여 직사광선이 차단되는 등 생활환경이 악화됨으로써 피해 건물의 거주자가 입게 되는 정신적 손해는 가해 건물이 존속하는 한 날마다 계속적으로 발생하는 것으로 보아야 한다.

다수의견은 가해 건물의 완성 시점에 일조방해 행위로 인하여 장래에 발생 가능한 정신적 손해를 예견할 수 있으므로 그때부터 소멸시효가 진행한다고 판단하고 있으나, 일조방해로 인한 정신적 손해는 피해 부동산의 시세 하락 등 재산상 손해로 인하여 겪게 되는 정신적 고통을 의미하는 것이 아니라 일조방해로 인하

여 직사광선이 차단되는 등 생활환경이 악화됨으로써 거주자가 입게 되는 정신적 고통을 의미하는 것인데, 피해 건물의 거주자가 일조방해를 받는 상태에서 단기간을 거주한 경우와 장기간을 거주한 경우에 그 정신적 손해의 정도가 같을 수 없고, 이러한 거주 기간을 가해 건물의 완성 시점에는 예견할 수 없다는 점에서도 다수의견의 견해에 찬성할 수 없다.

따라서 이 사건에서 부영아파트가 신축되어 이 사건 아파트의 일조를 방해하는 상태로 존속하는 한, 날마다 새로운 일조방해 행위가 되어 이 사건 아파트 주민인 원고들의 정신적 손해를 발생시키는 것으로 보아야 하고, 그 위자료 청구권의 소멸시효는 부영아파트가 존속하는 한 날마다 개별적으로 진행된다고 할 것이므로, 원심판결 중 위자료 청구 부분에 관한 원고들 패소부분은 파기되어 원심법원으로 환송되어야 한다.

3. 대법관 김황식, 대법관 김지형, 대법관 안대희의 보충의견

다수의견은 제 1 항에서, 건물 등의 신축에 따른 위법한 일조방해로 인하여 그 소유자 내지 실질적인 처분권자가 철거의무를 부담하게 되는 지극히 예외적인 사안과 그에 해당하지 않는 일반적인 사안을 구분할 수 있음을 전제하고서, 그 불법행위의 성립시기, 계속 여부 및 그에 따른 소멸시효 진행 등에 관하여 각각 차이가 있음을 지적하였다.

그런데 반대의견은 위와 같은 구분에 대해서는 별다른 언급을 하지 아니한 채, 위법한 건축행위로 인한 재산적 손해와 정신적 손해를 달리 취급하여 정신적 손해만은 가해 건물이 존속하는 한 날마다 계속적으로 발생하고 그에 관한 위자료 청구권의 소멸시효도 위법 건물이 존속하는 한 날마다 개별적으로 진행된다고 보고 있다.

그러나 일조방해를 가져오는 위법한 건축행위라도 그 건물의 전부 또는 일부에 대한 철거의무가 인정되지 않는 일반적인 일조방해 사안에서는 그 건축행위의 완료와 함께 불법행위가 성립·종료하는 것이고, 이 경우 모든 손해는 그 시점에 발생한 것으로 보는 것이 법리상 옳다고 생각한다. 이는 자동차 사고로 인하여 피해자가 상해를 입는 등의 불법행위가 성립하는 경우 이에 관하여 장래에 발생하는 재산적 손해와 정신적 손해를 모두 불법행위의 성립시점에 발생하는 것으로 파악하는 것과 같은 이치일 것이다. 그렇다면 위와 같이 일반적인 일조방해 사안에서도 날마다 새로운 일조방해 행위가 이루어진다거나 혹은 하나의 건축행위로

인하여 발생하는 재산적 손해와 정신적 손해에 관하여 각각 다른 법률적 취급을 해야 한다는 반대의견에는 찬성하기 어렵다.

한편 우리 헌법은 제35조 제1항에서 모든 국민은 건강하고 쾌적한 환경에서 생활할 권리를 가진다고 선언하면서, 동시에 제23조 제1항에서 모든 국민의 재산권은 보장되고 그 내용과 한계는 법률로 정한다고 규정하고 있다. 그런데 이 사건은 일조이익의 보호와 타인 재산권의 보장, 법적 안정성 등 서로 대립할 수 있는 여러 법익을 종합적으로 고려하여 실제로 발생하는 손해의 전보 및 그 분담의 공평문제 등을 규율하게 되는 손해배상제도에 관한 것이기 때문에, 반대의견이 내세우는 헌법 제35조 제1항이 그 주장을 정당화하는 법리적 근거가 되기 어렵다. 실질적으로도 일조방해를 가져오는 위법한 건축행위가 완료되고 그에 관한 손해배상문제가 논의되는 경우, 재산적 손해와 정신적 손해에 관한 법적 분쟁을 한꺼번에 해결하는 것이 합리적인 분쟁해결방식이라고 할 것이다. 만일 반대의견과 같은 입장을 취하면 정신적 손해배상 청구의 시기·범위·방법이나 위법하게 건축된 건물과 피해 토지의 권리변동 등에 관련하여 그 법적분쟁의 해결이 사실상 어렵게 되거나 매우 복잡하게 되기 때문에, 결국 부동산거래에 관한 법적 안정성 내지 거래 안전을 심하게 훼손하는 결과를 가져올 것이다.

이와 같이 반대의견을 취하는 경우 여러 가지 문제가 발생한다는 점을 다수의견의 보충의견으로서 덧붙이고자 한다.

4. 대법관 이홍훈의 반대보충의견

다수의견은, 위법한 일조방해로 인하여 가해 건물의 소유자 내지 실질적인 처분권자(이하 '소유자 등'이라 한다)가 철거의무를 부담하게 되는 지극히 예외적인 사안과 그에 해당하지 않는 일반적인 사안을 구분할 수 있고, 이에 따라 그 불법행위의 성립시기, 계속 여부 및 그에 따른 소멸시효 진행 등에 관하여 각각 차이가 있다고 전제한 다음, 일반적인 일조방해의 경우에는 가해 건물의 완성 시점부터 소멸시효가 진행하는 것이지만, 소유자 등의 철거의무를 부담하게 되는 일조방해의 경우에는 손해가 날마다 새로운 불법행위에 기하여 발생하고 각별로 소멸시효가 진행하는 것이라고 설시하고 있다.

일조방해의 정도가 어느 수준을 넘게 되면 소유자 등의 철거의무가 발생한다는 것은 수긍할 수 있으나, 이로 인하여 불법행위의 성질이 일회적 불법행위에서 계속적 불법행위로 변하여 그 성립시기나 소멸시효의 진행이 달라질 수 있다는 다수의견의 논리에는 선뜻 동의하기 어렵다. 자동차 사고로 인하여 피해자에게 심각한 신체장애가 발생하여 평생 개호가 필요하다고 하여 불법행위의 성질이 계속적 불법행위로 바뀔 수 없는 것과 마찬가지로, 일조방해라는 동일한 가해행위에 대하여 단지 일조방해의 정도가 중대하다는 이유만으로 그 성질이 계속적 불법행위로 변하여 불법행위의 성립시기나 소멸시효 진행이 달라진다는 것은 불합리하기 때문이다. 또한 이와 같이 소유자 등의 철거의무를 부담하게 되는 일조방해의 경우에 철거만 계속적으로 요구할 수 있는지, 아니면 재산상 손해나 정신적 손해도 날마다 발생하여 이에 대한 배상을 계속적으로 요구할 수 있는지에 관하여도 일관성 있는 설명에 어려움이 예상된다. 그러나 반대의견에서는 철거의무의 발생 여부와는 무관하게, 일조를 방해하는 가해 건물의 완성 시점에 예견 가능한 재산상 손해와 날마다 발생하는 정신적 손해를 구분하여 두 손해가 소멸시효의 진행을 달리한다고 일관성 있게 설명할 수 있다고 할 것이다.

다수의견에 대한 보충의견은, 자동차 사고로 인하여 피해자가 입게 되는 정신적 손해와 일조방해로 인하여 피해자가 입게 되는 정신적 손해를 동일하게 볼 수 있다는 전제 아래, 하나의 건축행위로 인하여 발생하는 재산적 손해와 정신적 손해에 관하여 다른 법률적 취급을 해야 하는 반대의견에는 찬성하기 어렵다고 설시하고 있다.

그러나 자동차 사고는 한 번 발생하는 것이지만, 일조방해는 날마다 발생하는 것이다. 자동차 사고로 인하여 발생한 정신적 손해는 일단 한 번 발생하면 사고가 없었던 상태로 되돌릴 수 없는 것이지만, 일조방해로 인한 정신적 손해는 영구적인 것이 아니라 가해 건물이 사라지게 되면 소멸한다는 점에서 자동차 사고와 일조방해를 동일시할 수는 없다고 본다.

끝으로, 다수의견은 일조방해를 둘러싼 법적 분쟁의 일회적이고 효율적인 해결의 필요성을 강조하는 입장에 서 있는 것으로 보이는데, 이는 가해 건물 소유자 등의 재산권을 보장하기 위한 측면에서는 바람직할 수 있다. 그러나 헌법 제35조와 환경정책기본법 제6조에서 보장하고 있는 환경권은 자유권이나 재산권 등 다른 기본권 보호의 전제가 되는 종합적 기본권의 성격을 가지고 있어 재산권 등 다른 기본권의 우위에 있는 권리라고 볼 여지도 있기 때문에 다수의견은 피해 건물 거주자의 환경권이나 인격권을 보장하는 데에는 미흡할 수 있다는 점을 지적하면서, 반대의견에 대한 보충의견을 밝히는 바이다.

3. 한강조망이익침해사건 : 수인한도의 판단기준

대법원 2007. 6. 28. 선고 2004다54282 판결【손해배상(기)】
원 심 : 서울고등법원 2004. 9. 1. 선고 2003나82275 판결
제 1 심 : 서울서부지방법원 2003. 11. 12. 선고 2002가합3921 판결

1. 당 사 자	【원고, 상고인겸피상고인】 원고1 외 17인 【피고, 피상고인겸상고인】 이○건설 주식회사, 엘○건설 주식회사
2. 주요쟁점	조망이익이 법적인 보호의 대상이 되기 위한 요건
3. 사건의 경과	원심에서 원고들이 종전에 누리던 한강 조망의 이익이 사회통념상 독자의 이익으로 승인되어야 할 정도로 중요하여 법적인 보호를 받을 수 있음을 전제로 하여 피고들의 침해행위의 정도가 수인한도를 넘어 위법하다고 판단하자 피고들이 상고
4. 결 과	위 부분 파기 환송 및 나머지 상고 기각
5. 관련조문	민법 제 2 조 제 1 항, 제750조
6. 관련판례	대법원 2004. 9. 13. 선고 2003다64602 판결

▌판시사항

1. 조망이익이 법적인 보호의 대상이 되기 위한 요건

2. 조망이익의 침해행위가 사법상 위법한 가해행위로 평가되기 위한 요건 및 판단 기준

3. 조망의 대상과 그에 대한 조망의 이익을 누리는 건물 사이에 있는 타인 소유의 토지에 건물이 건축되어 있지 않거나 저층의 건물만이 건축되어 있어 그 타인의 토지를 통한 조망의 향수가 가능하였던 경우, 그 토지상의 건물 신축으로 인한 조망이익의 침해가 인정되는지 여부(원칙적 소극)

▌사실관계

피고들이 5층짜리 기존 아파트를 철거하고 새로이 아파트를 신축하자 원고들이 위 신축 아파트로 인하여 자신들이 거주하는 10층짜리 아파트에서의 한강 조망 이익 등이 침해되었다고 주장하며 손해배상을 청구한 사안

▎판결요지

1. 토지나 건물의 소유자가 종전부터 향유하던 경관이나 조망이 그에게 하나의 생활이익으로서의 가치를 가지고 있다고 객관적으로 인정된다면 법적인 보호의 대상이 될 수 있는 것인바, 조망이익은 원칙적으로 특정의 장소가 그 장소로부터 외부를 조망함에 있어 특별한 가치를 가지고 있고, 그러한 조망이익의 향유를 하나의 중요한 목적으로 하여 그 장소에 건물이 건축된 경우와 같이 그 건물의 소유자나 점유자가 그로부터 누리는 조망이익이 사회통념상 독자의 이익으로 승인되어야 할 정도로 중요성을 갖는다고 인정되는 경우에 비로소 법적인 보호의 대상이 되는 것이고, 그 정도에 이르지 못하는 경우에는 특별한 사정이 없는 한 법적인 보호의 대상이 될 수 없다.

2. 조망이익이 법적인 보호의 대상이 되는 경우에 이를 침해하는 행위가 사법상 위법한 가해행위로 평가되기 위해서는 조망이익의 침해 정도가 사회통념상 일반적으로 인용되는 수인한도를 넘어야 하고, 그 수인한도를 넘었는지 여부는 조망의 대상이 되는 경관의 내용과 피해건물이 입지하고 있는 지역에 있어서 건조물의 전체적 상황 등의 사정을 포함한 넓은 의미에서의 지역성, 피해건물의 위치 및 구조와 조망상황, 특히 조망과의 관계에서의 건물의 건축·사용목적 등 피해건물의 상황, 주관적 성격이 강한 것인지 여부와 여관·식당 등의 영업과 같이 경제적 이익과 밀접하게 결부되어 있는지 여부 등 당해 조망이익의 내용, 가해건물의 위치 및 구조와 조망방해의 상황 및 건축·사용목적 등 가해건물의 상황, 가해건물 건축의 경위, 조망방해를 회피할 수 있는 가능성의 유무, 조망방해에 관하여 가해자측이 해의(害意)를 가졌는지의 유무, 조망이익이 피해이익으로서 보호가 필요한 정도 등 모든 사정을 종합적으로 고려하여 판단하여야 한다.

▎평 석

소방이익은 이전에는 여러 생활이익 중 하나로서 언급되었다가 2003다64602 판결('일조방해로 인한 손해배상사건') 판결에서 처음으로 독립적인 이익으로서 그 인정 여부가 논의되기 시작하였다. 이 판결은 위 판결에서 제시한 판단기준을 좀 더 구체화하고 있다는 점에 의의가 있다. 대법원은 조망이익의 범위를 좁게 인정하고 있어, 앞으로도 조망이익이 법적 보호의 대상이 되는 독립적인 가치로 인정되는 사례는 드물 것으로 보인다.

❙ 참고문헌

서민석, "조망이익의 침해행위가 사법상 위법한 가해행위로 평가되기 위한 요건과 그 판단기준 및 건물 신축으로 인한 일조방해가 불법행위를 구성하는지 여부의 판단기준," 대법원판례해설 67호, 법원도서관 (2008)

3번 판례 원문 : 대법원 2007. 6. 28. 선고 2004다54282 판결 【손해배상(기)】

【이 유】

1. 가. 조망의 이익 침해 부분

(1) 어느 토지나 건물의 소유자가 종전부터 향유하고 있던 경관이나 조망이 그에게 하나의 생활이익으로서의 가치를 가지고 있다고 객관적으로 인정된다면 법적인 보호의 대상이 될 수 있는 것인바, 이와 같은 조망이익은 원칙적으로 특정의 장소가 그 장소로부터 외부를 조망함에 있어 특별한 가치를 가지고 있고, 그와 같은 조망이익의 향유를 하나의 중요한 목적으로 하여 그 장소에 건물이 건축된 경우와 같이 당해 건물의 소유자나 점유자가 그 건물로부터 향유하는 조망이익이 사회통념상 독자의 이익으로 승인되어야 할 정도로 중요성을 갖는다고 인정되는 경우에 비로소 법적인 보호의 대상이 되는 것이라고 할 것이고, 그와 같은 정도에 이르지 못하는 조망이익의 경우에는 특별한 사정이 없는 한 법적인 보호의 대상이 될 수 없다고 할 것이다.

그리고 조망이익이 법적인 보호의 대상이 되는 경우에 이를 침해하는 행위가 사법상 위법한 가해행위로 평가되기 위해서는 조망이익의 침해 정도가 사회통념상 일반적으로 인용하는 수인한도를 넘어야 하고, 그 수인한도를 넘었는지 여부는 조망의 대상이 되는 경관의 내용과 피해건물이 입지하고 있는 지역에 있어서 건조물의 전체적 상황 등의 사정을 포함한 넓은 의미에서의 지역성, 피해건물의 위치 및 구조와 조망상황, 특히 조망과의 관계에서의 건물의 건축·사용목적 등 피해건물의 상황, 주관적 성격이 강한 것인지 여부와 여관·식당 등의 영업과 같이 경제적 이익과 밀접하게 결부되어 있는지 여부 등 당해 조망이익의 내용, 가해건물의 위치 및 구조와 조망방해의 상황 및 건축·사용목적 등 가해건물의 상황, 가해건물 건축의 경위, 조망방해를 회피할 수 있는 가능성의 유무, 조망방해에 관하여 가해자측이 해의(害意)를 가졌는지의 유무, 조망이익이 피해이익으로서 보호가 필요한 정도 등 모든 사정을 종합적으로 고려하여 판단하여야 한다(대법원 2004. 9. 13. 선고 2003다64602 판결 등 참조).

(2) 원심판결 이유와 기록에 의하면, 서울 용산구 이촌동 300-30 외 60필지 대 46,133.15㎡ 위에는 원래 1970년경에 지어진 지상 5층짜리 외○아파트 18개동이 있었는데, 위 대지의 소유자인 피고 1 주식회사는 위 외○아파트를 철거하고 그 자리에 19층 내지 25층짜리 엘○한강빌리지 아파트 10개동을 건설하기 위하여

2000. 3. 25. 용산구청장으로부터 주택건설사업승인을 받고 2000. 5. 16. 피고 2 주식회사{원래의 명칭은 (명칭 생략) 주식회사였는데 2005. 3. 21. 현재의 명칭으로 변경되었다}에게 그 건설공사를 도급한 사실, 피고 2 주식회사는 2003. 4.경 엘○한강빌리지 아파트 건설공사를 마쳤는데, 한강 쪽에서 바라보면, 강북강변도로에 접하여 동쪽부터 서쪽 방향으로 107동에서 110동까지(모두 24층) 4개동이 위치하고, 107동 북쪽에 106동(25층)이, 108동 북쪽에 105동(19층)이 있으며, 다시 106동 북쪽에는 103동(25층)이, 105동 북쪽에는 104동(25층)이 있고, 104동 북쪽에 101동(25층), 101동의 동북쪽에 102동(24층)이 있는 사실, 엘○한강빌리지 아파트는 한강 쪽에서 보아 V자 모양이거나 서쪽으로 기울어진 ㅗ자 모양으로 되어있는 사실, 원고들 및 원고 19의 승계참가인(이하 '원고들'이라고만 한다)이 구분소유하고 있는 리○뷰아파트는 엘○한강빌리지 아파트 단지의 북동쪽 모서리(즉, 엘○한강빌리지 아파트 103동의 북쪽이고, 102동의 동쪽에 있음)에 있는 서울 용산구 이촌동 300-27 대지 위에 있고, 1974년경 지어진 10층짜리 건물 중 4층 내지 10층에 있는 사실(1층 내지 3층은 상가), 리○뷰아파트 건물은 서쪽으로 약 21° 기울어진 ㄴ자 모양의 건물로서 ㄴ자의 가로획 바깥쪽에 해당하는 부분의 동쪽에서 서쪽 방향으로 각 층의 1호, 2호, 3호가 있고, ㄴ자의 세로획 바깥쪽에 해당하는 부분의 남쪽에서 북쪽 방향으로 각 층의 4호, 5호가 있으며, ㄴ자의 안쪽 부분에는 각 층의 6 내지 9호가 있어, 각 층의 1호, 2호, 3호는 남향, 각 층의 4호, 5호는 서향, 각 층의 6 내지 9호는 동향 또는 북향인 사실, 이 지역은 고층 아파트 건설이 가능한 지역이고 엘○한강빌리지 아파트를 건설함에 있어 이격거리나 높이 제한 등 건축법규에 위반한 사항은 없는 사실, 엘○한강빌리지 아파트 건설을 전후하여 원고들이 구분소유하는 리○뷰아파트의 각 호실의 일조시간(동짓날 오전 8시부터 오후 4시까지의 8시간 중 원고들 아파트 거실에 일조가 확보되는 시간), 한강조망률(원고들 아파트 거실 창문에서 연직 방향으로 한강을 바라보았을 때 거실 창문 면적 중 한강 경관이 차지하는 비율), 천공률(원고들 아파트 거실 창문에서 바라보았을 때 하늘이 보이는 면적 비율), 사생활침해율을 비교하여 보면 원심판결의 별지 2 침해표의 각 해당항목 기재와 같이 대체적으로 원고들 아파트의 일조시간, 한강조망률, 천공률은 감소한 반면, 사생활침해 가능성은 증가한 곳도 있고 감소한 곳도 있는 사실(다만, 원고 1 소유인 401호, 원고 4 소유인 502호, 원고 7 소유인 503호의 한강조망률은 오히려 증가하였고, 원고 16 소유인 405호, 원고 11 소유인 504호는 원래부터 한강 조망이 불가능하였다)을 알 수 있는바, 원심은, 원고 1, 4, 7, 16, 11을

제외한 나머지 원고들이 누리던 한강 조망의 이익은 법적인 보호의 대상이 되는 것으로서 그에 대한 피고들의 침해행위의 정도가 수인한도를 초과하여 위법하므로 피고들의 한강 조망침해 행위는 불법행위에 해당한다고 판단하였다.

(3) 그러나 원고 1, 4, 7, 16, 11을 제외한 나머지 원고들의 한강 조망이익이 법적인 보호의 대상이 된다거나 피고들의 침해행위의 정도가 수인한도를 초과하여 위법하다는 원심의 판단은 다음과 같은 이유에서 수긍하기 어렵다.

(가) 우선, 위 원고들이 조망을 누리던 한강의 경관이 매우 아름다운 것으로서 법적으로 보호받는 조망의 대상이 되기에 충분하다고 할 것이지만, 위 원고들이 구분소유하는 리○뷰아파트가 그 장소로부터 한강을 조망함에 있어 특별한 가치를 가지고 있다고 할 수는 없다.

조망의 대상과 그에 대한 조망의 이익을 누리는 건물 사이에 타인 소유의 토지가 있지만 그 토지 위에 건물이 건축되어 있지 않거나 저층의 건물만이 건축되어 있어 그 결과 타인의 토지를 통한 조망의 향수가 가능하였던 경우 그 타인은 자신의 토지에 대한 소유권을 자유롭게 행사하여 그 토지 위에 건물을 건축할 수 있고 그 건물 신축이 국토의 계획 및 이용에 관한 법률에 의하여 정해진 지역의 용도에 부합하고 건물의 높이나 이격거리에 관한 건축관계법규에 어긋나지 않으며 조망 향수자가 누리던 조망의 이익을 부당하게 침해하려는 해의에 의한 것으로서 권리의 남용에 이를 정도가 아닌 한 인접한 토지에서 조망의 이익을 누리던 자라도 이를 함부로 막을 수는 없으며, 따라서 조망의 이익은 주변에 있는 객관적 상황의 변화에 의하여 저절로 변용 내지 제약을 받을 수밖에 없고, 그 이익의 향수자가 이러한 변화를 당연히 제약할 수 있는 것도 아니다.

리○뷰아파트와 한강 사이에는 강북강변도로와 엘○한강빌리지 아파트의 부지인 토지가 있고 엘○한강빌리지 아파트가 건축되기 전에 그 토지 위에는 리○뷰아파트보다 먼저 건축된 외○아파트 18개 동이 있었음에도 위 원고들이 그동안 한강 조망을 누릴 수 있었던 것은 철거된 위 외○아파트가 5층인 반면 리○뷰아파트는 그보다 높은 10층이었기 때문인데, 리○뷰아파트와 엘○한강빌리지 아파트가 있는 이촌동 일대는 고층아파트의 건축이 허용되는 지역이고 엘○한강빌리지 아파트 부지에 있던 외○아파트는 이미 건축된 지 30년 정도 경과하여 그 자리에 재건축이 이루어지는 경우 고층아파트가 건축되리라는 점은 쉽게 예상할 수 있었다고 보아야 한다. 따라서 위 원고들이 한강 조망의 이익을 누리던 리○뷰아파트가 언제나 한강 조망에 있어 특별한 가치를 가진다고 볼 수는 없고, 나아가

5층짜리 외○아파트의 뒤에 그보다 높은 10층짜리 건물을 세움으로써 리○뷰아파트의 한강 조망을 확보한 것처럼, 보통의 지역에 인공적으로 특별한 시설을 갖춤으로써 누릴 수 있게 된 조망의 이익은 법적으로 보호받을 수 없다고 하여야 한다. 만일 이러한 경우까지 법적으로 보호받는 조망의 이익이라고 인정한다면 그 건물과 조망의 대상 사이에 있는 토지에는 그 누구도 고층 건물을 건축할 수 없다는 결론이 되어 부당하기 때문이다.

결국, 위 원고들이 구분소유하는 리○뷰아파트는 그 장소로부터 한강을 조망함에 있어 특별한 가치를 가지고 있어 그 조망의 이익이 사회통념상 독자의 이익으로 승인되어야 할 정도로 중요성을 갖는다고 인정하기 어렵다고 할 것이다.

(나) 나아가 앞서 본 법리에 비추어 위 원고들이 누리던 한강 조망의 이익의 중요성 및 그에 대한 보호의 필요성과 피고들의 엘○한강빌리지 아파트 건설의 필요성 및 상당성을 비교해보더라도, 피고들의 고층 아파트 건축으로 인한 위 원고들의 한강 조망의 이익 침해 정도가 사회통념상 일반적으로 인용하는 수인한도를 넘는다고 보기 어렵다.

앞서 본 것처럼 리○뷰아파트와 엘○한강빌리지 아파트가 있는 지역은 고층아파트의 건설이 가능한 지역이므로 엘○한강빌리지 아파트 부지의 소유자인 피고 1 주식회사나 그로부터 아파트 건축공사를 수급한 피고 2 주식회사가 19층 내지 25층짜리 엘○한강빌리지 아파트를 건축하는 것은 토지의 소유권에 기초한 것으로서 특별한 사정이 없는 한 정당한 권리행사범위 내에 있다고 보아야 하고, 리○뷰아파트는 엘○한강빌리지 아파트 단지의 북동쪽 모서리에 자리잡고 있으므로 그 앞에 고층아파트가 건축되는 경우 리○뷰아파트에서의 한강 조망이 제한되는 것은 당연하다고 할 것이다. 그렇기 때문에 피고들로서는 가능한 한 리○뷰아파트 거주자들의 한강 조망이 가장 적게 침해되는 방법으로 아파트를 건축함으로써 리○뷰아파트 거주자들을 배려하여야 하고 만일 리○뷰아파트 거주자들이 종전에 누리던 한강 조망의 이익 침해를 최소화할 방법이 있다면 이를 외면하여 다른 방법을 선택하여서는 아니 된다고 할 것이다. 그런데 앞서 본 엘○한강빌리지 아파트의 동수 및 각 동의 층수(가장 낮은 19층짜리가 한 동, 24층짜리가 다섯 동, 25층짜리가 네 동임), 엘○한강빌리지 아파트의 배치 상황을 고려하여 보면, 건축 당시 아파트의 방향이나 높이를 위 원고들의 조망에 유리하도록 배려할 여지가 전혀 없었다고는 할 수 없겠지만 단지 자체의 규모, 단지 배치의 합리성, 각 동 사이에 확보되어야 할 공간 등에 비추어 보면 그 배치를 달리 하더라도 위 원고들의 조망이 그리 크게 개선될 것으로 보이지 않는다.

한편, 피고들이 위 원고들을 포함한 리○뷰아파트 구분소유자들에게 리○뷰아파트의 리모델링을 제의하였다거나, 피고들이 인근 한가람아파트 주민들에게 보상을 하였다는 점만으로는 피고들의 침해행위의 정도가 수인한도를 넘었다고 인정하기에 부족하다(리모델링 사업이 원활하게 진행되지 않은 사유에 관하여 위 원고들과 피고들의 주장이 서로 다르고 기록을 살펴보아도 그 사유에 관한 자료가 없다. 또한 기록에 의하면, 피고들은 엘○한강빌리지 아파트 건축 공사 도중 위 원고들에게 1,125만 원 내지 3,500만 원의 합의금을 제시하였으나 위 원고들이 거절하였던 사실을 엿볼 수 있을 뿐 아니라, 피고들이 인근 주민들에게 보상을 하였다는 사정만 가지고 피고들에게 위 원고들에 대한 해의가 있었다고 단정할 수도 없다).

결국, 원심이 내세우는 사정만으로는 조망이익에 대한 침해의 정도가 그 수인한도를 벗어난 것이라고 보기도 어렵다고 할 것이다.

(4) 그럼에도 불구하고, 위 원고들이 종전에 누리던 한강 조망의 이익이 사회통념상 독자의 이익으로 승인되어야 할 정도로 중요하여 법적인 보호를 받을 수 있음을 전제로 하여 피고들의 침해행위의 정도가 수인한도를 넘어 위법하다고 판단한 원심판결에는 조망의 이익 침해로 인한 불법행위의 성립에 관한 법리를 오해하여 판결에 영향을 미친 위법이 있다고 할 것이다.

나. 4, 5호 라인 거주 원고들에 대한 일조의 이익 침해 부분

(1) 건물의 신축으로 인하여 그 이웃 토지상의 거주자가 직사광선이 차단되는 불이익을 받은 경우에 그 신축 행위가 정당한 권리행사로서의 범위를 벗어나 사법상 위법한 가해행위로 평가되기 위해서는 그 일조방해의 정도가 사회통념상 일반적으로 인용하는 수인한도를 넘어야 하고, 일조방해행위가 사회통념상 수인한도를 넘었는지 여부는 피해의 정도, 피해이익의 성질 및 그에 대한 사회적 평가, 가해건물의 용도, 지역성, 토지이용의 선후관계, 가해 방지 및 피해 회피의 가능성, 공법적 규제의 위반 여부, 교섭 경과 등 모든 사정을 종합적으로 고려하여 판단하여야 한다. 또한, 가해건물의 신축으로 인하여 일조피해를 받게 되는 건물이 이미 다른 기존 건물에 의하여 일조방해를 받고 있는 경우 또는 피해건물이 남향이 아니거나 처마가 돌출되어 있는 등 그 구조 자체가 충분한 일조를 확보하기 어렵게 되어 있는 경우에는, 가해건물 신축 결과 피해건물이 동짓날 08시부터 16시 사이에 합계 4시간 이상 그리고 동짓날 09시부터 15시 사이에 연속하여 2시간

이상의 일조를 확보하지 못하게 되더라도 언제나 수인한도를 초과하는 일조피해가 있다고 단정할 수는 없고(한편, 피해건물이 종전부터 위와 같은 정도의 일조를 확보하지 못하고 있었던 경우라도 그 일조의 이익이 항상 보호의 대상에서 제외되는 것은 아니다), 가해건물이 신축되기 전부터 있었던 일조방해의 정도, 신축 건물에 의하여 발생하는 일조방해의 정도, 가해건물 신축 후 위 두 개의 원인이 결합하여 피해건물에 끼치는 전체 일조방해의 정도, 종전의 원인에 의한 일조방해와 신축 건물에 의한 일조방해가 겹치는 정도, 신축 건물에 의하여 발생하는 일조방해시간이 전체 일조방해시간 중 차지하는 비율, 종전의 원인만으로 발생하는 일조방해시간과 신축 건물만에 의하여 발생하는 일조방해시간 중 어느 것이 더 긴 것인지 등을 종합적으로 고려하여 신축 건물에 의한 일조방해가 수인한도를 넘었는지 여부를 판단하여야 한다(대법원 2002. 12. 10. 선고 2000다72213 판결, 2004. 10. 28. 선고 2002다63565 판결 등 참조).

(2) 원심판결 이유와 기록에 의하면, 원고 16(405호)의 경우 엘○한강빌리지 아파트가 건축되기 전에는 동짓날 오전 8시부터 오후 4시까지의 8시간 중 131.7분 동안 일조를 확보하고 있었는데, 위 아파트 건축 후에는 36분 동안만 일조를 확보하게 되어 기존 일조시간 중 72.6%가 감소되었고, 원고 11(504호), 12(604호)의 경우 종전에는 127.5분 동안 일조를 확보하고 있었는데 위 아파트 건축 후에는 30분(원심은 15분이라고 하였으나 이는 30분의 오기라고 보인다) 동안만 일조를 확보하게 되어 기존 일조시간 중 76.4%(원심은 88.2%라고 하였으나 오기를 정정하면 76.4%가 된다)가 감소되었고, 원고 13(704호)의 경우 종전에는 127.5분 동안 일조를 확보하고 있었는데 위 아파트 건축 후에는 30.6분(원심은 29.4분이라고 하였으나 이는 30.6분의 오기로 보인다) 동안만 일조를 확보하게 되어 기존 일조시간 중 76%(원심은 76.9%라고 하였으나 오기를 정정하면 76%가 된다)가 감소되었고, 원고 14(804호)의 경우 종전에는 127.5분 동안 일조를 확보하고 있었는데 위 아파트 건축 후에는 59.4분(원심은 30분이라고 하였으나 이는 59.4분의 오기로 보인다) 동안만 일조를 확보하게 되어 기존 일조시간 중 53.4%(원심은 76.5%라고 하였으나 오기를 정정하면 53.4%가 된다)가 감소되었고, 원고 18(805호)의 경우 종전에는 131.7분 동안 일조를 확보하고 있었는데 위 아파트 건축 후에는 66분 동안만 일조를 확보하게 되어 기존 일조시간 중 49.9%가 감소되었고, 원고 백승호(904호)의 경우 종전에는 131.7분 동안 일조를 확보하고 있었는데 위 아파트 건축 후에는 61.2분(원심은 37.5분이라고 하였으나 이는 61.2분의 오기로 보인다) 동안만 일조를 확보하게

되어 기존 일조시간 중 53.5%(원심은 71.5%라고 하였으나 오기를 정정하면 53.5%가 된다)가 감소되었으며, 승계참가인 19-1의 경우 종전에는 131.7분 동안 일조를 확보하고 있었는데 위 아파트 건축 후에는 71.7분 동안만 일조를 확보하게 되어 기존 일조시간 중 45.6%가 감소되는 등 리○뷰아파트 4, 5호 라인의 일조시간이 종전에 127.5분 내지 131.7분이던 것이 30분 내지 71.7분으로 감소된 사실, 그런데 리○뷰아파트 4, 5호 라인은 남쪽으로 21° 기울어진 서향일 뿐만 아니라 종전부터 인근에 일조를 방해하는 건물이 있어서 종전에도 오후 2시경 이전에는 일조를 확보할 수 없었던 사실을 알 수 있는바, 원심은 엘○한강빌리지 아파트 건축으로 인한 리○뷰아파트 4, 5호 라인에 거주하는 원고들에 대한 일조 침해가 수인한도를 넘었다는 취지로 판단하였다.

(3) 앞서 본 법리에 비추어 살펴볼 때, 리○뷰아파트 4, 5호 라인이 서향인데다가 종전부터 다른 기존 건물로 인하여 일조를 방해받아 온 관계로 종전부터 확보하고 있던 일조시간이 동짓날 오전 8시부터 오후 4시까지의 8시간 중 127.5분 내지 131.7분에 그쳤던 점, 엘○한강빌리지 아파트 신축으로 인하여 추가된 일조방해시간은 60분 내지 97.5분으로서 전체 일조방해시간인 408.3분(승계참가인 19-1의 경우, 480분-71.7분) 내지 450분(원고 11의 경우, 480분-30분)의 1/4에 미달하고, 종전부터 있던 일조방해시간(원고 16 등의 경우 480분-131.7분=348.3분, 원고 11 등의 경우 480분-127.5분=352.5분)의 1/3에 미달하는 점 등을 고려하여 보면, 피고들이 엘○한강빌리지 아파트를 건축한 후 위 원고들이 누리게 된 일조시간이 더욱 짧아지게 되었다는 점만을 강조하여 피고들에게 통상의 경우보다 더 큰 양보를 강요하는 것은 형평에 맞지 않는다고 할 것이므로 결국 위 원고들에 대한 피고들의 일조 침해의 정도가 수인한도를 초과한다고 보기는 어렵다.

(4) 그럼에도 불구하고, 엘○한강빌리지 아파트 건축 전에 위 원고들이 확보하고 있던 일조시간과 위 아파트 건축 후 위 원고들이 확보하게 된 일조시간만을 비교하여 4, 5호 라인에 거주하는 위 원고들에 대한 일조 침해가 수인한도를 넘었다고 판단한 원심판결에는 일조의 이익 침해로 인한 불법행위의 성립에 관한 법리를 오해하여 판결에 영향을 미친 위법이 있다고 할 것이다.

다. (1) 일조 장해, 사생활 침해, 조망 침해, 시야 차단으로 인한 압박감, 소음, 분진, 진동 등과 같은 생활이익에 대한 침해가 사회통념상의 수인한도를 초과하여 위법한지를 판단하고 그에 따른 재산상 손해를 산정함에 있어서는, 생활이익을 구성하는 요소들을 종합적으로 참작하여 수인한도를 판단하여야만 형평을 기할 수 있는 특별한 사정이 없다면, 원칙적으로 개별적인 생활이익별로 침해의 정도를 고려하여 수인한도 초과 여부를 판단한 후 수인한도를 초과하는 생활이익들에 기초하여 손해배상액을 산정하여야 하며, 수인한도를 초과하지 아니하는 생활이익에 대한 침해를 다른 생활이익 침해로 인한 수인한도 초과 여부 판단이나 손해배상액 산정에 있어서 직접적인 근거 사유로 삼을 수는 없다고 할 것이다.

(2) 원심은, 수인한도를 초과하여 조망 피해를 입었다고 인정한 원고들에 대하여 조망 피해 외에도 일조 침해, 천공률의 감소로 인한 압박감의 증가 및 사생활 침해 가능성의 증가로 인하여 고통이 확대되고 있다는 사정을 인정한 다음, 조망 침해와 위 생활이익들을 함께 고려하여 볼 때에 환경이익의 침해가 수인한도를 넘는다고 판단하고, 또한 원고 16 및 원고 11에 대하여도 일조 피해 외에 천공률의 감소로 인한 압박감의 증가를 함께 참작하여 환경이익의 침해가 수인한도를 넘는다고 판단한 후, 위 생활이익들을 모두 시가 하락으로 인한 손해배상액 산정의 근거 사유로 반영하였다.

(3) 그러나 원심이 인정한 사실에 의하면, 조망 피해를 입었다고 인정된 원고들 중 1, 2, 3호 라인에 거주하는 원고들은 엘○한강빌리지 아파트 건축 후에도 동짓날 9시부터 15시 사이에 연속하여 2시간 이상, 동짓날 8시부터 16시 사이에 합계 4시간 이상의 일조를 확보하게 되어 위 아파트 건축으로 인한 일조 침해가 수인한도 내에 있음이 명백하므로 그들에 대하여는 일조 침해로 인한 손해가 발생하였다고 볼 수 없고, 원고 16 및 원고 11을 포함하여 4, 5호 라인에 거주하는 원고들의 경우에도 위에서 살펴본 것 같이 피고들의 일조 침해의 정도가 수인한도를 넘는다고 보기는 어렵다. 뿐만 아니라, 원심판결 이유와 기록에 의하여 알 수 있는 사실만으로는 위 아파트 신축 후 원고들 아파트에 대한 천공률 감소로 인한 압박감 증대나 사생활 침해의 가능성도 수인한도를 넘는다고 보기 어렵다.

(4) 그럼에도 불구하고, 여러 생활이익들을 종합적으로 참작하여 수인한도를 판단하여야만 형평을 기할 수 있는 특별한 사정이 있음을 인정하기 어려운 이 사건에서 조망 및 일조 침해로 인한 수인한도 초과 여부를 판단함에 있어서 수인한도를 초과하지 않는 다른 생활이익들에 관한 사정을 참작하고 나아가 그와 같은 다른 생활이익들에 관한 사정까지 모두 반영하여 손해배상액을 산정한 원심판결에는, 생활이익 침해로 인한 불법행위 성립 및 손해배상액 산정에 관한 법리를 오해하여 판결에 영향을 미친 위법이 있다고 할 것이다.

2. 원심은 그 채택 증거들을 종합하여 엘○한강빌리지 아파트 신축중이던 2000. 7. 7. 리○뷰아파트에서 공사로 인한 소음을 측정한 결과 소음진동규제법 소정의 생활소음 규제기준인 70.0dB을 초과하는 70.2dB이 측정되었고, 원고들은 공사장의 굉음으로 인한 고통으로 피고들에게 공사기간 중 이주시켜 줄 것을 요구할 정도였으며, 일부 리○뷰아파트 입주민들은 병원을 찾기까지 하는 등 엘○아파트의 신축공사 중 소음, 진동, 분진으로 생활상 큰 불편을 겪었던 사실을 인정한 다음, 원고들이 입은 소음, 진동, 분진으로 인한 고통 정도가 현저하게 커 수인한도를 넘었다고 보이므로, 피고들은 각자 원고들이 입은 정신적 손해를 배상할 의무가 있다고 판단하였는바, 기록에 의하여 살펴보면, 이러한 원심의 사실인정과 판단은 옳은 것으로 수긍이 가고, 거기에 채증법칙 위배나 심리미진 또는 건물 신축공사 중 발생한 소음, 진동, 분진으로 인한 불법행위 성립에 관한 법리오해 등의 위법이 있다고 할 수 없다.

3. (생략)

4. 부천경인고속도로사건 : 공작물의 하자와 수인한도

대법원 2007. 6. 15. 선고 2004다37904, 37911 판결【채무부존재확인등 · 손해배상(기)】

원 심 : 서울고등법원 2004. 6. 15. 선고 2003나75888(본소), 75895(반소) 판결

제 1 심 : 수원지방법원 성남지원 2003. 10. 2. 선고 2002가합1044(본소), 2139(반소) 판결

1. 당 사 자	【원고(반소피고), 상고인】 한국도로공사 【피고(반소원고), 피상고인】 피고1 외 87인 【피고, 피상고인】 부천시
2. 주요쟁점	고속도로로부터 발생하는 소음이 피해 주민들 주택을 기준으로 일정 한도를 초과하여 유입되지 않도록 하라는 취지의 유지청구가 적법한지 여부 및 인근 고속도로에서 유입되는 소음으로 인하여 입은 환경 등 생활이익의 침해가 사회통념상 일반적으로 수인할 정도를 넘어서는지 여부의 판단 기준
3. 사건의 경과	1심에서 65dB을 수인한도의 기준으로 삼아 한국도로공사에게 일부 손해배상 및 소음 방지 시설 설치 의무(65dB을 초과하지 않도록 할 의무)를 인정하자 한국도로공사가 항소하였으나 원심은 이를 기각하였고, 이에 한국도로공사가 상고
4. 결 과	상고 기각
5. 관련조문	민법 제205조, 제214조, 제217조, 제758조
6. 관련판례	대법원 2008. 8. 21. 선고 2008다9358, 9365 판결

❙ 판시사항

1. 고속도로로부터 발생하는 소음이 피해 주민들 주택을 기준으로 일정 한도를 초과하여 유입되지 않도록 하라는 취지의 유지청구가 적법한지 여부(적법)

2. 건물의 소유자나 점유자가 인근의 소음으로 인하여 생활이익이 침해되고 그 침해가 사회통념상 수인한도를 넘어서는 경우에 그 소유권 또는 점유권에 기하여 소음피해의 제거나 예방을 위한 유지청구를 할 수 있는지 여부(적법)

▌사실관계

부천 지역에서 경인고속도로 인근 빌라의 주민들이 위 고속도로의 설치·관리자인 한국도로공사를 상대로 위 고속도로에서 발생하는 소음으로 인한 정신적 손해의 배상과 함께 위 소음의 방지를 위한 시설의 설치를 구한 사안

▌판결요지

1. 건물의 소유자 또는 점유자가 인근의 소음으로 인하여 정온하고 쾌적한 일상생활을 영유할 수 있는 생활이익이 침해되고 그 침해가 사회통념상 수인한도를 넘어서는 경우에 건물의 소유자 또는 점유자는 그 소유권 또는 점유권에 기하여 소음피해의 제거나 예방을 위한 유지청구를 할 수 있다.

2. 인근 고속도로에서 유입되는 소음으로 인하여 입은 환경 등 생활이익의 침해를 이유로 일정 한도를 초과하는 소음이 유입되지 않도록 하라는 내용의 유지청구 소송에서 그 침해가 사회통념상 일반적으로 수인할 정도를 넘어서는지의 여부는 피해의 성질 및 정도, 피해이익의 공공성, 가해행위의 태양, 가해행위의 공공성, 가해자의 방지조치 또는 손해회피의 가능성, 인·허가 관계 등 공법상 기준에의 적합 여부, 지역성, 토지이용의 선후관계 등 모든 사정을 종합적으로 고려하여 판단하여야 한다.

3. 한국도로공사가 경인고속도로 확장공사에 착공한 후 준공이 되기 1년 전 무렵에 위 빌라 부지를 매도하여 위 빌라가 신축된 점에 비추어 한국도로공사로서는 위 빌라의 주민들에게 소음 피해가 가지 않도록 위 빌라의 높이 및 구조 등을 고려한 방음벽을 설치할 수 있었던 것으로 보이는 점, 위 빌라의 1일 평균 소음도가 환경정책기본법상의 기준(낮 65dB, 밤 55dB)을 초과하여 66dB에서 78dB까지 나타나고 있는 점, 지방자치단체에서 속도 제한 등을 요구하였으나 한국도로공사가 교통체증 등을 이유로 반대한 점 등을 고려하면 위 고속도로에서 발생하는 소음이 수인한도를 넘는 것으로서 위법하다.

▌평 석

위 판결은 환경피해에 대한 추상적 부작위를 명하는 유지청구의 적법성을 명시적으로 인정함으로써, 공해피해자들이 환경피해 관련 소송에서 청구취지를 특정하는 데 겪는 곤란함을 덜어주고, 가해자의 입장에서도 어떤 구체적

인 안을 강요하기보다는 가해자측에서 알고 있는 전문적인 지식과 기술에 근거하여 자신에게 유리한 방법을 임의로 선택할 수 있도록 하였다.

또한 위 판결은 이 사건 빌라가 구 주택건설기준 등에 관한 규정에 따라 방음벽 등의 방음시설을 설치하여 공동주택 건설지점의 소음도가 65dB 미만이 되도록 조치하여야 하는 20세대 이상의 공동주택이 아님에도 불구하고, 민법 제758조, 환경정책기본법 제10조, 같은 법 시행령 제 2 조에 터 잡아 위 빌라의 소음도가 사회통념상 수인한도를 넘는다고 판단하여 소음 방지 시설 설치 의무를 부과하였다는 점에서 유의미하다고 하겠다.

참고문헌

지영란, "고속도로의 소음과 관련하여 추상적 부작위명령을 구하는 유지청구의 인정 여부," 민사재판의 제문제 16권, 법원도서관 (2007. 12.)

4번 판례 원문 : 대법원 2007. 6. 15. 선고 2004다37904, 37911 판결 【채무부존재확인등 · 손해배상(기)】

【이 유】

1. 피고(반소원고, 이하 '피고 주민들'이라 한다)에 대한 상고이유

가. 상고이유 제1점에 대하여

(1) 원고(반소피고, 이하 '원고'라 한다)가 관리하는 부평-신월간 경인고속도로(이하 '이 사건 고속도로'라 한다)로부터 발생하는 소음이 피고 주민들 주택을 기준으로 일정 한도를 초과하여 유입되지 않도록 하라는 취지의 유지청구는, 소음발생원을 특정하여 일정한 종류의 생활방해를 일정 한도 이상 미치게 하는 것을 금지하는 것으로 청구가 특정되지 않은 것이라고 할 수 없고, 이러한 내용의 판결이 확정될 경우 민사집행법 제261조 제1항에 따라 간접강제의 방법으로 집행을 할 수 있으므로, 이러한 청구가 내용이 특정되지 않거나 강제집행이 불가능하여 부적법하다고 볼 수는 없다.

원심이 같은 취지에서 피고 주민들의 반소청구 중 유지청구 부분을 적법하다고 본 것은 정당하고, 거기에 상고이유로 주장하는 바와 같은 청구의 특정, 집행방법과 관련한 청구의 적법성 판단에 관한 법리오해의 위법은 없다.

(2) 건물의 소유자 또는 점유자가 인근의 소음으로 인하여 정온하고 쾌적한 일상생활을 영유할 수 있는 생활이익이 침해되고 그 침해가 사회통념상 수인한도를 넘어서는 경우에 건물의 소유자 또는 점유자는 그 소유권 또는 점유권에 기하여 소음피해의 제거나 예방을 위한 유지청구를 할 수 있다(대법원 1999. 7. 27. 선고 98다47528 판결 참조).

원심이 같은 취지에서 이 사건 명보빌라, 현대빌라, 창조빌라(이하 '이 사건 빌라'라 한다)의 소유자 또는 점유자인 피고 주민들이 소유권 또는 점유권에 기한 물권적 청구권의 행사로 원고를 상대로 이 사건 고속도로로부터 발생하는 소음이 일정 한도를 초과하여 유입되지 않도록 하라는 취지의 유지청구를 할 수 있다고 판단한 것은 적법하고, 거기에 상고이유로 주장하는 바와 같이 환경침해로 인한 유지청구의 청구권원과 관련한 법리오해의 위법이 있다고 할 수 없다.

나. 상고이유 제2점에 대하여

구 주택건설기준 등에 관한 규정(1992. 12. 31. 대통령령 제13811호로 개정되기 전

의 것, 이하 '주택건설기준'이라 한다) 제 9 조 제 1 항은 공동주택을 건설하는 지점의 소음도가 건설부장관이 환경처장관과 협의하여 고시하는 소음측정기준에 의하여 65dB 이상인 경우에는 공동주택을 철도·고속도로 등 소음발생시설로부터 수평거리 50m 이상 떨어진 곳에 배치하거나 방음벽·수림대 등의 방음시설을 설치하여 당해 공동주택의 건설지점의 소음도가 65dB 미만이 되도록 하고 있고, 주택건설기준 제 3 조에 의하면 위 제 9 조는 구 주택건설촉진법(1992. 12. 8. 법률 제4530호로 개정되기 전의 것) 제 3 조 제 5 호에 의한 '사업주체'가 같은 법 제33조 제 1 항에 의하여 주택건설사업계획의 승인을 얻어 건설하는 주택에 관하여 적용된다. 또한, 같은 법 제 3 조 제 5 호에 의하면 '사업주체'라 함은 국가·지방자치단체·대한주택공사·한국토지개발공사 및 제 6 조에 의하여 등록한 주택건설사업자 또는 대지조성사업자 등 이 법에 의하여 주택건설사업 또는 대지조성사업을 시행하는 자를 말하며, 같은 법 제 6 조 제 1 항은 연간 대통령령으로 정하는 호수 이상의 주택건설사업 또는 연간 대통령령으로 정하는 면적 이상의 대지조성사업을 영위하고자 하는 자는 건설부에 등록하여야 한다고 규정하고, 같은 법 제33조 제 1 항은 대통령령으로 정하는 호수 이상의 주택을 건설하거나 대통령령으로 정하는 면적 이상의 대지를 조성하고자 하는 자는 사업계획을 작성하여 건설부장관의 승인을 얻어야 한다고 규정하고 있으며, 구 주택건설촉진법 시행령(1992. 12. 21. 대통령령 제13782호로 개정되기 전의 것) 제 9 조 제 1 항은 주택건설촉진법 제 6 조 제 1 항에 규정된 '대통령령으로 정하는 호수'는 공동주택의 경우에는 20세대라고 정하고 있으며, 같은 시행령 제32조 제 1 항은 주택건설촉진법 제33조 제 1 항에서 '대통령령으로 정하는 호수 이상의 주택'이라 함은 공동주택의 경우에는 20세대 이상의 주택을 말한다고 규정하고 있다.

<u>이러한 관계 규정을 살펴보면, 주택건설기준 제 9 조 제 1 항에 따라 주택건설사업계획 승인을 얻어 공동주택을 건설하기 위하여, 방음벽 등의 방음시설을 설치하여 공동주택 건설지점의 소음도가 65dB 미만이 되도록 조치하여야 하는 공동주택은, 20세대 이상으로서 건설부장관의 사업계획승인을 얻어 건설한 공동주택을 의미한다고 할 것이다.</u>

원심이 적법하게 인정한 사실 및 기록에 의하면, 이 사건 빌라는 각 동별로 건축주를 달리하여 건축허가를 받아 이루어진 다세대주택으로, 각 동별 대지의 지번을 달리하며 각 동은 별개의 건축물로 각 15세대로 이루어진 사실을 알 수 있는바, 위 인정 사실을 위 법리에 비추어 살펴보면, 이 사건 빌라의 전체 세대수가

20세대를 초과한다고 하더라도 각 동은 별개의 건축물이어서 이를 하나의 공동주택이라고 볼 수 없고, 또한 이 사건 빌라가 주택건설촉진법 제33조 제1항의 규정에 따라 사업계획승인을 받아 건축된 공동주택이라고 볼 만한 사정도 없으므로, 결국 이 사건 빌라는 위 주택건설기준 제9조 제1항이 적용되는 공동주택이라고 할 수 없다.

따라서 원심이 이 사건 빌라는 주택건설기준 제9조 제1항이 적용되는 경우가 아니라고 판단한 것은 정당하고, 거기에 상고이유로 주장하는 바와 같은 주택건설기준 제9조 제1항의 적용 대상이 되는 공동주택의 해석에 관한 법리오해의 위법이 있다고 할 수 없다.

다. 상고이유 제3점에 대하여

인근 고속도로에서 유입되는 소음으로 인하여 입은 환경 등 생활이익의 침해를 이유로 일정 한도를 초과하는 소음이 유입되지 않도록 하라는 내용의 유지청구 소송에서 그 침해가 사회통념상 일반적으로 수인할 정도를 넘어서는지의 여부는 피해의 성질 및 정도, 피해이익의 공공성, 가해행위의 태양, 가해행위의 공공성, 가해자의 방지조치 또는 손해회피의 가능성, 인·허가 관계 등 공법상 기준에의 적합 여부, 지역성, 토지이용의 선후관계 등 모든 사정을 종합적으로 고려하여 판단하여야 한다(대법원 1997. 7. 22. 선고 96다56153 판결, 2003. 11. 14. 선고 2003다27108 판결 등 참조).

또한, 민법 제758조 소정의 '공작물의 설치 또는 보존의 하자'라 함은 공작물이 그 용도에 따라 갖추어야 할 안전성을 갖추지 못한 상태에 있음을 말하고, 안전성을 갖추지 못한 상태, 즉 타인에게 위해를 끼칠 위험성이 있는 상태라 함은 당해 공작물을 구성하는 물적 시설 그 자체에 있는 물리적·외형적 흠결이나 불비로 인하여 그 이용자에게 위해를 끼칠 위험성이 있는 경우뿐만 아니라, 그 공작물이 이용됨에 있어 그 이용상태 및 정도가 일정한 한도를 초과하여 제3자에게 사회통념상 수인할 것이 기대되는 한도를 넘는 피해를 입히는 경우까지 포함된다고 보아야 하고, 이 경우 제3자의 수인한도의 기준을 결정함에 있어서는 일반적으로 침해되는 권리나 이익의 성질과 침해의 정도뿐만 아니라 침해행위가 갖는 공공성의 내용과 정도, 그 지역환경의 특수성, 공법적인 규제에 의하여 확보하려는 환경기준, 침해를 방지 또는 경감시키거나 손해를 회피할 방안의 유무 및 그 난이 정도 등 여러 사정을 종합적으로 고려하여 구체적 사건에 따라 개별적으로 결정하여야 한다(대법원 2005. 1. 27. 선고 2003다49566 판결 참조).

원심이 적법하게 인정한 사실 및 기록에 의하면, 이 사건 고속도로의 8차선 확장공사는 1992. 7. 14.경 완료되고, 이 사건 빌라는 1992. 11. 말경 준공된 것이어서 피고 주민들이 입주하기 전에 고속도로의 확장공사가 완료된 것이기는 하나, 원고는 이 사건 고속도로의 8차선 확장 공사에 착공한 후 준공이 되기 1년 전 무렵 그 소유였던 이 사건 빌라 부지를 이 사건 빌라의 건축주에게 매도하여 그 지상에 이 사건 빌라가 신축되었고, 위 확장 공사의 준공 전에 이 사건 빌라의 건축공사가 시작되었으므로, 이 사건 부지의 매도인으로서 이 사건 빌라의 주민들에게 소음 피해가 가지 않도록 이 사건 빌라의 높이 및 구조 등을 고려한 방음벽을 설치할 수 있었던 것으로 보이는 점, 피고 주민들의 거주지는 일반주거지역으로 환경정책기본법 제10조, 같은 법 시행령 제2조에 의하면, 도로변 지역에 있는 일반주거지역의 소음 환경기준은 낮에 65dB, 밤에 55dB을 초과하지 않도록 규정하고 있는 점, 이 사건 빌라 거주자들에 대한 이 사건 고속도로의 소음 피해가 본격적으로 문제된 것은 1997. 8.경부터인데, 원고는 이 사건 고속도로의 통행차량으로 인한 소음 공해를 방지하기 위하여 확장공사 당시 높이 4.5m의 방음벽을 설치하고, 2001. 8. 5.경에는 통행차량의 과속 방지를 위한 무인속도측정기를 설치하고, 2001. 10.경에는 도로평탄화를 위한 내유동성 포장을 하였으나, 소음·진동공정시험방법(환경부고시 제2003-221호, 2003. 12. 31.) 제 5 장 제 1 절 1의 (3)항에서 규정하는 바와 같이 이 사건 빌라 각 세대의 외부 소음도를 측정한 결과, 피고 주민들 주거지의 1일 평균 소음도는 66dB에서 78dB까지 나타나고 있는 점, 피고 부천시는 이 사건 빌라 주민들의 민원에 따라 이 사건 지역을 소음·진동규제법 제28조 소정의 교통소음·진동규제지역으로 지정하여 같은 법 제30조, 제31조에 따라 지방경찰청장에게 요청하여 통행 차량에 대한 속도 제한, 우회 등의 조치를 하거나, 방음시설에 관한 조치를 취하고자 하였으나, 원고가 차량운행 등을 규제할 경우 교통소통에 지장이 발생한다는 등의 이유로 이를 반대하여 교통소음·진동규제지역으로 지정하지 못한 점, 원고는 기존 방음벽의 옹벽을 이용하여 보강할 수 있는 최대 높이인 7.5m 높이의 방음벽의 설치를 주장하나, 이 사건 빌라의 최고층인 4층의 높이가 12m 정도됨에 따라, 소음 피해가 가장 심한 4층 주택의 소음도를 감소하기 위하여는 13m 높이로 방음벽을 보강할 것이 요청되고, 그 공사비용은 7.5m로 보강할 경우에는 5억 원 정도, 13m로 보강할 경우에는 12억 원 정도가 소요되는 점을 알 수 있다.

이러한 인정 사실을 위 법리에 비추어 살펴보면, 원고가 관리하는 이 사건 고속도로의 공공적 기능, 원고가 이 사건 고속도로를 설치, 관리함에 있어서 소음피해를 줄이기 위한 노력을 경주한 면이 있다고 하더라도, 원고가 이 사건 고속도로의 확장공사 착공 후 이 사건 빌라 부지를 매도하여 이 사건 빌라가 신축되었다는 사정을 고려한다면, 이 사건 빌라의 각 주택의 소음과 관련하여 환경정책기본법상 소음환경기준인 65dB 이상의 소음이 발생하는 경우에는 사회생활상 통상의 수인한도를 넘는 것으로서 위법하다고 할 것이고, 이러한 사실관계 하에서는 피고 주민들이 이 사건 고속도로의 확장공사 이후 입주하였다는 사정만으로 피고 주민들의 원고에 대한 유지청구가 신의칙에 반하여 허용될 수 없는 경우라고 볼 수도 없다.

따라서 원심이 1일 평균 소음이 65dB 이상인 주택에 거주하는 피고 주민들의 유지청구 및 손해배상청구에 대하여 이 사건 고속도로를 설치·관리하는 원고는 그 설치·관리상의 하자로 인한 손해배상책임 및 이 사건 고속도로에서 유입되는 소음이 65dB을 넘지 않도록 해야 할 책임이 있다고 판단한 것은 정당하고, 거기에 상고이유에서 주장하는 바와 같이 소음피해로 인한 수인한도에 관한 법리오해 및 유지청구와 관련한 신의칙 위반 여부의 판단에 관한 법리오해 등의 위법이 있다고 할 수 없다.

라. 상고이유 제 4 점에 대하여

계약의 합의해제는 명시적으로 이루어진 경우뿐만 아니라 묵시적으로 이루어질 수도 있는 것으로, 계약의 성립 후에 당사자 쌍방의 계약실현 의사의 결여 또는 포기로 인하여 쌍방 모두 이행의 제공이나 최고에 이름이 없이 장기간 이를 방치하였다면, 그 계약은 당사자 쌍방이 계약을 실현하지 아니할 의사가 일치됨으로써 묵시적으로 합의해제되었다고 해석함이 상당하다(대법원 1994. 8. 26. 선고 93다28836 판결 참조).

원심이 적법하게 인정한 사실 및 기록에 의하면, 원고, 이 사건 빌라 주민들의 대표, 피고 부천시가 참석한 2000. 2. 22. 및 같은 해 3. 3.자 회의에서 이 사건 고속도로에서 발생하는 소음 피해에 대한 대책으로 현재의 방음벽 옹벽을 이용하여 높일 수 있는 최대 높이인 7.5m 높이로 방음벽을 보강하기로 합의하였으나, 피고 주민들 등 이 사건 빌라 주민들이 주민 대표의 대표성을 부정하며 방음벽 높이 조정에 반대하였고, 이 사건 빌라의 4층 세대 높이가 지상 12m에 이르러 7.5m

높이의 방음벽으로는 전체 주민들에 대한 실효성 있는 소음방지 대책이 될 수 없는 상황에서 원고도 장기간 방음벽 보강 공사에 나아가지 않은 사실, 그 후 이 사건 빌라 주민들이 중앙환경분쟁조정위원회에 분쟁조정 신청을 하여 2002. 2. 14. 원고는 이 사건 고속도로에서 유입되는 소음을 방지하기 위하여 13m 높이의 방음벽으로 보강하라는 내용의 재정이 내려지자, 이를 다투기 위하여 원고가 제소함에 따라 이 사건 소송에 이르게 된 사실을 알 수 있다.

위 인정 사실을 위 법리에 비추어 살펴보면, 원고와 피고 주민들 사이의 2000. 2. 22. 및 같은 해 3. 3.자 회의 결과 성립된 합의는 원고와 피고 주민들의 계약실현 의사의 결여 등으로 쌍방 모두 이행의 제공이나 최고에 이름이 없이 장기간 이를 방치하여 당사자들의 계약을 실현하지 아니할 의사가 일치됨으로써 묵시적으로 합의해제 되었다고 할 것이다.

따라서 원심의 설시는 다소 부적절하나, 원심이 2000. 2. 22. 및 같은 해 3. 3.자 회의 결과 성립된 합의는 원고와 피고 주민들 사이에서 묵시적으로 해제되었다는 취지로 판단한 것은 정당하고, 거기에 상고이유로 주장하는 바와 같은 계약의 묵시적 해제에 관한 법리오해의 위법은 없다.

2. 피고 부천시에 대한 상고이유

상소는 자기에게 불이익한 재판에 대하여 유리하게 취소 변경을 구하는 것이므로 전부 승소한 판결에 대하여는 항소를 허용하지 아니하는 것이 원칙이다.

원심이 적법하게 인정한 사실 및 기록에 의하면, 원고의 피고 부천시에 대한 청구는, 원고, 피고 주민들, 피고 부천시가 2000. 2. 22. 및 같은 해 3. 3.자 회의 결과 원고가 이 사건 방음벽을 7.5m로 증축하고, 이에 따른 비용은 분담하기로 한 후, 2000. 7. 10. 원고와 피고 부천시가 방음벽을 7.5m로 증축할 경우 발생하는 비용 5억 원 중 피고 부천시가 공사비의 10%인 5,000만 원과 주민들 부담분 600만 원을 부담하기로 한 약정에 기한 청구임을 알 수 있으므로, 원고의 이 사건 청구가 가분채권의 묵시적인 일부청구라고는 볼 수 없다.

따라서 이러한 경우 청구를 확장하기 위한 항소의 이익은 인정되지 않는 것이므로, 원심이 같은 이유에서 원고의 피고 부천시에 대한 항소를 각하한 것은 정당하고, 거기에 상고이유로 주장하는 바와 같은 가분채권의 일부청구와 관련한 항소이익에 관한 법리오해의 위법이 있다고 할 수 없다.

Case Book of Environmental Law

5. 천성산 도롱뇽 사건
대법원 2006. 6. 2.자 2004마1148, 1149 결정【공사착공금지가처분】
원 심: 부산고등법원 2004. 11. 29.자 2004라41, 42 결정
제 1 심: 울산지방법원 2004. 4. 8.자 2003카합959, 982 결정

1. 당 사 자	【재항고인】 내원사 외 3인 【상대방】 한국고속철도건설공단의 소송수계인 한국철도시설공단
2. 주요쟁점	도롱뇽의 원고적격
3. 사건의 경과	원심은 도롱뇽의 당사자능력을 부정하여 그 소를 각하하였고 이른바 도롱뇽의 친구들의 당사자적격은 인정하되 피보전권리 및 보전의 필요성을 부정하여 그 청구를 기각한 1심 결정을 수긍하여 신청인들의 항고를 기각하였고, 신청인들이 재항고
4. 결 과	재항고 기각
5. 관련조문	민사소송법 제51조, 헌법 제35조 제 1 항 등

판시사항

1. 도롱뇽의 당사자능력을 인정할 수 없다고 한 원심의 판단을 수긍한 사례

2. 환경권에 관한 헌법 제35조 제 1 항이나 자연방위권 등 헌법상의 권리에 의하여 직접 한국철도시설공단에 대하여 고속철도 중 일부 구간의 공사 금지를 청구할 수 없고, 환경정책기본법 등 관계 법령의 규정 역시 그와 같이 구체적인 청구권원을 발생시키는 것으로 해석할 수 없다고 한 사례

3. 환경권에 관한 헌법 제35조 제 1 항의 취지 및 위 규정에 따른 국가의 책무

4. 고속철도 건설사업 시행구간의 토지소유자가 환경영향평가 이후 사정변경을 이유로 사업시행의 중지를 구할 수 있는 요건

5. 한국철도시설공단이 국가의 전 지역에서 장기간 이루어지는 고속철도사업의 일환인 터널공사를 시행함에 있어서 환경 침해에 관한 우려를 해소하기 위하여 비록 법령상의 환경영향평가절차는 아니지만 사단법인 대한지질공학회에 의뢰하여 자연변화 정밀조사를 실시하였고, 그 조사 결과 및 환경부의 의뢰로 이루어진 한국환경정책평가연구원 등의 검토의견에 의하면 터널공사가 천성산의 환경에 별다른 영향을 미치지 않는 것으로 조사된 사정

등을 모두 종합하여 보면, 현재로서는 터널공사로 인하여 신청인들의 환경이익이 침해될 수 있는 개연성에 관한 소명이 부족하다고 한 사례

▌사실관계

고속철도 건설 구간 중 천성산을 관통하는 터널 공사와 관련하여 그 일대에 보호대상 동, 식물이 다수 존재함을 이유로 원고들이 그 착공금지가처분을 신청한 사안

▌판결요지

1. 도롱뇽은 천성산 일원에 서식하고 있는 도롱뇽목 도롱뇽과에 속하는 양서류로서 자연물인 도롱뇽 또는 그를 포함한 자연 그 자체로서는 소송을 수행할 당사자능력을 인정할 수 없다.

2. 환경권에 관한 헌법 제35조 제1항이나 자연방위권 등 헌법상의 권리에 의하여 직접 한국철도시설공단에 대하여 고속철도 중 일부 구간의 공사 금지를 청구할 수 없고, 환경정책기본법 등 관계 법령의 규정 역시 그와 같이 구체적인 청구권원을 발생시키는 것으로 해석할 수 없다.

3. 헌법 제35조 제1항은 "모든 국민은 건강하고 쾌적한 환경에서 생활할 권리를 가지며, 국가와 국민은 환경보전을 위하여 노력하여야 한다"고 규정하여 환경권을 헌법상의 기본권으로 명시함과 동시에 국가와 국민에게 환경보전을 위하여 노력할 의무를 부과하므로, 국가는 각종 개발·건설계획을 수립하고 시행함에 있어 소중한 자연환경을 보호하여 그 자연환경 속에서 살아가는 국민들이 건강하고 쾌적한 삶을 영위할 수 있도록 보장하고 나아가 우리의 후손에게 이를 물려줄 수 있도록 적극적인 조치를 취하여야 할 책무를 부담한다.

4. 환경영향평가제도는 환경 등에 미치는 영향이 큰 사업에 대한 계획을 수립·시행함에 있어서 그 사업이 환경 등에 미칠 영향을 미리 평가·검토하여 건전하고 지속가능한 개발이 되도록 함으로써 쾌적하고 안전한 국민생활을 도모함을 목적으로 하는바(환경·교통·재해 등에 관한 영향평가법 제1조), 한국철도시설공단이 국가의 전 지역에서 장기간 이루어지는 고속철도사업을 시행함에 있어서는 위 법에 의한 환경영향평가 절차를 충실히 이행할 뿐 아

니라, 환경영향평가절차를 이행한 후 환경영향평가시에 고려되지 아니하였던 새로운 사정이 발견되어 그 사업으로 인하여 사업시행구간 관련 토지소유자들의 환경이익을 침해할 수 있다는 개연성이 나타나고 종전의 환경영향평가만으로는 그와 같은 개연성에 관한 우려를 해소하기에 충분하지 못한 경우에는 새로이 환경영향평가를 실시하거나 그 환경이익의 침해를 예방할 수 있는 적절한 조치를 먼저 행한 후 사업을 시행하도록 함이 상당하고, 위 토지소유자들은 이를 사법상의 권리로 청구할 수 있을 것이다. 그러나 위와 같은 환경영향평가를 통한 권리의 보장은 실체적인 환경이익의 침해를 보호하기 위한 것이므로, 비록 위와 같이 다시 환경영향평가를 함이 상당한 새로운 사정들이 발생되었다고 하더라도, 그 새로운 사정들과 소유자들의 환경이익 사이에 구체적인 피해가능성 내지는 연관성을 인정하기 어려운 사정이 소명되는 경우 또는 새로운 환경영향평가절차 내지는 이에 준하는 조사가 이루어지고 환경이익의 침해를 예방할 수 있는 적절한 방법이 보완되는 등 소유자들의 환경이익이 침해될 수 있다는 개연성이 부정될 만한 사정이 소명되는 경우에는 더 이상 사업시행의 중지를 구할 수는 없다.

5. 한국철도시설공단이 국가의 전 지역에서 장기간 이루어지는 고속철도사업의 일환으로 터널공사를 시행함에 있어서 환경 침해에 관한 우려를 해소하기 위하여 비록 법령상의 환경영향평가절차는 아니지만 사단법인 대한지질공학회에 의뢰하여 자연변화 정밀조사를 실시하였고, 그 조사 결과 및 환경부의 의뢰로 이루어진 한국환경정책평가연구원 등의 검토의견에 의하면 터널공사가 천성산의 환경에 별다른 영향을 미치지 않는 것으로 조사된 사정 등을 모두 종합하여 보면, 현재로서는 터널공사로 인하여 신청인들의 환경이익이 침해될 수 있는 개연성에 관한 소명이 부족하다.

▌평 석

성문법주의 하의 현행 법체계상 자연물에게 당사자능력을 인정하는 것은 지나친 확장해석으로 변질될 수 있다는 점에서 위 판결의 취지는 타당하다. 이와는 별개로 입법론적으로 자연물에 소송상의 당사자능력을 인정할 수 있는지 여부와 관련해서는 당사자능력이 인정되는 자연물의 범위를 어디까지 볼 수 있는지, 인간이 특정 자연물의 '대리인' 자격에서 소송을 수행하는 것과 관련한 여러 문제 — 대리권 혹은 대표성 문제와 절차 진행 방법 등 — 는 어떻게 규율할 것인지도 함께 논의되어야 할 것이다. 이 판결이 담고 있는 또 하나의 중요한 포인트는, 환경영향평가제도가 보호하는 환경이익이 '절차적'이 아니라 '실체적' 환경이익임을 밝히고 있다는 것이다.

▎참고문헌

허상수, "도롱뇽의 당사자능력과 환경소송", 판례연구 18집, 부산판례연구회 (2007)

5번 판례 원문 : 대법원 2006. 6. 2.자 2004마1148, 1149 결정 【공사착공금지가처분】

【이 유】

1. 신청인 도롱뇽의 당사자능력에 관하여

원심결정 이유를 기록에 비추어 살펴보면, 원심이, 도롱뇽은 천성산 일원에 서식하고 있는 도롱뇽목 도롱뇽과에 속하는 양서류로서 자연물인 도롱뇽 또는 그를 포함한 자연 그 자체로서는 이 사건을 수행할 당사자능력을 인정할 수 없다고 판단한 것은 정당하고, 위 신청인의 당사자능력에 관한 법리오해 등의 위법이 없다.

2. 나머지 신청인들의 피보전권리로서의 환경권 및 자연방위권에 관하여

신청인 내원사, 미타암, 도롱뇽의 친구들이 환경권에 관한 헌법 제35조 제 1 항이나 자연방위권 등 헌법상의 권리에 의하여 직접 피신청인에 대하여 고속철도 중 일부 구간의 공사 금지를 청구할 수는 없고 환경정책기본법 등 관계법령의 규정 역시 그와 같이 구체적인 청구권원을 발생시키는 것으로 해석할 수는 없으므로(대법원 1995. 5. 23.자 94마2218 결정 등 참조), 원심이 같은 취지에서 신청인 내원사, 미타암의 신청 중 환경권이나 자연방위권을 피보전권리로 하는 부분 및 신청인 도롱뇽의 친구들의 신청(위 신청인은 천성산을 비롯한 자연환경과 생태계의 보존운동 등을 목적으로 설립된 법인 아닌 사단으로서 헌법상 환경권 또는 자연방위권만을 이 사건 신청의 피보전권리로서 주장하고 있다)에 대하여는 피보전권리를 인정할 수 없다는 취지로 판단한 것은 정당하고, 환경권 및 그에 기초한 자연방위권의 권리성, 신청인 도롱뇽의 친구들의 당사자적격이나 위 신청인이 보유하는 법률상 보호되어야 할 가치 등에 관한 법리오해 등의 위법이 없다.

3. 신청인 내원사, 미타암의 나머지 재항고이유에 관하여

가. 신청인 내원사, 미타암은 천성산에 소재하는 전통사찰로서 천성산을 관통하는 길이 13.5km의 원효터널(아래에서는 이 사건 터널이라 한다)이 통과하는 인근에 위치하고 있으며 터널공사 구간 중 일부 토지의 소유권을 보유하는바, 위 신청인들은 이에 근거하여 그들의 환경적 이익에 대한 침해의 배제 또는 예방으로서 이 사건 터널의 착공금지를 구한다.

나. 헌법 제35조 제 1 항은 "모든 국민은 건강하고 쾌적한 환경에서 생활할 권

리를 가지며, 국가와 국민은 환경보전을 위하여 노력하여야 한다."고 규정하여 환경권을 헌법상의 기본권으로 명시함과 동시에 국가와 국민에게 환경보전을 위하여 노력할 의무를 부과하므로, 국가는 각종 개발·건설계획을 수립하고 시행함에 있어 소중한 자연환경을 보호하여 그 자연환경 속에서 살아가는 국민들이 건강하고 쾌적한 삶을 영위할 수 있도록 보장하고 나아가 우리의 후손에게 이를 물려줄 수 있도록 적극적인 조치를 취하여야 할 책무를 부담한다.

위 헌법정신을 구체화한 환경정책기본법은, 환경보전이 국민의 건강한 생활의 향유 뿐 아니라 국토의 보전과 항구적인 국가발전에 필수불가결한 요소로서 국가 및 환경관련 사업의 시행자가 환경을 보다 양호한 상태로 유지·조성하도록 노력하고, 환경을 이용하는 모든 행위를 할 때에는 환경보전을 우선적으로 고려함으로써 현재의 국민으로 하여금 그 혜택을 널리 향유할 수 있게 함과 동시에 미래의 세대에게 계승될 수 있도록 함을 기본이념으로 천명하고(제 2 조), 국가가 환경보전을 위하여 적절한 환경보전계획을 수립·시행할 책무(제 4 조 제 1 항) 및 개발사업에 따른 국토 및 자연환경의 훼손을 예방하기 위하여 당해 행정계획 또는 개발사업으로 인하여 환경에 미치는 해로운 영향을 최소화하도록 노력할 책무(제 7 조의2 제 3 항)를 부과하였다. 또한 자연환경보전법은 국가가 자연환경을 인위적 훼손으로부터 보호하고 다양한 자연생태계를 보전하기 위하여 강구·시행하여야 할 조치를 구체적으로 규정하면서 그 중 개발사업으로 인한 과도한 자연환경의 훼손 방지 및 자연의 지속가능한 이용을 위한 자연환경보전대책의 수립·시행을 첫 번째 책무로 부과하고 있다(제 1 조, 제 4 조 제 1 항). 나아가 철도산업발전기본법은 국가가 철도건설을 비롯한 철도산업시책을 수립·시행함에 있어 환경친화성이 높은 철도 건설을 위한 시책을 마련할 책무를(제 4 조 제 2 항), 습지보전법은 국가가 습지를 보전할 책무를(제 3 조 제 1 항) 규정하고 있다.

그런데 피신청인은 한국철도시설공단법에 의하여 설립된 특수법인으로서 법률상 국가로부터 독립된 지위를 갖지만, 국가의 기간산업인 고속철도의 건설과 관리를 목적으로 설립되어(제 1 조), 고속철도 건설사업을 행하고(제 7 조), 이사장을 비롯한 상임 임원의 임면을 건설교통부장관이 관장하고(제 9 조), 업무에 관하여 건설교통부장관의 지도·감독을 받고(제35조), 공단의 임원은 뇌물죄 등 벌칙적용에서 공무원으로 간주되고(제38조), 그 운영자금은 주로 정부의 출연에 의하며(제17조), 피신청인이 건설한 고속철도 및 관련시설 기타 일체의 자산은 국가에게 귀속된다(제24조 제 1 항). 소송피수계인인 한국고속철도건설공단을 규율한 구 한국고속철도건설공단법(2003. 7. 29. 법률 제6956호로 폐지되기 전의 것)의 관련 규정도 유사하였다(아래에서는 피신청인과 한국고속철도건설공단을 구분하지 않고 피신청인이라고만 한다).

따라서 피신청인은 법률상으로는 건설교통부장관의 고속철도 건설사업 실시계획승인처분에 기하여 고속철도사업을 시행하지만, 내부기관의 구성, 재정의 유지 등의 실질에서 볼 때 그 설립목적행위로서 대규모 국책사업인 고속철도건설사업을 시행함에 있어서는 국가 기관과 마찬가지의 기능을 수행한다고 할 수 있다.

다. 피신청인은 환경권의 이념과 목적을 적절하게 수행하기 위하여 다양한 정책도구들을 이용하여야 할 책무를 지고 있다. 그리고 환경이 파괴된 후에는 이를 회복하는 것이 현실적으로 어렵거나 상당한 시간과 비용이 소요되므로 환경을 보호하기 위하여는 사후적인 치유보다는 사전적인 예방이 보다 효율적일 것이다.

환경영향평가제도는 환경 등에 미치는 영향이 큰 사업에 대한 계획을 수립·시행함에 있어서 그 사업이 환경 등에 미칠 영향을 미리 평가·검토하여 건전하고 지속가능한 개발이 되도록 함으로써 쾌적하고 안전한 국민생활을 도모함을 목적으로 하는바(환경·교통·재해 등에 관한 영향평가법 제1조, 아래에서는 통합 영향평가법이라 한다), 피신청인이 국가의 전 지역에서 장기간 이루어지는 고속철도사업을 시행함에 있어서는 위 법에 의한 환경영향평가 절차를 충실히 이행할 뿐 아니라, 환경영향평가 절차를 이행한 후 환경영향평가시에 고려되지 아니하였던 새로운 사정이 발견되어 그 사업으로 인하여 사업시행구간 관련 토지 소유자들의 환경이익을 침해할 수 있다는 개연성이 나타나고 종전의 환경영향평가만으로는 그와 같은 개연성에 관한 우려를 해소하기에 충분하지 못한 경우에는 새로이 환경영향평가를 실시하거나 그 환경이익의 침해를 예방할 수 있는 적절한 조처를 먼저 행한 후 사업을 시행하도록 함이 상당하고, 위 토지소유자들은 이를 사법상의 권리로 청구할 수 있을 것이다.

그러나 <u>위와 같은 환경영향평가를 통한 권리의 보장은 실체적인 환경이익의 침해를 보호하기 위한 것이므로,</u> 비록 위와 같이 <u>다시 환경영향평가를 함이 상당한 새로운 사정들이 발생되었다고 하더라도, 그 새로운 사정들과 소유자들의 환경이익 사이에 구체적인 피해가능성 내지는 연관성을 인정하기 어려운 사정이 소명되는 경우 또는 새로운 환경영향평가 절차 내지는 이에 준하는 조사가 이루어지고 환경이익의 침해를 예방할 수 있는 적절한 방법이 보완되는 등 소유자들의 환경이익이 침해될 수 있다는 개연성이 부정될 만한 사정이 소명되는 경우에는 더 이</u>

상 사업시행의 중지를 구할 수는 없다.

라. 먼저, 피신청인이 이 사건 터널공사를 시행함에 있어 환경영향평가 등에 관한 법령상의 절차를 위반하여 위 신청인들의 환경이익을 침해하였는지 여부를 살펴본다.

사업자는 환경영향평가서 협의내용을 통보받은 후 7년 이내에 공사에 착공하지 아니하는 경우 환경영향평가서를 재작성하여 재협의절차를 이행하여야 하고 [구 환경영향평가법(1997. 12. 13. 법률 제5453호로 개정되기 전의 것) 제21조 제1항, 법시행령(1997. 12. 31. 대통령령 제15598호로 개정되기 전의 것) 제13조 제1항, 부칙 제3조, 통합 영향평가법 제23조 제1항, 법시행령 제23조 제1항, 부칙 제6조에 의하여 이 사건에 대하여는 7년의 기간이 적용된다], 환경부장관은 평가서의 협의 당시 예측하지 못한 환경영향이 당해 사업의 착공 후 발생하여 주변환경에 중대한 영향을 미치는 것으로 인정되어 사업자의 조치 등으로는 저감대책을 수립하기 곤란한 사업에 대하여는 한국환경정책평가연구원의 장에게 재평가를 요청할 수 있다(통합 영향평가법 제32조 제1항).

기록에 의하면, 피신청인은 1992. 4. 구 환경정책기본법(1993. 6. 11. 법률 제4567호로 개정되기 전의 것) 제26조에 의거하여 환경영향평가서를 작성하고 1993. 6. 11. 법률 제4567호로 환경영향평가법이 제정되자 1993. 9. 위 법에 따라 환경처장관에게 협의를 요청하여 1994. 11. 2. 협의내용을 통보받았으며 그로부터 7년이 경과하기 이전인 2000. 12. 환경영향평가대상사업으로서 부산역사 증축공사를 착공한 사실이 인정되므로, 피신청인이 환경영향평가서의 재작성·재협의절차를 이행하여야 할 절차적 의무를 위반하였다고 보기는 어렵다. 그리고 환경부장관이 통합 영향평가법 제32조 제1항에 의한 재평가 요청의 권한을 행사하지 아니하였다고 하여 곧바로 그 대상사업의 시행절차가 위법해진다거나 위 신청인들의 환경이익이 침해된다고 볼 수 없다. 또한 위 신청인들이 주장하는 것처럼 이 사건 터널공사의 시행에 있어 습지보전법 제13조 제5항에 의한 환경부장관의 승인 기타 전통사찰보존법·자연공원법 소정의 협의절차가 필요하다고 볼 수도 없다.

마. 다음으로, 이 사건 환경영향평가서 작성 후 종전에 고려되지 아니하였던 새로운 사정이 발견되어 위 신청인들의 환경이익이 침해될 수 있다는 개연성이 나타나고 종전의 환경영향평가만으로는 그 개연성에 관한 우려를 해소하기에 충

분하지 못하게 되었는지 여부를 살펴본다.

기록에 의하면, 이 사건 터널이 포함된 고속철도 기본노선은 1990. 6. 확정되었고 피신청인은 앞서 본 바와 같이 1992. 4. 환경영향평가서를 작성하여 1994. 11. 2. 협의절차를 마쳤는데, 위 환경영향평가서는 환경부 고시인 '환경영향평가서 작성 등에 관한 규정'에 의거하여 사업대상지역의 장축길이 2배 면적에 해당하는 구역을 조사하여 작성된 탓으로 그 구역 내에는 특별히 보호를 요하는 동·식물이 존재하지 않는다고 기술되었으나 그 구역을 넘어서 널리 천성산 일원에는 보호대상 동·식물이 살고 있는 사실, 환경영향평가서 작성 후 터널 건설예정지 밑에 법기단층을 비롯하여 종래 알지 못하였던 단층들이 확인됨과 아울러 위 단층들이 활성단층이라는 의견이 학계에서 제기된 사실, 또한 1998. 12. 31. 이 사건 터널에서 900m 떨어진 곳에 있는 무제치늪이 구 자연환경보전법(1999. 2. 8. 법률 제5876호로 개정되기 전의 것) 제18조 제2항 제2호, 법시행령(1999. 3. 26. 대통령령 제16201호로 개정되기 전의 것) 제20조 제4호에 의하여 자연생태계특별보호구역으로 지정되었고(1999. 2. 8. 법률 제5866호로 제정된 습지보전법 부칙 제2조 제1항에 의하여 위 구역은 습지보전법상의 습지보호구역으로 간주된다), 2002. 2. 1. 이 사건 터널에서 2,700m 떨어진 곳에 있는 화엄늪이 습지보전법 제8조 제1항에 의하여 습지보호구역으로 지정되었고, 천성산에는 그 외에도 보호가치가 높은 습지들이 존재하는 사실 등을 인정할 수 있다.

이와 같이 피신청인이 환경영향평가서의 작성·협의를 거쳤으나, 이 사건 터널이 통과하는 천성산에는 위 환경영향평가서에서 기술된 보호대상 동·식물들보다 많은 종류의 동·식물들이 있고 보호가치가 높은 습지들이 다수 분포되어 있었는데 위 환경영향평가서에는 이 점이 반영되지 아니하였고, 더욱이 이 사건 터널 공사구간만을 놓고 보면 환경영향평가에 관한 협의를 마친 때로부터 7년이 지나도록 공사가 착공되지 아니하여 그동안 일부 습지는 습지보호구역으로 지정되기까지 하였으며 공사구간 내에는 종래 알지 못하였던 단층이 발견되는 등 환경요인이 변경되었으므로, 위 환경영향평가서만으로는 이 사건 터널 공사로 인하여 천성산의 보호 대상 동·식물, 습지, 단층 등 환경요인에 미칠 수 있는 영향 및 피해의 정도와 이로 인하여 신청인의 환경이익이 침해될 수 있는 개연성에 관한 우려를 해소할 수 있는 자료로 삼기에 부족하다고 할 수 있다.

그러나 다른 한편, 기록에 의하면, 불교계와 환경단체 등이 위의 사정변경 및 이 사건 터널의 안전성 등을 문제 삼아 이 사건 터널 공사를 반대하고 나서자, 피신청인은 위 환경영향평가 이후의 사정변경 등을 종합적으로 고려하여 이 사건 터널이 환경에 미치는 영향을 다시 평가해 보기 위하여 2002. 6. 사단법인 대한지질공학회에 이 사건 터널이 통과하는 천성산 일원에 대하여 자연변화 정밀조사를 의뢰하였고 이 사건 제1심 계속 중이던 2003. 12. 이 사건 터널이 천성산의 환경 및 생태계에 별다른 영향을 미치지 않는다는 내용의 조사결과가 나온 사실, 그리고 환경부는 원심 계속 중인 2004. 10. 위 보고서 내용의 적정 여부에 관하여 한국환경정책평가연구원 및 국립환경연구원이 추천하는 3명의 전문가들에게 그 검토를 의뢰하였는데, 검토자들은 위 보고서가 적정한 절차와 방법을 통하여 작성되었으며 이 사건 터널 공사가 천성산의 환경에 별다른 영향을 미치지 않는다는 검토의견을 밝힌 사실, 또한 피신청인과 환경단체 등의 합의 하에 2003. 5. 국무총리 산하 '대안노선 및 기존노선 재검토위원회'가 구성되어 약 2개월 동안의 검토 끝에 이 사건 터널을 통과하는 기존의 노선을 유지하는 것이 타당하다는 보고서가 제출된 사실, 이 사건 터널은 무제치늪 및 화엄늪과는 상당한 수평거리 내지는 수직거리를 둔 지점을 지나게 되어 있고 위의 조사결과는 위 습지들이 모두 강수에 의하여 수량이 유지되며 습지와 하부 암반 사이에 불투수층이 존재하여 이 사건 터널 건설로 인하여 습지의 수위 또는 수량에 증감을 가져올 가능성이 적다고 하는 내용을 담고 있으며, 피신청인은 이 사건 터널의 원안설계 단계를 거쳐 대안설계 단계에 이르러서 그동안 문제가 제기되었던 새로 발견된 단층대 등의 지질적 특성을 파악하여 이를 설계 및 공법에 반영하기도 한 사실을 인정할 수 있다.

그렇다면 위 신청인들의 주장과 같이 여전히 활성 단층과 관련하여 공사의 안전성 및 지하수 유출 가능성, 무제치늪과 화엄늪 기타 천성산 일원의 여러 습지들 보호 등의 문제가 제기될 수는 있으나, 피신청인은 위 신청인들이 주장하는 바와 같은 환경 침해에 관한 우려를 해소하기 위하여 비록 법령상의 환경영향평가절차는 아니지만 사단법인 대한지질공학회에 의뢰하여 자연변화 정밀조사를 실시하였고, 그 조사결과 및 환경부의 의뢰로 이루어진 한국환경정책평가연구원 등의 검토의견에 의하면 이 사건 터널 공사가 천성산의 환경에 별다른 영향을 미치지 않는 것으로 조사된 사정 등을 모두 종합하여 보면, 현재로서는 이 사건 터널 공사로 인하여 위 신청인들의 환경이익이 침해될 수 있는 개연성에 관한 소명이 부족하다고 인정된다.

바. 그러므로 위 신청인들의 이 부분 신청을 기각한 원심의 조치는 결과적으로 정당하고 통합 영향평가법 등 관련 법령들의 해석 및 환경이익의 침해에 관한 법리를 오해하여 원심결정에 영향을 미친 위법은 없다.

6. 김포공항 사건

대법원 2005. 1. 27. 선고 2003다49566 판결【손해배상(기)】
원 심: 서울고등법원 2003. 8. 20. 선고 2002나55207 판결
제 1 심: 서울중앙지방법원 2002. 8. 20. 선고 2000가합29887 판결

1. 당사자	【원고, 피상고인】 원고1 외 2인 【피고, 피상고인】 대한민국
2. 주요쟁점	영조물 설치 또는 하자에 관한 수인한도의 판단 기준 및 이른바 "위험에의 접근" 이론에 따른 면책 또는 감경을 인정할 것인지 여부
3. 사건의 경과	공항소음으로 인한 손해배상청구와 관련하여 1심과 원심은 원고들의 청구를 일부 인용(거주일수 1일당 1,000원의 위자료 인정, 방음대책이 이루어진 경우 50% 감액, 소음피해지역 지정 고시일 이후 전입한 경우 30% 감액)하였고, 피고가 상고
4. 결 과	상고 기각
5. 관련조문	국가배상법 제 5 조 제 1 항, 민법 제750조
6. 관련판례	대법원 2004. 3. 12. 선고 2002다14242 판결 대법원 2010. 11. 25. 선고 2007다74560 판결

▎판시사항

1. '영조물 설치 또는 하자'에 관한 제 3 자의 수인한도의 판단 기준

2. 소음 등을 포함한 공해 등의 위험지역으로 이주하여 거주하는 경우, 가해자의 면책 여부 및 손해배상액 감액에 대한 판단 기준

▎사실관계

김포공항 인근 주민들이 공항에서 발생하는 소음 등으로 인하여 수면방해, 대화방해, 시청방해 등 정신적 고통을 겪고 있다고 주장하며 손해배상을 청구한 사안

▎판결요지

1. '영조물의 설치 또는 하자'에 관한 제 3 자의 수인한도의 기준을 결정함

에 있어서는 일반적으로 침해되는 권리나 이익의 성질과 침해의 정도뿐만 아니라 침해행위가 갖는 공공성의 내용과 정도, 그 지역환경의 특수성, 공법적인 규제에 의하여 확보하고자 하는 환경기준, 침해를 방지 또는 경감시키거나 손해를 회피할 방안의 유무 및 그 난이 정도 등 여러 사정을 종합적으로 고려하여 구체적 사건에 따라 개별적으로 결정하여야 한다.

2. 소음 등을 포함한 공해 등의 위험지역으로 이주하여 들어가서 거주하는 경우와 같이 위험의 존재를 인식하면서 그로 인한 피해를 용인하며 접근한 것으로 볼 수 있는 경우에, 그 피해가 직접 생명이나 신체에 관련된 것이 아니라 정신적 고통이나 생활방해의 정도에 그치고 그 침해행위에 고도의 공공성이 인정되는 때에는, 위험에 접근한 후 실제로 입은 피해 정도가 위험에 접근할 당시에 인식하고 있었던 위험의 정도를 초과하는 것이거나 위험에 접근한 후에 그 위험이 특별히 증대하였다는 등의 특별한 사정이 없는 한 가해자의 면책을 인정하여야 하는 경우도 있을 수 있을 것이나, 일반인이 공해 등의 위험지역으로 이주하여 거주하는 경우라고 하더라도 위험에 접근할 당시에 그러한 위험이 존재하는 사실을 정확하게 알 수 없는 경우가 많고, 그 밖에 위험에 접근하게 된 경위와 동기 등의 여러 가지 사정을 종합하여 그와 같은 위험의 존재를 인식하면서 굳이 위험으로 인한 피해를 용인하였다고 볼 수 없는 경우에는 손해배상액의 산정에 있어 형평의 원칙상 과실상계에 준하여 감액사유로 고려하는 것이 상당하다.

▎평 석

대법원은 이른바 영조물의 기능적 하자 이론을 영조물의 이용자가 아닌 제3자에 대해서까지 원용하면서 수인한도를 넘는 피해를 입힌 경우 그 설치 관리자에게 손해를 배상할 책임이 있다고 판단하였다. 그 수인한도의 기준으로는 1심 및 원심에서 원용한 항공법시행규칙 제271조상의 공항소음피해예상지역(제3종구역)으로 분류되는 지역 중 85 WECPNL 이상의 소음이 발생하는 경우를 일응의 기준으로 삼았다. 또한, 위 판결에서는 이른바 위험에의 접근 이론과 관련하여 이를 면책의 사유로 삼을 수는 없으나 감경의 사유로 삼을 수 있다는 설시를 하였다. 이와 같은 판단은 이후 공항소음에 관한 하급심 판결의 전거가 되고 있다.

❙ 참고문헌

조홍식, "상린관계의 법정책: 항공기소음을 글감으로 하여," 법학 50권 3호 (152호), 서울대학교 법학연구소 (2009)

6번 판례 원문: 대법원 2005. 1. 27. 선고 2003다49566 판결 【손해배상(기)】

【이 유】

1. 국가배상법 제5조 제1항에 정하여진 '영조물의 설치 또는 관리의 하자'라 함은 공공의 목적에 공여된 영조물이 그 용도에 따라 갖추어야 할 안전성을 갖추지 못한 상태에 있음을 말하고(대법원 2002. 8. 23. 선고 2002다9158 판결 참조), 여기서 안전성을 갖추지 못한 상태, 즉 타인에게 위해를 끼칠 위험성이 있는 상태라 함은 당해 영조물을 구성하는 물적 시설 그 자체에 있는 물리적·외형적 흠결이나 불비로 인하여 그 이용자에게 위해를 끼칠 위험성이 있는 경우뿐만 아니라, 그 영조물이 공공의 목적에 이용됨에 있어 그 이용 상태 및 정도가 일정한 한도를 초과하여 제3자에게 사회통념상 수인할 것이 기대되는 한도를 넘는 피해를 입히는 경우까지 포함된다고 보아야 할 것이다(대법원 2004. 3. 12. 선고 2002다14242 판결 참조).

그리고 수인한도의 기준을 결정함에 있어서는 일반적으로 침해되는 권리나 이익의 성질과 침해의 정도뿐만 아니라 침해행위가 갖는 공공성의 내용과 정도, 그 지역환경의 특수성, 공법적인 규제에 의하여 확보하려는 환경기준, 침해를 방지 또는 경감시키거나 손해를 회피할 방안의 유무 및 그 난이 정도 등 여러 사정을 종합적으로 고려하여 구체적 사건에 따라 개별적으로 결정하여야 할 것이다.

원심판결 이유에 의하면, 원심은 설령 피고가 김포공항을 설치·관리함에 있어 항공법령에 따른 항공기 소음기준 및 소음대책을 준수하려는 노력을 경주하였다고 하더라도, 김포공항이 항공기 운항이라는 공공의 목적에 이용됨에 있어 그와 관련하여 배출하는 소음 등의 침해가 인근 주민인 선정자들에게 통상의 수인한도를 넘는 피해를 발생하게 하였다면 김포공항의 설치·관리상에 하자가 있다고 보아야 할 것이라고 전제한 다음, 그 판시와 같은 여러 사정을 종합적으로 고려하면 이 사건 김포공항 주변지역의 소음과 관련하여서는 항공법시행규칙 제271조상의 공항소음피해예상지역(제3종구역)으로 분류되는 지역 중 85 WECPNL 이상의 소음이 발생하는 경우에는 사회생활상 통상의 수인한도를 넘는 것으로서 위법성을 띠는 것으로 봄이 상당하다고 할 것인데, 이 사건 선정자들의 거주지역이 이에 해당하므로 김포공항을 설치·관리하는 국가는 이에 대하여 손해를 배상할 책임이 있다고 판단하였다.

김포공항과 그 주변지역이 국내의 다른 민간공항이나 군용공항과 구별되는 특성을 기록에 비추어 살펴보면 원심이 구체적 사건인 김포공항 주변지역에 설정한 수인한도의 기준을 그 판시와 같이 정하고 이에 기하여 김포공항을 설치·관리하는 국가의 손해배상책임을 인정한 판단은 위 법리에 따른 것으로서 수긍이 가고, 거기에 상고이유에서 주장하는 바와 같이 영조물 설치·관리상의 하자에 관한 법리오해, 소음피해로 인한 수인한도에 관한 법리오해 등의 위법이 있다고 할 수 없다.

2. 원심판결 이유에 의하면, 원심은 피고가 선정자들 중 일부에 대하여 주택방음공사 등 항공기소음대책을 실시하였다고 하더라도, 일상생활의 상당 부분은 방음시설된 실내뿐만 아니라 실외에서도 이루어지는 점, 주택방음공사를 실시하였다고 하여 소음이 완전히 차단되는 것이 아닌 점, 실내를 밀폐하였을 경우 냉방이나 환기시설이 필요하고 이러한 시설의 유지를 위해서는 비용이 필요한 점 등을 고려하면, 주택방음공사를 실시한 이후에는 아무런 피해가 없다고 단정하기는 어렵고 다만 그 기간에 대하여 손해의 상당액을 감액함이 타당하다고 판단하여 피고의 면책주장을 배척하였다.

기록에 비추어 살펴보면, 원심이 피고의 이 부분 면책주장을 배척한 조치는 정당한 것으로 수긍이 가고, 거기에 상고이유에서 주장하는 바와 같이 손해배상책임에 관한 법리오해 등의 위법이 있다고 할 수 없다.

3. 소음 등을 포함한 공해 등의 위험지역으로 이주하여 들어가서 거주하는 경우와 같이 위험의 존재를 인식하면서 그로 인한 피해를 용인하며 접근한 것으로 볼 수 있는 경우에, 그 피해가 직접 생명이나 신체에 관련된 것이 아니라 정신적 고통이나 생활방해의 정도에 그치고 그 침해행위에 고도의 공공성이 인정되는 때에는, 위험에 접근한 후 실제로 입은 피해 정도가 위험에 접근할 당시에 인식하고 있었던 위험의 정도를 초과하는 것이거나 위험에 접근한 후에 그 위험이 특별히 증대하였다는 등의 특별한 사정이 없는 한 가해자의 면책을 인정하여야 하는 경우도 있을 수 있을 것이나(대법원 2004. 3. 12. 선고 2002다14242 판결 참조), 일반인이 공해 등의 위험지역으로 이주하여 거주하는 경우라고 하더라도 위험에 접근할 당시에 그러한 위험이 존재하는 사실을 정확하게 알 수 없는 경우가 많고, 그 밖에 위험에 접근하게 된 경위와 동기 등의 여러 가지 사정을 종합하여 그와 같은 위험의 존재를 인식하면서 굳이 위험으로 인한 피해를 용인하였다고 볼 수 없

는 경우에는 손해배상액의 산정에 있어 형평의 원칙상 과실상계에 준하여 감액사유로 고려하는 것이 상당하다.

원심판결 이유에 의하면, 원심은 서울지방항공청장이 김포공항 주변에 대하여 소음피해지역 및 소음피해예상지역을 분류하여 지정·고시한 1993. 6. 21. 이후에 자신들의 주거지에 전입한 일부 선정자들이 항공기 소음으로 인한 피해를 인식하였거나 과실로 인식하지 못한 것만 가지고 소음으로 인한 피해를 용인하였다고 보기는 어렵고, 또한 그것만으로 피고의 위법한 침해행위가 위법하지 않게 된다거나 책임이 소멸한다고는 볼 수 없으며, 다만 손해배상액의 산정에 있어서 형평의 원칙상 위자료의 감액사유로 고려함이 상당하다고 판단하여 이 부분 피고의 면책주장도 배척하였다.

기록과 앞서 본 법리에 비추어 살펴보면, 원심의 판단은 정당한 것으로 수긍이 가고, 거기에 상고이유에서 주장하는 바와 같이 손해배상책임의 면제에 관한 법리오해 등의 위법이 있다고 할 수 없다.

7. 지역성과 수인한도

대법원 2004. 10. 28. 선고 2002다63565 판결 【손해배상(기)】

원 심: 서울고등법원 2002. 10. 2. 선고 2001나50731 판결

제 1 심: 의정부지방법원 2001. 7. 6. 선고 2007가합444 판결

1. 당 사 자	【원고, 피상고인】 원고1 외 10인 【피고, 상고인】 피고
2. 주요쟁점	일조방해행위가 수인한도를 넘었는지 여부를 판단하기 위한 지역성의 결정 기준 및 그 판단에 포함되는 요소
3. 사건의 경과	원심이 가해건물에 의한 일조방해만을 감정한 분석연구서에 의하여 일조방해 정도를 인정하고, 주거지역에서의 수인한도를 적용하여 불법행위책임을 인정하자 피고가 상고
4. 결 과	파기 환송
5. 관련조문	민법 제 2 조 제 1 항, 제750조
6. 관련판례	대법원 2010. 4. 29. 선고 2008다34842 판결

❙ 판시사항

일조이익의 침해를 이유로 한 손해배상청구가 인정되기 위한 요건

❙ 사실관계

건물이 들어선 곳의 지역성과 다른 기존의 건물에 의하여 일조방해를 받을 가능성 등이 있다는 사정을 고려하지 아니한 채 신축 건물로 인한 일조방해의 정도가 수인한도를 넘어 위법하다고 판단한 원심판결을 파기한 사안

❙ 판결요지

일조피해를 받는 건물이 이미 다른 기존 건물에 의하여 일조방해를 받고 있는 경우 구체적인 수인한도를 판단하기 위하여는 그 일조방해의 정도와 신축 건물에 의한 일조방해와의 관련성 등도 고려하여 신축 건물에 의한 일조방해가 수인한도를 넘었는지 여부를 판단하여야 한다.

평 석

위 판결은 일반상업지역이라는 지역성과 일조권의 공동침해가 피해건물의 수인한도 결정에 영향을 줄 수 있는 것이므로 일조권침해로 인한 손해배상 청구사건에서 수인한도를 결정함에 있어 위와 같은 사정을 고려하여야 한다고 판시한 점에 의의를 갖는다. 다만, 그러한 점이 수인한도에 어느 정도의 영향을 미치고, 기존 침해로 인한 불이익은 누가 부담하게 될 것인가에 대해서는 명확히 밝히지 않았다는 한계가 있다.

한편, 복수건물에 의한 일조침해의 경우에, 학설은 ① 가해건물들이 동시에 축조되는 경우에는 건축주 모두가 공동불법행위책임을 부담하게 되고, ② 가해건물이 기존 건물의 일조침해를 심화시켰지만 신축 가해건물의 독자적인 일조침해 정도는 수인한도를 넘지 않을 경우에는 신축건물의 소유자에게만 블법행위책임이 있으나 그 책임은 자기 건물의 기여분에 한다 하는 견해가 유력하다.

참고문헌

이인규, “구 도시계획법상 일반상업지역과 일조권 침해에 있어 수인한도,” 대법원판례해설 51호, 법원도서관 (2005)

8. 일조방해로 인한 손해배상사건
대법원 2004. 9. 13. 선고 2003다64602 판결【손해배상(기)】
원 심: 서울고등법원 2003. 10. 29. 선고 2002나22016 판결
제 1 심: 서울지방법원 2002. 4. 2. 선고 99가합59608 판결

1. 당 사 자	【원고, 피상고인】 원고1 외 29인 【피고, 상고인】 주식회사 대○
2. 주요쟁점	일조방해행위가 사회통념상 수인한도를 넘었는지 여부에 관한 판단 기준
3. 사건의 경과	원심에서 '동지를 기준으로 오전 9시부터 오후 3시까지 사이의 6시간 중 일조시간이 연속하여 2시간 이상 확보되는 경우 또는 동지를 기준으로 오전 8시부터 오후 4시까지 사이의 8시간 중 일조시간이 통틀어 4시간 이상 확보되는 경우에는 일응 수인한도를 넘지 않는 것으로, 위 두 가지 중 어느 것에도 속하지 않는 일조방해의 경우에는 일응 수인한도를 넘는 것으로 보아야 한다'는 이유로 일조방해로 인한 손해배상책임을 인정하자 피고가 상고
4. 결 과	일부(조망이익 침해에 관한 판단 부분) 파기 환송, 나머지 상고 기각
5. 관련조문	민법 제 2 조 제 1 항, 제750조
6. 관련판례	대법원 1999. 1. 26. 선고 98다23850 판결 대법원 2000. 5. 16. 선고 98다56997 판결

❙ 판시사항

1. 건물 신축으로 인한 일조방해행위가 위법한 가해행위로 평가되는 경우
2. 일조방해행위가 사회통념상 수인한도를 넘었는지 여부에 관한 판단 기준

❙ 사실관계

남쪽 부지에 5층 높이의 기존 아파트가 철거되고 16층 내지 21층 아파트가 신축됨에 따라 인접지에 거주하는 원고들의 주거에서 동지를 기준으로 한 일조시간이 감소하게 되자 그 일조방해가 수인한도를 넘어 불법행위를

구성한다고 주장하며 손해배상을 청구한 사안

▎판결요지

1. 건물의 신축으로 인하여 그 이웃 토지상의 거주자가 직사광선이 차단되는 불이익을 받은 경우에 그 신축행위가 정당한 권리행사로서의 범위를 벗어나 사법상 위법한 가해행위로 평가되기 위해서는 그 일조방해의 정도가 사회통념상 일반적으로 인용되는 수인한도를 넘어야 한다.

2. 일조방해행위가 사회통념상 수인한도를 넘었는지 여부는 피해의 정도, 피해이익의 성질 및 그에 대한 사회적 평가, 가해 건물의 용도, 지역성, 토지이용의 선후관계, 가해 방지 및 피해 회피의 가능성, 공법적 규제의 위반 여부, 교섭 경과 등 모든 사정을 종합적으로 고려하여 평가하여야 하고, 건축 후에 신설된 일조권에 관한 새로운 공법적 규제 역시 이러한 위법성의 평가에 있어서 중요한 자료가 될 수 있다.

▎평 석

위 판결은 원심의 일조시간에 관한 수인한도 판단 기준(동지 기준 연속일조, 총일조 기준)을 유지하였고, 이 판결 이후 동지일을 기준으로 오전 9시부터 오후 3시까지 사이의 6시간 중 일조시간이 연속하여 2시간 이상 확보되지 않고 오전 8시부터 오후 4시까지 사이의 8시간 중 일조시간이 통틀어 4시간 이상 확보되지 않는 경우 일응 수인한도를 넘는 일조방해에 해당하는 것으로 보는 실무례가 확립되었다. 다만, 위 판결요지에서도 알 수 있듯이 일조시간에 관한 사항은 수인한도 평가의 한 기준이므로 다른 기준들에 대해서도 충실한 주장·입증이 이루어져야 할 것이다.

▎참고문헌

이동원, "일조권 침해에 관한 판례의 동향," 민사법학 27호, 한국민사법학회 (2005. 3.)

8번 판례 원문 : 대법원 2004. 9. 13. 선고 2003다64602 판결 【손해배상(기)】

【이 유】

1. 가. 원심의 판단

원심판결 이유에 의하면 원심은, 그 채용 증거에 의하여, 서○아파트재건축조합(이하 '소외 조합'이라 한다)은 서울 구로구 고척2동 296 대 16,301㎡와 같은 동 301 대 12,437.2㎡ 및 그 지상 건물의 소유자 432세대를 조합원으로 하여 오래된 불량주택을 철거하고 재건축사업을 시행하기 위하여 주택건설촉진법에 의해 설립된 주택조합으로서, 위 토지 위에 건립되었던 5층 아파트를 철거하고 그 지상에 16층 내지 21층의 아파트 13동(이하 '이 사건 아파트'라 한다)을 건축하기 위하여 피고에게 1995.경 이 사건 아파트 신축공사를 도급한 사실, 원고들은 이 사건 아파트의 북쪽에 위치한 서울 구로구 고척동 161, 162 일대 토지 및 지상건물의 소유자들로서 이 사건 아파트 공사기간 동안 판시와 같이 거주하고 있었던 사실, 피고는 1998. 말경 이 사건 아파트를 완공하였는데, 완공 후의 이 사건 아파트는 북위 37.5°에 자리를 차지하고, 경사진 언덕을 따라 쌓여진 여러 단의 축대 위에 들어서 있으며 소방도로 하나를 사이에 두고 원고들의 주택과 나란히 이어져 있는데, 각 동의 최고 높이는 101동 52.8m, 102동 62.9m, 103동 57.4m, 104동 65.7m, 105동 65.7m, 106동 62.9m, 107동 60.2m, 108동 62.9m, 109동 62.9m, 110동 54.6m, 111동 62.9m, 112동 51.7m, 113동 51.7m인 사실, 원고들 소유의 건물들은 판시와 같이 이 사건 아파트의 북서쪽 방면에 혼재하여 들어서 있으며 이 사건 아파트보다 13~15m 정도 낮은 저지대에 건립되어 있는 사실, 이 사건 아파트가 들어서기 전에 있던 서○아파트는 그 층수가 5층에 불과하여 원고들 소유 각 건물의 일조는 비교적 양호한 편이었는데, 이 사건 아파트가 완공된 후 이 사건 아파트의 그림자가 동지를 기준으로 오전 9시경 388.56m, 같은 날 오후 2시경 185.76m나 되어, 위 아파트 정북 방향으로 약 141.43m 안에 위치하며 저지대에 놓인 원고들 소유의 건물들은 동지를 기준으로 한 일조시간이 판시 일조시간표 기재와 같이 줄어들었으며, 그 이외에 일사량, 조망 등도 이 사건 아파트가 들어선 후 판시와 같이 감소된 사실 등을 인정한 다음, 건물의 신축으로 인하여 그 이웃 토지상의 거주자가 직사광선이 차단되는 불이익을 받은 경우에 그 신축행위가 정당한 권리행사로서의 범위를 벗어나 사법상 위법한 가해행위로 평가되기 위해서는 그 일조방해의 정도가 사회통념상 일반적으로 인용하는 수인한도를 넘는 것이어야 한다고 전제한 후, 판시 관계 법령의 규정과 위 인정 사실에 비추어, 동지를 기준으로 오전 9시부터 오후 3시까지 사이의 6시간 중 일조시간이 연속하여 2시간 이상 확보되는 경우 또는 동지를 기준으로 오전 8시부터 오후 4시까지 사이의 8시간 중 일조시간이 통틀어 4시간 이상 확보되는 경우에는 일응 수인한도를 넘지 않는 것으로, 위 두 가지 중 어느 것에도 속하지 않는 일조방해의 경우에는 일응 수인한도를 넘는 것으로 보아야 하는데, 원고 윤○순, 조○면, 김○현, 김○정, 박○호, 강○석, 류○환, 이○목, 정○현(이하 '원고 윤○순 등'이라 한다)의 경우에는 이 사건 아파트의 건축으로 인하여 위 두 가지 중 어느 것에도 속하지 아니하는 일조방해를 받아 그 수인한도를 넘었다고 할 것이고, 또한 원고들 중 일조방해가 수인한도를 넘는 위 원고들과 원고 정○설을 제외한 나머지 원고들(이하 '나머지 원고들'이라 한다)은 일조의 측면에서 볼 때 위와 같은 일응의 기준을 넘지 않는 제한만 받게 되었음에 불과하다고 하더라도, 이 사건 아파트가 언덕 위에 위치하고 있어 재건축 이후 원고들의 주택에서의 천공률(거실 중간 부분에 서서 창문을 통하여 외부를 바라볼 때 창문을 통해 보이는 하늘의 면적이 창문면적에서 차지하는 비율을 말한다)이 현저하게 낮아져 조망에 있어서도 상당한 장해를 받는 점, 이 사건 아파트의 신축으로 새로운 일조방해나 조망의 제한을 받게 된 경우는 그 고통이 더 크므로 단순한 일조시간뿐만 아니라 일조시간의 감소비율, 조망의 제한 정도 등도 나머지 원고들의 수인한도를 평가함에 있어서 고려함이 상당한 점, 이 사건 아파트의 신축 추진 당시 소외 조합은 각 동의 배치를 원고들의 일조 등에 침해가 가장 적은 동향으로 배치할 듯한 태도를 보이다가 결국 남향으로 신축한 점, 이 사건 아파트의 신축으로 소외 조합원들은 분양면적을 넓히고 대부분의 아파트를 남향으로 배치함으로써 쾌적한 주거를 마련하고, 피고도 잔여 세대수를 확보하고 쉽게 일반 분양을 마쳐 투자자금을 수월하게 회수하는 이익을 얻었으나, 원고들은 이 사건 아파트의 북쪽에 위치하고 있어 별다른 혜택을 얻지 못한 점 등을 종합하여, 비록 도시 인구의 과밀화 및 토지의 효율적 이용을 위한 아파트의 고층화가 필요하다는 점을 감안하더라도, 나머지 원고들도 이 사건 아파트 신축으로 인하여 수인한도를 넘는 일조방해, 조망권 제한 등의 피해를 입은 것으로 보아야 한다고 판단하였다.

나. 대법원의 판단

(1) 원고 윤○순 등에 관한 부분에 대하여

건물의 신축으로 인하여 그 이웃 토지상의 거주자가 직사광선이 차단되는 불이익을 받은 경우에 그 신축행위가 정당한 권리행사로서의 범위를 벗어나 사법상 위법한 가해행위로 평가되기 위해서는 그 일조방해의 정도가 사회통념상 일반적으로 인용하는 수인한도를 넘어야 하고, 건축법 등 관계 법령에 일조방해에 관한 직접적인 단속법규가 있다면 그 법규에 적합한지 여부가 사법상 위법성을 판단함에 있어서 중요한 판단자료가 될 것이지만, 이러한 공법적 규제에 의하여 확보하고자 하는 일조는 원래 사법상 보호되는 일조권을 공법적인 면에서도 가능한 한 보장하려는 것으로서 특별한 사정이 없는 한 일조권 보호를 위한 최소한도의 기준으로 봄이 상당하고, 구체적인 경우에 있어서는 어떠한 건물 신축이 건축 당시의 공법적 규제에 형식적으로 적합하다고 하더라도 현실적인 일조방해의 정도가 현저하게 커 사회통념상 수인한도를 넘은 경우에는 위법행위로 평가될 수 있으며, 일조방해행위가 사회통념상 수인한도를 넘었는지 여부는 피해의 정도, 피해이익의 성질 및 그에 대한 사회적 평가, 가해 건물의 용도, 지역성, 토지이용의 선후관계, 가해 방지 및 피해 회피의 가능성, 공법적 규제의 위반 여부, 교섭 경과 등 모든 사정을 종합적으로 고려하여 판단하여야 하고, 건축 후에 신설된 일조권에 관한 새로운 공법적 규제 역시 이러한 위법성의 평가에 있어서 중요한 자료가 될 수 있다(대법원 1999. 1. 26. 선고 98다23850 판결, 2000. 5. 16. 선고 98다56997 판결, 2002. 12. 10. 선고 2000다72213 판결 등 참조).

위와 같은 법리와 기록에 비추어 살펴보면, 원심의 원고 윤○순 등에 대한 위와 같은 사실인정과 판단은 정당한 것으로 수긍이 가고, 거기에 상고이유로 주장하는 바와 같이 일조권 침해로 인한 불법행위책임에 관한 법리를 오해하는 등의 위법이 있다고 할 수 없다.

(2) 나머지 원고들에 관한 부분에 대하여

그러나 나머지 원고들에 대하여, 일조방해가 수인한도를 넘지는 않았으나 이 사건 아파트의 신축으로 인한 조망의 제한 등을 함께 고려하여 볼 때 수인한도를 넘는 피해를 입었다고 본 원심의 판단은 다음과 같은 이유로 수긍하기 어렵다.

어느 토지나 건물의 소유자가 종전부터 향유하고 있던 경관이나 조망이 그에게 하나의 생활이익으로서의 가치를 가지고 있다고 객관적으로 인정된다면 법적인 보호의 대상이 될 수 있는 것인바(대법원 1997. 7. 22. 선고 96다56153 판결 등 참조), 이와 같은 조망이익은 원칙적으로 특정의 장소가 그 장소로부터 외부를 조망함에 있어 특별한 가치를 가지고 있고, 그와 같은 조망이익의 향유를 하나의 중요한 목적으로 하여 그 장소에 건물이 건축된 경우와 같이 당해 건물의 소유자나 점유자가 그 건물로부터 향유하는 조망이익이 사회통념상 독자의 이익으로 승인되어야 할 정도로 중요성을 갖는다고 인정되는 경우에 비로소 법적인 보호의 대상이 되는 것이라고 할 것이고, 그와 같은 정도에 이르지 못하는 조망이익의 경우에는 특별한 사정이 없는 한 법적인 보호의 대상이 될 수 없다고 할 것이다.

그리고 조망이익이 법적인 보호의 대상이 되는 경우에 이를 침해하는 행위가 사법상 위법한 가해행위로 평가되기 위해서는 조망이익의 침해 정도가 사회통념상 일반적으로 인용하는 수인한도를 넘어야 하고, 그 수인한도를 넘었는지 여부는 조망의 대상이 되는 경관의 내용과 피해건물이 입지하고 있는 지역에 있어서 건조물의 전체적 상황 등의 사정을 포함한 넓은 의미에서의 지역성, 피해건물의 위치 및 구조와 조망상황, 특히 조망과의 관계에서의 건물의 건축·사용목적 등 피해건물의 상황, 주관적 성격이 강한 것인지 여부와 여관·식당 등의 영업과 같이 경제적 이익과 밀접하게 결부되어 있는지 여부 등 당해 조망이익의 내용, 가해건물의 위치 및 구조와 조망방해의 상황 및 건축·사용목적 등 가해건물의 상황, 가해건물 건축의 경위, 조망방해를 회피할 수 있는 가능성의 유무, 조망방해에 관하여 가해자측이 해의(害意)를 가졌는지의 유무, 조망이익이 피해이익으로서 보호가 필요한 정도 등 모든 사정을 종합적으로 고려하여 판단하여야 한다.

이 사건 아파트는 원고들 소유의 주택보다 남쪽방향으로 13~15m 정도 높은 언덕 위에 있는 서울 구로구 고척2동 296 대 16,301㎡와 같은 동 301 대 12,437.2㎡ 및 그 지상 건물의 소유자 432세대가 재건축조합을 설립하여 노후된 5층 아파트를 철거하고 그 지상에 건축한 아파트로서 16층 내지 21층의 아파트 13동으로 구성되어 있음은 앞서 본 바와 같고, 기록에 의하면, 원고들의 주택 주위에는 특별히 경관으로서 내세울 만한 것이 없고, 이 사건 아파트 건축으로 인하여 원고들의 주택에서 남쪽으로의 조망이 종전보다 나쁘게 되었으나, 이 사건 아파트가 건축되기 전부터 원고들 소유의 주택에서 남쪽을 바라볼 때 대부분 위 언덕 및 그 위에 있던 이 사건 아파트 건축 전의 5층 아파트 단지에 의하여 시야가 가로막혀 남쪽으로의 조망이 양호하지 못하였던 사실을 알 수 있으며, 이 사건 아파트가 13동의 987세대에 이르는 비교적 대규모의 단지로서 원고들 주택보다 13~15m 정도 높은 언덕 위에 건축되었다는 점을 고려하면 건축 당시 아파트의 방향이나 높이를 원고들의 조망에 유리하도록 배려할 여지가 있었다고 하더라도 단지 자체의 규모, 단지 배치의 합리성, 동 사이에 확보되어야 할 공간 등에 비추어 보면 원고들의 조망이 그리 크게 개선되었을 것으로 보이지는 아니하는바, 위와 같이 원고들의 주택이 경관과 특별한 관계가 없고, 단순히 원고들의 주택가에 이 사건 아파트가 건축되어 기존 건물에서 바라다 보이는 전망이 종전보다 나쁘게 되었음에 불과하므로, 나머지 원고들의 경우 원심이 일조방해의 정도가 수인한도를 넘지 않았다고 보는 이상, 나머지 원고들의 조망이익을 법적인 보호의 대상으로 할 만한 특별한 사정이 있다고 보기는 어렵고, 또한 나머지 원고들의 조망이익이 법적인 보호의 대상이 될 만한 특별한 사정이 있다고 하더라도 앞에서 본 수인한도의 초과 여부에 관한 판단 기준에 비추어 볼 때, 원심이 내세우는 사정만으로는 조망이익에 대한 침해의 정도가 그 수인한도를 벗어난 것으로 보기도 어렵다고 할 것이고, 판시와 같이 일조방해와 조망이익의 침해 등 원심이 내세운 사정들을 모두 고려한다고 하더라도 이 사건 아파트의 건축으로 인하여 나머지 원고들에 대한 일조방해와 조망이익의 침해 정도가 사회통념상 일반적으로 인용하는 수인한도를 넘었다고 보기는 어렵다고 할 것이다.

그럼에도 불구하고, 원심은 나머지 원고들의 조망이익이 법적인 보호의 대상이 됨을 전제로 하여, 나머지 원고들이 이 사건 아파트의 신축으로 인하여 수인한도를 넘는 일조방해, 조망권 제한 등의 피해를 입게 되었다고 판단하였으니, 원심에는 조망이익의 침해로 인한 불법행위책임의 성립 등에 관한 법리를 오해하거나 조망이익의 침해 정도가 사회통념상 일반적으로 인용하는 수인한도를 넘었는지 여부에 관한 심리를 다하지 아니함으로써 판결 결과에 영향을 미친 위법이 있다고 할 것이다. 이 부분 상고이유의 주장은 이유 있다.

2. 원심판결 이유에 의하면 원심은, 그 채용 증거에 의하여, 소외 조합은 재건축사업을 함에 있어서 조합원들이 소유한 토지 및 건축물을 현물출자하고 주택건설 전문업자를 공동사업자로 영입하여 참여조합원의 자격을 부여한 다음, 이 사건 아파트 및 부대시설을 시공하도록 한 사실, 피고는 이 사건 아파트 공사를 도급받으면서 조합원의 이주비 지급 및 금원융자비용 대여, 공사완공시까지의 조합운영비, 건축설계비, 기타 소외 조합이 필요로 하는 비용을 제공하기로 하고 나아가 이 사건 아파트 신축공사비를 자신의 비용으로 충당하는 등 참여조합원으로서 설계변경에서 시공 전반에 이르기까지 주도적 역할을 한 후, 그 대가로 이 사건 아파트의 신축 완료 후 조합원들에게 기존 분양면적(대지지분 기준)의 151%를 공급하고 나머지 잔여 세대를 피고가 일반에 분양하는 방법으로 위 투입자금을 회수하기로 한 사실, 비록 한○·세○종합건축사사무소에서 이 사건 아파트의 최초

설계안을 작성하였으나, 최초 작성된 이 사건 아파트의 배치도와 실제 건축된 후의 배치 상황이 상당히 다르고 실제 건축인허가를 받는 과정에서 피고의 요구가 반영된 설계변경이 이루어지는 등 이 사건 아파트 단지가 최초 배치도와는 다르게 재배치된 사실, 소외 조합과 원고들 사이의 일조권 등 침해에 대한 토론회에 피고의 현장소장이 참여하여 적극적으로 일조권문제와 관련한 설계변경 가능성을 언급하는 등 원고들과 소외 조합 사이의 분쟁에 관여한 사실을 인정한 다음, 그 인정 사실에 기하여, 피고는 이 사건 아파트 신축공사의 단순한 수급인으로서 이를 시공한 것이 아니라 위 재건축 사업을 수주하면서 소외 조합 및 조합원들의 필요비용을 모두 제공하고 나아가 이 사건 공사비를 자신의 비용으로 충당하는 등 이 사건 아파트 신축을 소외 조합과 함께 주도적으로 진행한 후, 그 대가로 조합원들 지분을 제외한 잔여 세대를 일반에 분양하는 방법으로 위 투입자금을 회수하기로 한 것으로 보이므로, 피고는 이 사건 아파트 신축의 사실상 공동 사업주체로서 소외 조합과 이해관계를 같이 하면서 이 사건 아파트를 신축하였다고 할 것이어서, 피고가 이 사건 아파트의 건축주가 아니라 시공사라고 하더라도 이 사건 아파트의 신축으로 인한 피해에 대하여 손해배상책임을 져야 한다고 판단하였다.

기록에 비추어 살펴보면, 원심의 위와 같은 사실인정과 판단은 정당한 것으로 수긍이 가고, 거기에 상고이유로 주장하는 바와 같이 채증법칙을 위반하여 사실을 잘못 인정하였거나 시공사의 불법행위 주체성 또는 피고와 소외 조합 사이의 계약에 관한 법리를 오해하는 등의 위법이 있다고 할 수 없다.

3. 그러므로 원심판결의 피고 패소 부분 중 원고 윤○순 등과 소음 등 피해에 대한 위자료 청구만이 인용된 원고 정○설을 제외한 나머지 원고들에 대한 부분 가운데 소음 등 피해에 대한 위자료를 제외한 부분, 즉 원고 송○봉, 김○환, 최○곤의 일조권 등 침해로 인한 재산적 손해 부분, 원고 유○숙, 고○형, 김○수, 장○구, 정○출, 유○봉, 한○상, 한○학, 이○인, 김○복, 김○태, 성○경, 전○갑, 김○국, 송○남, 박○남, 임○희의 일조권 등 침해로 인한 재산적 손해와 위자료 부분을 파기하고, 이 부분 사건을 다시 심리·판단하게 하기 위하여 원심법원에 환송하기로 하고, 피고의 나머지 상고를 기각하며, 원고 윤○순 등 및 원고 정용설과 피고 사이의 상고비용은 피고가 부담하기로 하여 관여 법관의 일치된 의견으로 주문과 같이 판결한다.

9. 매향리사격장 사건: 영조물의 하자와 수인한도

대법원 2004. 3. 12. 선고 2002다14242 판결【손해배상(기)】
원　심: 서울지방법원 2002. 1. 9. 선고 2001나29253 판결
제 1 심: 서울지방법원 2001. 4. 11. 선고 98가단55916 판결

1. 당 사 자	【원고, 피상고인 겸 상고인】 원고1 외 13인 【피고, 상고인 겸 피상고인】 대한민국
2. 주요쟁점	정상적인 공무집행의 부산물로 인하여 환경피해가 발생한 경우 손해배상책임을 인정할 수 있는지 여부
3. 사건의 경과	매향리 사격장에서 발생하는 소음 등으로 인하여 지역 주민들이 입은 피해는 사회통념상 수인한도를 넘는 것으로서 사격장의 설치 또는 관리에 하자가 있었다고 본 사안
4. 결　과	일부 파기 자판(지연손해금 부분만 변경)
5. 관련조문	국가배상법 제 5 조 제 1 항, 대한민국과 아메리카합중국간의 상호방위조약 제 4 조에 의한 시설과 구역 및 대한민국에서의 합중국군대의 지위에 관한 협정의 시행에 관한 민사특별법 제 2 조 제 2 항
6. 관련판례	대법원 2010. 11. 25. 선고 2007다74560 판결

▍판시사항

1. 국가배상법 제 5 조 제 1 항 소정의 '영조물의 설치·관리상의 하자'의 의미
2. '영조물의 설치·관리상의 하자'로 볼 수 있는 경우

▍사실관계

1955년 이후 미국 공군 폭격훈련장으로 사용되어 온 경기도 화성군 소재 매향리 사격장 인근에 거주하는 주민들이 마을 상공을 저공으로 비행하며 기총사격을 하는 미군 공군기로 인하여 난청과 유산, 안면방해, 가축 폐사 등의 피해를 입었다고 주장하며 손해배상을 청구한 사안

▍판결요지

1. 국가배상법 제 5 조 제 1 항에 정하여진 '영조물의 설치 또는 관리의 하

자'라 함은 공공의 목적에 공여된 영조물이 그 용도에 따라 갖추어야 할 안전성을 갖추지 못한 상태에 있음을 말하고, 여기서 안전성을 갖추지 못한 상태, 즉 타인에게 위해를 끼칠 위험성이 있는 상태라 함은 당해 영조물을 구성하는 물적 시설 그 자체에 있는 물리적·외형적 흠결이나 불비로 인하여 그 이용자에게 위해를 끼칠 위험성이 있는 경우뿐만 아니라 그 영조물이 공공의 목적에 이용됨에 있어 그 이용 상태 및 정도가 일정한 한도를 초과하여 제3자에게 사회통념상 참을 수 없는 피해를 입히는 경우까지 포함된다고 보아야 할 것이고, 사회통념상 참을 수 있는 피해인지의 여부는 그 영조물의 공공성, 피해의 내용과 정도, 이를 방지하기 위하여 노력한 정도 등을 종합적으로 고려하여 판단하여야 한다.

2. 소음 등을 포함한 공해 등의 위험지역으로 이주하여 들어가서 거주하는 경우와 같이 위험의 존재를 인식하면서 그로 인한 피해를 용인하며 접근한 것으로 볼 수 있는 경우에 그 피해가 직접 생명이나 신체에 관련된 것이 아니라 정신적 고통이나 생활방해의 정도에 그치고, 그 침해행위에 상당한 고도의 공공성이 인정되는 때에는 위험에 접근한 후 실제로 입은 피해 정도가 위험에 접근할 당시에 인식하고 있었던 위험의 정도를 초과하는 것이거나 위험에 접근한 후에 그 위험이 특별히 증대하였다는 등의 특별한 사정이 없는 한 가해자의 면책을 인정하여야 하는 경우도 있을 수 있을 것이나, 일반인이 공해 등의 위험지역으로 이주하여 거주하는 경우라고 하더라도 위험에 접근할 당시에 그러한 위험이 문제가 되고 있지 아니하였고, 그러한 위험이 존재하는 사실을 정확하게 알 수 없었으며, 그 밖에 위험에 접근하게 된 경위와 동기 등의 여러 가지 사정을 종합하여 그와 같은 위험의 존재를 인식하면서 굳이 위험으로 인한 피해를 용인하였다고 볼 수 없는 경우에는 그 책임이 감면되지 아니한다고 봄이 상당하다.

평 석

주민들은 미군당국의 폭격훈련장 설치·관리상의 하자를 이유로 사격장 이전, 주민집단이주 및 손해배상을 청구하였는데, 항소심인 서울지방법원은 국가가 주민들에게 975만원에서 1,105만원을 배상하도록 판결하였고, 대법원은 지연손해금을 제외한 나머지 원심판결을 그대로 인용하였다. 또한 가해행위가 정상적인 공무집행이라는 사정은 위법성 판단의 한 요소일 뿐이고 위법성은 여타의 요소를 종합적으로 고려해 판단해야 함을 이 판결은 분명히 하고 있다. 이 사건은 주민들이 미군에 의한 환경오염피해에 대해 손해배상판결을 받아낸 최초의 사건으로 평가되고 있다.

▎참고문헌

조홍식, "駐韓美軍의 環境責任과 SOFA의 後續協約," 법학 45권 3호, 서울대학교 법학연구소 (2004)

Case Book of Environmental Law

10. 양돈사건 : 소극적 손해의 범위
대법원 2003. 9. 5. 선고 2001다68358 판결【손해배상(기)】
환송판결 : 대법원 2001. 2. 9. 선고 99다55434 판결
원 심 : 서울고등법원 2001. 9. 11. 선고 2001나13329 판결

1. 당 사 자	【원고, 피상고인 겸 상고인】 원고1 외 2인 【피고, 상고인 겸 피상고인】 한국도로공사
2. 주요쟁점	소극적 손해의 범위 및 종전 양돈장과 유사한 시설물 건설과 양돈상태 조성에 드는 기간의 확정 여부
3. 사건의 경과	환송판결의 원심판결에서 피고의 불법행위 손해배상책임을 인정하지 아니하였으나 환송판결에서 손해배상책임을 인정하여야 한다는 취지[1]로 파기환송하였는데, 이에 따라 원심이 피고의 불법행위 손해배상책임을 인정하고 양돈장 폐업일 다음 날부터 원심 변론종결시까지의 기간을 소극적 손해 기간에 포함시키자, 피고가 위 부분에 관하여 대법원에 상고(한편 원고는 원심의 사실인정 등에 관하여 상고하였으나 상고 기각)
4. 결 과	피고 패소부분 파기환송
5. 관련조문	민법 제393조, 제763조
6. 관련판례	대법원 1991. 7. 23. 선고 89다카1275 판결 대법원 1999. 7. 27. 선고 98다47528 판결

▌판시사항

고속도로 확장공사 및 차량통행에 따른 소음·진동으로 인하여 종전 사업장에서 더 이상 양돈업을 할 수 없게 된 경우 소극적 손해의 범위

▌사실관계

고속도로 확장공사 및 차량통행에 따른 소음·진동으로 인하여 종전 사업장에서 더 이상 양돈업을 할 수 없게 된 양돈업자가 정상적인 영업이 불가능한 기간 동안의 상실한 이익에 대하여 손해배상을 청구한 사안

▌판결요지

1. 고속도로 확장공사 및 차량통행에 따른 소음·진동으로 인하여 종전 사업장에서 더 이상 양돈업을 할 수 없게 된 경우, 양돈업자들이 입은 소극적 손해는 그곳에서의 양돈장을 폐업·이전함으로 인하여 상실하게 된 수입이라고 할 것인바, 그 손해기간은 차량통행으로 인한 소음·진동으로 양돈장의 정상적인 영업이 불가능하여 이를 폐업한 때부터 위 양돈장과 유사한 정도의 시설물 건설 및 양돈상태 조성에 드는 기간에 정상적인 노력으로 위 양돈장을 위한 대체지와 양돈 영업시설을 확보하는 데 소요되는 통상의 기간을 더한 기간이다.

2. 고속도로 확장공사 및 차량통행에 따른 소음·진동으로 인하여 종전 사업장에서 더 이상 양돈업을 할 수 없게 된 경우의 소극적 손해의 범위를 산정함에 있어 그 손해기간에 종전 양돈장과 유사한 정도의 시설물 건설 및 양돈 상태 조성에 드는 기간 외에 양돈장 폐업일 다음 날부터 원심 변론종결일까지의 기간을 포함시킨 원심을 파기한 사례.

▌평 석

대법원은, 원심이 설시한 증거들은 행정관청(횡성군수 등)의 회신으로서 그 내용이 주민들의 반대가 예상되어 양돈장 이전이 불가능할 수도 있다는 취지의 가정적 내용에 불과하며, 현실적으로 원고들이 양돈장 이전을 시도하였다거나, 그러한 시도가 인근 주민들의 반대로 불가능하게 되었다거나, 인근 주민들의 이전 반대가 없을 만한 적절한 이전 장소를 찾는 것이 불가능하다는 것을 확인하는 것은 아니라는 이유로 위 증거만으로는 양돈장 폐업일 다음 날부터 원심 변론종결일까지의 기간인 5년 2개월이 '정상적인 노력으로 대체지와 영업시설을 확보하는 데 소요되는 통상의 기간'으로 보기 어렵다고 판단하였다. 위 판결은 대체지 및 양돈 영업시설을 확보하는 데 소요되는 통상적인 기간을 판단하는 기준인 '정상적인 노력'을 엄격하게 요구함으로써 손해배상의 범위를 합리적으로 제한하고 양 당사자 사이의 공평을 꾀하려는 시도로 평가되며, 이는 적절하다고 보인다.

❙ 참고문헌

오현규, "위법성 판단기준으로서의 수인한도," 민사판례연구 25권, 민사판례연구회 (2003. 2.)

1 환송판결은 원고의 양돈장 옆을 지나는 영동고속도로 구간에 대한 확장공사 및 차량통행에 따른 소음으로 인한 원고들의 양돈업에 대한 침해가 사회통념상 일반적으로 수인할 정도를 넘어선 것이라고 볼 것이므로, 고속도로의 사용이나 자동차의 통행 그 자체가 공익적인 것이고, 고속도로에서의 차량통행으로 인한 소음·진동이 불가피하게 발생한다고 하더라도 그 정도가 수인한도를 넘어 원고들에게 양돈업을 폐업하게 하는 손해를 입혔다면 피고는 원고들에 대하여 그로 인한 손해배상책임을 면할 수 없다고 판시하였다.

Case Book of Environmental Law

11. 원자력 발전소의 온배수 배출 사건 : 자연력의 기여분과 손해배상의 범위
대법원 2003. 6. 27. 선고 2001다734 판결【양수금】
원 심 : 서울고등법원 2000. 12. 6. 선고 99나31997 판결
제 1 심 : 서울중앙지방법원 1999. 5. 21. 선고 97가합77726

1. 당 사 자	【원고, 피상고인 겸 상고인】 원고 【피고, 상고인 겸 피상고인】 한국수력원자력 주식회사
2. 주요쟁점	자연력과 가해자의 과실행위가 경합되어 손해가 발생한 경우 가해자의 배상범위
3. 사건의 경과	원심이 피고의 손해배상책임을 인정하면서도 자연력의 기여분을 50% 인정하여 그 책임을 50%로 제한하자 양쪽 모두 상고
4. 결 과	피고 패소 부분[1]을 파기 환송
5. 관련조문	민법 제393조, 제750조, 제763조, 환경정책기본법 제 3 조 제 4 호, 제31조 제 1 항
6. 관련판례	대법원 1991. 7. 23. 선고 89다카1275 판결 대법원 1993. 2. 23. 선고 92다52122 판결

❙ 판시사항

1. 자연력과 가해자의 과실행위가 경합되어 손해가 발생한 경우 가해자의 배상범위(=자연력의 기여분을 공제한 나머지)

2. 특수한 자연적 조건 아래 발생한 손해라도 불가항력적인 자연력의 기여분을 인정하여 손해배상 범위를 제한할 수 없는 경우

❙ 사실관계

울진원전 온배수배출구 인근에 설치된 소외 회사의 이 사건 수조식 육상 양식장에서 양식하던 어류가 집단폐사하자 원고는 위 울진원전에서 배출된 온배수가 양식장에 유입되어 양식장수조의 수온을 급상승시킨 것이 어류 집단폐사의 원인이라고 주장하며 손해배상을 청구한 사안

❙ 판결요지

불법행위에 기한 손해배상 사건에 있어서 피해자가 입은 손해가 자연력과

가해자의 과실행위가 경합되어 발생된 경우 가해자의 배상범위는 손해의 공평한 부담이라는 견지에서 손해발생에 대하여 자연력이 기여하였다고 인정되는 부분을 공제한 나머지 부분으로 제한하여야 함이 상당하고, 다만 피해자가 입은 손해가 통상의 손해와는 달리 특수한 자연적 조건 아래 발생한 것이라 하더라도 가해자가 그와 같은 자연적 조건이나 그에 따른 위험의 정도를 미리 예상할 수 있었고 또 과도한 노력이나 비용을 들이지 아니하고도 적절한 조치를 취하여 자연적 조건에 따른 위험의 발생을 사전에 예방할 수 있었다면, 그러한 사고방지 조치를 소홀히 하여 발생한 사고로 인한 손해배상의 범위를 정함에 있어서 자연력의 기여분을 인정하여 가해자의 배상범위를 제한할 것은 아니다.[2]

❙ 평 석

손해배상책임은 피해자에게 발생한 손해를 전보해 주는 것을 주된 목적으로 하기 때문에, 손해배상책임의 범위결정은 원칙적으로 가해행위의 행태, 즉 고의나 과실에 따라 달라지는 것은 아니라고 보아야 하고, 자연력이 기여한 경우라도 손해의 원인을 야기한 자에게 원칙적으로 손해의 전부를 배상하도록 하는 것이 타당할 것이다. 판례도 최근에는 자연력의 작용을 고려하지 않는 쪽으로 기울어지고 있다. 다만 가해자의 불법행위보다는 자연력이 주된 손해발생의 원인으로 작용하여 전혀 예상치 못한 커다란 손해가 발생 내지 확대되었다면 가해자의 책임은 인정하되 예외적으로 배상범위를 감경하는 것이 바람직할 것이다.

❙ 참고문헌

박동진, "原因競合한 自然力의 損害賠償法的 評價," 비교사법 8권 2호, 한국비교사법학회 (2001. 12.)

1 원심이 피고의 손해배상책임을 인정하면서도 소외 회사의 과실비율을 45%로 정한 것에 대하여, 대법원은 피고의 과실에 비하여 소외 회사의 과실이 훨씬 중대하므로 소외 회사의 과실을 45%로 제한한 것은 형평의 원칙에 비추어 현저히 불합리하다는 이유를 들어 피고 패소 부분을 파기하였다.

2 다만, 위 대법원 판결은 원자력발전소의 온배수배출행위와 해수온도의 상승이라는 자연력이 복합적으로 작용하여 온배수배출구 인근 양식장에서 어류가 집단 폐사한 이 사건에서 피고로서는 그 피해를 쉽게 예견할 수 있었다거나 과도한 노력이나 비용을 들이지 않고도 피해를 방지할 수 있었다고는 볼 수 없다는 이유로 공평의 원칙상 자연력의 기여도를 고려하는 것이 타당하며, 원심이 자연력 기여도를 50%로 인정한 것은 현저히 불합리하다고 보이지 아니한다는 이유로 이 부분 원고의 상고를 기각하였다.

12. 낙동강물사건 : 국가의 환경기준 유지의무와 손해배상
대법원 2001. 10. 23. 선고 99다36280 판결【손해배상(기)】
원 심 : 부산고등법원 1999. 6. 11. 선고 98나2822 판결
제 1 심 : 부산지방법원 1998. 2. 4. 선고 97가합5384 판결

1. 당 사 자	【원고, 상고인】 낙동강 물을 상수원수로 사용하여 공급하는 수돗물을 음용하는 부산거주시민 원고 외 99인 【피고, 피상고인】 1. 대한민국, 2. 부산광역시
2. 주요쟁점	국가 또는 지방자치단체가 수질기준 유지의무나 고도의 정수처리 의무를 부과하는 법령을 위반한 경우 손해배상의무를 부담하는지 여부
3. 사건의 경과	원심에서 원고들의 손해배상청구를 기각하자 상고 제기
4. 결 과	상고 기각
5. 관련조문	헌법 제35조, 환경정책기본법 제10조, 환경정책기본법시행령 제 2 조, 수질환경보전법 제28조, 수도법 제 2 조, 제18조, 상수원관리규칙 제23조, 국가배상법 제 2 조
6. 관련판례	대법원 1993. 2. 12. 선고 91다43466 판결 대법원 1998. 5. 8. 선고 97다36613 판결 대법원 2000. 6. 9. 선고 98다55949 판결

❙ 판시사항

국가 또는 지방자치단체가 법령이 정하는 상수원수 수질기준 유지의무를 다하지 못하고, 고도의 정수처리방법이 아닌 일반적 정수처리방법으로 수돗물을 생산·공급하였다는 사유만으로 그 수돗물을 마신 개인에 대하여 손해배상책임을 부담하는지 여부(소극)

❙ 사실관계

낙동강 물을 상수원수로 사용하는 수돗물을 공급받던 부산거주 시민들이, 국가가 낙동강의 수질을 법령이 정하는 환경기준상의 수질기준으로 유지하지 못하고, 지방자치단체가 낙동강 상수원수에 대하여 고도의 정수처리 절차가 아닌 일반 정수처리하여 수돗물로 공급함으로 인하여 정신적 고통 등의

손해를 입었다고 주장하며 손해배상을 청구한 사안

▌판결요지

1. 일반적으로 국가 또는 지방자치단체가 권한을 행사할 때에는 국민에 대한 손해를 방지하여야 하고, 국민의 안전을 배려하여야 하며, 소속 공무원이 전적으로 또는 부수적으로라도 국민 개개인의 안전과 이익을 보호하기 위하여 법령에서 정한 직무상의 의무에 위반하여 국민에게 손해를 가하면 상당인과관계가 인정되는 범위 안에서 국가 또는 지방자치단체가 배상책임을 부담하는 것이지만, 공무원이 직무를 수행하면서 그 근거되는 법령의 규정에 따라 구체적으로 의무를 부여받았어도 그것이 국민의 이익과는 관계없이 순전히 행정기관 내부의 질서를 유지하기 위한 것이거나, 또는 국민의 이익과 관련된 것이라도 직접 국민 개개인의 이익을 위한 것이 아니라 전체적으로 공공 일반의 이익을 도모하기 위한 것이라면 그 의무에 위반하여 국민에게 손해를 가하여도 국가 또는 지방자치단체는 배상책임을 부담하지 아니한다.

2. 상수원수의 수질을 환경기준에 따라 유지하도록 규정하고 있는 관련 법령의 취지·목적·내용과 그 법령에 따라 국가 또는 지방자치단체가 부담하는 의무의 성질 등을 고려할 때, 국가 등에게 일정한 기준에 따라 상수원수의 수질을 유지하여야 할 의무 또는 상수원수 2급에 미달하는 상수원수는 고도의 정수처리 후 사용하여야 한다는 의무를 부과하고 있는 법령의 규정들은 국민 일반의 건강을 보호하여 공공 일반의 전체적인 이익을 도모하기 위한 것이지, 국민 개개인의 안전과 이익을 직접적으로 보호하기 위한 규정이 아니므로, 국민에게 공급된 수돗물의 상수원의 수질이 수질기준에 미달한 경우가 있어 이로 말미암아 국민이 법령에 정하여진 수질기준에 미달한 상수원수로 생산된 수돗물을 마심으로써 건강상의 위해 발생에 대한 염려 등의 정신적 고통을 받았다고 하는 사정이나, 지방자치단체가 상수원수 3급 이하의 하천수를 취수하여 고도의 정수처리가 아닌 일반적 정수처리 후 수돗물을 생산·공급하였다는 사정만으로 국가 또는 지방자치단체가 국민에게 손해배상책임을 부담하는 것은 아니다.

▎평 석

대법원은 환경기준 유지의무 등과 같은 법령상 의무는 국민 개개인의 안전과 이익을 직접적으로 보호하기 위한 규정이 아니므로, 이러한 법령을 위반했다는 이유만으로 국가나 지방자치단체에게 손해배상의무가 발생하는 것은 아니라는 점을 명시하고 있다.

이에 대하여는 이러한 법령들은 헌법 제35조가 보장하고 있는 환경권을 구체적으로 실현하고 있는 것으로서 국민 개개인의 생명, 신체의 안전과 이익을 보호하기 위한 규정으로서의 성격을 가지고 있음에도, 대법원이 이를 전면적으로 부인한 것은 부당하다는 비판도 있다.

▎참고문헌

황진호, "국가, 지방자치단체의 환경보전의무 위반으로 인한 손해배상책임," 판례연구 제16집(上), 서울지방변호사회 (2002)

Case Book of Environmental Law

13. 자연림벌목과 집중호우 사건: 자연력의 기여분과 손해배상의 범위

대법원 2001. 2. 23. 선고 99다61316 판결【손해배상(기)】
원 심: 서울고등법원 1999. 10. 6. 선고 99나15841 판결
제 1 심: 춘천지방법원 1999. 2. 4. 선고 96가합1245 판결

1. 당 사 자	【원고, 피상고인 겸 상고인】 원고 【피고, 상고인 겸 피상고인】 산림조합중앙회 외 1인
2. 주요쟁점	자연력과 가해자의 과실행위가 경합되어 손해가 발생한 경우 가해자의 배상범위
3. 사건의 경과	원심은 피고에게 도로 개설 중 목책시설을 하지 않는 등의 과실이 있다고 판단하여 그 책임을 인정하였으나, 원고의 과실 및 자연력의 기여 부분을 60% 인정하여 피고의 책임을 40%로 제한하자 양쪽 모두 상고
4. 결 과	원고 패소 부분을 파기 환송
5. 관련조문	민법 제393조
6. 관련판례	대법원 1991. 7. 23. 선고 89다카1275 판결 대법원 1993. 2. 23. 선고 92다52122 판결 대법원 1995. 2. 28. 선고 94다31334 판결

❙ 판시사항

피해자가 입은 손해가 특수한 자연적 조건 아래 발생한 것이라 하더라도 자연력의 기여분을 인정하여 가해자의 배상범위를 제한할 수 없는 경우

❙ 사실관계

임야에 이르는 도로를 산간에 개설하는 작업을 한 후에 집중호우로 인한 산사태가 발생하여 계곡에 살고 있던 원고의 가족이 사망하게 되자 원고가 피고를 상대로 도로 개설 공사 중의 과실을 주장하며 손해배상을 청구한 사안

❙ 판결요지

1. 불법행위에 기한 손해배상 사건에 있어서 피해자가 입은 손해가 자연력과 가해자의 과실행위가 경합되어 발생된 경우 가해자의 배상 범위는 손해

의 공평한 부담이라는 견지에서 손해 발생에 대하여 자연력이 기여하였다고 인정되는 부분을 공제한 나머지 부분으로 제한하여야 함이 상당한 것이지만, 다른 한편, 피해자가 입은 손해가 통상의 손해와는 달리 특수한 자연적 조건 아래 발생한 것이라 하더라도, 가해자가 그와 같은 자연적 조건이나 그에 따른 위험의 정도를 미리 예상할 수 있었고 또 과도한 노력이나 비용을 들이지 아니하고도 적절한 조치를 취하여 자연적 조건에 따른 위험의 발생을 사전에 예방할 수 있었다면, 그러한 사고방지 조치를 소홀히 하여 발생한 사고로 인한 손해배상의 범위를 정함에 있어서 자연력의 기여분을 인정하여 가해자의 배상 범위를 제한할 것은 아니다.

2. 임도 개설공사 이후 집중호우로 인한 산사태로 말미암아 발생한 손해의 배상범위를 정함에 있어서 자연력의 기여분을 인정하지 아니한 사례.[1]

▍평 석

이 사건과 관련하여 대법원은 가해자의 불법행위가 없었더라도 자연력에 의하여 일정한 손해가 발생할 수밖에 없는 경우에는 자연력의 기여도를 평가하여 이를 가해자의 배상범위에서 공제하여야 하나, 자연력이 게재된 것으로 보이는 경우에도 가해자의 불법행위가 없었다면 피해가 발생하지 않으리라고 인정되는 경우에는 그 자연력은 피해발생과 사이에 인과관계가 없으므로 이를 가해자의 배상범위에서 공제하여서는 아니 된다는 입장을 취하고 있는 것으로 보인다.

▍참고문헌

김용상, “집중호우로 인한 인명피해와 지방자치단체의 손해배상책임,” 대법원판례해설 49호, 법원도서관 (2004. 12.)

1 즉, 위 대법원 판결은 이 사건 임도(林道) 개설공사가 대규모의 공사로서 위 임도 공사 이후 자연재해 발생의 위험이 당연히 증가하게 될 것이므로 피고들로서는 최소한의 방호조치를 취하였어야 함에도 이를 취하지 아니함으로써 1년의 기간도 버티지 못한 채 이 사건 산사태를 야기하였고, 매년 집중호우와 태풍이 동반되는 장마철을 겪는 우리나라와 같은 기후 여건하에서 이 사건과 같은 집중호우를 전혀 예측할 수 없는 천재지변이라고 할 수 없는 점 등을 종합하면 이 사건에 있어서 피고들이 과도한 노력이나 비용을 들이지 아니하고도 적절한 조치를 취할 수 있었으므로 자연력의 기여분을 인정하여서는 아니 된다고 판시하였다.

14. 양식장백합폐사사건 : 손해액에 관한 입증이 불충분한 경우
대법원 1999. 12. 27. 선고 90다카5198 판결 【손해배상(기)】
원 심 : 서울고등법원 1990. 1. 12. 선고 89나9205 판결
제 1 심 : 서울민사지방법원 1984. 12. 12. 선고 82가합4407 판결

1. 당 사 자	【원고, 상고인】 원고 【피고, 피상고인】 농수산물유통공사
2. 주요쟁점	손해배상책임이 인정되나 그 손해액에 관한 입증이 불충분한 경우 손해액 산출 방법
3. 사건의 경과	원심에서 손해배상책임을 인정하면서 그 손해액을 통계 등을 이용한 추상적인 방법으로 산출한 데 대하여 피고가 상고
4. 결 과	상고 기각
5. 관련조문	민법 제750조, 제763조
6. 관련판례	대법원 1987. 2. 24. 선고 85다카416 판결 대법원 1989. 2. 14. 선고 87다카820 판결

❙ 판시사항

손해배상책임이 인정되나 그 손해액에 관한 입증이 불충분한 경우의 평균수익액 산출방법

❙ 사실관계

피고 공사가 기생충에 감염된 백합종패를 그대로 살포, 입식(入殖)함으로써 피고 소유의 양식장에서 양식하고 있던 백합이 기생충에 감염되고, 그 인근의 원고 양식장에서 양식 중이던 백합도 감염되자 원고가 피고에게 그로 인한 손해배상을 청구한 사안

❙ 판결요지

1. 손해배상책임이 인정되나 그 손해액에 관한 입증이 불충분한 경우에 있어서의 평균수익액 산출방법은 통계 등을 이용하여 공평성과 합리성을 갖춘 범위 내에서 추상적인 방법으로 산출할 수밖에 없다.

2. 백합폐사로 인한 손해의 범위를 산정함에 있어서, 손해액 산정의 기초

로서 백합종패의 대량폐사가 시작된 1973년 이전에는 백합 생산량이 다소 많았던 때도 있었으나 1973년도를 분기점으로 하여 그 이후에는 그 생산량이 격감하고 있는 점, 1년에 2회에 걸쳐 계속적으로 종패를 살포하고, 성패를 수확하고 있어 백합이 얼마만한 면적에 언제 살포한 백합종패로부터 얻어진 것인가를 판별해 내기가 곤란한 점 등을 감안하여, 위 1973년도의 생산량과 실제 생산시설면적(면허면적이 아님)을 기준으로 삼고, 생산량에 관하여는 일반적인 통계숫자나 상호 모순되는 생산량 기재를 배척하고, 원고측 백합 양식장이 소재한 전북 부안군의 백합 생산량이 거의 전부를 차지하고 있는 전라북도의 백합 생산량을 기준으로 하여 원고측 백합 양식장의 헥타르당 백합생산량을 산출한 원심의 조치를 수긍한 사례.

▌평 석

한편, 대상판결에서는 백합 양식장에서 백합의 대량폐사에 관련된 기생충 감염의 기여도를 15%로, 생태학적 환경요인의 기여도를 나머지 85%로 판단한 원심의 조치를 수긍하였다.

▌참고문헌

전경운, “중립적 원인자가 가공한 손해발생과 손해배상책임,” JURIST plus 412호(2007년 1호), 청림출판 (2007)

15. 아파트의 가격저하 : 일조방해와 손해배상의 범위

대법원 1999. 1. 26. 선고 98다23850 판결【손해배상(기)】
원 심 : 대구고등법원 1998. 4. 15. 선고 95나4972 판결
제 1 심 : 대구지방법원 1995. 8. 25. 선고 94가합5056 판결

1. 당 사 자	【원고, 상고인】 원고1 외 19인 【피고, 피상고인】 주식회사 대○종합건설
2. 주요쟁점	일조침해로 인한 손해배상청구
3. 사건의 경과	원심에서 피고의 원고들에 대한 손해배상책임을 인정하면서 일조침해 전후의 통상적인 아파트 가격의 차이에 관한 감정결과에 터잡아 세대별로 손해배상액을 산정하자 피고가 상고
4. 결 과	상고 기각
5. 관련조문	민법 제 2 조, 제750조
6. 관련판례	대법원 1997. 7. 22. 선고 96다56153 판결

▌판시사항

일조장해, 사생활 침해, 시야차단으로 인한 압박감, 소음, 분진, 진동 등과 같은 생활이익의 침해로 인하여 발생한 재산상 손해 항목 중 토지·가옥의 가격저하에 의한 손해의 산정방법

▌사실관계

원고들은 남쪽 부지에 피고가 신축하는 건물로 인하여 원고들 각 세대에 수인한도를 넘는 일조침해가 발생하였다고 주장하며 손해배상을 청구

▌판결요지

일조장해, 사생활 침해, 시야차단으로 인한 압박감, 소음, 분진, 진동 등과 같은 생활이익의 침해로 인하여 발생한 재산적 손해의 항목 중 토지·가옥의 가격저하에 의한 손해를 산정함에 있어서는 광열비·건조비 등의 지출 증대와는 별도로 일조장해 등과 상당인과관계가 있는 정상가격의 감소액을 부동산감정 등의 방법으로 평가하여야 할 것이고, 분양된 아파트가 일조피해를

입고 있는 경우 그 아파트의 시세가 분양대금에 물가상승률이나 예금금리를 감안한 금액보다 높게 유지된다고 하여 그 소유자에게 당해 아파트의 가격 저하로 인한 손해가 발생하지 아니하였다고 볼 수 없다.

▎평 석

실무상 일조침해로 인한 손해배상액은 일조침해가 전혀 없는 상태의 시가(기준시가) 중 8% 정도가 일조권으로 인한 부분으로 보고, 가해 건물 신축 전후의 일조시간에 따른 시가를 평가하여 그 차액을 손해액으로 산정하되, 공법적 규제의 위반 여부, 일조침해의 정도 등을 고려하여 적절히 감액한다.

▎참고문헌

김태봉, "일조권침해로 인한 손해배상청구," 민사법연구 8집, 대한민사법학회 (2000. 12.)

16. 봉은사 사건
대법원 1997. 7. 22. 선고 96다56153 판결【공사금지가처분】
원 심: 서울고등법원 1996. 11. 21. 선고 95나41804 판결
제 1 심: 서울지방법원 1995. 9. 7. 선고 94카합6253 판결

1. 당사자	【신청인, 상고인겸피상고인】 대한불교 조계종 봉은사 【피신청인, 피상고인겸상고인】 주식회사 신○
2. 주요쟁점	환경이익의 침해를 이유로 침해의 배제를 청구할 수 있는지 여부 및 그 요건
3. 사건의 경과	원심이 사찰로서의 환경침해(다른 주장 부분은 생략)를 인정하여 15층(72.3m)을 초과하는 부분의 건축을 금지하는 내용의 가처분 결정을 하자 양쪽 모두 상고
4. 결 과	상고 기각
5. 관련조문	민법 제214조, 제217조, 헌법 제35조
6. 관련판례	대법원 1995. 5. 23.자 94마2218 결정 대법원 1995. 9. 15. 선고 95다23378 판결

판시사항

환경이익의 침해를 이유로 침해의 배제를 청구할 수 있는지 여부(적극) 및 그 요건

사실관계

사찰 인접 토지의 소유자들이 그 소유지상에 19층 규모의 빌딩을 신축하려 하자 신청인인 사찰이 사찰로서의 환경침해 등을 주장하며 그 공사금지를 청구한 사안

판결요지

1. 어느 토지나 건물의 소유자가 종전부터 향유하고 있던 경관이나 조망, 조용하고 쾌적한 종교적 환경 등이 그에게 하나의 생활이익으로서의 가치를 가지고 있다고 객관적으로 인정된다면 법적인 보호의 대상이 될 수 있는 것이라 할 것이므로, 인접 대지에 건물을 신축함으로써 그와 같은 생활이익이

침해되고 그 침해가 사회통념상 일반적으로 수인할 정도를 넘어선다고 인정되는 경우에는 토지 등의 소유자는 소유권에 기하여 방해의 제거나 예방을 위하여 필요한 청구를 할 수 있고, 이와 같은 청구를 하기 위한 요건으로서 반드시 건물이 문화재보호법이나 건축법 등의 관계 규정에 위반하여 건축되거나 또는 그 건축으로 인하여 소유자의 토지 안에 있는 문화재 등에 대하여 직접적인 침해가 있거나 그 우려가 있을 것을 요하는 것은 아니다.

2. 사찰로부터 6m의 이격거리를 둔 채 높이 87.5m의 19층 고층빌딩을 건축 중인 자에 대하여 사찰로서의 환경이익을 침해한다는 이유로 전체 건물 중 16층부터 19층까지의 공사를 금지시킨 사례.

❙ 평 석

원심법원과 그 판결을 승인한 대법원은 이른바 수인한도론을 채택하여 유지청구의 인용여부를 결정하고 있는바, 그 판단과정은 위법성단계설에 입각한 것으로 보인다. 즉, 그 신축이 위법한지 여부를 먼저 살펴본 다음 위법성이 인정될 경우 그에 대한 손해배상만을 인정할 것인지 아니면 유지청구까지도 인정할 것인지 살피는 것이다. 우리 민법이 독일과 달리 적법한 임미시온(immission)에 대한 손실보상의무규정을 두고 있지 않은 이상 유지청구를 인용할 수 없는 환경침해에 대하여 금전적으로나마 손해를 전보하는 차원에서 불법행위로 이론을 구성하는 태도는 타당하다고 생각된다.

❙ 참고문헌

조홍식, “유지청구 허용 여부에 관한 소고,” 민사판례연구 22권, 민사판례연구회 (1997. 7.)

16번 판례 원문: 대법원 1997. 7. 22. 선고 96다56153 판결【공사금지가처분】

【이 유】

1. (생략)

2. 원심판결 이유에 의하면, 원심은 고층건물인 이 사건 각 건물이 신축될 경우 신청인 사찰 경내의 일조를 현저히 침해할 것이므로 이를 방지하기 위하여 위 각 건물의 신축공사의 금지를 청구한다는 신청인의 주장에 대하여, 일조에 관한 행정법규가 피신청인이 신축하는 위 각 건물 부지에는 적용되지 아니하고 또 위 각 건물에 의한 신청인 사찰 경내토지에 대한 일조 침해시간이 일출시부터 늦어도 오전 9시 내지 10시 가량으로서 비교적 단기간에 그치는 점에 비추어 보면, 신청인이 위 건물 신축으로 일조 침해를 받게 되더라도 그 정도가 사회통념상의 수인한도를 초과한다고 볼 수 없다고 판단하였는바, 기록에 비추어 보면, 원심의 위와 같은 판단은 정당하고, 거기에 상고이유로 주장하는 바와 같은 수인의 한도에 대한 법리오해나 이유모순의 위법이 있다고 할 수 없다.

3. 이 사건과 같이 인접 대지에 건물이 건축됨으로 인하여 입는 환경 등 생활이익의 침해를 이유로 건축공사의 금지를 청구하는 경우에, 그 침해가 사회통념상 일반적으로 수인할 정도를 넘어서는지의 여부는 피해의 성질 및 정도, 피해이익의 공공성, 가해행위의 태양, 가해행위의 공공성, 가해자의 방지조치 또는 손해회피의 가능성, 인·허가 관계 등 공법상 기준에의 적합 여부, 지역성, 토지이용의 선후관계 등 모든 사정을 종합적으로 고려하여 판단하여야 할 것이다(대법원 1995. 9. 15. 선고 95다23378 판결 참조).

원심은 신청인 사찰의 역사와 현황, 그 사찰경내의 문화재, 주변 상황, 피신청인의 건물부지와 신청인 사찰과의 거리와 건물의 준공 후 예상되는 신청인 사찰에 대한 영향, 피신청인 건물의 건축 목적 및 경위 등에 관하여 그 판시와 같은 사실을 확정한 다음, 신청인 사찰의 사찰로서의 환경침해를 방지하기 위하여 필요한 한도에 해당하는 공사금지의 범위에 관하여, 이 사건 '운봉빌딩'의 신축으로 인하여 신청인이 입게 될 환경침해의 정도와 그 수인한도, 건축주인 피신청인 보조참가인들 및 공사수급인인 피신청인의 위 '운봉빌딩'에 대한 권리와 그 제한으로 인하여 입게 될 손해, 위 '운봉빌딩'의 층고를 낮춤으로 인한 건축미 및 경제성의 저하, 위 '운봉빌딩'과 신청인 사찰의 전체 경관과의 조화 및 기타 이 사건 변론에 나타난 제반 사정을 고려하면, 지상 19층으로 건축될 예정인 위 '운봉빌딩' 건물 중 16층부터 19층까지 부분에 대한 공사를 금지시키는 것이 신청인의 환경이익 보호와 피신청인 등의 재산권에 대한 보호 사이에 조화를 꾀할 수 있다고 하여, 신축예정인 위 '운봉빌딩' 건물 중 지상 15층(옥탑 2층 제외), 높이 72.3m를 초과하는 부분에 대한 일체의 공사를 금지시켰는바, 기록에 의하여 살펴보면 원심의 위와 같은 인정 및 판단은 수긍이 가고, 거기에 신청인이나 피신청인 및 그 보조참가인들이 상고이유로 주장하는 바와 같은 환경권에 관한 법리오해나 심리미진 또는 사실을 오인하고 수인의 정도에 관한 판단을 잘못한 위법 등이 있다고 할 수 없다.

4. 환경권은 명문의 법률규정이나 관계법령의 규정취지 및 조리에 비추어, 권리의 주체, 대상, 내용, 행사방법 등이 구체적으로 정립될 수 있어야만 인정되는 것이므로(대법원 1995. 5. 23.자 94마2218 결정 참조), 사법상의 권리로서의 환경권을 인정하는 명문의 규정이 없는데도 환경권에 기하여 직접 방해배제청구권을 인정할 수 없음은 상고이유로 주장하는 바와 같다.

그러나 어느 토지나 건물의 소유자가 종전부터 향유하고 있던 경관이나 조망, 조용하고 쾌적한 종교적 환경 등이 그에게 하나의 생활이익으로서의 가치를 가지고 있다고 객관적으로 인정된다면 법적인 보호의 대상이 될 수 있는 것이라 할 것이므로, 인접 대지에 어떤 건물을 신축함으로써 그와 같은 생활이익이 침해되고 그 침해가 사회통념상 일반적으로 수인할 정도를 넘어선다고 인정되는 경우에는 위 토지 등의 소유자는 그 소유권에 기하여 그 방해의 제거나 예방을 위하여 필요한 청구를 할 수 있다고 할 것이고(대법원 1995. 9. 15. 선고 95다23378 판결 참조), 위와 같은 청구를 하기 위한 요건으로서 반드시 위 건물이 문화재보호법이나 건축법 등의 관계 규정에 위반하여 건축되거나 또는 그 건축으로 인하여 그 토지 안에 있는 문화재 등에 대하여 지접적인 침해가 있거나 그 우려가 있을 것을 요하는 것은 아니라고 할 것이다.

원심이 같은 취지에서 원심 판시 운봉빌딩이 당초의 예정에 따라 신청인 사찰과 불과 6m의 거리를 둔 채 신청인 사찰 경내 전체를 내려볼 수 있도록 높이 87.5m의 고층으로 신축하게 되면 신청인 사찰의 일조가 침해되는 외에도 위 건물이 신청인 사찰의 전체 경관과 조화되지 아니하여 신청인 사찰의 경관이 훼손되는 결과로 될 뿐만 아니라 사찰 경내의 시계 차단으로 조망이 침해되고, 그 한편으로 위 사찰에서 수행하는 승려나 불공 등을 위하여 출입하는 신도들에게도 그들의 일상생활이나 종교활동 등이 감시되는 듯한 불쾌감과 위압감을 불러일으킴으로써 결국 신청인 사찰이 종래 유지하여 온 조용하고 쾌적한 종교적 환경이 크게 침해될 우려가 있고, 그 침해의 정도가 사회통념상 일반적으로 수인할 정도를 넘어선다고 할 것이므로, 신청인이 위 운봉빌딩에 관하여 피신청인에 대하여 신청인 사찰의 사찰로서의 환경 침해를 방지하기 위하여 필요한 한도 내에서 그 건축공사의 금지를 청구할 수 있다고 판단한 조처는 정당하고, 거기에 상고이유로 주장하는 바와 같이 부당하게 환경권의 법리를 적용한 위법이 있다거나 구체적 법률규정이 없이는 환경권을 인정할 수 없다는 종전의 대법원판례를 위반한 잘못이 있다고 할 수 없다.

Case Book of Environmental Law

17. 현○자동차 폐수배출에 따른 양식장피해사건 : 인과관계의 증명과 개연성이론
대법원 1997. 6. 27. 선고 95다2692 판결【손해배상(기)】
원 심 : 서울고등법원 1994. 12. 9. 선고 94나25881 판결
제 1 심 : 수원지방법원 1994. 6. 24. 선고 92가합11575 판결

1. 당 사 자	【원고, 피상고인】 원고 【피고, 상고인】 현○자동차 주식회사
2. 주요쟁점	피고의 폐수배출 행위로 인하여 양식장의 농어가 폐사되었다고 할 수 있는지 여부
3. 사건의 경과	원심에서 인과관계를 인정하여 피고의 손해배상책임을 인정하자 피고가 상고
4. 결 과	상고 기각
5. 관련조문	민법 제750조
6. 관련판례	대법원 1984. 6. 12. 선고 81다558 판결 대법원 1991. 7. 23. 선고 89다카1275 판결

❙ 판시사항

공해소송에 있어서 인과관계의 입증책임

❙ 사실관계

원고는 원고의 양식장 위 공유수면에 피고 회사의 성토 및 도로 포장공사로 인한 황토와 시멘트 등이 흘러들어 폐사가 발생하였다고 주장하며 손해배상을 청구한 사안

❙ 판결요지

1. 오염물질인 폐수를 배출하는 등의 공해로 인한 손해배상을 청구하는 소송에 있어서는 기업이 배출한 원인물질이 물을 매체로 하여 간접적으로 손해를 끼치는 수가 많고 공해문제에 관하여는 현재의 과학수준으로도 해명할 수 없는 분야가 있기 때문에 가해행위와 손해의 발생 사이의 인과관계를 구성하는 하나하나의 고리를 자연과학적으로 증명한다는 것은 극히 곤란하거나 불가능한 경우가 대부분이므로, 이러한 공해소송에 있어서 피해자에게 사

실적인 인과관계의 존재에 관하여 과학적으로 엄밀한 증명을 요구한다는 것은 공해로 인한 사법적 구제를 사실상 거부하는 결과가 될 우려가 있는 반면에 가해기업은 기술적·경제적으로 피해자보다 훨씬 원인조사가 용이한 경우가 많을 뿐만 아니라 그 원인을 은폐할 염려가 있고 가해기업이 어떠한 유해한 원인물질을 배출하고 그것이 피해물건에 도달하여 손해가 발생하였다면 가해자측에서 그것이 무해하다는 것을 입증하지 못하는 한 책임을 면할 수 없다고 보는 것이 사회형평의 관념에 적합하다고 할 것이다.

2. 공사장에서 배출되는 황토 등이 양식어장에 유입되어 농어가 폐사한 경우, 폐수가 배출되어 유입된 경로와 그 후 농어가 폐사하였다는 사실이 입증되었다면 개연성이론에 의하여 인과관계가 증명되었다고 본 원심판결을 수긍한 사례.

❙ 평 석

환경소송에 있어서 인과관계의 증명에 관하여 판례는, 인과관계가 존재한다고 하는 「상당한 정도의 개연성」이 있다고 하는 심증을 재판관에게 제공하면 족하고, 피고가 인과관계의 부존재를 증명하지 않는 한, 인과관계가 인정될 수 있다고 하는 개연성설을 따르고 있다. 그러한 경우에 증명의 정도를 경감하는 이유로는, 첫째 피해자에게 엄격한 증명을 요구하는 것은 사실상 피해자 구제를 거부하게 된다는 점, 둘째 과학기술의 발달에 따라 예상되는 사실해명의 곤란의 부담을 피해자가 부담하는 것은 그 점에 대해 어떠한 책임도 없는 피해자에게 가혹하다는 점, 셋째 적어도 생산활동에 관한 한 고도의 지식을 가진 전문가를 보유하는 기업측에게 입증책임을 부담시키더라도 그다지 부당하지 않다는 점, 넷째 인과관계에 관한 감정인이 환경오염의 사회성·정치성 때문에 인과관계 판정을 회피하는 경향이 있는 점, 다섯째 기업은 손해배상의 부담을 수익자에게로 전가할 수 있는 점 등이 있다. 대상판결도 이러한 개연성설에 따른 것으로 보인다.

❙ 참고문헌

조은래, "환경소송상의 입증문제에 대한 소고," 환경법연구 28권 3호, 한국환경법학회 (2006)

18. 부산대 사건
대법원 1995. 9. 15. 선고 95다23378 판결【공사중지가처분이의】
원 심: 부산고등법원 1995. 5. 18. 선고 95카합5 판결

1. 당 사 자	【신청인】 대한민국 【피신청인】 주식회사 강○주택
2. 주요쟁점	사법상 권리로서 환경권이 인정될 수 있는지 여부
3. 사건의 경과	신청인이 피신청인을 상대로 제기한 공사중지가처분 사건에서 부산지방법원 동부지원(94카합750)이 위 신청을 기각하는 결정을 하였고, 항고심인 부산고등법원(95라4)은 이 사건 건물 중 18층을 초과하는 부분에 대한 공사중지를 명하는 가처분결정을 하였으며, 피신청인이 위 가처분결정에 대하여 가처분 이의를 신청한 사건에서 부산고등법원(95카합5)이 위 가처분 결정(95라4)을 인가하는 판결을 내리자 피신청인이 상고
4. 결 과	상고 기각
5. 관련조문	헌법 제35조, 민법 제214조, 제217조
6. 관련판례	대법원 1995. 5. 23.자 94마2218 결정 대법원 1995. 9. 15. 선고 95다23378 판결

❙ 판시사항

헌법상의 환경권 규정에 의하여 사법상 권리로서 환경권이 인정될 수 있는지 여부(소극)

❙ 사실관계

부산대학교 부지와 인접한 토지를 소유한 피신청인이 자신의 소유지에 24층 규모의 아파트를 신축하려 하자, 대한민국이 위 신축이 부산대학교의 경관 및 교육환경, 교육활동을 현저하게 해할 우려가 있는 등 교육환경권을 침해하고, 교수들의 연구 활동 및 학생들의 수업에 막대한 지장이 예상된다는 이유로 위 아파트를 16층 이상의 높이로 건축하여서는 아니 된다고 주장하며 공사중지가처분을 신청한 사안

판결요지

인접한 대지 위에 건축 중인 아파트가 24층까지 완공되는 경우, 대학교 구내의 첨단과학관에서의 교육 및 연구 활동에 커다란 지장이 초래되고 첨단과학관 옥상에 설치된 자동기상관측장비 등의 본래의 기능 및 활용성이 극도로 저하되며 대학교로서의 경관·조망이 훼손되고 조용하고 쾌적한 교육환경이 저해되며 소음의 증가 등으로 교육 및 연구 활동이 방해받게 된다면, 그 부지 및 건물을 교육 및 연구시설로서 활용하는 것을 방해받게 되는 대학교 측으로서는 그 방해가 사회통념상 일반적으로 수인할 정도를 넘어선다고 인정되는 한 그것이 민법 제217조 제1항 소정의 매연, 열기체, 액체, 음향, 진동 기타 이에 유사한 것에 해당하는지 여부를 떠나 그 소유권에 기하여 그 방해의 제거나 예방을 청구할 수 있고, 이 경우 그 침해가 사회통념상 일반적으로 수인할 정도를 넘어서는지 여부는 피해의 성질 및 정도, 피해이익의 공공성과 사회적 가치, 가해행위의 태양, 가해행위의 공공성과 사회적 가치, 방지조치 또는 손해회피의 가능성, 공법적 규제 및 인·허가 관계, 지역성, 토지이용의 선후 관계 등 모든 사정을 종합적으로 고려하여 판단하여야 한다.

평 석

원심은 헌법 제35조 제1항에 규정된 환경권의 내용인 환경에 자연환경뿐만 아니라 역사적·문화적 환경까지 포함하는 것으로 보고 있고, 환경권으로부터 직접 사법상 환경이익의 침해방지청구권이 도출되는 것으로 해석하였으나, 대법원은 그 구체적 권리성을 부인하면서 다만 소유권에 기한 방해배제청구권에 기해 일정한 경우 유지청구를 할 수 있다고 판단하였다.

참고문헌

김연태, "헌법상 환경권의 보호대상과 법적 효력," 판례연구 9집, 고려대학교 법학연구원 (1998. 2.)

18번 판례 원문 : 대법원 1995. 9. 15. 선고 95다23378 판결 【공사중지가처분이의】

【이 유】

1. 환경권에 관한 헌법 제35조의 규정이 개개의 국민에게 직접으로 구체적인 사법상의 권리를 부여한 것이라고 보기는 어렵고, 사법상의 권리로서의 환경권이 인정되려면 그에 관한 명문의 법률규정이 있거나 관계법령의 규정취지 및 조리에 비추어 권리의 주체, 대상, 내용, 행사방법 등이 구체적으로 정립될 수 있어야 함은 소론이 주장하는 바와 같다(당원 1995. 5. 23.자 94마2218 결정 참조).

원심 판시와 같이 피신청인이 건축하는 이 사건 아파트가 24층까지 완공되는 경우 신청인 산하 부산대학교 구내의 그 판시 첨단과학관에서의 교육 및 연구활동에 커다란 지장이 초래되고, 위 첨단과학관 옥상에 설치된 자동기상관측장비 등의 본래의 기능 및 활용성이 극도로 저하되며, 위 부산대학교의 대학교로서의 경관, 조망이 훼손되고, 조용하고 쾌적한 교육환경이 저해되며, 소음의 증가 등으로 교육 및 연구활동이 방해받게 된다면, 위 부산대학교의 부지 및 건물을 교육 및 연구시설로서 활용하는 것을 방해받게 되는 그 소유자인 신청인으로서는 위와 같은 방해가 사회통념상 일반적으로 수인할 정도를 넘어선다고 인정되는 한 그것이 민법 제217조 제1항 소정의 매연, 열기체, 액체, 음향, 진동 기타 이에 유사한 것에 해당하는지 여부를 떠나 그 소유권에 기하여 그 방해의 제거나 예방을 청구할 수 있다 할 것이므로, 적어도 원심이 소유권에 기한 방해배제청구권을 이 사건 가처분의 피보전권리로 삼은 부분만큼은 정당하고(신청인의 신청원인사실 주장 속에는 이러한 취지의 주장도 포함되어 있는 것으로 보인다), 따라서 헌법 제35조의 규정이 구체적인 사법상의 권리를 부여한 것이 아니고 달리 사법상의 권리로서의 환경권을 인정하는 명문의 법률규정이 없는데도 원심이 마치 신청인이 환경권에 기하여 방해배제를 청구할 수 있는 것처럼 설시하고, 또한 원심이 불법행위나 인격권에 기한 방해배제청구권을 이 사건 피보전권리의 하나로 들고 있는 데에 설령 소론과 같은 잘못이 있다 하더라도, 그와 같은 잘못은 판결 결과에 영향을 미치지 못한다 할 것이다. 결국 논지는 이유 없음에 돌아간다.

2. 이 사건과 같은 경우 그 침해가 사회통념상 일반적으로 수인할 정도를 넘어서는지 여부는 피해의 성질 및 정도, 피해이익의 공공성과 사회적 가치, 가해행위의 태양, 가해행위의 공공성과 사회적 가치, 방지조치 또는 손해회피의 가능성,

공법적 규제 및 인·허가 관계, 지역성, 토지이용의 선후관계 등 모든 사정을 종합적으로 고려하여 판단하여야 할 것이다.

원심은, 이 사건 토지 주변의 지역성, 피신청인이 이 사건 아파트를 건축하게 된 경위, 이 사건 아파트 건축공사를 시작할 당시와 현재의 주위 상황, 이 사건 아파트의 완성으로 인하여 예상되는 위 부산대학교에 대한 교육환경 침해의 태양과 정도, 이 사건 아파트 건축공사가 금지됨에 따라 피신청인이 입게 될 손해의 정도 등에 관하여 그 판시와 같은 사실을 확정한 다음, 이 사건 아파트가 24층까지 완공됨으로 인하여 위 부산대학교가 받게 될 교육환경 등의 침해는 사회통념상 수인한도를 초과한다고 판단하고, 나아가 공사금지의 범위를 최소화하면서도 신청인이 입게 되는 침해를 상당히 감소시킬 수 있는 조화점을 찾아 임시로 이 사건 아파트 건축공사 중 18층을 초과하는 부분에 대한 공사를 금지시켰는바, 기록에 의하여 살펴보면 원심의 위와 같은 조처는 수긍이 가고, 거기에 소론과 같이 이익교량에 관한 법리를 오해하고 정의와 형평에 어긋나는 판단을 한 위법이 있다 할 수 없다. 논지는 이유 없다.

19. 청담공원 인근 주민 골프장 건설중지 신청사건
대법원 1995. 5. 23.자 94마2218 결정【공작물설치금지가처분】
원 심: 서울고등법원 1994. 10. 15.자 94라90 결정
제 1 심: 서울민사지방법원 1994. 5. 7.자 94카합2537 결정

1. 당 사 자	【신청인】 청담공원 인근주민 신청인1 외 178인 【피신청인】 피신청인
2. 주요쟁점	사법상 권리로서 환경권이 인정될 수 있는지 여부
3. 사건의 경과	원심이 가처분 신청을 기각하는 취지로 결정하자 신청인이 대법원에 재항고
4. 결 과	재항고 기각
5. 관련조문	민법 제214조, 제217조, 헌법 제35조 제 1 항, 제35조 제 2 항, 민법 제185조, 도시공원법 제 1 조
6. 관련판례	대법원 1997. 7. 22. 선고 96다56153 판결 대법원 1998. 4. 10. 선고 96다52359 판결

❙ 판시사항

헌법상의 환경권 규정에 의하여 사법상 권리로서 환경권이 인정될 수 있는지 여부(소극)

❙ 사실관계

청담공원 내 토지 소유자인 피신청인이 자신의 소유지에 골프연습장을 건립하려고 하자, 청담공원 인근 주민이 신청인으로서 소음 증가, 공원 이용의 어려움 등을 이유로 골프연습장 건설 중지를 신청한 사안

❙ 판결요지

헌법 제35조 제 1 항은 환경권을 기본권의 하나로 승인하고 있으므로, 사법의 해석과 적용에 있어서도 이러한 기본권이 충분히 보장되도록 배려하여야 하나, 헌법상의 기본권으로서의 환경권에 관한 위 규정만으로는 그 보호대상인 환경의 내용과 범위, 권리의 주체가 되는 권리자의 범위 등이 명확하지 못하여 이 규정이 개개의 국민에게 직접으로 구체적인 사법상의 권리를 부

여한 것이라고 보기는 어렵고, 사법적 권리인 환경권을 인정하면 그 상대방의 활동의 자유와 권리를 불가피하게 제약할 수밖에 없으므로, 사법상의 권리로서의 환경권이 인정되려면 그에 관한 명문의 법률규정이 있거나 관계 법령의 규정취지나 조리에 비추어 권리의 주체, 대상, 내용, 행사방법 등이 구체적으로 정립될 수 있어야 한다.

❙ 평 석

이 판결은 환경침해가 있는 경우 환경권에 근거하여 유지청구를 할 수 있는지에 관하여 대법원이 환경권의 구체적 권리성을 부인한 최초의 판결이다. 환경권이 사법상의 권리로 인정되기 위해서는 명문의 법률규정이 있거나 관계 법령의 규정 취지나 조리에 비추어 권리의 주체, 대상, 내용, 행사방법 등이 구체적으로 정립될 수 있어야 한다고 밝히고 있다.

유지청구의 법적 근거에 관하여는 물권적 청구권설, 불법행위설, 인격권설, 환경권설 등의 학설이 있다. 대법원은 물권적 청구권설의 입장을 취하고 있다.

환경권설을 취할 경우 원고적격, 기판력의 주관적 범위 등과 관련하여 실무상 어려운 점이 있으며, 나아가 환경권설의 경우 원칙적으로 환경침해의 가해자와 피해자 사이의 이익형량을 부인한다는 점에서 현실적이지 못하다는 비판이 있다.

❙ 참고문헌

윤진수, "環境權 侵害를 理由로 하는 留止請求의 許容 與否," 판례월보 315호 (1996. 12.)

19번 판례 원문 : 대법원 1995. 5. 23.자 94마2218 결정 【공작물설치금지가처분】

【이 유】

1. 헌법 제35조 제1항은 "모든 국민은 건강하고 쾌적한 환경에서 생활할 권리를 가지며, 국가와 국민은 환경 보전을 위하여 노력하여야 한다"고 규정하여 환경권을 국민의 기본권의 하나로 승인하고 있으므로, 사법(司法)의 해석과 적용에 있어서도 이러한 기본권이 충분히 보장되도록 배려하여야 할 것임은 당연하다고 할 것이나, 헌법상의 기본권으로서의 환경권에 관한 위 규정만으로는 그 보호대상인 환경의 내용과 범위, 권리의 주체가 되는 권리자의 범위 등이 명확하지 못하여 이 규정이 개개의 국민에게 직접으로 구체적인 사법상의 권리를 부여한 것이라고 보기는 어렵고, 또 사법적 권리인 환경권을 인정하면 그 상대방의 활동의 자유와 권리를 불가피하게 제약할 수밖에 없는 것이므로, 사법상의 권리로서의 환경권이 인정되려면 그에 관한 명문의 법률규정이 있거나 관계법령의 규정취지나 조리에 비추어 권리의 주체, 대상, 내용, 행사방법 등이 구체적으로 정립될 수 있어야 할 것이다.

그것은 환경의 보전이라는 이념과 산업개발 등을 위한 개인 활동의 자유와 권리의 보호라는 상호 대립하는 법익 중에서 어느 것을 우선시킬 것이며 이를 어떻게 조정·조화시킬 것인가 하는 점은 기본적으로 국민을 대표하는 국회에서 법률에 의하여 결정하여야 할 성질의 것이라고 보아야 할 것이기 때문이다.

헌법 제35조 제2항에서 "환경권의 내용과 행사에 관하여는 법률로 정한다"고 규정하고 있는 것도 이러한 고려에 근거한 것이라고 여겨진다.

그러므로 원심이, 신청인들이 주장하는 환경권의 취지가 현행의 사법체계 아래서 인정되는 생활이익 내지 상린관계에 터잡은 사법적 구제를 초과하는 의미에서의 권리의 주장이라면 그러한 권리의 주장으로서는 직접 국가가 아닌 사인인 피신청인에 대하여 사법적 구제수단인 이 사건 골프연습장의 설치를 금지하는 가처분을 구할 수 없다고 판시한 것은 위와 같은 법리에 비추어 수긍할 수 있고, 거기에 소론과 같은 환경권에 관한 법리오해의 위법이 있다고 할 수 없다.

또한 피신청인이 서울특별시 강남구청장으로부터 도시공원법상의 근린공원인 청담공원 내의 피신청인 소유 토지상에 이 사건 골프연습장을 설치할 수 있다는 인가처분을 받은 데 가사 소론과 같은 하자가 있다고 하더라도, 그러한 하자가 있다는 점만으로 바로 위 청담공원 인근 주민들인 신청인들에게 피신청인에 대하여 위 골프연습장 건설의 금지를 구할 사법상의 권리가 생기는 것이라고는 할 수 없으므로(다만 위 인가처분의 효력을 다투는 행정소송에서 이러한 하자가 있음을 주장할 수 있는가 하는 점은 별개의 문제이다) 신청인들과 피신청인 사이의 이 사건 가처분 신청 사건에서 위 인가처분의 하자 유무를 따져볼 필요는 없다고 할 것이다. 이 점에 관한 원심의 판시는 반드시 적절하지 아니하나 위 인가처분의 하자가 있음을 이유로 하여 이 사건 가처분이 허용되어야 한다는 신청인들의 주장을 배척한 결론에 있어서는 정당하다. 논지는 모두 이유 없다.

2. 원심결정 이유에 의하면 원심은, 피신청인이 이 사건 골프연습장을 설치·운영함으로 인하여 위 골프연습장에 출입하는 차량에 의한 교통체증과 소음, 골프연습장에서의 골프공 타격 소리와 연습장 내 조명 등으로 인근 주민들인 신청인들의 생활환경을 침해하게 된다는 신청인들의 주장에 대하여, 피신청인이 서울특별시 강남구청장으로부터 위 골프연습장설치 인가처분을 받음에 있어 위 골프연습장에 대한 주차장의 충분한 확보, 완벽한 방음시설, 건물 전면에 소로 개설, 주택가로의 조명 차단, 그린(Green)에 인조잔디를 입힐 것 및 최소한의 녹지훼손 등을 인가조건으로 하여 인가처분을 받았는데 그 인가조건의 내용에 비추어 보아 앞으로 이 사건 골프연습장을 위 인가조건에 충족하도록 건립하는 경우에는 위 골프연습장의 운영으로 말미암아 그 인근 주민인 신청인들이 입게 되는 생활환경 침해는 그것이 인근 주민들이 사회 통념상 수인할 수 있는 정도의 범위 내라고 봄이 상당하다 할 것이고, 달리 피신청인이 골프연습장 건립에 있어 위 인가조건을 준수하지 않을 것으로 보인다거나 위 골프연습장의 운영으로 인하여 신청인들에게 수인할 수 없을 정도의 생활환경 침해 결과가 발생한다고 단정할 만한 자료가 없으므로 민법상의 상린관계 내지 신청인들의 생활이익을 피보전권리로 한 가처분 주장은 이유 없다고 판단하였다.

기록에 비추어 보면 원심의 위와 같은 인정과 판단은 수긍할 수 있고 거기에 소론과 같은 법리오해, 채증법칙 위배, 심리미진 등의 위법이 있다고 할 수 없다. 논지는 이유 없다.

3. 위 청담공원이 도시공원법상 근린공원으로 지정됨으로 인하여 신청인들과 같은 일반 주민들은 다른 사람의 공동 사용을 방해하지 않는 한 자유로이 이 사건 청담공원을 이용할 수 있다고 할 것이지만 그러한 사정만으로 신청인들이 누

구에게나 주장할 수 있는 이른바 공원이용권이라는 배타적인 권리를 취득하였다고는 할 수 없고, 위 골프연습장설치인가처분에 하자가 있다는 이유만으로는 피신청인의 이 사건 골프연습장 설치가 신청인들에 대한 불법행위가 된다고 할 수도 없으며 기록을 보아도 피신청인의 행위가 신청인들의 권리를 침해한다는 점에 대한 소명이 부족함은 앞에서 설시한 바와 같으므로, 같은 취지에서 신청인들 주장의 공원이용권에 기한 가처분신청 또한 이유 없다고 판단한 원심결정은 정당하고 거기에 소론과 같은 공원이용권에 대한 법리오해가 있다고 할 수 없다.

Case Book of Environmental Law

20. 경남아파트 일조권사건

서울고등법원 1996. 3. 29. 선고 94나11806 판결(확정) 【손해배상(기)】

원 심: 서울중앙지방법원 남부지원 1994. 2. 23. 선고 91가합23326 판결

1. 당사자	【원고】 원고1 외 243인 【피고, 피항소인, 부대피항소인 겸 항소인】 피고 주식회사
2. 주요쟁점	일조이익의 침해를 이유로 한 손해배상청구가 인정되기 위한 요건
3. 사건의 경과	1심에서 청구액(세대당 약 3,000만원)의 일부(세대당 약 800만원)만을 인용하자 원고와 피고가 각 패소 부분에 대하여 항소
4. 결 과	일부 인용(세대당 약 900만원)
5. 관련조문	민법 제 2 조 제 1 항, 제750조
6. 관련판례	대법원 2010. 4. 29. 선고 2008다34842 판결

❙ 판시사항

일조이익의 침해를 이유로 한 손해배상청구가 인정되기 위한 요건

❙ 사실관계

폭 20m의 도로를 사이에 둔 북쪽 부지와 남쪽 부지에 아파트 단지를 신축, 분양한 시행사로부터 북쪽 부지 아파트를 분양받은 사람들이, 남쪽 부지에 아파트가 신축됨에 따라 일조시간이 감소하게 되자 그 일조방해가 수인한도를 넘어 불법행위를 구성한다고 주장하며 손해배상을 청구한 사안

❙ 판결요지

건축 관계법령에 규정된 일조권 등의 확보를 위한 높이제한 규정, 일본의 규정과 실무와의 대비 등을 고려하여 볼 때 경인지역에 있어서의 아파트와 같은 공동주택의 경우에는 동지일을 기준으로 9시부터 15시까지 사이의 6시간 중 일조시간이 연속하여 2시간 이상 확보되는 경우 또는 동지일을 기준으로 8시에서 16시까지 사이의 8시간 중 일조시간이 통틀어서 최소한 4시간 정도 확보되는 경우에는 이를 수인하여야 하고, 그 두 가지 중 어느 것에도 속하지 아니하는 일조 저해의 경우에는 수인한도를 넘는다고 봄이 상당하다.

평 석

대법원 2004. 9. 13. 선고 2003다64602 판결을 통해 확립된, 일조 사건에서 실무상 가장 중요한 요건 중 하나인 일조시간에 관한 요건을 설시한 첫 판례이다. 이 판결의 사안에서는 이른바 가해 아파트의 시행자와 피해 아파트의 시행자가 같은 회사였는데, 단지 조성 시기가 달랐던 점이 고려된 것으로 보인다(같은 시기에 조성된 단지 내에서는 분양회사의 하자담보책임이 문제되는데, 이와 관련하여서는 위 관련판례 참조).

참고문헌

이동원, "일조권 침해에 관한 판례의 동향," 민사법학 27호, 한국민사법학회 (2005. 3.)

21. 일조이익 침해의 판단기준
서울중앙지방법원 2008. 7. 8. 선고 2007가합79119 판결(확정) 【손5해배상(기)】

1. 당 사 자	【원고, 상고인 겸 피상고인】 원고1 외 57인 【피고, 피상고인 겸 상고인】 대○도곡제 2 아파트재건축조합 외 1인
2. 주요쟁점	일조이익의 침해를 이유로 한 손해배상청구가 인정되기 위한 요건
3. 사건의 경과	남쪽 부지에 기존 아파트가 철거되고 새로운 아파트가 신축됨에 따라 동지를 기준으로 한 일조시간이 감소하게 되자 그 일조방해가 수인한도를 넘어 불법행위를 구성한다고 주장하며 손해배상을 청구
4. 결 과	청구 기각
5. 관련조문	민법 제 2 조 제 1 항, 제750조
6. 관련판례	대법원 2004. 9. 13. 선고 2003다64602 판결

❙ 판시사항

1. 일조이익의 법적 성격
2. 일조이익의 침해를 이유로 한 손해배상청구가 인정되기 위한 요건

❙ 사실관계

원고들이 그 아파트에 입주하기 이전에 이미 피고 아파트의 골조가 완성되었던 점, 원고측 아파트와 피고측 아파트의 위치, 상호간의 거리 및 방향, 주변상황에 비추어 피고 아파트가 이례적인 것으로 볼 수 없다는 점 등을 이유로 원고들의 손해배상청구를 배척한 사안

❙ 판결요지

1. 일조이익은 어떤 사람이 특정 토지나 건물을 소유함으로써 곧바로 취득하는 권리가 아니라, 피해자들이 피해건물에서 거주하기 시작한 이래 특정 정도의 일조량을 누리면서 상당한 시간이 경과하여 그로 인한 피해자들의 생활이익이 피해자들 자신뿐 아니라 주변의 다른 토지의 소유자들을 비롯한 제 3 자들에 의하여 법적으로 보호될 만한 가치가 있는 것으로 인정될 수준에

이르러야 비로소 인정되는 상대적인 이익이다.

2. 가해건물의 신축으로 인하여 피해건물의 일조량이 감소하였다는 사실만으로 곧바로 일조이익의 침해를 이유로 한 손해배상청구가 인정된다고 단정할 수 없고, 일조량의 감소를 기본 전제로 여러 요건들을 고려하여 그것이 사회적으로 용인할 수 있는 수인한도를 초과하였다고 평가할 수 있어야 하는데, 그러한 한도의 초과 여부는 다음의 여러 가지 사정을 종합하여 판단하여야 한다. 즉, 피해자에 관하여는 ① 원칙적으로 피해건물이 주거지역에 위치해 있어야 하며, 주거용으로 건축되고 실제로도 주거용으로 사용되고 있어야 하고, ② 가해건물의 골조가 완성되기 전에 피해건물의 거주자가 상당한 기간 일조이익 등과 관련된 침해 없이 거주함으로써 그들에게 보호받을 만한 충분한 생활이익이 형성되었다고 인정할 수 있어야 한다. 가해자에 관하여는 ③ 피해건물 및 가해건물의 인접지역의 상황에 비추어 가해건물에 건물의 형상과 이용방식 등 여러 면에서 상당한 정도의 이례성이 있어야 하고, ④ 가해건물이 피해건물로부터 피해건물의 거주자들에게 직접적인 압박감을 느끼게 할 정도의 상당한 거리 이내에 위치하고 있어야 한다. 일조량에 관하여는 ⑤ 일조량 감소로 인한 피해의 정도가 상당한 정도의 것이어야 한다는 각 요건이 충족되어야 한다. 마지막으로 이상의 각 요건에 더하여 ⑥ 피해이익의 성질 및 그에 대한 사회적 평가, 토지이용의 선후관계, 가해 방지 및 피해 회피의 가능성, 공법적 규제의 위반 여부, 교섭 경과, 가해건물이 주거지역에 위치하고 있는지 여부 등 모든 사정을 종합적으로 고려하여 일조이익의 침해를 이유로 한 손해배상청구의 인정 여부를 판단하여야 한다.

❙ 평 석

이 판결은 대법원 2004. 9. 13. 선고 2003다64602 판결에서 제시한 일조방해행위의 수인한도 초과 여부에 대한 판단기준을 구체화하고 실제 그 구체적인 요건을 적용하여 손해배상책임을 판단하였다는 데 그 의의가 있다.

❙ 참고문헌

염정욱, "일조권·조망권 침해와 그 사법적 구제방안," 부산법조논집 창간호, 부산지방변호사회 (2006. 1.)

02_

환경문제해결을 위한 사법적 접근 방식 II

1. 대전빌딩신축현장소음사건
대법원 2008. 9. 11. 선고 2006다50338 판결【손해배상(기)】
원 심: 대전고등법원 2006. 7. 12. 선고 2005나8802 판결
제1심: 청주지방법원 2005. 8. 18. 선고 2003가합1714 판결

1. 당 사 자	【원고 겸 피상고인】 교○빌딩 인근 토지 및 건물주 【피고 겸 상고인】 1. 주식회사 생○부동산신탁(교○빌딩 신축 건축주) 2. 합자회사 삼○토건사(교○빌딩 신축 시공사)
2. 주요쟁점	환경정책기본법 제31조 제1항에 의한 손해배상책임 인정요건
3. 사건의 경과	원심이 피고 1. 주식회사 생보부동산신탁에 대하여는 환경정책기본법 제31조 제1항에 따른 사업자로서의 책임을, 피고 2. 합자회사 삼화토건사에 대하여는 건설산업기본법 제44조 제3항에 따른 도급인으로서의 책임을 각 인정하자, 피고들이 상고
4. 결 과	파기 환송
5. 관련조문	환경정책기본법 제31조 제1항, 제3조 제1호, 제3호, 제4호, 민사소송법 제136조 제1항, 제4항, 건설산업기본법 제2조 제4호, 제44조 제3항
6. 관련판례	대법원 2001. 2. 9. 선고 99다55434 판결

❙ 판시사항

사업장에서 발생하는 소음·진동으로 인하여 피해가 발생한 경우, 당해 사업자는 귀책사유가 없더라도 그 피해를 배상하여야 하는지 여부(적극)

❙ 사실관계

피고들이 빌딩 신축을 위해 한 지반토목공사의 영향으로 원고들 소유 건물에 균열이 발생하는 등의 손해가 생기자 이를 이유로 손해배상을 청구한 사안

❙ 판결요지

환경정책기본법 제31조 제1항 및 제3조 제1호, 제3호, 제4호에 의하면, 사업장에서 발생하는 환경오염으로 인하여 피해가 발생한 경우 당해 사

업자는 귀책사유가 없더라도 그 피해를 배상하여야 하고, 위 환경오염에는 소음·진동으로 사람의 건강이나 환경에 피해를 주는 것도 포함된다.

다만, 가해자에게 환경정책기본법 제31조 제1항에 의한 손해배상책임을 인정하기 위하여는 지반토목공사 과정에서 환경오염에 해당하는 소음·진동이 발생하였는지, 나아가 어느 정도의 소음·진동이 어떠한 경위로 발생하였는지, 그 소음·진동으로 인하여 원고들 건물과 그 대지에 어떠한 피해가 초래되었는지 등에 관하여 심리가 이루어질 필요가 있으므로, 단지 지반토목공사의 영향으로 인근 토지에 지반침하 현상이 발생하였고, 이로 인하여 원고들의 건물에 피해가 발생하였다는 사실만을 인정한 채, 바로 환경정책기본법 제31조 제1항에 의한 책임이 있는 것으로 인정한 것은 심리를 다하지 않거나, 구체적인 사실을 인정함이 없이 법률을 적용하여 결론을 도출한 이유불비의 위법이 있다.

❙ 평 석

환경정책기본법 제31조 제1항에 따른 무과실책임은 가해자의 '고의 또는 과실'을 필요로 하지 않는다는 의미이지, 가해행위의 유무 또는 가해행위와 피해발생 사이의 인과관계에 대한 입증이 필요 없다는 것은 아니므로 이와 같은 사항에 대해서 피해자의 주장, 입증 및 심리가 이루어져야 하고, 다만, 사안의 특수성을 고려하여 인과관계 입증의 정도를 완화하는 것이 바람직하다고 판단된다. 이에 덧붙어 대상 판결은, 소송과성에서 환경정책기본법 제31조 제1항에 의한 책임 여부에 대하여 당사자 사이에 전혀 쟁점이 된 바가 없었고 원심도 그에 대하여 당사자에게 의견진술의 기회를 주거나 석명권을 행사한 바 없었음에도 원심이 환경정책기본법 제31조 제1항에 의한 손해배상책임을 인정한 것은 법원의 석명의무 위반이라고 판시하고 있다.

❙ 참고문헌

김홍균, "환경정책기본법 개정방향: 분쟁조정 및 피해구제," 환경법연구 23권 1호, 한국환경법학회 (2001. 9.)

문준필, "공공시설공사로 인한 양어장의 손해배상청구에 관한 제문제," 재판실무연구 2009, 광주지방법원 (2009. 1.)

2. 여천공단 사건

대법원 2006. 2. 24. 선고 2005다57189 판결【손해배상(기)】

원 심: 광주고등법원 2005. 9. 2. 선고 2005나281 판결

환송판결: 대법원 2004. 11. 26. 선고 2003다2123 판결

파기환송 전 원심: 광주고등법원 2002. 12. 11. 선고 2000나1036 판결

파기환송 전 제 1 심: 광주지방법원 순천지원 2000. 1. 28. 선고 96가합947 판결

1. 당 사 자	【원고】 여천공단 인근 바다에 양식장을 가지고 있는 원고(선정당사자) 외 24인 및 주식회사 강○통상 【피고】 여천공단 입주 기업인 주식회사 엘○화학 외 12개업체
2. 주요쟁점	환경소송에 있어 공동불법행위로 인한 손해배상에서의 인과관계의 인정 방법
3. 사건의 경과	원심에서 원고들의 일부 청구가 인용되었으나 원고들이 대법원에 상고
4. 결 과	원고 상고 기각
5. 관련조문	민법 제760조 제 2 항
6. 관련판례	대법원 2008. 4. 10. 선고 2007다76306 판결

❙ 판시사항

민법 제760조 제 2 항의 입법 취지 및 개별 행위와 손해 발생 사이의 인과관계에 대한 입증책임(=개별행위자)

❙ 사실관계

여천공단 인근 바다에 양식장을 가지고 있는 원고들이 여천공단 입주 업체들인 피고들의 공장폐수로 인해 자신들의 양식장에 피해가 발생하였다고 주장하며 손해배상을 청구한 사안

❙ 판결요지

민법 제760조 제 2 항은 같은 조 제 1 항에서 말하는 여러 사람의 행위가 경합하여 손해가 생긴 경우, 입증책임을 덜어줌으로써 피해자를 보호하려는 입법정책상의 고려에 따라 각각의 행위와 손해 발생 사이의 인과관계를 법

률상 추정한 것이므로, 이러한 경우 개별 행위자가 자기의 행위와 손해 발생 사이에 인과관계가 존재하지 아니함을 입증하면 면책되고, 손해의 일부가 자신의 행위에서 비롯된 것이 아님을 입증하면 배상책임이 그 범위로 감축된다.

▌평 석

공동불법행위 책임은 특히 인과관계 입증이 곤란한 환경침해에서 피해구제가 소홀해 지는 것을 막는 역할을 한다. 그러나 행위자가 그 인과관계의 부존재 또는 자신의 행위로 인한 결과 범위를 입증한 경우까지 부진정연대책임을 부과하는 것은 형평의 관념에 어긋나게 되므로 그 한계를 정할 필요가 있는바, 이 판결은 공동불법행위 책임에서 가해자가 부담하는 증명책임의 범위를 설정하고 있다.

▌참고문헌

최문기, “환경오염에 있어서의 공동불법행위책임에 관한 소고,” 경성법학 5호, 경성대학교 법학연구소 (1996)

3. 복수의 건물에 의한 일조권침해
대법원 2006. 1. 26. 선고 2005다47014, 47021, 47038 판결【손해배상(기)】
원 심: 부산고등법원 2005. 7. 8. 선고 2004나19678, 19685, 19692 판결
제 1 심: 부산지방법원 2004. 10. 21. 선고 2003가합3945, 9677, 2004가합4891 판결

1. 당 사 자	【원고, 피상고인】 A, B아파트 인근빌라 소유자 또는 거주자 【피고, 상고인】 1. 신○대건설 주식회사(A아파트 신축 시행사) 2. 주식회사 경○(B아파트 신축 시행사)
2. 주요쟁점	복수의 건물에 의한 일조권 침해
3. 사건의 경과	원심이 원고들의 불법행위책임을 인정하자 피고들이 상고
4. 결 과	상고 기각
5. 관련조문	민법 제760조, 민법 제750조
6. 관련판례	대법원 2010. 6. 24. 선고 2008다23729 판결

❙ 판시사항

동시에 또는 거의 같은 시기에 건축된 복수의 가해 건물들에 의하여 일조권이 침해된 경우, 위 각 가해 건물의 건축자 등이 공동불법행위책임을 부담하는지 여부(한정 적극)

❙ 사실관계

피고들이 거의 같은 시기에 신축한 각 아파트가 직사광선을 차단하여 원고들의 일조를 침해하자 이를 이유로 손해배상을 청구한 사안

❙ 판결요지

민법 제760조의 공동불법행위가 성립하기 위해서는 행위자 상호 간의 공모는 물론 공동의 인식이 필요하지 않고, 다만 객관적으로 그 공동행위가 관련 공동되어 있으면 족하며, 그 관련 공동성 있는 행위에 의하여 손해가 발생하면 공동불법행위가 성립하므로, 동시에 또는 거의 같은 시기에 건축된 가해 건물들이 피해 건물에 대하여 전체적으로 수인한도를 초과하는 일조 침해의 결과를 야기한 경우, 각 가해 건물들이 함께 피해 건물의 소유자 등이 종래 향유하던 일조를 침해하게 된다는 점을 예견할 수 있었다면 특별

한 사정이 없는 한 각 가해 건물의 건축자 등은 일조 침해로 피해 건물의 소유자 등이 입은 손해 전부에 대하여 공동불법행위자로서의 책임을 부담한다.

▎평 석

복수 건물에 의한 일조방해("복합일조방해")의 경우 일조방해의 수인한도 설정 방법 및 가해행위자 사이의 책임 분담 방법에 대하여 ① 각 가해건물에 의한 일조방해를 일체적으로 평가하는 견해, ② 각 가해건물에 의한 일조방해를 개별적으로 평가하는 견해, ③ 개별불법행위의 문제로 보는 견해 등이 있는데, 대상판결은 ①의 견해를 취하고 있는 것으로 보인다. 한편 대상판결은 ①의 경우 중 각 가해건물이 동시 또는 비슷한 시기에 건축된 경우에 대하여 판단하고 있다.

관련 판결로는 대법원 2008다23729 판결이 있는데, 동 판결은 기존 건물에 의해서는 일조방해가 수인한도를 넘지 않았는데 '상당한 시간 경과 후' 신축된 후속 건물에 의한 일조방해와 결합하여 수인한도를 넘게 된 경우 기존 건물의 소유자는 책임이 없다고 판시하였다.

▎참고문헌

이정훈, "복합일조방해와 공동불법행위의 성부," 법률신문 3449호, 법률신문사 (2006. 4.)

윤재철, "복수의 가해건물에 의해 피해건물에 수인한도를 넘는 복합일조방해가 발생한 경우 공동불법행위책임이 성립하는지 여부," 부산법조논집 2호, 부산지방변호사회 (2007. 1.)

정진명, "복합일조방해의 공동불법행위 성립 여부," JURIST plus 412호 (2007년 1호), 청림출판 (2007)

4. 양돈업 폐업사건
대법원 2001. 2. 9. 선고 99다55434 판결【손해배상(기)】
원 심: 서울고등법원 1999. 8. 25. 선고 98나36155 판결
제 1 심: 서울지방법원 1998. 6. 18. 선고 97가합23704 판결

1. 당사자	【원고 겸 상고인】 공사 도로 인근 양돈업자 【피고 겸 피상고인】 한국도로공사
2. 주요쟁점	환경정책기본법 제31조 제 1 항의 구체적 효력
3. 사건의 경과	원심이 피고의 불법행위 또는 공작물의 설치 또는 보존의 하자로 인한 손해배상책임을 인정하지 않자 원고들이 상고
4. 결 과	원고들 패소부분을 파기 환송
5. 관련조문	환경정책기본법 제31조 제 1 항, 제 3 조 제 1 호, 제 3 호, 제 4 호, 민법 제750조
6. 관련판례	대법원 2003. 6. 27. 선고 2001다734 판결 대법원 2008. 9. 11. 선고 2006다50338 판결 대법원 2010. 7. 15. 선고 2006다84126 판결

▎판시사항

사업장에서 발생하는 환경오염으로 인하여 피해가 발생한 경우, 당해 사업자는 귀책사유가 없는 때에도 피해를 배상하여야 하는지 여부(적극)

▎사실관계

피고의 도로확장공사의 영향으로 원고들의 양돈업이 불가능하게 되어 폐업에 이르자 원고들이 피고를 상대로 손해배상을 청구한 사안

▎판결요지

환경정책기본법 제31조 제 1 항 및 제 3 조 제 1 호, 제 3 호, 제 4 호에 의하면, 사업장에서 발생하는 환경오염으로 인하여 피해가 발생한 경우에는 당해 사업자는 귀책사유가 없더라도 그 피해를 배상하여야 하고, 위 환경오염에는 소음·진동으로 사람의 건강이나 환경에 피해를 주는 것도 포함되므로, 원고들의 손해에 대하여 피고는 그 귀책사유가 없더라도 특별한 사정이 없

는 한 이를 배상할 의무가 있다.

▎평 석

대상판결은 환경정책기본법 제31조 제1항의 실체법적 효력을 명시적으로 인정한 최초의 판결이라고 보이는바, 위 규정에 관하여는 그 구성요건의 불확실성, 정책 선언적 성격, 무과실책임 규정이지만 수인한도 설정에 영향을 미쳐 결국 위법성 판단에도 영향을 미치게 되는 점, 불가항력에 의한 면책규정이 없는 점, 무과실책임을 규정하고 있는 개별 환경관련법령상 규정의 취지를 무색하게 하는 점을 들어 그 실체법적 효력을 부인하는 반대견해가 있다.

그러나 환경정책기본법 제31조 제1항을 적용해야 할 현실적인 필요성이 있는 이상 그 실체법적 효력은 인정하고, 다만, 개별 환경관련법령이나 민법에 의해 해결될 수 없는 경우 또는 인과관계 입증책임의 완화 등으로 해결될 수 없는 경우에 보충적으로 적용하는 것이 바람직한 것으로 보인다.

▎참고문헌

한영표, “환경오염으로 인한 배상책임의 구조: 위험책임과의 관계,” 판례연구 13집, 부산판례연구회 (2002. 2.)

전경운, “환경침해로 인한 위법성판단과 환경정책기본법 제31조의 효력,” 민사법학 22호, 한국사법행정학회 (2002. 9.)

4번 판례 원문 : 대법원 2001. 2. 9. 선고 99다55434 판결 【손해배상(기)】

【이 유】

1. 원심판결 이유에 의하면, 원심은 이 사건의 기본적 사실관계에 관하여, 원고들은 1993. 5. 1.부터 강원 횡성군 우천면 법주리 42외 2필지 총 면적 2,985㎡ 지상 건축물 연면적 1,785.6㎡의 양돈장에서 법주농장의 상호로 약 1,600두의 돼지(모돈 180두, 기타 1,420두)를 양육하는 양돈업을 공동으로 경영하여 온 사실, 피고는 고속국도법 제 6 조 제 1 항의 규정에 의하여 건설교통부장관을 대행하여 고속국도를 점유·관리하는 법인으로서 1995년 1월 초경부터 1996년 1월 말경까지 약 13개월간 제 4 호 고속국도<u>(영동고속도로) 중 위 양돈장 옆을 지나는 강원 원주군 호저면 만종리 산 160의 2부터 강원 횡성군 우천면 우항리 646까지 사이의 구간을 기존의 2차로에서 4차로로 확장하는 공사를 시행한 사실,</u> 위 확장공사가 완료됨에 따라 당초 65m 정도이던 위 양돈장과 고속국도 사이의 거리가 약 25m로 가까워졌고, 위 양돈장과 고속국도 사이의 자연방음벽 역할을 하던 야산이 위 도로확장을 위한 부지조성공사로 깎였을 뿐 아니라 교통량과 진행 차량의 속도의 증가 및 확장한 고속도로면을 아스팔트 대신 아스콘을 사용하는 등의 사정으로 인하여 <u>위 고속도로에서 발생하는 소음·진동이 종전의 약 45 내지 55dB에서 평균 75dB로 증가됨으로써 위 양돈장에서의 정상적인 양돈업이 불가능하게 되어 원고들은 1996. 5. 31. 위 양돈업을 폐업한 사실</u>을 인정한 다음, 위 양돈업 폐업에 대하여 피고는 불법행위 등에 기한 손해배상책임이 있다는 원고들의 이 사건 청구원인의 주장에 대하여는, 이 사건 도로 확장공사는 차량의 통행량 확대와 진행속도의 개선을 위한 공익사업으로 이루어진 것으로 기존의 고속국도를 확장하는 과정에서 불가피하게 방음벽 역할을 하던 야산을 깎아낸 것이고, 한편 위 양돈장을 지나는 구간에 방음벽을 설치함으로써 소음과 진동을 다소 방지할 수는 있을 것이나, 그러한 통상의 방음벽을 설치하는 경우라 하더라도 양돈업을 계속함에 여전히 지장을 가져올 것으로 보이므로 피고가 위와 같이 도로의 확장으로 인하여 발생하는 소음과 진동을 방지하거나 감소시키는 조치를 취하지 아니하였다고 하여 피고가 이 사건 도로공사를 시행하는 과정 및 그 후에 도로를 유지·관리하는 과정에서 어떠한 위법성이 있었다거나, 원고들이 양돈업을 계속하지 못하게 될 결과를 예견하고, 그러한 결과가 발생하지 않도록 어떠한 조치를 취하여야 할 의무가 존재한다고 보기 어렵고, 이 사건 공사로 인하여 인근지역에 소음과 진동

이 증가하였다는 점만으로 도로 자체에 어떤 위험성이 존재한다거나 더 나아가 그 이용으로 인한 위해가 발생할 가능성이 있다고 보기도 어려워 민법 제758조 제1항의 공작물책임도 인정될 수 없다는 이유로 피고에게는 이 사건 원고들의 피해를 배상할 책임이 있지 않다고 판단하였다.

2. 그러나 우선 원고들의 이 사건 피해에 대한 피고의 손해배상책임을 인정할 수 없다는 원심의 판단은 다음과 같은 이유에서 수긍할 수 없다.

가. 먼저 불법행위 성립요건으로서의 위법성은 관련 행위 전체를 일체로만 판단하여 결정하여야 하는 것은 아니고, 문제가 되는 행위마다 개별적·상대적으로 판단하여야 할 것이므로 어느 시설을 적법하게 가동하거나 공용에 제공하는 경우에도 그로부터 발생하는 유해배출물로 인하여 제3자가 손해를 입은 경우에는 그 위법성을 별도로 판단하여야 하고, 이러한 경우의 판단 기준은 그 유해의 정도가 사회생활상 통상의 수인한도를 넘는 것인지 여부라고 할 것이다(대법원 1991. 7. 23. 선고 89다카1275 판결, 1999. 7. 27. 선고 98다47528 판결 등 참조).

원심판결에 의하더라도 피고가 점유·관리하는 위 고속도로가 확장되고 공사완료 후 차량의 교통량과 차량의 속도가 증가함에 따라 원고들이 이미 하고 있던 위 양돈업을 폐업하여야 할 만큼의 소음·진동이 발생하였다는 것인바, 그렇다면 원고들이 입은 위 피해의 성질과 내용 및 그 정도나 규모, 피해 원인과 그 밖에 기록으로 알 수 있는 위 고속도로 확장공사시나 공사완료 후의 소음정도와 일반적으로 허용되는 소음기준치, 피고가 위 고속도로 확장공사 전에 원고들의 피해를 방지하기 위하여, 고속도로 개통 후 원고들의 피해 경감을 위하여 아무런 조치를 취한 바 없는 점, 위 양돈장이 소재한 곳의 위치와 도로 근접성 및 그 주변 일대의 일반적인 토지이용관계 등 여러 사정을 종합하여 볼 때, 위 고속도로 확장공사 및 차량통행에 따른 소음으로 인한 원고들의 양돈업에 대한 침해는 그 정도가 사회통념상 일반적으로 수인할 정도를 넘어선 것이라고 볼 것이고, 따라서 고속도로의 사용이나 자동차의 통행 그 자체가 공익적인 것이고, 고속도로에서의 차량통행으로 인한 소음·진동이 불가피하게 발생한다 하더라도 그 정도가 수인한도를 넘어 원고들에게 위와 같이 양돈업을 폐업하게 하는 손해를 입혔다면 피고는 원고들에 대하여 그로 인한 손해배상책임을 면할 수 없다 할 것이다.

나. 다음으로, 환경정책기본법 제31조 제1항 및 제3조 제1호, 제3호, 제4

호에 의하면, 사업장 등에서 발생되는 환경오염으로 인하여 피해가 발생한 경우에는 당해 사업자는 귀책사유가 없더라도 그 피해를 배상하여야 하고, 위 환경오염에는 소음·진동으로 사람의 건강이나 환경에 피해를 주는 것도 포함되므로, 이 사건 원고들의 손해에 대하여 피고는 그 귀책사유가 없더라도 특별한 사정이 없는 한 이를 배상할 의무가 있다고 할 것이다.

다. 그럼에도 불구하고 이 사건 원고들의 피해와 관련하여 피고의 위법행위와 귀책사유를 인정할 수 없다는 이유로 피고의 불법행위로 인한 손해배상책임을 인정하지 아니한 원심의 판단에는 도로 등에서 수인한도를 넘는 소음·진동의 발생으로 인한 손해배상책임의 성립에 관한 법리를 오해한 위법이 있다고 할 것이고, 이는 판결 결과에 영향을 미쳤음이 분명하므로, 이 점을 지적하는 원고들의 주장은 이유 있다.

Case Book of Environmental Law

5. 온산공단사건
대법원 1991. 7. 26. 선고 90다카26607, 26614 판결【손해배상】
원 심: 부산고등법원 1990. 7. 13. 선고 89나2691, 2707 판결
제 1 심: 부산지방법원 울산지원 1988. 12. 29. 선고 85가합632, 86가합746 판결

1. 당 사 자	【원고 겸 피상고인】 공장 인근 농지 소유자 및 농작자 【피고 겸 상고인】 고○아연 주식회사 등 총 10개 주식회사
2. 주요쟁점	복수의 공해물질에 의한 오염 피해
3. 사건의 경과	원심이 피고들의 불법행위책임을 인정하자 피고들이 상고
4. 결 과	상고 기각
5. 관련조문	민법 제760조, 민법 제750조, 헌법 제35조, 환경보전법 제60조
6. 관련판례	대전지방법원 1995. 2. 8. 선고 93가합3237 판결

❙ 판시사항

공단 소재 공장들에서 배출된 공해물질(각종 유해가스 및 분진)로 인하여 초래된 공단 주변 주민들의 생활환경 침해 및 장차 발병 가능한 만성적인 신체건강상의 장해로 인한 정신적 고통에 대하여 공장주들에게 공동불법행위자로서 위자료 지급의무가 있다고 본 사례

❙ 사실관계

피고들의 공장에서 배출되는 공해물질(각종 유해가스 및 분진)로 인하여 인근 지역의 대기 및 수질이 오염되었고, 이로 인하여 인근 지역 주민들이 질병에 걸리거나 장차 발병가능한 신체건강상의 장해를 입게 되자 이를 이유로 손해배상을 청구한 사안

❙ 판결요지

온산공단 내 피고들 공장에서 배출되는 각종 유해가스 및 분진이 온산면의 대기 및 수질을 오염시켰고, 원고들은 이러한 오염지역에 거주하면서 인체에 해로운 각종 유해가스와 강하분진으로 오염된 대기에 노출된 결과 각종 질병에 걸리거나 구체적인 발병에 이르지 않은 경우에도 장차 발병 가능한 만성적인 신체건강상의 장해를 입었고 이는 통상의 수인한도를 넘

는바, 피고들의 행위는 생활환경의 보호와 그 침해에 대한 구제를 규정하고 있는 헌법 제35조 및 환경보전법 제60조 등에 비추어 볼 때 위법하므로 피고들은 공동불법행위자로서 손해배상책임이 있으므로 위자료를 지급할 의무가 있다.

평 석

판례, 다수설은 공동불법행위가 성립하기 위해서는 각 행위자들이 독립하여 불법행위의 요건을 갖추고 각 행위 사이에 객관적 관련 공동성이 있어야 한다고 보고 있는데, 이러한 견해를 충실히 따르게 되면, 수개의 사업장에서 배출된 오염물질이 복합 또는 누적되어 피해가 발생하는 경우 어느 사업장이 수인한도를 넘는 오염물질을 배출함으로써 독립하여 불법행위의 요건을 충족하는지 입증하기가 어렵게 된다.

따라서 각 사업장이 수인한도를 넘는 오염물질을 배출하는 경우뿐만 아니라 각 사업장이 수인한도를 넘는 오염물질을 배출하지 않더라도 각 사업장에서 배출하는 오염물질이 복합되어 수인한도를 넘거나 새로운 독성물질을 형성하는 경우에는 각 사업자 모두에게 공동불법행위책임을 지우고, 사업자에게 인과관계의 부존재를 증명하여 책임을 면할 수 있게 하는 것이 피해자에 대한 구제의 실효성 측면에서 타당하다.

참고문헌

전경운, “복수인자에 의한 환경침해책임,” JURIST plus 412호(2007년 1호), 청림출판 (2007)

6. 울산공단사건

대구고등법원 1987. 1. 16. 선고 85나111 판결(확정) 【손해배상】

원 심: 부산지방법원 울산지원 1984. 12. 14. 선고 83가합405 판결

1. 당 사 자	【원고, 항소인 겸 피항소인】 공장 인근 농지 소유자 및 농작자 【피고, 항소인 겸 피항소인】 영○화학 주식회사 등 총 5개 주식회사
2. 주요쟁점	복수의 공장배출가스에 의한 오염 피해
3. 사건의 경과	원심이 피고들의 불법행위책임을 인정하자 피고들이 항소 및 원고들도 손해배상액수에 불복하여 항소
4. 결 과	원고들, 피고들 각 항소 일부 인용
5. 관련조문	민법 제760조, 민법 제750조

❙ 판시사항

공장배출가스 등에 의한 농작물 피해에 대하여 공동불법행위를 인정할 것인지 여부

❙ 사실관계

피고들의 공장에서 배출되는 아황산가스 및 불화수소가스 등의 유해물질로 인하여 원고들이 경작하는 농작물이 피해를 입자 이를 이유로 손해배상을 청구한 사안

❙ 판결요지

피고들의 공장에서 각 배출되는 아황산가스의 불화수소가스가 원고들의 토지 및 그 농작물에 대한 주된 오염물질로서 그밖에 다른 일부공장에서 배출되는 오염물질과 합쳐져 원고들의 농작물에 피해를 주고 있고, 피고들은 위와 같은 사정을 알았거나 알 수 있었으므로, 위 오염으로 인한 피해를 방지하기 위하여 연료를 대체하고, 배출가스차단 시설을 하여야 하며, 생산공정을 바꾸거나 가스제거시설을 하는 등으로 배출가스의 생성 및 확산방지, 감소조치를 취함으로써 오염피해를 방지하여야 할 의무가 있음에도 이에 위반하여 그러한 조치를 취하지 않고 가스를 배출시켜 오염의 피해를 일으

켰으므로, 피고들은 공동불법행위자로서 연대하여 원고들의 손해를 배상할 책임이 있다.

▌평 석

판례 및 다수설은 공동불법행위가 성립하기 위해서는 각 행위자들이 독립하여 불법행위의 요건을 갖추고 각 행위 사이에 객관적 관련 공동성이 있어야 한다고 보고 있는데, 이러한 견해를 충실히 따르게 되면, 수개의 사업장에서 배출된 오염물질이 복합 또는 누적되어 피해가 발생하는 경우 어느 사업장이 수인한도를 넘는 오염물질을 배출함으로써 독립하여 불법행위의 요건을 충족하는지 입증하기가 어렵게 된다.

따라서 각 사업장이 수인한도를 넘는 오염물질을 배출하는 경우뿐만 아니라 각 사업장이 수인한도를 넘는 오염물질을 배출하지 않더라도 각 사업장에서 배출하는 오염물질이 복합되어 수인한도를 넘거나 새로운 독성물질을 형성하는 경우에는 각 사업자 모두에게 공동불법행위책임을 지우고, 사업자에게 인과관계의 부존재를 증명하여 책임을 면할 수 있게 하는 것이 피해자에 대한 구제의 실효성 측면에서 타당하다.

▌참고문헌

김형진, "환경분쟁조정법의 제문제," 법조 543호, 법조협회 (2001)

김홍균, "환경오염피해에 대한 사법적 구제의 효율성 제고 방안," 인권과 정의 294호, 대한변호사협회 (2001)

7. 숭어폐사사건

인천지방법원 부천지원 2004. 10. 22. 선고 2002가단23361 판결(확정) 【손해배상(기)】

1. 당 사 자	【원고】 신강화대교 인근 숭어 양식업자 【피고】 1. 인천광역시(신강화대교 공사 시행청) 2. 한○건설 주식회사(신강화대교 공사 시공사)
2. 주요쟁점	환경정책기본법에 의한 손해배상책임과 민법에 의한 불법행위 책임과의 관계
3. 사건의 경과	숭어 폐사의 원인이 피고들의 공사라고 주장하며 원고들이 손해배상청구
4. 결 과	원고 청구 일부 인용
5. 관련조문	환경정책기본법 제31조 제 1 항, 민법 제750조
6. 관련판례	대법원 2008. 9. 11. 선고 2006다50338 판결 대법원 2001. 2. 9. 선고 99다55434 판결

❙ 판시사항

환경오염으로 인한 손해배상사건에 관하여 피해자가 환경정책기본법의 적용을 구하지 않더라도 민법상의 손해배상 규정에 우선하여 적용하여야 하는지 여부(적극)

❙ 사실관계

양식장 인근에 신강화대교 공사를 위해 쌓인 토사를 덤프트럭으로 반출하는 과정에서 발생한 소음과 진동으로 인하여 위 양식장에서 양식중인 숭어가 집단 폐사한데 대하여 원고가 피고들에게 손해배상을 청구한 사안

❙ 판결요지

환경정책기본법 제31조 제 1 항의 규정은 손해의 책임과 발생에 관한 입증책임을 환경오염을 발생시킨 사업자에게 지우는 것으로서 민법 제750조에 대한 특별규정이라고 보아야 하므로 환경오염으로 인한 손해배상사건에 관하여는 그 피해자가 위 법률을 적용해달라는 주장을 하였는지 여부와 무관하게 민법상의 손해배상 규정에 우선하여 적용되어야 한다.

▌평 석

환경정책기본법 제31조 제 1 항은 환경오염 피해에 대한 사업자의 무과실 책임을 인정하고 있고, 위 규정이 실체법적인 효력을 갖는지 여부에 대하여 논란이 있는바, 대상판결은 민법상 불법행위책임규정에 대한 특별규정으로 보아 실체법적인 효력을 인정하고 있다.

다만, 소송과정에서 환경정책기본법 제31조 제 1 항에 의한 책임 여부에 대하여 당사자 사이에 전혀 쟁점이 된 바가 없었고, 그에 대하여 당사자에게 의견진술의 기회를 주거나 석명권을 행사한 바 없었음에도 환경정책기본법 제31조 제 1 항에 의한 손해배상책임을 인정한 것은 법원의 석명의무 위반이라고 판결한 재판례(대법원 2008. 9. 11. 선고 2006다50338 판결)가 있음을 유념하여야 한다.

▌참고문헌

문준필, “공공시설공사로 인한 양어장의 손해배상청구에 관한 제문제,” 재판실무연구 2009, 광주지방법원 (2009. 1.)

03_

환경문제해결을 위한 공법적 접근 방식

1. 4대강 사건
대법원 2011. 4. 21.자 2010무111 전원합의체 결정【집행정지】
원 심: 서울고등법원 2010. 6. 25.자 2010루121 결정
제 1 심: 서울행정법원 2010. 3. 12.자 2009아3749 결정

1. 당 사 자	【신청인, 재항고인】 원고1 외 6,179인 【피신청인, 상대방】 국토해양부장관 외 1인
2. 주요쟁점	행정소송법 제23조 제 2 항의 효력정지 요건인 '회복하기 어려운 손해'의 의미
3. 사건의 경과	원심은 이른바 '4대강 살리기 마스터플랜'이 행정처분에 해당하지 않고 집행정지의 실체적 요건도 갖추지 못하였다고 하여 그 신청을 각하하였고, 이에 신청인들이 재항고
4. 결 과	재항고 기각
5. 관련조문	행정소송법 제 2 조 제 1 항 제 1 호, 제23조 제 2 항
6. 관련판례	대법원 1999. 8. 20. 선고 97누6889 판결

▎판시사항

1. 항고소송 대상이 되는 처분의 의미

2. 국토해양부, 환경부, 문화체육관광부, 농림수산부, 식품부가 합동으로 2009. 6. 8. 발표한 '4대강 살리기 마스터플랜' 등은 행정처분에 해당하지 않는다고 한 사례

3. 행정소송법 제23조 제 2 항의 효력정지 요건인 '회복하기 어려운 손해'의 의미 및 '처분 등이나 그 집행 또는 절차의 속행으로 인하여 생길 회복하기 어려운 손해를 예방하기 위하여 긴급한 필요'가 있는지의 판단 기준

4. 국토해양부 등에서 발표한 '4대강 살리기 마스터플랜'에 따른 '한강 살리기 사업' 구간 인근에 거주하는 주민들이 각 공구별 사업실시계획승인처분에 대한 효력정지를 신청한 사안에서, 토지 소유권 수용 등으로 인한 손해는 행정소송법 제23조 제 2 항의 효력정지 요건인 금전으로 보상할 수 없거나 사회관념상 금전보상으로는 참고 견디기 어렵거나 현저히 곤란한 경우의 유·무형 손해에 해당하지 않는다고 본 원심판단을 수긍한 사례

5. 행정소송법 제23조 제 2 항에서 정한 요건을 결여하였다는 이유로 효력

정지 신청을 기각한 결정에 대하여, 행정처분 자체의 적법 여부를 가지고 불복사유로 삼을 수 있는지 여부(소극)

사실관계

정부의 이른바 '4대강 살리기 마스터플랜'이 발표되자 그 사업구역(이 사건은 한강)에 편입되는 농지 인근 주민들이 그 집행정지를 구한 사안

판결요지

1. 항고소송 대상이 되는 행정청의 처분이란 원칙적으로 행정청의 공법상 행위로서 특정사항에 대하여 법규에 의한 권리의 설정 또는 의무의 부담을 명하거나 기타 법률상 효과를 직접 발생하게 하는 등 국민의 권리의무에 직접 관계가 있는 행위를 말하므로, 행정청의 내부적인 의사결정 등과 같이 상대방 또는 관계자들의 법률상 지위에 직접 법률적 변동을 일으키지 않는 행위는 그에 해당하지 아니한다.

2. 국토해양부, 환경부, 문화체육관광부, 농림수산부, 식품부가 합동으로 2009. 6. 8. 발표한 '4대강 살리기 마스터플랜' 등은 4대강 정비사업과 주변지역의 관련 사업을 체계적으로 추진하기 위하여 수립한 종합계획이자 '4대강 살리기 사업'의 기본방향을 제시하는 계획으로서, 행정기관 내부에서 사업의 기본방향을 제시하는 것일 뿐, 국민의 권리·의무에 직접 영향을 미치는 것이 아니어서 행정처분에 해당하지 않는다고 한 사례.

3. 행정소송법 제23조 제2항에서 정하고 있는 효력정지 요건인 '회복하기 어려운 손해'란, 특별한 사정이 없는 한 금전으로 보상할 수 없는 손해로서 금전보상이 불가능한 경우 내지는 금전보상으로는 사회관념상 행정처분을 받은 당사자가 참고 견딜 수 없거나 참고 견디기가 현저히 곤란한 경우의 유형, 무형의 손해를 일컫는다. 그리고 '처분 등이나 그 집행 또는 절차의 속행으로 인하여 생길 회복하기 어려운 손해를 예방하기 위하여 긴급한 필요'가 있는지는 처분의 성질과 태양 및 내용, 처분상대방이 입는 손해의 성질·내용 및 정도, 원상회복·금전배상의 방법 및 난이 등은 물론 본안청구의 승소가능성 정도 등을 종합적으로 고려하여 구체적·개별적으로 판단하여야 한다.

4. 국토해양부 등에서 발표한 '4대강 살리기 마스터플랜'에 따른 '한강 살

리기 사업' 구간 인근에 거주하는 주민들이 각 공구별 사업실시계획승인처분에 대한 효력정지를 신청한 사안에서, 위 사업구간에 편입되는 팔당지역 농지 대부분이 국가 소유의 하천부지이고, 유기농업에 종사하는 주민들 대부분은 국가로부터 하천점용허가를 받아 경작을 해온 점, 위 점용허가의 부관에 따라 허가를 한 행정청은 공익상 또는 법령이 정하는 것에 따르거나 하천정비사업을 시행하는 경우 허가변경·취소 등을 할 수 있는 점 등에 비추어, 주민들 중 환경영향평가대상지역 및 근접 지역에 거주하거나 소유권 기타 권리를 가지고 있는 사람들이 위 사업으로 인하여 토지 소유권 기타 권리를 수용당하고 이로 인하여 정착지를 떠나 타지로 이주를 해야 하며 더 이상 농사를 지을 수 없게 되고 팔당지역의 유기농업이 사실상 해체될 위기에 처하게 된다고 하더라도, 그러한 손해는 행정소송법 제23조 제 2 항에서 정하고 있는 효력정지 요건인 금전으로 보상할 수 없거나 사회관념상 금전보상으로는 참고 견디기 어렵거나 현저히 곤란한 경우의 유·무형 손해에 해당하지 않는다고 본 원심판단을 수긍한 사례.

5. [다수의견] 행정처분의 효력정지나 집행정지를 구하는 신청사건에서는 행정처분 자체의 적법 여부를 판단할 것이 아니고 행정처분의 효력이나 집행 등을 정지시킬 필요가 있는지 여부, 즉 행정소송법 제23조 제 2 항에서 정한 요건의 존부만이 판단대상이 된다. 나아가 '처분 등이나 그 집행 또는 절차의 속행으로 인한 손해발생의 우려' 등 적극적 요건에 관한 주장·소명 책임은 원칙적으로 신청인 측에 있으며, 이러한 요건을 결여하였다는 이유로 효력정지 신청을 기각한 결정에 대하여 행정처분 자체의 적법 여부를 가지고 불복사유로 삼을 수 없다.

[반대의견] 행정소송법 제 8 조 제 2 항에 따라 행정소송에도 준용되는 민사소송법 제442조는 "항고법원·고등법원 또는 항소법원의 결정 및 명령에 대하여는 재판에 영향에 미친 헌법·법률·명령 또는 규칙의 위반을 이유로 드는 때에만 재항고할 수 있다"고 규정하고 있다. 재항고인들이 효력정지 요건의 해석에 관한 원심결정의 법리오해 위법을 반복하여 지적하면서, 특히 여러 가지 측면에서 특수성을 띠고 있는 환경문제가 포함된 이 사건의 규모와 성격, 직·간접적 파급효과 등을 고려할 때 효력정지 요건 충족 여부와 관련하여 '회복하기 어려운 손해' 및 '긴급한 필요'의 의미를 종전과 다르게 해석

하여야 한다거나 그렇지 않다고 하더라도 소명책임과 관련된 소명의 정도를 완화하여야 한다는 취지의 주장을 하고 있는데, 이는 법리오해 주장으로서 적법한 재항고 이유이다. 그렇다면 대법원으로서는 재항고 이유의 당부에 관하여 나아가 판단함이 마땅하다.

❙ 평 석

행정처분의 효력정지나 집행정지는 급박한 권리침해를 방지하기 위해 마련한 행정소송법상의 구제수단으로, 대법원은 이러한 청구에 대해서는 행정처분의 적법여부가 아닌 "정지의 필요"를 판단하여야 한다고 하여 효력정지 및 집행정지제도가 실효성을 가질 수 있도록 하였다. 정지의 필요성 판단의 기준이 되는 손해 및 긴급한 필요 등은 전형적인 불확정개념이므로 이 개념에 대한 해석을 다투는 것을 법리오해 주장으로 보아 적법한 재항고 이유가 된다고 하는 반대의견도 경청할 만하다.

❙ 참고문헌

정훈, "4대강 정비사업에 따른 법적 쟁점," 법학논총 Vol. 30 No. 1, 전남대학교 법률행정연구소 (2010)

1번 판례 원문: 대법원 2011. 4. 21.자 2010무111 전원합의체 결정 【집행정지】

【이 유】

1. 정부기본계획과 관련된 재항고이유에 대하여

항고소송의 대상이 되는 행정청의 처분이라 함은 원칙적으로 행정청의 공법상의 행위로서 특정사항에 대하여 법규에 의한 권리의 설정 또는 의무의 부담을 명하거나 기타 법률상의 효과를 직접 발생하게 하는 등 국민의 권리의무에 직접 관계가 있는 행위를 말하므로, 행정청의 내부적인 의사결정 등과 같이 상대방 또는 관계자들의 법률상 지위에 직접적인 법률적 변동을 일으키지 아니하는 행위는 그에 해당하지 아니한다(대법원 1999. 8. 20. 선고 97누6889 판결, 2002. 5. 17. 선고 2001두10578 판결 등 참조).

원심이 인정한 사실과 기록에 의하면, 국토해양부, 환경부, 문화체육관광부, 농림수산식품부가 합동으로 2009. 6. 8. 발표한 '4대강 살리기 마스터플랜'(이하 '이 사건 정부기본계획'이라고 한다)은 한강, 낙동강, 금강, 영산강 등 4대강 정비사업의 목표로서 '기후변화 대비, 자연과 인간의 공생, 국토 재창조, 지역균형발전과 녹색성장 기반 구축' 등을 제시하고, 그 사업을 4대강 본류에서 시행하는 '본 사업', 섬진강과 주요 지류 국가하천에서 시행하는 '직접 연계사업', 수변경관 등을 활용하는 '연계사업'으로 구분하는 한편, 정책방향으로 '기후변화에 능동적인 대처, 수자원 확보의 다변화, 신개념 하도관리 및 지역맞춤형 대책 적용, 하천공간을 자연과 인간이 어우러진 복합공간으로 적극 활용, 수질개선 및 하천생태계 건강성 회복' 등 5가지를 설정함과 아울러, 이에 따른 과제별 추진계획, 소요재원과 연차별 투자 등 투자계획, 보상·준설토 처리·환경평가·공사 중 환경영향 관리 등 사업시행방안 등을 밝힌 것이고, 국토해양부장관 소속 '4대강 살리기 추진본부'가 2009. 8. 24. 발간·배포한 '4대강 살리기 마스터플랜 최종보고서'는 이 사건 정부기본계획과 관련하여 '물 관리의 현황과 정책방향, 과제별 추진계획, 강별 추진계획, 투자계획, 사업시행방안, 향후 계획' 등에 관한 구체적 설명과 자료를 담은 것으로서, 그 내용이 설계·시공 등 과정에서 조정될 수 있는 것임을 알 수 있다.

그렇다면 앞서 본 법리에 비추어, 이 사건 정부기본계획 등은 4대강 정비사업과 그 주변 지역의 관련 사업을 체계적으로 추진하기 위하여 수립한 종합계획이자 '4대강 살리기 사업'(그 중 한강 부분을 '이 사건 사업'이라고 한다)의 기본방향을 제시하는 계획으로서, 이는 행정기관 내부에서 사업의 기본방향을 제시하는 것일 뿐, 국민의 권리·의무에 직접 영향을 미치는 것은 아니라고 할 것이어서 행정처분에 해당하지 아니한다.

이 사건 정부기본계획이 행정처분에 해당하지 아니하다고 판단한 원심의 결론은 정당하고, 거기에 재항고이유로 주장하는 것과 같은 정부기본계획의 처분성에 관한 법리오해 등의 위법이 없다.

2. 이 사건 사업의 실시계획승인 등과 관련된 재항고이유에 대하여

가. 행정소송법 제23조 제2항에서 정하고 있는 효력정지 요건인 '회복하기 어려운 손해'라 함은 특별한 사정이 없는 한 금전으로 보상할 수 없는 손해로서 이는 금전보상이 불가능한 경우 내지는 금전보상으로는 사회관념상 행정처분을 받은 당사자가 참고 견딜 수 없거나 또는 참고 견디기가 현저히 곤란한 경우의 유형, 무형의 손해를 일컫는다(대법원 1986. 3. 21.자 86두5 결정, 2003. 4. 25.자 2003무2 결정 등 참조). 그리고 '처분 등이나 그 집행 또는 절차의 속행으로 인하여 생길 회복하기 어려운 손해를 예방하기 위하여 긴급한 필요'가 있는지 여부는 처분의 성질과 태양 및 내용, 처분상대방이 입는 손해의 성질·내용 및 정도, 원상회복·금전배상의 방법 및 난이 등은 물론 본안청구의 승소가능성의 정도 등을 종합적으로 고려하여 구체적·개별적으로 판단하여야 한다(대법원 2004. 5. 12.자 2003무41 결정 등 참조).

원심은 이 사건 사업구간에 편입되는 팔당지역 농지 대부분이 국가 소유의 하천부지이고, 유기농업에 종사하는 재항고인들 대부분은 국가로부터 하천점용허가를 받아 경작을 해온 점, 위 점용허가의 부관에 따라 허가를 한 행정청은 공익상 또는 법령이 정하는 바에 의하거나 하천정비사업을 시행하는 경우 허가변경·취소 등을 할 수 있는 점, 팔당지역 3개 시·군의 총 유기농지 면적은 약 600만㎡인데, 그 중 이 사건 사업에 편입되는 면적이 약 18만㎡로 전체의 약 3%에 불과한 점, 수용으로 인한 권리의 상실에 대해서는 '공익사업을 위한 토지 등의 취득 및 보상에 관한 법률' 등의 관계 법령에 따라 손실보상을 하게 되어 있는 점 등에 비추어 보면, 재항고인들 중 환경영향평가대상지역 및 근접 지역에 거주하거나 소유권 기타 권리를 가지고 있는 사람들이 이 사건 사업으로 인하여 토지 소유권 기타 권리를 수용당하고 이로 인하여 정착지를 떠나 타지로 이주를 해야 하며 더 이상 농사를 지을 수 없게 되고 팔당지역의 유기농업이 사실상 해체될 위기에 처하게 된다고 하더라도 그러한 손해는 금전으로 보상할 수 있는 손해일 뿐 아니

라, 사회관념상 금전보상으로는 참고 견디기가 어렵거나 현저히 곤란한 경우의 유·무형의 손해에 해당한다고 보기 어렵다고 판단하였다.

앞서 본 법리에 비추어 보면, 원심의 이 같은 판단은 정당한 것으로 수긍이 가고, 거기에 재항고이유로 주장하는 것과 같은 '회복하기 어려운 손해'에 관한 법리오해 등의 위법이 없다.

나. 행정처분의 효력정지나 집행정지를 구하는 신청사건에서는 행정처분 자체의 적법 여부를 판단할 것이 아니고 그 행정처분의 효력이나 집행 등을 정지시킬 필요가 있는지의 여부, 즉 행정소송법 제23조 제2항 소정 요건의 존부만이 판단대상이 되고(대법원 1991. 5. 2.자 91두15 결정 등 참조), '처분 등이나 그 집행 또는 절차의 속행으로 인한 손해발생의 우려' 등 그 적극적 요건에 관한 주장·소명책임은 원칙적으로 신청인 측에 있으며(대법원 1999. 12. 20.자 99무42 결정 등 참조), 이러한 요건을 결여하였다는 이유로 효력정지 신청을 기각한 결정에 대하여 행정처분 자체의 적법 여부를 가지고 불복사유로 삼을 수 없다(대법원 1991. 5. 2.자 91두15 결정 등 참조).

그런데 이 부분 재항고 이유는, 원심이 이 사건 사업에 따른 수질오염, 침수, 생태계 파괴 등으로 인한 손해 발생의 우려에 관한 소명이 부족하다는 이유로 이 사건 효력정지 신청을 기각한 데 대하여, 정부기본계획을 제외한 원심결정의 신청취지 및 항고취지란 기재의 이 사건 각 처분의 적법성을 다투는 취지이거나 손해 발생의 우려에 관하여 사실심의 전권 사항인 증거의 취사나 사실인정이 잘못되었다는 취지의 것에 불과하므로 적법한 재항고이유라고 볼 수 없다.

3. 결 론

그러므로 신청인들의 재항고를 모두 기각하기로 하여 주문과 같이 결정한다.

이 결정에는 판시 2.의 나.항에 대하여 대법관 박시환, 대법관 김지형, 대법관 이홍훈, 대법관 전수안의 반대의견이 있는 외에는 관여 대법관의 의견이 일치하였고, 대법관 김능환, 대법관 안대희, 대법관 민일영의 다수의견에 대한 보충의견이 있다.

4. 대법관 박시환, 대법관 김지형, 대법관 이홍훈, 대법관 전수안의 반대의견

가. 재항고이유의 적법 여부

(1) 다수의견은 정부기본계획과 관련된 부분, 수용으로 인한 손해가 '회복하기

어려운 손해'에 해당하는지 여부에 관한 부분을 제외한 나머지 부분에 관한 재항고이유에 대하여 위와 같이 '이 사건 각 처분의 적법성을 다투는 취지이거나 손해 발생의 우려에 관하여 사실심의 전권 사항인 증거의 취사나 사실인정이 잘못되었다는 취지의 것에 불과하므로 적법한 재항고이유라고 볼 수 없다'고 판단하였으나, 이러한 다수의견의 입장에는 아래와 같은 이유로 동의할 수 없다.

(2) 행정소송법 제8조 제2항에 따라 행정소송에도 준용되는 민사소송법 제442조는 "항고법원·고등법원 또는 항소법원의 결정 및 명령에 대하여는 재판에 영향을 미친 헌법·법률·명령 또는 규칙의 위반을 이유로 드는 때에만 재항고할 수 있다."고 규정하고 있다.

재항고인들은 재항고이유서 여러 곳에서 효력정지 요건의 해석에 관한 원심결정의 법리오해 위법을 반복하여 지적하면서, 특히 여러 가지 측면에서 특수성을 띠고 있는 환경문제가 포함된 이 사건의 규모와 성격, 직·간접적 파급효과 등을 고려할 때 효력정지 요건 충족 여부와 관련하여 '회복하기 어려운 손해' 및 '긴급한 필요'의 의미를 종래와 다르게 해석하여야 한다거나, 그렇지 않다고 하더라도 소명책임과 관련된 소명의 정도를 완화하여야 한다는 취지의 법리오해 주장(재항고이유서 제2쪽, 제4쪽, 제30쪽, 제43쪽 등)을 분명히 하면서 이와 아울러 원심결정의 여러 문제점을 지적하고 있다.

(3) 그렇다면 대법원으로서는 재항고인들이 주장하는 재항고이유의 당부에 관하여 나아가 판단함이 마땅하다. 반대의견에서는 원심의 판단 중 판시 2.의 나.항에 기재된 이 사건 사업의 실시계획승인 등(이하 반대의견에서는 '이 사건 하천공사시행계획 등'이라고 한다)에 대한 효력정지에 관한 부분에 아래와 같은 이유로 재판에 영향을 미친 법리오해의 위법이 있다고 생각한다.

나. 이 사건 하천공사시행계획 등에 대한 효력정지 신청의 당부

(1) 헌법 제1조는 대한민국이 민주공화국임을 선언하면서, 대한민국의 주권은 국민에게 있고, 모든 권력은 국민으로부터 나온다고 규정하여 국민주권의 원리를 헌법의 이념으로 천명하고 있다. 따라서 헌법의 이념상 국가권력의 정당성은 국민에게 있고, 국가의 모든 통치권의 행사도 궁극적으로는 국민의 의사에 의하여 정당화된다고 할 수 있다. 더 나아가 헌법은 국민주권의 이념을 실현하기 위하여 대의민주주의를 채택하면서 주권의 귀속 주체인 국민의 자유와 권리를 헌법적 차원에서 보장하고, 자유민주주의와 법치주의를 헌법상 기본원리로 삼고 있다. 이

와 같이 헌법이 법치주의를 국가의 질서 내지 구조적 원리로서 헌법상 기본원리로 삼고 있는 만큼, 국민의 자유·정의·평등을 실현하기 위해서는 법의 지배 내지 법우선의 원칙에 따라 모든 국가작용은 법에 따라야 함은 물론이고, 국가가 그 법을 집행함에 있어서는 합법성, 법적 안정성과 함께 정당성 및 합목적성을 갖추어야만 비로소 실질적인 법치주의를 실현할 수 있다고 할 것이다.

특히 헌법은 국가작용 중에서도 무엇보다 국민생활과 밀접하게 관련되어 있는 행정작용이 언제나 법률에 근거를 두고 공평하게 행하여지게 함으로써 행정권을 적절하게 통제하고 법치주의의 실질적인 내용을 구현하려고 하고 있다. 이와 같이 법치주의의 핵심인 법치행정의 이념을 실현하기 위해서는 행정에 대한 법의 지배 원칙에 따라 행정권을 행사하여야 하며, 또한 행정권에 의하여 국민의 권익이 침해받거나 받을 우려가 있는 경우에는 이에 대한 효과적인 권리구제 내지 행정통제 제도가 보장되어야 한다.

한편 헌법은 제35조 제 1 항에서 "모든 국민은 건강하고 쾌적한 환경에서 생활할 권리를 가지며, 국가와 국민은 환경보전을 위하여 노력하여야 한다"고 규정함으로써 환경권을 헌법상 보장되는 기본권의 하나로 천명함과 동시에 국가와 국민에게 환경보전을 위하여 노력할 의무를 부과하고 있다. 또한 "환경권의 행사와 내용에 관하여는 법률로 정한다"고 규정한 헌법 제35조 제 2 항에 따라 제정된 우리 환경정책기본법은 제 2 조를 통해 국가, 지방자치단체 등은 환경을 보다 양호한 상태로 유지, 조성하도록 노력하고, 환경을 이용하는 모든 행위를 할 때에는 환경보전을 우선적으로 고려하여야 하며, 지구의 환경상 위해를 예방하기 위한 공동의 노력을 강구함으로써, 현재의 국민으로 하여금 그 혜택을 널리 향유할 수 있게 함과 동시에 미래의 세대에 계승될 수 있도록 함을 위 법의 기본이념으로 삼고 있다.

이러한 환경권은 근대 초기부터 등장한 기본권이 아니라 현대 산업사회가 급속도로 발전하면서 자연의 훼손, 공해 및 환경오염, 주거·생활환경의 악화 문제가 인간의 생존을 위협하는 심각한 문제로 대두함에 따라 새롭게 인식되면서 논의·발전된 것이다. 이에 따라 세계 각국은 자국 실정에 맞게 환경권의 개념을 도입하여 환경보전을 위하여 노력하고 있는데, 우리나라의 경우에는 1963년에 제정된 공해방지법, 1977년에 제정된 환경보전법을 거쳐 1980년에 개정된 헌법에서 국가의 환경보전의무 등을 명시적으로 규정함으로써 환경에 대한 헌법적 수준의 보장을 실시하고 있다.

한편 환경문제는 문제의 발생과 이로 인한 영향이 현실로 나타나기까지 상당한 시차가 존재하고, 어느 정도의 환경악화는 환경이 갖는 자체 정화능력에 의하여 쉽게 원상회복될 수 있지만 그 자체 정화능력을 초과하는 경우에는 환경악화가 가속화될 뿐만 아니라 심한 경우에는 원상회복이 어렵거나 불가능하게 되는 시차성(時差性), 탄력성(彈力性) 및 비가역성(非可逆性) 등과 같은 특성을 가진다.

따라서 환경문제가 포함된 이 사건을 처리함에 있어서는 이러한 특성을 충분히 고려함으로써 현재의 잘못된 정책으로 인하여 이 사건 사업지역 인근에 거주하거나 한강을 상수원으로 삼는 재항고인들뿐만이 아닌 미래의 세대인 우리들 자손의 중요한 삶의 터전이 될 환경이 오염되거나 훼손되지 아니하도록 각별한 주의를 기울일 필요가 있다. 이러한 여러 사정을 염두에 두고 이 사건 하천공사시행계획 등에 대한 효력정지 신청의 당부에 관하여 본다.

(2) 행정소송법 제23조 제2항에서 정하고 있는 집행정지 요건인 '회복하기 어려운 손해'라 함은 특별한 사정이 없는 한 금전으로 보상할 수 없는 손해로서 이는 금전보상이 불가능한 경우 내지는 금전보상으로는 사회관념상 행정처분을 받은 당사자가 참고 견딜 수 없거나 또는 참고 견디기가 현저히 곤란한 경우의 유형, 무형의 손해를 일컫는 것이고, '처분 등이나 그 집행 또는 절차의 속행으로 인하여 생길 회복하기 어려운 손해를 예방하기 위하여 긴급한 필요'가 있는지 여부는 처분의 성질과 태양 및 내용, 처분상대방이 입는 손해의 성질·내용 및 정도, 원상회복·금전배상의 방법 및 난이 등은 물론 본안청구의 승소가능성의 정도 등을 종합적으로 고려하여 구체적·개별적으로 판단하여야 하므로(대법원 2004. 5. 12.자 2003무41 결정, 2010. 5. 14.자 2010무48 결정 등 참조), 먼저 본안청구의 승소가능성의 정도에 관하여 살펴본 다음, 여기에 나머지 고려사항들을 보태어 볼 때 이 사건 하천공사시행계획 등으로 인하여 생길 회복하기 어려운 손해를 예방하기 위하여 긴급한 필요가 있는지 여부를 살펴보기로 한다.

(3) 본안청구의 승소가능성의 정도

(가) 정당한 이익형량 여부

행정주체는 구체적인 행정계획을 입안·결정할 때에 비교적 광범위한 형성의 자유를 갖지만, 행정주체가 가지는 이와 같은 형성의 자유는 무제한적인 것이 아니라 그 행정계획에 관련되는 자들의 이익을 공익과 사익 사이에서는 물론이고 공익 상호간과 사익 상호간에도 정당하게 비교·교량하여야 한다는 제한이 있는 것이고, 따라서 행정주체가 행정계획을 입안·결정할 때에 이익형량을 전혀 행하지 아니하거나 이익형량의 고려대상에 마땅히 포함시켜야 할 사항을 누락한 경우 또는 이익형량을 하였으나 정당성과 객관성이 결여된 경우에 그 행정계획결정은 형량에 흠이 있어 위법하다(대법원 2006. 9. 8. 선고 2003두5426 판결, 2007. 4. 12. 선고 2005두1893 판결 등 참조).

이 사건 하천공사시행계획 등은 하천법 제78조 제 3 항 또는 한국수자원공사법 제24조 제 2 항에 의하여 공익사업을 위한 토지 등의 취득 및 보상에 관한 법률 제20조 제 1 항에 따른 사업인정으로 의제된다. 따라서 행정주체가 사업인정처분을 하려고 할 때에도 그 사업에 공용수용을 할 만한 공익성이 있는지의 여부와 공익성이 있는 경우에도 그 사업의 내용과 방법에 대하여 사업인정처분에 관련된 자들의 이익을 공익과 사익 사이에서는 물론, 공익 상호간 및 사익 상호간에도 정당하게 비교·교량하여야 하며, 그 비교·교량은 비례의 원칙에 적합하도록 하여야 한다.

특히 이 사건 하천공사시행계획 등과 같이 고도의 전문적·기술적인 조사·심의 및 판단에 기초하여 결정된 행정계획 등에 대하여 취소소송이 제기되어 행정청이 공익을 포함한 관련자들의 이익을 정당하게 비교·교량하였는지 여부가 다투어지는 경우에는, 그 이익형량에 관한 자료의 대부분을 행정청 측에서 보유하고 있는 반면 재항고인들로서는 그 자료를 구하기가 대단히 어렵다는 사정을 충분히 고려하여야 한다. 따라서 재항고인 측에서 이익형량에 흠이 있다고 의심할 만한 사유를 구체적으로 주장하면서 이를 뒷받침하는 단서를 제시하고 있는 이상, 행정청 측에서 상당한 근거와 자료를 제시하여 관련자들의 이익이 정당하게 비교·교량되었다는 점을 해명할 필요가 있고, 행정청이 이러한 해명을 다하지 아니할 때에는 이익형량에 흠이 있는 것으로 사실상 추인된다고 보아야 한다.

그런데 이 사건의 경우에는 다음과 같은 점들을 종합하여 보면, 재항고인 측에서 상대방들이 이 사건 하천공사시행계획 등을 입안·결정할 때에 관련자들의 이익을 정당하게 비교·교량하지 아니하였다고 의심할 만한 사유들을 구체적으로 주장하면서 이를 뒷받침하는 단서들을 제시하고 있는 반면, 상대방 측에서는 관련자들의 이익이 정당하게 비교·교량되었다는 점을 충분히 해명하지 못하고 있어, 이 사건 하천공사시행계획 등은 형량에 흠이 있어 위법하다고 볼 여지가 많다고 생각한다.

(나) 상위계획과의 정합성 결여

1) 하천법 제24조 제 7 항은 유역종합치수계획은 수자원장기종합계획의 범위 안에서 수립되어야 하며 하천기본계획의 기본이 된다고 규정하고, 하천법 제27조

제 2 항은 하천공사시행계획은 하천기본계획의 범위 안에서 수립되어야 한다고 규정하고 있으므로, 하천공사는 하천기본계획은 물론 유역종합치수계획, 나아가 수자원장기종합계획의 범위 안에서 시행되어야 한다.

2) 그런데 원심결정 이유와 기록에 의하면, 다음과 같은 사정을 알 수 있다.

가) 이 사건 사업은 남한강에 높이 6m 내지 8m(이포보의 가동보 부분은 3m)의 보 3개를 설치하고 대규모로 하도를 준설하는 것 등을 내용으로 한다.

나) 그러나 수자원장기종합계획(2006~2020)에서 보 설치는 계획하지 아니하고, 오히려 최근에 하천환경과 생태계를 종합적으로 고려한 하천관리개념이 도입되면서 보의 정비나 폐기의 필요성이 제기되고 있다고 하고 있으며, 준설에 관하여는 시급한 노후제방 보강사업과 통수단면 확보를 위한 준설사업을 병행하되, 준설에 대한 사전 타당성 조사를 강화하여 그 최적 규모를 산정하고 향후 지속적으로 관리한다고 하고 있다.

다) '4대강 살리기 마스터플랜'이 발표되던 2009. 6. 8. 한강수계 유역종합치수계획이 고시되고, 같은 해 7. 2. 한강 하천기본계획이 변경 고시되었으나, 수자원장기종합계획은 아직 변경되지 아니하고 있다.

라) 한강수계 유역종합치수계획에도 보 설치는 치수(治水, 수해예방)가 아니라 이수(利水, 물 확보)와 관련된 것이라는 이유로 반영되지 아니하였고, 준설도 하도(河道)와 직접 관련된 것으로서 하천기본계획의 대상이라는 이유로 반영되지 아니하였다. 더욱이 하천법 제24조 제 4 항에 의하면, 유역종합치수계획을 수립하거나 변경하려는 때에는 관계 행정기관의 장과 협의한 후 지방하천관리위원회의 자문 및 중앙하천관리위원회의 심의를 거쳐야 하는데, 한강수계 유역종합치수계획의 수립과정에서는 '4대강 살리기 프로젝트'가 발표되기도 전으로서 보 설치 및 준설 계획이 없던 2008. 11.경 지방하천관리위원회의 자문을 거친 후 다시 그 자문을 거치지 아니하였다.

마) 이 사건 사업의 준설 규모가 면밀한 사전 타당성 조사를 거쳐 결정되었다고 볼 자료는 제출되어 있지 아니하다.

3) 위와 같은 사정에 비추어 보면, 대규모의 보 설치 및 준설 등을 내용으로 하는 이 사건 사업은 상위계획인 수자원장기종합계획이나 유역종합치수계획의 범위를 벗어난 것이라고 볼 여지가 많다.

㈐ <u>효율성에 대한 검토의 결여</u>

1) 하천법 제 3 조 제 1 항은 국가는 하천에 대한 효율적인 보전·관리를 위하여

하천에 관한 종합적인 계획을 수립하고 합리적인 시책을 마련할 책무를 진다고 규정하며, 하천법 제23조 제1항은 국토해양부장관은 수자원의 안정적인 확보와 하천의 효율적인 이용·개발 및 보전을 위한 20년 단위의 수자원장기종합계획을 수립하여야 한다고 규정하고 있으므로, 하천공사의 시행에 관한 이익형량을 할 때에 효율성에 대한 검토도 빠뜨려서는 아니 된다.

한편 국가재정법(2010. 5. 17. 법률 제10288호로 개정되기 전의 것, 이하 같다) 제38조 제1항, 국가재정법 시행령 제13조 제1항, 제5항에 의하면, 총 사업비가 500억 원 이상이고 국가의 재정지원 규모가 300억 원 이상인 신규 사업으로서 건설공사가 포함된 사업 등에 대한 예산을 편성하기 위하여서는 미리 기획재정부장관이 예비타당성조사를 실시하여야 하며, 예비타당성조사를 실시하기로 결정한 경우에는 조사대상사업의 경제성 및 정책적 필요성 등을 종합적으로 검토하여 그 타당성 여부를 판단하고 그 결과를 공개하여야 하는바, 이러한 예비타당성조사 제도는 대규모 신규 사업에 대한 사전 타당성 검증·평가를 통하여 재정사업의 신규 투자를 투명하며 공정하게 결정함으로써 예산낭비를 방지하고 재정운영의 효율성을 제고하려는 데에 그 취지가 있다.

그리고 국가재정법 시행령 제13조 제2항 제6호는 '재해예방·복구 지원, 시설 안전성 확보, 보건·식품 안전 문제 등으로 시급한 추진이 필요한 사업'은 예비타당성조사 대상에서 제외한다고 규정하고 있는데, 이에 따라 어느 사업이 예비타당성조사 대상에서 제외된다고 하려면, 그 사업이 재해예방 지원 등 위 규정에 정한 사업이어야 할 뿐만 아니라 예비타당성조사 결과를 기다릴 수 없을 정도로 그 사업의 시급한 추진이 필요하여야 한다.

2) 그런데 기록에 의하면, 다음과 같은 사정을 알 수 있다.

가) 기획재정부장관은 4대강 정비사업에 대한 예산을 편성할 때에 보 설치 및 준설 부분이 국가재정법 제38조 제1항, 국가재정법 시행령 제13조 제1항에 정한 규모를 초과하는데도 이에 대하여 국가재정법 시행령 제13조 제2항 제6호의 '재해예방 지원으로 시급한 추진이 필요한 사업'에 해당한다는 이유로 예비타당성조사를 실시하지 아니하였고, 달리 이 사건 사업의 계획 및 시행 과정에서 효율성에 대한 면밀한 검토가 있었다고 볼 자료도 제출되어 있지 아니하다.

나) 그러나 '4대강 살리기 마스터플랜'에서는 보 설치를 수해예방 사업이 아니라 물 확보 사업으로 분류하고 있고, '마스터플랜'이 발표된 날 고시된 한강수계 유역종합치수계획에도 위와 같은 이유로 보 설치는 반영되지 아니하였는데, 보

설치 역시 '재해예방 지원'으로서 예비타당성조사 결과를 기다릴 수 없을 정도로 시급한 추진이 필요한 것인지 상당한 의문이 있다.

다) 더구나 수자원장기종합계획(2006~2020)에서는 이미 국제인구행동연구소(PAI)가 정한 기준 등에 따르면 우리나라가 물 부족 국가로 분류된다고 하면서도, 기준수요 시나리오에 의하면 2011년에 영산강 서해안, 동진강, 낙동강 동해안 일부, 경북 중서부 등에서 10% 이상의 수요량 대비 부족량이 전망되나, 그 밖의 지역은 수요량 대비 충분한 가용수량을 확보하고 있어, 공급시설의 확충과 용수 목적별 수량의 재배분으로 물 부족을 해소할 수 있을 것으로 전망된다고 하고 있다. 나아가 수자원장기종합계획에서는 물 부족 해소를 위하여 노후관 교체 등을 통한 상수도 유수율 향상 이외에도 공업용수 재이용률 향상, 수로 구조물화 등을 통한 농업용수 절감, 농업용 저수지 재개발, 중소규모 신규 댐 개발, 빗물 이용 확대, 지하수의 효율적 활용 등의 방안을 제시하고 있으며, 부족한 하천유지용수의 확보를 위하여서도 수계·하천의 유수사용 조정, 댐 용수 재배분, 재이용수 활용, 훼손된 유역 물 순환 복원, 기존 수원 재개발 등의 방안을 제시하고 있다.

라) 한편 '4대강 살리기 마스터플랜'에서는 준설 등이 필요한 이유로, 기후변화로 집중호우가 빈번하게 발생하면서 강우강도가 증가하고, 제방으로 보호되는 지역의 인구·자산 집중 및 도시화로 홍수피해 잠재성이 증대되고 있는 점 등을 내세우고 있으나, 그 정도의 사정은 수자원장기종합계획에서 이미 언급하고 있다. 그뿐만 아니라 수자원장기종합계획에서는 우선적 투자가 필요한 홍수취약지역은 낙동강 하류, 강원 영동, 충주 및 김천 인근, 남·동해안 등이라고 하고 있으며, 한강수계 유역종합치수계획에서조차 한강유역은 댐에 의한 홍수조절로 본류의 홍수피해가 줄어 주로 지류나 소하천에서 또는 내수의 배수불량으로 홍수피해가 발생하고 남한강(팔당댐~충주댐) 구간은 기존 제방으로도 어느 정도 홍수방어능력이 있다고 하고 있다.

마) 또한 수자원장기종합계획에서는 치수단위구역 또는 제내지의 중요도 특성을 정량화할 수 있는 계량적 치수경제성 분석방법을 활용하여 치수사업에 대한 투자비용 효과 분석을 실시하고, 홍수방어대책과 홍수피해 저감대책에 대한 경제성 분석방안을 개선하며, 하천개수가 필요한 취약지역에 대하여는 경제적 타당성 및 종합적 치수계획과의 연계성 등을 파악하여 집중적으로 투자함으로써 치수안전도를 제고하고, 준설에 대한 사전 타당성 조사를 강화하여 그 최적 규모를 산정한다고 하는 등 치수사업을 계획할 때에 효율성을 검토하도록 요구하고 있다.

바) 4대강 정비사업의 사업비는 '4대강 살리기 마스터플랜'에 의하더라도 본 사업 및 직접연계사업 비용만 22조 2,000억 원에 달한다. 그리고 이 사건 사업으로 유속이 느려지면 토사가 퇴적되므로 준설을 반복할 수밖에 없으며, 그리하여 상대방 측에서도 정기적인 준설을 계획하고 있는데, 장차 정기적으로 반복될 준설에 어느 정도의 비용이 소요될 것인지에 관하여는 자료가 제출되어 있지 아니하다.

3) 위와 같은 사정에 비추어 보면, 4대강 정비사업 중 보 설치 및 준설 부분은 '재해예방 지원'에 해당하지 아니하거나 예비타당성조사 결과를 기다릴 수 없을 정도로 시급한 추진이 필요한 것은 아니어서 국가재정법 시행령 제13조 제2항 제6호의 예비타당성조사 제외대상인 '재해예방 지원으로 시급한 추진이 필요한 사업'에 해당하지 아니하는데도 이에 대하여 기획재정부장관이 예비타당성조사를 실시하지 아니하였고, 달리 상대방 측에서 이 사건 사업의 효율성을 면밀히 검토하지도 아니하였다고 볼 여지가 많다.

㈑ <u>불충분한 대안검토</u>

1) 환경정책기본법 제3조 제7호는 '사전환경성검토'라 함은 환경에 영향을 미치는 행정계획의 수립 또는 개발사업(행정계획의 수립이 요구되지 아니하는 개발사업)의 허가 등을 할 때에 해당 행정계획 또는 개발사업에 대한 대안의 설정·분석 등 평가를 통하여 미리 환경측면의 적정성 및 입지의 타당성 등을 검토하는 것을 말한다고 규정하고 있고, 환경정책기본법 제25조의4 제2항, 환경정책기본법 시행령 제8조 제1항 제4호 (다)목 등에 근거하여 환경부장관이 고시한 사전환경성검토서 작성 등에 관한 규정에 의하면, 사전환경성검토서에는 '대안 및 그 환경영향검토 결과와 영향저감방향'이 포함되어야 한다. 여기서 '대안'이라 함은 환경적 목표와 기준의 유지를 전제로 행정계획의 목표와 방향, 추진전략과 방법, 수요와 공급, 위치와 시기, 공법 등에 대하여 여러 가지 조건을 변경한 결과를 말하는 것으로, 대안을 선정할 때에는 행정계획을 시행하지 아니하였을 경우를 포함하여 2개 이상으로 하여야 하고, 각 대안은 행정계획의 목적 달성을 위하여 실천가능하고도 현실적이어야 하며, 사전환경성검토서에서는 선정한 대안별로 계획의 적정성, 입지의 타당성 등 세부 검토항목에 대하여 검토한 결과 및 그 구체적인 내용과 근거를 기술한 다음, 대안별 환경영향검토 결과를 비교하여 최적의 대안을 선정하고 그 이유를 기술하여야 한다[위 고시 [별표 2] 제1호 (가)목, (다)목, 제2호, 제3호 (가)목, (나)목].

한편 환경영향평가법 제13조 제2항, 환경영향평가법 시행령 제12조 제1항 제

7호 (라)목에 의하면, 환경영향평가서에는 '대안설정 및 평가'가 포함되어야 하고, 환경영향평가법 시행령 제12조 제2항 등에 근거하여 환경부장관이 고시한 환경영향평가서 작성 등에 관한 규정 제2조 제3호는 '대안'이란 해당 사업의 시행으로 인하여 환경에 미치는 영향을 저감 또는 방지할 수 있는 모든 합리적인 방안으로서 입지, 규모, 토지이용계획, 시기, 공법, 기타의 저감방안 등 조건이 다른 여러 가지 안을 말한다고 규정하며, 같은 고시 제26조는 사업자는 사업계획에 대한 대안을 설정하고 그에 대한 분석 및 평가를 실시하여야 하며 이 경우 사업계획이라 함은 사업지역의 위치, 사업규모, 사업시기, 토지이용계획 등 해당 사업의 중요사항을 말한다고 규정하고 있다.

위 각 규정의 내용과 취지 등에 비추어 보면, 사전환경성검토 및 환경영향평가 과정에서 대안을 설정하고 이를 분석·평가하여야 하며, 특히 사전환경성검토 과정에서는 사업지역의 위치와 사업규모 등은 물론 사업의 시행 여부 그 자체에 관하여도 합리적이고 실행가능한 모든 대안을 구체적으로 검토하여야 한다고 할 것이다.

2) 그런데 수자원장기종합계획(2006~2020)에서 이미 물 부족 해소와 수해예방을 위한 다양한 방안을 제시하고 있음은 앞서 본 바와 같고, 이에 더하여 기록에 의하면, 다음과 같은 사정을 알 수 있다.

가) 이 사건 사업에 관한 환경영향평가서(그 보완서 포함. 이하 '이 사건 환경영향평가서'라고 한다)에서는 보의 구조 및 제체(제체) 형식, 저수로의 비탈면 경사, 어도의 형식에 관하여만 대안을 검토하고 있다.

나) 달리 상대방들이 이 사건 사업을 계획·시행하는 과정에서 보 설치와 준설 외에는 물 확보와 수해예방 등의 목적을 달성할 수 있는 타당한 대안이 없는지, 보의 개수와 보 및 준설의 위치·규모 등에 관하여도 타당한 대안이 없는지 등을 구체적으로 검토하였다고 볼 자료는 제출되어 있지 아니하다.

3) 위와 같은 사정에 비추어 보면, 보의 개수, 보 및 준설의 위치·규모 등은 물론 이 사건 사업의 시행 여부 그 자체와 관련하여서도 수자원장기종합계획에서 볼 수 있는 바와 같이 기존 댐 재개발을 비롯한 다양한 대안이 있을 수 있는데, 이 사건 사업에 관한 사전환경성검토와 환경영향평가 과정에서 그러한 대안을 구체적으로 검토하지 아니하였다고 볼 여지가 많다.

㈐ <u>제대로 된 현장조사 없는 사전환경성검토</u>

기록에 의하면, 2009. 6. 10. 한강 하천기본계획 변경에 대한 사전환경성검토 협의가 완료되었으나, 위 사전환경성검토는 대규모 보 설치 및 준설이라는 새로운 사업이 계획되었는데도 새로운 현장조사 없이 무려 5년 전(2004. 2.부터 같은 해 8월까지 사이)에 실시되었던 현장조사의 결과를 기초로 하여 행하여진 것인 점을 알 수 있는바, 위 사전환경성검토는 이 점에서도 부실하다고 볼 여지가 많다.

(바) 수질 부분 환경영향평가의 부실

1) 환경영향평가법령에서 정한 환경영향평가를 거쳐야 할 대상사업에 대하여 그러한 환경영향평가를 거쳤다면, 비록 그 환경영향평가의 내용이 다소 부실하다고 하더라도, 그 부실의 정도가 환경영향평가 제도를 둔 입법 취지를 달성할 수 없을 정도이어서 환경영향평가를 하지 아니한 것과 다를 바 없는 정도의 것이 아닌 이상, 그 부실로 인하여 당연히 해당 사업에 대한 승인 등 처분이 위법하게 되는 것은 아니지만, 그 부실의 정도가 위와 같은 정도에까지는 이르지 아니한다고 하더라도, 그 부실이 위 승인 등 처분에 재량권 일탈·남용의 위법이 있는지 여부를 판단하는 하나의 요소가 될 수는 있다(대법원 2006. 3. 16. 선고 2006두330 전원합의체 판결 등 참조).

2) 수질 부분

가) 원심결정 이유와 기록에 의하면, 다음과 같은 사정을 알 수 있다.

① 이 사건 사업은, 상수원 보호구역, 팔당호 상수원 수질보전 특별대책지역 등으로 보호되고 있는 남한강에 높이 6m 내지 8m의 보 3개를 설치하고 대규모로 하도를 준설하는 것 등을 내용으로 한다.

② 일반적으로 유속이 느릴수록 재폭기(再曝氣) 계수(산소가 물에 용해되는 속도를 나타내는 계수)가 작아져 수역의 자정능력이 감소하는 것으로 알려져 있다. 그리고 이 사건 사업에 관한 사전환경성검토 및 환경영향평가서 초안 검토 과정에서도 한강유역환경청장, 여주군수, 사단법인 환경영향평가협회 등이 물 흐름의 정체에 따른 토사 퇴적과 부영양화에 대비하여 수질관리방안을 마련하여야 한다는 의견을 제시하였다. 그뿐만 아니라 이 사건 환경영향평가서에서조차, 보를 설치할 경우 유속이 느려져 유기오염원이 관리되지 아니하면 부영양화가 초래될 우려가 있고, 수심이 깊어짐에 따른 태양광 투과율 감소는 일부 조류(藻類)에만 성장 장애요인이 될 것이라고 하고 있다.

③ 이 사건 환경영향평가서에서는 위와 같이 부영양화 우려가 있다고 하면서도, 최신 3차원 수리·수질모형인 EFDC(Environmental Fluid Dynamics Code)를 사용하여 수질변화를 예측한 결과, 하수처리시설·마을하수도·산업폐수처리시설·가축분뇨처리시설의 신·증설, 하수관거의 정비, 하수·폐수처리장 방류수 수질기준

강화, 총인 처리시설 설치 등 수질개선대책을 적용하면 이 사건 사업의 시행으로 오히려 수질이 개선되는 것으로 나타났다고 하고 있으나, 위 수리·수질모형을 구체적으로 어떻게 적용하였는지는 밝히지 아니하여 그 수질변화 예측의 당부를 검증할 수 없다. 더구나 위 수질개선대책의 대부분은 2006년에 수립된 물환경관리기본계획에서 이미 계획되어 있었던 것이므로, 그 대책의 시행에 따른 수질개선이 마치 이 사건 사업의 시행으로 비로소 얻어지는 효과인 양 말하는 것이 타당한지도 의심스럽다.

④ 이 사건 정부기본계획에서는 4대강 정비사업의 연계사업으로서 문화체육관광부가 추진하는 '문화가 흐르는 4대강' 사업 등 4대강 주변에서의 각종 개발사업을 계획하고 있다. 특히 4대강 정비사업 중 8조 원 상당 부분을 자체사업으로 시행하는 한국수자원공사로서는 그 비용을 회사채를 발행하여 조달한 후 그 채무원금은 4대강 주변 개발사업을 통하여 창출되는 수익으로 충당하기로 하였기 때문에 그 개발사업을 추진하지 아니할 수 없다. 한편 개개의 개발사업을 시행하면서 그로 인한 오염부하량의 증가를 최소화한다고 하더라도, 오염부하량의 증가가 전혀 없도록 하는 것은 불가능할 것으로 보인다. 요컨대, 4대강 정비사업은 4대강 주변에서의 각종 개발사업과 그에 필연적으로 수반하는 오염부하량의 증가를 예정하고 있다. 그런데도 이 사건 환경영향평가서에서는 이러한 오염부하량의 증가는 전혀 고려하지 아니하고, 오히려 보의 운영·관리를 위한 통합관리센터 외에는 오수 발생을 유발하는 시설물이 없다고 하고 있다.

⑤ 이 사건 환경영향평가서에서는 목표수질을 환경정책기본법 시행령 제2조 [별표 1]의 하천 생활환경 기준 Ib(좋음) 등급으로 설정하였는데, 호소 생활환경 기준과 비교하여 하천 생활환경 기준은 부영양화의 주요 인자 또는 평가항목인 총인, 총질소, 클로로필-a 항목이 완화 또는 결여되어 있다. 4개의 보가 설치된다고 하여 남한강 전 구간에 호소 생활환경 기준을 적용하여야 하는지 의문이기는 하나, 그렇다고 하여 위와 같이 부영양화가 우려되고 있는데도 부영양화 관련 항목이 완화 또는 결여되어 있는 하천 생활환경 기준을 남한강 전 구간에 일률적으로 적용하는 것은 수질을 보전하기에 충분하다고 보기 어렵다.

⑥ 경기개발연구원에서 보가 건설되면 수심이 3m 정도 깊어지면서 유속은 1/4, 확산계수는 1/6 수준으로 낮아지므로, 같은 양의 오염물질이 여주보 예정지에 주입되면, 보 건설 전에는 이포보 예정지에 BOD 약 1.5㎎/ℓ의 농도로 도달하는 반면, 보 건설 후에는 약 2.0㎎/ℓ의 농도로 도달하게 되어 0.5㎎/ℓ 수준 수질이

악화될 것이라고 예측하는 등 4대강 정비사업으로 수질이 악화될 것이라고 예측한 연구 결과도 있다.

⑦ 상대방들은 이 사건 사업으로 수량이 증가하면 오염물질이 희석되어 수질이 개선될 것이라고 주장하고 있으나, 이는 오염물질의 양이 일정하다는 것을 전제로 한 주장으로서, 이 사건 사업이나 그 연계사업으로 오염부하량이 증가한다면 위와 같은 주장은 타당성을 상실할 수밖에 없다.

나) 위와 같은 사정에 비추어 보면, 이 사건 사업의 시행으로 수질이 오염될 것이라고 우려할 만한 사유가 적지 아니한데도, 이 사건 환경영향평가서에서는 그와 같은 우려를 해소할 만한 근거를 제시하지 아니한 채 이 사건 사업의 시행으로 수질이 개선될 것이라고 예측하고 있어, 이 사건 환경영향평가서 중 수질 부분은 부실하다고 볼 여지가 많다.

(4) 회복하기 어려운 손해를 예방하기 위하여 긴급한 필요가 있는지 여부 등

위와 같이 이 사건 하천공사시행계획 등은 형량에 흠이 있다고 볼 여지가 많은 점, 상대방들이 이 사건 하천공사시행계획 등을 입안·결정하는 과정에서 관련 이익을 정당하게 비교·교량하지 아니한 탓에 상대방들의 예측이 빗나가 이 사건 사업의 시행으로 수질오염 등이 발생할 경우, 이 사건 사업지역 인근에 거주하거나 한강을 상수원으로 삼는 재항고인들의 생명이나 건강이 침해될 것이고, 이러한 피해는 금전으로 보상할 수 없는 점, 일단 수질이 오염되는 등 자연환경이 훼손되면 이를 회복하기가 극히 어려울 것으로 보이는 점, 따라서 상대방들로 하여금 관련 이익을 정당하게 비교·교량하였음을 본안사건에서 충분히 해명하거나, 그 해명을 하지 못할 경우 관련 이익을 정당하게 비교·교량하여 이 사건 사업의 시행 여부를 다시 결정하도록 할 필요가 있는 점 등을 종합적으로 고려하면, <u>이 사건 하천공사시행계획 등으로 인하여 생길 회복하기 어려운 손해를 예방하기 위하여 긴급한 필요가 있다고 인정할 수 있으며, 집행정지 장애사유로서의 '공공복리에 중대한 영향을 미칠 우려' 요건에 대한 주장·소명책임을 부담하는 행정청인 상대방들의 소명이 없거나 부족한 이상, 이 사건 하천공사시행계획 등의 효력을 정지함이 타당하다.</u>

(5) 그럼에도 불구하고 원심은 이 사건 하천공사시행계획 등으로 인하여 생길 회복하기 어려운 손해를 예방하기 위한 긴급한 필요가 있는 것으로 볼 수 없다고 단정한 나머지 이 사건 신청 중 이 사건 하천공사시행계획 등에 대한 부분을 기각하고 말았으니, 이 점을 지적하는 재항고이유의 주장은 이유 있다.

다. 소 결 론

위와 같은 법리에 비추어 보면, 원심의 판단에는 이 사건 하천공사시행계획 등에 대한 효력정지에 관한 법리를 오해하여 재판에 영향을 미친 위법이 있다. 이상과 같은 이유로 다수의견의 입장에 대하여는 그 견해를 달리하므로 반대의견으로 이를 밝혀두는 바이다.

5. 대법관 김능환, 대법관 안대희, 대법관 민일영의 다수의견에 대한 보충의견

가. 행정소송법 제23조 제2항은 "취소소송이 제기된 경우에 처분 등이나 그 집행 또는 절차의 속행으로 인하여 생길 회복하기 어려운 손해를 예방하기 위하여 긴급한 필요가 있다고 인정할 때에는 본안이 계속되고 있는 법원은 당사자의 신청 또는 직권에 의하여 처분 등의 효력이나 그 집행 또는 절차의 속행의 전부 또는 일부의 정지(이하 '집행정지'라 한다)를 결정할 수 있다. 다만 처분의 효력정지는 처분 등의 집행 또는 절차의 속행을 정지함으로써 목적을 달성할 수 있는 경우에는 허용되지 아니한다"라고 규정하고, 제3항은 "집행정지는 공공복리에 중대한 영향을 미칠 우려가 있을 때에는 허용되지 아니한다"고 규정하며, 제4항은 "제2항의 규정에 의한 집행정지의 결정을 신청함에 있어서는 그 이유에 대한 소명이 있어야 한다"라고 규정하고 있다. 그러므로 처분 등에 대하여 취소소송을 제기하고 그 집행정지를 신청하는 경우에는, 그 처분 등의 집행 등으로 생길 회복하기 어려운 손해를 예방하기 위하여 긴급한 필요가 있다는 점을 신청인이 소명하여야 한다. 공공복리에 중대한 영향을 미칠 우려가 있다는 것은 신청인이 소명할 것이 아니고, 처분청이 소명하여야 할 사항임은 법문상 명백하다. 행정소송법은 여기에서 나아가 신청인이 본안소송에서 승소할 가능성이 있다는 것까지를 집행정지의 요건으로 요구하고 있지 않다. 따라서 처분등의 집행정지를 구하는 신청사건에 있어서는 처분 등 그 자체의 적법 여부, 즉 본안소송에서 신청인의 승소가능성 또는 패소가망성은 판단대상이 아니고, 그 처분 등의 효력이나 집행을 정지할 것인지 여부에 대한 행정소송법 제23조 제2항 본문 소정의 요건의 존부를 판단하여야 한다. 그러나 집행정지제도의 목적은 본안소송에서 승소판결을 얻기까지 사이에 신청인의 지위를 잠정적으로 보호하려는 데 있으므로 본안에서 신청인이 승소할 가망이 전혀 없음에도 불구하고 집행정지 신청을 인용하는 것은 제도의 취지와 이념에 반한다. 따라서 신청인이 본안에서 승소할 가망이 없다는 것은 집행정지의 소극적 요건이 된다. 이는 대법원이 현행 행정소송법 시행 후에

나온 대법원 1986. 3. 21.자 86두5 결정을 비롯하여 여러 차례 반복하여 판시해 온 확립된 법리이다. 다수의견은 바로 이러한 법리를 당연한 전제로 선언하고 있는 것이다.

반대의견이 그 법리 전개의 출발점으로 삼고 있는 대법원 2004. 5. 12.자 2003무41 결정이나 대법원 2010. 5. 14.자 2010무48 결정 등이 '처분 등의 집행이나 절차의 속행으로 인하여 생길 회복하기 어려운 손해를 예방하기 위하여 긴급한 필요가 있는지 여부'를 판단함에 있어 고려하여야 할 요소 중의 하나로 '본안청구의 승소가능성'을 들고 있는 것도 위와 같이 본안에서 승소할 가망이 없다는 것이 집행정지의 소극적 요건이 된다는 의미에서 나온 것이라고 보아야 할 것이다.

그런데 반대의견은 이와 달리, 원심이 이 사건 각 처분의 효력정지 신청을 기각한 데 대하여 재항고인들이 불복한 이 사건에서, 위에서 본 바와 같은 행정소송법 제23조 제2항 본문 소정의 집행정지 요건의 존부에 대한 판단은 뒤로 한 채 본안소송에서 재항고인들이 승소할 가능성이 있는지 여부를 먼저 판단한 후 그에 기대어 집행정지 요건의 구비 여부를 판단하고 있다. 이는 앞서 본 대법원이 확립한 법리에 배치되는 것으로서 타당하지 않으며, 그 논리적·법리적 근거도 분명하지 않다.

나. 이 사건은 원심의 집행정지신청 기각 결정에 대한 재항고 사건이다. 반대의견이 전제하고 있는 바와 같이, 민사소송법 제442조에는 재항고는 재판에 영향을 미친 헌법·법률·명령·규칙 위반만을 사유로 할 수 있다고 규정하여, 재항고심을 법률심으로 정하고 있다. 따라서 재항고사건에서는 원심의 사실인정이 자유심증주의의 한계를 벗어나는 등 법령에 위반된 점이 있는 경우를 제외하고는 증거의 취사나 사실인정이 잘못되었다는 사유를 재항고이유로 주장하는 것이 허용되지 아니하고, 재항고심에서 사실심리를 새로이 해 달라는 요구 역시 받아들일 수 없는 것이다. 따라서 단순히 원심의 사실인정이 잘못되었다는 것만으로는 적법한 재항고이유가 될 수 없다. 이는 대법원도 반복하여 강조하고 있는 법리이다(예컨대 대법원 1988. 11. 8. 선고 87다카683 판결, 2008. 9. 18. 선고 2006다49789 전원합의체 판결, 2010. 4. 30.자 2010마66 결정 등 참조).

이 사건에서 원심은 요컨대, 집행정지의 요건에 관한 앞서 본 법리를 전제로 하여, 이 사건 사업 때문에 수질오염이 현실적으로 발생한다거나 홍수기에 침수피해가 발생한다거나 환경이 훼손되는 등 하여 재항고인들의 생명이나 신체 또는 건강 등이 침해되거나 침해될 우려가 있다는 점에 대한 재항고인들의 소명이 부족하다고 판단하고 있다. 이러한 원심결정에 대한 불복사유는, 그 구체적 표현이 어떠하든지 간에, 원심이 집행정지 요건에 대한 소명이 부족하다고 본 것은 잘못이고 그 소명이 충분하다고 주장하는 것일 수밖에 없다. 그러나 그러한 주장은 원심의 증거의 취사 또는 사실의 인정이 잘못되었다는 것에 귀착한다. 그 주장은 앞서 본 법리에 따라 적법한 재항고이유가 될 수 없다. 다수의견이 이 사건 처분의 집행정지와 관련한 재항고인들의 재항고이유의 주장이 적법한 재항고이유라고 볼 수 없다고 판단하고 있는 것은 위와 같은 법리를 바탕으로 한 것이다. 그 법리와 결론은 정당하다. 반대의견은 이와 다른 전제에서 원심과는 다른 새로운 사실인정을 한 후 집행정지 요건에 대한 소명이 있다고 판단하고 있으나, 이는 법률심인 재항고심의 심판범위를 벗어나는 것이고, 타당하지도 않다.

반대의견은 재항고인들의 이 사건 재항고이유가 법률문제로서 적법한 것이라는 점을 강조하기 위하여, 재항고인들이 집행정지 요건과 관련하여 '회복하기 어려운 손해' 및 '긴급한 필요'의 의미를 종래와 다르게 해석하여야 한다거나 소명의 정도를 완화하여야 한다는 취지의 법리오해를 주장하는 것이라고 요약, 정리하여 제시하고 있다. 그러면서도 반대의견은 그러한 주장이 원심의 판단과 어떤 관련이 있는 것인지, 나아가 그 주장이 옳은지 그른지 등에 대하여 아무런 판단도 하고 있지 않다. 이 점에서도 반대의견은 정당하지 않다.

2. 새만금사건
대법원 2006. 3. 16. 선고 2006두330 전원합의체 판결【정부조치계획취소등】
원　심: 서울고등법원 2005. 12. 21. 선고 2005누4412 판결
제 1 심: 서울행정법원 2005. 2. 4. 선고 2001구33563 판결

1. 당 사 자	【원고】 원고1 외 3,538인 【피고】 농림부장관
2. 주요쟁점	환경영향평가 대상지역 내외에 거주하는 주민들의 무효확인소송의 원고적격, 공공사업의 경제성 또는 사업성의 결여로 인하여 행정처분이 무효로 되기 위한 요건 등
3. 사건의 경과	1심은 새만금간척종합개발사업이 시행되는 환경영향평가대상지역 내에 거주하는 주민으로부터 이 사건 각 처분의 취소 등 행정권 발동요구를 받은 농림부장관이 그 취소·변경 등 필요한 처분의 행사를 거부한 것은 재량권을 일탈·남용한 것으로서 위법하다고 판시하여 원고들의 청구 일부를 인용(당연무효 청구부분 기각)하였으나, 원심은 1심 판결을 취소하고 원고들의 청구(및 항소)를 모두 기각하였고, 원고들이 상고
4. 결　과	상고 기각
5. 관련조문	행정소송법 제35조 등
6. 관련판례	대법원 1995. 6. 30. 선고 94누14230 판결

❙ 판시사항

1. 행정처분의 직접 상대방이 아닌 제 3 자가 행정처분의 무효확인을 구할 수 있는 요건으로서 '법률상 보호되는 이익'의 의미

2. 환경영향평가 대상지역 안의 주민에게 공유수면매립면허처분과 농지개량사업 시행인가처분의 무효확인을 구할 원고적격이 인정되는지 여부(적극) 및 환경영향평가 대상지역 밖의 주민에게 그 원고적격이 인정되기 위한 요건

3. 환경영향평가 대상지역 밖에 거주하는 주민에게 헌법상의 환경권 또는 환경정책기본법에 근거하여 공유수면매립면허처분과 농지개량사업 시행인가처분의 무효확인을 구할 원고적격이 없다고 한 사례

4. 공공사업의 경제성 또는 사업성의 결여로 인하여 행정처분이 무효로 되

기 위한 요건과 그 경제성 또는 사업성의 판단방법

5. 간척지의 매립사업과 같이 공공사업의 경제성 또는 사업성 평가에 있어서 편익이나 비용의 분석에 관하여 확립된 원칙 등이 없는 경우, 그 경제성 또는 사업성의 판단방법

6. 환경영향평가법령에서 정한 환경영향평가 절차를 거쳤으나 그 환경영향평가의 내용이 부실한 경우, 그 부실로 인하여 환경영향평가 대상사업에 대한 승인 등 처분이 위법하게 되는지 여부(한정 소극)

7. 공유수면을 매립하여 조성된 매립간척지에 농지와 담수호를 만들기 위하여 공유수면매립면허처분 등이 이루어진 경우, 그 담수호가 농업용수로서의 수질기준을 달성하지 못함으로써 사업목적을 달성할 수 없을 것인지 여부의 판단방법

8. 새만금간척종합개발사업을 위한 공유수면매립면허처분 및 농지개량사업 시행인가처분의 하자인 사업의 경제성 결여, 사업의 필요성 결여, 적법한 환경영향평가의 결여, 담수호의 수질기준 및 사업목적 달성 불능 등의 사유가 새만금간척종합개발사업을 당연무효라고 할 만큼 중대·명백하다고 할 수 없다고 한 원심의 판단을 수긍한 사안

9. 공유수면매립면허의 취소 등의 사유를 규정한 구 공유수면매립법 제32조 제3호의 '사정변경'의 의미 및 그 증명책임

10. 새만금간척종합개발사업을 위한 공유수면매립면허 및 사업시행인가처분의 취소신청에 대하여 처분청이 구 공유수면매립법 제32조 제3호에 의한 취소권의 행사를 거부한 경우, 그 사업목적상의 사정변경, 농지의 필요성에 대한 사정변경, 경제적 타당성에 대한 사정변경, 수질관리상의 사정변경, 해양환경상의 사정변경이 위 개발사업을 중단하여야 할 정도로 중대한 사정변경이나 공익상 필요가 있다고 인정하기에 부족하다고 본 원심의 판단을 수긍한 사안

▌사실관계

원고들은 새만금사업이 새만금 갯벌의 상실 및 해양환경상의 피해 등과 같은 손실을 고려할 때 사업성 내지 경제성이 없고, 새만금담수호의 수질기준을 달성하는 것이 불가능하다는 등의 사유를 들어 새만금사업의 시행을 위한 이 사건 각 처분의 무효 확인을 구하는 한편, 농지의 필요성 감소, 새

만금 갯벌 및 해양환경에 대한 예상치 못한 심대한 피해 발생가능성 등과 같은 새만금사업을 중단하여야 할 사정변경이 발생하였다는 사유를 내세워 이 사건 각 처분을 취소해 달라는 원고들 중 일부의 신청에 대해 피고가 한 이 사건 거부처분의 취소를 구한 사안

❙ 판결요지

1. 행정처분의 직접 상대방이 아닌 제3자라 하더라도 당해 행정처분으로 인하여 법률상 보호되는 이익을 침해당한 경우에는 그 처분의 무효확인을 구하는 행정소송을 제기하여 그 당부의 판단을 받을 자격이 있다 할 것이며, 여기에서 말하는 법률상 보호되는 이익이라 함은 당해 처분의 근거 법규 및 관련 법규에 의하여 보호되는 개별적·직접적·구체적 이익이 있는 경우를 말하고, 공익보호의 결과로 국민 일반이 공통적으로 가지는 일반적·간접적·추상적 이익이 생기는 경우에는 법률상 보호되는 이익이 있다고 할 수 없다.

2. 공유수면매립면허처분과 농지개량사업 시행인가처분의 근거 법규 또는 관련 법규가 되는 구 공유수면매립법(1997. 4. 10. 법률 제5337호로 개정되기 전의 것), 구 농촌근대화촉진법(1994. 12. 22. 법률 제4823호로 개정되기 전의 것), 구 환경보전법(1990. 8. 1. 법률 제4257호로 폐지), 구 환경보전법 시행령(1991. 2. 2. 대통령령 제13303호로 폐지), 구 환경정책기본법(1993. 6. 11. 법률 제4567호로 개정되기 전의 것), 구 환경정책기본법 시행령(1992. 8. 22. 대통령령 제13715호로 개정되기 전의 것)의 각 관련 규정의 취지는, 공유수면매립과 농지개량사업시행으로 인하여 직접적이고 중대한 환경피해를 입으리라고 예상되는 환경영향평가 대상지역 안의 주민들이 전과 비교하여 수인한도를 넘는 환경침해를 받지 아니하고 쾌적한 환경에서 생활할 수 있는 개별적 이익까지도 이를 보호하려는 데에 있다고 할 것이므로, 위 주민들이 공유수면매립면허처분 등과 관련하여 갖고 있는 위와 같은 환경상의 이익은 주민 개개인에 대하여 개별적으로 보호되는 직접적·구체적 이익으로서 그들에 대하여는 특단의 사정이 없는 한 환경상의 이익에 대한 침해 또는 침해우려가 있는 것으로 사실상 추정되어 공유수면매립면허처분 등의 무효확인을 구할 원고적격이 인정된다. 한편, 환경영향평가 대상지역 밖의 주민이라 할지라도 공유수면매립면허처분 등으로 인하여 그 처분 전과 비교하여 수인한도를 넘는 환경피해를 받거나 받을 우려가 있는 경우에는, 공유수면매립면허처분

등으로 인하여 환경상 이익에 대한 침해 또는 침해우려가 있다는 것을 입증함으로써 그 처분 등의 무효확인을 구할 원고적격을 인정받을 수 있다.

3. 헌법 제35조 제1항에서 정하고 있는 환경권에 관한 규정만으로는 그 권리의 주체·대상·내용·행사방법 등이 구체적으로 정립되어 있다고 볼 수 없고, 환경정책기본법 제6조도 그 규정 내용 등에 비추어 국민에게 구체적인 권리를 부여한 것으로 볼 수 없다는 이유로, 환경영향평가 대상지역 밖에 거주하는 주민에게 헌법상의 환경권 또는 환경정책기본법에 근거하여 공유수면매립면허처분과 농지개량사업 시행인가처분의 무효확인을 구할 원고적격이 없다고 한 사안.

4. 공공사업의 경제성 내지 사업성의 결여로 인하여 행정처분이 무효로 되기 위하여는 공공사업을 시행함으로 인하여 얻는 이익에 비하여 공공사업에 소요되는 비용이 훨씬 커서 이익과 비용이 현저하게 균형을 잃음으로써 사회통념에 비추어 행정처분으로 달성하고자 하는 사업 목적을 실질적으로 실현할 수 없는 정도에 이르렀다고 볼 정도로 과다한 비용과 희생이 요구되는 등 그 하자가 중대하여야 할 뿐만 아니라, 그러한 사정이 객관적으로 명백한 경우라야 한다. 그리고 위와 같은 공공사업에 경제성 내지 사업성이 있는지 여부는 공공사업이 그 시행 당시 적용되는 법률의 요건을 모두 충족하고 있는지 여부에 따라 판단되어야 함은 물론, 경제성 내지 사업성 평가와 관련하여서는 그 평가 당시의 모든 관련 법률의 목적과 의미, 내용 그리고 학문적 성과가 반영된 평가기법에 따라 가장 객관적이고 공정한 방법을 사용하여 평가되었는지 여부에 따라 판단되어야 한다.

5. 간척지의 매립사업과 같이 어떠한 항목을 편익이나 비용항목에 넣을 수 있는지 여부와 그러한 항목에 대한 평가방법이나 기법에 관하여 확립된 원칙이나 정설이 존재하지 아니한 경우에는, 경제성 내지 사업성 평가 당시의 공공사업의 투자분석이론이나 재정학 또는 경제학 이론 등에 따라 그 분야의 전문가들에 의하여 가능한 한 가장 객관적이고 공정한 방법을 사용하여 편익과 비용을 분석한 후 공공사업에 경제성 내지 사업성이 있는지 여부를 평가하는 것이 바람직하다.

6. 환경영향평가법령에서 정한 환경영향평가를 거쳐야 할 대상사업에 대하여 그러한 환경영향평가를 거치지 아니하였음에도 승인 등 처분을 하였다면 그 처분은 위법하다 할 것이나, 그러한 절차를 거쳤다면, 비록 그 환경영향평

가의 내용이 다소 부실하다 하더라도, 그 부실의 정도가 환경영향평가제도를 둔 입법 취지를 달성할 수 없을 정도이어서 환경영향평가를 하지 아니한 것과 다를 바 없는 정도의 것이 아닌 이상, 그 부실은 당해 승인 등 처분에 재량권 일탈·남용의 위법이 있는지 여부를 판단하는 하나의 요소로 됨에 그칠 뿐, 그 부실로 인하여 당연히 당해 승인 등 처분이 위법하게 되는 것이 아니다.

7. 공유수면을 매립하여 조성된 매립간척지에 농지와 담수호를 만들기 위하여 공유수면매립면허처분과 사업시행인가처분이 이루어졌다가 그 후 위 각 처분으로 인하여 조성되는 담수호가 농업용수로서의 수질기준을 달성하지 못할 것이 예상되는 경우에는 농지 및 담수호를 조성하려는 사업목적을 달성할 수 없게 될 것이므로 그 경우에는 위 각 처분이 무효로 될 것인바, 위와 같이 담수호가 농업용수로서의 수질기준을 달성하지 못함으로써 사업목적을 달성할 수 없을 것인지 여부는 수질대책 수립 당시의 과학적 수준이나 토목공학적 방법 또는 생물학적·생화학적 방법이나 수질예측에 관한 각종 상황 등에 비추어 보아 수질대책이 실현가능한지 여부, 수질대책비용이 사회통념상 감당할 수 없는 정도에 이른 것인지 여부 등에 따라 판단하여야 하나, 수질대책 수립 당시의 과학적 수준과 수질예측에 관한 각종 상황 등에 비추어 보아 수질대책이 실현 가능하고, 또한 수질대책비용이 사회통념상 감당할 수 없을 정도에 이르지 않은 경우라면 위 각 처분에 의하여 조성되는 담수호가 농업용수로서의 수질기준을 달성하지 못함으로써 사업목적을 달성할 수 없는 경우에 해당한다고 볼 수는 없다.

8. 새만금간척종합개발사업을 위한 공유수면매립면허처분 및 농지개량사업 시행인가처분의 하자인 사업의 경제성 결여, 사업의 필요성 결여, 적법한 환경영향평가의 결여, 담수호의 수질기준 및 사업목적 달성 불능 등의 사유가 새만금간척종합개발사업을 당연무효라고 할 만큼 중대·명백하다고 할 수 없다고 한 원심의 판단을 수긍한 사례.

9. 구 공유수면매립법(2005. 3. 31. 법률 제7482호로 개정되기 전의 것) 제32조 제 3 호, 제40조, 같은 법 시행령(2005. 9. 30. 대통령령 제19080호로 개정되기 전의 것) 제40조 제 4 항, 제 1 항의 규정을 종합하면, 구 농림수산부장관은 매립공사의 준공인가 전에 공유수면의 상황 변경 등 예상하지 못한 사정변경으로 인하여 공익상 특히 필요한 경우에는 같은 법에 의한 면허 또는 인가를 취소·변경

할 수 있는바, 여기에서 사정변경이라 함은 공유수면매립면허처분을 할 당시에 고려하였거나 고려하였어야 할 제반 사정들에 대하여 각각 사정변경이 있고, 그러한 사정변경으로 인하여 그 처분을 유지하는 것이 현저히 공익에 반하는 경우라고 보아야 할 것이며, 위와 같은 사정변경이 생겼다는 점에 관하여는 그와 같은 사정변경을 주장하는 자에게 그 입증책임이 있다.

10. [다수의견] 농업기반공사나 전라북도가 복합산업단지 개발을 검토하고 대통령이 공단과 국제항 조성에 관한 종합개발계획 추진안에 관한 발언을 하였다는 사정들만으로는 현재 농지조성과 농업용수 개발을 주목적으로 한 새만금간척종합개발사업의 토지이용계획이 복합산업단지 개발로 변경되었다고 볼 수 없다. 또한 향후 사업목적의 변경 가능성이 있다고 하여 현재의 사업목적 달성이 불가능하다거나 법률적으로 또는 실질적으로 사업목적이 변경되었다고 볼 수 없다. 쌀 공급과잉 현상으로 쌀 재배면적을 감소시킬 필요성이 있다고 하더라도 일정수준의 식량자급을 유지하기 위한 우량농지의 확보의 필요성이 줄어든 것은 아니므로, 필요 이상의 과다한 우량농지가 전용되고 있다는 사정만으로 농지의 필요성이 줄어들었다고 단정할 수 없다. 갯벌 내지는 환경 보전의 중요성을 참작한다고 하더라도 새만금간척종합개발사업을 통하여 이루려고 하는 국가의 발전이라는 실질적인 목적을 달성할 수 없을 정도로 과다한 비용과 희생이 요구되어 경제성 내지는 사업성이 없다고 인정하기에 부족하므로, 결국 새만금간척종합개발사업의 경제적 타당성에 있어서 공유수면매립면허처분 등을 취소하여야 할 만큼 예상하지 못한 사정변경이 있다고 할 수 없다. 장차 형성될 새만금 담수호에서 농업용수로서의 수질을 유지하는 것이 사회통념상 불가능하다고 할 수 없으므로, 농림부장관의 수질개선대책 수립의 실현가능성이 불확실하다거나 그 수질개선대책을 시행하더라도 목표수질을 달성할 수 없는 사정변경이 생겼다고 할 수는 없다. 또한 농림부장관이 환경부의 수질관리에 관한 환경영향평가 협의내용을 지키지 아니하고 결과적으로 방조제를 우선 완공함으로써 협의내용을 위반하였다는 사유만으로는 수질관리에 예상하지 못한 사정변경이 발생하였다거나 그 사정변경이 공유수면매립면허처분 등을 취소할 정도로 중대하다고 할 수도 없다. 방조제 축조로 인하여 생길 수 있는 자연적인 해안선의 변화나 물질순환의 차단, 퇴적환경이 달라지는 등의 해양환경상의 영향은 새만금사업시행계획 당시부터 예상하였던 것으로서

이를 들어 예상하지 못한 사정변경이라고 할 수 없다. 해류 순환의 변화는 당초 환경영향평가에서도 고려된 사정으로 보일 뿐 아니라, 그로 인하여 수질에 미치는 악영향을 새만금사업시행계획 당시 충분히 예상하지 못하였던 사정변경 사유로 본다고 하더라도, 그로 인해 발생할 수 있는 피해가 어느 정도인가에 관하여는 한국해양연구원의 조사연구 결과로도 명확하지 않고 달리 그 피해 정도를 인정할 만한 증거도 없다. 따라서 새만금간척종합개발사업을 중단하여야 할 정도로 중대한 사정변경이나 공익상 필요가 있다고 인정하기에 부족하다고 한 원심의 판단은 정당하다.

[반대의견] 환경 변화를 수반하는 대규모 개발행위를 결정함에 있어, 물질문명의 편리함에 깊이 빠져든 오늘날의 사람들은 물질적 필요의 충족에 우선적 가치를 두고 당장 눈에 보이고 금전으로 계산이 가능한 경제적인 이해타산과 수치 비교만으로 개발행위에 나아가고 있다. 자연환경은 경제적 이익이나 금전적 가치와 동일한 평면에서 비교되고 대체될 수 있는 가치가 아니다. 물론 환경 변화를 수반하는 대규모 개발행위를 결정함에 있어서 희생되는 환경의 가치를 포함한 손실과 개발로 인한 이득(편익)을 비교하여 결정하는 것이 부득이할 것이겠지만, 그 가치를 산정함에 있어서는 당시까지 밝혀진 환경의 기능과 효용 중 금전으로 환산할 수 있는 가치만을 평가하여 그 손실보다 이득이 큰 경우에는 환경을 희생시키는 것으로 개발 여부를 결정하는 방식은 허용되어서는 아니 된다. 환경의 가치 중 아직 밝혀지지 않은 부분이 많고 환경의 훼손이 인간의 생존에 심각한 영향을 미칠 수 있는 가능성이 항상 잠재하고 있다는 점을 고려하면, 환경의 변화나 훼손은 이를 감수하고서라도 반드시 확보하여야 할 필수불가결한 가치를 얻기 위한 것이거나 아니면 적어도 환경의 희생을 대가로 얻을 수 있는 가치가 월등히 큰 경우에만 허용될 수 있는 것이며, 그 경우에도 필요한 최소한의 범위 내에서만 훼손이 가능한 것으로 보아야 한다. 우리 헌법이나 환경 관련 법령에서도 인류 생존의 토대를 이루는 자연환경을 무분별한 개발과 이용으로부터 보호하여야 한다는 시대적 요청을 반영하여, 자연환경 보전의 가치가 개발에 따른 가치보다 우선적으로 보호되어야 할 가치임을 분명히 하고 있는 것으로 보아야 한다. 한편으로 자연환경을 보전할 필요성 못지않게 국민경제의 균형 있는 발전을 위하여 개발사업을 추진할 필요성 또한 부인할 수 없는 것이므로, 개발사업을 추진할 것인지 여부는 당해 사업으로

얻을 수 있는 국민경제적인 가치와 이로 인하여 훼손되는 자연환경의 가치를 비교하여 결정할 수밖에 없고, 이러한 가치비교를 위해서는 일단은 개발사업의 가치와 자연환경의 가치를 모두 경제적인 가치로 환산하여 비교·교량하는 방법을 따를 수밖에 없다. 그런데 개발사업의 가치는 경제적 가치로 환산하여 평가하기가 용이한 반면, 자연환경의 가치에는 생물종의 다양성, 생태적 안정성의 유지 등과 같이 경제적인 가치로 평가하기 어려운 가치도 있고, 장래에 이용될 가능성은 있으나 현재로는 이용되지 않고 있는 가치나 현재의 환경에 대한 지식으로는 제대로 알 수 없는 가치와 같이 평가의 대상 자체에 포함시키기 어려운 가치도 있다. 따라서 훼손되는 자연환경의 가치를 경제적인 가치로 환산할 수 있는 부분만을 평가하여 개발사업의 가치와 비교·교량하는 것만으로 자연환경의 가치를 충분히 고려하였다고 할 수 없고, 개발사업의 국민경제적인 이득이 당해 사업에 소요되는 비용과 이로 인하여 훼손되는 자연환경 가치의 경제적 평가액 등의 손실을 합한 것보다 상당한 정도로 우월한 경우에 비로소 개발사업을 추진할 수 있는 당위성이 인정될 수 있다. 또한 개발사업을 취소하여야 할 정도의 사정변경이 생겼는지 여부를 판단함에 있어서도, 환경 변화로 인하여 나타날 구체적 위험성이나 훼손될 환경 가치의 중대성 등에 관하여 어느 정도의 가능성까지는 입증하였지만 정확하게 확인되는 정도까지는 이르지 못한 입증의 중간영역이 있을 때에, 그 사업이 대규모 사업으로서 환경 변화의 영향력이 미치는 범위가 아주 넓고 예측되는 환경 변화의 폐해가 심각한 것이어서 혹시라도 그 가능성이 현실화되는 것을 도저히 용인하기 어려운 사정이 있는 경우라면, 무조건 원고측이 그 사정변경과 취소의 필요성에 대하여 입증을 다하지 못한 것으로 보아 원고의 청구를 기각할 것이 아니라, 희생되는 환경의 가치나 환경 훼손으로 인한 폐해의 위험성과 관련하여 경제성이나 안전성이 확인되지 않은 것으로 보아 사업의 강행을 재고할 상황에 처한 것으로 판단하는 것이 더 합리적이다. 새만금간척종합개발사업과 같이 갯벌 등 생태계와 자연환경에 광범위하고도 심각한 영향을 미칠 대규모 개발사업에서, 당초 예상하지 못한 중대한 사정변경이 발생하였는지 여부 및 처분을 취소하여 사업을 중단하는 것이 공익상 특히 필요한지 여부를 판단함에 있어서도 위와 같은 관점과 기준에 따라 자연환경이 가지는 가치와 특수성을 우선적으로 배려하여 결정하여야 한다. 제반 사정에 비추어 보면, 새만금간척종합개발사업에는 농지의 필요성, 수질관리, 해양환경 및 경제적 타당성과 사업성 등의 측면에서 당초 예상하지 못한 사정변경이 생겼다고 할 것인데, 그와 같은 사정변경은 사업을 계속 시행하는 경우 과다한 비용과 희생이 요구됨으로써 사업을 통하여 달성하고자 하는 종국적인 목적을 실현할 수 없을 정도로 중대한 경우에 해당하고, 새만금간척종합개발사업을 위한 공유수면매립면허처분 및 농지개량사업 시행인가처분을 취소하여 새만금간척종합개발사업 자체를 중단하는 것 외에 다른 조치 또는 처분만으로 적절하게 대응하기 어렵다고 보이므로, 새만금간척종합개발사업을 취소할 공익상 필요가 있다고 봄이 상당하다. 따라서 구 농림수산부장관이 환경영향평가 대상지역 주민으로부터 위 공유수면매립면허처분 등을 취소해 달라는 신청을 받았음에도 필요한 처분을 하지 아니한 채 이를 거부한 것은 재량권을 일탈·남용한 것으로 위법하다.

[다수의견에 대한 보충의견] 환경이 헌법에 의하여 보호되어야 하는 가치이기는 하지만 개발 역시 소홀히 할 수 없는 헌법상의 가치라고 할 것이므로, 반대의견과 같이 자연환경보호의 가치가 언제나 개발에 따른 가치보다 우선적으로 보호되어야 한다고 할 수는 없다. 새만금간척종합개발사업에 소요되는 국가·사회적인 비용과 이 사업을 통하여 얻을 수 있는 국가·사회적인 편익 내지는 국민 경제적인 가치를 과학적·합리적·이성적으로 평가하여야 한다. 이미 막대한 비용을 투입하여 일부 구간만 제외하고 모두 완공되어 있는 새만금간척종합개발사업의 전면적 중단 여부를 판단함에 있어서는, 사업시행 전에 사업의 타당성이나 적법성을 심리하는 경우와는 달리, 그 사업을 계속함으로 인하여 초래될 수 있는 환경상의 피해와 사업에 소요되는 비용 못지않게 그 사업을 중단시킴으로써 달성할 수 없게 되는 국가·사회적인 편익 내지는 국민 경제적인 가치뿐 아니라 이미 사업을 위하여 지출된 막대한 비용에 따른 손해에 대하여도 고려하여야 한다. 이와 같은 모든 손해들을 감수하고서라도 사업을 중단시켜야 할 정도로 환경상의 피해와 비용이 든다는 점이 충분히 입증되어야만 비로소 사업을 중단시켜야 할 사정변경 및 공익상의 특별한 필요가 있다. 제반 사정에 비추어 보면, 새만금간척종합개발사업을 취소하여야 할 정도의 중대한 사정변경이나 공익상의 특별한 필요성이 있다는 점에 대한 충분한 입증이 이루어졌다고 보기 어렵다고 할 것이므로, 반대의견과는 달리, 농지의 필요성, 수질관리, 해양환경 및 경제적 타당성에 관하여 새만금간척종합개발사업을 취소하여야 할 정도의 중대

한 사정변경이나 공익상의 특별한 필요성이 있다고 인정하기에 부족하다고 본 다수의견이 타당하다. 다만, 자연환경은 그 속성상 한번 파괴되면 이를 회복하는 것이 어려울 뿐만 아니라, 자연환경은 현재 세대의 생존의 기초가 되는 동시에 장래 세대에 대하여도 역시 생존의 기초로 유지되어야 할 자산이다. 새만금간척종합개발사업과 같이 환경 훼손의 우려가 있는 대규모의 국책사업의 경우 신중한 판단을 위하여 사전에 환경피해의 범위 및 정도 등에 대한 철저한 조사 등이 우선되어야 한다. 그런데 다수의견이 지적하고 있는 바와 같이, 새만금간척종합개발사업을 수립할 당시에 이루어진 환경영향평가, 담수호 수질 유지·관리 대책 등에 관하여 일부 미흡한 점이 있었을 인정하지 않을 수 없고, 이 점이 새만금간척종합개발사업의 원만한 추진에 걸림돌이 되었고 커다란 사회적 갈등을 야기하였다. 다수의견은 현재 원고측의 입증부족을 이유로 새만금간척종합개발사업의 취소 청구를 받아들이지 않지만, 장래에 예상하지 못한 여건 변화, 특히 수질문제나 해양환경상의 영향으로 새만금간척종합개발사업을 계속 시행함이 적절하지 아니할 정도의 사정변경이 발생할 가능성도 배제할 수는 없다. 그러한 만큼 농림부장관으로서는 이 사건 판결로써 새만금간척종합개발사업의 정당성이 확보되었다고 만족할 것이 아니라 변화하는 여건에 맞추어, 어떻게 하는 것이 진정으로 국가경제의 발전에 도움이 되며 아울러 환경친화적인 것인지를 꾸준히 검토하여 반영하는 지혜와 노력이 필요하다.

▌평 석

대법원은 원고적격 유무를 판단함에 있어서 환경영향평가대상지역이라는 형식적인 기준이 아니라 '환경상의 이익에 대한 침해 또는 침해우려'라는 실질적 기준에 의해 판단하겠다는 개방적인 자세를 취하여 왔는데, 이 사건에서 이 경향을 재확인시켜 주고 있다. 이외에도 대법원은 이 사건에서 환경침해 가능성이 있는 대형국책사업과 관련하여 제기될 수 있는 각종 법적 논점을 근저직(根底的)으로 나루고 있다.

▌참고문헌

홍준형, "공공정책에 대한 사법적 결정의 법이론적 한계," (순간)법제 580호, 581호, 법제처 (2006. 4, 5.)

2번 판례 원문: 대법원 2006. 3. 16. 선고 2006두330 전원합의체 판결【정부조치계획취소등】

【이 유】

1. 원고적격 관련 상고이유에 대하여

가. 행정처분의 직접 상대방이 아닌 제3자라 하더라도 당해 행정처분으로 인하여 법률상 보호되는 이익을 침해당한 경우에는 그 처분의 무효확인을 구하는 행정소송을 제기하여 그 당부의 판단을 받을 자격이 있다 할 것이며, 여기에서 말하는 법률상 보호되는 이익이라 함은 당해 처분의 근거 법규 및 관련 법규에 의하여 보호되는 개별적·직접적·구체적 이익이 있는 경우를 말하고, 공익보호의 결과로 국민 일반이 공통적으로 가지는 일반적·간접적·추상적 이익이 생기는 경우에는 법률상 보호되는 이익이 있다고 할 수 없다(대법원 1995. 6. 30. 선고 94누14230 판결, 2004. 8. 16. 선고 2003두2175 판결 등 참조).

그리고 공유수면매립면허처분과 농지개량사업 시행인가처분의 근거 법규 또는 관련 법규가 되는 구 공유수면매립법(1997. 4. 10. 법률 제5337호로 개정되기 전의 것, 이하 '구 공수법'이라 하고, 1999. 2. 8. 법률 제5911호로 개정된 공유수면매립법은 '공수법'이라 한다), 구 농촌근대화촉진법(1994. 12. 22. 법률 제4823호로 개정되기 전의 것, 이하 '농근법'이라 한다), 구 환경보전법(1990. 8. 1. 법률 제4257호로 폐지되기 전의 것), 구 환경보전법 시행령(1991. 2. 2. 대통령령 제13303호로 폐지되기 전의 것), 구 환경정책기본법(1993. 6. 11. 법률 제4567호로 개정되기 전의 것, 이하 같다), 구 환경정책기본법 시행령(1992. 8. 22. 대통령령 제13715호로 개정되기 전의 것)의 각 관련 규정의 취지는, 공유수면매립과 농지개량사업시행으로 인하여 직접적이고 중대한 환경피해를 입으리라고 예상되는 환경영향평가 대상지역 안의 주민들이 전과 비교하여 수인한도를 넘는 환경침해를 받지 아니하고 쾌적한 환경에서 생활할 수 있는 개별적 이익까지도 이를 보호하려는 데에 있다고 할 것이므로, 위 주민들이 공유수면매립면허처분 등과 관련하여 갖고 있는 위와 같은 환경상의 이익은 주민 개개인에 대하여 개별적으로 보호되는 직접적·구체적 이익으로서 그들에 대하여는 특단의 사정이 없는 한 환경상의 이익에 대한 침해 또는 침해우려가 있는 것으로 사실상 추정되어 공유수면매립면허처분 등의 무효확인을 구할 원고적격이 인정된다고 할 것이다(대법원 2001. 7. 27. 선고 99두2970 판결 등 참조).

한편, 환경영향평가 대상지역 밖의 주민이라 할지라도 공유수면매립면허처분 등으로 인하여 그 처분 전과 비교하여 수인한도를 넘는 환경피해를 받거나 받을 우려가 있는 경우에는, 공유수면매립면허처분 등으로 인하여 환경상 이익에 대한 침해 또는 침해우려가 있다는 것을 입증함으로써 그 처분 등의 무효확인을 구할 원고적격을 인정받을 수 있다고 할 것이다.

나. 기록 및 관계 법령에 의하면, 이 사건 새만금간척종합개발사업(이하 '새만금사업'이라 한다)은, 국가의 주무장관인 구 농림수산부장관(1996. 8. 8. 대통령령 제15134호로 개정된 '농림부와 그 소속기관 직제'에 의하여 농림수산부가 농림부로 변경되었다. 이하 농지개량사업의 시행자인 국가의 주무장관으로서의 구 농림수 산부장관을 농림부장관이라 하고, 구 농림수산부를 농림부라 한다)이 1991. 10. 17. 구 공수법 제 4 조에 터잡아 이루어진 공유수면매립면허처분(이하 '이 사건 공유수면매립면허처분'이라 한다)과 같은 해 11. 13. 농근법 제96조 및 구 공수법 제 9 조의2에 터잡아 이루어진 새만금사업 시행인가처분(이하 '이 사건 시행인가처분'이라 하고, 이 사건 공유수면매립면허처분과 이 사건 시행인가처분을 모두 합하여 '이 사건 각 처분'이라 한다)을 근거로 하여, 전라북도에 위치한 만경강, 동진강의 하구해역에 방조제를 설치하고 공유수면을 매립·간척하여 28,300ha의 농지와 11,800ha의 담수호(이하 '새만금 담수호'라 한다)를 조성하는 것을 내용으로 하는 매립 및 간척사업으로서 구 환경정책기본법 제26조의 환경영향평가 대상사업에 해당한다. 그리고 새만금사업의 환경영향평가 대상지역은 군산시, 김제시, 전북 부안군 전 지역인데, 원고 조○훈 등 143명의 원고를 제외한 나머지 원고들(원고 144. 내지 3539.)이 거주하는 목포시, 익산시, 전북 완주군, 전주시, 서울 등의 지역은 환경영향평가 대상지역도 아닌데다가 위 원고들이 위 공유수면매립면허처분 등으로 인하여 그 처분 전과 비교하여 수인한도를 넘는 환경피해를 받거나 받을 우려가 있다는 점을 입증하지 못하고 있으며, 위 원고들이 이 사건 각 처분과 관련된 구 공수법상의 공유수면에 관하여 권리를 가진 자 또는 농근법상의 이해관계인에 해당한다고 인정할 자료가 없다. 그러므로 위 원고들에게는 이 사건 각 처분의 무효확인을 구할 원고적격이 있다고 할 수 없다.

다. 또한, 위 원고들은 헌법이나 환경정책기본법에 근거하여 원고적격이 있다고 주장하지만, 헌법 제35조 제 1 항에서 정하고 있는 환경권에 관한 규정만으로는 그 권리의 주체·대상·내용·행사방법 등이 구체적으로 정립되어 있다고 볼 수 없고, 환경정책기본법 제 6 조도 그 규정 내용 등에 비추어 국민에게 구체적인 권

<u>리를 부여한 것으로 볼 수 없으므로, 위 원고들에게 헌법상의 환경권 또는 환경정책기본법 제 6 조에 기하여 이 사건 각 처분을 다툴 원고적격이 있다고 할 수 없다.</u>

라. 원심이 같은 취지에서 위 원고들은 환경영향평가 대상지역에 거주하지도 아니하고 위 원고들이 위 각 처분 전과 비교하여 수인한도를 넘는 환경피해를 받거나 받을 우려가 있다는 점을 입증하지 못하고 있다는 이유로 위 원고들에게 이 사건 각 처분의 무효확인을 구할 원고적격이 없다고 본 결론은 정당하고, 거기에 상고이유와 같은 원고적격에 관한 법리오해 등의 위법이 없다.

2. 무효 관련 상고이유에 대하여

가. 처분의 무효사유의 해석에 관한 법리오해 부분

행정처분이 당연무효라고 하기 위하여는 처분에 위법사유가 있다는 것만으로는 부족하고 그 하자가 법규의 중요한 부분을 위반한 중대한 것으로서 객관적으로 명백한 것이어야 한다는 것이 대법원의 확립된 판례이다(대법원 1995. 7. 11. 선고 94누4615 전원합의체 판결, 2005. 6. 24. 선고 2004두10968 판결 등 참조).

원고들(원고 1. 내지 143.임. 이하 무효 관련 상고이유 부분에서는 '원고들'이라 한다)이 상고이유에서 지적한 바와 같이 행정처분의 하자가 객관적으로 명백할 필요는 없이 그 하자가 중대하면 행정처분이 당연 무효로 된다는 주장은 독자적인 견해로서 이를 받아들이지 아니한다.

나. 사업의 경제성에 관한 채증법칙 위배 등 부분

(1) 공유수면을 매립하거나 간척하여 농지와 담수호를 조성함으로써 농지조성과 용수개발을 주목적으로 하는 간척종합개발사업을 하기 위하여 구 공수법 제 4 조에 터잡아 공유수면매립면허처분이 이루어지고, 농근법 제96조 및 구 공수법 제 9 조에 터잡아 사업시행인가처분이 이루어진 경우, 위 각 처분은 구 공수법 및 농근법에서 정하고 있는 요건을 모두 갖추어야 할 것이다. 농근법 제92조, 제93조, 제96조를 종합하면 농지개량사업에 관하여는 사업성이 있어야 하고, 구 농근법 시행령(1994. 12. 23. 대통령령 제14447호로 개정되기 전의 것) 제43조, 제44조에 비추어 볼 때, 그 사업성의 요소로서 경제성이 필요하다고 보인다. 또한, 구 공수법 제 3 조의2 제 1 항, 제 2 항, 구 공수법 시행령(1993. 3. 6. 대통령령 제13870호로

개정되기 전의 것) 제9조 제1호의 규정을 종합하여 보면, 구 공수법에 의한 공유수면매립면허를 부여함에 있어서는 그 사업 목적이 공공의 이익을 증진하고 국민경제의 발전에 기여할 수 있어야 하고, 국토의 종합적인 기능과 용도에 맞아야 하며, 이와 같은 사정을 반영한 공익상의 가치와 아울러 경제상의 가치를 함께 갖추어야 할 것이다.

한편, 공공사업의 경제성 내지 사업성의 결여로 인하여 위 각 처분이 무효로 되기 위하여는 공공사업을 시행함으로 인하여 얻는 이익에 비하여 공공사업에 소요되는 비용이 훨씬 커서 이익과 비용이 현저하게 균형을 잃음으로써 사회통념에 비추어 위 각 처분으로 달성하고자 하는 사업 목적을 실질적으로 실현할 수 없는 정도에 이르렀다고 볼 정도로 과다한 비용과 희생이 요구되는 등 그 하자가 중대하여야 할 뿐만 아니라, 그러한 사정이 객관적으로 명백한 경우라야 할 것이다.

그리고 위와 같은 공공사업에 경제성 내지 사업성이 있는지 여부는 공공사업이 그 시행 당시 적용되는 법률의 요건을 모두 충족하고 있는지 여부에 따라 판단되어야 함은 물론, 경제성 내지 사업성 평가와 관련하여서는 그 평가 당시의 모든 관련 법률의 목적과 의미, 내용 그리고 학문적 성과가 반영된 평가기법에 따라 가장 객관적이고 공정한 방법을 사용하여 평가되었는지 여부에 따라 판단되어야 할 것이다.

특히, 새만금사업과 같이 사업시행의 범위가 광범위하고 국가의 특별한 정책적 필요에 의하여 시행하는 공공사업의 경우에는 그러한 공공사업이 국가경제 및 사회경제적으로 끼치는 영향도 클 뿐만 아니라 갯벌과 생태계 및 해양환경 등 자연환경에 미치는 영향도 매우 크다고 할 것이므로, 그러한 공공사업에 경제성 내지 사업성이 있는지 여부를 판단함에 있어서는 위와 같은 요소들을 빠짐없이 고려하여야 할 것이다. 또한, 위와 같은 간척지의 매립사업과 같이 어떠한 항목을 편익이나 비용항목에 넣을 수 있는지 여부와 그러한 항목에 대한 평가방법이나 기법에 관하여 확립된 원칙이나 정설이 존재하지 아니한 경우에는, 경제성 내지 사업성 평가 당시의 공공사업의 투자분석이론이나 재정학 또는 경제학 이론 등에 따라 그 분야의 전문가들에 의하여 가능한 한 가장 객관적이고 공정한 방법을 사용하여 편익과 비용을 분석한 후 공공사업에 경제성 내지 사업성이 있는지 여부를 평가하는 것이 바람직하다고 할 것이다.

(2) 원심은, 채택 증거를 종합하여 판시와 같은 사실을 인정한 다음, 1988년 당시 한국산업경제연구원의 경제성 분석보고서 및 새만금사업 기본계획에는 감사원

감사에서 지적된 바와 같이 농수산 중심 개발안에 대하여 일부 비용을 누락한 채 관광편익 및 항만편익을 계상하고 수질오염 등으로 시행이 불투명한 담수어 양식장 편익 등을 계상한 하자가 있기는 하지만, 그 감사 결과에 의하더라도 오류를 수정하여 경제성을 재검토하였을 경우 할인율 10%를 기준으로 한 농수산 중심 개발안의 편익·비용비율은 0.99(내부수익률은 9.92%)에 이르고 있어 편익과 비용이 거의 대등하고, 또한 비록 이견과 비판론이 있기는 하나 환경단체 등이 추천한 위원 등 민간위원 21명과 정부관계기관 인사 9명 등 30명의 공공투자분석 전문가들로 구성된 민관공동조사단에서 약 1년 2개월 동안 회의를 계속하여 공동조사보고서를 작성함에 있어 위원들의 견해차를 고려하여 10개의 시나리오를 구성하여 분석하기로 합의한 후 시나리오별 분석치를 내놓았고, 그 결과 모든 시나리오에서 경제적 타당성이 있는 것으로 분석된 점 등에 비추어 보면, 이 사건 각 처분에서 채택한 한국산업경제연구원의 경제성 분석이 충분하지 아니한 일부의 하자가 있다고 하더라도, 이를 법규의 중요한 부분을 위반한 중대한 것으로서 객관적으로 명백하다고 할 수 없다고 판단하였다.

위 법리와 기록에 비추어 살펴보면, 원심의 위와 같은 사실인정과 판단은 정당하고, 거기에 상고이유와 같은 경제성과 관련한 판단유탈, 심리미진 및 채증법칙 위배 등의 위법이 없다.

(3) 원고들이 상고이유에서 주장하는 바는, 민관공동조사단에서 새만금사업의 경제성 분석을 하면서 설정한 10개의 시나리오에서 편익항목으로 본 국토확장효과, 식량안보가치, 담수호창출효과, 수질개선편익, 고군산도 재산가치 증가 등은 이중계산 문제 등으로 인하여 편익항목에서 제외되어야 함에도 이를 편익항목에 넣었으므로 민관공동조사단의 경제성 분석은 잘못된 것이라는 것이다.

그러나 장래 시행할 사업에 대한 경제성 분석이란 그 분석방법이나 고려요소 여하는 물론 분석을 담당한 전문가의 견해 차이에 따라 분석결과가 크게 달라질 수 있고, 앞서 본 바와 같이 간척지 매립사업의 경우 편익항목과 비용항목의 요소와 각 항목에 대한 평가방법에 관하여 확립된 기준이 없고 어느 이론이 특히 우월하다고 볼 수 없는 상황에서, 공공투자분석 전문가들이 편익과 비용항목들에 관한 이견을 고려하여 편익과 비용 중 일부 항목을 포함시키거나 제외시키는 등의 여러 가지의 경우를 조합하여 각종 시나리오를 만들어 일정한 원칙에 따라 경제성을 분석하였다면, 위 시나리오의 설정 자체나 위 시나리오의 전부가 합리성을 결여하였음을 입증하지 아니하는 한 그 중 어느 한 시나리오에 포함된 특정 일부 항목이 편익이나 비용에 잘못 산입되었다거나 그 평가방법이 잘못되었다고 지적하여 사업 전체에 관하여 경제성이 없다고 주장하는 것은 올바른 탄핵방법이 될 수 없다. 결국, 앞서 본 점에 비추어 보면, 상고이유와 같은 주장만으로 민관 공동조사단의 경제성 분석이 잘못되었다고 단정할 수는 없다고 할 것이다.

다. 사업의 필요성에 관한 채증법칙 위배 등 부분

농지개량사업의 시행을 인가함에 있어서는 농근법 제93조 및 제96조에 따라 농지개량사업을 시행할 필요가 있어야 하는바, 사업의 필요성 결여로 인하여 사업이 무효라고 보기 위하여는 그 하자가 중대하고 객관적으로 명백하여야 한 경우라야 할 것이다.

원심이 확정한 사실에 비추어 보면, 농림부에서는 새만금사업의 기본계획을 확정할 당시 국토의 간척 가능면적과 개발면적 및 개발중인 면적을 밝히면서 국토공간의 과밀화와 경제사회 발전으로 인한 토지수요 증대에 종합적으로 대처하고 농지잠식과 한계농지를 대체하며 일정수준의 식량자급을 유지하기 위한 우량농지 확보와 수자원 개발로 해안지역 용수개발을 위하여 간척사업이 필요하다고 보았는바, 비록 한국산업경제연구원이 1989년부터 2011년까지 논의 신규창출이 요구되는 면적이 33,077ha라고 추정하였지만 이는 향후 농경지 수요량 추정치와 지목별 잠식량 및 농경지 지목변경량 추정치를 근거로 하여 다시 추정 산출한 것으로서 1989년부터 2002년까지 실제로 잠식된 농지의 면적이 위 추정 잠식 면적과 달리 그 2배에 달하고 있어 위 논의 신규창출 요구 면적 추정치를 그대로 믿기 어려우므로 그 추정치만을 근거로 하여 새만금사업의 토지이용계획이 잘못되었다고 할 수 없고, 또한 새만금사업의 토지이용계획 당시 이미 간척 중인 토지 면적이 47,000ha라는 사정을 고려한다고 하더라도 새만금사업의 필요성이 없다거나 그 하자가 새만금사업을 당연무효라고 할 만큼 중대·명백하다고 할 수 없다.

같은 취지의 원심 판단은 정당하고, 거기에 상고이유와 같은 농지의 필요성에 대한 심리미진, 채증법칙 위배 등의 위법이 없다.

라. 적법한 환경영향평가의 결여에 관한 채증법칙 위배 등 부분

환경영향평가법령에서 정한 환경영향평가를 거쳐야 할 대상사업에 대하여 그러한 환경영향평가를 거치지 아니하였음에도 승인 등 처분을 하였다면 그 처분은 위법하다 할 것이나, 그러한 절차를 거쳤다면, 비록 그 환경영향평가의 내용이 다소

부실하다 하더라도, 그 부실의 정도가 환경영향평가 제도를 둔 입법 취지를 달성할 수 없을 정도이어서 환경영향평가를 하지 아니한 것과 다를 바 없는 정도의 것이 아닌 이상, 그 부실은 당해 승인 등 처분에 재량권 일탈·남용의 위법이 있는지 여부를 판단하는 하나의 요소로 됨에 그칠 뿐, 그 부실로 인하여 당연히 당해 승인 등 처분이 위법하게 되는 것이 아니다(대법원 2001. 6. 29. 선고 99두9902 판결 참조).

원심이 확정한 사실을 위 법리에 비추어 보면, 농림부장관은 환경영향평가서를 작성함에 있어서 수질예측시 내부 간척지에 발생하는 오염부하량을 참작하지 않고 유역 내 인구 및 축산폐수 배출량 등을 적게 추정하여 수질예측을 하기는 하였지만, 그 중 담수호 내부의 양식장은 오염 요인이 많다는 이유로 설치하지 않는 것으로 계획이 바뀌는 등 환경영향평가 당시에 발생한 하자를 그 후에 보완하였고, 환경영향평가서의 생태계 및 해양환경에 대한 환경영향의 저감방안이나 수질에 대한 환경영향의 저감방안을 강구하고 있으므로, 이 사건 환경영향평가가 부실하고 그 부실의 정도가 환경영향평가 제도를 둔 입법 취지를 달성할 수 없을 정도여서 환경영향평가를 하지 않은 것과 다를 바 없는 정도의 것이라고 할 수 없다고 할 것이다.

같은 취지의 원심 판단은 정당하고, 거기에 상고이유와 같은 적법한 환경영향평가의 결여에 관한 심리미진, 채증법칙 위배, 환경영향평가에 관한 법리오해 등의 위법이 없다.

마. 담수호 수질기준 및 사업목적 달성 불능에 관한 채증법칙 위배 등 부분

공유수면을 매립하여 조성된 매립간척지에 농지와 담수호를 만들기 위하여 공유수면매립면허처분과 사업시행인가처분이 이루어졌다가 그 후 위 각 처분으로 인하여 조성되는 담수호가 농업용수로서의 수질기준을 달성하지 못할 것이 예상되는 경우에는 농지 및 담수호를 조성하려는 사업목적을 달성할 수 없게 될 것이므로 그 경우에는 위 각 처분이 무효로 될 것인바, 위와 같이 담수호가 농업용수로서의 수질기준을 달성하지 못함으로써 사업목적을 달성할 수 없을 것인지 여부는 수질대책 수립 당시의 과학적 수준이나 토목공학적 방법 또는 생물학적·생화학적 방법이나 수질예측에 관한 각종 상황 등에 비추어 보아 수질대책이 실현가능한지 여부, 수질대책비용이 사회통념상 감당할 수 없는 정도에 이른 것인지 여부 등에 따라 판단되어야 하나, 수질대책 수립 당시의 과학적 수준과 수질예측에

관한 각종 상황 등에 비추어 보아 수질대책이 실현가능하고, 또한 수질대책비용이 사회통념상 감당할 수 없는 정도에 이르지 않은 경우라면 위 각 처분에 의하여 조성되는 담수호가 농업용수로서의 수질기준을 달성하지 못함으로써 사업목적을 달성할 수 없는 경우에 해당한다고 볼 수는 없을 것이다.

위 법리와 원심이 확정한 사실에 비추어 살펴보면, 원심이 새만금사업에 대한 감사원 감사에서 지적된 바와 같이 새만금사업 기본계획이나 환경영향평가 당시에는 오염부하량의 산정이나 수질대책이 미흡한 상태에서 사업을 시행하는 등의 하자가 있었지만, 그 후 정부는 환경부 수질보전종합대책 시안과 민관공동조사단의 수질분석 결과 및 환경부의 수질예측 결과를 반영하여 정부조치계획을 수립함으로써 그 하자를 보완하였으며, 그와 같은 정부조치계획에서는 당초 수질대책으로 들어가 있지 않았던 인처리 시설, 환배수로, 인공습지, 인공수초섬, 침전시설 등 각종 대책을 추가하고, 순차개발방식으로 공사를 진행하는 내용이 추가되었으며, 정부조치계획 이후 구성된 새만금환경대책위원회의 평가 결과에 의하면 2004년 현재 환경기초시설 확충, 새만금 상류지역에 대한 축산분뇨 관리대책, 새만금 친환경 간척계획 등 소관부처별 정부실천계획에 나오는 11개 과제 모두 정상적으로 추진되고 있고, 수질예측 결과도 당초 예측보다 초과하여 달성되고 있는 것으로 나타난 사실, 정부조치계획상의 새만금 내부 수질개선비 2,257억 원 중 새만금 사업비에 이미 포함된 1,461억 원을 제외하면 신규로 소요될 예산은 796억 원에 불과한 사실 등을 인정한 다음, 새만금 담수호의 목표 수질 달성이 실현 불가능하다고 할 수도 없고, 위와 같은 정도의 비용 지출이 사회적으로 삼낭하기 어려운 과다한 비용이라고 할 수도 없어 무효사유에 해당하지 아니한다고 판단한 것은 정당하고, 거기에 상고이유와 같은 수질예측과 관련한 채증법칙 위배, 심리미진 등의 위법이 없다.

3. 이 사건 거부처분이 취소되어야 한다는 상고이유에 대하여

가. 공수법 제32조 제1호와 관련하여 허위 또는 부정한 방법에 의한 치분에 관한 채증법칙 위배 등 부분(생략)

나. 공수법 제32조 제2호와 관련하여 예정공정 미달 여부에 관한 채증법칙 위배 등 부분(생략)

다. 공수법 제32조 제5호와 관련하여 보상 완료 여부에 관한 채증법칙 위배 등 부분(생략)

라. 공수법 제32조 제3호와 관련하여 예상하지 못한 사정변경으로 공익상 특히 필요한 경우에 관한 채증법칙 위배 등 부분

(1) 취소사유로서의 사정변경 및 공익상 필요성

공수법 제32조 제3호, 제40조, 구 공수법 시행령(2005. 9. 30. 대통령령 제19080호로 개정되기 전의 것, 이하 같다) 제40조 제4항, 제1항의 규정을 종합하면, 농림부장관은 매립공사의 준공인가 전에 공유수면의 상황 변경 등 예상하지 못한 사정변경으로 인하여 공익상 특히 필요한 경우에는 공수법에 의한 면허 또는 인가 등을 취소·변경할 수 있는바, 여기에서 사정변경이라 함은 공유수면매립면허처분을 할 당시에 고려하였거나 고려하였어야 할 제반 사정들에 대하여 각각 사정변경이 있고, 그러한 사정변경으로 인하여 그 처분을 유지하는 것이 현저히 공익에 반하는 경우라고 보아야 할 것이며, 위와 같은 사정변경이 생겼다는 점에 관하여는 그와 같은 사정변경을 주장하는 자에게 그 입증책임이 있다고 할 것이다.

(2) 사업목적상의 사정변경에 관한 채증법칙 위배 등 부분

원심이 확정한 사실에 의하면, 이 사건 각 처분 이후 농업기반공사가 1994년부터 1998년까지 작성한 사업시행계획서의 토지이용계획부분에 당초의 농지조성 및 용수개발이라는 사업목적이 유지되어 왔고, 농업기반공사가 사업효과로 포함시킨 복합산업단지로의 토지이용계획변경이 1998. 9. 감사원의 감사에서 지적되자 1999년 이후의 사업시행계획 승인요청에서는 복합산업단지 효과를 삭제하여 승인을 받았으며, 그 이후 2001. 5. 25. 정부조치계획 및 세부실천계획 등에서는 당초의 계획대로 농지조성 및 용수개발이 주된 사업목적으로 유지되어 왔으므로, 그 동안 농업기반공사나 전라북도가 복합산업단지 개발을 검토하고 대통령이 공단과 국제항 조성에 관한 종합개발계획 추진안에 관한 발언을 하였다고 하더라도 그 사정들만으로는 현재 농지조성과 농업용수 개발을 주목적으로 한 새만금사업의 토지이용계획이 복합산업단지 개발로 변경되었다고 볼 수 없고, 또한 향후 사업목적의 변경 가능성이 있다고 하여 현재의 사업목적 달성이 불가능하다거나 법률적으로 또는 실질적으로 사업목적이 변경되었다고 볼 수 없다.

같은 취지에서 새만금사업의 사업목적 변경에 따른 사정변경을 이유로 한 취소 주장을 배척한 원심 판단은 정당하고, 거기에 상고이유와 같은 사업목적상의 사

정변경에 관한 심리미진, 채증법칙 위배 등의 위법이 없다.

(3) 농지의 필요성에 대한 사정변경에 관한 채증법칙 위배 등 부분

원심이 확정한 사실에 비추어 살펴보면, 쌀 공급과잉 현상으로 쌀 재배면적을 감소시킬 필요성이 있다고 하더라도 일정수준의 식량자급을 유지하기 위한 우량농지의 확보의 필요성이 줄어든 것은 아니므로, 필요 이상의 과다한 우량농지가 전용되고 있다는 사정만으로 농지의 필요성이 줄어들었다고 단정할 수 없다고 할 것이다.

같은 취지에서 농지의 필요성에 대한 사정변경을 이유로 한 취소 주장을 배척한 원심 판단은 정당하고, 거기에 상고이유와 같은 농지의 필요성에 대한 사정변경에 관한 심리미진, 채증법칙 위배 등의 위법이 없다.

(4) 경제적 타당성에 대한 사정변경에 관한 채증법칙 위배 등 부분

원심이 확정한 사실과 앞서 무효사유 중 경제성 부분에 관한 판단에서 인정된 바와 같이, 1988년 당시 한국산업경제연구원의 경제성 분석보고서 및 새만금사업 기본계획에서는 새만금 갯벌에 적용할 수 있는 객관적이고 과학적인 자료가 존재하지 아니하여 갯벌의 경제적·생태적 가치를 예상하였으면서도 그에 대한 가치를 구체적으로 산출하지 아니하였으나 이 사건 각 처분 후 민관공동조사단에 의하여 이루어진 경제성 분석에서는 새만금 갯벌의 가치를 비용으로 계상하고 그 밖에 국가·사회적인 편익과 환경문제와 같은 국가·사회적인 손실을 반영하여 경제성을 분석한 후 10개의 시나리오를 작성하여 검토한 결과 모두 경제성이 있는 것으로 나타났는바, 위 분석 결과는 공공투자분석 전문가들이 편익과 비용항목들에 관한 이견을 고려하여 편익과 비용 중 일부 항목을 포함시키거나 제외시키는 등의 여러 가지의 경우를 조합하여 각종 시나리오를 만들어 일정한 원칙에 따라 경제성을 분석함에 따라 이루어진 것으로서, 위 원고가 주장하는 바와 같이 그 시나리오들 중의 어느 시나리오나 특정 항목에 관한 잘못이 있다고 하더라도 다른 시나리오들이 모두 합리성을 결여하였다고 인정하기에 충분하지 아니하며, 따라서 위 원고가 주장하는 갯벌 내지는 환경 보전의 중요성을 참작한다고 하더라도 새만금사업을 통하여 이루려고 하는 국가의 발전이라는 실질적인 목적을 달성할 수 없을 정도로 과다한 비용과 희생이 요구되어 경제성 내지는 사업성이 없다고 인정하기에 부족하므로, 결국 새만금사업의 경제적 타당성에 있어서 이 사건 공유수면매립면허처분 등을 취소하여야 할 만큼 예상하지 못한 사정변경이 있다고 할 수 없을 것이다.

같은 취지에서 경제적 타당성에 대한 사정변경을 이유로 한 취소 주장을 배척

한 원심 판단은 정당하고, 거기에 상고이유와 같은 새만금사업의 경제성에 대한 사정변경에 관한 심리미진, 채증법칙 위배 등의 위법이 없다.

(5) 수질관리상의 사정변경에 관한 채증법칙 위배 등 부분

앞서 무효사유에서 살펴본 바와 같이, 새만금사업 기본계획이나 환경영향평가 당시에는 오염부하량의 산정이나 수질대책이 미흡한 상태에서 사업을 시행하는 등의 하자가 있었지만, 그 후 환경부 시안과 민관공동조사단의 수질분석 결과 및 환경부의 수질예측 결과를 반영하여 정부조치계획을 수립함으로써 하자를 보완하였고, 수질대책의 전제가 달라진 경우에는 농업용수로서의 수질을 유지하는 것이 어려울 수도 있을 것이나 정부조치계획에 들어있는 각종 수질대책이 차질없이 진행된다면 새만금 담수호는 농업용수로서의 수질기준에 적합할 것으로 예상되고 있으며, 실제로 정부조치계획에 따른 각종 대책이 정상적으로 추진되고 있고, 수질예측 결과도 당초 예측보다 초과하여 달성되고 있는 것으로 나타난 상황 등에 비추어 보면, 장차 형성될 새만금 담수호에서 농업용수로서의 수질을 유지하는 것이 사회통념상 불가능하다고 할 수 없으므로, 피고의 수질개선대책 수립의 실현가능성이 불확실하다거나 그 수질개선대책을 시행하더라도 목표수질을 달성할 수 없는 사정변경이 생겼다고 할 수는 없다.

또한, 피고가 “방조제 완공 이전에 유역권 내 주요 오염원들에 대한 처리시설을 갖출 수 있도록 하라”는 환경부의 수질관리에 관한 환경영향평가 협의내용을 지키지 아니하고 결과적으로 방조제를 우선 완공함으로써 협의내용을 위반하였다 하더라도, 수질이 좋은 동진호의 담수화를 선행하고 만경호의 수질 개선이 이루어진 후에 해수유통을 차단하는 순차개발방식을 채택하는 등의 수질 개선 대책이 마련된 사정 등에 비추어 보면, 위 사유만으로는 수질관리에 예상하지 못한 사정변경이 발생하였다거나 그 사정변경이 이 사건 공유수면매립면허처분 등을 취소할 정도로 중대하다고 할 수도 없다.

같은 취지에서 수질관리 또는 환경영향평가 협의내용과 관련한 사정변경을 이유로 한 취소 주장을 배척한 원심 판단은 정당하고, 거기에 상고이유와 같은 수질관리 또는 환경영향평가 협의내용과 관련한 사정변경에 관한 심리미진, 채증법칙 위배 등의 위법이 없다.

(6) 해양환경상의 사정변경에 관한 채증법칙 위배 등 부분

새만금사업으로 인한 방조제의 축조로 자연적인 해안선이 변하여 해양 생태계가 변하고, 조류가 약화되어 물질이 차단됨으로써 방조제 안팎으로 퇴적환경이

달라지며, 새만금호 담수 및 부영양 물질의 대량 방류로 인하여 주변 해양 생태계에 충격이 발생하는 등 방조제의 완공으로 인하여 해양환경에 심대한 영향을 미칠 수 있고, 또한 자연환경은 그 속성상 한번 파괴되면 이를 회복하기 어려울 뿐만 아니라 그와 관련을 맺고 있는 다른 지역의 환경에까지 영향을 미치는 등 그 효과가 광범위한 지역에 미칠 수 있으므로, 위와 같은 개발사업계획을 수립함에 있어서는 처음부터 해양환경에 미치는 영향을 면밀하게 조사하는 절차가 선행되어야 함은 물론, 그러한 사업으로 인하여 생길 수 있는 해양환경의 변화를 최소화하기 위한 모든 대책을 강구하도록 하여야 할 것이다.

특히, 이 사건과 같은 대규모 개발사업으로 인하여 생길 수 있는 해양환경의 변화에 대하여는 현재의 과학수준으로 예측하는 것이 불가능한 경우도 있어 그러한 예측이 완벽하다고 할 수는 없고, 개발사업이 진행되는 동안 이미 예측한 것 이상으로 해양환경이 악화될 수도 있으므로, 향후 개발사업을 시행함에 있어서도 세심한 주의를 기울여 해양환경의 변화를 예의주시하면서 해양환경에 미치는 영향을 최소화하도록 노력하고, 날로 발전해 가는 환경보전대책을 반영하는 등 해양환경의 변화에 대한 대책을 빈틈없이 수립하여야 할 것이다.

그러나 사후에 발생한 해양환경상의 사정변경으로 인하여 공유수면매립면허처분을 취소하기 위하여는 당초부터 개발사업으로 인한 해양환경의 변화를 예상하지 못하였거나 당초에 예상한 것 이상으로 현저한 해양환경의 변화가 있고 그로 인한 해양환경의 피해가 공유수면매립면허처분 전과 비교하여 수인한도를 넘는 경우라야 할 것이므로, 위와 같은 점이 입증되지 않으면 공유수면매립면허처분을 취소할 만한 사정변경이 생겼다고 할 수는 없을 것이다.

원심이 확정한 사실에 의하면, 방조제 축조로 인하여 생길 수 있는 자연적인 해안선의 변화나 물질순환의 차단, 퇴적환경이 달라지는 등의 해양환경상의 영향은 새만금사업시행계획 당시부터 예상하였던 것으로서 이를 들어 예상하지 못한 사정변경이라고 할 수 없다. 한편, 한국해양연구원의 조사연구 결과에 의하면, 방조제 연결 이후 남북방향의 해수순환이 동서로 배치된 고군산열도에 의하여 차단되어 고군산열도를 기준으로 남북으로 이원화되고, 유속이 감소하여 부유물 침하, COD 악화 등으로 인근 해역의 수질 악화가 발생할 수 있는 사정이 인정되나, 이와 같은 해류 순환의 변화는 당초 환경영향평가에서도 고려된 사정으로 보일 뿐 아니라, 그로 인하여 수질에 미치는 악영향을 새만금사업시행계획 당시 충분히 예상하지 못하였던 사정변경 사유로 본다고 하더라도, 그로 인해 발생할 수 있는 피해가 어느 정도인가에 관하여는 위 조사연구 결과로도 명확하지 않고 달리 그 피해 정도를 인정할 만한 증거도 없다.

따라서 원심이 같은 취지에서 새만금사업을 중단하여야 할 정도로 해양환경상의 중대한 사정변경이나 공익상 필요가 있다고 인정하기에 부족하다고 보아 위 원고의 취소 주장을 배척한 것은 정당하고, 거기에 상고이유와 같은 해양환경상의 사정변경에 관한 심리미진, 채증법칙 위배, 법리오해 등의 위법이 없다.

5. 위 3.의 라.항의 판단에 관한 대법관 김영란, 대법관 박시환의 반대의견

가. 다수의견은, 원심이 그 판시와 같은 사실을 인정한 다음 농지의 필요성, 수질관리, 해양환경 및 경제적 타당성 등에 있어서 공수법 제32조 제3호에서 말하는 예상하지 못한 사정변경이 발생하였다고 볼 수 없거나 사정변경이 있더라도 새만금사업의 목적을 달성할 수 없을 정도로 중대하거나 이 사건 각 처분의 취소가 공익상 특히 필요하다고 보기 어렵다는 이유로 그 사정변경을 이유로 한 취소 주장을 배척한 조치를 정당하다고 수긍하였으나, 다음과 같은 이유로 다수의견에 찬성할 수 없다.

나. 자연환경의 가치와 대규모 개발사업

인류를 비롯한 지구상의 모든 생명체는 지구라는 환경에 기초하여 생존하고 있다. 인간의 생존은 지구환경에 절대적으로 의존하고 있으며 그 환경조건의 변화에 따라 생존 자체가 위협받기도 하고 엄청난 재앙에 맞닥뜨리기도 한다. 지구상 생명체의 변천 역사에서 몇 가지 환경조건의 변화로 인하여 심지어는 한 생물종 자체가 멸종에까지 이른 사례를 우리는 알고 있다.

인간의 능력은 무한하고 놀랄 만한 정도로 문명을 발달시켜 이제는 지구를 거의 정복할 단계에 이르렀다고 자만하고 있지만, 대기 중의 탄산가스 농도가 몇 퍼센트만 변하여도, 북극 바닷물의 온도가 몇 도만 상승하여도, 지구 중력이나 자전속도가 조금만 변하여도 인간의 생존조건에는 엄청난 변화가 초래되고 경우에 따라 당장 수억의 인류가 죽음에 직면하게 될 수도 있다는 것이 학자들의 연구에 의하여 속속 드러나고 있다. 얼마 전 동남아시아에서 발생한 지진해일(쓰나미) 사태 때는 지구의 표피 중 지극히 작은 일부분이 몇 초간 꿈틀거린 것으로 인하여 단 몇 분만에 수십만 명의 인간이 일시에 생명을 잃기도 하였다.

인간은 강한 것 같지만 이와 같이 지극히 취약하고 지구환경에 전적으로 생존

을 의탁하고 있다. 그런데도 인간은 아직 지구환경이 인간의 생존에 미치는 영향을 아주 작은 일부밖에 알지 못하고 그 대부분은 알지 못하는 미지의 영역으로 남겨두고 있다. 이와 같이 인간의 생존에 절대적으로 영향을 미치는 지구환경의 의미와 가치를 제대로 알지 못한 상태에서 함부로 환경을 변화시키는 것은 지극히 위험한 일이고 경우에 따라서는 자기 생존의 기반을 파괴하는 어리석은 일이다. 별 문제 없을 것으로 생각하여 자연환경을 변화시킨 것이 나중에는 엄청난 악영향을 미치는 결과로 나타난 경우를 우리는 여러 번 경험하고 보아 왔다.

환경 변화를 수반하는 대규모 개발행위를 결정함에 있어, 물질문명의 편리함에 깊이 빠져든 오늘날의 사람들은 물질적 필요의 충족에 우선적 가치를 두고 당장 눈에 보이고 금전으로 계산이 가능한 경제적인 이해타산과 수치 비교만으로 개발행위에 나아가고 있다. 그러나 자연환경의 기능과 영향 중 많은 부분이 아직 밝혀지지 않고 있는 현 상황에서 그러한 금전적 비교와 경제적 이해타산만으로 환경변화를 감행하는 것이 얼마나 위험한 일인가 하는 것은 더 설명할 필요가 없다.

자연환경은 경제적 이익이나 금전적 가치와 동일한 평면에서 비교되고 대체될 수 있는 가치가 아니다. 물론 환경 변화를 수반하는 대규모 개발행위를 결정함에 있어서 희생되는 환경의 가치를 포함한 손실과 개발로 인한 이득(편익)을 비교하여 결정하는 것이 부득이할 것이겠지만, 그 가치를 산정함에 있어서는 당시까지 밝혀진 환경의 기능과 효용 중 금전으로 환산할 수 있는 가치만을 평가하여 그 손실보다 이득이 큰 경우에는 환경을 희생시키는 것으로 개발 여부를 결정하는 방식은 허용되어서는 아니 된다. 환경의 가치 중 아직 밝혀지지 않은 부분이 많고 환경의 훼손이 인간의 생존에 심각한 영향을 미칠 수 있는 가능성이 항상 잠재하고 있다는 점을 고려하면, 환경의 변화나 훼손은 이를 감수하고서라도 반드시 확보하여야 할 필수불가결한 가치를 얻기 위한 것이거나 아니면 적어도 환경의 희생을 대가로 얻을 수 있는 가치가 월등히 큰 경우에만 허용될 수 있는 것이며, 그 경우에도 필요한 최소한의 범위 내에서만 훼손이 가능한 것으로 보아야 할 것이다.

우리 헌법도 제35조 제1항에서 "모든 국민은 건강하고 쾌적한 환경에서 생활할 권리를 가지며, 국가와 국민은 환경보전을 위하여 노력하여야 한다"라고 규정하여 환경권을 헌법상 권리로 보장하고 있고, 제120조 제2항에서는 "국토와 자원은 국가의 보호를 받으며, 국가는 그 균형있는 개발과 이용을 위하여 필요한 계획을 수립한다"라고 규정하여, 국토와 자원을 보호하되 개발과 이용은 균형을 유지하여야 하고 이를 위하여 적절히 계획을 수립하여 시행하도록 규정하고 있다. 헌법의 위 규정에서 말하는 개발에 있어서의 균형 속에는 자연환경과 인간의 편익 사이의 균형도 포함되어 있는 것으로 해석하여야 할 것이다.

자연환경은 그 속성상 한번 파괴되면 이를 회복하는 것이 어려울 뿐만 아니라, 자연환경은 현재 세대의 생존의 기초가 되는 동시에 장래 세대에 대하여도 생존의 기초로 유지되어야 할 공동의 자산이기 때문에 현재 세대가 자신의 필요를 충족시키기 위하여 이를 소모하고 훼손하는 방식으로 활용하여서는 안 되는 것이며, 그 가치와 기능을 보전하여 장래 세대를 위해서도 생존의 기초로 기능할 수 있도록 지속가능한 개발을 하여야 하는 한계를 갖고 있다. 환경정책기본법, 자연환경보전법 등 환경관련 법령은 위와 같은 취지에 따라 환경오염을 사후에 제거하는 방식이 아닌 사전에 오염의 발생을 방지하여야 한다는 '사전예방의 원칙', 개발사업에서 환경보전을 우선적으로 고려하여 사전에 배려하는 조치를 하여야 한다는 '사전배려의 원칙', 미래 세대가 그들의 필요를 충족시킬 수 있는 능력을 저해하지 않으면서 현 세대의 필요를 충족시키는 개발을 하여야 한다는 '지속가능한 개발의 원칙' 등 환경보전의 기본원칙을 천명하고 있다(환경정책기본법 제1조, 제2조, 제7조의2, 자연환경보전법 제3조 등).

따라서 우리 헌법이나 환경관련 법령에서도 인류 생존의 토대를 이루는 자연환경을 무분별한 개발과 이용으로부터 보호하여야 한다는 시대적 요청을 반영하여, 자연환경 보전의 가치가 개발에 따른 가치보다 우선적으로 보호되어야 할 가치임을 분명히 하고 있는 것으로 보아야 한다.

한편으로, 자연환경을 보전할 필요성 못지 않게 국민경제의 균형있는 발전을 위하여 개발사업을 추진할 필요성 또한 부인할 수 없는 것이므로, 개발사업을 추진할 것인지 여부는 당해 사업으로 얻을 수 있는 국민경제적인 가치와 이로 인하여 훼손되는 자연환경의 가치를 비교하여 결정할 수밖에 없고, 이러한 가치비교를 위해서는 일단은 개발사업의 가치와 자연환경의 가치를 모두 경제적인 가치로 환산하여 비교·교량하는 방법을 따를 수밖에 없다고 할 것이다. 그런데 개발사업의 가치는 경제적 가치로 환산하여 평가하기가 용이한 반면, 자연환경의 가치에는 생물종의 다양성, 생태적 안정성의 유지 등과 같이 경제적인 가치로 평가하기 어려운 가치도 있고, 장래에 이용될 가능성은 있으나 현재로는 이용되지 않고 있는 가치나 현재의 환경에 대한 지식으로는 제대로 알 수 없는 가치와 같이 평가의 대상 자체에 포함시키기 어려운 가치도 있다. 따라서 훼손되는 자연환경의 가치를 경제적인 가치로 환산할 수 있는 부분만을 평가하여 개발사업의 가치와 비교·교량하는 것만으로 자연환경의 가치를 충분히 고려하였다고 할 수 없고, 개발사업의 국민경제적인 이득이 당해 사업에 소요되는 비용과 이로 인하여 훼손되는 자연환경 가치의 경제적 평가액 등의 손실을 합한 것보다 상당한 정도로 우월한 경우에 비로소 개발사업을 추진할 수 있는 당위성이 인정될 수 있다고 할 것이다.

또한, 개발사업을 취소하여야 할 정도의 사정변경이 생겼는지 여부를 판단함에 있어서도, 환경 변화로 인하여 나타날 구체적 위험성이나 훼손될 환경 가치의 중대성 등에 관하여 어느 정도의 가능성까지는 입증하였지만 정확하게 확인되는 정도까지는 이르지 못한 입증의 중간영역이 있을 때에, 그 사업이 대규모 사업으로서 환경 변화의 영향력이 미치는 범위가 아주 넓고 예측되는 환경 변화의 폐해가 심각한 것이어서 혹시라도 그 가능성이 현실화되는 것을 도저히 용인하기 어려운 사정이 있는 경우라면, 무조건 원고측이 그 사정변경과 취소의 필요성에 대하여 입증을 다하지 못한 것으로 보아 원고의 청구를 기각할 것이 아니라, 희생되는 환경의 가치나 환경 훼손으로 인한 폐해의 위험성과 관련하여 경제성이나 안전성이 확인되지 않은 것으로 보아 사업의 강행을 재고할 상황에 처한 것으로 판단하는 것이 더 합리적이라 할 것이다.

이 사건 새만금사업과 같이 갯벌 등 생태계와 자연환경에 광범위하고도 심각한 영향을 미칠 대규모 개발사업에서, 당초 예상하지 못한 중대한 사정변경이 발생하였는지 여부 및 처분을 취소하여 사업을 중단하는 것이 공익상 특히 필요한지 여부를 판단함에 있어서도 위와 같은 관점과 기준에 따라 자연환경이 가지는 가치와 특수성을 우선적으로 배려하여 결정하여야 할 것이다.

다. 공수법 제32조 제3호 소정의 사정변경 사유가 있는지 여부

(1) 농지의 필요성에 대한 사정변경

원심이 확정한 사실에 비추어 보면, 새만금사업 지구를 제외하더라도 신규 농경지 간척규모 등이 향후 농지 수요량에 크게 부족하지 않아 보이고, 그동안 지속적인 쌀 소비량 감소 및 생산량 증가로 인한 쌀 재고량의 과잉과 아울러 자유무역협정(Free Trade Agreement)으로 쌀 수입개방이 현실화된 현 시점에서 새로운 농지를 확보할 필요성이나 농지의 경제적인 가치는 상대적으로 줄어들고 있는 것으로 보이며, 새만금사업과 관련하여 농업기반공사, 전라북도, 대통령 등이 농지

조성 외에 공단과 국제항 조성 등 복합산업단지 개발안을 계획하거나 추진 의지를 밝혀 온 사정은 농지조성의 필요성이 줄어든 것을 반영하는 것으로 보인다. 이러한 상황을 종합하여 보면 새만금사업을 통하여 농지를 조성할 필요성의 측면에는 상당한 변화가 초래되었다 할 것이고, 이는 당초 피고가 농지조성의 필요성을 인정하여 이 사건 각 처분을 한 것과 비교하여 중대한 사정변경이 발생한 것으로 보아야 할 것이다.

(2) 수질관리상의 사정변경

원심이 확정한 사실에 비추어 보면, 이 사건 각 처분은 환경영향평가 결과 농업용수로서의 수질관리에 아무런 문제가 없다는 것을 전제로 하여 이루어진 것이나, 감사원의 감사 결과 그 환경영향평가는 내부 간척지에서 발생되는 오염부하량을 참작하지 않고 유역 내 인구 및 축산폐수 배출량 등을 적게 추정하여 수질예측을 하는 등 부실하게 이루어진 것으로 밝혀졌고, 환경부의 수질예측 결과에서도 실현가능성이 없거나 재원조달계획이 확정되지 않은 대책까지 모두 적용해도 만경수역의 경우 농업용수로서의 수질기준을 달성하기 어려울 것으로 예측되었으며, 한편 이 사건 거부처분 이후에 마련된 수질개선대책은 지금까지 알려진 수질개선방법을 모두 열거하다시피 한 것으로서, 그 가운데에는 오염총량관리제, 전주권 그린벨트해제지역의 녹지지역으로의 보전방안 등과 같이 수질개선효과에 한계가 있거나 현실적으로 실행하기 어려운 대책이 상당수 포함되어 있고, 환배수로 설치방안, 저층수 배제시설 등과 같이 해양환경에 미치는 영향이 미리 검토되지 않은 대책도 포함되어 있어 수질개선대책의 실현가능성 또는 실효성에 대하여 강한 의문이 제기되고 있다.

위와 같은 제반 사정은 농업용수를 확보하여 농지를 조성하려는 새만금사업 목적의 달성을 어렵게 하는 것이고, 이 사건 각 처분 당시에 이루어진 환경영향평가에서 수질관리에 문제가 없다고 예측했던 것과는 상당히 달라진 것으로서, 이 사건 각 처분 이후에 발생한 중대한 사정변경에 해당한다고 할 것이다.

(3) 해양환경상의 사정변경

원심이 확정한 사실 등에 비추어 보면, 새만금사업 시행계획 당시부터 해안선 변경으로 인한 해양생태계의 변화, 조류 약화로 인한 퇴적환경의 변화 등 일부 해양환경상의 영향은 어느 정도 예상하기는 하였으나, 이 사건 각 처분 이후 수년간 진행된 한국해양연구원의 연구조사 결과에서는 방조제 연결 이후 남북방향의 해수순환이 고군산열도에 의하여 차단되어 남북으로 이원화되고, 유속이 감소하여 부유물 침하, COD 악화 등으로 주변 해역의 수질악화가 불가피하며, 방조제 내측에서는 해수의 성층이 형성됨에 따라 저층에서의 수질악화가 우려된다고 예측하였고, 이러한 연구조사 결과를 기초로 친환경적인 새만금 개발과 활용을 위해서 방조제 개방구간의 추가 확보 등으로 방조제 내측과 외해의 해수순환을 유지할 수 있는 방안이 모색되어야 할 필요가 있다는 전문가들의 견해까지 개진되고 있다.

또한, 위와 같은 해양환경상의 변화가 새만금 해역을 포함한 서해안 생태계와 자연환경에 구체적으로 어떤 결과로 나타날 것인지에 대하여는 현재로서는 알 수가 없고 향후 장기간 연구와 관찰을 해 보아야만 알 수 있다는 것인바, 자연환경보전의 가치는 개발에 따른 가치보다 우선적으로 보호되어야 할 가치인 점, 환경법상 사전예방의 원칙, 사전배려의 원칙에 따라 구체적인 환경피해가 발생하기 전에 환경피해를 예방 또는 최소화하는 조치를 취하여야 할 필요성이 강한 점 등을 감안하면, 앞으로 해양환경상 피해내용 및 정도가 어느 정도에 이를지 알 수 없는 상태에서 그 안전성이 우려되고 있다는 사실 자체만으로도 중대한 사정변경이 초래되었다고 보아야 할 것이며, 방조제 개방구간의 확대 등 환경상의 피해를 막기 위한 대안까지 제시되고 있음에도 별다른 대책 없이 사업을 계속하는 것은 타당하다고 보기 어렵다 할 것이다.

(4) 경제적 타당성에 대한 사정변경

㈎ 대규모 개발사업에서의 경제성·사업성 평가와 자연환경의 가치

앞서 본 바와 같이 대규모 개발사업의 시행으로 인하여 자연환경이 훼손되는 경우에 그 자연환경의 가치를 사업시행의 비용으로 참작하여야 할 것인바, 자연환경의 가치를 가액으로 평가하여 이를 비용으로 참작한다고 하더라도, 자연환경의 가치 중에는 금전적인 수치로 환산하여 평가하기 어렵거나 장래에 이용될 가능성은 있으나 현재로는 이용되지 않고 있는 가치 등 평가의 대상 자체에 포함시키기 어려운 가치가 있으므로, 훼손되는 자연환경의 가치 중 경제적인 가치로 환산할 수 있는 부분만을 평가하여 개발사업의 가치와 비교·교량하는 것만으로 자연환경의 가치를 충분히 고려하였다고 할 수 없다.

그러므로 개발사업으로 얻는 편익의 가치가 당해 사업에 소요되는 비용과 훼손되는 자연환경의 가치 중 가액으로 평가 가능한 가치를 합한 손실보다 월등히 커서 의문의 여지가 없는 경우나, 가액으로 평가되기 어려운 편익까지 고려하여 볼 때에 자연환경의 가치 상실에 따른 손실을 충분히 수인할 수 있을 것이라고 판단

되는 경우에 한하여 경제성 내지는 사업성이 있다고 할 것이다.

(나) 경제성·사업성에 관한 사정변경

1) 원심이 확정한 사실 등에 비추어 보면, 피고는 당초 한국산업경제연구원의 경제성 분석 결과에 따라 새만금사업은 농지조성을 전제로 하더라도 경제적으로 타당성이 있는 것으로 판단하고 새만금사업 기본계획을 확정하였으나, 감사원의 감사 결과 편익 과다계상 등의 오류가 있고, 그와 같은 오류를 정정하여 새만금사업의 경제성을 재검토한 결과 농수산중심개발로는 내부수익률이 9.92%에 불과하여 정부투자사업의 경제적 타당성 기준인 13.0%에 훨씬 미달하는 것으로 밝혀졌다. 한편, 민관공동조사단의 경제성 분석 결과에 의하면 10개의 시나리오 모두에서 경제성이 있다고 분석되었으나, 전문가들 사이에서조차 편익 과다계상, 이중계산 등의 오류가 있다는 비판이 제기될 뿐만 아니라, 그 평가방법, 평가항목 등 거의 전 범위에 걸쳐 상당한 견해 차이를 보이고 있어 그 분석 결과를 그대로 받아들여 새만금사업에 경제성이 있다고 단정하기에는 부족하다.

2) 새만금 담수호의 수질관리를 위하여 제시된 각종 대책은 그 종류나 숫자가 너무 많고 망라된 것이어서 정부조치계획에서 예상하고 있는 비용보다 더 많은 비용이 소요될 우려도 있고, 특히 정부조치계획에서 수질관리를 위한 중요한 대책으로 고려하고 있는 순차개발방식에 의하면, 만경강 수역은 그 수질이 목표기준에 적합하다고 평가될 때까지 개발을 유보하는 것이므로 그 수질목표 달성 시점까지는 편익의 발생은 불가능한 반면에 수질개선을 위한 비용은 어느 시점까지 계속 늘어날 것인지 예측할 수 없어, 민관공동조사단이 예상한 것보다 훨씬 많은 비용이 추가로 발생될 수 있는 가능성이 높다.

3) 특히, 이 사건 새만금사업은 갯벌을 농지로 바꾸는 사업으로 광활한 갯벌의 상실은 필연적인 것인데, 새만금 갯벌은 전국 갯벌 면적의 약 8%, 전라북도 갯벌 면적의 절반을 훨씬 초과하는 20,800ha의 대규모 갯벌이고, 강과 바다가 만나는 곳에 형성된 하구갯벌로서 다른 갯벌에 비하여 가치가 훨씬 높고, 패류의 성장에 알맞은 사니(砂泥)로 구성되어 종다양성과 생체량이 풍부하며, 수십만 마리의 도요·물떼새류가 이용하는 국제적으로 보기 드문 철새도래지이다.

새만금사업 시행 당시 한국산업경제연구원에서 한 경제성 분석에서는 갯벌의 상실을 손실 요소로 고려하기는 하였지만 이를 금전적으로 평가하여 비용으로 계산하지는 아니하였다. 또한, 민관공동조사단에서는 새만금 갯벌의 가치를 경제적으로 환산하여 비용으로 평가하면서, 갯벌이 가지고 있는 각 효능의 시장가치를 종합하여 산정하는 '갯벌중심가치' 및 설문조사를 통해 주민들이 새만금 갯벌보호를 위하여 기꺼이 지불하고자 하는 금액으로 가치를 환산한 '인간중심가치'의 2가지 방법으로 평가하였다. 그러나 '갯벌중심가치' 평가나 '인간중심가치' 평가는 모두 갯벌이 가지는 다양한 가치 중 금전으로 환산하여 평가하기 어렵거나 장래에 이용될 가능성은 있으나 현재로는 이용되지 않고 있는 가치 등을 제대로 반영할 수 없는 등 계량화에 한계가 있고, 특히 '인간중심가치' 평가는 일반적으로 통용되지 않는 가상가치법에 따라 분석한 것으로서 설문자나 설문기법 등에 따라 가변적일 수밖에 없고, 그 방법 자체가 조사 시점의 주민들의 주관적 평가에 의존하는 것으로서, 위 조사 당시에는 갯벌의 가치에 대하여 사회적 논의가 비로소 시작되는 단계여서 갯벌의 가치와 중요성에 대한 일반인의 인식수준이 그다지 높지 않았던 점을 고려해 보면, 위 민관공동조사단의 경제성 분석에서 평가한 새만금 갯벌의 가치평가가 새만금 갯벌의 모든 가치를 객관적으로 평가한 자료라고 보기는 어렵다.

갯벌의 가치평가에 관하여는 전세계적으로 많은 논란이 제기되고 있는데, 국내·외 학자나 전문기관의 연구 결과에서는 갯벌이 농지보다 수배 내지 수십배 이상의 가치를 가진 것으로 평가하고 있고, 현재의 과학기술로는 갯벌이 가지는 많은 기능과 가치들에 대하여 계량화하여 경제적 평가를 하는 것이 어렵지만, 갯벌은 그 유지관리에 아무런 비용도 안 들고 오염물질도 유발하지 않는 등 이른바 지속가능한 발전을 가능하게 하는 자원이고, 새로운 평가기법의 등장으로 그 가치에 대한 계량화작업이 발달함에 따라 향후 갯벌의 가치는 더 커질 수밖에 없다고 보인다.

4) 앞서 본 바와 같이 방조제가 완공되면 해수순환의 남북 이원화, 유속 감소, 성층형성 등으로 인한 인근 해역의 수질악화 등 해양환경에 급격한 영향을 미칠 것으로 예상됨에도 불구하고, 현재 방조제 완공으로 인한 해양환경 피해를 저감할 수 있는 별다른 대책이 마련되어 있지 않은바, 이러한 상태에서 방조제가 완공될 경우 해양환경상 발생하게 될 피해는 이를 가액으로 산정하기 어렵다 하더라도 경제성 내지는 사업성을 판단함에 있어서는 충분히 고려되어야 한다.

5) 결국, 민관공동조사단의 경제성 분석 결과는 이를 그대로 받아들이기에는 여러 가지 문제점이 있을 뿐 아니라, 그 분석 결과에서 충분히 고려되지 아니한 수질관리를 위한 추가비용이나 가액으로 평가하기 어렵거나 제대로 평가되지 아니한 새만금 갯벌과 방조제 주변 해양환경상의 피해까지 참작하여 보면, 이 사건 새만금사업으로 얻게 되는 편익이 새만금 갯벌의 상실과 주변 해양환경상의 피해

를 수인하면서까지 사업을 계속하여야 할 정도로 우월한 경제성과 사업성을 갖춘 것인지에 관하여 심각하게 다시 검토해 보아야 할 사정이 발생하였다 할 것이고, 이는 당초 피고가 사업의 경제적 타당성을 인정하여 이 사건 각 처분을 한 것과 대비하여 보면 예상하지 못한 중대한 사정변경에 해당한다고 보아야 할 것이다.

라. 사업을 취소하여야 할 공익상 필요성

(1) 이상에서 살펴본 바와 같이 이 사건 새만금사업에는 농지의 필요성, 수질관리, 해양환경 및 경제적 타당성과 사업성 등의 측면에서 당초 예상하지 못한 사정변경이 생겼다고 할 것인데, 그와 같은 사정변경은 아래에서 보는 바와 같이 사업 자체를 취소하지 않으면 안 될 공익상 필요가 있는 사유에 해당한다 할 것이다.

㈎ 식량자급이 확보되지 않은 우리 현실에서 농지조성 사업의 필요성 자체가 없다고는 할 수 없으나, 농지는 다른 방법으로 보충할 수 있는 대체방법을 강구할 수 있고 부족한 식량은 점차 자유화되어 가는 국제무역을 통하여 조달할 수 있는 가능성이 열려 있는 반면에, 그 대가로 희생되어야 할 새만금 갯벌은 다른 것으로 대체하거나 나중에 복원할 길이 없는 귀중한 자원으로서, 갯벌의 진정한 가치에 대한 인식이 이제 새로이 형성되기 시작하는 단계이고 향후 그 실제 가치가 얼마나 될지 미지수라는 점을 고려한다면, 농지 확보를 위해 갯벌을 희생시키는 사업을 계속하는 것은 허용될 수 없다고 할 것이다.

㈏ 새만금 담수호의 수질 달성이 가능할 것인지에 관하여 강한 의문이 제기되는 상황인바, 수질개선을 위하여 준비한 대책들이 제대로 기능을 발휘하지 못하거나 기능을 발휘하더라도 수질기준을 달성하지 못하는 사태가 발생할 때에는 새만금 담수호는 막대한 비용을 들여 아무 쓸모없는 또 하나의 거대한 시화호를 만드는 데에 불과한 것이 될 것인데, 그렇게 되는 경우 오염된 물을 저장하는 거대한 호수나 그 오염된 물이 방류되는 인근 해양의 자연환경에 막대한 피해를 입힐 것이므로 그러한 사태를 방지할 수 있는 확실한 대책이 확보되지 못한 현 상태에서 사업을 계속하는 것은 허용될 수 없다 할 것이다.

㈐ 방조제 완공 이후 인근 해역에는 해수순환의 변화 등으로 해양환경에 적지 않은 변화가 초래될 것으로 예상되고, 그러한 해양환경의 변화가 구체적으로 어떤 결과로 나타날 것인지에 관하여는 조사와 연구가 제대로 이루어지지 않고 있다는 것인바, 새만금사업으로 인한 해양환경의 변화가 인간과 생태계에 얼마나

치명적인 위험을 가져다 줄 것인지를 알지 못하는 상태에서 그에 대한 확인과 아무런 대비책 없이 사업을 강행한다는 것은 일종의 모험과 같은 것으로서, 헌법의 환경기본권 보장 취지와 환경관련 법령에서 요구하는 사전배려의 원칙, 사전예방의 원칙 등에 비추어 볼 때에 허용되어서는 안 되는 것이다.

㈑ 새만금사업의 경제성 분석 결과에 대하여 많은 문제점이 지적되고, 갯벌이 갖고 있는 다양하고 풍부한 가치가 제대로 평가되지 않은 점, 경제성 분석에서 비용으로 포함되지 않은 해양환경 변화에 대한 대책비용 등을 고려하면, 이 사건 새만금사업에 대규모 환경의 희생을 정당화할 정도로 우월한 경제성 내지 사업성이 있다고 보기는 어려우므로 사업을 강행할 명분이 없다고 보아야 한다.

사업의 계속을 주장하는 입장에서는 지금까지 약 1조 9,000억 원의 비용을 들여 방조제를 거의 완성해 둔 단계에서 사업을 중단하는 것은 경제적으로 너무 큰 손실이라고 주장하나, 당초 총 1조 3,000억 원 정도로 계획되었던 사업비가 근래에 와서는 총 3조 5,000억 원 정도로 대폭 증가된 것으로 보아, 향후 수질목표 달성에 차질이 생기는 경우 추가로 소요될 수질관리 비용과 순차개발방식에서 담수화가 계획보다 늦어지게 되는 경우 증가될 비용 등을 고려하면 새만금사업의 총 사업비용은 앞으로도 계속 증가될 가능성을 배제할 수 없는데, 앞으로 얼마가 더 들지도 모르는 비용을 모두 투입한 뒤 수질목표 달성이 불가능하거나 해양환경에 수인할 수 없는 훼손이 발생하여 부득이 담수화를 포기하는 사태로 연결된다면, 지금까지 투입된 비용을 포기하는 일이 있더라도 현 단계에서 사업을 중단하는 것이 더 큰 손실과 재앙을 막는 길이 될 수도 있을 것이다.

㈒ 최근에 갯벌의 가치와 효용에 대한 연구와 인식이 빠른 속도로 강화되고, 갯벌이 국경을 넘나드는 철새와 각종 희귀종의 서식지인 점에 착안하여 이를 범세계적으로 보존하려는 국제적 공동노력이 활발하게 진행되고 있으며, 이에 발맞추어 우리나라도 '물새 서식지로서 국제적으로 중요한 습지에 관한 협약'(람사협약)에 가입한 데 이어 후속조치로서 습지보전법을 제정하는 등 국제적 추세를 거스를 수 없는 상황에 이르렀다. 우리나라 서해안의 갯벌은 세계 5대 갯벌 중 하나에 포함될 정도로 국제적으로 주목받는 갯벌인데, 위와 같은 국제적 추세를 거스르고 새만금 갯벌을 매립하는 경우 국제적인 비난은 물론 우리나라가 환경 후진국이라는 평가를 면하기 어렵게 될 것이다.

(2) 이 사건 새만금사업으로 조성될 간척지가 당초 목적대로 농지로 계속 사용될 것인지에 대하여는 상당수 사람들이 의구심을 떨쳐버리지 못하고 조만간 복합

산업단지로 용도가 변경될 것이라고 예측하고 있다.

그러나 새만금사업의 근거가 되는 농근법이나 농어촌정비법의 경우, 매립과 간척사업은 농업을 목적으로 하는 경우에만 가능하다는 제한이 있어 새만금사업은 농업 목적이라는 범위를 벗어나서는 목적을 변경하는 것이 법률상 불가능하므로, 위에서 본 바와 같은 사정변경으로 인하여 더 이상 농지조성 및 농업용수를 위한 담수호 조성 사업을 추진하는 것이 여러 면에서 적절치 못한 것으로 판명되었다면, 부득이 그 사업을 취소하는 길 외에는 다른 방도가 없다고 할 것이다.

(3) 한편, 공수법 제35조 제1항, 공수법 시행령 제32조에는 매립면허의 효력이 소멸된 경우에는 공유수면을 원상으로 회복하는 것을 원칙으로 하되, 경우에 따라서는 원상회복을 하지 않을 수 있는 길을 열어두고 있으므로, 이 사건에서 새만금사업이 취소되어 공사를 중단하는 사태가 발생하더라도, 현재까지 시공된 방조제를 그대로 둔 채 활용하면서도 새만금 갯벌을 살리는 환경친화적인 대안을 모색할 경우에는 방조제 건설을 위하여 투입된 비용이 전부 매몰되지는 않을 방법을 찾을 수도 있다고 생각된다.

(4) 이상에서 살펴본 제반 사정을 종합하여 보면, 이 사건 각 처분 이후에 나타난 여러 방면에서의 예상하지 못한 사정변경은 사업을 계속 시행하는 경우 과다한 비용과 희생이 요구됨으로써 사업을 통하여 달성하고자 하는 종국적인 목적을 실현할 수 없을 정도로 중대한 경우에 해당하고, 이 사건 각 처분을 취소하여 새만금사업 자체를 중단하는 것 외에 다른 조치 또는 처분만으로 적절하게 대응하기 어렵다고 보이므로, 이 사건 새만금사업을 취소할 공익상 필요가 있다고 봄이 상당하다.

마. 결 론

위에서 본 바와 같은 이 사건 새만금사업에 있어서의 여러 사정변경은 공수법 제32조 제3호 소정의 공유수면매립면허처분 취소사유에 해당할 뿐만 아니라 나아가 이와 동일한 취지의 규정인 농어촌정비법 제98조 제1항 제3호 소정의 시행인가처분 취소사유에도 해당한다고 보아야 할 것이고, 그와 같은 상황에서 피고가 환경영향평가 대상지역 주민인 원고 신형록으로부터 이 사건 각 처분을 취소해 달라는 신청을 받았음에도 필요한 처분을 하지 아니한 채 이를 거부한 것은 재량권을 일탈·남용한 것으로 위법하다고 보아야 할 것이다.

그럼에도 불구하고, 원심은 피고의 이 사건 거부처분의 취소를 구하는 위 원고의 청구를 배척하였는바, 이러한 원심의 판단에는 농지의 필요성, 수질관리, 해양환경 및 사업의 경제성·사업성에 있어서 예상하지 못한 사정변경 등에 관한 심리미진 또는 채증법칙 위배로 인한 사실오인, 공수법 제32조 제3호와 농어촌정비법 제98조 제1항 제3호에 관한 법리오해의 위법이 있다고 할 것이므로, 이와 같은 취지로 주장하는 위 원고의 상고이유는 이유 있다. 그러므로 원심판결 중 위 원고 패소부분은 파기되어 원심법원에 환송됨이 마땅하므로 다수의견에 반대하는 바이다.

6. 위 3.의 라.항의 판단에 관한 대법관 이규홍, 대법관 이강국, 대법관 김황식, 대법관 김지형의 보충의견

가. 이 사건 재판은 새만금사업의 추진과 관련된 이 사건 공유수면매립면허처분과 이 사건 시행인가처분에 중대하고 명백한 하자가 있어 당연무효인지 여부 내지 사정변경으로 인하여 새만금사업을 취소하여야 할 공익상의 필요가 생겼는지 여부, 즉 행정처분의 무효 내지 취소 사유의 존부를 법적인 관점에서 평가·판단하는 것이지, 새만금사업의 추진의 타당성 여부에 대한 정책적인 관점에서 평가·판단하는 것이 아니다.

이러한 전제를 바탕으로 하여 위 3.의 라.항의 판단과 관련하여 다음과 같이 보충의견을 밝히고자 한다.

나. 경제성장과 산업발전 등을 위하여 추진되는 무분별한 개발사업으로 인한 환경침해가 심각해지고 있는 현 상황에서 우리의 생존의 토대인 자연환경을 그 침해 및 훼손으로부터 보호하여야 할 필요성은 아무리 강조하여도 지나침이 없다. 자연환경은 그 속성상 한번 파괴되면 이를 회복하는 것이 어려울 뿐만 아니라, 자연환경은 현재 세대의 생존의 기초가 되는 동시에 장래 세대에 대하여도 역시 생존의 기초로 유지되어야 할 자산이기 때문에 더욱 그러하다.

우리 헌법 역시 이러한 인식을 반영하여 제35조 제1항에서 환경권을 헌법상의 기본권으로 명시함과 동시에 국가와 국민에게 환경보전을 위하여 노력할 의무를 부과하고 있다. 우리는 이 점을 결코 가볍게 여기지 아니하며, 이 점에 있어서 반대의견의 지적에 공감하는 바이다. 그렇지만 반대의견도 적시하고 있는 것처럼 자연환경의 보전의 필요성 못지않게 국민경제의 균형 있는 발전을 위하여 개발사업을 추진할 필요성과 중요성 또한 부인할 수 없고, 우리 헌법도 이러한 개발의 필요성을 반영하여 제120조 제2항에서 "국토와 자원은 국가의 보호를 받으며, 국가는 그 균형 있는 개발과 이용을 위하여 필요한 계획을 수립한다"라고 규정하

고, 제122조에서 “국가는 국민 모두의 생산 및 생활의 기반이 되는 국토의 효율적이고 균형 있는 이용·개발과 보전을 위하여 법률이 정하는 바에 의하여 그에 관한 필요한 제한과 의무를 과할 수 있다”라고 규정하고 있다.

따라서 환경이 헌법에 의하여 보호되어야 하는 가치이기는 하지만 개발 역시 소홀히 할 수 없는 헌법상의 가치라고 할 것이므로, 반대의견과 같이 자연환경보호의 가치가 언제나 개발에 따른 가치보다 우선적으로 보호되어야 한다고 할 수는 없다. 그러므로 국가 정책적인 필요에 따라 대규모의 공공사업이 시행되는 경우 필연적으로 따르기 마련인 개발과 환경보호 사이의 가치 충돌 문제를 해결하기 위해서는 신중한 절차와 지혜로운 판단이 요구되는데, 이와 관련하여 우리가 견지하여야 할 태도는 균형감 있는 합리적·이성적 접근방식이지, 결코 이상에 치우친 감성적인 접근방식이어서는 아니 된다고 생각한다.

다. 이 사건 새만금사업은 전라북도 만경강, 동진강의 하구해역에 방조제를 설치하고 공유수면을 매립·간척하여 농지와 담수호를 조성함으로써 국토의 확장과 함께 농업생산력을 증진시켜 국민경제의 발전과 낙후된 지역경제의 활성화를 꾀하고자 하는 국가 정책적 목적에 터잡은 대규모의 개발사업으로서 긍정적 측면이 있는 반면, 새만금 갯벌의 상실 및 해양환경에의 영향 등 자연환경의 훼손이라는 개발에 따르는 부정적인 효과가 따를 수밖에 없어, 개발과 환경보호라는 두 가치의 충돌이 필연적으로 발생하게 되는 전형적인 사업이다.

그러한 만큼 이 사건 새만금사업에 소요되는 국가·사회적인 비용과 이 사업을 통하여 얻을 수 있는 국가·사회적인 편익 내지는 국민 경제적인 가치를 과학적·합리적·이성적으로 평가하여야 할 것이다.

더욱이 이 사건 새만금사업은 1991. 11. 28. 방조제공사가 착공된 이래 현재까지 약 1조 9,000억 원의 막대한 비용을 투입하여 총 33㎞의 길이로 예정된 새만금 방조제 중 30.3㎞의 구간이 완공되어 2.7㎞의 구간만 남아 있고, 담수호 수위 조절 등을 위한 가력배수갑문과 신시배수갑문이 모두 완공되어 있는바, 이 사건 취소 청구는 그 사업이 시행되기 전에 그 위법성을 다투는 것이 아니라 이와 같이 이미 상당한 정도로 진행이 되어 있는 대규모의 공공사업에 대하여 사정변경 및 공익상의 필요 등을 이유로 그 사업의 전면적 중단을 요구하는 것에 그 특이성이 있다. 그렇다면 이 사건에 있어서는 사업시행 전에 사업의 타당성이나 적법성을 심리하는 경우와는 달리, 그 사업을 계속함으로 인하여 초래될 수 있는 환경상의 피해와 사업에 소요되는 비용 못지않게 그 사업을 중단시킴으로써 달성할 수 없게 되는 국가·사회적인 편익 내지는 국민 경제적인 가치뿐 아니라 이미 사업을 위하여 지출된 막대한 비용에 따른 손해에 대하여도 고려하여야 하며, 이와 같은 모든 손해들을 감수하고서라도 사업을 중단시켜야 할 정도로 환경상의 피해와 비용이 든다는 점이 충분히 입증되어야만 비로소 사업을 중단시켜야 할 사정변경 및 공익상의 특별한 필요가 있다고 할 것이고, 이에 대한 입증책임은 사업을 중단시켜야 할 사정변경 및 공익상의 특별한 필요가 있다고 주장하는 측에게 있다 할 것이다. 그런데 원심은 원고측이 그러한 입증에 실패하였음을 이유로 이 사건 청구를 기각하고 있는 것이다.

결국, 다수의견은 위와 같은 법리 및 사실인정에 따라 원고측의 상고 이유에 관한 주장을 받아들이지 아니하는 것이며, 개발의 가치에 비하여 자연환경의 가치의 중요성을 낮게 평가하는 입장을 취하였다거나 자연환경 보전에 관한 배려를 소홀히 하는 것은 아니다.

라. 반대의견은 다수의견과는 달리 농지의 필요성, 수질관리, 해양환경 및 경제적 타당성에 관하여 사정변경이 있고 그러한 사정변경에 비추어 볼 때에 이 사건 새만금사업을 계속 시행하게 되면 사회통념에 비추어 과다한 비용과 희생이 요구되므로 국가경제의 발전이라는 공공사업의 종국적인 목적을 실현할 수 없다고 인정하여 이 사건 새만금사업을 취소할 공익상의 필요가 있다고 판단하고 있다. 그러나 반대의견은 다음과 같은 이유로 수긍하기 어렵다.

(1) 먼저, 반대의견은 농지의 필요성이 줄어들었다는 사정으로 쌀 재고량의 과잉과 자유무역협정에 의한 쌀 수입개방 등을 들고 있지만, 향후 세계 곡물시장 및 국제 곡물가격의 급격한 변동 등에 대비하여 일정수준의 식량 자급을 유지할 필요성을 완전히 배제할 수는 없을 것이므로 상당한 정도의 우량농지를 확보할 필요성이 있다는 정책적 판단이 완전히 잘못된 것이라고 할 수는 없고, 따라서 반대의견에서 주장하는 바와 같은 경제 여건의 변화 등을 이유로 이 사건 각 처분을 취소할 정도로 농지의 필요성에 중대한 사정변경이 생겼다고 단정할 수 없다.

(2) 다음으로 수질관리 측면에서 보면, 반대의견은 정부조치계획에 반영된 수질대책들이 실현가능성이 없거나 재원조달계획이 확정되지 않은 대책까지 포함된 것이고, 또한 해양환경에 미치는 영향에 대하여 미리 검토되지 않은 대책이 포함되어 있다는 점을 지적하고 있지만, 정부조치계획에서는 환경부 시안과 민관공동

조사단의 수질분석 결과 및 환경부의 수질예측 결과를 반영하여 각종 수질대책을 수립하고 있고, 이러한 각종의 수질대책은 수질분야 전문가들과 정부관계자들이 함께 검증절차를 거쳐 모두 실현가능하다는 전제하에 수립된 것으로서 정부실천계획에 나오는 11개 과제가 모두 정상적으로 추진되고 있고 수질예측 결과도 예정된 목표를 초과하여 달성되고 있으며, 특히 4대강 수계별로 법제화되어 실시하도록 되어 있는 오염총량관리제가 도입되는 경우 생화학적 산소요구량뿐만 아니라 총인과 총질소도 감소하는 효과를 얻을 수 있고, 전주권 그린벨트는 수질대책 차원에서 정부조치계획보다 더욱 강화하여 해제된 그린벨트에 대하여 이미 녹지로 보전되고 있으며, 환배수로나 저층수 배제시설도 일정범위 내에서는 수질대책으로서의 효과가 있다는 수질분야 전문가들의 검증을 거쳐 계획이 수립되어 예산까지 배정된 상황이므로, 반대의견이 제기하는 의문만으로 새만금 담수호가 농업용수로서의 수질을 유지하는 것이 불가능하다거나 이 사건 각 처분을 취소할 정도로 수질관리에 사정변경이 생겼다고 단정할 수 없다.

(3) 그리고 해양환경 측면에서 보면, 반대의견이 지적하는 바와 같이 이 사건 방조제의 축조로 인하여 해양생태계의 변화가 일부 생기는 것은 사실이지만, 그와 같은 변화는 방조제를 설치하는 경우 당연히 나타나는 불가피한 현상으로서 환경영향평가 당시에 이미 그 변화가 상당 부분 반영되었고, 배수갑문을 통하여 방조제 내부 물이 해양으로 배출되고 방조제 내부의 전반적인 수심이 깊지 않아 물이 정체되거나 성층형성이 발생할 가능성이 크지 않다는 전문가들의 의견도 제시되어 있으며, 해양환경상의 변화에 대비하여 정부조치계획에서는 외해 모니터링 설치, 적조방제대책, 수질자동측정소 설치, 지리정보시스템(GIS) 구축 등 해양환경오염 방지대책을 수립하였고 이와 같은 대책들은 해양환경 분야 전문가들의 검증을 거쳐 수립된 것이므로, 반대의견이 제기하는 의문만으로 이 사건 각 처분을 취소할 정도로 새만금 방조제 설치로 인한 해양환경에 중대한 사정변경이 생겼다고 단정할 수 없다.

(4) 또한 경제성 측면에서, 반대의견은 이 사건 사업에 관한 한국산업경제연구원 및 민관공동조사단이 한 경제성 분석을 그대로 받아들이기 어렵고, 수질관리 소요 비용과 아울러 새만금사업으로 상실되는 갯벌의 가치와 사업 시행으로 발생될 수 있는 방조제 주변 해양환경에 대한 영향을 참작하여 보면 환경상의 피해를 수인하고 사업을 시행할 정도의 경제성 내지는 사업성이 있다고 볼 수 없어, 사정변경이 있다고 보았다.

그러나 이 사건과 같이 국가가 사업을 시행하는 경우에는 사적인 경제상의 가치 외에도 국가·사회적인 편익과 같은 공익상의 가치도 모두 사업시행자인 국가 내지는 국민 전체가 얻을 수 있는 편익에 속한다 할 것이고, 따라서 국가가 시행하는 사업에 관한 경제성을 평가함에 있어서는 사인이나 사기업과는 달리 국가·사회적인 공익상의 가치가 반영된 편익과, 그 사업으로 인하여 발생되는 환경문제와 같은 국가·사회적인 손실도 포함한 비용이 참작되어야 할 것이다. 따라서 민관공동조사단이 새만금사업의 시행에 의하여 기존의 시장을 통해 반영될 수 있는 효과뿐만 아니라 시장의 거래를 통해 나타나지는 않지만 주민들의 후생에 간접적으로 영향을 미치는 편익들과 아울러 환경에 미치는 영향까지 고려한 비용들을 분석한 것이 부당하다고 보이지 아니한다.

다수의견이 설시하고 있는 바와 같이, 편익과 비용을 비교하여 공공사업에 경제성 내지 사업성이 있는지 여부를 판단함에 있어서 어떠한 항목을 편익이나 비용 항목에 넣을 수 있는지 여부와 각 항목별 평가방법에 관하여는 확립된 원칙이 있지 않다고 보이고, 편익과 비용의 항목별로 평가 대상인지 여부 및 평가방법의 적정성을 사법심사의 대상으로 삼아 일일이 판단하는 것은 적절하지 않다. 따라서 편익과 비용은 평가 당시의 공공사업에 관한 투자분석이론에 입각하여 할 것인바, 30인의 공공투자분석 전문가들로 구성된 민관공동조사단이 새만금사업으로 얻게 되는 국가·사회적인 편익을 포함하여 가액으로 평가가 가능한 편익을 산정하는 한편, 새만금사업의 실시로 예상되는 비용, 특히 조사 당시까지의 연구평가기법 내지 계량화기법에 의하여 수치화가 가능한 갯벌이 기능가치를 포함하여 가액으로 평가가 가능한 비용을 산정한 후 이 사건 새만금사업의 경제성 내지 사업성을 분석하고 전문가들 사이의 견해차를 참작하여 여러 조건을 상정한 10개의 시나리오를 구성한 결과, 그 시나리오 모두에서 경제성 내지 사업성이 있는 것으로 나타난 사정을 참작하면, 이 사건 새만금사업에 경제성 내지 사업성이 없다고 하려면 이를 부정할 수 있을 정도로 충분한 입증이 있어야 할 것이다. 반대의견은 위 민관공동조사단의 비용 분석에서 이 사건 사업으로 상실되는 새만금 갯벌의 가치를 제대로 평가하지 못하였고 현재의 과학기술로서는 갯벌이 가지는 많은 기능과 가치를 제대로 평가하기 어려우므로 새로운 평가기법의 등장으로 계량화작업이 발달하면 향후 갯벌의 가치가 더 커질 것이라는 점을 지적하고 있으나, 위와 같은 사정을 참작한다고 하더라도 이 사건에서 민관공동조사단의 경제성 분석 결과를 모두 뒤엎고 새만금사업에 경제성 내지 사업성이 없다고 단정할 수 있는 사정변경이 발생하였다는 점에 관한 입증이 충분히 이루어졌다고 보기 어렵다.

물론, 국가·사회적인 공익상의 가치가 반영된 모든 편익과 비용에 대하여 가액을 산정함에 있어서는, 그 편익과 비용을 구성하는 요소 중에 시장가격이 형성되어 있지 아니한 경우가 많아 이를 객관적으로 평가하는 것이 쉽지 않다. 따라서 반대의견이 지적하고 있는 바와 같이 자연환경의 가치는 경제적인 가치로 환산하여 평가하기 어렵고, 또한 현재 이용되지 않고 있는 자연환경의 가치를 평가의 대상 자체에 포함시키기 어려우므로 경제성 내지는 사업성을 판단함에 있어서 이와 같은 사정을 고려하여야 하지만, 반대로 국가·사회적인 편익 중에서도 그 가액을 평가하기 어려운 것에 대하여는 그 구체적인 내용과 아울러 사업전체에서 차지하는 비중 내지는 사업목적에 미치는 영향 등을 충분히 참작하여 최종적으로 경제성 내지는 사업성이 있는지 여부를 판단하여야 한다.

새만금사업은 농근법과 구 공수법에 근거하여 농지의 집단화 및 농업의 기계화에 의한 농업생산력 증진과 이로 인한 농업경제의 발전을 도모하고 현대적인 농어촌 건설과 국가의 균형발전 및 낙후된 지역경제의 활성화 등을 이루기 위하여 실시되는 사업으로서 제4차국토종합개발계획의 일환으로 실시되고 있다. 제4차국토종합개발계획의 전략별 추진계획을 보면, 친환경농업 및 첨단영농기법의 도입 등을 통한 농촌 등 낙후지역의 새로운 활로 개척, 환경친화적 개발모형과 지침마련, 보전할 지역은 보전하고 개발가능한 지역은 계획에 입각하여 친환경적으로 개발하는 국토이용원칙을 정립함으로써 질서 있는 토지이용 및 관리체계구축으로 난개발의 방지, 수자원의 개발을 통한 해안·도서지역·낙후지역의 수자원의 안정적 공급기반 구축 및 수자원의 적정수질 확보, 20년 이상된 노후 관거의 교체와 유역별 하천 종합관리체계 구축에 의한 수자원의 합리적 관리체계 확립 등의 내용이 포함되어 있다. 피고는 새만금 담수호의 수질을 종전의 동진강·만경강의 수질보다 훨씬 향상될 수 있도록 사업을 추진하고 있어 수질관리가 제대로 이루어진다면 종전보다 환경적인 면에서 향상될 수도 있으며 시화호의 경험을 겪은 후 국가·사회적으로 환경문제와 호소관리의 중요성을 인식하고 있는 상황 아래에서 환경친화적인 개발방식을 추진하고 있으므로 새만금사업은 제4차국토종합개발계획의 전략별 추진계획의 내용과도 부합되는 개발사업이다. 더욱이 이 사건 새만금사업은 현재까지 막대한 비용이 투입되어 방조제가 거의 완공단계에 있다. 따라서 이와 같은 사정 등을 종합하여 보면, 반대의견에서 지적하는 바와 같이 가액으로 평가하기 어려운 새만금 갯벌의 보전 가치뿐 아니라 수질관리를 위하여 추가로 소요되는 비용이나 해양 생태계에 대한 영향을 모두 참작하여 보더라도, 현재로서는 새만금사업을 계속 실시하여 얻을 수 있는 전체의 편익보다 비용 내지 손실이 더 크다거나 위와 같은 자연환경의 피해를 수인할 수 없다고 인정하기에 부족하므로, 경제성 내지는 사업성에 관한 중대한 사정변경이 발생하였다고 볼 수 없다.

(5) 이 사건 새만금사업이 현재까지 막대한 비용이 투입되어 방조제가 거의 완공단계에 있다는 사정과 관련하여 원고측은 새만금사업이 취소되더라도 현재까지 시공된 방조제 구간을 그대로 둔 채 이를 활용하면서 새만금 갯벌을 살리는 환경친화적인 대안을 모색할 수 있다는 주장을 하고 있고, 반대의견은 이를 받아들여 취소의 공익상 필요성을 인정하는 참작사유로 삼고 있다. 그러나 원고측이 주장하는 대안에 관하여는 구체적 사업 내용 및 규모, 기술적인 가능성, 소요되는 비용 및 편익에 관한 경제적 타당성, 그 사업으로 인하여 예상되는 또다른 자연환경에의 영향 등에 관하여 구체적인 주장·입증이 없다. 따라서 위 대안이 구체화되어 시행될 수 있을 때까지 미완공된 방조제의 유지·관리에 소요되는 비용과 위 방조제를 제대로 활용하지 못함으로 인하여 발생되는 기회비용 등을 참작하여 볼 때에, 정부와 민간이 협조하여 비교적 환경친화적인 입장에서 추진되고 있는 이 사건 새만금사업과 비교하여 위 대안이 과연 어느 정도나 확실하게 우위에 있는지 알 수 없으므로, 위 대안을 모색할 수 있는 가능성만으로는 이 사건 새만금사업을 취소하여야 할 공익상의 특별한 필요가 있다고 볼 수 없다. 확실한 대안이 모색되지 아니한 상태에서 섣불리 사업을 취소하게 되면 그 동안 투여된 막대한 비용이 무용지물로 될 수 있는 위험성이 있으므로 오히려 공익에 어긋날 여지도 있다 할 것이다.

(6) 결국, 위에서 본 제반 사정에 비추어 보면, 반대의견과는 달리, 농지의 필요성, 수질관리, 해양환경 및 경제적 타당성에 관하여 이 사건 새만금사업을 취소하여야 할 정도의 중대한 사정변경이나 공익상의 특별한 필요성이 있다고 인정하기에 부족하다고 본 다수의견이 타당하다고 할 것이다.

마. 앞서 지적한 바와 같이 자연환경은 그 속성상 한번 파괴되면 이를 회복하는 것이 어려울 뿐만 아니라, 자연환경은 현재 세대의 생존의 기초가 되는 동시에 장래 세대에 대하여도 역시 생존의 기초로 유지되어야 할 자산으로서, 이 사건 새만금사업과 같이 환경 훼손의 우려가 있는 대규모의 국책사업의 경우 신중

한 판단을 위하여 사전에 환경피해의 범위 및 정도 등에 대한 철저한 조사 등이 우선되어야 할 것인데, 다수의견에서 지적하고 있는 바와 같이, 이 사건 새만금사업계획을 수립할 당시에 이루어진 환경영향평가, 담수호 수질 유지·관리 대책 등에 관하여 일부 미흡한 점이 있었음을 인정하지 않을 수 없고, 이 점이 새만금사업의 원만한 추진에 걸림돌이 되었고 커다란 사회적 갈등을 야기하였다. 이 점은 장래 이른바 대규모의 국가 정책적 사업을 추진함에 있어서 소중한 교훈으로 삼아야 할 것이다.

앞으로도 이 사건 새만금사업을 추진하는 데에는 상당한 시간과 비용이 소요될 것이고 아울러 예상하지 못한 자연적·사회적 여건의 변화와 새로운 기술의 발전이 뒤따를 수 있다. 다수의견은 현재 원고측의 입증부족을 이유로 이 사건 새만금사업의 취소 청구를 받아들이지 않지만, 장래에 예상하지 못한 위와 같은 여건 변화, 특히 수질문제나 해양환경상의 영향으로 이 사건 사업을 계속 시행함이 적절하지 아니할 정도의 사정변경이 발생할 가능성도 배제할 수는 없다. 그러한 만큼 피고로서는 이 사건 판결로써 이 사건 새만금사업의 정당성이 확보되었다고 만족할 것이 아니라 변화하는 여건에 맞추어, 어떻게 하는 것이 진정으로 국가경제의 발전에 도움이 되며 아울러 환경친화적인 것인지를 꾸준히 검토하여 반영하는 지혜와 노력이 필요함을 지적해 두고자 한다.

3. 수익적 행정행위의 철회
대법원 2005. 4. 29. 선고 2004두11954 판결【적정통보취소및부적정통보취소】
원 심: 광주고등법원 2004. 9. 23. 선고 2004누694 판결
제 1 심: 전주지방법원 2004. 5. 27. 선고 2003구합1070 판결

1. 당 사 자	【원고】 원고
	【피고】 김제시장
2. 주요쟁점	수익적 행정행위의 철회가 허용되는 경우
3. 사건의 경과	원심에서 원고의 취소 청구를 기각하자 원고가 대법원에 상고
4. 결 과	파기 환송
5. 관련조문	행정소송법 제 1 조
	구 폐기물관리법 제26조
6. 관련판례	대법원 1991. 8. 23. 선고 90누7760 판결
	대법원 2004. 7. 22. 선고 2003두7606 판결

▌판시사항

수익적 행정행위의 철회가 허용되는 경우

▌사실관계

김제교육청으로부터 공해유발시설을 설치하지 않기로 약정하고 폐교부지를 매수한 원고가 폐기물처리사업계획서를 제출하고 이에 대하여 적정통보를 받자 주민들이 민원을 제기해 피고가 적정통보 취소 및 부적정통보를 한 사안

▌판결요지

수익적 행정행위의 철회는 그 처분 당시 별다른 하자가 없었음에도 불구하고 사후적으로 그 효력을 상실케 하는 행정행위이다. 따라서 법령에 명시적인 규정이 있거나 행정행위의 부관으로 그 철회권이 유보되어 있는 등의 경우가 아니라면, 이는 원래의 행정행위를 존속시킬 필요가 없게 된 사정변경이 생겼거나 또는 중대한 공익상의 필요가 발생한 경우 등의 예외적인 경우에만 허용될 수 있다.

❙ 평 석

행정행위의 철회는 그 개념 및 요건을 규정하고 있는 현행 법령은 없으나, 강학상 '하자 없이 적법하게 성립한 행정행위를 행정청이 후발적 사유에 기해서 원칙적으로 장래에 향하여 그 효력을 상실시키는 별개의 독립된 행정행위'라 정의되고 있다.

이러한 행정행위의 철회는 침익적 행정행위와 수익적 행정행위를 나눠서 살펴봐야 한다. 우선 침익적 행정행위에 철회원인이 있는 경우에는 철회를 통하여 사인의 불이익을 제거하는 결과를 가져오기 때문에 당해 침익적 행위가 법정 의무인 경우 원칙적으로 철회에 아무런 제약이 없고 이와 관련된 법적 문제도 발생하지 않는다. 한편으로 수익적 행정행위의 철회는 제한적으로 인정되며, 법령상 철회규정이 있는 경우, 철회권을 유보한 경우, 부담을 불이행한 경우, 사실관계의 변경이 있는 경우, 근거법령의 변경이 있는 경우, 기타 중대한 공익상 필요가 있는 등의 경우에 한하여 철회가 가능하다.

❙ 참고문헌

김병기, "수익적 행정행위의 철회의 법적 성질과 철회 사유," 행정판례연구 9집, 박영사 (2004. 6.)

4. 안성시 쓰레기소각장 설치사건
대법원 2005. 3. 11. 선고 2003두13489 판결 【쓰레기소각장입지지역결정고시취소청구】
원 심: 서울고등법원 2003. 10. 28. 선고 2002누16599 판결
제 1 심: 수원지방법원 2002. 9. 4. 선고 2001구9448 판결

1. 당 사 자	【원고, 상고인】 원고 【피고, 피상고인】 안성시장
2. 주요쟁점	주변영향지역 밖에 거주하는 주민들의 원고적격
3. 사건의 경과	원심은 원고가 폐기물처리시설의 부지경계선으로부터 300m 이내에 주거지가 형성되어 있지 않고, 원고가 그 지역에 거주하고 있지도 않는다는 이유로 소 각하 판결을 선고하였고, 이에 원고가 상고
4. 결 과	상고 기각
5. 관련조문	구 폐기물처리시설설치촉진및주변지역지원등에관한법률 제17조 제 1 항, 제 3 항 제 2 호, 행정소송법 제12조
6. 관련판례	대법원 1998. 4. 24. 선고 97누3286 판결 대법원 2001. 7. 27. 선고 99두2970 판결

▎판시사항

폐기물처리시설 설치기관이 주변영향지역으로 지정·고시하지 아니한 경우, 폐기물소각시설의 부지경계선으로부터 300m 밖에 거주하는 주민들이 폐기물소각시설의 입지지역을 결정·고시한 처분의 무효확인을 구할 원고적격을 인정받기 위한 요건

▎사실관계

폐기물처리시설(소각장) 입지지역을 결정, 고시하는 처분이 이루어지자 예정지 인근 주민들이 환경영향평가를 거치지 않았다는 점 등을 이유로 그 처분의 취소를 구한 사안(이후 무효확인청구로 변경)

▎판결요지

구 폐기물처리시설설치촉진및주변지역지원등에관한법률(2002. 2. 4. 법률 제6656호로 개정되기 전의 것) 및 같은 법 시행령의 관계 규정의 취지는 처리능력

이 1일 50t인 소각시설을 설치하는 사업으로 인하여 직접적이고 중대한 환경상의 침해를 받으리라고 예상되는 직접영향권 내에 있는 주민들이나 폐기물 소각시설의 부지경계선으로부터 300m 이내의 간접영향권 내에 있는 주민들이 사업 시행 전과 비교하여 수인한도를 넘는 환경피해를 받지 아니하고 쾌적한 환경에서 생활할 수 있는 개별적인 이익까지도 이를 보호하려는 데에 있다 할 것이므로, 위 주민들이 소각시설입지지역결정·고시와 관련하여 갖는 위와 같은 환경상의 이익은 주민 개개인에 대하여 개별적으로 보호되는 직접적·구체적 이익으로서 그들에 대하여는 특단의 사정이 없는 한 환경상의 이익에 대한 침해 또는 침해우려가 있는 것으로 사실상 추정되어 폐기물 소각시설의 입지지역을 결정·고시한 처분의 무효확인을 구할 원고적격이 인정된다고 할 것이고, 한편 폐기물소각시설의 부지경계선으로부터 300m 밖에 거주하는 주민들도 위와 같은 소각시설 설치사업으로 인하여 사업 시행 전과 비교하여 수인한도를 넘는 환경피해를 받거나 받을 우려가 있음에도 폐기물처리시설 설치기관이 주변영향지역으로 지정·고시하지 않는 경우 같은 법 제17조 제3항 제2호 단서 규정에 따라 당해 폐기물처리시설의 설치·운영으로 인하여 환경상 이익에 대한 침해 또는 침해우려가 있다는 것을 입증함으로써 그 처분의 무효확인을 구할 원고적격을 인정받을 수 있다.

▌평 석

대상판결은 폐기물처리시설 설치기관이 주변영향지역으로 지정·고시하지 아니한 경우, 폐기물소각시설의 부지경계선으로부터 300m 밖에 거주하는 주민들도 당해 폐기물처리시설의 설치·운영으로 인하여 환경상 이익에 대한 침해 또는 침해우려가 있다는 것을 입증함으로써 폐기물소각시설의 입지지역을 결정·고시한 처분의 무효확인을 구할 원고적격을 인정받을 수 있다고 판시한 최초의 판결이라는 점에서 그 의의가 있다.

▌참고문헌

임영호, “폐기물처리시설의 주변영향지역 밖에 거주하는 주민들이 소각장 입지지역 결정·고시처분의 무효확인을 구할 원고적격이 있는지 여부,” 대법원판례해설 55호, 법원도서관 (2005. 12.)

5. 배출시설철거와 취소의 소의 이익

대법원 2002. 1. 11. 선고 2000두2457 판결【소음진동배출시설허가취소처분등취소】

원 심: 서울고등법원 2000. 3. 16. 선고 99누6899 판결

제 1 심: 서울행정법원 1999. 5. 19. 선고 98구15473 판결

1. 당 사 자	【원고, 상고인】 원고 【피고, 피상고인】 성북구청장
2. 주요쟁점	설치허가가 취소된 후 배출시설이 철거된 경우 취소의 소의 이익
3. 사건의 경과	원심에서 원고의 취소청구를 각하하자 원고가 대법원에 상고
4. 결 과	상고 기각
5. 관련조문	행정소송법 제12조 소음진동규제법 제18조, 행정소송법 제12조
6. 관련판례	대법원 1991. 8. 23. 선고 90누7760 판결 대법원 2002. 1. 11. 선고 2000두3306 판결 대법원 2004. 7. 22. 선고 2003두7606 판결

▌판시사항

소음·진동배출시설에 대한 설치허가가 취소된 후 그 배출시설이 철거된 경우, 위 취소처분의 취소를 구할 소의 이익이 있는지 여부(소극)

▌사실관계

원고가 운영하던 제조 공장의 소음 피해를 이유로 이웃 주민이 피고에게 진정을 제기하자 피고는 개선명령 및 조업정지 명령을 내렸고, 원고가 이에 불응하자 설치허가를 취소하였으며, 원고는 이에 대해서 취소소송을 제기하였으나 그 와중에 공장부지에 관한 국유지 수익허가기간이 경과하여 시설 대부분이 강제로 철거된 사안

▌판결요지

소음·진동배출시설에 대한 설치허가가 취소된 후 그 배출시설이 어떠한 경위로든 철거되어 다시 복구 등을 통하여 배출시설을 가동할 수 없는 상태라면 이는 배출시설 설치허가의 대상이 되지 아니하므로 외형상 설치허가취

소행위가 잔존하고 있다고 하여도 특단의 사정이 없는 한 이제 와서 굳이 위 처분의 취소를 구할 법률상의 이익이 없다.

▌평 석

일반적으로 취소소송에서의 소의 이익은 원고적격과 협의의 소의 이익이라는 두 가지 측면으로 나누어진다. 원고적격은 당해 취소소송에 관하여 원고가 소송을 수행할 정당한 자격이 있는지 없는지라는 특정 원고의 주관적 측면에서 본 문제인 데 반하여 협의의 소의 이익이란 구체적인 주변 상황이라는 객관적인 측면에서 볼 때 당해 소송을 유지·수행할 법률상의 이익이 있는지 유무의 문제이다.

협의의 소의 이익은 법원을 소송의 홍수로부터 지키고 정상적인 기능을 수행하도록 하여 사법적 해결을 필요로 하는 사건의 처리에 지장이 없도록 함과 동시에 부당한 제소에서 야기되는 번거로움으로부터 상대방을 보호하기 위한 것으로 반드시 명문의 규정이 있어야만 하는 것은 아니지만 취소소송에서는 행정소송법 제12조 후문을 이의 근거규정으로 파악하는 것이 일반적이다. 이 규정상 ① 기본적인 권리회복은 불가능하더라도 판결의 소급효에 의하여 당해 처분이 소급적으로 취소되게 됨으로써 원고의 법률상 이익에 해당하는 부수적인 이익이 구제될 수 있는 경우, ② 취소소송의 대상이 되고 있는 행정처분이 존재하였다는 것이 원고에 대한 장래의 어떤 불리한 법률효과에 대하여 그 요건사실로서의 의미를 가지고 있는 경우 등 한정된 경우에는 협의의 소의 이익이 인정될 수 있다. 종래의 대법원 판례들도 협의의 소의 이익을 행정소송법 제12조에서 말하는 법률상 이익의 존부라는 측면에서 파악하여 왔으며, 아울러 행정처분이 취소되더라도 원상회복이 불가능하게 된 경우에는 협의의 소의 이익이 소멸되는 것으로 보아왔다.

▌참고문헌

조해현, “취소소송에서의 소의 이익,” 판례실무연구 V, 박영사 (2001)

6. 채광계획변경불인가처분취소사건
대법원 2000. 4. 25. 선고 98두6555 판결【채광계획변경불인가처분취소】
원 심 : 대전고등법원 1998. 2. 13. 선고 96구2697 판결

1. 당 사 자	【원고, 상고인】 원고 【피고, 피상고인】 충청북도지사
2. 주요쟁점	환경보전의 측면에서 중대한 공익상 필요와 행정처분
3. 사건의 경과	원심에서 원고들이 신청한 채광계획 시행은 주변의 자연환경을 훼손하고 인근 주민들의 식수원을 오염시키게 된다고 보아 피고가 한 거부처분이 적법하다고 하여 원고의 청구를 기각하자 원고가 상고
4. 결 과	상고 기각
5. 관련조문	구 광업법 제47조, 제47조의2, 구 산림법 제90조 제1항
6. 관련판례	대법원 1997. 9. 12. 선고 97누1228 판결 대법원 2000. 7. 7. 선고 99두66 판결

❙ 판시사항

1. 중대한 공익상의 필요가 있는 경우 채광계획의 변경인가 신청을 거부할 수 있는지 여부(적극) 및 그 판단 기준

2. 수익적 행정행위의 철회가 허용되는 경우

❙ 사실관계

피고가 원고의 채광계획 변경인가 신청에 대하여 채광예정지가 단양 제1 팔경인 구봉팔문(九峰八門) 지역에 소재하고 그에 인접하여 천연 석회동굴과 사찰, 온달산성, 북벽, 남천계곡 등이 있는 등 자연경관이 수려한 지역으로서 이를 보전할 가치가 있고 또 이 사건 채광계획상의 채광수송로가 협소한 마을 중심부를 통과하게 되어 있어 주민의 식수오염, 소음, 먼지 등 공해 발생의 우려가 있다는 취지의 사유를 들어 불인가처분을 하자 원고가 그 취소를 구한 사안

▌판결요지

1. 구 광업법(1997. 12. 13. 법률 제5454호로 개정되기 전의 것) 제47조, 제47조의2, 같은 법 시행령(1999. 6. 30. 대통령령 16452호로 개정되기 전의 것) 제41조 및 같은 법 시행규칙(1999. 12. 2. 산업자원부령 제91호로 개정되기 전의 것) 제19조와 구 산림법(1997. 4. 10. 법률 제5232호로 개정되기 전의 것) 제90조 제 1 항의 각 규정에 의하면, 채광계획의 변경인가는 기본적으로 채광의 위치와 방법 등이 종전의 채광계획과 동일하지 아니할 경우에 변경된 채광계획의 내용을 합리성과 사업성 및 안전성의 측면에서 심사하는 것이기는 하나 당해 채광계획이 특히 산림훼손을 수반하는 경우에는 그로 인하여 초래되는 자연경관의 훼손, 소음과 분진의 발생, 수질 오염의 정도 등을 국토와 자연의 유지 및 상수원 수질과 같은 환경 보전의 측면에서 고려하여 중대한 공익상의 필요가 있다고 인정될 때에는 이를 거부할 수가 있고, 또 그와 같은 사항은 반드시 구체적 수치에 의하여 설정된 기준을 근거로 하여 심사하여야 하는 것은 아니고, 당해 채광계획에 나타난 사업의 내용, 규모, 방법과 그것이 환경에 미치는 영향 등 제반 사정을 종합하여 사회 관념상 공익 침해의 우려가 현저한지 여부에 의하여 판단할 수 있다.

2. 채광예정지가 단양 제 1 팔경인 구봉팔문(九峰八門) 지역에 위치하는 등 주변의 자연경관을 보전할 가치가 있고 주민의 식수오염 등 공해 발생의 우려가 있음을 이유로 한 채광계획변경불인가처분이 적법하다고 한 사례.

▌평 석

일반적으로 대규모개발사업의 허가나 행정계획은 재량행위인 경우가 보통이고 이 경우 비례의 원칙을 적용함에 있어 환경이익을 어느 정도 고려하여야 할 것인지가 문제된다. 대상판결은 법규상 환경배려규정이 존재하지 않는 경우에도 환경이익을 고려한 사안이다.

▌참고문헌

박균성, “환경피해의 공법적 구제,” 환경법연구 23권 1호, 한국환경법학회(2001)

7. 러브호텔 사건

대법원 1999. 8. 19. 선고 98두1857 전원합의체 판결【건축허가신청서반려처분취소】

원 심: 대전고등법원 1997. 11. 28. 선고 96구4259 판결

1. 당 사 자	【원고】 원고 【피고】 충청남도 서산시장
2. 주요쟁점	건축허가와 환경문제
3. 사건의 경과	원심이 원고의 취소 청구를 기각하자 원고가 대법원에 상고
4. 결 과	상고 기각
5. 관련조문	구 건축법 제 6 조, 제 8 조, 제15조 제 1 항 제 4 호 등
6. 관련판례	대법원 1995. 12. 12. 선고 95누9051 판결 대법원 1996. 1. 26. 선고 95누5479 판결

❙ 판시사항

구 국토이용관리법시행령의 위임에 따른 준농림지역 내의 숙박시설 설치 등 토지이용행위제한에 관한 조례에 의하여 행위제한지역과 제한대상행위를 구체적으로 지정하지 아니한 경우에도 그 지정에 관하여 조례가 정한 기준에 해당하는 경우, 건축허가를 거부할 수 있는지 여부(적극)

❙ 사실관계

피고가 원고의 건축허가신청에 대하여 신청 대상 토지는 그 주변이 전형적인 농촌지역으로서 주위에 국보 등 유적이 산재해 있고, 숙박시설이 건축되는 경우 자연경관을 훼손하고 지역주민의 정서를 해치며 퇴폐·향락문화를 조장하는 이른바 러브호텔로 이용될 것으로 예상된다는 이유에서 그 건축허가신청을 거부하자 원고가 그 취소를 구한 사례

❙ 판결요지

[다수의견]

구 건축법(1997. 12. 13. 법률 제5454호로 개정되기 전의 것) 제 8 조 제 1 항, 제 3 항, 구 국토이용관리법(1997. 12. 13. 법률 제5454호로 개정되기 전의 것) 제15조 제 1 항 제 4 호, 같은 법 시행령(1997. 9. 11. 대통령령 제15480호로 개정되기 전의

것) 제14조 제1항의 각 규정에 의하면, 준농림지역 안으로서 지방자치단체의 조례가 정하는 지역에서 식품위생법 소정의 식품접객업, 공중위생법 소정의 숙박업 등을 영위하기 위한 시설 중 지방자치단체의 조례가 정하는 시설의 건축을 제한할 수 있는바, 이러한 관계 법령의 규정을 종합하여 보면, 지방자체단체의 조례의 의하여 준농림지역 내의 건축제한지역이라는 구체적인 취지의 지정·고시가 행하여지지 아니하였다 하더라도, 조례에서 정하는 기준에 맞는 지역에 해당하는 경우에는 숙박시설의 건축을 제한할 수 있다고 할 것이고, 그러한 기준에 해당함에도 불구하고 무조건 숙박시설 등의 건축허가를 하여야 하는 것은 아니라고 할 것이며, 조례에서 정한 요건에 저촉되지 아니하는 경우에 비로소 건축허가를 할 수 있는 것으로 보아야 할 것이다. 부연하면, 그러한 구체적인 지역의 지정·고시 여부는 숙박시설 등 건축허가 여부를 결정하는 요건이 된다고 볼 수 없다고 할 것이다.

[보충의견]

구 국토이용관리법(1997. 12. 13. 법률 제5454호로 개정되기 전의 것) 제15조 제1항 제4호가 용도지역으로 지정된 지역 내에서의 행위제한에 관하여 규정하면서, 준농림지역의 경우 "환경오염의 우려가 있거나 부지가 일정규모 이상인 공장·건축물·공작물 기타의 시설의 설치 등 대통령령이 정하는 토지이용행위는 이를 할 수 없다"고 규정하고, 같은법 시행령(1997. 9. 11. 대통령령 제15480호로 개정되기 전의 것) 제14조 제1항 제4호가 제한대상이 되는 '대통령령이 정하는 토지이용행위'의 하나로 '지방자치단체의 조례가 정하는 지역에서의 공중위생법의 규정에 의한 숙박업 등의 시설 중 지방자치단체의 조례가 정하는 시설의 설치행위'를 규정한 것을 가지고, "지방자치단체가 조례에 의하여 행위제한구역과 제한대상행위의 범위를 구체적으로 특정하여 지정하지 아니하면 환경오염의 우려가 있는 숙박업 등의 시설 설치행위라 하더라도 제한 없이 허용하여야 한다"는 취지로 해석할 수는 없다. 위 규정은 어디까지나 "환경오염의 우려기 있는 숙박업 등의 시설 설치행위에 관한 한 이를 원칙적으로 허용되지 아니하되, 다만, 지방자치단체가 조례로 행위제한구역과 제한대상행위의 범위를 정한 경우 그 범위에 포함되지 아니하는 행위는 예외적으로 허용한다"는 취지에 불과하다. 즉 환경오염의 우려가 있는 숙박업 등의 시설 설치행위를 원칙적으로 제한하되, 지방자치단체에 대하여 그 원칙의 예외를 설정할 수 있는 권한을 부여한다는 취지에 지나지 않는 것이다. 지방자치단체가 환경오염의 우려가 있는 행위를 제한하는 지역을 조례로 구체적으로 지정하지 않고 있다는 사유만으로 환경오염의 우려가 있는 행위가 무제한적으로 허용된다고 보는 것은, 환경권을 재산권이나 영업의 자유보다 우위에 있는 기본권으로 보장하면서, 환경보전을 국가나 지방자치단체의 의무인 동시에 그에 의하여 자유와 권리가 제한되는 국민 자신의 의무이기도 한 것으로 규정하고 있는 헌법과 환경관련 법률의 이념에 어긋나는 해석이다.

[반대의견 1]

준농림지역이라는 용도지역의 지정과 그 지역 내에서의 행위제한에 관하여 국토이용관리법과 그 시행령은 단지 그 일반적 기준과 유형만을 규정하고, 구체적인 준농림지역의 지정은 건설교통부장관의 결정고시라는 행정처분에 의하도록 규정함과 아울러 그와 같이 지정된 준농림지역에서의 행위제한도 각각의 지역이 토지와 하천 등의 자연적 환경이나 주민의 주업 등 산업현황을 달리하는 점을 감안하여 그러한 지역적 특성을 상세하게 파악하고 있는 지방자치단체로 하여금 당해 지역 내에서의 환경보전과 산업발전에 관한 전체적인 계획과의 연계아래 구체적인 행위제한구역과 제한대상행위를 자치법규로써 정하도록 위임한 것이라고 할 것이어서, 구 건축법(1997. 12. 13. 법률 제5454호로 개정되기 전의 것) 제 8 조 제 3 항이 건축허가와 관련하여 인용하고 있는 구 국토이용관리법(1997. 12. 13. 법률 제5454호로 개정되기 전의 것) 제15조에 따른 준농림지역에서의 행위제한도 결국은 지방자치단체의 조례라는 자치법규가 정한 바에 따라 그 구체적 내용이 정하여진다고 할 것인데, 지방자치단체의 조례 자체에서는 일반적인 기준만을 제시한 채 구체적인 제한지역과 제한대상시설의 범위 등은 다시 시장의 지정·고시에 의하여 정하도록 규정하고 있는 경우, 이러한 시장의 지정·고시에 의하여 구체적인 제한지역과 제한대상시설의 범위가 정하여지지 아니하였다면 비록 조례가 적용되는 준농림지역이라고 하더라도 구체적인 행위제한의 법적 효력이 아직 발생하지 아니하였다고 할 것이어서, 이 상태에서는 조례나 그 근거가 된 구 국토이용관리법 제15조 제 1 항 제 4 호 및 같은법시행령 제14조 제 1 항 제 4 호의 규정을 들어 건축법상의 건축허가를 거부할 수는 없다고 봄이 타당하다.

[반대의견 2]

건축법 소정의 건축허가권자는 건축허가신청이 국토이용관리법 등의 관계 법규에서 정한 제한에 배치되지 않는 이상 당연히 건축허가를 하여야 하는 바, 구 국토이용관리법(1997. 12. 13. 법률 제5454호로 개정되기 전의 것) 제15조 제 1 항 제 4 호 및 같은법시행령(1997. 9. 11. 대통령령 제15480호로 개정되기 전의 것) 제14조 제 1 항 제 4 호의 규정의 위임에 의한 지방자치단체의 조례가 적용되는 준농림지역이라고 하더라도 조례의 규정에 따라 구체적인 제한지역과 제한대상시설의 범위가 정하여지지 않는 한 조례에 규정한 제한지역 지정·고시에 관한 일반적인 기준만을 들어 건축법상의 건축허가를 거부할 수는 없다고 할 것이다. 그러나 원심의 인정 사실에 비추어 건축허가거부처분이 위법하다고 하여 이를 취소하는 것은 현저히 공공복리에 적합하지 아니하다고 보이므로 행정소송법 제28조 제 1 항에 의하여 사정판결을 할 사유가 있다고 인정된다.

❙ 평 석

이 판결은, 특히 보충의견을 통해 재산권과 환경권이 대립하는 상황에서 환경권을 우위에 두는 합목적적 해석을 할 수 있음을 보여 주었다는 데 의의가 있다. 이 판결에서 대법원은 유사한 사안에서 주변의 자연환경 등을 건축허가 불허처분의 사유로 인정하지 않던 종래의 입장과 다른 판단을 하였다.

❙ 참고문헌

정훈, “환경보호와 법치국가 원리의 충돌: 독일의 판례와 학설을 중심으로,” 환경법연구 25권 2호, 한국환경법학회 (2003. 12.)

7번 판례 원문 : 대법원 1999. 8. 19. 선고 98두1857 전원합의체 판결 【건축허가신청서반려처분취소】

【이 유】

1. (생략)

2. 건축법(1997. 12. 13. 법률 제5454호로 개정되기 전의 것) 제 8 조 제 1 항, 제 3 항, 국토이용관리법(1997. 12. 13. 법률 제5454호로 개정되기 전의 것) 제15조 제 1 항 제 4 호, 같은법 시행령(1995. 10. 19. 대통령령 제14789호로 개정되어 1997. 9. 11. 대통령령 제15480호로 개정되기 전의 것) 제14조 제 1 항의 각 규정에 의하면, 준농림지역 안으로서 지방자치단체의 조례가 정하는 지역에서 식품위생법 소정의 식품접객업, 공중위생법 소정의 숙박업 등을 영위하기 위한 시설 중 지방자치단체의 조례가 정하는 시설의 건축을 제한할 수 있는바, 위 시행령의 위임에 따른 서산시준농림지역안에서의행위제한에관한조례(1996. 1. 12. 서산시 조례 152호로 공포·시행)는 제 4 조 제 1 항에서 "시장은 다음의 기준에 의하여 접객업의 설치제한지역을 지정하여 고시하고 관리하여야 한다. 1. 교육에 영향을 주는 지역, 2. 지역주민의 정서함양 및 생활환경에 영향이 있는 지역, 3. 지역발전 및 장래의 지역개발사업에 지장을 초래할 것이 예상되는 지역, 4. 기타 명승·사적·유적지·자연경관·환경보전·관광자원보전 등을 위하여 필요하다고 판단되는 지역"이라고 규정하고, 제 6 조에서는 제 4 조에 의하여 제한지역을 고시할 때에는 제한의 목적, 제한지역의 범위, 제한행위의 내용 기타 접객업시설 설치의 행위제한에 필요한 사항이 포함되어야 한다고 규정하고 있다.

이러한 관계법령의 규정을 종합하여 보면, 위 조례 제 4 조 제 1 항 각 호에 규정된 지역이라는 구체적인 취지의 지정·고시가 행하여지지 아니하였다 하더라도, 위 제 4 조 제 1 항 각호에서 정하는 기준에 맞는 지역에 해당하는 경우에는 숙박시설의 건축을 제한할 수 있다고 할 것이고, 그러한 기준에 해당함에도 불구하고 무조건 숙박시설 등의 건축허가를 하여야 하는 것은 아니라고 할 것이며, 위 조례에서 정한 요건에 저촉되지 아니하는 경우에 비로소 건축허가를 할 수 있는 것으로 보아야 할 것이다. 부연하면, 그러한 구체적인 지역의 지정·고시 여부는 숙박시설 등 건축허가 여부를 결정하는 요건이 된다고 볼 수 없다고 할 것이다.

원심이 적법하게 확정한 사실관계에 의하면, 이 사건 토지는 거기에 숙박시설이 건축되면 자연경관을 훼손할 뿐만 아니라 인근 지역 농민의 정서를 해칠 것이 예상되므로 위 조례 제4조 제1항 제2호와 제4호에서 정하는 준농림지역 안의 접객업시설 설치제한지역에 해당하고, 따라서 숙박시설의 건축이 법규상 허용되지 아니한다고 할 것이다. 이 사건 건축허가신청에 대한 피고의 반려처분이 정당하다고 보아 원고의 주장을 배척한 원심의 판단은 정당하고, 거기에 상고이유에서 지적하는 바와 같은 위 조례 규정에 관한 법리를 오해한 위법이 있다고 할 수 없다.

3. (생략)

4. 대법관 정귀호, 대법관 이용훈의 보충의견

우리는 오늘날 일상생활의 곳곳에서 환경오염이 생존 그 자체를 위협하는 절박한 현실에 살고 있다. 환경문제는 우리가 감당하여야 할 '성장의 부수비용'이 아니라 생존의 불가결한 조건이 된지 이미 오래이며, 우리가 생활환경 및 자연환경을 그 침해 및 훼손으로부터 보호하고, 나아가 모든 국민에게 건강하고 쾌적한 환경을 보장하여 인간다운 생활을 영위할 수 있도록 해주어야 한다는 것은 시대적 요청이다. 우리 헌법은 이러한 인식에 근거하여 제35조 제1항에서 "모든 국민은 건강하고 쾌적한 환경에서 생활할 권리를 가지며, 국가와 국민은 환경보전을 위하여 노력하여야 한다"고 규정하여 환경권을 헌법상의 기본권으로 명시함과 동시에 국가와 국민에게 환경보전을 위하여 노력할 의무를 부과하고 있으며, 환경정책기본법은 환경권에 관한 헌법이념에 근거하여, 환경보전을 위하여 노력하여야 할 국민의 권리·의무와 국가의 책무를 구체적으로 정하는 한편(제1조, 제4조, 제5조, 제6조), 국가·지방자치단체·사업자 및 국민은 환경을 이용하는 모든 행위를 할 때에는 환경보전을 우선적으로 고려하여야 하는 것으로 규정하여(제2조), 환경권이 개인의 재산권이나 영업의 자유보다 우위에 있는 권리라고 볼 수 있는 근거를 제공하고 있는 것이다.

이와 같이 환경권이 헌법상의 기본권으로 보장되는 권리로서 재산권이나 영업의 자유보다 우위에 있는 권리로까지 해석될 수 있고, 환경의 보전이 국가나 지방자치단체의 의무임과 동시에 국민의 의무이기도 하다면, 환경의 보전을 위하여 특정한 행위를 제한하는 취지의 법규의 의미내용을 해석함에 있어서도 그 해석은 어디까지나 환경 보전에 관한 헌법과 환경 관련 법률의 이념에 합치되는 범위 안에서 합목적적으로 행하여져야 하는 것이지 이를 도외시한 채, 법규의 형식적인 자구나 그것이 국민의 자유와 권리를 제한하는 규정이라는 점에 집착하여 환경보전의 이념을 저해하는 방향으로 이를 해석하여서는 아니되는 것이다.

이러한 관점에서 볼 때 국토이용관리법(이하, '법'이라고 한다) 제15조 제1항 제4호가 용도지역으로 지정된 지역 내에서의 행위제한에 관하여 규정하면서, 준농림지역의 경우 "환경오염의 우려가 있거나 부지가 일정규모 이상인 공장·건축물·공작물 기타의 시설의 설치 등 대통령령이 정하는 토지이용행위는 이를 할 수 없다"고 규정하고, 법 시행령 제14조 제1항 제4호(1997. 9. 11. 대통령령 제15480호로 개정되기 전의 시행령 : 이하 같다)가 제한대상이 되는 '대통령령이 정하는 토지이용행위'의 하나로 '지방자치단체의 조례가 정하는 지역에서의 공중위생법의 규정에 의한 숙박업 등의 시설 중 지방자치단체의 조례가 정하는 시설의 설치행위'를 규정한 것을 가지고, '지방자치단체가 조례에 의하여 행위제한구역과 제한대상행위의 범위를 구체적으로 특정하여 지정하지 아니하면 환경오염의 우려가 있는 숙박업 등의 시설 설치행위라 하더라도 제한 없이 허용하여야 한다'는 취지로 해석할 수는 없다. 위 규정은 어디까지나 '환경오염의 우려가 있는 숙박업 등의 시설 설치행위에 관한 한 이를 원칙적으로 허용되지 아니하되, 다만, 지방자치단체가 조례로 행위제한구역과 제한대상행위의 범위를 정한 경우 그 범위에 포함되지 아니하는 행위는 예외적으로 허용한다'는 취지에 불과하다. 즉 환경오염의 우려가 있는 숙박업 등의 시설 설치행위를 원칙적으로 제한하되, 지방자치단체에 대하여 그 원칙의 예외를 설정할 수 있는 권한을 부여한다는 취지에 지나지 않는 것이다. 지방자치단체가 환경오염의 우려가 있는 행위를 제한하는 지역을 조례로 구체적으로 지정하지 않고 있다는 사유만으로 환경오염의 우려가 있는 행위가 무제한적으로 허용된다고 보는 것은, 환경권을 재산권이나 영업의 자유보다 우위에 있는 기본권으로 보장하면서, 환경 보전을 국가나 지방자치단체의 의무인 동시에 그에 의하여 자유와 권리가 제한되는 국민 자신의 의무이기도 한 것으로 규정하고 있는 헌법과 환경 관련 법률의 이념에 어긋나는 해석이다.

이와 같이 환경오염의 우려가 있는 행위의 범위에 관한 지방자치단체의 조례제정 권한을 원칙에 대한 예외를 설정하는 제한적인 권한에 불과한 것으로 본다면, 조례 자체에서 지역주민의 정서함양 및 생활환경에 영향이 있는 지역(제4조 제1항 제2호), 기타 명승·사적·유적지·자연경관·환경보전·관광자원보전 등을 위하여 필요하다고 판단되는 지역(제4조 제1항 제4호) 등을 접객업 설치 제한

지역으로 규정하면서, 시장에게 위 기준에 따라 접객업 설치 제한지역을 구체적으로 지정·고시하여 관리할 것을 위임하고 있는 '서산시준농림지역안에서의행위제한에관한조례'(이하 '서산시 조례'라고 한다) 제 4 조 제 1 항 및 제 6 조의 규정 또한, '조례에서 정한 지역에 대하여는 예외를 인정하지 않고 원칙적으로 접객업 설치를 불허하되, 시장이 구체적으로 제한지역 등을 지정·고시하면서 조례가 정한 기준에 해당하지 않는다고 판단하여 특별히 제외한 지역 및 시설 등에 대하여는 그러하지 아니하다'는 취지에 지나지 않는 것으로 해석하여야 할 것이다. 현실적으로 법률전문가를 충분히 확보하기 어려운 지방자치단체가 환경에 관한 헌법과 관련 법률의 이념에 대한 인식과 고려가 미흡한 상태에서 제정한 것으로 보이는 조례의 조항을 그 자구에만 얽매여 시장의 구체적인 지정·고시가 없으면 접객업 설치를 제한 없이 허용하여야 한다는 취지로 해석하여서는 아니될 것이다.

다수의견이 서산시 조례 제 4 조 제 1 항 각 호에 규정된 지역이라는 구체적인 취지의 지정·고시가 행하여지지 아니하였다 하더라도, 위 제 4 조 제 1 항 각호에서 정한 기준에 맞는 지역에 해당하는 경우에는 숙박시설의 건축을 제한할 수 있다고 한 것은 이와 같은 해석에 근거한 것이다.

앞서와 같이 환경오염으로 인한 위해를 예방하고 자연환경 및 생활환경을 적정하게 관리·보전할 책무는 일차적으로는 법집행을 직접 담당하고 있는 행정기관의 책무가 될 것이만, 환경 보전이 국가와 국민 모두에게 부과된 의무인 이상 법원도 가능한한 구체적인 법규를 해석·적용함에 있어 헌법 및 환경관련법률의 정신을 존중하여 전체 공동체의 삶의 질을 높여야 할 의무가 있다고 하지 않을 수 없다.

지난날 우리 대법원은 환경훼손의 우려가 있다며 농촌지역의 숙박시설에 대한 건축허가신청을 반려한 행정청의 반려처분취소청구사건에서 '주변의 자연환경과 주민의 생활환경을 훼손할 우려가 있다는 사유는 건축허가를 불허할만한 사유가 되지 못한다'는 견해를 피력한 나머지(대법원 1995. 12. 12. 선고 95누9051 판결, 1996. 1. 26. 선고 95누5479 판결, 1996. 2. 13. 선고 95누16981 판결 등), 국민과 행정기관으로 하여금 환경 보전에 대한 법원의 태도에 관하여 의구심을 갖게 하는 결과를 초래하였으며, 그 결과 지방자치단체의 이른바 러브호텔 등의 무분별한 허가로 이어지고, 이러한 러브호텔의 난립은 한강변 등 농촌지역의 자연환경과 생활환경이 심각하게 훼손되는 결과로 나타나게 되었음은 주지의 사실이다. 이는 법원이 위와 같은 헌법 및 환경 관련 법률의 정신을 외면한 채 법규의 자구에만 읎매인 법운용을 한 결과라는 점을 부정할 수 없을 것이다.

원래 법규의 규범적인 의미내용은 그 문언을 문법구조대로 해석하는 것이 원칙일 것이나, 그러한 해석이 전체 법질서와의 관련에서 평가모순을 초래하는 경우에는 형식적인 자구해석만을 고집하여서는 아니되고, 가능한 어의와 의미관련의 범위 안에서 그러한 모순을 피할 수 있는 방법으로 합목적적으로 해석되어야 하며, 그러한 해석은 필요하기도 할 뿐 아니라 법규의 해석·적용과 함께 법형성의 기능까지 동시에 담당하고 있는 법원의 임무이기도 한 것이다.

이 사건 서산시 조례는 그 규정 형식이나 문언으로 보아 환경에 관한 헌법과 관련법률의 이념에 대한 철저한 인식과 심각한 고려가 미흡한 상태에서 제정된 것으로 보이므로, 법원이 이를 해석함에 있어서 마땅히 그 문언의 의미 내용이 헌법과 환경 관련 법률을 비롯한 전체 법질서와 모순을 초래하지 않도록 환경 보전의 이념에 부합하게 합목적적으로 해석하여야 하는 것이지, 그 자구에만 매달려 형식적으로 해석하여 헌법과 환경 관련 법률이 지향하는 법의 이념을 몰각하는 결과를 초래케 하여서는 아니된다. 그러한 형식적이고 기능적인 해석은 헌법이 지향하고 있는 환경 보전을 통하여 공동체의 삶의 질을 높여야 할 우리 모두의 임무를 저버리는 일이 되는 것임은 물론이고, 법해석의 일반원칙에도 반하는 것이다. 반대의견이 다수의견을 공격하는 것처럼, 헌법 및 환경관련 법률의 정신을 바탕으로 하여 아무런 근거도 없이 국민의 자유와 권리를 무작정 제한하자는 것이 아니라, 이를 제한하는 각종 법규를 합리적으로 해석하여 오늘날 개발이라는 이름아래 행하여지고 있는 자연환경 및 생활환경의 훼손을 막는 데 법원도 그 책임의 일부를 담당하여야 한다는 취지이다.

법원은 마땅히 이러한 헌법 및 환경 관련 법률의 정신을 존중하여 환경을 보전하려고 하는 행정기관의 노력을 지지하고, 오히려 지방자치단체를 비롯한 일선행정기관이 목전의 이익에 집착하여 환경을 훼손하는 행정을 펴나가는 것을 엄히 견제하여야 할 것이다. 그리함으로써 무분별한 환경훼손을 방지하여 후손들에게 쾌적한 삶의 토대를 물려주어야 함은 오늘을 사는 우리세대의 임무이기도 하다.

다수의견이 이와 같은 기능적인 법해석을 지양하고 환경에 관한 법의 이념에 기초하여 법규를 합목적적으로 해석하려 함은 지극히 정당한 것이라고 하지 않을 수 없다.

5. 대법관 이돈희, 대법관 김형선, 대법관 신성택, 대법관 송진훈의 반대의견

가. 건축법 제 8 조 제 1 항과 제 3 항에 의하면, 소정 구역 또는 지역에서의 건축물 건축행위나 소정 규모 이상의 건축물의 건축행위는 관할 시장·군수 등의 건축허가를 받아야 하는 것으로 규정함과 아울러 관할 시장·군수 등이 건축허가를 하고자 하는 경우에는 당해 용도·규모 또는 형태의 건축물을 그 건축하고자 하는 대지에 건축하는 것이 국토이용관리법 제15조나 도시계획법 제 4 조 등의 법령 규정에 적합한지 여부를 확인하여야 하는 것으로 규정하고 있는바, 이러한 건축허가는 그 본질에 있어 헌법상 보장된 토지의 이용 등에 관한 재산권 행사의 자유를 건축과 관련된 위해의 방지와 토지의 합리적 이용 또는 도시기능의 증진 등과 같은 공공의 안녕질서와 복리를 위하여 그 목적 달성에 필요한 한도 내에서 제한하려는 것으로서 그 전제가 되는 일반적 금지도 원래 자유로운 것을 개별적인 해제를 예정한 채 단지 예방적 차원에서 금지시켜 둔 것일 뿐 원래 사회적으로 유해하여 허용될 수 없는 행위를 진압적 목적에서 금지시킨 것이 아니므로, 개개의 건축허가 신청이 위와 같이 사전 확인을 거치게 되어 있는 국토이용관리법 등의 관계 법규에서 정한 제한에 배치되지 않는 이상 당연히 건축허가를 하여야 한다는 것이 종래 대법원이 취하여 온 견해이다(대법원 1995. 12. 12. 선고 95누9051 판결, 1996. 12. 20. 선고 96누13934 판결 등 참조).

그런데 국토이용관리법은 제 6 조에서 국토이용계획으로 정하는 용도지역의 하나로 준농림지역을 지정할 수 있는 것으로 규정함과 아울러 그 준농림지역을 "농업진흥지역 외의 지역의 농지 및 준보전임지 등으로서 농림업의 진흥과 산림보전을 위하여 이용하되 개발용도로도 이용할 수 있는 지역"으로 정의하고, 제 8 조 제 1 항과 제 3 항에서 위와 같은 용도지역의 지정은 국토이용계획심의회의 심의를 거쳐 건설교통부장관이 고시함으로써 결정되고 그 결정고시가 있은 날로부터 5일 후에 용도지역 지정의 효력이 발생하는 것으로 규정하는 한편, 제15조 제 1 항에서 용도지역으로 지정된 지역 내에서의 행위제한에 관하여 규정하면서, 제 4 호에서 준농림지역의 경우 "환경오염의 우려가 있거나 부지가 일정규모 이상인 공장·건축물·공작물 기타의 시설의 설치 등 대통령령이 정하는 토지이용행위는 이를 할 수 없다"라고 규정하고, 이에 따라 같은 법 시행령(1997. 9. 11. 대통령령 제15480호로 개정되기 전의 것) 제14조 제 1 항 제 4 호가 제한대상이 되는 "대통령령이 정하는 토지이용행위"의 하나로 지방자치단체의 조례가 정하는 지역에서의 공중위생법의 규정에 의한 숙박업 등의 시설 중 지방자치단체의 조례가 정하는

시설의 설치행위를 규정하고 있는바, 이는 준농림지역이라는 용도지역의 지정과 그 지역 내에서의 행위제한에 관하여 국토이용관리법과 그 시행령은 단지 그 일반적 기준과 유형만을 규정하고, 구체적인 준농림지역의 지정은 건설교통부장관의 결정고시라는 행정처분에 의하도록 규정함과 아울러 그와 같이 지정된 준농림지역에서의 행위제한도 각각의 지역이 토지와 하천 등의 자연적 환경이나 주민의 주업 등 산업현황을 달리하는 점을 감안하여 그러한 지역적 특성을 상세하게 파악하고 있는 지방자치단체로 하여금 당해 지역 내에서의 환경보전과 산업발전에 관한 전체적인 계획과의 연계 아래 구체적인 행위제한 구역과 제한 대상 행위를 자치법규로써 정하도록 위임한 것이라고 할 것이어서, 위와 같이 건축법에서 건축허가와 관련하여 인용하고 있는 국토이용관리법 제15조에 따른 준농림지역에서의 행위제한도 결국은 지방자치단체의 조례라는 자치법규가 정한 바에 따라 그 구체적 내용이 정하여진다고 할 것이다.

그리고 국토이용관리법과 그 시행령의 위임에 의한 “서산시준농림지역안에서의행위제한에관한조례”(이하 ‘서산시 조례’라고 한다)는 다수 의견이 적시하고 있는 바와 같이 그 제 4 조 제 1 항에서 “시장은 다음의 기준에 의하여 접객업시설의 설치제한지역을 지정하여 고시하고 관리하여야 한다”고 규정한 다음 그 각 호로 “1. 교육에 영향을 주는 지역, 2. 지역주민의 정서함양 및 생활환경에 영향이 있는 지역, 3. 지역발전 및 장래의 지역개발사업에 지장을 초래할 것이 예상되는 지역, 4. 기타 명승·사적·유적지·자연경관·환경보전·관광자원보전 등을 위하여 필요하다고 판단되는 지역”이라고 규정하고 이어 제 6 조에서 “제 4 조에 의하여 제한지역을 고시할 때에는 제한의 목적, 제한지역의 범위, 제한행위의 내용 기타 접객업시설 설치의 행위제한에 필요한 사항이 포함되어야 한다”고 규정함으로써, 조례 자체에서는 일반적인 기준만을 제시한 채 구체적인 제한지역과 제한대상 시설의 범위 등은 다시 시장의 지정·고시에 의하여 정하도록 규정하고 있다.

그러므로 이러한 시장의 지정·고시에 의하여 구체적인 제한지역과 제한대상 시설의 범위가 정하여지지 아니하였다면 비록 서산시 조례가 적용되는 준농림지역이라고 하더라도 구체적인 행위제한의 법적 효력이 아직 발생하지 아니하였다고 할 것이어서, 이 상태에서는 위 서산시 조례나 그 근거가 된 국토이용관리법 제15조 제 1 항 제 4 호 및 같은 법 시행령 제14조 제 1 항 제 4 호의 규정을 들어 건축법상의 건축허가를 거부할 수는 없다고 봄이 타당하고, 이렇게 보는 점에서 다수의견과 견해를 달리하는 것으로서 그 논거를 좀 더 상세하게 풀이하면 다음과 같다.

나. 먼저 다수의견은 위와 같은 서산시 조례 규정상의 시장의 구체적인 제한구역의 지정·고시가 없더라도 조례 규정 자체만으로 바로 행위제한의 법적 효력이 발생한다는 것이나 이는 우선, 서산시 조례 제4조 제1항 본문에서 그 각 호에서 규정하는 지역을 바로 제한구역으로 규정하지 아니하고 어디까지나 시장의 제한구역 지정·고시에 대한 일반적인 기준으로서 규정하고 있음이 분명함에도 이를 외면한 채 명문에 반하는 해석을 하는 것이고, 또 이런 해석 하에서는 시장이 조례 규정에 따라 제한구역을 지정·고시한 경우에도 그에 포함되지 아니한 지역에 관하여 그 지정·고시된 지역과 유사한 지역이라 하여 조례 규정 자체만을 근거로 동일한 제한을 가할 수 있는 것으로 볼 수밖에 없어 결과적으로 조례에서 규정하고 있는 시장의 제한구역 지정·고시의 법규적 의미를 무시하고 나아가 시장이 제한구역으로 지정·고시한 지역과 그렇지 아니한 지역 간의 차이를 부정하게 될 뿐 아니라, 무엇보다 위와 같은 해석은 서산시 조례 제4조 제1항 본문의 법규적 구속력을 부정하여야 가능한 해석이라고 할 것인데도 다수의견은 그에 관하여 상위법규에 위배된다든지 혹은 훈시규정에 불과하다든지 하는 등의 근거 제시 없이 막연히 그 법규적 구속력을 부정하기에 이른 것이어서 논리의 비약이라고 아니할 수 없는 것이다.

다. 또한 다수의견과 같은 해석은 마치 국토이용관리법에서 정한 준농림지역의 기준에 해당하기만 하면 그 지정을 위한 건설교통부장관의 결정고시가 없더라도 준농림지역에 해당하여 그에 따른 행위제한이 가능하다고 해석하는 것과 다름이 없을 뿐만 아니라 국토이용관리법 시행령이 1997. 9. 11. 대통령령 제15480호에 의한 개정을 통하여 비로소 제14조 제1항 제4호에서 숙박업을 영위하기 위한 시설의 설치를 준농림지역 안에서의 행위제한 대상으로 직접 규정함으로써 종전 규정과는 달리 원칙과 예외를 바꾸어 놓은 것임에도 이러한 개정 규정의 시행 이전부터 그와는 다른 체계와 내용으로 되어 있는 종전 규정에 관하여 개정 규정과 동일한 내용으로 해석을 하는 것은 납득할 수 없고 나아가서 시행령을 왜 개정하였는지 그 이유조차 알 수 없게 함은 물론, 기득이익의 보호차원에서 준도시지역 및 준농림지역 안에서의 행위제한에 관한 경과조치를 규정한 개정시행령 부칙 제3조를 전혀 무의미하게 만들어 버리는 것이다.

라. 다수의견은 필경 환경오염의 방지라는 공익보호의 필요성이 절실하다는 생각에서 출발한 것으로 짐작되나, 환경보호 등 공공복리를 위하여 필요한 경우에

는 법률로써 개인의 권리와 자유를 제한할 수 있음은 헌법 제37조 제2항에서도 명언하고 있는 바이므로 이 점에 대한 이의는 있을 수가 없지만, 여기에서 문제로 되는 것은 환경보호 등 공익을 위하여 개인의 자유와 권리(자기의 토지 위에 건물을 건축할 자유와 권리)를 제한할 필요가 있느냐 없느냐가 아니라(이는 결국 입법문제라고 할 것이다) 행정청인 피고가 개인의 그러한 자유와 권리를 제한함에 있어 과연 법규를 준수하였느냐 하는 것이다(이 점이 법원의 심판대상인 것이다).

그럼에도 불구하고 서산시 조례에서 정한 바에 따른 시장의 구체적인 제한지역의 지정·고시가 없는 상태에서 다수의견과 같이 개별적인 건축허가에 있어 그 조례에서 정한 일반적인 기준만을 근거로 한 피고의 처분을 적법하다고 판단하는 것은, 결국 피고로 하여금 주민의 대표로 구성된 시의회에서 조례제정권에 의하여 제정하고 자신이 공포한 조례의 규정을 무시하고 법규의 근거 없이 개인의 자유와 권리를 제한하는 것을 법원이 적법하다고 판단하는 셈이 되어 납득하기가 실로 어렵고 보다 근본적으로는 주민 자치 내지 민주주의의 원칙에도 반하는 것이 아닌지 의아스러울 뿐만 아니라, 환경보호 등의 공익을 위하여 그 현실적 필요성이 절실하다는 이유로 국민의 법적 안정성과 예측가능성 보장을 위한 법의 지배 내지 법치 행정의 이념이라는 보다 큰 법적 가치를 법원 스스로 훼손시키고 법의 해석·적용을 통한 국민의 자유와 권리 구제라는 법원의 헌법적 역할에서도 벗어나는 것이 아닌지 의문이 아닐 수 없는 것이다.

마. 다수의견의 보충의견은 요컨대, 오늘날 환경권의 보장은 시대적인 요청으로서 이러한 인식에 근거하여 헌법 제35조 제1항과 환경정책기본법이 제정되었고, 이는 환경권이 모름지기 개인의 재산권이나 영업의 자유보다 우위에 있다고 볼 수 있는 근거를 제공하고 있으므로, 이 사건에 있어서 다수의견이 비록 법규의 자구나 형식논리에 위배되기는 하지만, 위와 같은 헌법과 환경 관련 법률의 이념에 비추어 보면, 이는 결국 환경보전에 대한 법원의 태도에 관하여 의구심을 갖게 한 종래의 대법원판결을 떨쳐버리고 환경에 관한 법의 이념에 기초하여 법규를 합목적적으로 해석함으로써 정당한 법형성을 이룬 것이라는 취지이다.

물론 위 보충의견이 지적하는 바와 같이 헌법 제35조 제1항이 국민의 환경권을 보장함과 동시에 국가에게 환경보전을 위하여 노력하여야 할 의무를 부과하고 있으며, 법원도 역시 헌법 및 환경 관련 법률의 정신을 존중하여 전체 공동체의 삶의 질을 높여야 할 의무가 있음은 당연하다. 그러나 위와 같은 전제에서 곧바로 다수의견이 타당하다는 결론을 이끌어내는 보충의견이 헌법의 기본 이념에 부합하는 것인지는 의문이다.

헌법 제37조 제 2 항은 공공복리를 위하여 국민의 자유와 권리를 제한하는 경우에도 반드시 법률로 제한하여야 하고 그 경우에도 자유와 권리의 본질적인 내용을 침해할 수 없다고 명백하게 규정하고 있다. 그런데, 이 사건에서 문제가 된 국민의 자유와 권리는 바로 건축허가와 관련하여 행정청인 피고가 제한한 원고의 자유와 권리이고, 그 제한의 근거가 된 건축법과 국토이용관리법은 그 내용상 보충의견이 지적하는 환경권 문제가 이미 포함되어 헌법 제37조 제 2 항이 말하는 공공복리를 구체화하고 있는 것인바, 여기에서 문제로 되는 것은 앞에서 언급한 바와 같이 행정청인 피고가 원고의 자유와 권리를 제한함에 있어서 그 근거가 된 건축법과 국토이용관리법을 제대로 따른 것인지 여부의 판단에 있는 것이지, 건축법이나 국토이용관리법이 내포하는 환경권 이외에 별도의 환경권을 상정하여 그것이 원고의 자유와 권리에 우선하는지 여부를 따지는 것이 결코 아니다. 뿐만 아니라, 이른바 생존권적 기본권인 환경권이 자유권적 기본권인 개인의 자유와 권리보다 우위에 있다고 보는 것은 우리의 자유민주주의적 헌법 정신에 맞는 것이라고 도저히 생각할 수 없다.

보충의견과 같이 임의적인 법형성에 이르는 법해석을 하게 되면, 국민의 자유와 권리는 법률로써만 제한할 수 있다는 헌법 제37조 제 2 항의 규정은 그 의미가 없게 되고, 헌법이 보장하는 국민의 자유와 권리 가운데 법관이 자기의 가치관에 따라 보다 중요하다고 생각되는 권리를 우선시킴으로써, 그것보다 열위에 있다고 생각되는 국민의 자유와 권리는 명백한 법률의 근거가 없이도 제한될 수 있다는 결론에 이르게 되며, 환경권이라고 하여 그 예외가 될 수 없을 것이다.

또한, 이 사건과 같이 시장의 구체적인 지정·고시가 없는 경우에도 다수의견이나 보충의견과 같은 결론에 이르게 되면, 행정청이 건축허가를 불허한 경우는 물론이고 그 반대의 경우에도 역시 조례의 내용과 구체적인 사안에 따라 법원이 그 당부를 따져줄 수밖에 없고, 어떤 지역에서 건축허가를 받고자 하는 자는 행정청이 제시하는 기준에 관계없이 법원의 개별적이고 구체적인 판단에 의존하여 행동할 수밖에 없을 것이므로, 그 지역에서 발생하는 건축허가 문제는 행정부의 소관이 아니라 사법부의 소관으로 변하여 결국 사법부가 행정을 담당하는 이상한 결과에 이를 수밖에 없다. 이는 입법권, 행정권, 사법권을 분립시킨 헌법의 삼권분립정신에 위배되는 것이라고 아니할 수 없다.

반대의견은 결코 헌법에 보장된 환경권을 무시하는 것이 아니라 개인의 자유와 권리의 제한에 관한 법률의 실제 적용 문제를 따지는 것이며, 단순히 형식적이고 기능적인 법해석으로 치부될 수 없는 것이다.

바. 그러므로 서산시 조례에서 정한 바에 따라 서산시장의 행위제한구역에 대한 지정·고시가 이루어지지 아니한 이 사건에 있어 단지 조례에서 정한 일반기준만을 근거로 원고의 건축허가 신청을 반려한 이 사건 처분은 법규상의 근거를 결한 위법한 처분이라 할 것임에도, 원심이 그 판시와 같은 예상되는 주변 사정만을 들어 이 사건 처분이 적법하다고 판단하고 만 것은 결국 준농림지역에서의 행위제한에 관한 법리 오해의 위법을 저질렀다 할 것이고 따라서 이 점을 지적하는 상고이유의 주장은 이유 있다고 아니할 수 없어 원심판결은 파기를 면할 수 없다고 할 것이다.

6. 대법관 박준서의 반대의견

행정처분이 위법하여 원고의 청구가 이유 있다고 인정하는 경우 이를 취소함이 원칙이지만 그 위법 처분을 취소하는 것이 도리어 현저히 공공복리에 적합하지 아니하다고 인정하는 때에는 법원은 당사자의 명백한 주장이 없더라도 기록에 나타난 사실을 기초로 하여 직권으로 원고의 청구를 기각하는 사정판결을 할 수 있고 이러한 경우에는 주문에 그 처분이 위법함을 명시하여야 한다(대법원 1995. 7. 28. 선고 95누4629 판결 등 참조).

원심판결 이유에 의하면 원심은, 그 판시와 같은 사실을 적법히 확정한 다음 내무부장관(지금의 행정자치부장관)의 지시로 1994. 4.경부터 준농림지역 안에서 숙박시설 설치가 사실상 제한되어 왔고, 이 사건 신청 당시에는 국토이용관리법 제15조 제1항 제4호 및 같은 법 시행령 제14조 제1항 제4호의 규정의 위임에 의한 서산시 조례가 이미 제정되어 그 제4조 제1항에서, 시장은 준농림지역 안에서 지역주민의 정서함양 및 생활환경에 영향이 있는 지역, 지역발전 및 장래의 지역개발사업에 지장을 초래할 것이 예상되는 지역 또는 사적·유적지·자연경관·환경보전 등을 위하여 필요하다고 판단되는 지역 등의 기준에 의하여 숙박업 등 설치제한지역을 지정·고시하여 관리하도록 규정하고 있었을 뿐만 아니라 위 시행령의 시행 중에도 자연경관이 수려한 곳이나 도로변에 숙박시설이 무분별하게 들어섬으로써 자연경관을 훼손하고 환경을 오염시킴은 물론 농촌정서를 해치고 퇴폐·향락문화를 조장하는 폐해가 여전하여 전국적으로 그 설치를 제한할 공익상의 필요가 강하게 대두됨에 따라 준농림지역 안에서 숙박시설 설치를 원칙적으로 제한하는 방향으로 위 시행령을 개정하는 작업이 진행되고 있었던 점, 이 사건 토지는 충남 서산군 운산면 사무소 소재지에서 서산시 쪽으로 약 1.5km 떨어진 국도변 야산 중턱에 위치하고 있으며 서울·대전 등지에서 만리포, 몽산포 등 해수욕장을 찾는 관광객들은 위 국도를 이용하게 되는데 이에 숙박시설이 건축되면 주변 도로여건상 그 진출입시 교통사고가 빈발할 우려가 있으며 이 사건 토지 주변은 전형적인 농촌지역으로서 인근에는 국보인 마애삼존불상과 천주교 성지인 해미읍성 등 유적이 산재해 있는바 그 입지상 숙박시설의 설치 필요성은 특별히 인정되지 아니하는 반면 만약 그것이 들어서면 지역발전에 도움을 주기보다는 오히려 임상이 양호한 이 사건 토지 주변의 자연경관을 훼손하고, 환경을 오염시키며 지역주민의 정서를 해치고 퇴폐·향락문화를 조장하는 이른바 러브호텔로 이용될 것으로 예상되는 점 등을 고려하면 이 사건 처분은 관계 법규의 규정 내용에 비추어 합목적적인 행정처분으로서 공익에 부합하는 정당한 처분이라고 판단하였다.

그런데 건축법 소정의 건축허가권자는 개개의 건축허가신청이 국토이용관리법 등의 관계 법규에서 정한 제한에 배치되지 않는 이상 당연히 건축허가를 하여야 하는바, 국토이용관리법 제15조 제1항 제4호 및 같은 법 시행령 제14조 제1항 제4호의 규정의 위임에 의한 서산시 조례가 적용되는 준농림지역이라고 하더라도 위 조례 제4조 제1항의 규정에 따라 시장의 지정·고시에 의한 구체적인 제한지역과 제한대상 시설의 범위가 정하여지지 않는 한 위 조례에 규정한 제한지역 지정·고시에 관한 일반적인 기준만을 들어 건축법상의 건축허가를 거부할 수는 없다고 할 것이고 이 점에 관하여는 대법관 이돈희, 대법관 김형선, 대법관 신성택, 대법관 송진훈의 반대의견 중 가. 나. 다. 라. 마.부분을 그대로 인용한다.

즉, <u>이 사건 건축허가신청이 관계 법규상의 제한에 배치되지 아니함에도 원심은 공익상의 필요를 이유로 원고의 건축허가신청을 거부한 이 사건 처분이 정당하다고 하였으니 거기에는 건축허가에 관한 법리오해의 위법이 있다. 그러나 사정이 원심 인정과 같다면 이 사건 처분이 위법하다고 하여 이를 취소하는 것은 현저히 공공복리에 적합하지 아니하다고 보이므로 행정소송법 제28조 제1항에 의하여 사정판결을 할 사유가 있다고 인정되고 따라서 원심이 이 사건 처분의 취소를 구하는 원고의 청구를 기각한 조치는 적절하다. 다만 사정판결을 하는 경우</u>

<u>에는 위 같은 법조 제2항에 의하여 원고가 입게 될 손해의 정도와 배상방법 등을 조사한 다음 판결주문에서 당해 처분의 위법을 명시하여야 하는데도 원심은 이러한 조치 없이 원고의 청구를 기각하였을 뿐이므로 결국 판결 결과에 영향을 미친 잘못이 있다고 할 것이다.</u>

그러므로 원심판결을 파기하여 사건을 원심법원에 환송함이 마땅하다고 할 것이다.

Case Book of Environmental Law

8. 영광원자력 발전소 사건
대법원 1998. 9. 4. 선고 97누19588 판결【부지사전승인처분취소】
원 심: 서울고등법원 1997. 10. 30. 선고 96구14472 판결

1. 당 사 자	【원고, 상고인】 원고1 외 2인 【피고, 피상고인】 과학기술처장관
2. 주요쟁점	원자로시설부지 사전승인과 법적 문제
3. 사건의 경과	원심은 원자로 등 건설사업 부지 인근 주민인 원고들이 원전냉각수 순환시 발생되는 온배수로 인한 해양환경침해를 받지 아니할 이익은 법률상 보호되는 직접적 구체적 이익이라 할 수 없다는 이유로 원고적격이 없다고 판단하여 소를 각하하였고, 이에 원고들이 상고
4. 결 과	상고 기각
5. 관련조문	구 원자력법 제11조 제 3 항, 제12조 제 2 호, 제 3 호
6. 관련판례	대법원 1991. 8. 23. 선고 90누7760 판결 대법원 2004. 7. 22. 선고 2003두7606 판결

❙ 판시사항

1. 원자로 시설부지 인근 주민들에게 방사성물질 등에 의한 생명·신체의 안전침해를 이유로 부지사전승인처분의 취소를 구할 원고적격이 있는지 여부(적극)

2. 환경영향평가대상지역 안의 원자로 시설부지 인근 주민들이 방사성물질 이외의 원인에 의한 환경침해를 받지 아니하고 생활할 수 있는 이익이 직접적·구체적 이익인지 여부(적극) 및 위 주민들에게 이를 이유로 원자로시설부지사전승인처분의 취소를 구할 원고적격이 있는지 여부(적극)

3. 원자력법 제11조 제 3 항 소정의 부지사전승인제도의 취지 및 이에 터잡은 건설허가처분이 있는 경우, 선행의 부지사전승인처분의 취소를 구할 소의 이익 유무(소극)

❙ 사실관계

원고들은 영광원자력발전소 부지 인근에서 수산업에 종사하는 사람들로서

그 부지 사전승인행위로 인하여 원전냉각수 순환시 발생되는 온배수로 인하여 해양 생태계가 파괴 및 그로 인한 어업 피해 등을 입게 된다고 주장하며 그 부지사전승인처분의 취소를 구한 사안

▎판결요지

1. 원자로시설부지사전승인처분의 근거 법률인 구 원자력법(1996. 12. 30. 법률 제5233호로 개정되어 1997. 7. 1.부터 시행되기 전의 것) 제11조 제3항에 근거한 원자로 및 관계시설의 부지사전승인처분은 원자로 등의 건설허가 전에 그 원자로 등 건설예정지로 계획 중인 부지가 원자력법의 관계 규정에 비추어 적법성을 구비한 것인지 여부를 심사하여 행하는 사전적 부분 건설허가처분의 성격을 가지고 있는 것이므로, 원자력법 제12조 제2호, 제3호로 규정한 원자로 및 관계시설의 허가기준에 관한 사항은 건설허가처분의 기준이 됨은 물론 부지사전승인처분의 기준으로도 된다.

2. 원자력법 제12조 제2호(발전용 원자로 및 관계시설의 위치·구조 및 설비가 대통령령이 정하는 기술수준에 적합하여 방사성물질 등에 의한 인체·물체·공공의 재해방지에 지장이 없을 것)의 취지는 원자로 등 건설 사업이 방사성물질 및 그에 의하여 오염된 물질에 의한 인체·물체·공공의 재해를 발생시키지 아니하는 방법으로 시행되도록 함으로써 방사성물질 등에 의한 생명·건강상의 위해를 받지 아니할 이익을 일반적 공익으로서 보호하려는 데 그치는 것이 아니라 방사성물질에 의하여 보다 직접적이고 중대한 피해를 입으리라고 예상되는 지역 내의 주민들의 위와 같은 이익을 직접적·구체적 이익으로서도 보호하려는 데에 있다 할 것이므로, 위와 같은 지역 내의 주민들에게는 방사성물질 등에 의한 생명·신체의 안전침해를 이유로 부지사전승인처분의 취소를 구할 원고적격이 있다.

3. 원자력법 제12조 제3호(발전용 원자로 및 관계시설의 건설이 국민의 건강·환경상의 위해방지에 지장이 없을 것)의 취지와 원자력법 제11조의 규정에 의한 원자로 및 관계 시설의 건설사업을 환경영향평가대상사업으로 규정하고 있는 구 환경영향평가법(1997. 3. 7. 법률 제5302호로 개정되기 전의 것) 제4조, 구 환경영향평가법시행령(1993. 12. 11. 대통령령 제14018호로 제정되어 1997. 9. 8. 대통령령 제15475호로 개정되기 전의 것) 제2조 제2항 [별표 1]의 다의 (4) 규정

및 환경영향평가서의 작성, 주민의 의견 수렴, 평가서 작성에 관한 관계 기관과의 협의, 협의내용을 사업계획에 반영한 여부에 대한 확인·통보 등을 규정하고 있는 위 법 제 8 조, 제 9 조 제 1 항, 제16조 제 1 항, 제19조 제 1 항 규정의 내용을 종합하여 보면, 위 환경영향평가법 제 7 조에 정한 환경영향평가대상지역 안의 주민들이 방사성물질 이외의 원인에 의한 환경침해를 받지 아니하고 생활할 수 있는 이익도 직접적·구체적 이익으로서 그 보호대상으로 삼고 있다고 보이므로, 위 환경영향평가대상지역 안의 주민에게는 방사성물질 이외에 원전냉각수 순환시 발생되는 온배수로 인한 환경침해를 이유로 부지사전승인처분의 취소를 구할 원고적격도 있다.

4. 원자력법 제11조 제 3 항 소정의 부지사전승인제도는 원자로 및 관계 시설을 건설하고자 하는 자가 그 계획 중인 건설부지가 원자력법에 의하여 원자로 및 관계 시설의 부지로 적법한지 여부 및 굴착공사 등 일정한 범위의 공사(이하 '사전공사'라 한다)를 할 수 있는지 여부에 대하여 건설허가 전에 미리 승인을 받는 제도로서, 원자로 및 관계시설의 건설에는 장기간의 준비·공사가 필요하기 때문에 필요한 모든 준비를 갖추어 건설허가신청을 하였다가 부지의 부적법성을 이유로 불허가될 경우 그 불이익이 매우 크고 또한 원자로 및 관계시설 건설의 이와 같은 특성상 미리 사전공사를 할 필요가 있을 수도 있어 건설허가 전에 미리 그 부지의 적법성 및 사전공사의 허용 여부에 대한 승인을 받을 수 있게 함으로써 그의 경제적·시간적 부담을 덜어 주고 유효·적절한 건설공사를 행할 수 있도록 배려하려는 데 그 취지가 있다고 할 것이므로, 원자로 및 관계시설의 부지사전승인처분은 그 자체로서 건설부지를 확정하고 사전공사를 허용하는 법률효과를 지닌 독립한 행정처분이기는 하지만, 건설허가 전에 신청자의 편의를 위하여 미리 그 건설허가의 일부 요건을 심사하여 행하는 사전적 부분 건설허가처분의 성격을 갖고 있는 것이어서 나중에 건설허가처분이 있게 되면 그 건설허가처분에 흡수되어 독립된 존재가치를 상실함으로써 그 건설허가처분만이 쟁송의 대상이 되는 것이므로, 부지사전승인처분의 취소를 구하는 소는 소의 이익을 잃게 되고, 따라서 부지사전승인처분의 위법성은 나중에 내려진 건설허가처분의 취소를 구하는 소송에서 이를 다투면 된다. 수익적 행정행위의 철회는 그 처분 당시 별다른 하자가 없었음에도 불구하고 사후적으로 그 효력을 상실케 하

는 행정행위이다. 따라서 법령에 명시적인 규정이 있거나 행정행위의 부관으로 그 철회권이 유보되어 있는 등의 경우가 아니라면, 이는 원래의 행정행위를 존속시킬 필요가 없게 된 사정변경이 생겼거나 또는 중대한 공익상의 필요가 발생한 경우 등의 예외적인 경우에만 허용될 수 있다.

❙ 평 석

대법원은 원심과 달리 원고들의 원고적격을 인정하면서도 부지사전승인에 대한 취소소송은 그 후 원자로 건설허가로 인하여 소의 이익을 상실하였다고 판단하여 상고를 기각하였다.

❙ 참고문헌

김남진, "원자로시설부지사전승인과 법적 문제," 사회과학연구 4권 2호, 순천향대학교 사회과학연구소 (1999)

9. 계획재량
대법원 1998. 4. 24. 선고 97누1501 판결【주택건설사업계획사전결정불허가처분취소등】
원　심: 서울고등법원 1996. 12. 3. 선고 96구7504 판결

1. 당사자	【원고, 상고인】 주식회사 배○주택 외 1인 【피고, 피상고인】 의왕시장
2. 주요쟁점	행정주체가 도시계획의 입안·결정시 계획재량을 갖는지 여부 및 이 경우 고려하여야 할 비례의 원칙의 의미
3. 사건의 경과	원심에서 도시계획 변경결정의 취소를 구하는 원고의 청구를 기각하자 원고가 상고
4. 결　과	상고 기각
5. 관련조문	헌법 제37조 제 2 항, 도시계획법 제12조, 제13조, 제17조, 제25조, 행정소송법 제27조
6. 관련판례	대법원 1995. 12. 22. 선고 95누3831 판결 대법원 1997. 9. 26. 선고 96누10096 판결

❙ 판시사항

1. 행정주체가 도시계획의 입안·결정시 계획재량을 갖는지 여부(적극)
2. 위와 같은 경우 고려하여야 할 비례의 원칙의 의미

❙ 사실관계

피고가 연결도로를 새로 개설한다는 내용으로 도시계획을 변경함으로 인하여 원고가 계획 중이던 고층 아파트의 건축을 진행할 수 없게 되자, 도시계획 변경결정의 취소를 구하는 행정소송을 제기한 사안

❙ 판결요지

1. 행정주체가 구체적인 도시계획을 입안·결정함에 있어서 비교적 광범위한 계획재량을 갖고 있지만, 여기에는 도시계획에 관련된 자들의 이익을 공익과 사익에서는 물론, 공익 상호간과 사익 상호간에도 정당하게 비교·교량하여야 한다는 제한이 있는 것이므로, 행정주체가 도시계획을 입안·결정함에 있어서 이익형량을 전혀 하지 아니하거나 이익형량의 고려대상에 마땅히 포함시켜야 할

사항을 누락한 경우 또는 이익형량을 하였으나 정당성·객관성이 결여된 경우에는 그 행정계획결정은 재량권을 일탈·남용한 위법한 처분이라 할 수 있고, 또한 비례의 원칙(과잉금지의 원칙)상 그 행정목적을 달성하기 위한 수단은 목적달성에 유효·적절하고 또한 가능한 한 최소 침해를 가져오는 것이어야 하며 아울러 그 수단의 도입으로 인한 침해가 의도하는 공익을 능가하여서는 아니된다.

2. 도시의 건전한 발전에 기여하고 공공의 안녕질서와 공공복리의 증진에 기여하고자 하는 도시계획법의 목적에 비추어 볼 때, 당해 계쟁 토지상에 폭 6m의 도로신설에 관한 도시계획변경결정이 공익상의 필요에 터잡은 것으로서 그 행정목적에 적합하고 필요하며 상당성을 가진 것이라 인정할 수 있고, 그로 인하여 침해될 우려가 있는 개인의 법률상 이익 등을 고려한다고 하더라도, 위 결정이 비례의 원칙이나 평등의 원칙 등에 반하지 아니하고, 재량권 일탈·남용이 아니라고 본 사례.[1]

❙ 평 석

광범위한 형성의 자유를 가지고 있는 행정계획은 그 처분성이 인정되는 한 재량행위로서의 성격을 가지나, 이 경우 통상의 재량행위와 구별하여 이를 계획재량으로 분류하기도 한다. 조건규범으로 구성되어 법률 효과면에서 인정되는 행정재량의 경우와는 달리 계획재량은 목적규범을 전제로 행정청의 계획수립단계에서 광범위하게 인정되는 형성의 자유라는 측면을 가지고 있으므로, 양자를 달리 취급하여 계획재량이라고 하는 특별한 유형을 인정할 필요가 있다.

❙ 참고문헌

김용섭, “羈束行爲, 裁量行爲, 羈束裁量,” 판례연구 15집(下), 서울지방변호사회 (2001)

1 이와 같은 판단 근거로서 대법원은 ‘이 사건 계쟁 토지는 앞서 본 바와 같이 그 위치 및 현황, 주위 환경, 조망상태 등을 감안히여 소규모 주택단시로 개발하는 것이 적절하다고 인정할 수 있고, 위와 같은 개발이 이루어질 경우에 대비하여 위 토지상에는 거주자 및 차량의 통행로, 소방도로를 확보할 공익상의 필요가 있으며, 이에 따라 피고는 원고 회사가 위 사전결정을 신청하기 이전부터 이 사건 계쟁 토지상에 위와 같은 도로를 신설하는 취지의 도시계획변경을 추진하여 온 점, 위 토지상에 신설하기로 계획된 도로는 도시계획법상 가장 규모가 작은 구분에 속하는 폭 6m의 소로로서, 가구를 획정하고 택지와의 접근을 용이하게 하는 기능을 수행하는 것이고, 그 위치 및 배치간격은 도시계획법시행규칙이 정한 기준에 따라 설정된 점, 위와 같이 신설된 계획도로로 인하여 이 사건 계쟁 토지의 이용에 관한 제한이 강화되기는 하였으나 그 지상건축이 전면적으로 금지된 것이 아닌 점 등’을 고려요소로 삼고 있다.

10. 화성군해안산림보전사건 : 허가와 거부처분
대법원 1997. 9. 12. 선고 97누1228 판결【산림형질변경허가신청반려처분취소】
원 심: 서울고등법원 1996. 12. 10. 선고 96구16799 판결

1. 당 사 자	【원고, 피상고인】 원고 【피고, 상고인】 화성군수
2. 주요쟁점	산림훼손 금지 또는 제한지역에 해당하지 않더라도 산림훼손허가를 거부할 수 있는 경우가 존재하는지 여부 및 그 거부처분에 법규상 명문의 근거가 필요한지 여부
3. 사건의 경과	원심에서 피고가 원고에 대하여 한 산림형질변경허가신청 반려처분을 취소하자, 피고가 상고 제기
4. 결 과	원심판결 파기
5. 관련조문	구 산림법 제90조 제 1 항, 산림법시행규칙 제90조 제 1 항 제 7 호
6. 관련판례	대법원 1993. 5. 27. 선고 93누4854 판결 대법원 1995. 9. 15. 선고 95누6113 판결

❙ 판시사항
1. 산림훼손 금지 또는 제한지역에 해당하지 않더라도 산림훼손허가를 거부할 수 있는 경우가 존재하는지 여부(적극)
2. 위와 같은 거부처분에 법규상 명문의 근거가 필요한지 여부(소극)

❙ 사실관계
원고가 자신이 소유하고 있던 임야에 대하여 산림형질변경허가신청을 하였다가 산림훼손시 해안선 경관을 저해할 것으로 판단된다는 등의 사유로 반려되자, 위 산림형질변경허가신청 반려처분의 취소를 구하는 행정소송을 제기한 사안

❙ 판결요지
1. 산림훼손행위는 국토의 유지와 환경의 보전에 직접적으로 영향을 미치는 행위이므로 법령이 규정하는 산림훼손 금지 또는 제한지역에 해당하는 경우는 물론 금지 또는 제한지역에 해당하지 않더라도 허가관청은 산림훼손허

가신청 대상토지의 현상과 위치 및 주위의 상황 등을 고려하여 국토 및 자연의 유지와 환경의 보전 등 중대한 공익상 필요가 있다고 인정될 때에는 허가를 거부할 수 있고, 그 경우 법규에 명문의 근거가 없더라도 거부처분을 할 수 있으며, 산림훼손허가를 함에 있어서 고려하여야 할 공익침해의 정도 예컨대 자연경관훼손정도, 소음·분진의 정도, 수질오염의 정도 등에 관하여 반드시 수치에 근거한 일정한 기준을 정하여 놓고 허가·불허가 여부를 결정하여야 하는 것은 아니고, 산림훼손을 필요로 하는 사업계획에 나타난 사업의 내용, 규모, 방법과 그것이 환경에 미치는 영향 등 제반 사정을 종합하여 사회관념상 공익침해의 우려가 현저하다고 인정되는 경우에 불허가할 수 있다.

2. 원고 소유의 이 사건 임야는 주변의 임야와 더불어 주거지역으로 이용되는 인근의 광활한 간척지에 산림이라는 천혜의 자연환경을 제공하여 주는 중요한 역할을 하고 있을 뿐 아니라, 천연 암석이 자연스럽게 절개된 해안선을 따라 소나무, 해송 등의 수목이 서식하고 있는 등 그 자연경관을 원상태로 보존할 충분한 가치가 있다고 보임에 반하여, 당해 임야의 형질변경과 더불어 추진하고자 하는 사업은 비교적 대규모의 근린생활시설(일반음식점) 부지조성사업으로 그 사업계획상 위와 같은 자연환경을 보전하고자 하는 최소한의 계획마저 포함되어 있지 않는 것으로 판단되며, 당해 형질변경신청을 허가할 경우에는 인근 임야에 대한 형질변경신청도 일부 허가할 수밖에 없어 결국은 아직까지 자연 상태 그대로 보존되어 있는 당해 임야 및 인근의 임야 전체가 훼손되는 결과를 초래하게 될 것이므로, 지방자치단체장이 당해 형질변경 허가신청을 거부한 것은 당해 임야의 현상과 위치, 주위의 상황 및 사업계획에 나타난 사업의 내용, 규모, 방법과 그것이 환경에 미치는 영향 등에 비추어 국토 및 자연의 유지와 환경의 보전 등 중대한 공익상의 필요에 의한 것이라고 본 사례.

❚ 평 석

대법원은 이 사건에서 재량행위의 경우 법규에 처분의 신청에 대한 거부의 사유로서 공익침해사유가 명시되거나 구체화되지 않았다 하더라도 공익침해는 독자적인 처분 신청의 거부사유를 형성한다고 판시하고 있다. 이처럼 공익침해가 거부사유가 되는 경우에는 법규의 명백한 근거가 없어도 거부처분이 정당하다는 대법원의 입장은 이후의 판례(98두1857 판결)에서도 여전히 유지된 바 있다. 다만 결론의 정당성과는 별개로 공익을 이유로 한 거부처분이 당사자에 대하여 합리적으로 예측 가능한 범위 내의 거부사유에 해당하여 정당한 재산권 제한에 해당하는지에 관하여는 좀 더 논의가 필요할 것으로 보인다.

▎참고문헌

최송화, "判例에 있어서의 公益," 행정판례연구 6집, 서울대학교 (2001)

Case Book of Environmental Law

11. 고○레미콘사건 : 한 차원 높은 가치와 신뢰보호의 원칙
대법원 1996. 7. 12. 선고 95누11665 판결【공장설립신고수리거부처분취소】
원 심 : 서울고등법원 1995. 7. 5. 선고 94구23083 판결

1. 당 사 자	【원고, 피상고인】 고○산업개발 주식회사 【피고, 상고인】 김포군수
2. 주요쟁점	토지거래허가 후 환경위해가 예상됨을 이유로 한 공장입지조정명령의 적법성
3. 사건의 경과	원심에서 원고의 취소청구를 인용하자 피고가 대법원에 상고
4. 결 과	파기 환송
5. 관련조문	헌법 제35조, 공업배치및공장설립에관한법률 제8조, 제9조, 구 공업배치및공장설립에관한법률시행령(1994. 7. 4. 대통령령 제14315호로 개정되기 전의 것) 제13조, 환경정책기본법 제4조, 제6조
6. 관련판례	대법원 1997. 8. 29. 선고 96누6646 판결 대법원 1999. 7. 23. 선고 97누6261 판결

▎판시사항
토지거래허가를 한 후에 오염물질 배출 등으로 인한 환경위해가 예상된다는 이유로 한 레미콘공장 입지조정명령이 적법하다고 본 사례

▎사실관계
원고가 피고로부터 토지거래허가를 받아 공장용지를 매수하고 레미콘 제조공장 설립을 위하여 공장설립신고서를 제출하였으나, 피고는 환경위해 우려를 이유로 공장입지변경권고를 하였고 원고가 이에 불응하자 공장입지조정명령을 발하였으며, 원고는 이에 대하여 취소소송을 제기한 사안

▎판결요지
지방자치단체로서는 주민들이 쾌적한 환경에서 살 수 있도록 하여야 할 책무가 있으며, 이 사건에 있어서와 같이 그 관할 구역에 공장을 설치하려는 자가 있는 경우에 이와 같이 쾌적한 환경에서 생활할 권리를 가지는 주민들에게 위해를 가할 우려가 있다고 판단되면 당연히 공업배치및공장설립에관

한법률 제 9 조의 규정에 따라 공장입지의 변경의 권고를 할 수 있고, 이에 불응하는 자에게 공장입지의 변경 또는 공장설립계획의 조정을 명할 수 있으며, 한편 레미콘공장 설립을 하면 환경에 현저한 위해를 가할 우려가 있고 그러한 사정이 있음에도 불구하고 공장설립을 허가하는 것이 같은 법 제 8 조와 이 규정에 따른 통상산업부고시에 위반된다면, 설사 관할 지방자치단체가 토지거래허가 시에 이러한 사정을 간과하고 토지거래허가를 하였다고 하더라도 쾌적한 환경에서 생활할 주민들의 권리라는 한 차원 높은 가치를 보호하기 위한 조정명령을 신뢰보호의 원칙을 들어 위법하다고 할 수도 없다.

▍평 석

행정청이 앞서 표명한 공적인 견해에 반하는 행정처분을 함으로써 달성하려는 공익이 행정청의 공적 견해표명을 신뢰한 개인이 그 행정처분으로 인하여 입게 되는 이익의 침해를 정당화할 수 있을 정도로 강한 경우에는 신뢰보호의 원칙을 들어 그 행정처분이 위법하다고 할 수는 없다.

위 판결에서 대법원이 주민들이 쾌적한 환경에서 살 수 있도록 하여야 할 책무가 있는 지방자치단체가 토지거래허가를 하였다고 하더라도 쾌적한 환경에서 생활할 권리를 가지는 주민들의 이익을 위해 조정명령을 한 것이 적법하다고 함으로써 신뢰보호원칙보다 주민의 환경권을 더 우선시 한 것은 바람직하고 앞으로 기업활동이나 지방자치단체에게 미치는 영향과 의미가 크다고 할 수 있다. 대법원은 위 판결을 통하여 지방자치단체는 공장이나 공해업소 등의 설립을 허가할 때 환경피해나 지역주민들의 환경권 보호를 앞서서 고려하고 허가기준으로 삼아야 한다는 점을 상기시켰으며 또한 기업 역시 환경을 파괴할 가능성이 있는 사업을 추진할 경우 공장입지에 보다 세심한 주의를 해야 한다는 점을 천명하였다고 할 수 있다.

▍참고문헌

고문현, “환경권에 관한 최근 판례의 경향,” 헌법규범과 헌법현실, 박영사 (2000)

김덕진, “행정청이 신뢰의 대상이 되는 공적인 견해표명을 한 경우에 있어서의 신뢰보호의 원칙 적용에 관한 고찰,” 재판실무연구 2000 (2001)

12. 시정명령처분 등 취소사건

대법원 1996. 3. 22. 선고 96누433 판결【시정명령처분등취소】

원 심: 부산고등법원 1995. 11. 17. 선고 93구3974 판결

1. 당사자	【원고】 원고 【피고】 울산시장
2. 주요쟁점	위법 건축물에 대한 단전 및 전화통화 단절조치의 법적 성격
3. 사건의 경과	원심에서 피고의 단전 및 전화통화 단절조치가 적법한 제재처분이라고 하여 원고의 청구를 기각하자 원고가 상고
4. 결 과	원심판결 파기 및 소각하판결(파기자판)
5. 관련조문	행정소송법 제 2 조, 제19조, 건축법 제69조
6. 관련판례	대법원 1995. 11. 21. 선고 95누9099 판결 대법원 1993. 10. 26. 선고 93누6331 판결

❙ 판시사항

위법 건축물에 대한 단전 및 전화통화 단절조치 요청행위가 항고소송의 대상이 되는 행정처분인지 여부(소극)

❙ 사실관계

피고가 1993. 6. 11. 전기·전화의 공급자에 대하여, 원고가 피고로부터 건축허가를 받아 지은 이 사건 다세대주택이 인접 토지를 무단침범하고, 철거하여야 할 무허가건물을 불법 용도변경 하였으며, 준공검사 전에 위 다세대주택을 사전 사용하고 있다는 사유를 들어 이 사건 건물에 대한 단전 및 전화통화 단절조치를 요청하면서 원고에게 이와 같은 사실을 통보하자 원고가 그 제재처분의 취소를 구한 사안

❙ 판결요지

항고소송의 대상이 되는 행정처분이라 함은 행정청의 공법상의 행위로서 특정 사항에 대하여 법규에 의한 권리의 설정 또는 의무의 부담을 명하거나 기타 법률상 효과를 발생하게 하는 등 국민의 권리의무에 직접 관계가 있는 행위를 가리키는 것이고, 행정권 내부에서의 행위나 알선, 권유, 사실상의 통

지 등과 같이 상대방 또는 기타 관계자들의 법률상 지위에 직접적인 법률적 변동을 일으키지 아니하는 행위 등은 항고소송의 대상이 되는 행정처분이 아니다.

건축법 제69조 제2항, 제3항의 규정에 비추어 보면, 행정청이 위법 건축물에 대한 시정명령을 하고 나서 위반자가 이를 이행하지 아니하여 전기·전화의 공급자에게 그 위법 건축물에 대한 전기·전화공급을 하지 말아 줄 것을 요청한 행위는 권고적 성격의 행위에 불과한 것으로서 전기·전화공급자나 특정인의 법률상 지위에 직접적인 변동을 가져오는 것은 아니므로 이를 항고소송의 대상이 되는 행정처분이라고 볼 수 없다.

▌평 석

행정소송법 제2조 제1항 제1호에서는 "처분이라 함은 행정청이 행하는 구체적 사실에 관한 법집행으로서의 공권력 행사 또는 그 거부 그 밖에 이에 준하는 행정작용을 말한다"라고 규정하고 있는데, 취소소송의 대상이 되는 행정처분을 어떻게 파악할 것인가에 관하여 법률상이익구제설, 보호가치이익구제설, 적법성 보장설 등의 학설 대립이 있고, 판례는 기본적으로 법률상 보호이익설을 취해 오면서 점차 반사적 이익을 보호이익으로 인정하는 추세를 보여 왔으며, 국민의 권리의무에 직접 관계가 있는 행위인 경우 행정처분성을 인정하여 왔다.

대상판결도 이러한 판례의 연장선상에 있는 것으로서, 건축법 규정상 피고의 행위는 그 자체로서 전기, 전화공급자나 특정인의 법률상 지위에 직접적인 변동을 가져오는 것은 아니라는 이유에서 처분성을 부정하였다.

▌참고문헌

강영호, "위법 건축물에 대한 전기·전화공급을 중단할 것을 요청하는 행위가 항고소송의 대상이 되는 행정처분이라고 할 수 있는가," 대법원판례해설 25호, 법원도서관 (1996. 11.)

13. 공설화장장사건 : 상수원보호구역설정과 원고적격
대법원 1995. 9. 26. 선고 94누14544 판결【상수원보호구역변경처분등취소】
원 심 : 부산고등법원 1994. 10. 14. 선고 93구7365 판결

1. 당 사 자	【원고】 원고1 외 298인 【피고】 부산광역시장
2. 주요쟁점	제 3 자의 원고적격
3. 사건의 경과	원심에서는 원고들이 상수원보호구역변경처분과 도시계획결정처분 모두에 대하여 그 취소를 구할 법률상 이익을 갖고 있지 않다고 보아 소를 모두 각하하였고, 이에 원고들이 상고
4. 결 과	도시계획결정취소청구에 관한 부분 파기 환송
5. 관련조문	행정소송법 제12조, 도시계획법 제12조, 수도법 제 5 조 제 1 항
6. 관련판례	대법원 1992. 12. 8. 선고 91누13700 판결 대법원 2010. 4. 15. 선고 2007두16127 판결

판시사항

1. 제 3 자에게 상수원보호구역변경처분의 취소를 구할 법률상 이익이 있는지 여부(소극)

2. 제 3 자에게 도시계획결정처분의 취소를 구할 법률상 이익이 있는지 여부(적극)

사실관계

수도법상 상수원보호구역으로 지정되어 있고, 도시계획법상 묘지공원으로 도시계획시설결정이 되어 있는 토지가 공설화장장 부지로 선정(상수원보호구역변경처분 및 도시계획시설결정처분)되자 인근 원고들이 양질의 급수를 받을 이익 등이 침해되었다고 주장하며 각 처분의 취소를 구하는 행정소송을 제기한 사안

판결요지

1. 상수원보호구역 설정의 근거가 되는 수도법 제 5 조 제 1 항 및 동 시행령 제 7 조 제 1 항이 보호하고자 하는 것은 상수원의 확보와 수질보전일 뿐

이고, 그 상수원에서 급수를 받고 있는 지역주민들이 가지는 상수원의 오염을 막아 양질의 급수를 받을 이익은 직접적이고 구체적으로는 보호하고 있지 않음이 명백하여 위 지역주민들이 가지는 이익은 상수원의 확보와 수질보호라는 공공의 이익이 달성됨에 따라 반사적으로 얻게 되는 이익에 불과하므로 지역주민들에 불과한 원고들에게는 위 상수원보호구역변경처분의 취소를 구할 법률상의 이익이 없다.

2. 도시계획법 제12조 제3항의 위임에 따라 제정된 도시계획시설기준에관한규칙 제125조 제1항이 화장장의 구조 및 설치에 관하여는 매장및묘지등에관한법률이 정하는 바에 의한다고 규정하고 있어, 도시계획의 내용이 화장장의 설치에 관한 것일 때에는 도시계획법 제12조 뿐만 아니라 매장및묘지등에관한법률 및 같은법시행령 역시 그 근거 법률이 된다고 보아야 할 것이므로, 같은법시행령 제4조 제2호가 공설화장장은 20호 이상의 인가가 밀집한 지역, 학교 또는 공중이 수시 집합하는 시설 또는 장소로부터 1,000m 이상 떨어진 곳에 설치하도록 제한을 가하고, 같은법시행령 제9조가 국민보건상 위해를 끼칠 우려가 있는 지역, 도시계획법 제17조의 규정에 의한 주거지역, 상업지역, 공업지역 및 녹지지역 안의 풍치지구 등에의 공설화장장 설치를 금지함에 의하여 보호되는 부근 주민들의 이익은 위 도시계획결정처분의 근거 법률에 의하여 보호되는 법률상 이익이다.

▌평 식

대법원은 인근 주민이 제기한 연탄공장건축허가처분의 취소소송(대법원 1975. 5. 13. 선고 73누96, 97 판결)에서 이른바 인인소송(隣人訴訟)에서 인근 주민의 원고적격을 인용한 바 있으나 그 이후 원고적격의 인정범위에 관하여 소극적이라는 평가를 받아왔다. 대상판결에서는 도시계획결정과 관련하여 인근 주민의 원고적격을 인정할 가능성을 설시하였다는 데 그 의의가 있다.

▌참고문헌

이영진, “지역주민들이 공설화장장설치결정처분의 취소를 구할 수 있는 원고적격을 가지는지 여부,” 판례월보 307호, 판례월보사 (1996)

13번 판례 원문: 대법원 1995. 9. 26. 선고 94누14544 판결 【상수원보호구역변경처분등취소】

【이 유】

1. 행정처분의 직접 상대방이 아닌 제3자라도 당해 행정처분의 취소를 구할 법률상의 이익이 있는 경우에는 원고적격이 인정된다 할 것이나, 여기서 말하는 법률상의 이익은 당해 처분의 근거 법률에 의하여 보호되는 직접적이고 구체적인 이익이 있는 경우를 말하고, 다만 공익보호의 결과로 국민일반이 공통적으로 가지는 추상적, 평균적, 일반적인 이익과 같이 간접적이나 사실적, 경제적 이해관계를 가지는데 불과한 경우는 여기에 포함되지 않는다고 할 것이다(대법원 1992. 12. 8. 선고 91누13700 판결, 1993. 7. 27. 선고 93누8139 판결, 1994. 4. 12. 선고 93누24247 판결 등 참조).

2. 원심판결이유에 의하면 원심은 거시증거에 의하여 피고시가 그 동안 운영하여 오던 당감동 공설화장장이 시설노후와 인근에의 주택밀집 등을 이유로 폐쇄되자, 그 대체 화장장을 설치하기 위하여 피고시가 소유자로서 운영하고 있는 공설묘지인 시립영락공원내의 부산 금정구 두국동 산 83의2 일대 69,200㎡(이하 이 사건 토지라 한다)를 그 부지로 선정한 사실, 그러나 이 사건 토지는 피고시의 동래구, 금정구, 해운대구의 일부지역에 급수되는 회동수원지에 인접한 곳으로서 수도법 제5조에 의거 상수원보호구역으로 지정되고 있고, 도시계획법 제12조에 의거 묘지공원으로 도시계획시설결정이 되어 있는 곳인데, <u>도시계획법등 관계법령에 의하면 화장장은 상수원보호구역이나 묘지공원내에는 설치할 수 없게 되어 있는 사실,</u> <u>이에 따라 피고는 화장장 가동에 따른 오폐수가 회동수원지로 유입되지 않고 전용하수관을 통하여 막바로 수영천으로 유입되도록 하는 등의 제반오염방지장치를 갖출 것을 조건으로 이 사건 토지를 상수원보호구역에서 제외시켜 화장장을 설치하기로 하고, 수도법, 도시계획법등이 정한 절차를 거쳐 1993. 8. 27. 부산직할시 고시 제1993-497호로 이 사건 토지를 상수원보호구역에서 제외하는 회동수원지상 수원보호구역변경처분</u>을 하고, <u>이어 같은 해 10. 5. 부산직할시 고시 1993-279호로 이 사건 토지상에 화장장을 설치하기로 하는 도시계획결정을 한 사실</u>을 인정한 다음, 상수원보호구역 설정의 근거가 되는 <u>수도법 제5조 제1항 및 동 시행령 제7조 제1항이 보호하고자 하는 것은 상수원의 확보와 수질보전일 뿐이고, 그 상수원에서 급수를 받고 있는 지역주민들이 가지는 상수원의 오염</u>

을 막아 양질의 급수를 받을 이익은 직접적이고 구체적으로는 보호하고 있지 않음이 명백하여 위 지역주민들이 가지는 이익은 상수원의 확보와 수질보호라는 공공의 이익이 달성됨에 따라 반사적으로 얻게 되는 이익에 불과하므로 지역주민들에 불과한 원고들은 위 상수원보호구역변경처분의 취소를 구할 법률상의 이익을 갖고 있지 않고, 또 위 도시계획결정처분의 근거는 도시계획법 제12조라 할 것인데 도시계획법상 도시계획시설 인근주민들의 이익을 배려하는 규정은 찾아볼 수 없으므로(설령 이 사건 결정처분이 매장및묘지등에관한법률 제7조 제3항, 그 시행령 제4조 제2호 라목 소정의 이격거리를 위배하였다 하더라도 매장및묘지등에관한법률은 위 처분의 근거법률이 아니어서 도시계획결정시 고려할 사항에 불과하다), 위 도시계획결정에 관하여 인근주민들이 가지는 이익은 사실적, 경제적 이익에 불과하다 할 것이니, 원고들은 위 도시계획결정처분에 대하여도 그 취소를 구할 법률상의 이익을 가지지 못한다고 판단하여 원고들의 이 사건 소를 모두 각하하였다.

3. 살피건대 상수원보호구역변경처분에 관한 근거법률 및 그 취소소송에 있어서의 원고적격에 관한 원심의 위와 같은 판단은 앞에서 말한 법리에 따른 것으로서 정당하고, 거기에 소론이 주장하는 바와 같은 법리오해의 위법이 있다 할 수 없다. 논지는 이유 없다.

4. 그러나 도시계획법 제12조 제3항의 위임에 따라 제정된 도시계획시설기준에관한규칙 제125조 제1항이 화장장의 구조 및 설치에 관하여는 매장및묘지등에관한법률이 정하는 바에 의한다고 규정하고 있어, 도시계획의 내용이 화장장의 설치에 관한 것일 때에는 도시계획법 제12조 뿐만 아니라 매장및묘지등에관한법률 및 동 시행령 역시 그 근거법률이 된다고 보아야 할 것이므로, 매장및묘지등에관한법률시행령 제4조 제2호가 공설화장장은 20호 이상의 인가가 밀집한 지역, 학교 또는 공중이 수시 집합하는 시설 또는 장소로 부터 1,000미터 이상 떨어진 곳에 설치하도록 제한을 가하고, 같은 시행령 제9조가 국민보건상 위해를 끼칠 우려가 있는 지역, 도시계획법 제17조의 규정에 의한 주거지역, 상업지역, 공업지역 및 녹지지역안의 풍치지구 등에의 공설화장장 설치를 금지함에 의하여 보호되는 부근 주민들의 이익은 위 도시계획결정처분의 근거법률에 의하여 보호되는 법률상 이익이라 할 것이다.

따라서 원심으로서는 이 사건 본안이 인용될 것인지 여부는 별론으로 하더라도 적어도 당사자적격 문제에 있어서는 원고들이 위와 같은 지역에 거주하는지 여부 등을 살펴 원고들에게 원고적격이 있는지 등을 따졌어야 함에도 이 점에 관하여는 전혀 심리하지 않은채 매장및묘지등에관한법률이나 동 시행령은 위 도시계획결정처분의 근거법률이 아니라는 전제에서 위 법에 의하여 보호되는 이익이 침해되었음을 주장하는 원고들에게는 위 도시계획결정처분의 취소를 구할 원고적격이 없다고 한 것은 도시계획결정처분의 근거법률 및 그에 의하여 보호되는 법률상 이익에 관한 법리를 오해하여 판결에 영향을 미친 위법을 범한 것이라 할 것이다. 이 점을 지적하는 논지는 이유 있다.

Case Book of Environmental Law

14. 공장입지지정승인처분취소와 원고적격

대법원 1995. 2. 28. 선고 94누3964 판결【공장설립입지지정승인처분취소】
원 심: 대전고등법원 1994. 2. 25. 선고 93구1136 판결

1. 당 사 자	【원고, 상고인, 선정당사자】 원고 【피고, 피상고인】 아산군수 소송대리인 변호사 【피고보조참가인, 피상고인】 주식회사 우○건설
2. 주요쟁점	행정처분의 직접 상대방이 아닌 제3자가 당해 행정처분의 취소를 구할 법률상의 이익이 있는 경우
3. 사건의 경과	원심이 원고에게 법률상 이익이 없다는 이유로 각하하자 원고가 상고
4. 결 과	상고 기각
5. 관련조문	행정소송법 제12조, 공업배치및공장설립에관한법률 제1조, 제18조, 산업입지및개발에관한법률 제1조, 제40조
6. 관련판례	대법원 1991. 12. 13. 선고 90누10360 판결 대법원 1993. 7. 27. 선고 93누8139 판결

❙ 판시사항

행정처분의 직접 상대방이 아닌 제3자가 당해 행정처분의 취소를 구할 법률상의 이익이 있는 경우 및 공장입지지정승인처분이 취소됨으로 인하여 해를 입을 우려에서 벗어나는 것과 같은 이익은 위의 법률상 이익이 아니라고 한 사례

❙ 사실관계

피고가 피고보조참가인에 대해서 기타 콘크리트 제조업을 업종으로 공장입지지정승인처분을 하자 원고가 재량권 일탈을 이유로 이의 취소를 청구한 사안

❙ 판결요지

1. 행정처분의 직접 상대방이 아닌 제3자라도 당해 행정처분의 취소를 구할 법률상의 이익이 있는 경우에는 원고적격이 인정되나 여기서 말하는 법

률상의 이익은 당해 처분의 근거법률에 의하여 보호되는 직접적이고 구체적인 이익이 있는 경우를 말하고, 다만 공익 보호의 결과로 국민일반이 공통적으로 가지는 추상적, 평균적, 일반적인 이익과 같이 간접적이거나 사실적, 경제적 이해관계를 가지는 데 불과한 경우는 여기에 포함되지 않는다.

2. 근거법률의 내용에 비추어 볼 때 분진, 소음, 수질오염 등의 해를 입을 우려에서 벗어나는 것과 같은 이익은 그 입지지정승인처분의 근거법률에 의하여 보호되는 직접적이고 구체적인 이익이라고 할 수 없고, 그 공장입지지정승인처분이 건축된 공장의 가동으로 인하여 발생할 공해의 발생까지 정당화하는 것은 아니며 이는 별도의 법률의 규제를 받게 되므로 원고에게는 법률상 이익이 없어 이의 취소를 다툴 원고적격이 없다.

❙ 평 석

대법원은 과거 "민중소송을 제외하고는 행정처분에 의하여 자기의 권리 또는 이익을 침해당한 자가 아니면 처분의 취소를 구할 원고적격이 없다"고 판시하여 처분의 직접 상대방 이외의 제 3 자에게 원고적격을 인정하지 않았으나, 1965. 9. 23. 선고 65누88 전원합의체 판결로써 "처분의 직접상대방은 물론 제 3 자라 하더라도 그 처분의 취소, 변경에 관하여 법률상의 이익이 있으면 특별한 사정이 없는 한 원고로서 소를 제기할 수 있다"고 판시한 이래 원고적격을 줄곧 확대하는 방향으로 판례를 형성해 왔다.

그러나 대법원은 경업관계에 있는 제 3 자의 원고적격을 비교적 폭넓게 인정해온 것과는 달리 환경이익이 침해되었다고 주장하는 인근주민에 대하여는 원고적격을 좀처럼 인정하지 않았다. 이 판결에서 대법원은 법률상 이익을 당해 처분의 근거가 되는 법규정의 취지, 목적 등에 의하여 보호되는 이익으로 좁게 해석하고 있지만 처분의 근거법률 외에 목적이 공통되는 관련 법령의 규정도 충분히 고려하여야 할 것이다.

❙ 참고문헌

허상수, "환경소송의 원고적격," 판례연구 9집, 부산판례연구회 (1995. 9.)

15. 국유도로의 공용폐지처분무효확인 등

대법원 1992. 9. 22. 선고 91누13212 판결【국유도로의 공용폐지처분무효확인등】

원 심: 서울고등법원 1991. 11. 6. 선고 91구3118 판결

1. 당 사 자	【원고, 상고인】 원고 【피고, 피상고인】 공주시장
2. 주요쟁점	일반국민 또는 주민의 문화재 향유 이익과 원고적격
3. 사건의 경과	원심이 원고가 주장하는 공원경관의 훼손 등으로 인한 조망의 이익이나 문화재 매장의 가능성에 따른 일반 국민으로서의 문화재 보호라는 이해관계가 직접, 구체적인 이익이라 할 수 없다고 보아 소 각하 판결을 선고하자, 원고가 상고
4. 결 과	상고 기각
5. 관련조문	행정소송법 제12조, 국유재산법 제30조, 문화재보호법 제 1 조
6. 관련판례	대법원 1991. 12. 13. 선고 90누10360 판결

❙ 판시사항

1. 제 3 자가 행정처분의 취소를 구할 원고적격이 있는 경우

2. 일반국민 또는 주민이 문화재를 향유할 이익이 구체적이고 법률적인 이익인지 여부(소극)

❙ 사실관계

피고가 공주시 소재 도로에 대하여 용도폐지처분을 하고 아파트 사업계획 승인처분을 하자, 원고가 통행권을 박탈당한 인근주민으로서 무효 확인을 구함과 함께, 그 도로 부지는 공산성 부근 산성공원 인접지역으로서 고층아파트를 건설하게 되면 산성공원의 경관을 훼손할 뿐 아니라 위 공원 경계지역의 자연을 파괴함으로써 백제문화재보존 및 보호시책에 위반된다고 주장하며 일반주민으로서 그 취소를 구하는 소를 제기한 사안

❙ 판결요지

1. 행정처분의 직접 상대방이 아닌 제 3 자라도 당해 행정처분의 취소를 구할 법률상의 이익이 있는 경우에는 원고적격이 인정된다 할 것이나, 여기서

말하는 법률상의 이익은 당해 처분의 근거법률 등에 의하여 보호되는 직접적이고 구체적인 이익이 있는 경우를 말하고, 간접적이거나 사실적, 경제적 이해관계를 가지는 데 불과한 경우는 여기에 포함되지 아니한다 할 것이다.

2. 문화재는 문화재의 지정이나 그 보호구역으로 지정이 있음으로써 유적의 보존 관리 등이 법적으로 확보되어 지역주민이나 국민일반 또는 학술연구자가 이를 활용하고 그로 인한 이익을 얻는 것이지만, 그 지정은 문화재를 보존하여 이를 활용함으로써 국민의 문화적 향상을 도모함과 아울러 인류문화의 발전에 기여한다고 하는 목적을 위하여 행해지는 것이지, 그 이익이 일반 국민이나 인근주민의 문화재를 향유할 구체적이고도 법률적인 이익이라고 할 수는 없다.

▍평 석

일반국민의 문화재향유권에 관하여 다른 판례는 없고, 일본에서는 최고재판소 판례가 일관되게 보호법익으로서의 "문화재향유권"을 인정하지 않고 있다. 대법원이 위 판례에서 적절하게 설시하는 바와 같이 문화재를 향유함으로써 얻는 이익을 법률에 의하여 보호되는 직접적이고 구체적인 이익으로 인정하기는 어렵다고 보인다.

▍참고문헌

백윤기, "도로공용폐지 등을 다툴 원고적격," 대법원판례해설 18호, 법원도서관 (1992)

16. 배출부과금 부과처분의 법적 성질
서울고등법원 1997. 10. 9. 선고 96구21975 판결(확정) 【배출부과금부과처분취소】

1. 당 사 자	【원고】 주식회사 데○스 【피고】 한강환경관리청장
2. 주요쟁점	배출부과금 부과처분의 법적 성질이 기속행위인지 여부
3. 사건의 경과	피고로부터 배출부과금 부과처분을 받은 원고가 부과처분의 취소를 구하는 소를 제기
4. 결 과	원고 청구 기각
5. 관련조문	수질환경보전법 제19조 제1항, 동법 시행령 제9조 내지 제12조, 제27조

❙ 판시사항

배출부과금 부과처분의 법적 성질이 기속행위인지 여부(적극)

❙ 사실관계

양모피 제조업을 영위하는 원고 공장의 폐수처리시설 최종방류구에서 배출되는 폐수에서 수질환경보전법상의 배출허용기준치를 초과하는 수질오염물질(크롬)이 검출되는 것으로 밝혀져 피고가 원고에게 배출부과금을 부과하자, 원고가 가사 자신에게 잘못이 인정되더라도, 도산 위기의 원고에게 과도한 부과처분을 하여 도산에 이르게 한 것은 재량권을 남용한 것이라는 이유로 배출부과금 부과처분의 취소를 구한 사안

❙ 판결요지

관계법령의 규정에 의하면, 환경부장관 등은 오염물질을 배출하는 사업자에 대하여 배출허용기준의 초과여부, 오염물질의 배출기간, 배출량, 위반횟수, 위반지역, 사업자의 종별 등에 따라 산정한 배출부과금을 납부하여야 할 것을 명하여야 한다는 것이므로 피고의 이 사건 처분은 기속행위에 해당한다고 볼 것인바, 따라서 원고 주장의 사유는 법시행령 제27조에서 정하는 배출부과금의 징수유예 내지 분할납부의 사유가 될 수는 있을지언정(제2호에서 '사업에 현저한 손해를 입어 중대한 위기에 처한 경우'를 들고 있다) 그러한 사유로

써 이 사건 처분이 재량권을 일탈한 위법한 처분이 될 수 없다.

▎평 석

배출부과금은 이른바 "새로운 의무이행확보수단"으로서 그 법적 성질에 관하여는 의견의 대립이 있다. 대상판결은 배출부과금이 기속행위로 법령에서 정한 기준과 절차에 따라 부과되는 기속행위라고 판시하였는데, 수액결정을 재량으로 보는 과징금과 배출부과금이 법적으로 구별되는 성질을 가지고 있음을 뒷받침하고 있다. 또한 배출부과금은 국고로 귀속되지 않고 의무이행의 확보와 수질환경의 보전이라는 행정목표의 달성을 위해서만 제한적으로 사용된다는 점에서 이익환수와 제재의 성격이 강한 과징금과 구별된다고 평가할 수 있다.

▎참고문헌

정하중, "배출부과금의 제도적 근거와 법적 개선방향," 환경법, 사법연수원 (2003)

17. 배출부과금 부과처분의 법적 성질
부산고등법원 1996. 4. 17. 선고 94구2640 판결(확정) 【개선명령및조업정지명령취소】

1. 당 사 자	【원고】 경○화학공업 주식회사 【피고】 낙동강환경관리청장
2. 주요쟁점	배출부과금 부과처분이 개선명령을 전제로 하거나 종속된 처분인지 여부
3. 사건의 경과	피고로부터 대기오염배출시설 등의 개선명령을 받은 원고가 개선명령의 취소를 구하는 소제기
4. 결 과	원고의 소각하
5. 관련조문	행정소송법 제12조, 대기환경보전법 제16조, 제19조, 동법 시행령 제12조

❙ 판시사항
배출부과금 부과처분이 개선명령을 전제로 하거나 종속된 처분인지 여부(소극)

❙ 사실관계
원고가 자신의 공장에 있는 대기오염배출시설에서 배출허용기준을 초과한 매연이 배출되었음을 이유로 내려진 피고의 개선명령은 잘못된 검사방법에 근거한 것이어서 위법하다고 주장하며 개선명령의 취소를 구한 사안

❙ 판결요지
1. 개선명령의 이행을 완료하였다는 사실에 비추어 볼 때, 위 개선명령은 그에 따른 이행이 완료되었거나 당초부터 개선을 명할 사유가 없었던 것이어서 어느 경우에나 개선명령의 효과는 사실상 상실되었다고 할 것인바, 특별한 다른 사정이 없는 한 위 개선명령의 취소를 구하는 소는, 그 이익이 없는 것으로 부적법하다.

2. 원고는 피고가 위 개선명령에 뒤이어 오염물질배출을 근거로 배출부과금납부명령을 하였는바, 배출부과금납부명령은 개선명령을 전제로 이루어진 종된 처분이므로 개선명령의 취소를 구할 법적 이익이 있다고 주장하나, 개

선명령과 배출부과금납부명령은 대기오염배출을 요건으로 하고 대기오염으로 인한 환경상의 위해를 방지하려는 그 종국적 목적 또한 같지만, 어느 일방이 다른 쪽의 전제가 되거나 종속된 처분이 아니라 각기 별개의 직접적인 목적을 가지고 별도의 법적 근거에서 행하는 독립된 처분으로서 가령, 위 개선명령이 위법하여 이를 취소하는 확정판결이 있다고 하여도 당연히 위 배출부과금납부명령의 효력이 상실되는 관계에 있는 것이 아니므로, 결국 원고가 내세우는 위와 같은 배출부과금에 관한 불이익은 위 배출부과금납부명령 자체를 다투어서 보호받아야 할 것이지 이를 가지고 위 개선명령의 취소를 구하는 이 사건 소의 이익으로 삼을 수는 없다고 할 것이다.

▌평 석

위 판결에서 적절히 지적한 바와 같이, 개선명령과 배출부과금 납부명령은 별개의 목적과 법적 근거에서 행하는 독립된 처분이고, 선행처분과 후행처분이 서로 결합하여 하나의 법률효과를 완성하는 경우가 아닐 뿐더러 설령 선행처분인 개선명령에 하자가 있다고 하더라도 이를 이유로 후행처분인 배출부과금 납부명령의 하자를 주장하지 못하게 하는 것이 당사자에게 수인한도를 넘는 가혹한 경우라고도 볼 수 없으므로, 각 처분에 불복하고자 하는 경우에는 그 자체를 다투어야 할 것이다. 위 판례는 원칙적으로 하자의 승계를 부정하는 대법원의 입장을 행정소송의 소의 이익을 판단하는 데까지 일관되게 유지한 것으로 보인다.

▌참고문헌

정하중, "배출부과금의 제도적 근거와 법적 개선방향," 환경법연구 15권, 한국환경법학회 (1993)

정하중, "배출부과금의 제도적 근거와 법적 개선방향," 환경법, 사법연수원 (2003)

18. 자연환경지구 내의 건축행위제한 규정의 위헌성
헌법재판소 2006. 1. 26. 선고 2005헌바18 전원재판부 결정【자연공원법제11조등위헌소원(제18조, 제23조, 제28조)】
당해사건 : 서울고등법원 2004나47132, 47149(병합)

1. 당 사 자	【청구인】 청구인
2. 주요쟁점	자연공원 중 자연환경지구에서의 건축행위 제한에 대하여 정하고 있는 조항이 비례의 원칙에 위배되는지 여부
3. 사건의 경과	청구인은 소유 임야의 인도 등을 구하는 소송계속 중, 위헌법률심판 제청신청을 하였다가 기각되자 헌법소원심판 청구
4. 결 과	합헌(재판관 1인의 위헌의견)
5. 심판대상조항	자연공원법 제23조 제 1 항 제 1 호 중 제23조 제 2 항 제 1 호에 의한 제18조 제 2 항 제 2 호 적용부분, 제28조 제 1 항
6. 관련조문	헌법 제23조 제 1 항, 제 2 항, 제37조 제 2 항, 자연공원법 제18조, 제23조
7. 관련판례	헌법재판소 1998. 12. 24. 선고 89헌마214 90헌바16, 97헌바78(병합) 전원재판부 결정 헌법재판소 1999. 10. 21. 선고 97헌바26 결정 헌법재판소 2005. 9. 29. 선고 2002헌바84등 결정

▌판시사항

자연공원 중 자연환경지구에서의 건축행위 제한에 관하여 규정한 심판대상조항이 비례의 원칙에 위배되는지 여부(소극)

▌사실관계

청구인은 대한민국과 국립공원관리공단이 매수나 토지수용 등의 적법한 절차 없이 청구인 소유의 임야를 무단으로 점유·사용하고 있다고 주장하면서, 임야 인도 및 부당이득반환을 구하는 소를 제기하고, 그 소송 계속 중 위헌법률심판 제청신청을 하였다가 기각되자 헌법소원심판을 청구한 사안

판결요지

[결정요지]

자연환경지구에서 건축행위를 제한하고, 공원구역에 대한 출입을 제한하거나 금지하는 것은 자연생태계와 자연 및 문화경관의 보전 및 지속가능한 이용을 도모하기 위한 것이므로 그 입법목적의 정당성과 방법의 적절성이 인정된다.

또한, 자연환경지구에서 건축물 건축의 가능성이 전면적으로 배제되는 것이 아니라 자연환경지구에서 허용되는 행위의 기준에 부합하는 등 자연공원법 제23조 제2항의 요건을 갖추면 공원관리청의 허가를 받아 증·개축, 재축 및 이축행위를 할 수 있고, 출입의 제한이나 금지는 아무런 제한 없이 이루어질 수 있는 것이 아니라 일정 기간, 일정 지역이라는 시간적, 장소적 제한을 필요로 하므로 심판대상조항은 최소침해성의 원칙에도 부합한다.

그리고 심판대상조항에 의하여 토지를 종래의 목적으로 사용할 수 있는 경우에는 자연환경지구에 대한 건축행위의 제한이나 공원구역의 출입제한 또는 일시적인 출입금지는 재산권에 내재하는 사회적 제약의 범위 내에 있는 것이고, 토지를 종래의 목적으로 사용할 수 없거나 또는 더 이상 법적으로 허용된 토지이용방법이 없어서 실질적으로 사용 및 수익을 전혀 할 수 없는 경우에 대해서는 자연공원법이 권리의 수용·사용과 이에 대한 손실보상 및 환매권 규정(제22조), 협의에 의한 토지 등의 매수에 관한 규정(제76조), 매수청구권 규정(제77조, 제78조) 등 적절한 보상적 조치를 마련하고 있으므로, 심판대상조항을 통하여 달성하려고 하는 공익과 그로 인하여 침해되는 사익 사이에 적절한 균형이 이루어져 있다 할 것이다.

[위헌의견]

특정 임야에 대한 청구인의 개별 소유권은 심판대상조항에 의하여 그 권리행사의 범위가 질적, 양적으로 축소되는 제한을 받게 되고 이는 소유권의 본질에 따른 제한이 아니라 공공의 필요를 충족시키기 위하여 국가가 청구인에게 특별한 희생을 부담시키려 하기 때문에 발생하는 제한이며, 이로 인하여 개별 소유권의 배타성과 전면성은 침해되고 만다.

따라서 이러한 제한은 헌법 제37조 제2항의 제한이 아닌 헌법 제23조 제3항이 규정하고 있는 재산권의 제한에 해당하므로, 보상을 요하고 보상이 없으면 그 제한 법률은 그대로 위헌이라고 할 것인데, 자연공원법이 마련한 보상적 조치들은 정당한 보상 및 완전한 보상의 원칙을 충족하지 못하고 있으므로 심판대상조항은 위헌이다.

❙ 평 석

자연환경지구(현행법상 공원자연환경지구)는 자연보존지구(현행법상 공원자연보존지구)와 집단시설지구, 집단취락지구(현행법상 공원집단시설지구, 공원집단취락지구)의 완충기능을 하는 공간으로서 그 중요성과 비교할 때 세분화가 제대로 이루어지지 않은 측면이 있어, 사인의 재산권 보장과 관련하여 좀 더 섬세한 입법적 고려가 요구되는 영역이다. 자연 보전과 사적 재산권 사이의 균형을 고려함에 있어서는, 자연공원이 한 번 훼손되면 원상태로의 복원이 불가능하거나 오랜 시간이 걸릴 수 있다는 점을 고려하여 지속가능한 발전이라는 관점에서 신중한 접근이 요구된다. 위 판결은 손실보상의 기준이 되는 '사회적 제약의 범위를 넘는 수용적 효과'를 인정함에 있어 엄격한 태도를 취한 것으로 평가된다.

❙ 참고문헌

김홍균, "자연공원의 보전과 개발," 법과 사회 19호, 동성출판사 (2009)

Case Book of Environmental Law

19. 오수처리시설의 방류수수질기준과 포괄적 위임입법금지
헌법재판소 2004. 11. 25. 선고 2004헌가15 전원재판부 결정【오수·분뇨및축산폐수의처리에관한법률제 5 조제 1 항위헌제청】
당해사건 : 인천지방법원 2004과97【오수·분뇨축산폐수의처리에관한법률위반】

1. 당 사 자	【제청법원】 인천지방법원 (당해사건 원고 : ○○환경산업 주식회사)
2. 주요쟁점	오수처리시설의 방류수수질기준을 환경부령으로 정하도록 하는 부분이 포괄위임입법금지의 원칙에 위배되는지 여부
3. 사건의 경과	○○환경산업 주식회사에게 부과된 과태료의 취소를 구하는 재판 계속 중, 인천지방법원에서 직권으로 위헌제청
4. 결 과	합헌(재판관 1인의 위헌의견)
5. 심판대상조항	오수·분뇨및축산폐수의처리에관한법률 제 5 조 제 1 항 중 "오수처리시설의 방류수수질기준은 환경부령으로 정한다"는 부분
6. 관련조문	헌법 제75조, 제95조, 수질환경보전법 제 8 조
7. 관련판례	헌법재판소 1999. 1. 28. 선고 97헌가8 결정

❙ 판시사항

오수처리시설의 방류수수질기준에 대하여 아무런 정함이 없이 이를 환경부령으로 정하도록 위임하고 있는 심판대상조항이 포괄위임입법금지의 원칙에 위배되는지 여부(소극)

❙ 사실관계

오수처리시설의 방류수수질기준 위반을 이유로 김포시장으로부터 과태료 2,200,000원을 부과 받은 ○○환경산업 주식회사가 과태료처분에 불복하여, 인천지방법원에서 비송사건절차법에 의한 과태료 재판이 계속되던 중, 인천지방법원에서 직권으로 심판대상조항에 대하여 위헌법률심판을 제청한 사안

❙ 판결요지

[결정요지]

첫째, 수질환경의 여건은 기후변화, 산업발전의 정도와 생활수준의 향상

등과 같은 경제적·사회적 상황에 따라 수시로 변동하는 것이며, 수질환경기준설정은 고도의 전문성·과학성이 필요한 영역으로서 오수·분뇨및축산폐수의처리에관한법률이 추구하는 자연환경과 생활환경의 청결 및 수질오염의 감소라는 공익목적을 효율적으로 달성하기 위해서는 방류수수질기준을 환경부령으로 정하여 상황에 맞게 유동적으로 대처할 필요가 있다.

둘째, 환경에 관한 일반법인 환경정책기본법과 오수·분뇨및축산폐수의처리에관한법률 제 1 조, 제 2 조 및 제 5 조를 유기적·체계적으로 고려하여 볼 때, 방류수수질기준의 경우에도 수질오염실태파악을 위한 측정자료로서 환경정책기본법상의 수질환경기준 항목을 측정항목으로 정할 것으로 충분히 예측할 수 있으며, 측정수치와 관련하여서도 환경기준을 유지할 수 있을 정도의 수준을 요구할 것으로 대강의 예측이 가능하다.

결국 심판대상조항은 방류수수질기준을 탄력적으로 규제한다는 측면에서 일정 정도의 위임의 불가피하다는 측면, 그리고 위임의 명확성이나 수범자의 예측가능성이 담보되고 있다는 측면 등에 비추어 볼 때, 위임입법의 한계를 벗어난 것이라고 할 수 없다.

[반대의견]

오수·분뇨및축산폐수의처리에관한법률의 다른 규정과 환경에 관한 일반법인 환경정책기본법으로부터는 일반적인 수질환경의 측정기준에 관한 사항만 예측할 수 있을 뿐 어느 정도의 범위 내에서 방류수수질이 허용되는지에 대해서는 이를 예측할 수 있는 자료가 전혀 없으며, 심판대상조항은 과태료부과의 근거조항인 오수·분뇨및축산폐수의처리에관한법률 제58조 제 1 항 제 1 호와 결합하여 과태료를 부과하는 구성요건적 조항이 되므로, 비록 심판대상조항이 형법법규는 아니라 하더라도 이와 유사하게 기본권을 제한하는 요소가 강하다는 점에서, 위임의 명확성에 대하여 형법법규에 버금가는 엄격한 요구를 해야 하는바, 위 조항은 입법위임의 명확성을 요청하는 헌법 제75조에 위반되는 규정으로서 위헌으로 판난되어야 한다.

❙ 평 석

환경규제기준은 고도의 기술적, 전문적인 사항으로 이를 정하기 위해서는 과학적 조사 등이 수반되어야 하므로 입법부가 행정부에 세부사항을 위임하는 범위를 넓게 해석하는 것이 합리적이다. 대상판결은 법률이 오수처리시설의 방류수질기준을 부령으로 넓게 위임한 것을 합헌으로 해석하여 이러한 태도를 뒷받침하고 있다.

❙ 참고문헌

이명웅, "위임입법의 위헌심사기준 및 위헌결정사안 분석," 저스티스 96호, (2007. 2.)

Case Book of Environmental Law

20. 수질개선부담금사건

헌법재판소 2004. 7. 15. 선고 2002헌바42 전원재판부 결정【먹는물관리법제28조제1항위헌소원】

당해사건: 서울행정법원 2001구47784, 2002구합8732(병합)【수질개선부담금부과처분취소】

1. 당 사 자	【청구인】 프○미엄코포레이션(당해사건 원고)
2. 주요쟁점	먹는샘물 수입판매업자에 대한 수질개선부담금 부과가 평등원칙에 위배되는지 여부 및 먹는샘물 평균판매가액의 100분의 20의 범위 안에서 수질개선부담금을 부과하도록 하는 것이 비례성원칙에 위배되는지 여부
3. 사건의 경과	수질개선부담금 부과처분의 취소소송 계속 중 신청한 위헌제청이 기각되자 헌법소원심판 청구
4. 결 과	합헌(재판관 4인의 위헌의견)
5. 심판대상조항	먹는물관리법 제28조 제1항 중 먹는샘물 수입판매업자에 관한 부분
6. 관련조문	헌법 제11조 제1항, 제38조, 제54조 제1항, 제59조, 먹는물관리법 제23조, 제28조, 제28조의2, 제29조, 제34조, 동법시행령 제8조, 제9조, 제9조의2, 제9조의3, 제13조, 제13조의2, 제14조
7. 관련판례	헌법재판소 1998. 12. 24. 선고 98헌가1 전원재판부 결정 헌법재판소 2003. 12. 18. 선고 2002헌가2 결정

▌판시사항

1. 먹는샘물 수입판매업자에 대한 수질개선부담금 부과가 평등원칙에 위배되는지 여부(소극)

2. 먹는샘물 평균판매가액의 100분의 20의 범위 안에서 수질개선부담금을 부과하도록 하는 것이 비례성원칙에 위배되는지 여부(소극)

▌사실관계

먹는샘물 수입판매업을 주된 사업으로 하는 회사인 청구인은 서울특별시장의 수질개선부담금 부과처분에 대하여 취소소송을 제기한 후, 그 소송 계속 중 심판대상조항에 관하여 위헌법률심판 제청신청하였다가 기각되자 그 위헌확인을 구하는 헌법소원심판을 청구한 사안

▌결정요지

[결정요지]

1. 음용수에 관하여 국가가 수돗물 우선정책을 추진하는 것은 합리적인 정책형성권 행사로서 존중되어야 할 것인데, 먹는샘물 수입판매업자에게 수질개선부담금을 부과하는 것은 수돗물 우선정책에 반하는 수입 먹는샘물의 보급 및 소비를 억제하도록 간접적으로 유도함으로써 궁극적으로는 수돗물의 질을 개선하고 이를 국민에게 저렴하게 공급하려는 정당한 국가정책이 원활하게 실현될 수 있게 하기 위한 것으로서, 부과에 합리적인 이유가 있으므로 평등원칙에 위배되는 것이라 볼 수 없다.

2. 심판대상조항은 먹는물의 수질에 관한 국가의 일원화되고 합리적인 관리를 재정적으로 뒷받침하는 한편, 수돗물 우선정책이 원활하게 실현될 수 있게 하여 궁극적으로는 국민이 질 좋은 수돗물을 저렴하게 공급받을 수 있도록 함을 목적으로 하는 것으로, 이러한 입법목적은 정당하고, 먹는샘물을 수입하여 판매함으로써 수돗물 우선정책에 특별한 위험을 야기하는 수입판매업자에 대하여 수질개선부담금을 부과하기로 한 것은 부과대상자의 선정의 측면에서 적정하다. 또한 심판대상조항은 단지 부담금의 부과 및 그것의 가격에의 반영을 통해 먹는샘물의 수입판매 및 소비를 간접적으로 규제하는 데 그치고 있을 뿐, 이를 원천적으로 봉쇄하고 있지는 아니하며(피해의 최소성), 먹는샘물 수입판매업자에 대한 구체적인 부과율을 평균판매가액의 100분의 20의 범위 안에서 대통령령이 정하도록 위임하고 있는 위 조항에 따라 시행령 제 8 조는 이를 1천분의 75(7.5%)로 정하고 있는바, 이러한 부과율 자체가 현저히 불합리하거나 위헌이라고 볼 정도로 지나치게 높다고 할 수 없다.

[위헌의견]

1. 먹는샘물 수입판매업자는 국내 지하수 자원을 이용하거나 훼손하지 않는 점에서 공공의 지하수자원의 보호라는 과제에 대하여 특별히 밀접한 관련성을 가진다고 할 수 없고, 이들이 수돗물의 수질개선의 과제에 대하여 특별한 재

정책임을 가진다고 볼 수도 없으므로, 심판대상조항은 평등원칙에 위배된다.

2. 심판대상조항은 매분기마다 평균판매가액의 최고 100분의 20의 비율 범위 내에서 수질개선부담금을 고정적으로 납부하도록 하고 있는바, 먹는샘물 수입판매업자들의 기업활동의 자유와 재산권을 필요이상으로 제한하는 것으로, 비례성 원칙에 위배된다.

❙ 평 석

먹는물관리법상 수질개선부담금의 법적 성격은 강학상으로는 특별부담금, 특히 지하수자원의 절약 및 보호를 위한 유도적 특별부담금으로 해석될 수 있다. 헌법재판소는 부담금의 종류를 정책실현목적 부담금과 재정조달목적 부담금으로 나누고, 정책실현목적 부담금에 대하여는 특별부담금으로서의 4가지 요건(집단의 동질성, 객관적 근접성, 집단적 책임성, 집단적 효용성) 중 집단적 책임성과 집단적 효용성 요건을 완화하여 적용하고 있는바, 이 사안에서 다수의견은 수질개선부담금을 정책실현목적 부담금으로 보면서, 정책실현목적 부담금의 경우 특별한 재정책임 요건이 완화되므로 수질개선부담금의 부과는 합헌이라고 판시하였다.

그러나 다수의견이 '정책실현목적'으로 보고 있는 '수돗물 우선 정책의 실현'은 먹는물관리법상의 수질개선부담금의 부과목적으로 보기 어렵다는 점에서 비판의 여지가 있다. 또한 반대의견이 적절히 지적하는 바와 같이, 먹는샘물 수입판매업자의 경우 수질개선부담금의 부과목적인 국내 지하수자원 보호와 사이에 최소한의 상관관계도 결여되어 있다고 볼 수 있다는 비판은 타당하여 위헌의 소지가 있다고 보인다.

❙ 참고문헌

정호경, "소위 特別負擔金 槪念의 認定與否와 許容要件에 關한 小考—헌재 2004. 7. 15. 선고 2002헌바42 먹는물관리법 제28조 제 1 항 위헌소원 사건을 중심으로—," 행정법연구 14호, 행정법이론실무학회 (2005)

Case Book of Environmental Law

21. 밀양시주민들의 상수도정수시설비용소송
헌법재판소 2000. 11. 30. 선고 2000헌마79·158(병합) 전원재판부 결정 【수도법제52조의2위헌확인】

1. 당 사 자	【청구인】 1. 2000헌마79 : 충주댐 광역상수도를 통해 물을 공급받는 시·군의 주민 청구인1 외 32인 2. 2000헌마158 : 밀양댐 광역상수도를 통해 물을 공급받는 밀양시 주민 청구인1 외 29인
2. 주요쟁점	지방자치단체에게 상수도 정수시설 비용을 부담하도록 한 법률 규정의 위헌확인을 구하는 주민들의 헌법소원심판 청구가 적법한지 여부
3. 사건의 경과	충주댐 및 밀양댐 광역상수도를 통하여 물을 공급받는 주민들이, 상수도 정수시설비용을 지방자치단체에게 부담하도록 한 법률조항으로 인하여 자신들의 환경권 등이 침해되었다며 헌법소원심판을 청구한 사안
4. 결 과	각하(재판관 1인의 반대의견)
5. 심판대상조항	수도법 제52조의2 제1항 단서
6. 관련조문	헌법재판소법 제68조 제1항
7. 관련판례	헌법재판소 1994. 6. 30. 선고 91헌마162 결정 헌법재판소 1999. 4. 29. 선고 97헌마382 결정

▍판시사항
지방자치단체에게 상수도 정수시설 비용을 부담하도록 한 법률 규정의 위헌확인을 구하는 지방자치단체의 주민들의 헌법소원심판 청구가 적법한지 여부(소극)

▍사실관계
댐 광역상수도를 통해 물을 공급받는 주민인 청구인들이 심판대상조항이 헌법상 보장된 청구인들의 환경권 등을 침해한다고 주장하며 헌법소원심판을 청구한 사안

판결요지

[결정요지]

충주댐 광역상수도의 정수시설 설치비용을 부담하는 자는 위 상수도의 물을 공급받는 수도사업자인 충주시 등 10여 개 지방자치단체이며, 밀양댐 광역상수도의 경우는 밀양시 등의 지방자치단체임이 명백하고, 따라서 위 충주시, 밀양시에 거주하는 주민들에 불과한 청구인들이 심판대상조항에 의한 비용 부담을 하는 것이 아니며, 달리 위 심판대상조항이 청구인들에게 직접 적용된다고 볼 자료도 없다. 뿐만 아니라 위 심판대상조항으로 청구인들에게 영향이 있다 하더라도 이는 모두 위 충주시나 밀양시가 위 정수시설 설치비용을 부담하게 됨으로써 발생하는 시 재정악화에 따라 그 지역 주민들에게 끼쳐지는 간접적, 사실적 또는 경제적 불이익에 불과한 것이어서 이러한 사정만으로는 청구인들의 기본권이 현재, 그리고 직접적으로 침해당한 경우라고 할 수 없다.

[반대의견]

심판대상조항은 상수도의 물을 공급받는 수도사업자(이 사건의 경우, 지방자치단체인 충주시, 밀양시)를 규율 상대방으로 삼고 있으나, 그 설치비용은 수도요금으로 주민들에게 전가된다고 할 것이므로, 실질적인 면에서 보면 그 주민들(청구인들)이 심판대상조항의 규율 상대방이다. 또한 심판대상조항은 그 자체에서 설치비용 부담의 법적 의무가 현재·직접적으로 지방자치단체에게 있음을 명시하고 있고, 그 지방자치단체가 위 법률조항에 대한 위헌 여부를 다툴 수 있는지 분명하지 아니하므로, 현재성과 직접성 또한 있다고 보는 것이 합리적인 해석이다. 국회에서 만든 법률이 국민의 권리를 제한하거나 의무를 부담하게 하는 등 기본권을 침해하는 경우 이의 위헌 여부를 심사한다는 것은 헌법의 명령이므로, 다수의견처럼 자기관련성, 현재성, 직접성을 부정하여 헌법재판소의 통제범위 외에 둘 것이 아니라 마땅히 본안에 들어가서 그 당부를 판단해 주는 것이 옳다.

평 석

이 사건 법률조항으로 인하여 지방자치단체의 재정상태가 더욱 악화되고 그 결과 지역주민들이 안정된 물을 공급받을 수 없게 됨으로써 청구인들의 평등권, 환경권, 자유권, 행복추구권 및 재산권 등의 헌법상 기본권이 침해되었다는 취지의 청구인들의 주장은 종래의 헌법재판소의 판단에 비추어볼 때 기본권 침해의 현재성 및 직접성을 인정하기에는 어려운 것으로 보이고, 환경권 또는 자유권 등의 하나로서 '깨끗한 물을 먹을 권리'의 권리성을 인정할 것인지 여부 또는 이러한 권리가 헌법소원심판 청구의 기초가 되는 기본권에 해당할지 여부도 좀 더 논의가 필요할 것으로 보인다.

❙ 참고문헌

최용전, "'깨끗한 물을 먹을 권리'에 대한 헌법적 검토 : 상수도관련 법제를 중심으로," 토지공법연구 43집 2호 (2009. 2.)

Case Book of Environmental Law

22. 수질개선부담금사건
헌법재판소 1998. 12. 24. 선고 98헌가1 전원재판부 결정 【구먹는물관리법제28조제1항위헌제청】
당해사건 : 서울고등법원 96구39631(소취하) 【수질개선부담금부과처분취소】

1. 당 사 자	【제청법원】 서울고등법원 (당해사건 원고 : 먹는샘물 제조업자인 주식회사 고○종합 외 29인)
2. 주요쟁점	먹는샘물 제조업자에 대해서만 수질개선부담금을 부과하는 것이 평등원칙 위배되는지 여부 및 먹는샘물 판매가액의 100분의 20의 범위 안에서 수질개선부담금을 부과·징수하도록 하는 것의 비례성의 원칙 위배여부 및 수질개선부담금의 부과로 마실 물을 자유로이 선택할 국민의 행복추구권이 침해되는지 여부
3. 사건의 경과	먹는샘물 제조업자들이 자신들에게 부과된 수질개선부담금 등의 취소를 구하는 소를 제기하고, 그 소송계속 중 위헌법률심판제청신청을 하자 법원이 이를 받아들여 위헌심판제청
4. 결 과	합헌
5. 심판대상조항	구 먹는물관리법 제28조 제 1 항 중 먹는샘물 제조업자에 관한 부분
6. 관련조문	헌법 제35조 제 1 항, 제120조, 구 먹는물관리법 제 3 조, 제28조
7. 관련판례	헌법재판소 1991. 2. 11. 선고 90헌바17등 결정

❙ 판시사항

1. 다양한 지하수 사용자 중에서 특별히 먹는샘물 제조업자에 대해서만 수질개선부담금을 부과하는 것이 평등원칙에 위배되는지 여부(소극)

2. 먹는샘물 판매가액의 100분의 20의 범위 안에서 수질개선부담금을 부과·징수하도록 하는 것이 비례성의 원칙에 위배되는지 여부(소극)

3. 수질개선부담금의 부과로 마실 물을 자유로이 선택할 국민의 행복추구권이 침해되는지 여부(소극)

❙ 사실관계

먹는샘물 제조업자들인 제청신청인들은 경기북부출장소장을 비롯하여 강원도지사 등에 의하여 이루어진 수질개선부담금 및 가산금 부과처분의 취소를 구하는 소를 제기하고, 소송계속 중, 심판대상조항에 대하여 위헌법률심판 제청신청을 하였고, 당해사건 법원이 그 신청을 받아들여 위헌법률심판을 제청한 사안

▌판결요지

1. 먹는샘물 제조업자에 대해서만 수질개선부담금을 부과하는 것은, 먹는샘물이 수돗물과 마찬가지로 음용수로 사용된다는 점에서 수돗물과 대체적·경쟁적 관계에 있어서 그 음용이 보편화되면 그만큼 국가가 추진하는 수돗물 수질개선정책이 위축되는 관계에 있는 점, 먹는샘물의 이용이 일반화될 경우 지하수자원의 고갈 및 오염의 우려가 높아진다는 점, 국가의 수돗물정책이 포기되거나 제대로 실현되지 못한다면 수돗물을 이용하는 대다수 국민의 먹는물 비용부담이 증가되는 점 등 여러 가지 사정을 종합적으로 고려할 때 합리적 이유가 있다고 할 것이어서 평등원칙에 위배되지 아니한다.

2. 헌법 제35조 제1항, 제120조 제1항·제2항에 근거하여 국가는 환경정책 실현을 위하여 수질개선부담금과 같은 환경부담금을 부과·징수하는 방법을 선택할 수 있다 할 것이고, 먹는샘물 제조업자들로부터 징수한 부담금을 환경개선특별회계의 세입으로 하여 수돗물 수질개선사업 등의 용도로 사용하는 것은 지하수자원 보전 및 먹는물 수질개선이라는 입법목적 달성을 위한 적정한 방법이라고 인정되고, 먹는샘물 제조업 자체를 허용하면서 단지 판매가액의 최고 20%의 한도에서 부담금을 부과하도록 하였다 하여 헌법재판소가 관여할 정도로 현저히 자의적이거나 과도한 비율의 부담금을 책정한 것이라 볼 수 없다.

3. 심판대상조항은 국민에게 먹는샘물에 대한 원칙적 선택권을 인정하는 가운데 수질개선부담금을 부과함으로써 가격전가를 통하여 먹는샘물의 소비자에세 경제석 부담을 가하는 것에 그치고 있는데 그 부담의 정도가 지나치지 아니하며, 더욱이 먹는샘물을 마시는 사람은 유한한 환경재화인 지하수를 소비하는 사람이므로 이들에 대하여 환경보전에 대한 비용을 부담하게 할 수도 있는 것이므로, 심판대상조항으로 인하여 국민이 마시고 싶은 물을 자유롭게 선택할 권리를 빼앗겨 행복추구권을 침해받는다고 할 수 없다.

❙ 평 석

위 2002헌바42 결정과 달리, 국내의 먹는샘물 제조업자는 먹는샘물을 개발함으로써 지하수 자원의 고갈과 오염을 가져올 수 있으므로, 이들에게 수질개선사업에 관한 부담금을 부과하는 것은 특별부담금으로서의 수질개선부담금의 4가지 요건을 충족하는데 큰 무리가 없는 것으로 보인다. 다만, 위 2002헌바42 결정의 평석에서 언급한 바와 같이, '수돗물 우선 정책의 실현'을 먹는물관리법상의 수질개선부담금의 부과목적으로 드는 것은 비판의 여지가 있다.

❙ 참고문헌

채우석, "수질개선부담금의 법적 문제," 환경법연구 25권 2호, 한국환경법학회, (2003)

박상희, "부담금의 법적 성격과 정당화근거," 안암법학 21호, 고려대학교 (2005)

정광현, "먹는물관리법 제28조 제 1 항 위헌소원 : 먹는 샘물 수입판매업자에 대한 수질개선부담금의 위헌 여부(사건번호 : 2004. 7. 15. 헌재 2002헌바42)," 헌법재판소결정해설집 2004, 헌법재판소 (2005)

김민배, "수입생수와 수질개선부담금," 공법연구 35집 2호, 한국공법학회 (2006)

Case Book of Environmental Law

23. 개발제한구역지정의 위헌성
헌법재판소 1998. 12. 24. 선고 89헌마214, 90헌바16, 97헌바78(병합) 전원재판부 결정
【도시계획법제21조의위헌여부에관한헌법소원】
당해사건 : 1. 서울고등법원 89구1928 【건물철거대집행계고처분취소】(89헌마214 사건)
2. 대법원 89누770 【건물철거대집행계고처분취소】(90헌바16 사건)
3. 서울지방법원 96가합90820 【손실보상금】(97헌바78 사건)

1. 당 사 자	【청구인】 1. 89헌마214 : 청구인1 외 2인 2. 90헌바16 : 청구인 3. 97헌바78 : 청구인1 외 334인
2. 주요쟁점	도시계획법 제21조의 개발제한구역지정의 위헌성
3. 사건의 경과	개발제한구역 내에 토지를 소유하고 있어 철거대집행계고처분을 받거나, 토지의 사용수익이 제한된 청구인들이 도시계획법 제21조의 위헌확인을 구하는 헌법소원심판 청구
4. 결 과	헌법불합치 결정(재판관 1인의 합헌의견 및 재판관 1인의 단순위헌 의견)
5. 심판대상조항	도시계획법 제21조
6. 관련조문	헌법 제23조, 제35조, 제122조, 도시계획법 제21조, 동법 시행령 제20조
7. 관련판례	헌법재판소 1989. 12. 22. 선고 88헌가13 결정

❙ 판시사항

1. 토지를 종전의 용도대로 사용할 수 있는 경우에 개발제한구역 지정으로 인한 지가의 하락이 토지재산권에 내재하는 사회적 제약의 범주에 속하는지 여부(적극)

2. 도시계획법 제21조이 비례의 원칙에 위배되는지 여부(적극)

❙ 사실관계

개발제한구역으로 건축물을 소유하고 있던 청구인들이 철거대집행계고처분을 받자 그 취소를 구하는 행정소송을 제기하고, 그 소송 계속 중 심판대상조항의 위헌확인을 구하는 위헌법률심판 제청신청을 하였다가 기각되자 헌법소원심판을 청구한 사안

❙ 판결요지

[결정요지]

1. 개발제한구역의 지정으로 인한 개발가능성의 소멸과 그에 따른 지가의 하락이나 지가상승률의 상대적 감소는 토지소유자가 감수해야 하는 사회적 제약의 범주에 속하는 것이며, 자신의 토지를 장래에 건축이나 개발목적으로 사용할 수 있으리라는 기대가능성이나 신뢰 및 이에 따른 지가상승의 기회는 원칙적으로 재산권의 보호범위에 속하지 않는다. 따라서 구역지정 당시의 상태대로 토지를 사용·수익·처분할 수 있는 이상, 구역지정에 따른 단순한 토지이용의 제한은 원칙적으로 재산권에 내재하는 사회적 제약의 범주를 넘지 않는다.

2. 도시계획법 제21조에 의한 재산권의 제한은 개발제한구역으로 지정된 토지를 원칙적으로 지정 당시의 지목과 토지현황에 의한 이용방법에 따라 사용할 수 있는 한, 재산권에 내재하는 사회적 제약을 비례의 원칙에 합치하게 합헌적으로 구체화한 것이라고 할 것이나, 종래의 지목과 토지현황에 의한 이용방법에 따른 토지의 사용도 할 수 없거나 실질적으로 사용·수익을 전혀 할 수 없는 예외적인 경우에도 아무런 보상없이 이를 감수하도록 하고 있는 한, 비례의 원칙에 위반되어 당해 토지소유자의 재산권을 과도하게 침해하는 것으로서 헌법에 위반된다.

[합헌의견]

1. 모든 국민이 건강하고 쾌적한 환경에서 생활할 수 있는 환경권(헌법 제35조)은 인간의 존엄과 가치·행복추구권의 실현에 기초가 되는 기본권이므로 사유재산권인 토지소유권을 행사하는 경제적 자유보다 우선하는 지위에 있다.

2. 도시계획법 제21조는 국가안전보장과 환경오염을 미리 예방하기 위한 필요한 규제입법으로 헌법상 정당성을 갖추고 있으며, 이 규제입법으로 말미암아 나대지의 이용이 제한되고 사정변경으로 인하여 토지를 사용하는 데 지장이 생겼다고 할지라도 입법목적에 어긋나지 않는 범위 안에서 이를 이용할 수 있는 방법이 있어 소유권자의 처분을 제한하는 것도 아니다. 또한 법익의 비교 형량 면에서도 토지소유권자가 입는 불이익보다 국가안전보장과 공공복리에 기여하는 이익이 더 크고, 입법목적 달성을 위한 합리성·필

요성을 갖추었으므로 헌법 제37조 제 2 항 소정의 기본권제한 한계요건을 벗어나지 아니하며, 제한구역내의 다른 토지와 서로 비교하여 보아도 재산권의 박탈로 볼 수 있는 정도의 제한을 가한 합리성이 없는 차별취급으로 인정되지 아니하므로 평등원칙을 위반한 것도 아니다.

평 석

헌법재판소는 "심판대상조항이 규정하고 있는 개발제한구역의 지정이라는 제도 그 자체는 토지재산권에 내재하는 사회적 기속성을 구체화한 것으로서 원칙적으로 합헌적인 규정인데, 다만 구역지정으로 말미암아 일부 토지소유자에게 사회적 제약의 범위를 넘는 가혹한 부담이 발생하는 예외적인 경우에도 보상규정을 두지 않은 것에는 위헌성이 있다"라고 판시하면서 헌법불합치결정을 내리고 있는데, 이러한 입장에 대하여는, 보상규정의 부존재로 인하여 개발제한구역의 지정이 재산권자에게 수인을 기대할 수 없는 재산권에 대한 사실상의 폐지를 의미하게 된다고 한다면, 이를 포함하는 도시계획법 자체에 대하여 위헌결정을 선언하는 것이 바람직하다는 비판이 존재한다.

참고문헌

김광수, "開發制限區域의 指定과 補償問題 — 헌법재판소 89헌마214, 90헌바16, 97헌바7 결정(도시계획법 제21조에 대한 위헌소원)에 대한 평석 —," 행정법연구 통권 7호, 행정법이론실무학회 (2001)

Case Book of Environmental Law

24. 병마개 사건

헌법재판소 1998. 4. 30. 선고 97헌마141 전원재판부 결정【특별소비세법시행령제37조제 3 항등위헌확인】

1. 당 사 자	【청구인】 주식회사 케○피에스 대표이사
2. 주요쟁점	행정처분의 직접 상대방이 아닌 제 3 자의 원고적격
3. 사건의 경과	국세청장의 납세병마개 제조자 지정행위가 있자 특별소비세법 시행령 제37조 제 3 항 등에 대하여 헌법소원심판을 청구
4. 결 과	심판청구 각하
5. 심판대상조항	특별소비세법시행령 제37조 제 3 항 제 1 호, 주세법시행령 제62조 제 4 항
6. 관련조문	헌법재판소법 제68조 제 1 항
7. 관련판례	헌법재판소 1992. 11. 12. 91헌마192 전원재판부 결정 대법원 1993. 7. 27. 선고 93누8139 판결

판시사항

행정처분의 직접 상대방이 아닌 제 3 자의 원고적격

사실관계

국세청장이 국세청고시에 의하여 관련규정상 납세증명표지의 첩부와 동일한 효력이 인정되는 납세병마개의 제조자로 두 회사만을 지정하자 그 지정을 받지 못한 청구인이 특정업체를 납세병마개 제조자로 지정하도록 규정하고 있는 특별소비세법시행령 및 당해 국세청고시에 대하여 헌법소원심판을 청구한 사안

판결요지

설사 국세청장의 지정행위의 근거규범인 이 사건 조항들이 단지 공익만을 추구할 뿐 청구인 개인의 이익을 보호하려는 것이 아니라는 이유로 청구인에게 취소소송을 제기할 법률상 이익을 부정한다고 하더라도, 국세청장의 지정행위가 기업의 경쟁의 자유를 제한하는 것임이 명백한 경우에는 이로 말미암아 기업의 경쟁의 자유를 제한받게 된 자들은 적어도 보충적으로 기본

권에 의한 보호가 필요하다. 따라서 일반법규에서 경쟁자를 보호하는 규정을 별도로 두고 있지 않은 경우에도 기본권인 경쟁의 자유가 바로 행정청의 지정행위의 취소를 구할 법률상의 이익이 된다 할 것이다. 그러므로 청구인은 국세청장의 지정처분의 취소를 구하는 행정소송을 제기할 수 있고, 이러한 행정소송절차는 청구인이 침해되었다고 주장하는 기본권을 효율적으로 구제할 수 있는 권리구제절차이다. 따라서 그러한 구제절차를 거치지 아니하고 제기된 이 사건 국세청 고시에 대한 헌법소원 심판청구는 보충성 요건이 결여되어 부적법하다.

평 석

헌법재판소는 공권에 대해서 "공권이란 행정청의 특정 의무를 규정하는 객관적인 법규범이 존재하고 그 법규범이 공익뿐만 아니라 사익의 보호도 의도하고 있는 경우에 비로소 인정된다"고 판시하였다.

기본권도 개인의 국가에 대한 권리로서의 성질을 가지지만, 기본권이 행정상 법률관계에서 직접 자기를 위하여 일정한 이익을 주장할 수 있는 법적인 힘으로서 개인적 공권으로 인정되기 위해서는 개인적 공권의 성립요건이 검토되어야 한다. 따라서 헌법상 기본권규정으로부터 개인적 공권이 도출될 수 있는지 여부가 문제된다. 관련되는 사익의 보호를 위해서는 보호규범이론에 근거하여 우선적으로 개별 법률규정으로부터 개인적 공권의 도출가능성 여부를 검토하여야 하는데, 공법적 규정에는 직접적으로 사익보호성을 규정한 경우는 많지 않다. 따라서 당해 법률의 취지뿐만 아니라 관련 법률의 취지를 고려하고, 나아가 헌법의 기본권규정도 고려하여 사익보호성을 도출할 수 있을 것이다. 즉 개별법규범으로부터 공권도출이 불가능한 경우에는 최후의 수단으로써 헌법상 기본권규정을 원용해서 공권을 인정할 수 있다.

참고문헌

한견우, "행정상 법률관계의 공권," 자치행정 213호, 지방행정연구소 (2005. 12.)

04_

환경영향평가법

1. 제주도 풍력발전소 개발승인사건: 사전환경성검토와 원고적격
대법원 2009. 9. 24. 선고 2009두2825 판결【개발사업시행승인처분취소】
원 심: 광주고등법원 2009. 1. 8. 선고 2008누586 판결
제 1 심: 제주지방법원 2007. 10. 10. 선고 2006구합686 판결

1. 당 사 자	【원고, 피상고인】 원고1 외 15인 【피고, 상고인】 제주특별자치도지사
2. 주요쟁점	환경행정소송에서의 원고적격 인정 요건 및 사전환경성검토협의를 거치지 않고 승인처분을 한 경우 하자의 위법성 판단 방법
3. 사건의 경과	사전환경성검토협의를 하지 않고 이루어진 풍력발전소개발사업 승인에 대하여 인근 주민들이 그 승인처분의 취소를 구하였고, 원심은 그 처분이 위법하다고 보아 원고 청구를 인용하였으나 이에 대해 피고가 상고
4. 결 과	파기 환송
5. 관련조문	행정소송법 제12조, 제19조, 제35조, 구 환경정책기본법(2005. 5. 31. 법률 제7561호로 개정되기 전의 것) 제25조 제 4 항, 구 환경정책기본법 시행령(2006. 5. 30. 대통령령 제19497호로 개정되기 전의 것) 제 7 조 [별표 2]
6. 관련판례	대법원 2006. 12. 22. 선고 2006두14001 판결 대법원 2004. 10. 15. 선고 2002다68485 판결

❙ 판시사항

1. 행정처분의 근거 법규 등에 그 처분으로 환경상 침해를 받으리라고 예상되는 영향권의 범위가 구체적으로 규정된 경우, 행정처분의 직접 당사자가 아닌 그 영향권 내의 주민과 영향권 밖의 주민에게 행정처분의 취소 등을 구할 원고적격이 인정되기 위한 요건

2. 행정청이 사전환경성검토협의를 거쳐야 할 대상사업에 관하여 법의 해석을 잘못한 나머지 세부용도지역이 지정되지 않은 개발사업 부지에 대하여 사전환경성검토협의를 할지 여부를 결정하는 절차를 생략한 채 승인 등의 처분을 한 사안에서, 그 하자가 객관적으로 명백하다고 할 수 없다고 한 사례

▌사실관계

소외 유니슨 주식회사가 제주난산풍력발전소 개발사업시행승인을 신청한 데 대하여 피고가 그 사업의 시행을 승인하였는바, 위 개발사업시행 부지로부터 약 350m 이내에 토지를 소유하거나 이용하고 있는 자들인 원고들이 주위적으로 그 승인이 무효임을 확인하고, 예비적으로 위 승인의 취소를 구한 사안

▌판결요지

1. 행정처분의 근거 법규 등에 환경상 침해를 받으리라고 예상되는 영향권의 범위가 구체적으로 규정되어 있는 경우에는, 그 영향권 내의 주민들에 대하여는 특단의 사정이 없는 한 환경상 이익에 대한 침해 또는 침해 우려가 있는 것으로 사실상 추정되어 법률상 보호되는 이익으로 인정됨으로써 원고적격이 인정되며, 그 영향권 밖의 주민들은 당해 처분으로 인하여 그 처분 전과 비교하여 수인한도를 넘는 환경피해를 받거나 받을 우려가 있다는 자신의 환경상 이익에 대한 침해 또는 침해 우려가 있음을 입증하여야만 법률상 보호되는 이익으로 인정되어 원고적격이 인정된다.

2. 사전환경성검토협의를 거쳐야 할 대상사업에 대하여 사전환경성검토협의를 거치지 아니하였음에도 승인 등 처분이 이루어진다면 이러한 행정처분의 하자는 법규의 중대한 부분을 위반한 중대한 것이라 할 것이나, 환경행정청이 사전환경성검도협의를 거쳐야 할 대상사업에 관하여 법의 해석을 잘못한 나머지 세부용도지역이 지정되지 않은 개발사업 부지에 대하여 사전환경성검토협의를 할지 여부를 결정하는 절차를 생략한 채 승인 등의 처분을 하였다면, 그 하자가 외형상 객관적으로 명백하다고 할 수 없다.

▌평 석

대상판결은 환경상 이익에 대한 침해 또는 침해 우려가 있는 것으로 사실상 추정되어 원고적격이 인정되는 사람의 범위를 구체적으로 판시한 선례로서 의미가 크다. 또한 위와 같이 '법령 해석의 잘못으로' 사전환경성검토협의를 하지 않았다는 등의 사유만으로는 그 하자의 중대명백성을 인정하기 어렵다는 것과 관련하여서는, 일반적으로 법률에 위반되는 행정청의 행위는 그

하자가 '중대'하다고 판단할 수 있음에 비추어, 대상판결은 무효사유로서의 하자의 기준으로 삼고 있는 중대명백성이을 하자의 '중대성'보다는 하자의 '명백성'에 중점을 두고 이해하고 있는 것은 아닌지, 하자의 '명백성'을 어떻게 어느 정도로 보아야 할 것인지 등에 관하여는 많은 의문점이 제시되고 재고할 필요가 있다.

❙ 참고문헌

조용현, "환경상 이익 침해 소송의 원고적격," 대법원판례해설 81호, 법원도서관 (2009)

1번 판례 원문 : 대법원 2009. 9. 24. 선고 2009두2825 판결【개발사업시행승인처분취소】

【이 유】

1. 상고이유 제 1 점

행정처분의 직접 상대방이 아닌 제 3 자라 하더라도 당해 행정처분으로 인하여 법률상 보호되는 이익을 침해당한 경우에는 그 처분의 취소나 무효확인을 구하는 행정소송을 제기하여 그 당부의 판단을 받을 자격이 있다 할 것이며, 여기에서 말하는 법률상 보호되는 이익이라 함은 당해 처분의 근거 법규 및 관련 법규에 의하여 보호되는 개별적·직접적·구체적 이익이 있는 경우를 말하고, 공익보호의 결과로 국민 일반이 공통적으로 가지는 일반적·간접적·추상적 이익이 생기는 경우에는 법률상 보호되는 이익이 있다고 할 수 없다. 따라서 행정처분의 직접 상대방이 아닌 자로서 그 처분에 의하여 자신의 환경상 이익이 침해받거나 침해받을 우려가 있다는 이유로 취소나 무효확인을 구하는 제 3 자는, 자신의 환경상 이익이 그 처분의 근거 법규 또는 관련 법규에 의하여 개별적·직접적·구체적으로 보호되는 이익, 즉 법률상 보호되는 이익임을 입증하여야 원고적격이 인정된다고 할 것이며, 다만 그 행정처분의 근거 법규 또는 관련 법규에 그 처분으로써 이루어지는 행위 등 사업으로 인하여 환경상 침해를 받으리라고 예상되는 영향권의 범위가 구체적으로 규정되어 있는 경우에는, 그 영향권 내의 주민들에 대하여는 당해 처분으로 인하여 직접적이고 중대한 환경피해를 입으리라고 예상할 수 있고, 이와 같은 환경상의 이익은 주민 개개인에 대하여 개별적으로 보호되는 직접적·구체적 이익으로서 그들에 대하여는 특단의 사정이 없는 한 환경상 이익에 대한 침해 또는 침해 우려가 있는 것으로 사실상 추정되어 법률상 보호되는 이익으로 인정됨으로써 원고적격이 인정된다고 할 것이며, 그 영향권 밖의 주민들은 당해 처분으로 인하여 그 처분 전과 비교하여 수인한도를 넘는 환경피해를 받거나 받을 우려가 있다는 자신의 환경상 이익에 대한 침해 또는 침해 우려가 있음을 입증하여야만 법률상 보호되는 이익으로 인정되어 원고적격이 인정된다고 볼 것이다(대법원 2006. 12. 22. 선고 2006두14001 판결 참조). 그리고 환경상 이익에 대한 침해 또는 침해 우려가 있는 것으로 사실상 추정되어 원고적격이 인정되는 자는 환경상 침해를 받으리라고 예상되는 영향권 내의 주민들을 비롯하여 그 영향권 내에서 농작물을 경작하는 등 현실적으로 환경상 이익을 향유하는 자도 포함된다고 할 것이나, 단지 그 영향권 내의 건물·토지를 소유하거나 환경상 이익을 일시적으로 향유하는 데 그치는 자는 포함되지 않는다고 할 것이다.

원심판결 이유를 기록에 비추어 살펴보면, 원심이 이 사건 개발사업의 사전환경성검토협의 대상지역의 범위는 이 사건 개발사업 부지 및 그 반경 1km 내지 1.2km 내의 주변지역으로 될 개연성이 크다고 판단한 것은 정당한 것으로 수긍할 수 있다. 그러나 원고 16은 그 거주지와 이 사건 개발사업 부지 사이에 표고 326.4m의 영주산이 있어 이 사건 사업부지 및 그 반경 1km 내지 1.2km 내에 거주하지 않고 다만 이 사건 개발사업 부지에 근접하여 방목장을 운영하는 것으로 보이고(을 제83호증), 나머지 원고들은 모두 이 사건 개발사업 부지 및 그 반경 1km 내지 1.2km 밖에 거주하면서 이 사건 개발사업 부지에 인접한 지역에 토지를 소유하고 있는 사실을 알 수 있으므로, 원심으로서는 위 법리에 따라 원고들이 현실적으로 환경상 이익을 향유하는 자에 해당하는지 여부를 심리하였어야 한다.

그런데도 원심은 원고들이 이 사건 개발사업 부지에 인접한 지역에 토지를 소유하고 있다는 등의 사실만을 토대로 이 사건 처분의 무효확인 또는 취소를 구할 원고적격이 있다고 판단하고 말았으니, 원심판결에는 환경상 이익에 대한 침해 또는 침해 우려가 있음을 이유로 행정처분의 무효확인 또는 취소를 구하는 원고적격에 관한 법리를 오해한 나머지 필요한 심리를 다하지 아니한 위법이 있다고 할 것이다.

2. 상고이유 제 2 점

구 국토의 계획 및 이용에 관한 법률(2004. 12. 31 법률 제7297호로 개정되기 전의 것, 이하 같다)은 국토를 토지의 이용실태 및 특성, 장래의 토지이용방향 등을 고려하여, 인구와 산업이 밀집되어 있거나 밀집이 예상되어 당해 지역에 대하여 체계적인 개발·정비·관리·보전 등이 필요한 지역(도시지역), 도시지역의 인구와 산업을 수용하기 위하여 도시지역에 준하여 체계적으로 관리하거나 농림업의 진흥, 자연환경 또는 산림의 보전을 위하여 농림지역 또는 자연환경보전지역에 준하여 관리가 필요한 지역(관리지역), 도시지역에 속하지 아니하는 농지법에 의한 농업진흥지역 또는 산지관리법에 의한 보전산지 등으로서 농림업의 진흥과 산림의 보전을 위하여 필요한 지역(농림지역), 자연환경·수자원·해안·생태계·상수원 및 문화재의 보전과 수산자원의 보호·육성 등을 위하여 필요한 지역(자연환경보전지역)으로 구분하고(제 6 조), 관리지역은 다시 자연환경보호, 산림보호, 수질오염방지, 녹지공간 확보 및 생태계 보전 등을 위하여 보전이 필요하나, 주변의 용도지역과의 관계 등을 고려할 때 자연환경보전지역으로 지정하여 관리하기가 곤란한 지역(보전관리지역), 농업·임업·어업생산 등을 위하여 관리가 필요하나, 주변의 용도지역과의 관계 등을 고려할 때 농림지역으로 지정하여 관리하기가 곤란한 지역(생산관리지역), 도시지역으로의 편입이 예상되는 지역 또는 자연환경을 고려하여 제한적인 이용·개발을 하려는 지역으로서 계획적·체계적인 관리가 필요한 지역(계획관리지역)으로 세분하여 지정하도록 규정하고 있으며(제36조 제1항), 구 환경정책기본법(2005. 5. 31. 법률 제7561호로 개정되기 전의 것, 이하 같다) 제25조 제4항 및 동법 시행령 제7조 [별표 2]에 의하면, 구 국토의 계획 및 이용에 관한 법률 제6조의 규정에 의한 관리지역에서의 사업계획 면적이 보전관리지역 5,000㎡ 이상, 계획관리지역 10,000㎡ 이상인 경우 구 환경정책기본법 제25조 제1항에서 규정한 사전환경성검토협의를 하여야 한다고 규정하고 있다.

그런데 구 환경정책기본법 시행령 제7조 [별표 2]의 개발사업 부지에 대하여 구 국토의 계획 및 이용에 관한 법률 제36조 제1항에서 규정한 세부용도지역이 지정되지 아니한 경우, 관계행정기관의 장은 그 개발사업 부지의 이용실태 및 특성, 장래의 토지이용방향 등에 대한 구체적 조사 및 이에 기초한 평가 작업을 거쳐 그 개발사업 부지가 구 국토의 계획 및 이용에 관한 법률 제36조 제1항 중 어떠한 세부용도지역의 개념 정의에 부합하는지 여부를 가린 다음 이를 토대로 사전환경성검토협의를 할지 여부를 결정하여야 한다.

원심판결 이유를 기록에 비추어 살펴보면, 원심이, 이 사건 개발사업 부지는 ○○리 마을회의 소유 토지로서 오래전부터 마을 주민들이 공동으로 가축을 방목하고 억새를 채취하기 위한 초지로 사용하여 왔던 사실, 이 사건 개발사업 부지 인근 약 260만 평 상당의 토지 역시 유기농축산업에 이용되고 있는 농경지 또는 목초지이며, 주변에는 경관이 수려한 오름(기생화산)들이 산재해 있는 사실, 또한 이 사건 개발사업 부지 중 제6호기가 설치될 장소 부근에 천연기념물로 지정된 수산동굴이 발견되어 문화재청장은 이 사건 처분을 하기 전인 2005. 12. 14. 위 수산동굴을 천연기념물로 지정예고한 사실에 더하여, 사전환경성검토협의 제도의 목적과 환경은 한번 훼손되면 원상회복이 사실상 불가능하고 그 복원을 위한 시간과 비용이 엄청나게 소요되므로 사전예방환경정책수단으로서 사전환경성검토협의 제도의 중요성은 매우 높다 할 것이어서 사전환경성검토협의 대상사업을 폭넓게 해석할 필요성이 있는 점 등을 고려하면, 이 사건 개발사업 부지는 구 국토의 계획 및 이용에 관한 법률상의 '관리지역' 중 '보전관리지역'에 해당한다고 평가함이 타당하다고 판단한 것은, 위 법리에 따른 것으로 정당하고, 거기에 상고이유로 주장하는 법리오해 등의 위법이 없다.

그리고 이 사건 개발사업 부지가 '보전관리지역'에 해당한다는 원심의 판단이 정당한 이상, 이 사건 개발사업 부지의 면적에 관한 상고이유의 주장은 원심의 가정적 판단에 대한 주장으로 더 나아가 살펴볼 필요 없이 이유 없다.

3. 상고이유 제 3 점

하자 있는 행정처분이 당연무효가 되기 위하여는 그 하자가 법규의 중요한 부분을 위반한 중대한 것으로서 객관적으로 명백한 것이어야 하며, 하자가 중대하고 명백한지 여부를 판별함에 있어서는 그 법규의 목적, 의미, 기능 등을 목적론적으로 고찰함과 동시에 구체적 사안 자체의 특수성에 관하여도 합리적으로 고찰함을 요하는바, 행정청이 어느 법률관계나 사실관계에 대하여 어느 법률의 규정을 적용하여 행정처분을 한 경우에 그 법률관계나 사실관계에 대하여는 그 법률의 규정을 적용할 수 없다는 법리가 명백히 밝혀져 그 해석에 다툼의 여지가 없음에도 불구하고 행정청이 위 규정을 적용하여 처분을 한 때에는 그 하자가 중대하고도 명백하다고 할 것이나, 그 법률관계나 사실관계에 대하여 그 법률의 규정을 적용할 수 없다는 법리가 명백히 밝혀지지 아니하여 그 해석에 다툼의 여지가 있는 때에는 행정관청이 이를 잘못 해석하여 행정처분을 하였더라도 이는 그 처분 요건사실을 오인한 것에 불과하여 그 하자가 명백하다고 할 수 없는 것이다(대법원 2004. 10. 15. 선고 2002다68485 판결 등 참조).

구 환경정책기본법은 환경보전에 관한 국민의 권리·의무와 국가의 책무를 명확히 하고 환경정책의 기본이 되는 사항을 정하여 환경오염과 환경훼손을 예방하고 환경을 적정하게 관리·보전함으로써 모든 국민이 건강하고 쾌적한 삶을 누릴 수 있도록 함을 목적으로 하고(제 1 조), 환경의 질적인 향상과 그 보전을 통한 쾌적한 환경의 조성 및 이를 통한 인간과 환경 간의 조화와 균형의 유지는 국민의 건강과 문화적인 생활의 향유 및 국토의 보전과 항구적인 국가발전에 필수불가결한 요소임에 비추어 국가·지방자치단체·사업자 및 국민은 환경을 보다 양호한 상태로 유지·조성하도록 노력하고, 환경을 이용하는 모든 행위를 할 때에는 환경보전을 우선적으로 고려하며, 지구의 환경상 위해를 예방하기 위한 공동의 노력을 강구함으로써 현재의 국민으로 하여금 그 혜택을 널리 향유할 수 있게 함과 동시에 미래의 세대에게 계승될 수 있도록 함을 기본이념으로 하며(제 2 조), 이러한 입법 목적과 기본이념을 달성하기 위하여, 정부는 국민의 건강을 보호하고 쾌적한 환경을 조성하기 위하여 환경기준을 설정하여야 하며 환경여건의 변화에 따라 그 적정성이 유지되도록 하여야 하며(제10조 제 1 항), 관계행정기관의 장은 이러한 환경기준의 적정성 유지 및 자연환경의 보전을 위하여 환경에 영향을 미치는 행정계획을 수립·확정하거나 개발사업의 허가 등을 하고자 할 경우에는 당해 행정계획 및 개발사업의 확정·허가 등을 하기 전에 환경부장관 또는 지방환경관서의 장(이하 '협의기관의 장'이라 한다)과 환경영향의 검토에 관한 협의를 하여야 하고(제25조 제 1 항), 협의기관의 장으로부터 사전환경성검토협의 의견을 통보받은 관계행정기관의 장은 특별한 사유가 없는 한 이를 당해 행정계획 또는 개발사업에 반영하기 위하여 필요한 조치를 하여야 하며, 그 조치결과 또는 조치계획을 협의기관의 장에게 통보하여야 하고(제26조 제 1 항), 관계행정기관의 장은 사전환경성검토 협의절차가 완료되기 전에 개발사업에 대한 허가 등을 하여서는 아니되고, 협의기관의 장은 협의절차가 완료되기 전에 시행한 개발사업에 대하여는 관계행정기관의 장에게 공사중지 등 필요한 조치를 할 것을 요청할 수 있으며 이 경우 관계행정기관의 장은 특별한 사유가 없는 한 이에 응하여야 한다(제27조)고 규정하고 있다.

이러한 구 환경정책기본법의 규정 취지는 대상사업이 환경을 해치지 아니하는 방법으로 시행되도록 함으로써 당해 사업과 관련된 환경공익을 보호하려는 데 그치는 것이 아니라, 당해 사업으로 인하여 직접적이고 중대한 환경피해를 입으리라고 예상되는 사전환경성검토협의 대상지역 내의 주민들이 전과 비교하여 수인한도를 넘는 환경침해를 받지 아니하고 쾌적한 환경에서 생활할 수 있는 개별적 이익까지도 보호하려는 데에 있다 할 것인데, 사전환경성검토협의를 거쳐야 할 대상사업에 대하여 사전환경성검토협의를 거치지 아니하였음에도 승인 등 처분이 이루어진다면 환경파괴를 미연에 방지하고 쾌적한 환경을 유지·조성하기 위하여 사전환경성검토협의 제도를 둔 입법 목적을 달성할 수 없게 되는 결과를 초래할 뿐만 아니라 사전환경성검토협의 대상지역 안의 주민들의 직접적이고 개별적인 이익을 근본적으로 침해하게 되므로, 이러한 행정처분의 하자는 법규의 중요한 부분을 위반한 중대한 것이라고 하지 않을 수 없다.

그러나 앞서 본 바와 같이 구 국토의 계획 및 이용에 관한 법률 제 6 조, 제36조 제 1 항에서 규정한 세부용도지역에 따라 사전환경성검토협의 대상이 되는 사업계획면적이 달리 규정되어 있는바, 소외 회사가 피고에게 제출한 개발사업시행 승인신청서에는 이 사건 개발사업 부지가 6,418㎡로 기재되어 있어 이 사건 개발사업 부지의 세부용도지역 지정에 따라 사전환경성검토협의 대상 여부가 달라질 수 있었음에도, 이 사건 처분 당시 이 사건 개발사업 부지에 대하여 세부용도지역이 지정되지 않은 상태였고, 이러한 경우 피고로서는 이 사건 개발사업 부지의 이용실태 및 특성, 장래의 토지이용방향 등에 대한 구체적 조사 및 이에 기초한 평가 작업을 거쳐 이 사건 개발사업 부지가 어떠한 세부용도지역의 개념 정의에 부합하는지 여부를 가린 다음 이를 토대로 사전환경성검토협의 여부를 결정하여야 한다는 법리는 이 사건 처분이 있은 후에 비로소 이 사건 대법원판결에 의하여 선언되는 것이므로, 설령 피고가 법의 해석을 잘못한 나머지 이 사건 개발사업이 사전환경성검토협의 대상이 아니라고 보고 그 절차를 생략한 채 이 사건 처분을 하였다고 하더라도, 그 하자가 외형상 객관적으로 명백하다고 할 수는 없다.

따라서 이 사건 처분에 존재하는 위와 같은 하자만으로는 이 사건 처분이 당연무효라고 할 수 없음에도, 이와 달리 이 사건 처분이 당연무효임을 전제로 원고들의 주위적 청구를 인용한 원심판결에는 행정처분의 무효에 관한 법리를 오해하여 판결에 영향을 미친 위법이 있다고 할 것이다.

Case Book of Environmental Law

2. 사전환경성검토 대상 : 연접개발
대법원 2006. 12. 22. 선고 2006두14001 판결 【공장설립승인처분취소】
원 심 : 서울고등법원 2006. 7. 25. 선고 2005누20445 판결
제 1 심 : 수원지방법원 2005. 8. 17. 선고 2004구합6984 판결

1. 당 사 자	【원고, 상고인】 원고1 외 2인 【피고, 피상고인】 광주시장 【피고보조참가인】 피고보조참가인1 외 4인
2. 주요쟁점	연접개발의 경우의 사전환경성검토협의에 관한 법리
3. 사건의 경과	피고의 공장설립승인처분에 대하여 원심은 원고들에게 그 취소를 구할 원고적격이 없다는 이유로 각하판결을 내렸으나, 이에 대하여 원고들이 상고
4. 결 과	피고의 처분 중 피고보조참가인 1인에 대한 처분을 제외한 나머지 부분을 파기 환송
5. 관련조문	행정소송법 제12조 제 1 항 , 구 환경정책법(2005. 5. 31. 법률 제7561호로 개정된기 전의 것) 제25조 제 1 항
6. 관련판례	대법원 1999. 12. 10. 선고 98두2881 판결 대법원 2005. 10. 27. 선고 2005두7600 판결 대법원 2006. 11. 23. 선고 2006두13954 판결

▎판시사항

1. 연접개발이 사전환경성검토협의 대상사업에 해당하는 경우를 규정한 구 환경정책기본법 시행령 조항이 사업주체나 사업시기를 달리하는 경우에도 적용되는지 여부(적극)

2. 환경정책기본법령상 사전환경성검토협의 대상지역 내에 포함될 개연성이 충분하다고 보이는 주민들에게 그 협의대상에 해당하는 창업사업계획승인처분과 공장설립승인처분의 취소를 구할 원고적격이 인정된다고 한 사례

▎사실관계

피고가 피고보조참가인들에 대하여 내린 공장설립승인처분에 대하여 인근 주민들인 원고가 환경정책기본법상 사전환경성검토협의 대상 지역 내에 해

당함에도 이러한 협의를 이행하지 아니하였고, 그 외 환경상 이익에 대한 침해 또는 침해 우려가 예상된다는 이유로 그 처분의 취소를 구한 사안

❙ 판결요지

1. 행정처분의 직접 상대방이 아닌 자로서 그 처분에 의하여 자신의 환경상 이익이 침해받거나 침해받을 우려가 있다는 이유로 취소소송을 제기하는 제3자는, 자신의 환경상 이익이 그 처분의 근거 법규 또는 관련 법규에 의하여 개별적·직접적·구체적으로 보호되는 이익, 즉 법률상 보호되는 이익임을 입증하여야 원고적격이 인정되고, 다만 그 행정처분의 근거 법규 또는 관련 법규에 그 처분으로써 이루어지는 행위 등 사업으로 인하여 환경상 침해를 받으리라고 예상되는 영향권의 범위가 구체적으로 규정되어 있는 경우에는, 그 영향권 내의 주민들에 대하여는 당해 처분으로 인하여 직접적이고 중대한 환경피해를 입으리라고 예상할 수 있고, 이와 같은 환경상의 이익은 주민 개개인에 대하여 개별적으로 보호되는 직접적·구체적 이익으로서 그들에 대하여는 특단의 사정이 없는 한 환경상 이익에 대한 침해 또는 침해 우려가 있는 것으로 사실상 추정되어 법률상 보호되는 이익으로 인정됨으로써 원고적격이 인정되며, 그 영향권 밖의 주민들은 당해 처분으로 인하여 그 처분 전과 비교하여 수인한도를 넘는 환경피해를 받거나 받을 우려가 있다는 자신의 환경상 이익에 대한 침해 또는 침해 우려가 있음을 증명하여야만 법률상 보호되는 이익으로 인정되어 원고적격이 인정된다.

2. 구 환경정책기본법(2005. 5. 31. 법률 제7561호로 개정되기 전의 것) 제25조 제1항 및 제4항과 같은 법 시행령(2005. 1. 31. 대통령령 제18693호로 개정되기 전의 것) 제7조 제1항 [별표 2] '사전환경성검토대상 및 협의요청시기'의 2. 가. (2)항 및 비고 제7항 등 관계 규정에 의하면, 사전환경성검토협의 대상면적 미만으로 이미 허가를 받은 개발사업지역과 연접한 지역에 추가로 개발사업을 하고자 하는 연접개발이 사전환경성검토협의 대상사업에 해당하는지 여부를 판단함에 있어서, 위 연접개발에 관하여 규정한 위 비고 제7항은 사업주체가 동일한 경우는 물론 사업주체나 사업시기를 달리하는 경우에도 그 적용이 있다고 해석함이 상당하다.

❙ 평　석

사전환경성검토협의를 거치지 않았다는 등의 이유로 공장설립승인처분의 취소를 청구한 위 사안에서, 대법원은 원고적격에 관한 대법원 2006. 3. 16. 선고 2006두330 전원합의체 판결(이른바 새만금 판결)의 기준을 원용하였는데, 위 기준은 영향권을 설정한 취지에 부합하고 예측가능성도 보장될 수 있는 것으로 보인다. 또한 사전환경성검토협의를 거쳐야 할 법적 의무가 있는 소위 "연접개발"의 범위에 관하여도 대상판결은 이를 넓게 보고 있다.

❙ 참고문헌

조용현, "환경상 이익 침해 소송의 원고적격," 대법원판례해설 81호, 법원도서관 (2009)

Case Book of Environmental Law

3. 분뇨관련 영업의 경업자의 원고적격
대법원 2006. 7. 28. 선고 2004두6716 판결【분뇨등관련영업허가처분취소】
원 심: 서울고등법원 2004. 5. 28. 선고 2003누959 판결
제 1 심: 서울행정법원 2002. 12. 13. 선고 2002구합21643 판결

1. 당 사 자	【원고, 상고인】 한○정화 주식회사 【피고, 피상고인】 서울특별시 은평구청장
2. 주요쟁점	분뇨 및 축산폐수의 수집·운반업 및 정화조청소업으로 하여 분뇨등 관련 영업허가를 받아 영업을 하고 있는 자의 이익이 법률상 보호되는 이익인지 여부
3. 사건의 경과	원심이 원고의 청구를 각하하자 원고가 상고
4. 결 과	원고 적격은 인정되나 처분은 위법하지 아니하므로 원고 청구는 기각되어야 할 것이나, 불이익변경금지의 원칙상 상고 기각
5. 관련조문	구 오수·분뇨 및 축산처리에 관한 법률(2002. 12. 26. 법률 제6827호로 개정되기 전의 것) 제35조, 행정소송법 제12조
6. 관련판례	대법원 2008. 3. 27. 선고 2007두23811 판결

▎판시사항

구 오수·분뇨 및 축산폐수의 처리에 관한 법률과 같은 법 시행령상 업종을 분뇨와 축산폐수 수집·운반업 및 정화조청소업으로 하여 분뇨 등 관련 영업허가를 받아 영업을 하고 있는 기존 업자의 이익이 법률상 보호되는 이익이라고 보아, 기존 업자에게 경업자에 대한 영업허가처분의 취소를 구할 원고적격이 있다고 한 사례

▎사실관계

은평구에서 오로지 원고만이 분뇨등 수집·운반업 및 정화조청소업을 업종으로 한 분뇨 등 관련영업허가를 받아 독점적으로 분뇨 등 수집·운반업 및 정화조청소 영업을 하고 있던 중 피고가 소외 은○산업 주식회사와 주식회사 성○환경에 대하여 원고와 같은 업종에 관한 각 분뇨 등 관련영업허가처분을 하였고, 이에 원고가 소외 은○산업 주식회사와 주식회사 성○환경에 대한 각 분뇨 등 관련영업허가처분의 취소를 구한 사안

▎판결요지

일반적으로 면허나 인·허가 등의 수익적 행정처분의 근거가 되는 법률이 해당 업자들 사이의 과당경쟁으로 인한 경영의 불합리를 방지하는 것도 그 목적으로 하고 있는 경우, 다른 업자에 대한 면허나 인·허가 등의 수익적 행정처분에 대하여 이미 같은 종류의 면허나 인·허가 등의 수익적 행정처분을 받아 영업을 하고 있는 기존의 업자는 경업자에 대하여 이루어진 면허나 인·허가 등 행정처분의 상대방이 아니라 하더라도 당해 행정처분의 취소를 구할 원고적격이 있다.

▎평 석

분뇨와 축산폐수 수집·운반업 및 정화조청소업은 공익사업의 범주에 포함되고, 이에 대한 허가는 수급적합의 원칙에 의한 허가 제한이라는 완화된 형태의 독점적 경영권설정이라 할 것이며, 재량행위이라 할 수 있다. 분뇨 등 관련 영업허가의 법적 성질은 공익기업의 특허에 해당한다는 것이 판례이고 공익기업의 특허에 있어서 기존의 특허기업자가 행정청의 제3자에 대한 신규허가로 인하여 침해받는 이익은 법률상 보호이익이라고 보아야 한다. 이러한 관점에서 대법원이 원고의 원고적격을 인정한 것은 정당하다.

▎참고문헌

박강희, "구 오수·분뇨 및 축산폐수의 처리에 관한 법률과 같은 법 시행령상 업종을 분뇨와 축산폐수 수집·운반업 및 정화조청소업으로 하여 분뇨 등 관련 영업허가를 받아 영업을 하고 있는 기존업자의 이익이 법률상 보호되는 이익이라고 한 사례," 대법원판례해설 64호, 법원도서관 (2007. 7.)

4. 도창리사격장사건

대법원 2006. 6. 30. 선고 2005두14363 판결【국방군사시설사업실시계획승인처분무효확인】

원 심 : 서울고등법원 2005. 9. 30. 선고 2004누22697 판결

제 1 심 : 서울행정법원 2004. 10. 8. 선고 2003구합37607 판결

1. 당 사 자	【원고, 피상고인】 원고1 외 243인 【피고, 상고인】 국방부장관
2. 주요쟁점	환경영향평가를 거치지 아니한 하자가 행정처분의 당연무효사유에 해당하는지 여부
3. 사건의 경과	원심에서 실시계획승인처분이 무효임을 확인하자 피고가 상고
4. 결 과	상고 기각
5. 관련조문	구 환경영향평가법(1999. 12. 31. 법률 제6095호 환경·교통·재해 등에 관한 영향평가법 부칙 제 2 조로 폐지) 제 4 조, 제 9 조, 제16조
6. 관련판례	대법원 2001. 7. 27. 선고 99두2970 판결

판시사항

구 환경영향평가법상 환경영향평가를 실시하여야 할 사업에 대하여 환경영향평가를 거치지 아니하였음에도 승인 등 처분을 한 경우, 그 처분의 하자가 행정처분의 당연무효사유에 해당하는지 여부(적극)

사실관계

환경영향평가대상지역 안의 주민인 원고가 피고의 국방·사업실시계획승인처분에 대하여 환경영향평가를 거쳐야 할 대상사업인데도 환경영향평가를 거치지 아니하여 위법하다는 이유로 무효확인을 청구한 사안

판결요지

구 환경영향평가법의 규정취지는 환경공익을 보호하려는 데 그치는 것이 아니라 환경영향평가대상지역 안의 주민들의 개별적 이익까지도 보호하려는 데 있는 것이다. 그런데 환경영향평가를 거쳐야 할 대상사업에 대하여 환경영향평가를 거치지 아니하였음에도 불구하고 승인 등 처분이 이루어진다면

사전에 주민들의 의견을 수렴하고 그 결과를 토대로 하여 환경부장관과의 협의내용을 사업계획에 반영시키는 것 자체가 원천적으로 봉쇄되는바, 이렇게 되면 환경영향평가제도를 둔 입법취지를 달성할 수 없게 될 뿐만 아니라 환경영향평가대상지역 안의 주민들의 직접적이고 개별적인 이익을 근본적으로 침해하게 되므로, 이러한 행정처분의 하자는 법규의 중요한 부분을 위반한 중대한 것이고 객관적으로도 명백한 것이라고 하지 않을 수 없어 이와 같은 행정처분은 당연무효이다.

❙ 평 석

대상판결은 환경평가의 부실시(不實施)와 부실(不實)을 기본적으로 절차하자에 연동시키고, 절차고유가치설의 기조를 취하고 있다. 공익에 관한 관념의 다양성, 가치의 비교불가능성 등을 고려하면, 지극히 타당한 판결이라고 할 수 있다. 그러나 대상판결의 태도에 대해서는 무효인정에 따라 지불하여야 할 도그마틱적 대가가 매우 크다는 비판이 있다. 이에 따르면, 환경평가의 부실시 역시 부실과 마찬가지로 실체적 처분에 재량권 일탈 남용의 위법이 있는지 여부를 판단하는 요소로 접근하는 것이 타당하다. 법원은 실질적인 권리구제의 측면과 더불어 소송경제적 측면도 고려해야 하며 절차하자에 과도한 비중을 부여하는 것은 탈규제 경향과도 상치된다는 것이 그 근거로 제시되고 있다.

❙ 참고문헌

김중권, “환경영향평가가 결여된 행정행위의 효력에 관한 소고,” 저스티스 114호, 한국법학원 (2009)

5. 납골당사건
대법원 2004. 12. 9. 선고 2003두12073 판결【납골당허가처분무효확인】
원 심 : 서울고등법원 2003. 9. 19. 선고 2002누4541 판결
제 1 심 : 수원지방법원 2002. 2. 6. 선고 2001구2263 판결

1. 당 사 자	【원고, 피상고인】 원고1 외 46인 【원고, 보조참가인】 원고1 외 35인 【피고, 상고인】 경기도지사 【피고보조참가인, 상고인】 재단법인 성○공원
2. 주요쟁점	환경영향평가대상지역 안의 주민들에게 변경승인처분의 취소를 구할 원고적격이 있는지 여부 및 환경영향평가절차를 거쳤으나 그 환경영향평가의 내용이 부실한 경우 승인처분의 위법성
3. 사건의 경과	1심에서는 원고의 청구가 각하되었으나 원고가 항소하였고, 원심에서 원고의 청구가 인용되자 피고 및 피고보조참가자가 상고
4. 결 과	파기 환송
5. 관련조문	구 환경영향평가법 제 4 조, 제 7 조
6. 관련판례	대법원 2001. 6. 29. 선고 99두9902 판결

판시사항

행정처분의 직접 상대방이 아닌 제 3 자의 법률상 보호되는 이익의 범위 및 환경영향평가를 거쳤으나 그 환경영향평가의 내용이 부실한 경우, 그 부실로 인하여 환경영향평가대상사업에 대한 승인 등 처분이 위법하게 되는지 여부(한정 소극)

사실관계

환경영향평가를 받아 그 결과를 사업계획에 반영할 것을 조건으로 하는 피고의 납골당설치허가에 대하여 환경영향평가대상지역 안의 주민들인 원고들이 환경상 이익을 침해한다는 이유로 위 처분의 취소를 청구한 사안

판결요지

1. 행정처분의 직접 상대방이 아닌 제 3 자라 하더라도 당해 행정처분으로

인하여 법률상 보호되는 이익을 침해당한 경우에는 취소소송을 제기할 원고적격이 있다 할 것이고, 여기에서 법률상 보호되는 이익에는 당해 처분의 근거법규에 의하여 보호되지는 아니하지만 당해 처분의 조건을 성취하거나 당해 처분의 행정목적을 달성하기 위한 일련의 관련처분들의 근거법규에 의하여 명시적으로 보호받는 법률상 이익도 포함된다. 납골당설치허가처분의 허가조건을 성취하거나 그 처분의 목적을 달성하기 위한 산림형질변경허가와 환경영향평가의 근거법규는 납골당설치허가처분에 대한 관련처분들의 근거법규이고, 환경영향평가대상지역 안에 거주하는 주민들은 위 처분의 무효확인이나 취소를 구할 원고적격이 있다.

2. 환경영향평가를 거쳐야 할 대상사업에 대하여 그러한 환경영향평가를 거치지 아니하였음에도 승인 등 처분을 하였다면 그 처분은 위법하다 할 것이나, 그러한 절차를 거쳤다면, 비록 그 환경영향평가의 내용이 다소 부실하다 하더라도 그 부실의 정도가 환경영향평가제도를 둔 입법취지를 달성할 수 없을 정도이어서 환경영향평가를 하지 아니한 것과 다를 바 없는 정도의 것이 아닌 이상 그 부실은 당해 승인 등 처분에 재량권 일탈·위법이 있는지 여부를 판단하는 하나의 요소로 됨에 그칠 뿐, 그 부실로 인하여 당연히 당해 승인 등 처분이 위법하게 되는 것이 아니다.

▌평 석

환경영향평가가 부실하게 실시된 경우 이러한 하자가 사업승인처분을 취소할 수 있는 위법사유가 되는 기준을 제시하였다는 점에서 의미 있는 판결이다. 그러나 환경영향평가의 하자가 처분의 취소사유가 되기 위해서는 환경영향평가의 하자가 환경영향평가를 실시하지 않은 것과 같은 정도의 중대한 것임을 요구한다는 점에서 환경영향평가제도의 의미를 크게 감소시킬 우려가 있다.

▌참고문헌

김향기, "제 3 자의 원고적격과 사전환경성검토 대상지역 주민," 고시계 55권 2호, 국가고시학회 (2010)

6. 용화온천사건
대법원 2001. 7. 27. 선고 99두2970 판결【용화집단시설지구기본설계변경승인처분취소】
원 심: 서울고등법원 1999. 1. 20. 선고 97구31597 판결

1. 당 사 자	【원고, 피상고인】 원고1 외 171인 【피고, 상고인】 환경부장관(경정 전: 내무부장관) 【피고보조참가인, 상고인】 속리산국립공원 용화온천집단시설지구지주조합
2. 주요쟁점	환경영향평가대상지역 안의 주민들에게 변경승인처분의 취소를 구할 원고적격이 있는지 여부 및 환경영향평가에 대한 의견에 반하는 변경승인처분의 위법성
3. 사건의 경과	원심에서 원고의 청구가 인용되자 피고 및 피고보조참가자가 상고
4. 결 과	상고 기각
5. 관련조문	구 자연공원법(1995. 12. 30. 법률 제5122호로 개정되기 전의 것) 제 1 조, 제10조 제 1 항, 제15조 제 2 항, 제16조, 제21조, 제21조의 2, 제22조, 구 환경영향평가법(1999. 12. 31. 법률 제6095호 환경·교통·재해등에관한영향평가법 부칙 제 2 조로 폐지) 제 1 조, 제 4 조, 제 8 조, 제 9 조, 제16조, 제19조
6. 관련판례	대법원 2001. 7. 27. 선고 99두5092 판결

판시사항

1. 환경영향평가대상사업에 해당하는 국립공원 집단시설지구개발사업에 있어 그 시설물기본설계변경승인처분 등과 관련하여 환경영향평가대상지역 안의 주민들이 갖고 있는 환경상의 이익이 주민 개개인에 대하여 개별적으로 보호되는 직접적 이익인지 여부(적극) 및 위 주민들에게 그 이익의 침해를 이유로 그 처분 등의 취소를 구할 원고적격이 있는지 여부(적극)

2. 자연공원사업의 시행에 있어 그 공원시설기본설계 및 변경설계승인의 법적성질(=재량행위) 및 이에 대한 법원의 사법심사의 대상(=재량권 일탈·남용 여부)

▌사실관계

환경영향평가대상지역 안의 주민들이 국립공원 관리청인 피고의 시설물기본설계변경승인처분에 대하여 환경부장관의 환경영향평가에 대한 의견에 반한다는 이유로 위 처분의 취소를 청구한 사안

▌판결요지

1. 환경영향평가에 관한 자연공원법령 및 환경영향평가법령상의 관련 규정의 취지는 환경영향평가대상지역 안의 주민들이 수인한도를 넘는 환경침해를 받지 아니하고 쾌적한 환경에서 생활할 수 있는 개별적 이익까지도 보호하려는 데에 있다 할 것이므로 주민들이 변경승인처분과 관련하여 갖고 있는 환경상의 이익은 주민 개개인에 대하여 개별적으로 보호되는 직접적 이익이라고 보아야 할 것이어서 주민들에게 변경승인처분의 취소를 구할 원고적격이 있다고 보아야 한다.

2. 국립공원 관리청의 공원시설기본설계 및 변경설계의 승인여부는 제반사정을 종합적으로 고려하여 결정하여야 하는 일종의 재량행위에 속한다고 할 것이고 위와 같은 재량행위에 대한 법원의 사법심사는 당해 행위가 사실오인, 비례원칙 위배, 당해행위의 목적위반이나 부정한 동기 등에 근거하여 이루어짐으로써 재량권을 일탈·남용한 위법이 있는지 여부만을 심사하게 되는 것이다. 국립공원 관리청이 시설물기본설계변경승인처분을 함에 있어서 환경부장관과 협의를 거친 이상, 환경영향평가서의 내용이 환경영향평가제도를 둔 입법취지를 달성할 수 없을 정도로 심히 부실하다는 등의 특별한 사정이 없는 한, 공원관리청이 환경부장관의 환경영향평가에 대한 의견에 반하는 처분을 하였다고 하여 그 처분이 위법하다고 할 수 없다.

▌평 석

대상판결은, 상술한 납골당 사건의 판결에서와 같이, 환경영향평가가 부실하게 실시된 경우 이러한 하자가 사업승인처분을 취소할 수 있는 위법사유가 되는 기준을 제시하고 있다. 그러나 대상판결은 환경영향평가의 하자가 처분의 취소사유가 되기 위해서는 환경영향평가의 하자가 환경영향평가를 실시하지 않은 것과 같은 정도의 중대한 것임을 요구하고 있는데, 이는 환경

영향평가제도를 형해화(形骸化)시킬 우려가 있다.

❙ 참고문헌

김향기, "제3자의 원고적격과 사전환경성검토 대상지역 주민," 고시계 55권 2호, 국가고시학회 (2010)

7. 양수발전소건설승인처분 사건
대법원 1998. 9. 22. 선고 97누19571 판결【발전소건설사업승인처분취소】
원 심: 서울고등법원 1997. 10. 23. 선고 96구1681 판결

1. 당 사 자	【원고, 상고인】 원고1 외 112인 【피고, 피상고인】 통상산업부장관 【피고보조참가인】 한국전력공사
2. 주요쟁점	환경영향평가와 관련한 원고 적격 인정 여부
3. 사건의 경과	피고의 피고보조참가인에 대한 발전소건설사업승인처분에 대하여 원고들이 취소소송을 제기하였고, 이에 대해 원심은 사업의 대상 지역 내에 토지와 주택을 소유한 자들을 제외한 원고들에 대해서는 각하 판결을, 위 원고들에 대해서는 기각판결을 내렸고 이에 대하여 원고들이 상고
4. 결 과	상고 기각
5. 관련조문	행정소송법 제12조, 전원개발에관한특례법 제 5 조, 환경영향평가법 제 8 조, 제 9 조 제 1 항, 제16조 제 1 항, 제19조 제 1 항
6. 관련판례	대법원 1998. 4. 24. 선고 97누3286 판결 대법원 1998. 9. 4. 선고 97누19588 판결

판시사항

1. 환경영향평가대상지역 안의 주민들이 그 대상사업인 전원개발사업실시계획승인처분과 관련하여 갖는 환경상 이익이 직접적·구체적 이익인지 여부(적극)

2. 위 주민들에게 그 침해를 이유로 위 처분의 취소를 구할 원고적격이 있는지 여부(적극)

사실관계

원고들은 발전소건설사업의 대상 지역 내에 토지와 주택을 소유한 자, 하부댐 소재지 후천의 하류인 남대천에서 연어 등을 포획하는 자, 발전소 건설사업에 관한 환경영향평가대상지역 안의 주민, 상부댐과 하부댐 소재지 산에서 송이를 채취하는 주민 또는 자연을 찾아 즐기거나 연구, 보전하려는 산악

인·생물학자·생태연구가·사진가·일반시민·환경보호단체인바, 전원개발사업실시계획승인처분으로 인해 자신들의 환경상 이익 및 재산상 이익이 침해된다는 이유로, 즉, 위 전원개발사업실시계획승인을 내리면서 환경영향평가가 제대로 이루어지지 않았고, 위 처분으로 인해 얻을 수 있는 이익에 비해 환경파괴 등 사회적 비용이 더 크므로, 위 처분은 재량권을 일탈하거나 남용하여 위법한 처분이라고 주장하며 그 취소를 구한 사안

▌판결요지

1. 전원(電源)개발사업실시계획승인처분의 근거 법률인 전원개발에관한특례법령, 구 환경보전법령, 구 환경정책기본법령 및 환경영향평가법령 등에 따르면, 주민들이 위 승인처분과 관련하여 갖고 있는 환경상 이익은 단순히 환경공익 보호의 결과로서 국민일반이 공통적으로 갖게 되는 추상적·평균적·일반적 이익에 그치지 아니하고 환경영향평가대상지역 안의 주민 개개인에 대하여 개별적으로 보호되는 직접적·구체적 이익이라고 보아야 하고, 따라서 위 사업으로 인하여 직접적이고 중대한 환경침해를 받게 되리라고 예상되는 환경영향평가대상지역 안의 주민에게는 위 승인처분의 취소를 구할 원고적격이 있다.

2. 환경영향평가대상지역 밖의 주민·일반 국민·산악인·사진가·학자·환경보호단체 등의 환경상 이익이나 전원(電源)개발사업구역 밖의 주민 등의 재산상 이익에 대하여는 위 근거 법률에 이를 그들의 개별적·직접적·구체적 이익으로 보호하려는 내용 및 취지를 가지는 규정을 두고 있지 아니하므로, 이들에게는 위와 같은 이익 침해를 이유로 전원(電源)개발사업실시계획승인처분의 취소를 구할 원고적격이 없다.

▌평 석

대법원은 처분의 근거가 되는 법률에 의하여 보호되는 이익이 있다면 원고적격을 인정하여야 한다는 원칙을 일관되게 유지하면서도 당해 처분의 근거 법규 뿐 아니라 관련법규의 규정의 합리적 해석을 통하여 “처분의 근거되는 법률상 이익”을 인정하여 원고적격을 비교적 넓게 인정하고 있으며, 원고적격이 없다고 하여 소를 각하한 원심판결의 잘못을 지적하고 있다. 더 나아

가 대법원은 원고적격 여부를 판단함에 있어 환경영향평가법령도 당해 변경승인 및 허가처분에 직접적인 영향을 미치는 근거 법률이 된다고 판시함으로써 적어도 환경환경영향평가 대상사업에 해당하는 사업의 경우 환경영향평가대상지역 안의 주민에게 환경영향평가대상사업에 관한 변경승인 및 허가처분의 취소를 구할 원고적격을 인정함으로써, 환경소송에서의 원고적격의 범위를 보다 폭 넓게 인정하는 경향을 보이고 있다.

❙ 참고문헌

윤강열, "환경영향평가와 인근주민의 원고적격," 재판실무연구 1998, 광주지방법원, (1998. 9.)

홍준형, "전원개발사업실시계획승인처분과 그 취소를 구할 법률상 이익," 판례행정법, 두성사 (1999)

이원우, "시민과 NGO에 의한 행정통제 강화와 행정소송 — 항고소송의 원고적격 문제를 중심으로 —," 법과 사회 23호, '법과 사회' 이론학회 (2002)

Case Book of Environmental Law

8. 환경영향평가 관련 행정처분효력집행정지
서울고등법원 2006. 9. 11.자 2006루122 결정(확정) 【행정처분효력집행정지】
제 1 심 : 수원지방법원 2006. 6. 19.자 2006아226 결정

1. 당 사 자	【신청인, 항고인】 신청인1 외 518인 【피신청인, 피항고인】 용인시장 【피신청인 보조참가인】 주식회사 일○븐건설 외 2인
2. 주요쟁점	대지조성을 수반하는 주택건설사업의 환경영향평가 대상사업 해당여부, 환경영향평가 대상규모의 해당여부 및 환경영향평가 대상지역 안의 주민들의 원고적격
3. 사건의 경과	제 1 심에서 신청인의 청구가 기각되어 신청인이 항고함
4. 결 과	항고 인용
5. 관련조문	환경·교통·재해 등에 관한 영향평가법 제 4 조 제 3 항
6. 관련판례	대법원 2006. 3. 16. 선고 2006두330 전원합의체 판결

❙ 판시사항

1. 대지조성을 수반하는 주택건설사업이 환경영향평가대상사업에 해당하는지 여부(적극)

2. 동일영향권역에서 시행되는 동종의 사업들에 대하여 전체적으로 하나의 사업으로 보아 각 사업의 규모를 합산하여 환경영향평가대상여부를 결정하여야 하는지 여부(적극)

3. 환경영향평가대상지역 안의 주민들에게 주택건설사업계획승인처분의 취소를 구할 원고적격이 인정되는지 여부(적극)

❙ 사실관계

환경영향평가대상지역 안의 주민들인 신청인이 피신청인의 주택건설사업계획승인처분에 대하여 환경영향평가를 거쳐야 할 대상사업인데도 환경영향평가를 거치지 아니하여 위법하다는 이유로 집행정지를 신청한 사안

❙ 판결요지

1. 주택법 시행령의 규정에 비추어 보면, 대지조성을 수반하는 주택건설사

업은 대지조성사업으로서의 성질도 함께 가지고 있으므로 환경영향평가 대상사업에 해당한다.

2. 입법취지 및 동법 시행령의 규정에 비추어 보면, 동일영향권역에서 시행되는 동종의 사업들에 대해서는 사업자가 동일한지를 불문하고 전체적으로 하나의 사업으로 보아 각 사업의 규모를 합산하여 환경영향평가 대상여부를 결정하여야 한다고 해석된다.

3. 주택건설사업계획승인처분의 근거법규 또는 관련 법규가 되는 주택법 및 환경·교통·재해 등에 관한 영향평가법, 동법 시행령의 관련 규정의 내용을 종합하면 환경영향평가대상지역 안의 주민들이 수인한도를 넘는 환경침해를 받지 아니하고 쾌적한 환경에서 생활할 수 있는 개별적 이익까지도 보호하려는 데 이들 법규의 취지가 있다고 판단되므로 주민들이 갖고 있는 위와 같은 환경상 이익은 주민 개개인에게 개별적으로 부여되는 직접적 이익으로서 주민들은 위 처분의 취소를 구할 원고적격이 있다.

❙ 평 석

환경영향평가가 실시되는 경우 대상지역 내 주민들은 사업승인처분의 원고적격을 갖게 되므로 어떤 사업이 환경영향평가를 요하는 사업인지 여부가 환경침해에 대한 권리구제에 중대한 의미를 갖게 되었다. 주택건설사업은 그 자체로 환경영향평가대상사업으로 규정되지 않았지만 주택건설에는 대지조성이 수반되고 대지조성사업은 환경영향평가를 요하므로 환경영향평가를 실시해야 한다는 것이 이 판결의 요점이다.

❙ 참고문헌

김중권, “환경영향평가가 결여된 행정행위의 효력에 관한 소고,” 저스티스 114호, 한국법학원 (2009)

05_

소음진동규제법

1. 웅천사격장사건
대법원 2010. 11. 11. 선고 2008다57975 판결【손해배상(기)】
원 심: 서울고등법원 2008. 7. 4. 선고 2004나25934 판결
제 1 심: 서울중앙지방법원 2004. 1. 20. 선고 2001가합75962 판결

1. 당 사 자	【원고, 상고인 겸 피상고인】 원고1 외 2,129명 【피고, 피상고인 겸 상고인】 대한민국
2. 주요쟁점	소음의 존재를 알고 이주한 사람들의 과실을 손해배상액의 산정에 있어 감경 또는 면제사유로 고려하여야 하는지 여부
3. 사건의 경과	원심에서 원고의 손해배상청구를 일부 인용하자 쌍방 모두 상고
4. 결 과	파기 환송
5. 관련조문	국가배상법 제 5 조 제 1 항, 민법 제750조, 제763조, 제396조
6. 관련판례	대법원 2005. 1. 27. 선고 2003다49566 판결 대법원 2010. 11. 25. 선고 2007다74560 판결

❙ 판시사항

소음 등을 포함한 공해 등의 위험지역으로 이주하여 거주하는 경우, 이를 손해배상액의 산정에 있어 감경 또는 면제사유로 고려하여야 하는지 여부(적극)

❙ 사실관계

1986. 12.경 설치된 공군 웅천사격장의 폭탄투하, 기총사격 등의 훈련소음을 이유로 주변 거주민들이 국가를 상대로 위자료를 청구한 사안

❙ 판결요지

1. 사회통념상 참을 수 있는 피해인지 여부에 관한 기준(수인한도의 기준)을 결정함에 있어서는 일반적으로 침해되는 권리나 이익의 성질과 침해의 정도뿐만 아니라 침해행위가 갖는 공공성의 내용과 정도, 그 지역환경의 특수성, 공법적인 규제에 의하여 확보하려는 환경기준, 침해를 방지 또는 경감시키거나 손해를 회피할 방안의 유무 및 그 난이 정도 등 여러 사정을 종합적으로 고려하여 구체적 사건에 따라 개별적으로 결정하여야 한다. 원심이 웅천사격장에서 발생하는 소음의 특수성, 소음정도 및 변론에 나타난 제반 사정을 참

작하여 평균 등가소음도 75dB(A) 이상의 소음에 노출된 지역에 거주하는 원고들에 대한 위자료는 월 100,000원, 70dB(A) 이상 75dB(A) 미만의 소음에 노출된 지역에 거주하는 원고들에 대한 위자료는 월 70,000원으로 확정한 후 원고들의 거주기간을 계산함에 있어서는 실제로 거주한 기간을 피해 월수로 하되 마지막 월 미만은 버리고 일부 원고들의 군복무기간은 제외하는 방식으로 위자료 액수를 산정한 조치는 정당한 것으로 수긍할 수 있다.

2. 소음 등을 포함한 공해 등의 위험지역으로 이주하여 들어가 거주하는 경우와 같이 위험의 존재를 인식하거나 과실로 인식하지 못하고 이주한 경우에는 손해배상액의 산정에 있어 형평의 원칙상 과실상계에 준하여 감경 또는 면제사유로 고려하여야 한다. 이 사건 사격장의 소음피해를 인식하거나 과실로 인식하지 못하고 이주한 일부 주민들의 경우, 비록 소음으로 인한 피해를 용인하고 이용하기 위하여 이주하였다는 등의 사정이 인정되지 않아 국가의 손해배상책임을 완전히 면제할 수는 없다고 하더라도, 손해배상액을 산정함에 있어 그와 같은 사정을 전혀 참작하지 아니하여 감경조차 아니 한 것은 형평의 원칙에 비추어 현저히 불합리하고, 불법행위로 인한 손해배상액의 산정에 관한 법리를 오해한 잘못이 있다.

❙ 평 석

공군사격장의 소음으로 인한 손해배상청구에 있어서 소음의 발생시간, 원고 거주지의 지역성 특성, 피고의 소음방지 대책 등에 따라 수인한도의 기준이 구체적인 사건에 따라 개별적으로 결정되어야 한다고 판시한 점, 소음지역으로 이주한 거주민의 과실을 필요적으로 반영하도록 한 점에서 의의가 있다. 한편 2002다14242 판결('매향리 사격장 사건')에서는 원고들이 사격장이 설치된 이후에 매향리·이화리 등 그 부근 마을에서 거주하였으나 원고들이 거주한 뒤 20년 이상 지난 1988년경에야 비로소 매향리 사격장의 소음 등으로 말미암은 주민피해가 사회적으로 문제가 되었던 사실 등에 비추어 보면 원고들이 사격장의 소음으로 인한 피해를 스스로 용인하고 위 마을에서 거주하였다고 볼 수 없고, 신의칙상 손해배상액을 감면할 만한 다른 사정이 있다고도 볼 수 없다고 판시하고 있다.

❙ 참고문헌

강종선, "항공기소음관련 민사소송의 제 논점," 사법논집 44집, 법원도서관 (2007)

Case Book of Environmental Law

2. 도로소음과 분양회사의 불법행위책임

대법원 2008. 8. 21. 선고 2008다9358, 9365 판결【채무부존재확인】

원 심: 부산고등법원 2008. 1. 8. 선고 2007나6895, 6901(병합) 판결

제 1 심: 부산지방법원 2006. 12. 21. 선고 2003가합23819, 23901(병합) 판결

1. 당 사 자	【원고, 상고인】 부산광역시 【원고, 피상고인】 지○스건설 주식회사 【피고, 상고인 겸 피상고인】 피고1 외 559명
2. 주요쟁점	기존에 설치된 도로의 소음으로 인한 도로관리자의 불법행위책임과 분양회사의 하자담보책임
3. 사건의 경과	원심에서 원고 부산광역시의 채무부존재확인청구는 일부 인용, 지○스건설 주식회사의 채무부존재확인청구는 인용하는 판결을 내리자 원고 부산광역시와 피고가 상고
4. 결 과	상고 기각
5. 관련조문	국가배상법 제 5 조 제 1 항, 민법 제667조, 제671조, 집합건물의 소유 및 관리에 관한 법률 제 9 조
6. 관련판례	대법원 2010. 4. 26. 선고 2008다34842 판결 대법원 2010. 4. 29. 선고 2007다9139 판결

❙ 판시사항

1. 도로에서 유입되는 소음 때문에 인근 주택 거주자에게 사회통념상 수인한도를 넘는 침해가 있는지 여부를 판단하는 경우, 주택법상 주택건설기준보다 환경정책기본법상 환경기준을 우선 고려하여야 하는지 여부(적극)

2. 도로에서 유입되는 소음 때문에 인근 주택의 거주자가 사회통념상 수인한도를 넘는 생활이익의 침해를 당한 경우, 그 주택의 분양회사에게 소음으로 인한 불법행위책임을 물을 수 있는지 여부(소극) 및 분양회사가 위 소음과 관련하여 수분양자에게 책임을 부담하는 경우

❙ 사실관계

아파트 거주민들이 아파트 건설 전에 설치되어 있던 부산 사상구 동서고가도로 및 하부도로의 환경기준을 초과하는 소음을 원인으로 도로관리자인

부산광역시에게는 영조물책임을, 분양자인 지○스건설 주식회사에게는 채무불이행책임이나 하자담보책임을 물은 사안

❙ 판결요지

1. 차량이 통행하는 도로에서 유입되는 소음 때문에 인근 주택의 거주자에게 사회통념상 일반적으로 수인할 정도를 넘어서는 침해가 있는지 여부는, 주택법 등에서 제시하는 주택건설기준보다는 환경정책기본법 등에서 설정하고 있는 환경기준을 우선적으로 고려하여 판단하여야 한다.

2. 도로에서 유입되는 소음으로 인하여 인근 공동주택의 거주자에게 사회통념상 수인한도를 넘는 생활이익의 침해가 발생하였다고 하더라도, 그 공동주택을 건축하여 분양한 분양회사는 도로의 설치·관리자가 아니고 위 공동주택의 건축으로 인하여 소음이 발생하였다고 볼 수도 없으므로, 공동주택의 거주자들이 분양회사를 상대로 소음으로 인하여 발생한 생활이익의 침해를 원인으로 하는 불법행위책임을 물을 수는 없는 것이고, 다만, 분양회사는 공동주택의 공급 당시에 주택법상의 주택건설기준 등 그 공동주택이 거래상 통상 소음 방지를 위하여 갖추어야 할 시설이나 품질을 갖추지 못한 경우에 집합건물의 소유 및 관리에 관한 법률 제9조 또는 민법 제580조의 규정에 의한 담보책임을 부담하거나, 수분양자와의 분양계약에서 소음 방지 시설이나 조치에 관하여 특약이 있는 경우에 그에 따른 책임을 부담하거나, 또는 분양회사가 수분양자에게 분양하는 공동주택의 소음 상황 등에 관한 정보를 은폐하거나 부정확한 정보를 제공하는 등 신의칙상의 부수의무를 게을리한 경우에 그 책임을 부담할 뿐이다.

❙ 평 석

대상판결은 도로소음을 원인으로 한 도로관리자에 대한 손해배상청구에 있어, 도로개통 이후에 아파트에 입주한 피고들에 대하여도 환경정책기준법이 요구하는 야간 소음기준을 고려하여 수인한도를 판단한 점, 도로소음을 원인으로 분양회사에 하자담보책임이나 채무불이행책임을 물을 수 있는 기준을 제시한 점에서 큰 의미가 있다.

▎참고문헌

구재군, "교통소음과 법적대응," 환경법연구 32권 1호, 한국환경법학회 (2010)

Case Book of Environmental Law

3. 부천경인고속도로사건 : 도로소음 억제 유지청구
대법원 2007. 6. 15. 선고 2004다37904, 37911 판결【채무부존재확인등 · 손해배상(기)】
원 심 : 서울고등법원 2004. 6. 15. 선고 2003나75888(본소), 75895(반소) 판결
제 1 심 : 수원지방법원 성남지원 2003. 10. 2. 선고 2002가합1044(본소), 2139(반소) 판결

1. 당 사 자	【원고(반소피고), 상고인】 한국도로공사 【피고(반소원고), 피상고인】 피고1 외 87명 【피고, 피상고인】 부천시
2. 주요쟁점	환경기준을 초과하는 도로소음을 원인으로 한 부작위를 구하는 유지청구의 가부
3. 사건의 경과	원심이 피고(반소원고)의 손해배상 및 유지청구를 일부 인용하자 원고가 상고
4. 결 과	상고 기각
5. 관련조문	민법 제214조, 제758조
6. 관련판례	대법원 2008. 8. 21. 선고 2008다9358, 9365 판결

▌판시사항

1일 평균 소음이 65dB 이상인 주택에 거주하는 피고 주민들의 유지청구 및 손해배상청구에 대하여 이 사건 고속도로를 설치, 관리하는 원고는 그 설치, 관리상의 하자로 인한 손해배상책임 및 이 사건 고속도로에서 유입되는 소음이 65dB을 넘지 않도록 해야 할 책임이 있다고 본 사례

▌사실관계

원고가 피고들을 상대로 채무부존재확인소송을 제기하자 부평-신월간 경인고속도로 옆 다세대주택에 거주하는 피고(반소원고)가 경인도속도로의 환경기준을 넘는 소음을 원인으로 원고에게 손해배상 및 유지청구를 구한 사안

▌판결요지

1. 건물의 소유자 또는 점유자가 인근의 소음으로 인하여 정온하고 쾌적한 일상생활을 영유할 수 있는 생활이익이 침해되고 그 침해가 사회통념상 수인한도를 넘어서는 경우에 건물의 소유자 또는 점유자는 그 소유권 또는 점

유권에 기하여 소음피해의 제거나 예방을 위한 유지청구를 할 수 있다. 원고가 관리하는 부평-신월간 경인고속도로로부터 발생하는 소음이 피고 주민들 주택을 기준으로 일정 한도를 초과하여 유입되지 않도록 하라는 취지의 유지청구는, 소음발생원을 특정하여 일정한 종류의 생활방해를 일정 한도 이상 미치게 하는 것을 금지하는 것으로 청구가 특정되지 않은 것이라고 할 수 없고, 이러한 내용의 판결이 확정될 경우 민사집행법 제261조 제1항에 따라 간접강제의 방법으로 집행을 할 수 있으므로, 이러한 청구가 내용이 특정되지 않거나 강제집행이 불가능하여 부적법하다고 볼 수는 없다.

2. 인근 고속도로에서 유입되는 소음으로 인하여 입은 환경 등 생활이익의 침해를 이유로 일정 한도를 초과하는 소음이 유입되지 않도록 하라는 내용의 유지청구 소송에서 그 침해가 사회통념상 일반적으로 수인할 정도를 넘어서는지의 여부는 피해의 성질 및 정도, 피해이익의 공공성, 가해행위의 태양, 가해행위의 공공성, 가해자의 방지조치 또는 손해회피의 가능성, 인·허가 관계 등 공법상 기준에의 적합 여부, 지역성, 토지이용의 선후관계 등 모든 사정을 종합적으로 고려하여 판단하여야 한다.

▌평 석

수인한도를 넘는 도로소음의 경우, 도로의 관리자에게 손해배상책임 외에도 소음이 일정한도를 초과하여 유입되지 않도록 하는 유지청구가 가능함을 판시한 점에서 의의가 있다.

▌참고문헌

지영란 "고속도로의 소음과 관련하여 추상적 부작위명령을 구하는 유지청구의 인정 여부," 민사재판의 제문제 16권, 한국사법행정학회 (2007. 12.)

4. 문장대온천개발사건
대법원 2001. 7. 27. 선고 99다53001 판결【공사중지가처분】
원 심: 대전고등법원 1999. 9. 19. 선고 98나2783 판결
제1심: 청주지방법원 1998. 2. 26. 선고 97카합613 판결

1. 당사자	【신청인(선정당사자), 피항소인, 상고인】 신청인 【피신청인, 항소인, 피상고인】 문장대온천관광지개발지주조합
2. 주요쟁점	오염되지 않은 식수를 음용할 구체적인 사법상의 권리로의 환경권의 인정 여부
3. 사건의 경과	원심에서 공사로 인하여 하류지역 거주자들의 식수에 관한 환경이익 및 생활이익이 수인한도를 넘을 정도로 침해되지는 않는다는 이유로 공사중지 가처분신청을 기각하자 대법원에 상고
4. 결 과	원심 판결 파기 환송
5. 관련조문	헌법 제35조 제1항, 환경정책기본법 제1조, 제5조, 제6조, 제7조, 제10조, 같은법시행령 제2조, 먹는물관리법 제2조, 제5조, 먹는물수질기준및검사 등에 관한 규칙 제2조, 민법 제214조, 제217조
6. 관련판례	대법원 1995. 5. 23.자 94마2218 결정 대법원 1995. 9. 15. 선고 95다23378 판결 대법원 1997. 7. 22. 선고 96다56153 판결

▎판시사항

환경정책기본법 및 먹는물관리법의 관계 규정의 취지, 조리에 비추어 오염되지 않은 식수를 음용할 구체적인 사법상 권리로서의 환경권이 예외적으로 인정된다고 하여 사업자에게 공사중지를 명한 사례

▎사실관계

하류 지역의 거주 주민들이 상류지역의 온천관광지 조성사업에 오수처리시설들이 설치되더라도 그 효능이 불확실하여 수인한도를 넘는 정도로 생활환경에 관한 이익을 침해당할 염려가 있다는 이유로 온천관광지 공사 중지를 청구한 사안

▍판결요지

상류지역 관광지에 오수처리시설이 설치되더라 하더라도 그 효능이 불확실하여 배출될 오수가 확실히 정화처리 될 수 없고, 이로 인하여 그 인근 거주 신청인과 선정자들의 식수, 농업생활용수 등도 오염되어 환경이익 등이 침해되거나 침해될 우려가 있고, 이러한 침해는 수인한도를 넘는다고 보이며, 이러한 환경상 이익은 관광지 조성공사로 인한 피신청인이나 관광객들이 가지는 영업상의 이익 또는 여가생활향유라고 하는 이익보다 훨씬 우월하다. 원심은 환경오염의 위험성 및 정도, 신청인과 선정자들이 입게 될 환경이익이나 생활이익의 침해 정도, 기타 상하류 하천수계 및 주변환경에 미치는 영향 등에 대한 심리를 다하지 아니하였거나 채증법칙을 위배하여 사실을 오인함으로서 피보전권리의 존부판단에 있어서 판단 결과에 영향을 미친 위법이 있다.

▍평 석

헌법 제35조 제1항은 국민의 환경권을 보장하고 있는데, 환경권의 내용이 불명확하여 환경권을 구체적인 권리로 인정하면, 법적 안정성을 해칠 수 있다는 반론이 제기되고 있으나, 환경이익을 중시하는 판례들이 속속 등장하고 있다.

본 건의 1심 법원에서는 비록 개개 국민에게 구체적인 사법상의 권리로서의 환경권을 인정한 명시적인 법률규정이 없다 하더라도, 식수에 관한 환경이익에 대하여는 헌법 제35조 제1항의 정신에 따른 환경정책기본법 및 먹는물관리법의 각 규정 취지에 비추어, 또한 식수오염의 피해가 인간생존에 대한 근원적인 위협을 의미한다는 점에서 조리에 비추어 오염되지 않은 식수를 음용할 구체적인 사법상의 권리로서의 환경권이 예외적으로 인정된다고 보았다.

▍참고문헌

오정후, “환경권 침해에 터잡은 가처분 사건의 소송요건,” 환경법연구 29권 2호, 한국환경법학회 (2007)

김홍균, 환경법, 홍문사 (2010)

❖ 4번 판례 제 1 심 판결 원문: 청주지방법원 1998. 2. 26. 선고 97카합613 판결 【공사중지가처분】

【판시사항】

[1] 환경정책기본법 및 먹는물관리법의 관계 규정의 취지, 조리에 비추어 오염되지 않은 식수를 음용할 구체적인 사법상 권리로서의 환경권이 예외적으로 인정된다고 하여 사업자에게 공사중지를 명한 사례

[2] 수인한도를 넘는 토지사용이나 생활환경에 관한 이익의 침해에 대하여 민법 제217조에 기한 방해배제청구권이 인정되는지 여부(적극)

【판결요지】

[1] 개개 국민에게 구체적인 사법상 권리로서의 환경권을 인정한 명시적인 법률규정이 없다 하더라도, 식수에 관한 환경이익에 대하여는 헌법 제35조 제 1 항의 정신에 따른 환경정책기본법 및 먹는물관리법의 각 규정 취지에 비추어, 또한 식수오염의 피해가 인간생존에 대한 근원적인 위협을 의미한다는 조리에 비추어도, 오염되지 않은 식수를 음용할 구체적인 사법상 권리로서의 환경권이 예외적으로 인정된다고 보아야 할 것이고, 그 권리의 내용으로서도 부당침해에 대한 손해배상청구는 물론, 사후적 금전배상으로는 회복, 전보할 수 없는 생존에 직결된 환경이익을 침해받는 이상, 그 침해의 위험을 사전에 방지하기 위한 유지청구권도 부여된다고 보지 않을 수 없으므로 식수오염의 가능성 있는 공사를 진행하고자 하는 사업자로서는 그 공사로 인하여 식수오염의 위험이 전혀 없음을 스스로 소명하지 못하는 한 그 공사중지청구를 거부할 수 없다.

[2] 민법 제217조 제 1 항의 적용을 받는 토지는 반드시 연접한 토지에 한한다고 볼 것은 아니고 소음, 매연, 진동, 오수의 유입 등으로 인하여 토지사용이나 생활이익의 침해를 받는 범위의 토지는 이에 해당한다고 보아야 할 것인바, 수인한도를 넘는 토지사용이나 생활환경에 관한 이익의 침해에 대하여는 민법 제217조에 기하여 방해배제청구권이 인정될 수 있다.

【참조조문】

[1] 헌법 제35조 제 1 항, 환경정책기본법 제 1 조, 제 5 조, 제 6 조, 제 7 조, 제10조, 같은법시행령 제 2 조, 먹는물관리법 제 2 조, 제 5 조, 먹는물수질기준및검사등에관한규칙 제 2 조 / [2] 민법 제214조, 제217조

【참조판례】

대법원 1995. 5. 23.자 94마2218 결정(공1995하, 2236), 대법원 1995. 9. 15. 선고 95다23378 판결(공1995하, 3399), 대법원 1997. 7. 22. 선고 96다56153 판결(공1997하, 2636)

【전 문】

【신청인, 선정당사자】

정○애 외 9인(소송대리인 중원종합법무법인 담당변호사 임○ 외 3인)

【피신청인】

문장대온천관광지개발지주조합(소송대리인 법무법인 광명 담당변호사 김○호 외 1인)

【주 문】

1. 피신청인은 상주시장으로부터 1996. 4. 8. 문장대온천관광지조성사업 시행허가처분을 받아 별지1 기재 각 토지상에서 시행하는 공사를 중지하고, 이를 속행하여서는 아니된다.

2. 신청인(선정당사자)들의 이 사건 신청 중 별지2 기재 선정자들에 관한 부분은 모두 기각한다.

3. 신청비용 중 신청인(선정당사자) 정○애와 피신청인 사이에 생긴 부분은 피신청인의, 나머지 신청인(선정당사자)들과 피신청인 사이에 생긴 부분은 같은 신청인들의 각 부담으로 한다.

【신청취지】

선정자들 전원에 관하여 주문 제1항과 같은 가처분을 구하다.

【이 유】

1. 본안전 항변에 관한 판단

피신청인은 이 사건의 관할은 이 법원에 있는 것이 아니고, 피신청인의 주소지 관할법원인 서울지방법원이나 문장대온천시설이 소재하고 있는 경북 상주군 화북면 중벌리, 운흥리 지역의 관할법원인 대구지방법원 상주지원에 있으므로 신청인(선정당사자, 이하 '신청인'이라고만 한다)들을 포함한 선정자{다만 선정자목록에 의하면, 선정자 고○웅(6078)은 선정자 6417로, 선정자 김○익(946)은 선정자 1317로, 선정자 한○영(1316)은 선정자 1483으로 각 중복 기재되어 있으므로 선정자목록에서 중복된 부분을 삭제하였다}들(이하 '신청인들'이라고만 한다)의 이 사건 신청은 관할이 없는 법원에 제기된 것이라고 항변한다.

살피건대, 가처분사건은 원래 본안의 관할법원이나 급박할 경우 계쟁물 소재지 관할법원에 관할이 있다 할 것인데, 본안이 부동산에 관한 소일 경우에는 피신청인의 보통재판적 소재지 관할법원 이외에도 그 부동산 소재지 관할법원에 특별재판적으로서 관할이 있는 것이다.

그런데 이 사건에서 신청인들은 충북 괴산군 청천면 사담리 등 충청북도에 거주하면서 소유하고 있는 부동산의 소유권에 기한 방해예방청구권을 피보전권리로 삼아 피신청인조합에 대하여 문장대온천시설 조성공사(이하 '이 사건 공사'라 한다)의 중지를 구하고 있으므로, 신청인들이 위 부동산을 실제로 소유하고 있는지의 여부를 떠나 그 부동산의 소재지인 충청북도 일원을 관할하는 이 법원에 관할이 있다고 하지 않을 수 없다. 따라서 피신청인의 위 항변은 받아들이지 아니한다.

2. 기초 사실

아래 사실은 소갑 제1, 3, 5, 6, 12, 22, 30, 35, 40, 42, 43, 55호증, 소갑 제 7 호증의 4, 소갑 제 8 호증의 1 내지 5, 소을 제 1 호증의 3, 소을 제2, 3, 6, 17, 24, 30 내지 33, 37, 38, 45, 59호증, 소을 제5, 20, 32, 35, 36호증의 각 1, 2의 각 일부 기재, 증인 최○영, 윤○수, 권○표의 각 일부 증언(각 뒤에서 믿지 않는 부분은 제외), 당원의 현장검증 결과 및 감정인 이○균의 감정 결과에 변론의 전취지를 종합하여 이를 인정할 수 있고, 달리 반증이 없다.

가. 이 사건 공사부지의 지리적 위치와 신청인들의 거주지역

피신청인조합은 충북 괴산군, 상주시, 점촌시의 중간 지점에 위치한 별지1 기재 각 토지('이 사건 공사부지'라 한다)상에서 이 사건 공사를 하고 있는데 그 곳은 남한강의 최상류인 신월천으로부터 약 300m 정도 상류에 위치하고 있다. 신월천은 그 하류에서 박대천과, 박대천은 다시 그 하류에서 달천과, 달천은 다시 그 하류에서 남한강과 각 합류되어 흐르는데, 신월천 중 사담리 지역을 흐르는 지점에서의 갈수기 유량은 1일 1,808t 정도이다. 한편 신청인들은 이 사건 공사부지에서 약 2㎞ 정도 떨어진 신월천변 지역인 충북 괴산군 청천면 사담리를 비롯하여 그

하류지역에 거주하고 있는 주민들이다.

나. 이 사건 공사에 관한 허가내용

피신청인조합은 건설부장관으로부터 위 운흥리 일원 1,604,000평(속리산국립공원 내 781,000평, 속리산국립공원 외 823,000평)에 관하여 1987. 11. 27. 온천지구 지정을, 1989. 7. 14. 문장대온천관광지조성계획승인을, 상주시장으로부터 같은 해 11. 22. 위 운흥리 497 대지상에 위치하는 온천공(직경 18인치, 깊이 400m, 이하 '497호공'이라 한다)에 대한 굴착허가를 각 받고, 다시 상주시장으로부터 1996. 4. 8. 문장대온천관광지조성사업 시행허가처분을 받아 같은 해 8. 20.부터 이 사건 공사를 시행하고 있다. 그 사업시행허가의 내용에 의하면, 문장대온천지구 예정지인 이 사건 공사부지상 사업시행면적은 135,140㎡, 사업비는 금 39,112,000,000원, 사업기간은 1996. 7. 1.부터 1997. 12. 31.까지, 1일 오수발생예상량은 2,400t(그 중 700t은 온천수 사용허가량, 나머지 1,700t은 생활오수량)으로 되어 있고, 그에 대한 종합오수처리시설(이하 '이 사건 오수처리시설'이라 한다)은 총 면적에 대한 계획을 수립하여 단계별로 시행계획에 의거 실행설계를 작성 후 협의하고, 이 사건 오수처리시설이 설치될 위치가 온천지구로 지정된 지역 밖이므로 개별법에 의한 입지승인 후 이 사건 오수처리시설이 다른 시설보다 우선 설치, 가동되도록 하여야 하며, 이 사건 오수처리시설을 포함하여 도로, 상·하수도 등 공공시설은 사업완료시 상주시에 기부채납하여야 한다는 등의 조건이 붙어 있다. 피신청인조합은 이 사건 오수처리시설을 포함한 문장대온천시설에 대한 모든 준공검사가 끝나고, 이에 대한 분양이 완료되면 이 사건 오수처리시설을 상주시에 기부채납한 다음 해산할 예정이다.

다. 이 사건 공사부지 인근 하천의 환경기준 및 온천오수의 생물학적산소요구량

환경부는 1991. 5. 31. 신월천에서 괴강천을 지나 충주 달천에 이르는 달천 전 구역을 환경정책기본법 제10조 소정의 환경기준 중 수질기준에 대하여 생물학적산소요구량(BOD)이 1ppm 이하로 유지되어야 하는 상수원수 1급 자연환경보전구역으로 지정, 고시한 바 있다. 신월천수는 실제로도 그 수질이 생물학적산소요구량 기준으로 1ppm 이하가 될 정도로 상당히 깨끗한 반면 통상 온천에서 발생하는 오수의 생물학적산소요구량은 150ppm 내지 200ppm 정도인 것으로 알려져 있다.

라. 이 사건 공사부지에서 채수한 온천수의 불소농도

피신청인조합은 위 497호공과 위 운흥리 497 대지와 496 대지의 경계선상에 위치하고 있는 온천공(이하 '경계선상 온천공'이라 한다)을 소유하고 있는데, 그 각 온천공에서 분출하는 온천수에 대하여 수질분석검사를 해 본 결과, 그 불소농도는 위 497호공의 경우 8.7ppm, 위 경계선상 온천공의 경우 10.7ppm인 것으로 밝혀졌고, 신월천수에 함유된 불소농도는 0.9ppm 정도인 것으로 조사되어 있다. 한편 피신청인조합은 문장대온천시설이 완공되면 당국으로부터 온천수 사용량 증량 허가를 받기 전까지 위 497호공과 경계선상 온천공에서 분출하는 온천수로 1일 700t을 사용할 계획이다.

마. 이 사건 오수처리시설의 시공계획

피신청인조합은 문장대온천시설이 설치되어 가동될 경우 생물학적산소요구량 150ppm 내지 200ppm 정도의 오수(이하 '이 사건 오수'라 한다)가 발생되더라도 신월천 등 인근 하천지역의 수질이 생물학적산소요구량 기준으로 위에서 본 환경기준(생물학적산소요구량 1ppm 이하)을 유지할 수 있도록 이 사건 오수처리시설의 시공을 계획하고 있다. 즉 이 사건 오수를 1차적으로 토양피복형접촉산화법에 의한 처리과정을 거쳐 생물학적산소요구량 8ppm 정도로 정화시키고, 그 물을 2차적으로 모래 및 활성탄 여과장치를 통과시켜 불소를 제거함과 동시에 생물학적산소요구량 5ppm 정도까지 더 정화시켜 그 중 일부는 중수도로 재활용하고, 나머지는 다시 모관침윤트렌치공법에 의한 처리과정을 거치게 하여 최종적으로 생물학적산소요구량 3ppm 이하로 처리한 다음 그 최종처리수를 하천이나 지상으로는 한방울도 흐르게 하지 않고 모두 지하로 방산시켜 흡수되게 한다는 것이다. 소위 무방류체계를 유지하면서도 지하수를 오염시키지 않는다는 내용으로 이 사건 오수처리시설의 설계개념을 설정하고 있다.

바. 토양피복형접촉산화법, 모관침윤트렌치공법의 개념

토양피복형접촉산화법은 오·폐수를 미생물이 번식하고 있는 토양층으로 통과시켜 그 과정에서 오염물질이 미생물에 의해 흡착, 분해 및 침전되게 함으로써 오·폐수를 정화시키는 오수처리방법으로서 생물학적산소요구량 150ppm 내지 200ppm 정도의 오수를 투입하였을 때 생물학적산소요구량 10ppm 정도까지 정화처리 할 수 있다. 한편 모관침윤트렌치공법은 토양 내에 묻혀 있는 트렌치관으로 오·폐수를 투입, 이동시켜 그 관의 이음부를 통해 토양 속으로 빠져 나간 오·폐수가 토양의 공극 사이를 침투하는 과정에서 물리적 여과작용, 토양입자 표면에의 흡착작용, 토양 속에 서식하는 호기성 미생물의 유기물 분해 등 화학적 작용이 복합적으로 일어나 오수에 포함되어 있는 오염물질이 제거, 처리되게 하는 오수처리방법이다.

사. 모관침윤트렌치공법의 적용상 문제점

일반적으로 모관침윤트렌치공법이 적용된 오수처리시설에서는 최종 처리수를 지표면으로는 흐르게 하지 않고 지하로 방산시켜 지하수에 합류되게 하므로 수질오염을 방지하기 위하여 지하수층이 지표면으로부터 최소한 1.5m 이상 떨어진 곳에 위치하여야 하고, 트렌치가 매설된 지점 지하에 최종처리수가 지하로 방산되는 것을 막는 역할을 하는 암반층, 진흙층 등 불투수층이 있어서는 안되며, 가급적 화강암이 풍화되어 생성된 마사토 등 투수성이 양호한 토양으로 이루어져야 한다. 특히 모관침윤트렌치공법에 의한 오수정화의 성패는, 토양미생물에 의한 분해속도 이상으로 유기물질을 트렌치로 투입시킬 경우 토양 내부에 미처리된 유기물질이 축적됨에 따라 발생되는 트렌치의 막힘현상을 얼마나 효과적으로 방지하느냐에 달려 있는데, 그 현상을 방지하기 위하여는 통상 1년에 3개월 내지 6개월 동안은 트렌치 사용에 있어서 휴지기를 두고 트렌치를 교대로 사용하여야 한다.

한편 휴지기를 어느 정도 두느냐에 따라 오수 1t당 트렌치 길이 및 트렌치시설에 소요되는 부지면적이 결정된다. 일반적으로 생물학적산소요구량 150ppm 내지 200ppm 정도의 오수를 곧바로 모관침윤트렌치공법에 의하여 처리할 경우에는 일단 토양식부패조를 거쳐 생물학적산소요구량 100ppm 정도까지 정화시킨 다음 트렌치에 유입시키게 된다. 그 트렌치시설의 휴지기를 6개월 정도로 하여 교대로 사용한다면 오수 1t당 트렌치 길이가 20m, 3개월 정도로 하여 교대로 사용한다면 오수 1t당 트렌치 길이가 15m가 되게 하여야 한다. 따라서 오수 1t당 트렌치 길이는, 특별한 사정이 없는 한, 최소한 10m 이상이 되도록 오수처리시설을 운영하여야 힌다.

아. 불소의 특성 및 희석에 따른 불소농도 산출공식

불소성분이 음용수에 0.5ppm 내지 1ppm 정도 함유되어 있을 경우에는 치아병의 예방에 도움이 된다. 그러나 1.5ppm 이상 함유되어 있을 경우 그 물을 음용한 사람이나 동물은 뼈나 치아가 무기질화로 인하여 약해지는 소위 골경화증이나 만성위축성위염 등 질병에 걸리기 쉽고, 신장기능에도 이상이 생길 수 있는 반면 아직까지 그에 대한 치료약은 없는 것으로 알려져 있다.

한편 불소가 함유된 온천수가 다른 생활오수와 혼합될 경우 희석에 따른 불소농도 산출공식은 {(온천수의 양×그 불소농도+생활오수의 양×그 불소농도)/(온천수의 양+생활오수의 양)}이다.

3. 피보전권리 및 보전의 필요성에 관한 판단

가. 당사자들의 주장 요지

(1) 신청인들

이 사건 오수가 신월천에 방류되면 신월천과 그 하류 박대천 및 달천 일대의 수질이 환경정책기본법에 의한 생물학적산소요구량기준(1ppm 이하)을 유지할 수 없을 정도로 오염되고, 불소농도도 먹는물관리법에서 정한 음용수 수질기준인 1.5ppm을 7.64배나 초과하는 11.46ppm이 됨으로써 신월천 바닥을 흐르는 개천물이나 개천변의 천층 지하수를 음용하면서 충북 괴산군 청천면 사담리, 신월리, 상신리, 귀만리에 거주하고 있는 별지3 기재 선정자들의 식수원이 오염된다. 나아가 위 각 하천수를 농업용수로 사용하거나 달천변에서 내수면 어업이나 관광업에 종사하고 있는 나머지 별지2 기재 선정자들의 수확량, 어획량 및 관광수입이 급격하게 감소되는 등 막대한 피해가 발생할 것이 예상되고 이에 따라 신청인들의 생존에 심각한 위협을 초래할 것이 명백하다. 그런데 ㉮ 피신청인조합에서 위와 같은 수질오염을 막기 위한 대책으로 내세운 모관침윤트렌치공법은 1일 2,400t이라는 많은 양의 이 사건 오수를 처리하기에는 부적절하고, ㉯ 이 사건 오수를 모관침윤트렌치공법으로 효과적으로 처리하려면 트렌치 사용에 있어 휴지기를 두어야 하기 때문에 오수 1t당 트렌치 길이가 최소한 20m가 되도록 운영하여야 하고 따라서 넓은 부지의 확보가 필수적인데, 피신청인이 그 부지를 확보할 수 있는지 의심스러우며, ㉰ 여름철 집중 강우시에는 대량의 우수가 트렌치부지로 스며 들게 되어 처리효율이 급격히 떨어지고, ㉱ 겨울철에는 트렌치가 묻혀 있는 토양이 얼기 때문에 정상적으로 오수정화처리가 이루어지지 않을 뿐만 아니라, ㉲ 이 사건 오수처리시설의 설치 및 가동에 천문학적 비용이 소요될 것인데 이를 감수할 수 있을 만큼의 수익이 문장대온천사업에서 보장되지 않고, 피신청인조합은 문장대온천시설을 분양한 직후 해산될 것이기 때문에 가사 이 사건 오수처리시설이 설계상으로 완벽하다 하더라도 그 설치 및 가동이 제대로 되지 않을 것임이 분명하다. 결국 위 각 하천수가 차례로 오염되게 됨으로써 신청인들은 식수나 농업용수 등을 구하기 위해 다른 지역으로 이주할 수밖에 없는 처지에 놓이게 되는바, 이는 신청인들이 거주하면서 소유하고 있는 토지나 건물 등 부동산의 소유권 행사를 본질적으로 침해하는 것일 뿐만 아니라 상린관계에서의 수인한도를 넘는 것이고, 나아가 신청인들의 환경권, 어업권을 침해하는 것이다. 따라서 소유권, 환경권 및 어업권 등에 기하여 그 침해를 배제하기 위해 이 사건 공사의 중지를 청구한다.

(2) 피신청인

㉮ 이 사건 오수처리시설은 최종처리수를 지상이나 하천으로는 한 방울도 흘러 가지 않게 하는 소위 무방류를 목표로 설계되었기 때문에 하천의 수질이 오염될 리가 없고, ㉯ 이 사건 오수를 1차 토양피복형접촉산화법에 의한 처리과정, 2차 모래 및 활성탄여과장치에 의한 처리과정, 3차 모관침윤트렌치공법에 의한 처리과정을 순차로 거치게 하면 생물학적산소요구량 1ppm 내지 3ppm 정도의 수질로 정화하는 것이 가능하며, ㉰ 불소성분 역시 온천수가 일반하수와 혼합될 때 1차로 희석된 다음 이 사건 오수처리과정, 특히 모래 및 활성탄여과장치를 통과하면서 대부분 제거될 수 있을 뿐만 아니라 나머지도 토양 속으로 방산되는 동안 양이온과 흡착되거나 신월천과 합류될 때 다시 희석되기 때문에, 결국 위 각 하천의 수질이 현재보다 오염되지 않는다.

나. 인정되는 사실관계

아래 사실은 앞서 믿은 증거에 소갑 제19, 20, 23 내지 25, 28, 32, 34, 48, 51호증, 소갑 제2호증의 2, 소갑 제14, 15, 16호증의 각 1, 2, 소갑 제39호증의 1 내지 4, 소을 제4호증의 2, 소을 제7, 51호증의 각 3, 소을 제14, 25, 34호증, 소을 제51, 54, 58, 66호증의 각 1, 2의 각 일부 기재, 소갑 제39호증의 9, 소갑 제46호증의 19, 20, 소을 제46호증의 21, 소을 제48호증, 소을 제51호증의 3, 소을 제56호증의 1 내지 11, 소을 제60호증의 1 내지 28의 각 기재 및 영상, 소갑 제37호증의 1 내지 18의 각 영상, 증인 조○진, 이○호, 신○식, 최○영, 유○식, 안○국, 윤○수, 권○표, 조○기, 최○선의 각 일부 증언(증인 윤○수, 권○표, 조○기의 각 증언 중 뒤에서 믿지 않는 부분은 제외), 당원의 현장검증 결과, 감정인 이○균의 감정 결과 및 변론의 전취지를 종합하여 이를 인정할 수 있고, 이에 반하는 소을 제4, 32호증의 각 2, 소을 제61호증의 1, 2, 3, 소을 제62, 63, 64호증의 각

1, 2의 각 일부 기재, 증인 이○희의 증언, 증인 윤○수, 강○연, 권○표, 조○기의 각 일부 증언은 각 믿기 어렵고, 소갑 제14호증의 1, 2, 소갑 제15호증의 2, 소갑 제24 내지 27, 30, 34, 35, 38, 40, 41, 44호증, 소을 제66호증의 1, 2의 각 일부 기재, 소갑 제21호증의 1 내지 5의 각 기재 및 영상, 증인 안○국, 고○준, 윤○수, 조○진, 신○식의 각 일부 증언만으로는 위 인정을 뒤집기에 부족하고, 달리 반증이 없다.

(1) 모관침윤트렌치공법의 적합 여부

내무부는 모관침윤트렌치공법을 가급적 농어촌지역으로서 1일 오수발생량이 500t 미만인 지역의 소규모 오수처리시설로서 권장하고 있다. 이는 트렌치부지 매입의 어려움으로 적정 규모의 트렌치가 확보되지 않은 상태에서 매일 생물학적 산소요구량이 150ppm 내지 200ppm 정도인 대규모의 오수를 곧바로 모관침윤트렌치공법에 의하여 정화처리하게 되면 트렌치 내에 오수의 과다부하로 인한 막힘현상이 발생하게 되고 그로 인한 처리효율 저하가 초래되어 지하수가 오염될 가능성이 있기 때문이다.

이 사건 오수발생량은 2,400t으로서 내무부가 권장하고 있는 모관침윤트렌치공법의 적정 처리용량을 초과하고 있다. 그러나 이 사건 오수처리시설은 설계상 생물학적산소요구량 5ppm까지 정화된 오수를 트렌치시설로 투입시키게 되어 있어 그 오수에 포함된 유기물질이나 용해성 불순물질이 이미 그 전 처리단계에서 걸러진 상태이므로 그로 인한 막힘현상이나 지하수 오염의 우려가 없다. 따라서 문장대온천의 1일 오수발생예상량 2,400t 정도에 포함된 유기물질 등의 제3차 처리방식으로서 모관침윤트렌치공법이 부적합하다고 볼 수 없고, 위와 같은 오수처리체계에서는 일반적인 경우와는 달리 오수 1t당 트렌치 길이도 5m 정도면 충분하다.

(2) 트렌치시설의 부지 확보 여부

피신청인조합은 이 사건 오수처리시설의 시공계획에 따라 1차 온천시설이 들어설 경우의 1일 오수발생 예상량 1,200t에 대한 트렌치시설부지로서 총 42,400㎡(약 12,848평)를 예정하여 그 중 8,400여 평은 확보하였으나, 나머지 4,448여 평 및 2차 온천시설이 들어설 경우의 1일 오수발생 예상량 1,200t을 처리하기 위한 부지는 아직 확보하지 못하고 있다. 그러나 피신청인조합은 이 사건 오수처리시설을 우선적으로 설치, 가동하여야 한다는 조건으로 상주시장으로부터 문장대온천관광지조성사업 시행허가처분을 받았으므로 트렌치시설 부지의 확보 없이 이 사건 공사가 준공되어 문장대온천시설이 운영될 수는 없다. 따라서 피신청인조합이 트렌치시설부지를 확보할 수 없을 것이라는 염려는 신청인들의 주관적인 의심에 불과하고 객관적 사실에 기하여 인정될 수 있는 것은 아니다.

(3) 우수기의 처리효율 문제

우선 우수가 대량 트렌치시설부지로 스며든다 하더라도 우수는 보통 생물학적 산소요구량이 5ppm 정도로 낮기 때문에 토양 내 미생물의 정화기능을 약화시키지 않아 모관침윤트렌치공법에 의한 오수처리에 별다른 지장을 주지 않는다. 그 밖에도 피신청인조합은 여름철 집중 강우에 대비하여 이 사건 오수처리시설을 경사진 곳에 설치하고, 우수관은 오수관과는 별도로 만들며 트렌치 부지 위에도 곳곳에 배수로의 설치를 계획하고 있다. 따라서 여름철에 집중적인 강우가 있다 하더라도 이 사건 트렌치시설의 처리효율이 급격히 떨어질 것이라고 볼 수 없다.

(4) 겨울철 이 사건 오수처리시설의 작동 여부

이 사건 공사부지 일대 토양의 겨울철 동결심도는 약 0.8m 내지 1m 정도이고, 이 사건 트렌치는 지표면에서 0.4m 정도 깊이에 매설될 예정이데, 트렌치가 결빙되면 오수처리가 이루어질 수 없다. 그러나 일반적으로 오수는 다량의 유기물질을 함유하고 있어 결빙온도가 0℃보다 훨씬 낮아지는 소위 빙점강하 현상을 나타내고, 지하에 매설된 트렌치시설을 덮고 있는 토양이 겨울철에는 서릿발을 형성하여 외부의 냉기를 차단시켜 주는 역할을 하기 때문에 보온이 잘 될 뿐만 아니라 보통 약 20℃ 정도인 온천오수자체의 온도, 미생물의 유기물질 분해활동시 발생하는 발열 등으로 인하여 겨울철에도 트렌치시설이 묻혀 있는 토양의 온도가 좀처럼 5℃ 이하로 내려가지 않는다. 트렌치가 결빙하는 일은 발생할 수 없는 것이다. 외국의 예에 의하더라도 동결심도가 1.5m 이내인 지역에서는 트렌치공법이 겨울철에도 무리 없이 가동되고 있다. 따라서 이 사건 오수처리시설은 겨울철에도 별다른 문제 없이 작동될 것으로 예상된다.

(5) 생물학적산소요구량 관점에서 본 이 사건 오수처리시설에 대한 평가

이 사건 오수처리시설의 시공계획에 따라 토양피복형접촉산화법, 모래 및 활성탄여과처리방법, 모관침윤트렌치공법을 순차로 사용하여 처리한다면 생물학적산소요구량 150ppm 내지 200ppm 정도의 오수를 3ppm 이하가 되도록 정화하는데 있어 이론상 문제점이 없다. 만일 그와 같이 이 사건 오수의 수질이 생물학적산소요구량 3ppm 정도까지만 정화될 수 있다면 그 물이 신월천으로 흘러 갈 것인지 지하로 방산될 것인지의 여부에 관계없이 자연정화 및 희석작용 등에 의하여 신월천의 생물학적산소요구량 기준에 의한 수질은 1ppm 이하로 유지될 것으

로 예상된다. 피신청인조합이 구체적인 실행설계는 아직 하지 않고 있지만, 위와 같은 설계개념에 따라 시공된다면 이 사건 오수처리시설은 국내의 다른 오수처리시설에 비하여 사치스러울 정도의 고급시설로 평가된다.

(6) 불소처리에 관한 문제점

그러나 불소는 수중에 음이온의 형태로 녹아 있고, 일반적으로 화학적응집침전방법, 이온교환수지법, 활성알루미나법, 수산화마그네슘법 등 화학적 처리방법에 의하여만 제거될 수 있을 뿐 피신청인이 현재 설계상 불소제거를 위한 공정으로 도입한 모래 및 활성탄 여과처리공정이나 생물학적 처리방법인 토양피복형접촉산화법 및 모관침윤트렌치공법으로는 제거될 수 없다. 다만 불소를 함유한 물이 토양 속을 흐르게 될 경우 불소가 토양 내에 있는 양이온과 결합하는 등의 작용에 의해 일부 처리가 가능하지만 그 처리효과는 토양 내에 불소와 결합할 수 있는 양이온이 얼마나 존재하느냐에 좌우되기 때문에 불확실하다. 따라서 피신청인조합이 계획하고 있는 이 사건 오수처리시설은 불소처리에 관한 한 안전하지 못하다.

(7) 이 사건 오수의 무방류 여부

피신청인조합은 투수성이 좋은 토양 속에 이 사건 오수처리시설을 설치하기 위해 원래 논이었던 곳에 7m 정도 높이로 마사토를 쌓음에 있어 최종처리수가 지하로 방산되는 것을 막는 불투수층으로 작용할 논바닥층은 사전에 전체적으로 완전히 걷어낼 계획이었고 그것이 이 사건 오수처리시설의 설계개념에 부합하는 것이다. 그러나 실제는 그와 같이 걷어내지 않은 채 그 위에 마사토층을 쌓아 마사토층의 바로 밑 부분에 투수성이 거의 없는 것으로 알려져 있는 논바닥의 진흙이나 조대흙(점토의 일종)층이 상당 부분 남아 있게 되었고, 그것이 어느 정도 남아 있는지 현재 알 수 없는 실정이다. 따라서 이 사건 오수는 이 사건 오수처리시설을 거친 다음 지하로 방산되다가 약 7m 정도의 마사토층과 논바닥층이 만나는 지점에서 일부는 계속 지하로 방산되어 지하수맥과 합류되나, 일부는 투수성이 거의 없는 점토층으로 인하여 더 이상 방산되지 않고 고였다가 그 옆으로 유출되어 결국 그 곳보다 지형상 낮은 지역에 위치하고 있는 300m 인근의 신월천으로 흘러 가게 될 것이므로 이 사건 오수가 무방류된다고 할 수 없다. 다만 어느 정도가 지하로 방산되고, 어느 정도가 유출되어 신월천으로 방류될지는 알 수 없다.

(8) 신월천 및 그 주변 지하수의 불소오염 가능성

문장대온천에서 매일 배출될 700t의 온천수와 1,700t의 생활하수가 혼합될 이 사건 오수의 불소농도는 그 혼합에 따른 희석효과를 생활하수의 불소농도가

0ppm이라고 가정하여 최대한 감안하더라도 최소 2.5375ppm{=(700×8.7+1,700×0)/2400, 온천수의 불소농도가 8.7ppm일 때(위 497호공 온천수만으로 위 700t을 충당할 경우)}, 최대 3.1208ppm{=(700×10.7+1,700×0)/2400, 온천수의 불소농도가 10.7ppm일 때(경계선상 온천공 온천수만으로 위 700t을 충당할 경우)} 정도일 것으로 예상된다.

한편 이 사건 오수가 모두 지하로 방산된다고 단정할 수 없고 일부는 신월천으로 유입될 것인데 그 수량이 어느 정도인지 불분명하다는 점은 앞서 인정한 바와 같다. 따라서, 신월천의 유량이 1일 1,808t으로 줄어드는 겨울철 등 갈수기에는 이 사건 오수가 이 사건 오수처리시설 등에 의하여 제거되지 않은 채 모두 신월천으로 방류되는 것으로 가정했을 때 신월천수의 불소농도는 최대 2.166ppm{=(2,400×3.1208+1,808×0.9/4,208}, 최소 1.833ppm{=(2,400×2.5375+1,808×0.9)/2400}까지 높아질 가능성이 있기 때문에 신월천의 수질에 따라 영향을 받을 수 있는 그 주변 천층 지하수가 1.5ppm 이상으로 오염되지 않는다는 보장이 없고, 이 사건 오수가 모두 지하로 방산되는 것으로 가정했을 때 지하수맥을 통해 역시 인근 신월천 주변의 지하수에 지속적으로 영향을 미쳐 그 불소농도를 위험수준까지 높일 가능성이 있게 되나, 그 오염의 정도는 정확히 알 수 없다.

다만 그와 같이 오염된 신월천수가 그 하류에서 박대천과 합류하는 지점에서부터는 박대천의 유량이 신월천의 유량보다 많기 때문에 그 희석효과를 감안하면 하천수의 불소농도가 1.5ppm 이하가 될 것으로 예상된다.

(9) 별지3 기재 선정자들의 식수원

충북 괴산군 청천면 사담리 주민들인 선정자 951, 1001 내지 1029는 신월천수를 직접 식수로 음용하다가, 1989.경부터는 신월천변으로부터 약 5m 정도 떨어진 지점에 취수정을 설치하고 그 지하 34m 깊이에서 끌어 올린 물을 집수탱크에 모아두고 이를 배수관으로 연결해 식수로 사용하였다. 그러나 그 물이 장마철에는 흙탕물일 경우가 많고, 겨울철 등 갈수기에는 잘 나오지 않을 뿐만 아니라 최근 행락객들의 증가로 인하여 신월천수가 종전보다 오염되게 되자 현재는 위 취수정에서 끌어 올린 물은 더 이상 식수로 사용하지 아니하고, 그 대신 각자 신월천변에 위치한 자기집 마당에 설치한 자가수도로 끌어 올린 천층 지하수를 식수로 음용하고 있다. 위 사담리보다 하류에 위치한 위 같은 면 귀만리 주민들인 선정자 741 내지 800, 상신리 주민들인 921 내지 945, 신월리 주민들인 1101 내지 1160도 신월천변에 위치한 자기집 자가수도를 이용하여 천층 지하수를 식수로 음용하고 있다.

다. 피보전권리 및 보전의 필요성

(1) 주장된 피보전권리에 대한 검토

(가) 구체적인 사법상 권리로서의 환경권

헌법 제35조 제 1 항이 환경권을 기본권의 하나로서 승인하고 있으므로, 사법의 해석과 적용에 있어서 이러한 기본권이 충분히 보장되도록 배려하여야 함은 당연하다. 다만 환경권에 관한 위 헌법규정만으로는 그 보호의 대상인 환경의 대상과 범위, 권리의 내용, 주체 등이 명확하지 못하여 이 규정이 개개의 국민에게 직접적으로 구체적인 사법상의 권리를 부여한 것이라고 보기는 어렵다. 그러나 그러한 권리를 인정한 명문의 법률 규정이 있거나 관계 법령의 규정 취지 및 조리에 비추어 권리의 주체, 대상, 내용, 행사방법 등이 구체적으로 정립될 수 있는 경우는 구체적인 사법상 권리로서의 환경권도 인정된다고 하여야 할 것이다(대법원 1995. 5. 23.자 94마2218 결정, 1997. 7. 22. 선고 96다56153 판결 등 참조).

그런데 환경관계법령 중 환경정책기본법 제 1 조에는 "이 법은 환경보전에 관한 국민의 권리·의무와 국가의 책무를 명확히 하고 환경보전시책의 기본이 되는 사항을 정함으로써 환경오염으로 인한 위해를 예방하고 자연환경 및 생활환경을 적정하게 관리·보전함을 목적으로 한다," 동법 제5조에는 "사업자는 사업활동으로부터 야기되는 환경오염에 대하여 스스로 이를 방지함에 필요한 조치를 하여야 하며, 국가 또는 지방자치단체의 환경보전시책에 참여하고 협력하여야 할 책무를 진다," 동법 제 6 조에는 "모든 국민은 건강하고 쾌적한 환경에서 생활할 권리를 가지며 국가 및 지방자치단체의 환경보전시책에 협력하고, 환경보전을 위하여 노력하여야 한다," 동법 제 7 조에는 "자기의 행위 또는 사업활동으로 인하여 환경오염의 원인을 야기한 자는 그 오염의 방지와 오염된 환경의 회복 및 피해구제에 소요되는 비용을 부담함을 원칙으로 한다," 동법 제10조에는 "정부는 국민의 건강을 보호하고 쾌적한 환경을 조성하기 위해 환경기준을 설정하여야 하며 환경여건의 변화에 따라 그 적정성이 유지되도록 하여야 한다," 동법시행령 제 2 조에는 상수원수 1급 자연환경보전구역은 생물학적산소요구량이 1ppm 이하로 유지되어야 하는 것으로 각 규정되어 있고, 한편 먹는물관리법 제 2 조에는 "국가 및 지방자치단체는 모든 국민이 질 좋은 먹는 물을 공급받을 수 있도록 합리적인 시책을 마련하여야 하고, 먹는물관련영업자에 대한 알맞은 지도와 관리를 하여야 한다. 먹는물관련영업자는 관계 법령이 정하는 바에 따라 질 좋은 먹는물을 안전하고 알맞게 공급하도록 하여야 한다," 동법 제 5 조에는 "환경부장관은 먹는 물의 수질기준을 정하여 이를 보급하는 등 먹는 물의 수질관리를 위하여 필요한 시책을 마련하여야 한다." 동법에 따라 제정된 먹는물수질기준및검사등에관한규칙 제2조에는 먹는 물에는 건강상유해영향무기물질 중 하나로서 불소가 1.5ppm 이상 함유되어서는 아니된다고 각 규정되어 있다.

그렇다면 비록 개개 국민에게 구체적인 사법상 권리로서의 환경권을 인정한 명시적인 법률규정이 없다 하더라도, 식수에 관한 환경이익에 대하여는 헌법 제35조 제1항의 정신에 따른 환경정책기본법 및 먹는물관리법의 위 각 규정 취지에 비추어, 또한 식수오염의 피해가 인간생존에 대한 근원적인 위협을 의미한다는 점에서 조리에 비추어도, 오염되지 않은 식수를 음용할 구체적인 사법상 권리로서의 환경권이 예외적으로 인정된다고 보아야 할 것이다. 그 권리의 내용으로서도 부당침해에 대하여 손해배상청구는 물론, 사후적 금전배상으로는 회복, 전보할 수 없는 생존에 직결된 환경이익을 침해받는 이상, 그 침해의 위험을 사전에 방지하기 위한 유지청구권도 부여된다고 보지 않을 수 없다. 따라서 식수오염의 가능성이 있는 공사를 진행하고자 하는 사업자로서는 그 공사로 인하여 식수오염의 위험이 전혀 없음을 스스로 소명하지 못하는 한 그 공사중지청구를 거부할 수 없다고 보아야 할 것이다. 결국 위와 같이 예외적으로 인정되는 사법상 권리로서의 환경권은 이 사건 가처분의 피보전권리가 될 수 있는 것이다.

(나) 부동산 소유권

민법 제217조 제1항에 의하여 토지소유자에게는 매연, 열기체, 액체, 음향, 진동 기타 이에 유사한 것으로서 이웃 토지의 사용을 방해하거나 이웃 거주자의 생활에 고통을 주지 아니하도록 '적당한 조처'를 취할 의무가 부과된다. 이는 토지 그 자체의 지배 내지 이용에 관한 이익뿐 아니라 그와 별도로 인간의 건강하고 쾌적한 생활 환경에 관한 이익이 소음, 매연, 진동, 오수의 유입 등으로 인하여 적극적으로 침해되었을 때에는 그러한 이익의 침해를 토지 소유권의 침해와 동일시하여 이웃 토지의 소유자뿐 아니라 이웃 거주자에게까지 이러한 침해행위에 대하여 '적당한 조처'를 청구할 권리를 인정한 것이다. 그 '적당한 조처'는 생활방해를 막는 데 적당한 모든 조치로서 방해제거청구 및 방해예방청구를 포함한다고 할 것이다. 이는 민법 제214조에서 규정한 방해배제청구권을 생활방해의 경우에 보다 구체화하고 나아가서는 보충, 확대하는 것이라고 할 것이다.

다만 위와 같은 방해배제청구권의 행사는 민법 제217조 제2항의 규정에 따라 제한되는바, 이웃 토지소유자나 이웃 거주자는 상린관계에 있는 다른 사람의 사유재산권 행사로 인하여 토지사용을 방해받거나 생활환경에 관한 이익의 침해를 받게 되더라도 그 침해가 다른 사람 토지의 통상의 용도에 적당한 것으로서 사회통념상 수인할 수 있는 정도인 경우에는 그 침해를 인용할 의무가 있는 것이다. 그리고 이러한 수인한도를 판정하는 요소는 양 당사자를 둘러 싸고 있는 주변 장소의 지역성, 피해자가 입은, 혹은 입게 될 피해법익의 성질 및 정도, 이에 대한 사회적 평가, 가해자의 의도와 사유재산권 행사의 공공성 여부, 양 당사자 중 누가 먼저 토지이용을 시작했는지의 선후관계, 가해자의 방지조치 또는 손해회피 가능성, 금지에 의한 예측불가능한 손해의 유무 등 개별·구체적인 모든 사정을 광범위하게 종합한 이익형량에 따라 판단되어야 한다.

위와 같은 상린관계규정의 적용을 받는 토지는 반드시 연접한 토지에 한한다고 볼 것은 아니고 소음, 매연, 진동, 오수의 유입 등으로 인하여 토지사용이나 생활이익의 침해를 받는 범위의 토지는 이에 해당한다고 보아야 할 것이다. 따라서 수인한도를 넘는 토지사용이나 생활환경에 관한 이익의 침해에 대하여는 민법 제217조에 기하여 방해배제청구권이 인정될 수 있고(그 요건이 존재하지 않는 경우 민법 제214조에 기하여 인정되는 경우도 있을 것이다), 이는 이 사건 가처분의 피보전권리가 될 수 있다.

(2) 이 사건 신청 중 별지2 기재 선정자들에 관한 부분에 대한 판단

(가) 환경권에 기한 공사중지청구권

구체적인 사법상 권리로서의 환경권이 인정될 수 있음은 앞서 본 바와 같다 하더라도, 위 인정 사실관계에 의하면, 이 사건 오수처리시설이 위 설계대로 설치되어 제대로만 가동되는 경우(이 사건 오수처리시설의 부지확보를 비롯한 설치 및 가동에 막대한 비용이 소요되고, 현재 실행설계가 없어 계획단계에 불과하다 하더라도, 피신청인이 이 사건 오수처리시설을 미리 설치하여 가동하지 아니하고는 문장대온천 개발에 착수할 수 없도록 되어 있는 위 사업시행허가처분의 조건 내용에 비추어, 이 사건 오수처리시설의 설치 및 가동이 제대로 이루어지지 않을 것이라는 염려는 주관적인 의심에 기한 것일 뿐 객관적인 사실에 기하여 인정되는 것은 아니다), 이 사건 오수는 생물학적산소요구량 3ppm 이하까지 정화될 수 있어 결국 신월천, 박대천 및 달천수가 생물학적산소요구량 기준으로 현재보다 오염될 가능성이 거의 없다. 다만 이 사건 오수처리시설로써 불소의 완전한 제거가 보장되지 않기 때문에 신월천수의 불소농도가 1.5ppm 이상으로 오염될 위험이 없다고 단정할 수 없다 하더라도, 위 선정자들은 신월천과 박대천이 합류하는 지점보다 하류 지역에 거주

하고 있기 때문에 개천물의 합류에 따른 희석효과로 인하여 하천수의 불소농도가 인체 등에 유해한 1.5ppm 이상으로 될 가능성이 없다. 특히 그들 중 선정자 61 내지 100, 801 내지 860, 1681 내지 1780, 8397 내지 10309는 화양천이나 동진천 주변에 거주하고 있는데, 그 개천들은 달천의 지류로서 위 박대천과 함께 달천으로 흐르기 때문에 개천물이 역류되지 않는 한 신월천이나 박대천수의 오염과는 무관하다.

그렇다면 위 선정자들이 이 사건 공사로 인하여 하천수를 농업용수로 사용하거나 내수면어업이나 관광업 등에 활용함에 있어 다소간 환경이익의 침해를 당한다 하더라도, 관계 법령에서 그에 관한 구체적인 환경권을 명시적으로 인정한 규정이 없고, 관계 법령의 규정취지나 조리에 비추어 위 선정자들에게 환경권을 인정할 수 있는 경우라고 볼 수도 없기 때문에(위와 같은 경우에까지 환경권을 인정한다면, 권리의 주체 등이 구체적으로 정립될 수 없을 정도로 확대될 소지가 있다 할 것이다) 위 선정자들에게 환경권에 기한 공사중지청구권이 있다고 볼 수 없다.

(나) 부동산 소유권에 기한 공사중지청구권

앞서 나온 사실관계에 의하면, 피신청인조합은 이 사건 오수처리시설의 설계에 있어서 불소처리에 관하여 완벽을 기하지 못하고, 트렌치시설 부지 지하의 불투수층을 철저히 제거하지 아니함에 따라 신월천의 개천물을 오염시킬 가능성을 열어 놓고 있다는 것이어서, 위 선정자들의 토지사용이나 생활이익이 방해받지 아니하도록 적당한 조처를 취할 의무를 다하지 아니한 것이라고 볼 여지도 있다. 그러나 위 선정자들이 주장하는 피해는 구체적으로 그로 인한 손해가 발생하였을 때 청구하여 배상받는다 하더라도 전보받을 수 있는 반면 피신청인조합은 이 사건 공사부지에 당국으로부터 수년에 걸쳐 온천지구지정, 관광지조성계획승인, 사업시행허가를 받아 이 사건 공사를 시행하고 있는데 이를 중지시키게 되면 막대한 손해를 입게 되는 점, 이 사건 공사가 진행된다 하더라도 이 사건 오수처리시설에 의한 정화나 자연정화작용에 의하여 위 선정자들이 사용하는 하천수에 관한 한 그 수질이 이 사건에서 문제된 생물학적산소요구량, 불소농도 모두 기준치 이상으로 오염되지 않을 것으로 예상되는 점 등 변론에 나타난 제반사정을 감안하면, 위 선정자들이 주장하는 피해는 사회통념상 수인할 수 있는 정도를 넘는 것이라 볼 수 없다. 따라서 위 선정자들에게 민법 제217조나 제214조에 의하여 인정되는 방해예방청구권으로서의 공사중지청구권은 인정될 수 없다.

(다) 어업권에 기한 공사중지청구권

신청인들은 위 선정자들 중 위 각 하천변에서 내수면어업에 종사하는 일부 선정자들의 어업권에 기하여도 이 사건 공사의 중지를 청구할 수 있다고 주장하지만, 그러한 어업권 침해가 있다고 볼 만한 소명자료가 없다{가사 위 각 하천의 위와 같은 오염으로 어획량이 감소되는 등의 피해가 위 선정자들에게 발생한다 하더라도 위 (나)항에서 나온 제반사정을 감안하면 이 사건 공사중지 가처분에 대한 보전의 필요성이 있다고 할 수도 없는 것이다}.

그렇다면 별지2 기재 선정자들은 피신청인에게 이 사건 공사의 중지를 구할 수 있는 피보전권리가 없다 할 것이므로 이 사건 신청 중 위 선정자들에 관한 부분은 더 나아가 살필 필요 없이 이유 없다.

(3) 이 사건 신청 중 별지3 기재 선정자들에 관한 부분에 대한 판단

그런데 이 사건 오수처리시설이 불소처리에 관한한 안전하지 못하여 이 사건 오수가 지하로 방산되거나 신월천으로 방류되거나 어느 경우이든지 충북 괴산군 청천면 사담리, 신월리, 상신리, 귀만리에 거주하고 있는 위 선정자들이 식수로 사용하는 신월천변 천층 지하수의 불소농도가 인체에 해로운 영향을 줄 수 있는 1.5ppm 이상이 될 정도로 오염될 가능성이 없다고 단정할 수 없다는 것은 위에서 인정한 바이므로 위 선정자들은 피신청인조합이 그와 같은 위험이 전혀 없다는 것을 소명할 때까지는 식수에 관한 환경권에 기하여 피신청인에 대하여 이 사건 공사의 중지를 청구할 권리가 있다고 할 것이다.

나아가 이 사건 공사가 진행됨으로써 위 선정자들이 입을 환경권의 침해는 인간의 생명과 신체에 관한 것으로서 사후적으로는 회복될 수 없고, 금전적으로도 전보될 수 없을 뿐만 아니라 그 범위가 광범하고 또한 중대할 수 있기 때문에 피신청인조합에 관한 앞서 나온 제반사정을 감안한다 하더라도 이 사건 가처분에 대한 보전의 필요성 역시 인정된다고 하여야 한다(가사 위와 같은 환경권이 인정되지 않는다 하더라도, 생존에 있어 필수적인 식수원이 오염되는 이상 이는 사회통념상 수인할 수 있는 한도를 넘어선다고 보아야 하므로 이 사건 신청인들 중 식수오염의 피해를 입는 위 선정자들은 그 수질오염을 야기시키는 공사에 대하여 민법 제217조에 기하여도 그 중지를 청구할 수 있다 할 것이다).

4. 결 론

그렇다면 이 사건 신청 중 별지3 기재 선정자들에 관한 부분은 그 피보전권리

와 보전의 필요성이 모두 소명되었다 할 것이므로 이를 인용하고, 이 사건 신청 중 나머지 별지2 기재 선정자들에 관한 부분은 피보전권리가 인정되지 아니하여 이를 모두 기각하기로 하여 주문과 같이 판결한다.

판사 부구욱(재판장) 김종문 한재철

5. 문장대온천개발사건
대법원 2001. 7. 27. 선고 99두8589 판결【온천조성사업시행허가처분취소】
원 심: 대구고등법원 1999. 7. 27. 선고 98누2226 판결
환송판결: 대법원 1998. 10. 20. 선고 97누5503 판결
파기환송 전 원심: 대구고등법원 1997. 3. 13. 선고 96구7121 판결

1. 당 사 자	【원고, 상고인】 원고 외 67인 【피고, 피상고인】 상주시장 【피고보조참가인】 문장대온천관광지개발지주조합
2. 주요쟁점	행정청의 재량행위가 사실오인 등에 근거한 경우 위법한지 여부
3. 사건의 경과	환송판결의 원심법원은 원고의 소를 각하하였으나 대법원이 이를 파기 환송하였고, 환송후 원심에서 온천조성사업시행허가처분의 취소신청을 기각하자 대법원에 상고
4. 결 과	원심 판결 파기 환송(환송 후 원심인 대구고등법원 2003. 2. 7. 선고 2001누1759 판결은 원고 승소 판결을 선고하였고, 이에 대한 상고심인 대법원 2003. 5. 30. 선고 2003두2502 판결은 심리불속행기각 판결을 선고하였다)
5. 관련조문	구 관광진흥법 제 1 조, 제 2 조 제 3 호, 제 5 호, 제25조, 같은조 시행령 제22조, 구 환경영향평가법 제 1 조, 제 4 조, 제 8 조, 제 9 조, 제16조, 제19조 같은 법 시행령 제 2 조 제 2 항, 구 환경정책기본법 제 1 조, 제 5 조, 제 6 조, 제 7 조, 제10조, 구 먹는물관리법 제 2 조, 제 5 조, 행정소송법 제 1 조, 제27조
6. 관련판례	대법원 1998. 12. 8. 선고 98두13553 판결 대법원 2001. 2. 9. 선고 98두17593 판결 대법원 2001. 7. 27. 선고 99두2970 판결 대법원 2001. 7. 27. 선고 99두5092 판결

▎판시사항

1. 관광지조성사업의 시행허가의 법적 성질(=재량행위)과 이에 대한 법원의 사법심사의 대상(=재량권 일탈·남용의 위법 유무)

2. 행정청의 재량행위가 사실오인 등에 근거한 경우, 재량권 일탈·남용에 해당하여 위법한지 여부(적극)

❙ 사실관계

상류지역의 온천관광지 조성사업에 오수처리시설들이 설치되더라도 효능이 불확실하여 하류 지역의 거주 주민들의 식수, 농업용수 오염에 영향을 미친다는 이유로 온천관광지 조성사업 시행허가처분의 취소를 청구한 사안

❙ 판결요지

1. 관광지조성사업의 시행은 국토 및 자연의 유지와 환경의 보전에 영향을 미치는 행위로서 그 허가 여부는 사업장소의 현상과 위치 및 주위의 상황, 사업시행의 시기 및 주체의 적정성, 사업계획에 나타난 사업의 내용, 규모, 방법과 그것이 자연 및 환경에 미치는 영향 등을 종합적으로 고려하여 결정하여야 하는 일종의 재량행위에 속한다고 할 것이고, 위와 같은 재량행위에 대한 법원의 사법심사는 당해 행위가 사실오인, 비례·평등의 원칙 위배, 당해 행위의 목적 위반이나 부정한 동기 등에 근거하여 이루어짐으로써 재량권의 일탈·남용이 있는지 여부만을 심사하게 되는 것이나, 법원의 심사결과 행정청의 재량행위가 사실오인 등에 근거한 것이라고 인정되는 경우에는 이는 재량권을 일탈·남용한 것으로서 위법하여 그 취소를 면치 못한다 할 것이다.

2. 관광지조성사업시행 허가처분에 오수처리시설의 설치 등을 조건으로 하였으나 그 시설이 설치되더라도 효능이 불확실하여 오수가 확실하게 정화처리될 수 없어 인접 하천 등의 수질이 오염됨으로써 인근 주민들의 식수 등도 오염되어 주민들의 환경이익 등이 침해되거나 침해될 우려가 있고, 그 환경이익의 침해는 관광지의 개발 전과 비교하여 사회통념상 수인한도를 넘는다고 보이며, 주민들의 환경상의 이익은 관광지조성사업시행 허가처분으로 인하여 사업자나 행락객들이 가지는 영업상의 이익 또는 여가생활향유라는 이익보다 훨씬 우월하다. 환경적 위해 발생을 고려하지 않은 관광지조성사업시행 허가처분은 사실오인 등에 기초하여 재량권을 일탈·남용한 것으로서 위법하다.

❙ 평 석

주민들의 환경상 이익이 관광지 조성사업시행 허가처분으로 인하여 그

사업자나 행락객들이 가지는 영업상의 이익 또는 여가생활향유라는 이익보다 훨씬 우월하다는 이유로 그 허가 처분에 위법이 있다고 한 사안이다. 환경보호는 특히 그 중요성의 인식 여하 및 사고의 전환에 따라서 결과가 크게 달라질 수 있는 영역인바, 최근 환경의식의 향상에 부응하여 법원이 환경보호라는 이익을 중요한 이익으로 고려하고 있음을 짐작하게 하는 재판례이다.

❙ 참고문헌

김홍균, "환경행정소송과 공법상 구제의 확대," 인권과 정의 321호, 대한변호사협회 (2003)

Case Book of Environmental Law

6. 분뇨방출사건
대법원 1982. 12. 28. 선고 81도836 판결【환경보전법위반】
원 심: 수원지방법원 1981. 1. 27. 선고 80노1131 판결
제 1 심: 수원지방법원 1980. 5. 19. 선고 80고단856 판결

1. 당 사 자	【피고인】 피고인 외 1인 【항소인, 상고인】 피고인들
2. 주요쟁점	분뇨종말처리시설들로부터 비밀배수로를 기설배수로와 연결 가설하여 정당한 사유 없이 분뇨를 버리는 것이 환경보전법 제37조 적용을 받는지 여부
3. 사건의 경과	원심에서 환경보전법 제37조 위반죄의 성립을 인정하자 피고인들이 대법원에 상고
4. 결 과	원심 판결 파기 환송
5. 관련조문	환경보전법 제37조, 제39조
6. 관련판례	대법원 1984. 12. 11. 선고 84도1738 판결

▎판시사항

분뇨등 종말처리장을 설치, 운영하였으나 환경보전법 제37조가 적용되는 경우

▎사실관계

피고인들이 돼지를 사육하면서 분뇨를 비밀리에 처리하기 위하여 분뇨종말처리시설로부터 비밀배수로를 매설하여 분뇨 상당을 공공수역으로 방류하였다는 혐의로 환경보전법위반죄로 기소된 사안

▎판결요지

환경보전법 제37조는 분뇨를 자연 그대로 버리는 경우를 규정한 것이고, 분뇨 등 종말처리장을 설치하여 운영하는 경우에는 동법 제39조의 적용을 받는다 할 것이나, 그 분뇨처리시설이 오물청소법 제 9 조 제 1 항과 동법 시행규칙 제 2 조의 규정에 의한 시설로서 환경청장의 승인을 얻어 설치한 것이 아니거나, 또는 동 규정에 의하여 설치된 시설이라도 그 시설을 설치규정

대로 운영하지 않거나, 그 시설을 통하지 않고 분뇨를 돈사로부터 직접 하천에 방출하였다든지 또는 그 시설을 통하여 방출한 경우라도 그 방류수 수질이 법정기준치를 훨씬 넘는 때에는 동법 제37조가 적용된다 할 것이다. 그러나 원심은 이 점을 심리 확정함이 없이 막연히 분뇨종말처리시설로부터 비밀배수로를 통해 분뇨를 공공수역에 방류하였다고 설시하고, 환경보전법 제37조 위반죄의 성립을 인정하였음은 심리미진으로 사실을 오인한 위법이 있거나 환경보전법에 관한 법리를 오해한 위법이 있다.

평 석

분뇨 투기행위는 다른 법에 의해서도 규제되고 있는바 어느 지역에 투기하였는지에 따라 규율하는 법규가 달라질 수 있다. 예컨대, 폐기물을 투기한 지역이 생태경관보전지역, 자연공원, 상수도보호구역, 공원도로 등 시설 관리자가 폐기물의 수집을 위하여 마련한 장소나 설비 외의 곳(폐기물관리법 제63조, 제8조 제1항)인가에 따라 처벌 법규 및 정도가 달라질 수 있다. 이에 대해서는 동일한 행위에 대해 어디에 투기하느냐에 따라 처벌이 달라지는 것은 수범자를 혼란에 빠뜨리고, 양형의 부당, 불균형 등의 문제를 야기할 수 있다는 비판이 있다.

참고문헌

심홍규, 환경법, 홍문사 (2010)

7. 김해국제공항사건
부산고등법원 2010. 7. 13. 선고 2009나17653 판결(확정)
원 심: 부산지방법원 2009. 10. 15. 선고 2007가합12053 판결

1. 당 사 자	【원고, 항소인】 원고 외 16명 【피고, 피항소인】 대한민국
2. 주요쟁점	공항소음으로 인한 주변 주민들의 손해배상청구에 있어 수인한도의 기준
3. 사건의 경과	원심에서 원고 패소 판결을 선고하자 원고가 항소
4. 결 과	항소 기각
5. 관련조문	국가배상법 제 5 조 제 1 항, 민법 제750조
6. 관련판례	대법원 2005. 1. 27. 선고 2003다49566 판결 대법원 2010. 11. 25. 선고 2007다74560 판결

❙ 판시사항

김해국제공항에서 발생하는 소음 등으로 인근 주민들이 입은 피해가 사회통념상 수인한도를 넘는지 여부

❙ 사실관계

민간항공기와 군용기가 김해국제공항을 이용하면서 발생한 소음을 이유로 주변 주민들이 국가를 상대로 정신적, 신체적 침해를 원인으로 한 손해배상을 청구한 사안

❙ 판결요지

항공기 소음이 수인한도를 초과하는지 여부는 구체적으로 ① 소음의 정도와 태양, ② 피침해이익의 성질 및 피해의 정도, ③ 관련 법령에서 정한 항공기 소음의 기준, ④ 항공법상 소음방지대책의 실시 및 적정성, ⑤ 침해행위의 공공성 및 사회적 가치, ⑥ 지역적 특수성 등의 요소를 종합적으로 고려하여 판단하여야 할 것인바, 이 사건에서는 ① 김해공항 인근 지역은 대부분 논과 하천으로서 인구 밀집 지역은 아닌 점, ② 최근 몇 년 사이에 여객수나 화물량, 소음영향도에 큰 변화는 없는 것으로 보이는 점, ③ 원고들의

소음피해를 확인할 객관적인 자료가 현출되지 않는 점, ④ 피고와 한국공항공사가 관련법령에서 정한 바에 따라 항공기 소음 대책을 실시하고 있는 것으로 보이는 점, ⑤ 김해공항은 국제공항으로서 부산·경남 일대의 여객과 화물 운송의 상당량을 부담하고 있고, 이 사건 공군기지도 사용하고 있어, 사회 전체의 유용성이나 국가안전보장 등의 측면에서 중요한 공익적 기능을 담당하고 있는 점 등의 사정을 종합하여 보면, 김해공항 주변의 항공기 소음피해는 그 소음영향도가 80WECPNL 이상인 경우에 사회생활상 통상의 수인한도를 초과한다고 보는 것이 상당하다. 원고들이 수인한도를 넘는 소음에 노출되었음을 인정할 증거가 없고, 김해공항의 항공기 소음으로 인하여 일응 생활에 불편을 겪고 있는 것으로 보이기는 하나, 위와 같은 사실 및 갑3, 6 내지 9호증, 제1심의 부산광역시 농업기술센터소장에 대한 사실조회결과만으로는, 원고들이 김해공항의 항공기 소음으로 인하여 객관적이고 직접적으로 신체나 건강상 이익을 침해당하였다고 인정하기 어렵고, 달리 이를 인정할 증거가 없다.

▌평 석

김해국제공항의 특수성을 감안하여 수인한도의 기준을 개별적으로 판단하여 정신적 침해를 인정하지 아니하고, 소음으로 인한 신체적 침해를 인정할 증거가 없음을 이유로 신체적 침해를 원인으로 한 손해배상도 기각한 사안이다.

▌참고문헌

강종선, “항공기소음관련 민사소송의 제 논점,” 사법논집 44집, 법원도서관 (2007)

조홍식, “상린관계의 법정책: 항공기소음을 글감으로 하여,” 서울대학교 法學 50권 3호, 285 (2009)

8. 순천만양식장사건
서울고등법원 1996. 10. 4. 선고 93나34628 판결(확정)
원 심: 서울민사지방법원 1993. 7. 2. 선고 91가합42895 판결

1. 당 사 자	【원고(선정당사자), 항소인】 원고 【피고, 피항소인】 대한민국 외 2인
2. 주요쟁점	국가 또는 지방자치단체의 공무원이 생활하수 등으로 인한 수질오염을 방지하기 위한 오하수방지시설을 설치하지 않거나 그 설치를 위한 기술적·재정적 지원을 하지 아니한 결과 하천의 수질이 악화되고 그 하천수가 바다로 유입된 탓에 바다에서 양식되고 있던 어패류가 폐사하고 어획량이 감소하는 경우 국가배상법 제 2 조에 의한 손해배상책임이 있는지 여부
3. 사건의 경과	피고의 국가배상법 제 2 조에 의한 책임을 인정하지 않는 취지로 원고 패소 판결을 선고하자 항소
4. 결 과	항소 기각
5. 관련조문	국가배상법 제 2 조, 구 폐기물관리법(1991. 3. 8. 법률 제4363호로 전문 개정되기 전의 것) 제 4 조, 하수도법(1989. 12. 30 법률 제4183호로 개정되기 이전) 제 5 조의2, 환경보전법 제 4 조의 2, 환경정책기본법 제 4 조

판시사항

국가 또는 지방자체단체의 구체적인 작위의무 인정 요건

사실관계

국가 또는 지방자치단체에서 수질오염 방지를 위한 오하수방지시설을 설치하지 않아, 순천만으로 유입되는 순천시민의 생활하수로 인하여 양식장 및 공동 어장의 어패류의 폐사와 수확량 감소의 손해가 발생하였다는 이유로 손해배상을 청구한 사안

판결요지

국가 또는 지방자치단체가 오하수방지시설을 하지 아니한 결과 하천의 수

질이 악화되고 그 하천수가 바다로 유입된 탓에 바다에서 양식되고 있던 어폐류가 폐사하고 어획량이 감소하였다 하더라도, 국가 또는 지방자치단체에게 오하수방지시설을 할 구체적이고 개별적인 법령상의 작위의무가 발생하였다 볼 수 없고, 또한 조리상의 작위의무가 있었다고 보기도 어려우며, 국가배상책임은 행정상의 일반적 책무나 행정업무 처리상의 잘못만으로는 쉽게 인정될 수 없으므로 국가배상법 제 2 조에 의한 책임이 있다고 할 수 없다.

▌평 석

공무원의 부작위에 위법성이 인정되기 위해서는 그 전제로서 당해 공무원에게 개별적이고도 구체적인 작위의무가 인정되어야 하는데 이러한 요건을 충족하는 것은 쉽지 않다. 국가에 어떤 의무가 있는지, 국가가 그 의무를 위반한 것인지 등은 종종 국가배상청구소송에서 핵심 쟁점이 되고 있다. 예컨대, 환경기준이 유지되지 않는 경우를 국가 등의 의무 위반으로 보아 발생한 손해에 대하여 국가배상책임을 인정할 수 있는지가 문제가 될 수 있다.

대법원은 낙동강 물 사건(대법원 2001. 10. 23. 선고 99다36280 판결)에서 그 기준이 국민 일반의 건강을 보호하여 공공 일반의 전체적인 이익을 도모하기 위한 것이지, 국민 개개인의 안정과 이익을 직접적으로 보호하기 위한 것이 아니라는 것을 논거로 국가배상책임을 부인하였다.

▌참고문헌

김홍균, 환경법, 홍문사 (2010)

9. 도로소음과 위법성판단요건

서울중앙지방법원 2008. 12. 17. 선고 2007가합51029 판결(확정) 【손해배상(기)】

1. 당 사 자	【원고】 원고1, 원고2(선정당사자) 【피고】 서울특별시, 한국철도시설공단
2. 주요쟁점	기존에 설치된 도로, 철도의 소음으로 인한 손해배상청구에 있어 위법성판단기준
3. 사건의 경과	원고 패소 판결을 선고
4. 결 과	제 1 심 판결 확정
5. 관련조문	국가배상법 제 5 조, 환경정책기준법 제10조 제 2 항, 소음·진동규제법 제26, 27조, 주택법 제21조, 주택건설기준등에관한규정 제 9 조 제 1 항
6. 관련판례	대법원 2007. 6. 15. 선고 2004다37904, 37911 판결 대법원 2008. 8. 21. 선고 2008다9358, 9365 판결

▌판시사항

아파트 건설 전부터 설치된 도로와 철도의 소음을 원인으로 한 아파트 거주자들의 손해배상청구에 있어 위법성의 판단기준

▌사실관계

기존의 노들길, 올림픽대로, 한강철교 옆에 건설된 아파트 거주자들이 피고들을 상대로 환경기준을 넘는 소음으로 인한 정신적 피해를 주장하며 위자료 및 소음방지대책을 청구한 사안

▌판결요지

도로소음에 관한 규정들은 도로소음을 이유로 하는 민사상의 손해배상청구의 근거가 될 수 없고, 나아가 각 법규가 정하고 있는 기준들이, 어떤 침해적 요소의 결과가 동 기준을 초과하면 그러한 결과를 초래하는 행위를 위법하게 만드는 소위 수인한도로 당연히 적용한다고 볼 수도 없다. 결국, 명백한 근거 규정을 두고 있지 않은 환경관련 침해에 대하여는 헌법상의 인격권, 행복추구권 및 환경권에 바탕을 두고 각 개인이 갖는 구체적이며 보호받을 만한 생

활이익에 대한 침해에서 손해배상 청구의 근거를 찾을 수밖에 없다.

이 사건 아파트의 경우, 각 세대 중 위 환경기준을 넘은 소음이 측정되는 경우가 있으나 그와 같은 측정결과가 있다는 점만으로 당연히 피고 서울시에 대하여 특정한 행위를 할 것을 요구하거나 민사상의 손해배상책임이 발생한다고 볼 수 없다.

이 사건 도로는 원고들이 이 사건 각 아파트에 거주하기 전에 이미 건설되어 사용되던 것인데, 원고들에게 보호가치 있는 생활이익이 형성되기 이전과 이후의 소음의 정도에 상당한 정도의 차이가 있다고 보기 어려우므로, 이 사건 도로상에 현재 존재하는 소음이 기능적 하자에 속한다고 하더라도 그것이 원고들의 생활이익 형성 이후에 새로이 발생한 것이라 할 수 없고, 아울러 원고들의 생활이익은 위와 같은 소음상황을 전제로 하여 형성된 것이라 할 수밖에 없으며, 나아가 가령 원고들의 생활이익 형성 이후에 어느 정도의 소음증가가 있었다고 하더라도 위에서 본 사실들에 의하면 오로지 차량 통행의 증가에 기인하는 것이라 볼 수밖에 없는데, 그 증가치가 과다한 것이라 보기도 어려울뿐더러 그러한 변화가 사회발전에 따른 자연스러운 변화에 해당하지 않는다는 점에 대한 주장·입증이 없으므로, 원고들의 이 사건 청구는 받아들이기 어렵다.

결국 도로에서 발생하는 소음에 관해서는, 그 도로건설 및 이용과정에서 위법한 점이 있다거나 사회발전에 따른 자연스러운 변화에 해당되지 않는 점이 있기 전에는, 각 주거자 스스로의 책임으로 돌리는 것이 옳다.

▌평 석

민사소송에서 도로소음의 위법성의 판단기준이 되는 수인한도를 판단함에 있어 관련 법규의 소음기준은 가장 중요한 판단기준 중 하나임에도 불구하고 소음기준을 넘어선 소음에 관하여 손해배상을 인정하지 않은 사안이다. 위 판시의 요점은 문제되는 도로의 건설 및 이용과정에 위법성이 있다거나 사회발전에 따른 자연스러운 변화가 아닌 특별한 사정변경이 있다는 점을 원고(피해자)가 입증하여야 한다는 점에 귀착되는바, 환경소송에서의 피해자의 입증책임을 완화하고자 하는 일련의 시도와는 다소 거리가 있는 판결이라고 보인다.

❙ 참고문헌

구재군, "교통소음과 법적대응," 환경법연구 32권 1호, 한국환경법학회 (2010)

Case Book of Environmental Law

10. 층간소음에 대한 아파트시공사의 책임
부산지방법원 2008. 11. 18. 선고 2008가단8030(본소), 138887(반소) 판결【채무부존재확인】

1. 당 사 자	【원고】 현○건설 주식회사 【피고】 피고
2. 주요쟁점	아파트 층간소음을 원인으로 한 분양회사의 손해배상책임 인정 여부
3. 사건의 경과	원고의 채무부존재확인의 본소는 패소, 피고의 손해배상 반소는 승소하는 내용의 판결이 선고됨
4. 결 과	원고의 채무는 부존재함을 확인하되 소송비용은 250만원을 원고가 부담하는 내용으로 하는 항소심 화해권고 확정
5. 관련조문	민법 제390조, 제667조, 제671조, 집합건물의 소유 및 관리에 관한 법률 제9조
6. 관련판례	대법원 2008. 8. 21. 선고 2008다9358, 9365 판결 대법원 2009. 1. 30. 선고 2008다12507 판결

❙ 판시사항
아파트 층간소음에 관하여 아파트 시공자가 수분양자에게 손해배상책임을 지는지 여부(적극)

❙ 사실관계
원고가 원고 시공 아파트에 거주하는 피고를 상대로 채무부존재확인소송을 제기하자 원고 시공의 현대홈타운 아파트에 거주하는 피고가 층간소음, 특히 바닥충격음으로 인하여 피해를 입고 있음을 이유로 반소로 손해배상을 청구한 사안

❙ 판결요지
원고는 위 아파트 단지를 시공하면서 피고가 거주하는 아파트의 위층인 504호의 통상적인 바닥충격음을 충분히 차단하여 404호에 거주하는 피고의 일상생활에 피해를 입히지 않아야 함에도 불구하고, 504호의 바닥충격음을

충분히 차단할 수 있는 차음시설을 하지 않음으로 인하여 피고에게 수면장애, 신경증, 위궤양, 스트레스, 기타 일상생활의 불편 등 참을 수 있는 한도를 넘는 고통에 시달리게 하였는바, 공법상의 기준을 충족한 것만으로 침해행위를 적법하다고 할 수 있는 것은 아닌 점, 2003. 4. 22. 개정되기 이전의 주택건설관련 법령은 층간 바닥충격음을 충분히 차단할 수 있는 구조로 하여야 한다고 되어 있어 단순한 훈시규정이나 정책적 규정이 아니라 의무적 규정으로 되어 있는 점, 개정 이후의 주택건설관련 법령은 공동주택 바닥충격음 차단성능기준을 중량충격음 50dB, 경량충격음 58dB로 정하고 있는데 이런 구체적인 기준이 정해져 있다 하더라도 개별 사안에서 획일적으로 적용될 수는 없는 점, 504호의 바닥충격음은 중량충격음이 평균 54.5dB(거실 52dB, 안방 57dB), 경량충격음이 평균 57.5dB(거실 59dB, 안방 56dB)으로 구체적인 기준을 어느 정도 초과한 점 등에 비추어 원고는 피고가 위층인 504호의 바닥충격음으로 인하여 입게 된 손해를 배상할 책임이 있다.

▎평 석

본 사안은 아파트의 수분양자가 아파트의 분양자가 아닌 시공자에 대하여 손해배상청구를 하는 경우인바, 청구권원이 채무불이행책임인지(하자담보책임) 불법행위책임인지 여부는 명확하지 아니하고, 결론에 있어서도 직접 계약 당사자가 아닌 시공자에게 책임을 묻는 근거를 밝혔어야 할 것으로 보인다.

▎참고문헌

이경춘, "소음과 환경소송," 재판자료 : 환경법의 제문제(하) 95집, 법원도서관 (2002)

조은래, "건설도급상의 생활환경침해에 대한 책임," 비교법학 20집, 부산외국어대학교 비교법연구소 (2009)

강재철, "아파트 하자발생에 따른 하자담보책임 — 최근 판례를 중심으로 —," 부동산소송 실무자료 4집(부동산소송), 유로 (2010)

11. 헬기소음의 타조농장피해사건
서울중앙지방법원 2006. 7. 4. 선고 2005가합88362 판결(확정) 【손해배상(기)】

1. 당 사 자	【원고】 원고 【피고】 대한민국
2. 주요쟁점	헬기소음으로 인한 타조농장의 피해에 관한 손해배상
3. 사건의 경과	원고 일부 승소 판결을 선고
4. 결 과	제 1 심 판결 확정
5. 관련조문	국가배상법 제 2 조 제 1 항, 대한민국과 아메리카합중국 간의 상호방위조약 제 4 조에 의한 시설과 구역 및 대한민국에서의 합중국군대의 지위에 관한 협정 제23조
6. 관련판례	대법원 2010. 7. 15. 선고 2006다84126 판결

판시사항

주한미군 소속 헬기의 소음으로 인하여 발생한 타조농장의 손해에 관한 배상책임의 범위

사실관계

주한미군 소속 헬기가 원고 운영의 타조농장 상공을 100피트 이하로 저공비행하면서 발생한 소음으로 타조들이 놀라 다친 뒤 10마리가 폐사하고 산란이 감소하자 피고를 상대로 987,095,000원의 손해배상을 청구한 사안

판결요지

주한미군이 야간에 헬기훈련을 함에 있어 소음으로 인하여 제 3 자가 피해를 입지 않도록 주의할 의무가 있음에도 불구하고 이를 위반하여 피해에 대한 아무런 예방조치 없이 야간에 타조농장이 있는 곳을 저공비행함으로써 원고로 하여금 위와 같이 타조폐사 등의 손해를 입게 하였는바, 피고는 「대한민국과 아메리카합중국 간의 상호방위조약 제 4 조에 의한 시설과 구역 및 대한민국에서의 합중국군대의 지위에 관한 협정(이하 '한미행정협정'이라 한다)」 제23조 및 「한미행정협정의 시행에 관한 민사특별법」 제 2 조 제 1 항과 국가배상법 제 2 조 제 1 항에 따라 주한미군 소속 헬기의 비행으로 인하여 원고

가 입은 손해를 배상할 의무를 부담한다. 따라서 피고는 원고에게 손해배상금 54,405,000원(=타조치료비 7,425,000원+폐사한 타조손해금 42,000,000원+농장수리비 4,980,000원) 및 이에 대한 지연손해금을 지급할 의무가 있다.

한편, 원고는 위 헬기소음으로 인하여 타조의 산란율이 저하되어 금 932,690,000원(=부화감소수 5,527개×육성타조가격(3개월령 가격) 200,000원-부화 및 사육비용 172,710,000원)의 손해를 입었으므로 피고는 원고에게 이를 배상할 책임이 있다고 주장하나, 갑 제4호증의 1, 2, 갑 제15호증의 각 기재, 이 법원의 대한수의사협회에 대한 사실조회결과만으로는 위 헬기소음으로 인하여 원고 소유 타조의 산란감소가 그 주장과 같다는 점을 인정하기에 부족하고 달리 이를 인정할 아무런 증거가 없으므로, 위 주장은 더 나아가 살필 필요 없이 이유 없다.

▌평 석

대상판결에서는 헬기소음으로 인한 손해배상에 있어 타조의 산란율 저하를 인정할 증거가 부족하다고 판시하였다. 그러나 이후 관련 판결은 국가가 공군 전투기 비행훈련장으로 설치·사용하고 있는 공군기지의 활주로 북쪽 끝으로부터 4.5km 떨어진 곳에 위치한 양돈장에서 모돈(母豚)이 유산하는 손해가 발생한 사안에서, 공군기지에서 발생하는 소음의 순간 최대치가 양돈장 근처에서 모돈에 20~30% 정도의 유산을 일으킬 가능성이 있는 수치인 84dB 내지 94dB로 측정된 점, 역학조사 결과 모돈의 유산 원인은 질병이 아닌 환경요인에서 오는 스트레스로 추정되는데 위 소음 외에 양돈장에서 모돈에 스트레스를 줄 만한 다른 요인이 확인되지 않는 점 등에 비추어 공군기지에서 발생한 소음으로 인한 것으로 인정하였다. 입증의 정도에 따라 인정되는 손해의 범위가 크게 달라질 수 있음을 보여주는 사안이다.

▌참고문헌

손윤하, "환경침해를 원인으로 한 민사소송에 관한 문제," 저스티스 81호, 한국법학원 (2004)

12. 아파트층간소음사건
서울지방법원 2000. 12. 12. 선고 98가합23596 판결【손해배상등】

1. 당 사 자	【원고】 원고1 외 766명 【피고】 서울특별시도시개발공사, 주식회사 일○
2. 주요쟁점	아파트 층간소음을 원인으로 한 분양회사의 하자담보책임
3. 사건의 경과	원고들의 손해배상청구에 대하여 제1심은 원고 일부 승소 판결을 선고하였고, 항소심인 서울고등법원(2001나6819)은 피고 서울특별시도시개발공사의 항소를 기각하였으며, 대법원(2002다17357)은 상고를 기각
4. 결 과	서울특별시도시개발공사에 대한 청구는 인용, 주식회사 일○에 대한 청구는 기각
5. 관련조문	민법 제667조, 제671조, 집합건물의 소유 및 관리에 관한 법률 제9조
6. 관련판례	대법원 2008. 8. 21. 선고 2008다9358, 9365 판결

❙ 판시사항

아파트 층간소음에 관하여 아파트 분양자가 수분양자들에게 하자담보책임을 지는지 여부(적극)

❙ 사실관계

서울특별시도시개발공사로부터 아파트를 분양받은 소유자들이 분양자인 도시개발공사와 도시개발공사로부터 도급받아 아파트를 시공한 주식회사 일신을 상대로 아파트 상하층의 소음을 원인으로 한 하자담보책임을 물은 사안

❙ 판결요지

선정자들은 이 사건 아파트에서 평소 화장실 사용이나 야간의 숙면에 큰 방해를 받아왔고 이는 이 사건 아파트의 건축구조상의 하자에 기인한 것이므로 피고 공사는 분양자로서, 집합건물의소유및관리에관한법률 제9조, 민법 제667조, 제671에 따라 수분양자들인 선정자들에게 위와 같은 하자를 보

수하는 데 드는 비용 상당액을 배상할 의무가 있다고 할 것이다(현재 아파트 등 집합건물 내부의 소음등을 규제하는 법률이 따로 마련되어 있지 않다고 하더라도, 분양자는 분양계약에 따라, 주어진 외부적 조건, 사회경제적 여건 및 기술적 제약 하에서 수분양자가 필요최소한의 쾌적한 생활을 유지하여 분양계약의 목적을 달성할 수 있게끔 조치하여야 할 의무가 있다고 할 것이므로, 건물의 구조적 하자로 인하여 소음이 발생하거나 발생한 소음이 적절한 수준으로 차단되지 않는다면 이는 분양자가 담보책임을 지는 하자로 보아야 할 것이다).

다만, 시공자인 피고 주식회사 일○에 대한 청구는 피고회사가 피고공사에 대하여 도급계약에 기하여 수급인으로서 어떠한 책임을 지는 것은 별론으로 하고(이에 대하여도 피고회사는 설계도대로 시공하였으므로 아무런 책임이 없다고 주장한다), 선정자들에 대하여는 아무런 계약관계도 없는 것이므로 하자담보책임을 지지 않는다고 할 것이다.

평 석

화장실소음 등으로 피해를 입은 아파트 입주자들이 분양업자에게 담보책임(민법 제667조, 제671조, 집합건물의 소유 및 관리에 관한 법률 제92조)을 물어서 손해배상을 받을 수 있다고 판시함으로써, 계약상의 담보책임과 관련하여서 환경침해로 인한 피해의 배상을 인정한 최초의 판결이다.

참고문헌

전경운, "환경피해의 사법적 구제법리," 현대상사법논집, 법지사 (2001)

06_

대기환경보전법

1. 연탄공장 진폐증 사건
대법원 1990. 3. 13. 선고 89다카15472 판결【손해배상(기)】
원 심: 서울고등법원 1989. 5. 15. 선고 89나6633 판결
제 1 심: 서울민사지방법원 1989. 1. 12. 선고 88가합2897 판결

1. 당 사 자	【원고, 상고인】 원고 【피고, 피상고인】 강○산업주식회사
2. 주요쟁점	특정지역에 환경피해의 발생이 개시된 후에 해당지역에 입주 또는 거주하게 되는 자(이른바 "후입자")의 경우에 손해배상을 인정하여야 할 것인지 여부
3. 사건의 경과	원심은 피고의 불법행위책임을 인정하면서 원고가 청구하는 재산적 손해 및 위자료 중 일부를 인정하였는데, 이에 대하여 원고 및 피고가 모두 상고
4. 결 과	원심판결 중 재산적 손해에 관한 원고 패소 부분만을 파기 환송
5. 관련조문	민법 제763조, 제393조
6. 관련판례	대법원 1990. 4. 10. 선고 89다카23244 판결

판시사항

연탄공장 설립 이후에 주민들이 인근지로 이주해 왔다고 하더라도 주민들이 공해를 수인하기로 하고 이주한 것이라고는 볼 수 없다고 본 사례

사실관계

원고가 진폐증으로 이환되게 된 주요원인은 원고가 흡입한 석탄분진이고, 피고의 망우공장에서는 원고가 상봉동으로 이주하기 전부터 계속하여 석탄분진을 분출, 확산하여 왔으며, 망우공장에서 분출되는 석탄분진이 원고의 거주지까지 도달되었던 것으로 보이는 점, 원고는 상봉동으로 이주하기 이전에는 가벼운 기관지염이나 감기를 앓은 것을 제외하고는 달리 호흡기계통의 질환으로 앓지는 아니하였고, 원고뿐만 아니라 망우공장에 인접하여 거주하는 주민들 중 작업장 등에서 석탄분진에 폭로된 특별한 경력이 없던 사람들에게서도 원고와 같이 탄분침착으로 인한 진폐증에 이환된 사람이 수명이나 발견된 점에 비추어 원고의 진폐증은 피고의 불법행위로 인한 것이라고 주장하며 손해배상을 청구한 사안

▌판결요지

연탄공장은 그 인근에 주택가가 형성되기 전에 이미 본격적으로 가동하고 있어서 그 주민들은 이러한 사정을 알고 입주한 사람들이며 피고회사는 망우공장에 대하여 적법한 공장등록을 마친 후 합법적으로 이를 설립, 운영하고 있었고 나름대로의 방진시설에 많은 투자를 한 결과 망우공장에서의 분진배출정도가 환경보전법에 정한 배출허용기준은 조금 상회하거나 미달하고 산업안전보건법에 정한 배출허용기준에는 훨씬 미달하는 등의 사정이 있다. 그러나, 주민들에게 불치의 병인 진폐증을 일으킬 수 있는 위험이 있는 석탄분진의 발생까지 수인하여야 한다고 할 수는 없고 그 발생분진의 정도가 산업안전보건법에 정한 분진 배출허용기준치를 밑돌고 있어서 절대다수의 주민들에게는 진폐증 등의 심각한 위험을 야기할 정도에는 이르지 않는다 하더라도 보통정도의 건강상태에 있던 사람이 진폐증에 이환될 정도의 분진이 발생되는 이상 행정적 규제기준이하의 분진발생이라 하여도 수인의무의 범위 내라고 할 수는 없고 나아가 망우공장이 먼저 설립, 운영되어 온 후에 주민들이 이주해 왔다 하더라도 이들이 위와 같은 분진발생을 수인하기로 하고 이주한 것으로 볼 수는 없는 것이니 피고가 분진의 발생을 방지하기 위한 제반조치를 제대로 취하지 아니하고 원고에게 진폐증이 걸리게 한 행위는 위법성이 있다.

▌평　석

소위 "후입자(後入者)" 또는 "위험에로의 접근" 문제에 있어서, 공사장과의 이격거리, 공사기간, 소음·진동도, 거주기간, 이주경위 등을 충분히 고려하여 피해자가 공해를 수인하기로 하고 이주하였다고 볼 만한 사정이 인정되지 아니하는 한 원칙적으로 손해배상을 인정하되, 발생될 미래의 피해를 충분히 인식하였을 뿐만 아니라 이를 회피할 수 있었음에도 불구하고 이주하였다는 등의 특별한 사정이 인정되는 경우 이를 손해배상 인정 여부 및 손해배상액의 결정에 충분히 참작하여야 한다는 것이 대상판결의 요지이다.

▌참고문헌

김형진, "환경분쟁조정법의 제문제," 법조 543호, 법조협회 (2001)

2. '악취'의 비규범성
대법원 1989. 1. 31. 선고 88도1650 판결【주차장법위반 · 오물청소법위반】
원 심: 부산지방법원 1988. 7. 29. 선고 88노725 판결
제 1 심: 부산지방법원 1988. 3. 11. 선고 87고단460, 257(병합) 판결

1. 당 사 자	【피고인】 피고인 【상고인】 피고인
2. 주요쟁점	구 오물청소법 시행규칙에서 정한 '악취'인가 여부의 판단
3. 사건의 경과	원심에서 유죄가 인정되자 피고인이 상고
4. 결 과	파기 환송[1]
5. 관련조문	오물청소법 시행규칙 제24조 제 1 항 제 8 호 제 2 항, 제25조 제 4 호

▎판시사항

오물청소법 시행규칙에서 정한 '악취'인가 여부의 판단기준

▎사실관계

피고인이 구 오물청소법 시행규칙이 정하는 분뇨정화조의 설치 및 관리기준을 준수하지 아니하여 악취를 발생시켰다는 이유로 기소된 사안

▎판결요지

'악취', '소음' 등의 개념은 '공공의 위험', '음란', '공연성' 등과는 달리 법관이 일정한 가치판단에 의하여 내릴 수 있는 규범적 개념이 아닌 것이므로 오물청소법 시행규칙 제24조 제 1 항 제 8 호, 제 2 항 등에서 정한 '악취'인가 여부를 판단함에 있어서는 당해 법규가 정하는 기준치의 측정방법에 의하지 아니하고서 막연하게 함부로 판정할 수 없다.[2]

▎평 석

대상판결은 환경규제를 위한 행정법상의 '악취'나 '소음'은 언어적으로는 해석의 여지가 있는 불확정개념이라고 할 수 있으나 규범적 가치판단의 대상이 아니라 과학적, 기술적 분석을 통해 정의되는 개념이라고 보았다. 환경

문제는 종종 과학적 또는 기술적인 문제를 동반하므로 이 분야에 대해 전문성을 가진 행정부가 법규를 통하여 수립한 기준치의 측정방식을 따르도록 하여 사법심사의 범위를 제한하였다는 데 대상판결의 의의가 있다.

❙ 참고문헌

안경희, "독일법상 임미시온과 인용의무에 관한 공·사법적 고찰," 인권과 정의 324호, 대한변호사협회 (2003. 8.)

1 주차장법위반죄는 유죄로 인정하면서 오물청소법위반죄에 관하여는 심리미진, '악취'에 대한 법리오해 및 채증법칙 위배가 있다고 판시하였는데, 위 두 죄가 경합범관계에 있기 때문에 원심판결을 모두 파기하였다.

2 대법원은 위와 같이 설시하면서 피고인의 오물청소법위반죄에 관하여 다음과 같이 판시하였다.
"이에 관하여 원심이 든 환경청고시인 환경오염공정시험법에 의하면, 악취의 시험방법에 관하여 관능법에 의할 경우에는 악취조사판정자는 조사대상지역에서 거주하지 않는 사람으로서 후각이 정상이고 건강한 사람 5인 이상으로 구성하되 조사측정담당자는 측정당시 그 지역의 풍향, 풍속, 지형을 고려하여 악취의 분포정도를 사전에 충분히 조사한 다음에 악취의 취기강도가 가장 높은 악취발생현장의 부지경계선을 측정장소로 하여야 하고 선정된 측정장소에서 판정자에 의해 감지된 악취강도를 그 고시의 「표 1」에 해당되는 악취도로 표시하여 판정자의 인정사항과 함께 기록하도록 되어 있으며 그 판정법에 관하여는 위 시험방법에 의해 각 판정자가 감지한 악취도중 판정자의 다수가 판정한 악취도로서 판정하고 판정수가 동일할 경우는 악취도가 높은 것을 선택하여 2도 이하이면 적합, 3도 이상이면 부적합으로 판정하도록 되어 있다.
기록에 의하여 원심이 든 증거를 아무리 살펴보아도 이 사건 조사대상지역에서 거주하는 것으로 보이는 사람들이나 조사담당공무원들에 의하여 막연히 심한 악취가 난다는 것일 뿐 그 악취를 판정함에 있어서 앞에서 본 바와 같은 판정시험 또는 방법에 의하였거나 그 결과 그 악취의 정도가 3도 이상에 해당한다고 인정할만한 아무런 자료가 없다. 그리고 그 밖에는 원심이 이 사건 공소사실에 나타난 관할구청장의 개수명령의 위반여부에 대하여 심리판단하지 아니하였다.
즉 이 사건 공소사실에는 관할구청장이 피고인에 대하여 한 개수명령은 피고인이 모터펌프를 사용하여 분뇨를 빙류시길 때 정화소 뱅크 밑에 가라앉은 찌꺼기까지 하수구로 방류됨으로 인하여 심한 악취를 발산시키고 있고 그것이 분뇨정화조의 설치 및 관리기준에 위반된다 하여 정화조 탱크를 거치는 분뇨 중 찌꺼기는 밑으로 가라앉히고 정화된 윗물만 하수구로 자연방류될 수 있도록 개수하라는 내용인 것으로 되어 있고 공소장(후에 공소장변경을 하였다)에 적혀있는 적용법조도 오물청소법 제36조 제3호, 제17조 제2항으로 되어 있는데 기록에 있는 관할구청장의 개수명령내용은 위 모터펌프를 철거하고, 오물을 도로, 하천, 하수도에 함부로 버려서는 안되니 보사부장관이 정하는 기준에 따라 처리하라는 것이고 그 고발내용도 분뇨정화조펌프설치 및 분뇨무단방류로 인하여 그것이 오물청소법 제36조, 제8조에 위반된다고 하고 있어서 공소사실에 나타난 관할구청장의 개수명령과 실제의 개수명령은 그 내용이 반드시 같은 것으로 보여지지도 아니한다."

3. 동물 분뇨의 의미
대법원 1986. 7. 22. 선고 84도2248 판결 【수도법위반】
원 심: 대전지방법원 1984. 5. 16. 선고 83노882 판결

1. 당 사 자	【피고인】 피고인1 외 1인 【상고인】 검사
2. 주요쟁점	구 환경보전법(1981. 12. 31. 법률 제3505호로 개정되기 전의 것) 제37조 제1항 제2호 소정의 "동물의 분뇨"의 의미
3. 사건의 경과	원심의 무죄 판결에 대하여 검사가 상고
4. 결 과	상고 기각
5. 관련조문	구 환경보전법 제37조 제1항 제2호
6. 관련판례	대법원 1992. 12. 8. 선고 92도407 판결

▎판시사항

구 환경보전법(1981. 12. 31 법률 제3505호로 개정되기 전의 것) 제37조 제1항 제2호 소정의 "동물의 분뇨"의 의미

▎사실관계

피고인이 경영하는 도축장에는 가축의 도축해체시에 생긴 오물등을 처리하는 시설로서 2개의 찌꺼기 걸름정화조, 6개의 침전정화조, 1개의 약품처리조 및 오물보관창고등이 갖추어져 있으며 도축해체작업을 할 때에 도살된 소나 돼지의 내장에서 나오는 분뇨 등은 1차로 대부분 따로 수거되어 오물보관창고에 보관되고 남은 분뇨와 혈액 등은 해체작업에 사용된 물과 함께 위에서 본 제1, 2 찌꺼기 걸름정화조 및 제1 내지 제6 침전정화조를 순차로 거쳐 마지막으로 약품처리조에 이르게 되는데 이처럼 정화조 등을 거치는 동안 분뇨 등의 오물은 대부분 정화조에 침전, 여과되며 마지막 약품처리조에서 또 다시 남은 찌꺼기를 침전시킨 다음 침전된 찌꺼기를 제외한 폐수만을 차량에 수거하여 이를 부근임야(개간된 밭)에 버려왔고 이와 같은 처리과정은 행정당국으로부터도 용인되어 왔으며, 이 사건 폐수 역시 위와 같은 과정을 거쳐서 수거된 폐수로서 행정당국의 용인 하에 위 임야에 버려진 것인데, 이 사건 폐수가 '동물의 분뇨'에 해당한다고 하여 환경보전법위반죄로 기소된 사안

❙ 판결요지

"동물의 분뇨"에는 동물의 분뇨 그 자체뿐만 아니라 대기오염, 토양오염, 악취 등으로 인하여 환경을 오염시키고 보건위생을 해칠 정도의 동물의 분뇨가 함유된 폐수도 포함한다.[1]

❙ 평 석

환경보전법은 '대기오염, 수질오염, 토양오염, 소음, 진동 또는 악취 등으로 인한 보건위생상의 위해를 방지하고 환경을 적정하게 보전함으로서 국민보건향상에 기여함'을 그 목적으로 하고 있고, 법 제37조 제 1 항에서 '누구든지 정당한 사유 없이 공공수역 또는 산림에 다음 각호에 해당하는 행위를 하여서는 아니된다'고 규정한 다음 그 제 2 호에서 '동물의 사체, 분뇨, 진개 또는 오니 등을 버리는 행위'라고 규정하고 있는바, '동물의 분뇨'에 관한 대법원의 해석은 위와 같은 환경보전법의 입법목적에 비추어 수긍할 수 있다. 다만, "환경을 오염시키고 보건위생을 해칠 정도가 어느 정도여야 하는지"에 관하여 구체적 기준을 제시하지 못한 것이 아쉽다는 비판이 있다.

❙ 참고문헌

정금천, "미국의 환경형법에 관한 연구: 규제유형과 판례를 중심으로," 청주대학교 박사학위 논문 (2000)

1 다만 대법원은 "… 이 사건 폐수에는 환경을 오염시키고 보건위생을 해칠 정도의 동물의 분뇨가 함유되어 있었다고 단정할 수 없으므로 이를 위 법조 소정의 "동물의 분뇨"에 해당한다고 보기는 어렵다 할 것이다. 따라서 원심이 위 법조 소정의 "동물의 분뇨"란 동물의 분뇨 그 자체 및 동물의 분뇨 자체와 동등하게 평가할 수 있을 정도의 동물의 분뇨가 함유된 폐수만을 의미하는 것이라고 좁게 해석한 것은 앞서 본 환경보전법의 입법취지에 비추어 잘못된 해석이라 하겠으나 이 사건 폐수가 위 법조 소정의 동물의 분뇨에는 해당되지 아니한다고 판단하여 피고인에게 무죄를 선고한 원심의 조처는 결국 정당하다 할 것이므로 거기에 판결결과에 영향을 미친 위법이 있다 할 수 없다"고 판시하였다.

4. 악취와 수인한도
대법원 1974. 12. 24. 선고 68다1489 판결【시체실등사용금지】
원 심: 서울고등법원 1968. 6. 13. 선고 67나2926 판결
제 1 심: 서울민사지방법원 1967. 10. 6. 선고 66가14605 판결

1. 당 사 자	【원고, 피상고인】 원고 【피고, 상고인】 한○전력주식회사
2. 주요쟁점	병원시체실에 인접한 거주자의 인용의무의 한계
3. 사건의 경과	원고의 청구를 인용한 원심 판결에 대하여 피고가 상고
4. 결 과	상고 기각
5. 관련조문	민법 제217조
6. 관련판례	대법원 1992. 12. 8. 선고 92도407 판결

❙ 사실관계

피고 경영의 한○병원에 시체실이 설치되어 있었는데, 그 근처에 주택을 소유하고 있는 원고가 피고를 상대로 시체실 등의 사용금지를 청구한 사안

❙ 판결요지

피고 경영의 한○병원이 이 사건 시체실을 그 곳에 안치한 시체로부터 발산하는 악취의 확산방지나 제거를 위한 조치, 유족이나 조객들의 곡성이 외곽에 전파되지 않도록 하는 조치, 시체봉구시의 시체의 일반인에의 노출방지 조치 등 적절한 조치를 취하지 않고 원심이 인정한 상태대로 계속 사용한다면, 원고와 그의 가족들은 시체에서 발산하는 악취, 유족이나 조객들의 곡성 및 일반시민이 직접 보기를 꺼려하는 시체의 운구를 빈번히 보게 됨으로 인하여 죽음에 대한 공포와 생에 대한 불안감 기타 신경의 긴장을 일으켜 정신위생상 유해한 결과를 낳고 또 생활환경상의 안정이 심히 저해 받게 될 것이고, 원고가 받게 되는 위 피해와 고통은 사회관념상 일반적으로 요구되는 수인의 정도를 초과함을 인정할 수 있으므로 원고는 피고에 대하여 위 방해요인의 제거 내지 예방을 청구할 수 있다.

❙ 평 석

건물을 건축함으로써 이웃 토지의 사용을 소극적, 수동적으로 방해하는 경우가 있는데, 이를 소극적 침해(Negative Immissionen)라고 하고 자기 소유의 토지 위에서 일정한 행위를 하는 것이 이를 바라보는 사람의 감정, 미감 또는 도덕적 감정을 침해하는 경우를 정신적 침해(Ideelle Immissionen)라고 한다. 이와 같은 소극적 침해와 정신적 침해가 제217조의 토지·생활방해에 포함되는지 문제된다.

긍정설은 우리 민법이 물리적 침해와 소극적, 정신적 침해를 구별하지 않고 있는 점, 민법 제217조는 공해의 원칙 규정으로서 넓게 해석하여야 한다는 점, 제217조는 소유권뿐만 아니라 생활의 안정을 보호하는 것이라는 점을 근거로 한다. 부정설은 제217조에 해당하려면 적극적으로 방산되어야 하고, 물리적 또는 화학적 방법으로 영향을 미쳐야 하므로, 소극적, 정신적 침해의 경우에는 제217조가 적용되지 않는다고 하면서, 인격권을 통한 구제가 올바른 방향이라고 한다.

이 판결에서 악취, 곡성은 적극적으로 방산되는 것이므로 제217조에 해당함은 분명하다. 그런데 "시체의 운구를 빈번하게 보게 되는 것"은 정신적 침해에 해당하는 것이다. 그리고 이 판결은 제217조 제 2 항의 수인한도를 판단하면서, 그와 같은 사유로 인하여 "죽음에 대한 공포와 생에 대한 불안감 기타 신경의 긴장을 일으켜 정신위생상 유해한 결과를 낳고 또 생활환경상의 안정이 심히 저해받게 될 것"이라는 점을 고려하고 있는데, 이것도 정신적 침해에 관한 것이다. 이 판결이 소극적, 정신적 침해의 문제를 의식하고 판단을 내렸는지는 의문이고, 또한 이 판결에서 악취와 곡성만으로도 수인한도를 초과하고 있으므로, 시체의 운구를 빈번하게 보게 된다는 점이나 죽음에 대한 공포 등을 불러일으킨다는 점 등은 부가적인 내용에 불과하다고 볼 수도 있다. 그러나 이 판결의 文言만을 보면 이와 같은 정신적 침해를 민법 제217조에 포함시키고 있다고 볼 수 있다.

❙ 참고문헌

김재형, "소유권과 환경보호: 민법 제217조의 의미와 기능에 대한 검토를 중심으로," 인권과 정의 276호, 대한변호사협회 (1999. 8.)

4번 판례 원문 : 대법원 1974. 12. 24. 선고 68다1489 판결 【시체실등사용금지】

【이 유】

피고소송대리인의 상고이유에 대하여 판단한다.

제 1 점에 대하여,

원심이 적법하게 확정한 사실은 원고 집과 피고 경영의 한○병원 구시체실은 담장 하나를 두고 인접하여 있고, 신 시체실은 구 시체실을 사이에 두고 15미터 정도 떨어져 있으며 원고 집이나 위 시체실로 통하는 통로는 폭 5미터 정도에 불과한 막다른 골목밖에 없고, 매월 시체실에 시체를 둔 채 장례를 치루는 것이 약 10구, 옮겨가는 시체와 연고 없이 상당기간 안치되는 시체도 상당한 정도 되며, 위 시체실과 원고의 집과의 거리 관계상 여름철에는 특히 시체에서 나는 악취가 원고의 집에까지 스며들고 있는 사실, 통로와 시체실의 출입문이 좁아서 그 통로에서 차량이 회전할 수도 없고, 시체실까지 차량이 들어갈 수도 없게 되어 있는 관계로 영구차를 문전통로에 대기시켜 놓고 시체실로부터 시체를 운반하여 차량에 싣고 있으므로 그 통로를 출입하는 원고와 가족들은 시체를 운반하는 광경을 보지 않을 수 없으며, 장례를 함에 있어 골목에 화환과 차량이 세워짐은 물론 골목에 천막 등을 쳐서 통행에 불편을 줄 뿐만 아니라 유족 또는 조객들이 시체실 마당 또는 골목길에서 대성통곡을 하는 관계로 원고들의 집에까지 곡성이 들려오는 사실, 위 병원 시체실은 원래 동대문 밖에 있던 것을 1952. 2. 1.경에 이 사건 위치로 옮겼으며 위 병원은 총 부지가 985.8평이 되고 동 대지상에 여러 동의 건물이 있어 이 사건 건물을 시체실로 사용하지 않더라도 시체의 반출이 용이하고 인근주민에 아무런 영향을 주지 않는 조건을 갖춘 건물이 있는 사실 및 위 병원에서는 원심판결 별지도면 (1) 표시의 건물을 시체실로 사용하여 오다가 원고가 서울민사지방법원에 피고를 상대로 동 건물에 대한 시체실로서의 사용금지가처분 신청을 하여 위 법원에서 이를 인용하는 가처분 결정을 하게 되자 원고가 그 가처분의 집행을 하기 전에 그 시체실을 같은 도면 (2) 표시 건물로 옮겨 현재에 이르고 있다는 것이다.

무릇 이 사건 피고 경영의 한○병원과 같은 종합병원의 경우에 있어서 시체실의 설치는 필요불가결한 것이라 할 것이고, 또 그 인접지 거주자인 원고가 그로 인하여 불쾌감 등 고통을 받게 될지라도 그 정도가 사회관념상 일반적으로 수인하여야 할 정도의 것일 때에는 원고로서는 이를 수인함으로써 종합병원의 사회적인 기능과 일반시민의 보건생활에 지장이 없도록 하여야 할 것임은 당연한 사리라 할 것이다. 그러나 만일 원고가 입는 고통이 위 정도를 초과할 때에는 그 수인의무가 없고 오히려 그 방해사유의 제거 내지 예방을 청구할 수 있으며, 따라서 피고는 그 방해사유의 제거 내지 예방을 위하여 적당한 조치를 할 의무가 있음에 비추어 분명하다 할 것인바, 원심이 인정한 전시한 바와 같은 일련의 사정을 종합하여 보면, 피고 경영의 한○병원이 이 사건 시체실을 그곳에 안치한 시체로부터 발산하는 악취의 확산방치나 제거를 위한 조치, 유족이나 조객들의 곡성이 외곽에 전파되지 않도록 하는 조치, 시체봉구시의 시체의 일반인에의 노출방지 조치 등 적절한 조치를 취하지 않고 원심이 인정한 상태대로 계속 사용한다면, 원고와 그의 가족들은 시체에서 발산하는 악취, 유족이나 조객들의 곡성 및 일반시민이 직접 보기를 꺼려하는 시체의 운구를 빈번히 보게 됨으로 인하여 죽음에 대한 공포와 생에 대한 불안감 기타 신경의 긴장을 일으켜 정신위생상 유해한 결과를 낳고 또 생활환경상의 안정이 심히 저해 받게 될 것이고, 원고가 받게 되는 위 피해와 고통은 사회관념상 일반적으로 요구되는 수인의 정도를 초과함을 인정할 수 있으므로 원고는 피고에 대하여 위 방해요인의 제거 내지 예방을 청구할 수 있다 할 것인즉, 원판결이 위와 같은 사정을 들어 피고의 소위를 소유권의 남용으로 허용할 수 없다고 한 판단은 그 이유 설시에 미흡한 감이 없지 아니하나 위와 같은 사정을 들어 피고의 이 사건 소위는 원고가 수인할 한도를 초과한 위법한 것으로서 허용할 수 없다는 취지에서 원고의 청구를 인용한 판단은 결론에 있어서 정당하고 원판결이 피고의 소위를 권리남용이라고 본 판시는 결국 판결 결과에 영향을 미친 것이 아니라 하겠다. 또한 원판결은 피고가 위 설시와 같은 원고의 고통 방지를 위한 적절한 조치를 취하지 않고 이 사건 시체실을 그대로 시체실로 사용하고 있기 때문에 그 사용을 금한 취지임이 분명하고 위에서 본 일련의 사정과 일건기록에 비추어 볼 때, 원고의 이 사건 청구를 정당한 권리행사의 범위를 벗어난 권리남용이라고 말할 수도 없다. 따라서 이 점 논지는 이유 없다.

(후략)

5. 서울시호흡기질환 사건 : 자동차배기가스 배출금지청구사건
서울고등법원 2010. 12. 23. 선고 2010나35659 판결
제 1 심 : 서울중앙지방법원 2010. 2. 3. 선고 2007가합16309 판결

1. 당 사 자	【원고, 항소인】 원고1 외 15인 【피고, 피항소인】 대한민국, 서울특별시, 자동차제조사(6개 회사)
2. 주요쟁점	피고들이 호흡기 질환을 보유한 서울시민에 대하여 손해배상책임이 있는지 여부
3. 사건의 경과	1심은 피고 쌍용자동차 주식회사에 대한 손해배상 청구 부분을 각하하고, 피고 쌍용자동차 주식회사에 대한 나머지 청구 및 나머지 피고들에 대한 청구를 모두 기각하였으며, 이에 대하여 원고들이 항소하였으나 항소가 기각되자 대법원에 상고
4. 결 과	현재 상고심 계속 중(대법원 2011다7437 사건)
5. 관련조문	국가배상법 제 2 조, 제 5 조, 민법 제750조
6. 관련판례	대법원 1984. 6. 12. 선고 81다558 판결 대법원 2009. 10. 29. 선고 2009다42666 판결

▎판시사항

1. 공해소송에서의 증명책임 완화의 법리를 자동차배출가스와 호흡기질환 발병 사이의 인과관계의 증명에 적용할 수 있다고 한 사례

2. 자동차배출가스로 인한 천식 등 건강피해가 문제되는 경우, 역학적인 조사를 통해 통계적 연관성을 입증하는 방법으로 일반적 인과관계를 인정할 수 있는지 여부

3. 대한민국, 서울특별시, 자동차 제조·판매 회사들을 상대로 서울의 대기오염으로 인한 호흡기질환 등을 이유로 손해배상을 청구한 사안에서, 제반 사정상 자동차배출가스와 위 호흡기질환의 발병 사이에 인과관계를 추단할 수 없다고 본 사례

▎사실관계

원고들은 서울시에서 거주 또는 근무한 적이 있는 사람들로서 호흡기 질환으로 진단을 받거나 치료를 받은 바 있는데, (1) 피고들에게 헌법상 기본

권인 인격권 및 환경권에 기초하여 앞으로 서울에서 WHO 대기환경기준을 초과하는 대기오염물질의 배출금지를 청구하고, (2) 피고 대한민국 및 피고 서울시에 대해서는 국가배상법 제 2 조 또는 제 5 조를, 피고 국내 자동차 제조회사들에 대해서는 민법 제750조를 각 근거로 서울의 대기오염으로 인한 건강피해에 대하여 손해배상을 청구한 사안

❙ 판결요지

1. 피해자 측에서 자동차배출가스와 호흡기질환 발병 사이의 인과관계의 고리를 모두 자연과학적으로 증명하는 것은 곤란하거나 불가능하고, 개인인 피해자 측에 비해 국가, 지방자치단체 및 자동차 제조·판매 회사들이 보다 적은 노력과 비용으로 보다 합리적인 인과관계를 입증할 가능성이 월등히 큰 점 등을 고려할 때, 공해소송에서의 증명책임 완화의 법리를 자동차배출가스와 호흡기질환 발병 사이의 인과관계의 증명에 적용할 수 있다.

2. 자동차배출가스로 인한 천식 등 건강피해가 문제되는 경우에는 그 노출과 피해에 관한 직접적인 실험은 불가능하므로, 역학적인 조사를 통해 통계적 연관성을 입증하는 방법으로 일반적 인과관계를 인정하는 방법도 허용되어야 한다. 다만, 역학적 의미의 상관관계가 인정되는 것만으로는 부족하고, 그와 다른 요인의 존재를 합리적으로 배제할 수 있는 정도의 신뢰도가 확보되어야 하며, 그에 더 나아가 피해자 개인별로 해당 요인에 직접적으로 노출된 점 및 해당 요인이 주요한 가해요인이거나 주요한 것은 아니더라도 상당한 인과관계를 인정할 만큼 비중 있는 가해요인이었던 점이 입증되어야 비로소 인과관계가 모두 입증되었다고 할 수 있다.

3. 서울특별시 지역에서 거주 또는 근무하면서 호흡기질환 등으로 진단을 받거나 치료를 받은 사람들이 대한민국, 서울특별시, 자동차 제조·판매 회사들을 상대로 서울의 대기오염으로 인한 건강피해를 이유로 손해배상을 청구한 사안에서, 자동차배출가스로 인하여 위 호흡기질환이 발병 또는 악화되었다고 볼 직접적인 자료가 없을 뿐만 아니라 원고들이 제출한 각종 자료와 연구 결과만으로는 자동차배출가스의 성분과 호흡기질환 사이의 역학적 인과관계가 있다고 보기 어렵고, 자동차가 대기 중의 미세먼지, 이산화질소 등의 주요 배출원이라고 단정할 수 없으므로, 자동차배출가스와 위 호흡기질환

의 발병 사이에 인과관계를 추단할 수 없다.

▎평 석

환경침해의 특수성을 고려하지 않고 민사소송의 일반원칙에 따라 피해자에게 가해행위와 손해발생간의 인과관계에서 고도의 개연성을 입증하라고 한다면, 다수의 환경소송에서 피해자의 구제를 할 수 없게 된다. 이에 따라 입증곤란으로부터 피해자를 구제하기 위하여 개연성설, 표현증명의 법리, 역학적 인과관계론 등 다양한 이론들이 제시되고 있다. 우리나라의 대법원은 초기에는 환경소송에서 개연성이론을 인정하지 않았으나, 1974년 한국전력사건(대법원 1974. 12. 10. 선고 72다1774 판결)에서 개연성이론을 인정한 이래 인과관계 증명책임의 완화는 대법원의 확고한 태도가 되었다고 볼 수 있다. 본 판결은 위 대법원 입장의 연장선상에 있는 것인데, 특히 인과관계를 판단함에 있어서 역학적 조사결과를 이용할 수 있다는 점을 밝히고 있다는 점에 의의가 큰 것으로 보인다.

▎참고문헌

전경운, “환경소송에서 인과관계의 입증에 관한 소고,” 환경법연구, 한국환경법학회 (2010)

Case Book of Environmental Law

6. 피혁공장공해 사건
대전지방법원 1995. 2. 8. 선고 93가합3237 판결【손해배상(기)】

1. 당 사 자	【원고】 원고 외 539인 【피고】 대○피혁공업 주식회사 외 1인
2. 주요쟁점	아파트 인근 공장에서 배출되는 오염물질에 의한 아파트 주민들의 생활방해가 아파트 주민들이 수인하여야 할 범위 내인지 여부
3. 사건의 경과	1심은 원고들의 손해배상청구를 인부 인용하였고, 피고가 이에 대하여 항소
4. 결 과	항소 기각
5. 관련조문	민법 제750조, 제217조
6. 관련판례	대법원 1991. 7. 26. 선고 90다카26607, 26614 판결

▎판시사항

아파트 인근 공장에서 배출되는 오염물질에 의한 아파트 주민들의 생활방해가 아파트 주민들이 수인하여야 할 범위 내인지 여부

▎사실관계

원고들은, 피고들이 악취, 검댕 등의 공해물질을 배출하여 원고들에게 악취로 인한 생활방해, 검댕으로 인한 차량도색 등의 부식, 호흡질환 등의 증가 등의 피해를 주었으므로 피고들은 공동불법행위자로서 일정 기간 동안 원고들이 입은 손해를 배상할 의무가 있다고 주장함에 대하여, 피고들은 피고들의 공장은 대기환경보전법상의 배출기준을 지켰고, 원고들의 삼부아파트 등의 보일러에서 배출기준 이상의 매연과 먼지가 배출되는 점을 고려하면 원고들 주장의 손해가 피고들 공장에서 배출되는 악취, 매연 등으로 인한 것이라 할 수 없고, 피고들이 배출하고 있는 악취, 매연 등의 양은 관계 법령에 정하여진 기준보다 훨씬 낮아 원고들의 수인범위 내이어서 위법성이 없으므로 피고들은 책임이 없다고 다툰 사안

판결요지

아파트 인근 공장들에서 공해물질인 악취, 매연, 먼지, 검댕 등이 배출되고 있는 경우, 비록 그 공장들이 아파트 건립 이전부터 가동되고 있었고, 공해물질의 배출정도가 관계 법령에 의한 허용기준에 미달하는 경우라 하더라도, 그 공해물질이 주민들에게 건강상의 장해 및 직접적인 생활방해를 야기하는 경우라면, 이는 주민들이 수인하여야 할 범위 내라고 할 수 없어, 공장주는 그 공해물질의 발생 및 확산을 방지 내지는 감소시키는 조치를 취할 의무가 있다.

평 석

불법행위를 원인으로 하는 배상책임을 지우기 위해서는 침해행위가 위법한 것이어야 하는데, 환경침해의 경우 위법성이 있는지 여부를 판단하기는 결코 쉬운 일이 아닐 것이다. 예컨대, 설치허가를 받은 배출시설에서 배출허용기준 이하의 오염물질이 배출된다고 하여 당연히 위법성이 없다고 단정할 수 없는 것이기 때문이다. 이와 같이 위법성 여부를 밝히기 어려운 현실적 한계를 극복하기 위한 하나의 수단으로 수인한도론이 발전되었는데, 수인한도론에 의하면 환경피해가 사회 공동생활을 함에 있어서 일반적으로 용인될 수 있는 범위 내의 것인 때에는 위법성이 없는 것으로 볼 수 있으나, 그러한 수인의 한도를 넘는 것이면 위법성이 있는 것으로 하여 배상책임이 인정된다는 것이다. 본 판결은 기본적으로 수인한도론의 입장을 취하면서, 오염배출이 행정적인 배출허용기준치 이하였다고 하더라도 통상의 수인한도를 넘어 손해가 발생한 경우에는 피해자에게 그 손해를 배상할 책임이 있다는 점을 명확히 하고 있는 데 의미가 있다.

참고문헌

김홍균, “환경법상의 환경책임제도,” 법조 532호, 법조협회 (2001)

07_

수질 및 수생태계 보전에 관한 법률

1. 하수도 원인자부담금 취소사건
대법원 2008. 3. 20. 선고 2007두6342 전원합의체 판결【원인자부담금부과처분취소】
원 심: 서울고등법원 2007. 2. 9. 선고 2006누11998 판결
제 1 심: 수원지방법원 2006. 5. 3. 선고 2005구합3401 판결

1. 당 사 자	【원고, 피상고인】 원고 【피고, 상고인】 수원시장
2. 주요쟁점	행정소송법 제35조에서 규정된 '무효확인소송'의 보충성 인정 여부 및 구 수원시 하수도사용조례(2007. 1. 3. 조례 제2659호로 개정되기 전의 것) 제17조 제 2 항 제 2 호 (나)목 (1)에서 규정한 원인자부담금 부과 의무자의 범위
3. 사건의 경과	원심에서 원고 청구가 인용되자 피고가 상고
4. 결 과	상고 기각
5. 관련조문	행정소송법 제35조, 구 하수도법(2006. 9. 법률 제8014호로 개정되기 전의 것) 제32조 제 2 항, 제 4 항, 구 수원시 하수도사용조례(2007. 1. 3. 조례 제2659호로 개정되기 전의 것) 제17조 제 2 항 제 2 호, 제 4 호
6. 관련판례	대법원 2006. 5. 12. 선고 96다56153 판결 대법원 2004. 9. 24. 선고 2003두6849 판결

▍판시사항

1. 행정소송법 제35조에 규정된 무효확인을 구할 때 행정처분의 무효를 전제로 한 이행소송 등과 같은 직접적인 구제수단이 있는지를 따져보아야 하는지 여부(소극)

2. 타행위자인 사업시행자가 구 하수도법 제32조 제 2 항에 따라 하수도공사 비용을 부담한 경우, 이와 별도로 같은 법 제32조 제 4 항에 정한 원인자부담금을 부과할 수 있는지 여부(소극) 및 이러한 타행위에 해당하는 사업의 기본 또는 실시 설계보고서상의 '하수량'의 의미

▍사실관계

원고가 구 수원시 하수도사용조례에서 정한 타행위자인 한국토지공사로부

터 토지를 매수하여 그 위에 이 사건 건물을 신축하였는데, 이미 한국토지공사가 수원시에 수원영통지구 1일 계획 오수발생량을 기초로 체결된 협약에 따라 산정된 하수량에 대해 하수도 원인자부담금을 납부하였음에도 피고가 원고에게 하수도원인자부담금부과처분을 하자 이에 대한 취소 및 무효확인을 구하는 소를 제기한 사안

▎판시요지

구 하수도법 제32조 제2항, 구 수원시 하수도사용조례 제17조 제2항 제2호 (나)목 (1) 규정은 타행위에 해당하는 사업으로 인하여 발생할 것이 예상되는 하수를 처리하는 데 필요한 공공하수도 설치에 소요되는 비용에 대하여는 그 원인을 조성한 타행위자로 하여금 이를 부담하게 하려는 데 그 취지가 있으므로, 이러한 타행위자가 그 사업으로 인하여 발생할 것으로 예상되는 하수의 처리에 필요한 공공하수도 공사비용을 부담한 부분에 대하여는 이와 별도로 하수도법 제32조 제4항 및 위 조례 제17조 제2항 제4호에 따른 원인자부담금을 부과할 수 없다. 그리고 이러한 타행위에 해당하는 사업의 기본 또는 실시 설계보고서에 반영된 하수량은 당해 사업으로 조성된 토지의 이용을 포함하여 사업계획에 따라 그 사업을 시행할 경우에 발생할 것으로 예상되는 하수량을 의미하고, 여기에는 당해 사업으로 조성된 토지에 그 사업계획에서 정해진 규모 및 용도에 따라 건축할 건축물로부터 발생할 것으로 예상되는 하수량도 포함된다. 따라서 건축물에 관하여 공공하수도 공사비용을 부담한 부분에 대하여도 마찬가지이다.

▎평 석

도시화 및 인구집중으로 인하여 다량의 하수·분뇨가 배출되고 있어 그 효율적 처리는 도시행정의 중요한 과제인바, 하수도법이 이를 규율하고 있다. 종래의 하수·분뇨처리는 주로 강우 시에 빗물을 원활하게 배제시켜 도시의 침수를 방지하고 국민의 건강보호에 필요한 공중위생 및 생활환경을 개선하는 데 중점을 두어왔으나, 최근에는 공공수역의 수질보전도 중요시되고 있다.

공공하수도에 관한 비용은 다른 규정이 있는 경우를 제외하고는 당해 공

공하수도관리청이 속하는 지방자체단체의 부담이다(동법 제57조). 동법 제32조는 원인자부담금에 관하여 규정하고 있는데, 이는 환경정책기본법 제7조에서 규정하고 있는 오염원인자 부담원칙과 같은 취지를 담고 있는 것이라고 할 수 있다.

대법원은, 하수도법 제32조 제2항의 취지는 타행위에 해당하는 사업으로 인하여 발생할 것이 예상되는 하수를 처리하는 데 필요한 공공하수도 설치에 소요되는 비용에 대하여 그 원인을 조성한 타행위자로 하여금 이를 부담하게 하려는 것이라는 이유로, 동법 제32조 제2항에 의하여 타행위자가 전액 공공하수도 공사비용을 부담한 경우 이와 별도로 원고에 대하여 동법 제32조 제4항에 의한 부담금을 부과할 수 없다고 보았다. 그러나 공공수역의 수질보전이라는 하수도법의 취지에 비추어 볼 때 동법 제32조 제2항과 제4항의 중첩적인 적용을 배제하는 명시적인 근거가 존재하지 않고, 제2항과 제4항은 부과요건이 다르며, 위와 같은 대법원의 입장에 따르면 타행위 이후에 행정청이 제32조 제4항에 의하여 원인자부담금을 부과할 수 있는 경우는 사업계획에서 정해진 규모 및 용도를 벗어난 시설이나 건축물을 신축 또는 증축하는 경우에 한정되어 오염원인자 부담원칙의 취지가 몰각될 우려가 있으므로, 대법원의 입장은 타당하지 못하다는 비판이 있다.

▌참고문헌

김경란, “구 하수도법 제32조 제2항에 규정된 ‘타행위로 인하여 필요하게 된 공공하수도’의 의미와 원인자부담금의 부과대상,” 대법원판례해설 73호, 법원도서관 (2008. 7.)

김홍균, 환경법, 홍문사 (2010)

1번 판례 원문 : 대법원 2008. 3. 20. 선고 2007두6342 전원합의체 판결 【하수도원인자 부담금부과처분취소】

【이 유】

1. 먼저 직권으로 판단한다.

가. 항고소송인 행정처분에 관한 무효확인소송(이하 '무효확인소송'이라 한다)을 제기하려면 행정소송법 제35조에 규정된 '무효확인을 구할 법률상 이익'이 있어야 하는바, 그 법률상 이익은 당해 처분의 근거 법률에 의하여 보호되는 직접적이고 구체적인 이익이 있는 경우를 말하고 간접적이거나 사실적, 경제적 이해관계를 가지는 데 불과한 경우는 여기에 해당되지 아니한다(대법원 2001. 7. 10. 선고 2000두2136 판결 등 참조).

그런데 종래 대법원은, 행정소송법 제35조에 규정된 '무효확인을 구할 법률상 이익', 즉 무효확인소송의 확인의 이익이 인정되려면, 판결로써 분쟁이 있는 법률관계의 유·무효를 확정하는 것이 원고의 권리 또는 법률상의 지위에 관한 불안·위험을 제거하는 데 필요하고도 적절한 경우라야 한다고 제한적으로 해석하였다. 이에 따라 행정처분의 무효를 전제로 한 이행소송 등과 같은 구제수단이 있는 경우에는 원칙적으로 소의 이익을 부정하고, 다른 구제수단에 의하여 분쟁이 해결되지 않는 경우에 한하여 무효확인소송이 보충적으로 인정된다고 하는 이른바 '무효확인소송의 보충성(補充性)'을 요구하여 왔다. 그 결과 무효인 행정처분의 집행이 종료된 경우에 부당이득반환청구의 소 등을 청구하여 직접 이러한 위법상태를 제거하는 길이 열려 있는 이상 그 행정처분에 대하여 무효확인을 구하는 것은 종국적인 분쟁 해결을 위한 필요하고도 적절한 수단이라고 할 수 없어 소의 이익이 없다고 판시하여 왔다(대법원 1963. 10. 22. 선고 63누122 판결, 1976. 2. 10. 선고 74누159 전원합의체 판결, 1988. 3. 8. 선고 87누133 판결, 1989. 10. 10. 선고 89누3397 판결, 1993. 12. 28. 선고 93누4519 판결, 1998. 9. 22. 선고 98두4375 판결, 2001. 9. 18. 선고 99두11752 판결, 2006. 5. 12. 선고 2004두14717 판결 등 참조).

이와 같은 종래의 대법원 판례 취지에 비추어 보면, 한국토지공사로부터 이 사건 토지를 매수하여 그 위에 이 사건 건물을 신축한 이후 이 사건 하수도원인자부담금 부과처분(이하 '이 사건 처분'이라 한다)에 따라 이를 납부한 원고로서는 이 사건 처분의 무효를 주장하여 부당이득반환청구의 소로써 직접 이러한 위법상태의 제거를 구할 수 있으므로, 이 사건 처분에 대하여 무효확인을 구하는 원고의 예비적 청구는 소의 이익이 없게 된다. 따라서 대법원으로서는 원심판결을 파기하고 제 1 심판결 중 예비적 청구에 관한 부분을 취소한 후 이 부분 소를 각하할 수밖에 없는데, 과연 이러한 결론이 옳은 것인지 여부에 관하여는 의문이 있으므로, 아래에서는 이와 관련된 종래 대법원 판례의 당부 및 이러한 예비적 청구에 관하여 원고에게 소의 이익이 있는지 여부를 직권으로 살펴본다.

나. 행정소송법 제35조는 "무효등 확인소송은 처분등의 효력 유무 또는 존재 여부의 확인을 구할 법률상 이익이 있는 자가 제기할 수 있다"고 규정하고 있다. 그런데 위에서 본 바와 같이 종래의 대법원 판례가 무효확인소송에 대하여 보충성이 필요하다고 해석한 것은, 무효확인소송이 확인소송으로서의 성질을 가지고 있으므로 민사소송에서의 확인의 소와 마찬가지로 위와 같은 확인의 이익(이하 '보충성에 관한 확인의 이익'이라 한다)을 갖추어야 한다는 데에 근거를 둔 것이다. 그러나 이는 행정처분에 관한 무효확인소송의 성질과 기능 등을 바탕으로 한 입법정책적 결단과도 관련이 있는 것으로서 결국은 행정소송법 제35조를 어떻게 해석할 것인지 하는 문제에 귀결된다.

행정소송은 행정청의 위법한 처분 등을 취소·변경하거나 그 효력 유무 또는 존재 여부를 확인함으로써 국민의 권리 또는 이익의 침해를 구제하고, 공법상의 권리관계 또는 법 적용에 관한 다툼을 적정하게 해결함을 목적으로 하는 것이므로, 대등한 주체 사이의 사법상 생활관계에 관한 분쟁을 심판대상으로 하는 민사소송과는 그 목적, 취지 및 기능 등을 달리한다. 또한 행정소송법 제 4 조에서는 무효확인소송을 항고소송의 일종으로 규정하고 있고, 행정소송법 제38조 제 1 항에서는 처분 등을 취소하는 확정판결의 기속력 및 행정청의 재처분 의무에 관한 행정소송법 제30조를 무효확인소송에도 준용하고 있으므로 무효확인판결 자체만으로도 실효성을 확보할 수 있다. 그리고 무효확인소송의 보충성을 규정하고 있는 외국의 일부 입법례와는 달리 우리나라 행정소송법에는 명문의 규정이 없어 이로 인한 명시적 제한이 존재하지 않는다. 이와 같은 사정을 비롯하여 행정에 대한 사법통제, 권익구제의 확대와 같은 행정소송의 기능 등을 종합하여 보면, 행정처분의 근거 법률에 의하여 보호되는 직접적이고 구체적인 이익이 있는 경우에는 행정소송법 제35조에 규정된 '무효확인을 구할 법률상 이익'이 있다고 보아야 하고, 이와 별도로 무효확인소송의 보충성이 요구되는 것은 아니므로 행정처분의 무효를 전제로 한 이행소송 등과 같은 직접적인 구제수단이 있는지 여부를 따질 필요가 없다고 해석함이 상당하다.

이와 다른 취지로 판시한 종전 대법원판결들, 즉 대법원 1963. 10. 22. 선고 63누122 판결, 대법원 1976. 2. 10. 선고 74누159 전원합의체 판결, 대법원 1988. 3. 8. 선고 87누133 판결, 대법원 1989. 10. 10. 선고 89누3397 판결, 대법원 1993. 12. 28. 선고 93누4519 판결, 대법원 1998. 9. 22. 선고 98두4375 판결, 대법원 2001. 9. 18. 선고 99두11752 판결, 대법원 2006. 5. 12. 선고 2004두14717 판결 등은 이 판결의 견해에 배치되는 범위 내에서 이를 변경하기로 한다.

다. 이 사건에 관하여 보면, 원고로서는 부당이득반환청구의 소로써 직접 위와 같은 위법상태의 제거를 구할 수 있는지 여부에 관계없이 이 사건 처분의 근거 법률에 의하여 보호되는 직접적이고 구체적인 이익을 가지고 있어 행정소송법 제35조에 규정된 '무효확인을 구할 법률상 이익'을 가지는 자에 해당한다. 따라서 이 사건 처분에 대하여는 그 무효확인을 구할 수 있다고 보아야 하므로, 이를 구하는 예비적 청구에 관한 소는 적법하다.

2. 상고이유를 함께 판단한다.

가. 구 하수도법(2006. 9. 27. 법률 제8014호로 전문 개정되기 전의 것, 이하 '하수도법'이라 한다) 제32조 제2항 및 구 수원시 하수도사용조례(2007. 1. 3. 조례 제2659호로 개정되기 전의 것, 이하 '이 사건 조례'라고 한다) 제17조 제2항 제2호 (나)목 (1), 제3항 제1호는 도시의 개발사업을 공공하수도에 영향을 미치는 공사 외의 행위인 타행위로 보는 한편, 타행위로 인하여 필요하게 된 공공하수도에 관한 공사에 요하는 비용의 전부를 타행위자로 하여금 부담하도록 하면서, 이러한 원인자부담금의 부과대상인 타행위로 인하여 발생될 것으로 예상되는 하수량을 '당해 사업의 기본 또는 실시설계보고서상의 수량'에 의하여 산정하도록 하고 있다. 그리고 하수도법 제32조 제4항 및 이 사건 조례 제17조 제2항 제4호, 제3항은 하수종말처리시설의 사용개시 이후에 그 하수처리구역 안에서 시설 또는 건축물을 신축 또는 증축하는 자가 오수정화시설 등을 설치하지 아니하는 경우 환경부장관이 고시하는 건축물의 용도별 오수발생량 산정방법에 의하여 산정한 하수발생량에 상당한 원인자부담금을 부담하도록 하고 있다.

이러한 관계 법령의 여러 규정에 비추어 보면, 하수도법 제32조 제2항 및 이 사건 조례 제17조 제2항 제2호 (나)목 (1)에서 타행위로 인하여 필요하게 된 공공하수도에 관한 공사에 요하는 비용의 전부를 타행위자가 부담하도록 한 것은 타행위에 해당하는 사업으로 인하여 발생될 것이 예상되는 하수를 처리하는 데 필요한 공공하수도 설치에 소요되는 비용에 대하여는 그 원인을 조성한 타행위자로 하여금 이를 부담하게 하려는 데 그 취지가 있다. 따라서 이러한 타행위자가 그 사업으로 인하여 발생될 것으로 예상되는 하수의 처리에 필요한 공공하수도 공사비용을 부담한 부분에 대하여는 이와 별도로 하수도법 제32조 제4항 및 이 사건 조례 제17조 제2항 제4호에 기한 원인자부담금을 부과할 수 없다고 할 것이다. 그리고 이러한 타행위에 해당하는 사업의 기본 또는 실시설계보고서에 반영된 하수량은 당해 사업으로 조성된 토지의 이용을 포함하여 사업계획에 따라 그 사업을 시행할 경우에 발생될 것으로 예상되는 하수량을 의미하므로, 그 안에는 그 사업으로 조성된 토지에 그 사업계획에서 정해진 규모 및 용도에 따라 건축할 건축물로부터 발생될 것으로 예상되는 하수량도 포함된다. 따라서 건축물에 관하여 공공하수도 공사비용을 부담한 부분에 대하여도 마찬가지라고 할 것이다(대법원 2004. 9. 24. 선고 2003두6849 판결 참조).

나. 원심은 제1심판결 이유를 인용하여 그 판시와 같은 사실을 인정한 다음, 원고는 이 사건 조례 제17조 제2항 제2호 (나)목 (1)에서 정한 타행위자인 한국토지공사로부터 이 사건 토지를 매수하여 그 위에 이 사건 건물을 신축하였지만, 이 사건 건물이 위치한 수원영통지구 내의 상업지역을 비롯한 주택지역, 학교, 공공의 청사 및 공공시설, 종합의료시설, 공원 및 녹지 등 다른 용도지역에서 발생될 하수량이 모두 포함된 수원영통지구 1일 계획오수발생량을 기초로 체결된 이 사건 협약에 따라, 한국토지공사가 피고에게 이 사건 건물로부터 발생될 것으로 예상되는 하수량이 포함된 이 사건 협약상의 하수량에 대하여 하수도원인자부담금을 납부한 이상, 이로써 이 사건 건물의 신축과 관련된 하수도법 제32조 제4항에 의한 하수도원인자부담금 부과사유는 소멸하였다고 할 것이므로, 결국 이 사건 처분은 하수도원인자부담금 납부의무를 지지 않는 자에 대하여 그 이행을 명한 것으로서 그 하자가 중대할 뿐만 아니라 객관적으로 명백하여 당연무효라고 판단하였다. 원심의 이러한 조치는 위 법리에 따른 것으로서 정당하고, 거기에 상고이유와 같은 하수도법 제32조 제2항 및 제4항의 관계, 행정처분의 당연무효에 관한 법리오해 등의 위법이 없다.

(중략)

4. 대법관 이홍훈의 보충의견

가. 민사소송에서 확인의 소는 원고의 법적 지위가 불안·위험할 때에 확인판결로 판단하는 것이 그 불안·위험을 제거하기 위하여 가장 유효·적절한 수단인 경우에 인정되며, 따라서 이행을 청구하는 소를 제기할 수 있는데도 불구하고 확인의 소를 제기하는 것은 분쟁의 종국적인 해결 방법이 아니어서 확인의 이익이 없다고 해석된다(대법원 1994. 11. 22. 선고 93다40089 판결 등 참조).

나. 그러나 행정소송법 제35조의 문언으로부터 보충성에 관한 확인의 이익이 당연히 도출되지 않음에도 불구하고 종래의 대법원판례와 같이 행정처분에 관한 무효확인소송에 대하여도 이를 요구하는 것이 타당한지 여부에 관하여는 다음과 같은 측면에서의 검토가 필요하다.

(1) 먼저 행정소송의 특수성이라는 측면에서 본다. 1951년에 제정된 행정소송법은 행정청 또는 그 소속기관의 위법에 대한 처분의 취소 또는 변경에 관한 소송 기타 공법상의 권리관계에 관한 소송만을 인정하고 행정소송의 종류, 요건 등에 관하여 별도의 규정을 두지 않음으로써 민사소송법에 대한 특례를 규정한 특별규정으로서의 성격을 벗어나지 못하였을 뿐만 아니라 그 내용 및 적용상 많은 문제점이 있다는 지적을 받아 왔다. 이러한 문제점을 시정하기 위하여 1984년에 행정소송법이 전문 개정되었는데, 이 법에서 비로소 취소소송 등과 구분되는 항고소송의 한 유형으로 무효확인소송을 인정하여 민사소송법과는 달리 이에 관한 별도의 규정을 둠으로써 무효확인소송이 독립된 행정소송으로 자리 잡게 되었다. 따라서 이러한 행정소송법의 개정연혁 등을 고려할 때, 무효확인소송이 확인소송적 성질을 가지고 있다고 하여 보충성에 관한 확인의 이익이 무효확인소송에서도 반드시 요구된다고 단정할 수는 없다. 특히, 소의 이익 문제는 그 소송제도를 마련한 취지 등에 따라 입법정책적으로 결정되어질 성질의 것이라는 점 등을 감안할 때 보충성에 관한 확인의 이익 이론이 행정소송에서도 그대로 적용된다고 보기는 어렵다.

(2) 다음으로 무효확인소송의 법적 성질 및 무효확인판결의 실효성이라는 측면에서 본다. 무효확인소송의 법적 성질에 관하여는 그 본질과 형식을 어떻게 이해하느냐에 따라 다양한 이론이 제시될 수 있으나, 행정소송법 제4조에서는 무효확인소송을 취소소송, 부작위위법확인소송 등과 함께 항고소송의 일종으로 규정하고 있다. 그런데 항고소송은 행정청이 행하는 구체적 사실에 관한 법집행으로

서의 공권력의 행사 또는 그 거부와 그 밖에 이에 준하는 행정작용 및 행정심판에 대한 재결이나 부작위에 대하여 제기하는 소송으로서 원칙적으로 민사소송에서의 강제집행 등과 같은 방법에 의한 실효성 담보라는 문제를 남기지 않는다. 물론 항고소송도 권익구제의 기능을 담당하고 있으므로 항고소송의 판결에 의하여 실현되어야 할 절차가 있는 경우도 있다. 그러나 위에서 본 바와 같은 행정소송법상 기속력 및 재처분 의무에 관한 규정 등을 통해 항고소송 판결 자체만으로도 판결의 실효성을 확보할 수 있으며, 설령 권익구제를 위해 다른 소송을 제기해야 할 경우가 있다고 하더라도 이는 항고소송에서 예상한 원칙적인 구제수단은 아니다. 왜냐하면, 항고소송은 처분 등을 취소·변경하는 형성작용 또는 처분 등의 효력 등에 관한 공적 선언을 통해 그 대상인 처분 등의 효력을 다투는 소송으로서, 이행소송을 원칙적인 소송유형으로 인정하고 있는 민사소송과는 달리, 처분 등에 의하여 발생한 위법상태의 배제나 그 확인을 통해 결과를 제거함으로써 처분 등으로 침해되거나 방해받은 국민의 권리와 이익을 보호·구제하려는 것이기 때문이다. 결국, 이러한 측면에서 보더라도 무효확인소송을 제기함에 있어 보충성에 관한 확인의 이익이 반드시 요구된다고 해석하는 것은 타당하지 않다.

그리고 법률에 의한 행정을 지향하는 우리 법제하에서는 행정작용을 수행하는 행정청이 유효한 행정처분임을 전제로 그 집행을 종료하였다고 하더라도, 그 행정처분이 무효라는 판결이 확정되면 행정청이 이에 승복하여 행정처분의 상대방에게 임의로 원상회복할 것이 기대될 뿐만 아니라 행정소송법상 무효확인판결 자체만으로도 판결의 기속력 등에 따른 원상회복이나 결과제거조치에 의하여 그 실효성 확보가 가능하다. 따라서 무효확인소송의 보충성을 반드시 인정해야 할 실제적인 필요성도 크지 않다.

(3) 다음으로 외국의 입법례 등의 측면에서 본다. 독일에서는 명문의 규정에 의하여 무효확인소송의 보충성이 부정되는 반면, 일본에서는 그와 반대로 명문의 규정에 의하여 무효확인소송의 보충성이 인정된다. 이와 같은 독일, 일본의 입법례에서 알 수 있듯이 이 문제는 논리 필연적인 문제가 아니라 다분히 입법정책적인 선택의 문제라고 할 수 있다. 특히, 일본에서는 이로 인한 불합리한 결과를 줄이기 위하여 무효확인소송의 보충성을 완화하는 해석론이 전개되어 왔으며, 이러한 해석론이 점차 최고재판소에 의하여 받아들여지고 있는 추세에 있다. 따라서 일본과 달리 명시적 제한의 명문 규정이 없는 우리나라에서는 무효확인소송의 보충성을 요구할 필요가 없으며, 이와 같은 해석이 세계적인 추세에도 부합된다.

(4) 끝으로 무효확인소송의 남소 가능성 및 권익구제 강화 등의 측면에서 본다. 행정처분의 무효는 흔히 있는 현상이 아니기 때문에 무효확인소송의 보충성을 요구하지 않는다고 하여 남소 가능성이 커진다고 단정하기 어려울 뿐만 아니라 분쟁의 유형에 따라서는 행정처분에 관한 무효확인소송이 보다 적절한 구제수단이 될 수도 있다. 그러므로 이러한 경우에 행정처분에 의하여 불이익을 받은 상대방에게 소송형태에 관한 선택권을 부여하여 부당이득반환청구의 소 등의 제기 가능성 여부와 관계없이 행정처분에 관한 무효확인소송을 바로 제기할 수 있도록 함으로써 양 소송의 병존가능성을 인정하는 것이 국민의 권익구제 강화라는 측면에서도 타당하다.

다. 결론적으로 이 문제는 행정소송법 제35조에 규정된 '무효확인을 구할 법률상 이익'에 관한 해석론에 대한 것으로서, 행정청의 위법한 처분 등으로 인하여 권리 또는 이익의 침해를 입은 국민에게 무효확인소송의 길을 열어 주는 것이 적절한 구제방안인가라는 목적론적 관점에서 위에서 본 바와 같은 여러 사정을 고려하여 합리적으로 결정할 문제이다. 그런데 행정소송의 목적을 달성할 수 있고 소송경제 등의 측면에서도 타당하며, 항고소송에서 소의 이익을 확대하고 있는 대법원판례의 경향에도 부합되는 해석이 가능함에도 불구하고, 무효인 행정처분의 집행이 종료되었다는 사정을 이유로 무효확인소송을 부적법한 것으로 처리함으로써 당사자에게 불편을 가져오고 불합리한 결과를 초래할 수 있는 해석론을 택할 필요는 없다는 점을 지적하면서, 이상과 같이 보충의견을 밝혀 둔다.

2. 가축분뇨처리시설 사건
대법원 2007. 10. 11. 선고 2007도5930 판결【오수·분뇨및축산폐수의처리에관한법률위반】
원 심: 대전지방법원 2007. 6. 28. 선고 2007노600 판결
제 1 심: 대전지방법원 서산지원 2007. 2. 13. 선고 2006고단760 판결

1. 당 사 자	【상고인】 피고인
2. 주요쟁점	축산업자가 임의로 설치한 액비저장조가 법상 축산폐수처리시설에 해당하는지 여부
3. 사건의 경과	제 1 심은 피고인에 대하여 징역 6월에 집행유예 2년을 선고하였고, 원심이 피고인의 항소를 기각하자 피고인이 상고
4. 결 과	상고 기각
5. 관련조문	구 오수·분뇨및축산폐수의처리에관한법률(2006. 9. 27. 법률 제8014호로 폐지) 제 2 조 제 8 의3호, 제24조의2, 제25조, 제26조, 제28조 제 1 항 제 1 호

▎판시사항

축산업자가 구 오수·분뇨및축산폐수의처리에관한법률에 정한 적법한 절차를 거치지 아니한 채 임의로 설치한 축산폐수처리시설(액비저장조)이 같은 법 제28조 제 1 항 제 1 호에 정한 축산폐수처리시설에 해당하는지 여부(소극)

▎사실관계

축산업자인 피고인이 축산폐수를 허가를 받거나 신고하지도 않고 준공검사도 받지 않은 액비저장조에 유입하였다가 배출한 행위를 오수·분뇨및축산폐수의처리에관한법률 위반으로 기소된 사안

▎판시요지

구 오수·분뇨및축산폐수의처리에관한법률 제 2 조 제 8 의3호 소정의 '액비화시설'은 축산폐수처리시설에 해당하지만, 법은 축산업자가 축산폐수처리시설을 설치·사용하기 위해선 시장 등으로부터 허가를 받거나 시장 등에게 신고를 하도록 하고 있고(제24조의2), 축산업자가 설치하여야 할 축산폐수처리시설의 처리능력 및 설치기준 등을 정하고 있으며(제25조), 축산업자가 축산

폐수처리시설의 설치를 완료한 때에는 시장 등의 준공검사를 받도록 하고 있는데(제26조), 이와 같이 법이 축산폐수처리시설의 설치·사용에 있어 허가 또는 신고 및 준공검사 등의 절차를 거치도록 한 것은 그러한 절차를 통하여 당해 시설이 법 소정의 처리능력 및 설치기준 등에 부합하는지를 사전에 검증하여 법 소정의 처리능력 및 설치기준 등에 부합하지 않는 시설의 사용을 방지함으로써 축산폐수로 인한 환경오염을 방지하고자 하는 데 그 취지가 있고, 이러한 법의 취지에 비추어 축산업자가 법 소정의 적법한 절차를 거치지 아니한 채 임의로 설치한 시설은 법 제28조 제1항 제1호 소정의 축산폐수처리시설에 해당하지 않는다고 보아야 한다.

따라서 시장 등으로부터 허가를 받거나 시장 등에게 신고하지 아니하였고, 시장 등의 준공검사도 받지 아니한 액비저장조에, 자신이 운영하는 축산폐수배출시설에서 배출되는 축산폐수를 유입하였다가 배출한 피고인의 행위는, 법 제28조 제1항 제1호의 축산폐수배출시설에서 배출되는 축산폐수를 축산폐수처리시설에 유입시키지 아니하고 배출한 행위에 해당한다.

평 석

축산폐수배출시설의 (변경)허가를 받거나 (변경)신고를 한 자(시설설치자)는 축산폐수처리시설을 설치 또는 변경해야 한다. 이러한 축산폐수처리시설은 「수질 및 수생태계 보전에 관한 법률」상의 폐수방지시설에 상응하는 것이다. 구 오수·분뇨및축산폐수의처리에관한법률 제2조 제8의3호에 따르면 "액비화시설"이란 축산폐수를 저장·처리하여 액체상의 비료로 만드는 시설로 축산폐수처리시설에 해당하지만, 동법에서 적정하게 처리되지 않은 축산폐수의 배출을 금지한 점, 배출시설을 설치하기 위해서는 허가·신고 후 이에 따라 처리시설을 설치해야 하며, 처리시설에 대하여 준공검사 등의 절차를 거치도록 한 점 및 공공수역의 수질오염 방지라는 입법취지를 고려할 때 동법 제28조의 처리시설은 동법 소정의 적법한 절차를 거친 시설만을 의미하는 것으로 보아야 한다는 것이 판지이다.

참고문헌

김홍균, 환경법, 홍문사 (2010)

3. 울산시 온산하수종말처리장사건 : 공공하수도사건
대법원 2007. 7. 26. 선고 2005두2612 판결【원인자부담금부과처분취소】
원 심 : 부산고등법원 2005. 1. 28. 선고 2002누4631 판결
제 1 심 : 울산지방법원 2002. 9. 25. 선고 2002구합107 판결

1. 당 사 자	【원고, 상고인】 명곡지구 토지구획정리조합 외 4인 【피고, 피상고인】 울산광역시장
2. 주요쟁점	원인자부담금 부과처분의 직접적인 근거가 된 조례가 그 처분의 원인이 된 사업의 개시 후에 비로소 제정되었으나, 그 조례의 근거가 되는 하수도법의 규정은 사업의 개시 전에 이미 제정되어 있었다면, 해당 사업에 그 조례를 적용하는 것이 소급입법금지의 원칙에 반하는지 여부
3. 사건의 경과	원심은 일부 원고들의 청구만을 일부 인용하였고, 이에 모든 원고들이 상고함
4. 결 과	상고 기각
5. 관련조문	헌법 제59조, 헌법 제13조 제 2 항, 국세기본법 제18조, 구 하수도법(2006. 9. 27. 법률 제8014호로 전문 개정되기 전의 것) 제32조
6. 관련판례	대법원 1994. 2. 25. 선고 93누20276 판결 대법원 2003. 11. 14. 선고 2002두6231 판결

❙ 판시사항

1. 원인자부담금 부과처분의 직접적인 근거가 된 조례가 그 처분의 원인이 된 사업의 개시 후에 비로소 제정되었으나, 그 조례의 근거가 되는 하수도법의 규정은 사업의 개시 전에 이미 제정되어 있었다면, 해당 사업에 그 조례를 적용하는 것이 소급입법금지의 원칙에 반하는지 여부(소극)

2. 하수도법 제32조 제 2 항 소정의 '타행위로 인하여 필요하게 된 공공하수도'의 의미

3. 사업의 기본 또는 실시설계보고서상의 수량에 의하여 예상 하수량을 산정하고 이에 기초하여 원인자부담금을 부과토록 하는 하수도사용조례의 규정이 타당한지 여부(적극)

4. 하수도법 제32조 제 5 항이 위임입법의 한계를 벗어난 것인지 여부(소극)

▌사실관계

원고들은 모두 토지구획정리조합인데, 원고들이 시행하는 토지구획정리사업으로 인하여 그 공사구역과 피고가 관리하는 온산하수종말처리장 사이에 유입관로를 개설하는 등의 공사가 필요하게 되었고, 이에 피고는 원고들에게 원인자부담금을 부과하자 원고들이 그 취소를 구한 사안

▌판시요지

1. 하수도법 제32조 제 2 항에서 정한 원인자부담금은 타공사 또는 타행위로 인하여 필요하게 된 공공하수도에 관한 공사비용의 전부 또는 일부를 당해 타공사의 시행자 또는 타행위자에게 부담시키기 위해 부과하는 것으로서, 그 공공하수도에 관한 공사비용은 당해 사업으로 인한 하수발생량을 기준으로 하여 부과함이 상당하고, 그 하수발생량은 당해 사업의 완공시까지는 사업계획의 변경 등에 의하여 변경될 수 있는 점에 비추어 당해 사업의 완공시까지 원인자부담금을 부과할 수 있다고 할 것이므로, 당해 사업을 개시할 당시에 하수도법 제32조 제 2 항이 시행되고 있었고 그 사업의 완공 이전에 하수도법 제32조 제 5 항에 의하여 같은 조 제 2 항의 원인자부담금에 관하여 필요한 사항의 규정을 위임받은 지방자치단체의 조례가 제정된 경우 당해 사업에 그 조례를 적용하는 것이 소급입법금지의 원칙에 위배된다고 할 수 없고, 또한 하수도법 및 그 조례의 관련 규정의 해석을 통하여 원인자부담금 부과대상 및 그 요건과 징수절차의 의미·내용을 분명하게 이해할 수 있다면 명확성의 원칙에 위배된다고 할 수도 없다.

2. 하수도법 제32조 제 2 항 및 이 사건 하수도사용조례 제24조 제 1 항, 제 2 항 제 2 호의 제정취지, 하수도법 제32조 제 2 항과 제 4 항의 관계 등을 참작하여 보면, 하수도법 제32조 제 2 항 소정의 타행위로 인하여 필요하게 된 공공하수도란, 타행위에 해당하는 사업으로 인하여 발생할 하수를 처리하기 위하여 당해 사업 시행 이후 새로이 설치되는 공공하수도 뿐만 아니라, 당해 사업 시행 전에 이미 설치되었고 그 설치 당시까지는 당해 사업으로 인하여 발생할 하수를 처리할 예정이 없었으나 설치 후에 비로소 당해 사업으로 인하여 발생할 하수를 처리하게 된 공공하수도까지 포함하는 개념으로 봄이 상당하다.

3. 이 사건 하수도사용조례 제24조 제2항 제2호 나.목, 제4항은 타행위로 인하여 발생할 것으로 예상되는 하수량을 '당해 사업의 기본 또는 실시설계보고서상의 수량'에 의하여 산정하도록 규정하고 있는바, 타행위로 인하여 발생할 것으로 예상되는 하수량이란 당해 사업으로 조성된 토지의 이용을 포함하여 당해 사업을 사업계획에 따라 시행할 경우 발생할 것으로 예상되는 하수량이 될 것임을 참작하면, 위 조례 규정에서 당해 사업의 기본 또는 실시설계보고서상의 수량에 의하여 원인자부담금을 산정하도록 정한 것은 타당하다.

4. 하수도법 제32조 제2항은 조례에의 위임과 관련하여 핵심적인 내용이라고 할 수 있는 위임사항(원인자부담금의 부과), 부담금 부과의 대상자(공공하수도의 공사를 필요로 하게 한 타공사의 시행자 또는 타행위자) 및 부담금의 범위(공사비의 전부 또는 일부)에 관하여 대강을 규정하고 있고, 나머지 구체적인 공사비의 내용이나 산정방법, 시기, 징수절차 등에 관하여 필요한 사항을 지방자치단체의 조례에 의하여 정하도록 위임하고 있으므로, 하수도법 제32조 제5항이 위임입법의 한계를 벗어난 것이라고 볼 수 없다.

❙ 평 석

구 하수도법 제32조 제2항 소정의 '타행위로 인하여 필요하게 된 공공하수도'의 의미와 원인자부담금 부과대상을 확인한 점, 그리고 사업개시당시 조례에 위임을 하는 근거 법률이 시행 중이었고 공사 완공 전에 이에 따라 위임을 받은 조례가 개정된 경우 이 조례를 적용하는 것이 소급입법금지의 원칙에 위배되지 않는다는 것을 확인한 점에 의의가 있는 판결이다.

❙ 참고문헌

김경란, "구 하수도법 제32조 제2항에 규정된 '타행위로 인하여 필요하게 된 공공하수도'의 의미와 원인자부담금의 부과대상," 대법원판례해설 73호, 법원도서관 (2008. 7.)

Case Book of Environmental Law

4. 배수구역 내의 하수배출자의 공공하수도 사용료납부의무
대법원 2003. 6. 24. 선고 2001두8865 판결【하수도사용료부과처분취소등】
원 심: 부산고등법원 2001. 9. 14. 선고 2000누3511 판결
제 1 심: 울산지방법원 2000. 9. 20. 선고 99구885 판결

1. 당 사 자	【원고, 피상고인】 에○케이 주식회사 【피고, 상고인】 울산광역시 상수도사업본부 남부사업소장
2. 주요쟁점	하수도법 제 2 조 제 2 의2호 소정의 '공공하수도'에 해당하기 위한 요건 및 배수구역 내의 하수배출자가 실제 하수도 시설의 사용 여부에 관계없이 하수도 사용료 납부의무를 부담하는지 여부
3. 사건의 경과	원심에서 하수도사용료부과처분이 취소되자 피고가 대법원에 상고
4. 결 과	상고 기각
5. 관련조문	하수도법 제 2 조 제 2 의2호, 하수도법 제21조 제 1 항, 제24조 제 1 항, 제32조, 하수도법시행령 제14조의2 제 2 항
6. 관련판례	대법원 2003. 6. 24. 선고 2002다70051 판결

❙ 판시사항

하수도법에서 규정하는 공공하수도에 해당하려면 지방자치단체가 직접 설치하였거나 직접 설치한 다른 자로부터 사용권 등을 취득하여 관리하고 있는 인공의 공작물 내지 시설이어야 함

❙ 사실관계

원고는 대규모의 정유공장을 건립·운영해 오면서 자체 폐수처리시설 및 수질오염 방지시설을 설치하여 그 곳에서 원고 공장의 폐수 등 하수를 모아 정화하고 이를 하천이나 바다로 배출하고 있었는데, 당해 하천이 피고에 의하여 관리되고 있는 하수도라는 이유로 피고가 공공하수도 사용료부과처분을 하자 원고가 그 취소를 구한 사안

❙ 판시요지

1. 어느 시설이 하수도법 제 2 조 제 2 의2호 소정의 공공하수도에 해당하

려면 지방자치단체가 직접 설치하였거나 직접 설치한 다른 자로부터 사용권 등을 취득하여 관리하고 있는 인공의 공작물 내지 시설이어야 한다.

2. 공공하수도 사용료는 공공하수도의 사용에 따른 대가로서 실제로 공공하수도를 사용하여 하수를 배출한 자만이 그 하수의 양 등에 따라 하수도 사용료의 납부의무를 진다고 해석함이 상당하고, 배수구역 내의 하수배출자가 하수도법 제24조에 따라 하수를 공공하수도에 유입시킬 의무나 배수설비를 설치할 의무에 위반하는 경우에도, 그에 대한 같은 법 소정의 제재를 받는 것은 별론으로 하고 그러한 공법상 의무가 있다는 사정만으로 실제 하수도 시설의 사용 여부에 관계없이 곧바로 하수도 사용료 납부의무를 진다고 볼 수 없다.

3. 원고가 위 각 폐수처리장에서 생긴 하수를 공공하수도에 의하여 배출한 바 없는 이상 하수도 사용료의 납부의무가 없다.

❙ 평 석

공공하수도 사용료는 공공하수도의 사용에 따른 대가로서, 원인자부담금과는 성질을 달리하므로, 배수설비 등을 설치할 의무를 부담하더라도 바로 하수도의 사용료 납부의무를 부담하지는 않는다는 점을 명시적으로 밝힌 데에 의의가 있다.

❙ 참고문헌

하종대, "타행위자인 사업시행자가 하수도법 제32조 제 2 항 및 진해시 하수도사용조례에 따라 타행위로 인한 공공하수도 공사비용을 부담한 경우, 이와 별도로 같은 법 제32조 제 4 항에서 정한 원인자부담금을 부과할 수 있는지 여부(소극) 및 이러한 타행위에 해당하는 사업에서의 기본 또는 실시설계보고서상의 하수량의 의미(2004. 9. 24. 선고 2003두6849 판결 : 공2004하, 1748)," 대법원판례해설 52호, 법원도서관 (2005)

김경란, "구 하수도법 제32조 제 2 항에 규정된 '타행위로 인하여 필요하게 된 공공하수도'의 의미와 원인자부담금의 부과대상," 대법원판례해설 73호, 법원도서관 (2008. 7.)

5. 신고대상자의 의미

대법원 2001. 3. 9. 선고 2000도5895 판결【오수·분뇨및축산폐수의처리에관한법률위반】

원 심: 서울지방법원 2000. 11. 30. 선고 2000노7575 판결

제1심: 서울지방법원 의정부지원 2000. 8. 9. 선고 2000고단775 판결

1. 당 사 자	【피고인】 피고인 【상고인】 검사
2. 주요쟁점	오수·분뇨및축산폐수의처리에관한법률 제55조의 규정에 의한 '신고대상자'의 의미 및 이미 축산폐수배출시설을 설치한 자가 그 설치 당시에는 신고대상자가 아니었다가 그 후 법령의 개정에 따라 그 시설이 신고대상 규모에 해당하게 된 경우, 같은 법 제24조의2 제4항의 규정에 의한 '신고대상자'에 해당하는지 여부
3. 사건의 경과	원심에서 무죄 판결이 선고되어 검사가 상고
4. 결 과	상고 기각
5. 관련조문	오수·분뇨및축산폐수의처리에관한법률 제24조의2 제4항, 제55조 제6호
6. 관련판례	대법원 1997. 5. 28. 선고 97도363 판결

❙ 판시사항

이미 축산폐수배출시설을 설치한 자가 그 설치 당시에는 신고대상자가 아니었다가 그 후 법령의 개정에 따라 그 시설이 신고대상 규모에 해당하게 된 경우, 같은 법 제24조의2 제4항의 규정에 의한 '신고대상자'에 해당하는지 여부(소극)

❙ 사실관계

피고인이 젖소 사육시설을 운영하고 있는데 축산폐수배출시설을 설치할 당시에는 법에 의한 신고대상자가 아니었다가, 법령의 개정에 따라 그 시설이 신고대상 규모에 해당하게 된 사안

▎판시요지

오수·분뇨및축산폐수의처리에관한법률 제55조 제6호는, “제24조의2 제4항의 규정에 의한 신고대상자로서 제25조 제1항의 규정에 의한 축산폐수처리시설을 설치하지 아니하고 축산폐수배출시설을 사용한 자”를 처벌하도록 하고 있고, 같은 법 제24조의2 제4항은 “제1항의 규정에 의한 축산폐수배출시설 외의 시설로서 대통령령이 정하는 규모 이상의 축산폐수배출시설을 설치하고자 하는 자는 환경부령이 정하는 바에 따라 시장·군수·구청장에게 신고하여야 한다. 신고한 사항을 변경하고자 할 때에도 또한 같다”고 규정하고 있는바, 같은 법 제55조 제6호 소정의 ‘제24조의2 제4항의 규정에 의한 신고대상자’는 ‘대통령령이 정하는 규모 이상의 축산폐수배출시설을 설치하고자 하는 자 또는 신고한 사항을 변경하고자 하는 자’를 말하는 것이고, 이미 축산폐수배출시설을 설치한 자는 그 설치 당시에 신고대상자가 아니었다면 그 후 법령의 개정에 따라 그 시설이 신고대상 규모에 해당하게 되었다고 하더라도, 이에 관한 아무런 경과 규정을 두고 있지 아니한 이상, 같은 법 제24조의2 제4항에서 규정하고 있는 신고 대상자인 ‘축산폐수시설을 설치하고자 하는 자’에 해당한다고 볼 수는 없다.

▎평 석

가축분뇨는 다량의 영양성분을 포함하면서도 발생량에 비하여 오염부하량이 대단히 크므로 그 적성한 처리가 중요하다. 구 오수·분뇨및축산폐수의처리에관한법률은 가축분뇨에 대한 독자적인 규제수단으로 제정되었다. 그러나 이 법은 정화위주의 법제로서 가축분뇨를 자원화 대상으로 보고 이에 대한 제도적 뒷받침을 하는 데 미흡한 점이 있기 때문에, 지속가능한 축산업 및 자원순환형 농업의 발전과 환경보전을 실현시키려는 현실적 필요성에 기해 현행「가축분뇨의 관리 및 이용에 관한 법률」이 제정되었다.

소규모 농가에서 배출되는 가축분뇨는 비점오염원에 유사한 형태를 보이므로 관리가 어려운 점이 있어 구법 및 현행법 모두 가축분뇨의 규모 및 종류에 따라 신고와 허가의 대상을 나누고 있다. 그런데 이 때 모두 ‘설치하고자 하는 자’라는 표지를 사용하고 있으므로 기존에 이미 설치를 하여 배출을 하고 있는 자는 별도의 규정이 없는 한 후에 법령의 개정에 따라 신고나 허가의 대상으로 편입되었다고 하더라도 신고나 허가의 대상자에 해당하지 않는다. 그러한 경우, 이에 대한 법적 규율은 「수질 및 수생태계 보전에 관한 법률」이 보충적으로 담당하게 된다.

▍참고문헌

김홍균, 환경법, 홍문사 (2010)

Case Book of Environmental Law

6. 배출부과금 기준으로서의 '개선작업 등을 사실상 완료한 날'
대법원 1998. 4. 10. 선고 98두1406 판결【폐수방류배출부과금부과처분취소】
원 심: 광주고등법원(제주) 1997. 12. 5. 선고 97구241 판결

1. 당 사 자	【원고, 피상고인】 원고 【피고, 상고인】 제주도지사
2. 주요쟁점	개선명령이 있기 전에 사업자 스스로 개선을 완료한 경우의 배출기간
3. 사건의 경과	원심에서 원고가 실제로 개선작업을 완료한 날 이후에 관하여 부과된 폐수방류배출부과금부과처분이 위법하다는 이유로 위 처분이 취소되자 피고가 상고
4. 결 과	파기 환송
5. 관련조문	수질환경보전법시행령 제16조, 제25조, 제29조
6. 관련판례	대법원 1995. 6. 30. 선고 94누569 판결

❙ 판시사항

1. 개선명령이 있기 전에 사업자 스스로 개선을 완료한 경우의 배출기간
2. 특정일자 이후 지방자치단체장이 오염물질 배출량을 재점검하지 않았다는 이유만으로 그 이후의 기간에 대하여 산정한 부과금이 위법하다고 본 원심을 파기한 사례

❙ 사실관계

피고가 원고 운영 사업장의 수질오염 방지시설 운영상태를 점검하기 위하여 1996. 11. 14.와 같은 달 19. 두 차례 시료를 채취하여 수질검사를 의뢰한 결과 수질환경보전법상의 배출허용기준 초과하는 것으로 확인되었는바, 원고는 1996. 11. 24. 방지시설 개선작업을 한 뒤 1996. 11. 30. 피고에 개선명령에 대한 이행보고서를 제출하였고, 피고는 1996. 12. 2. 개선 여부를 확인하고 보고서를 수리한 다음, 다음 날 11. 14.부터 11. 30.까지 원고가 개선작업을 한 이후를 포함하여 폐수 방류기간을 산정하여 배출부과금을 산정하자, 원고가 개선작업을 한 후에도 폐수를 방류한 것으로 산정한 것은 위법하다는 이유로 위 처분의 취소를 구한 사안

❙ 판시요지

1. 개선명령이 있기 전에 스스로 개선을 완료한 경우에는 사업자가 개선사실을 보고할 법적인 근거가 없음에도 불구하고, 그러한 사업자로 하여금 개선명령을 받은 후 개선완료 사실을 보고하도록 하여 그 보고한 날까지를 배출기간으로 한 배출부과금을 부과한다면, 사업자는 실제로 배출허용기준을 초과하는 오염물질을 배출하지 아니한 기간에 대하여도 배출부과금을 부담하게 되는 부당한 결과가 되는 점을 고려하여, 이러한 경우에는 장차 있을 개선명령의 내용대로 개선작업을 사실상 완료한 때까지를 배출기간으로 보아 배출부과금을 산정하여야 한다.

2. 당해 사업자가 개선명령이 있기 이전인 1996. 11. 24. 활성 상태의 오니를 폭기조에 투입하였다고 하더라도, 그것만으로는 실제로 오염물질이 배출허용기준 이하로 배출되어 개선작업이 사실상 완료되었다고 보기는 어렵고, 따라서 위 사업자가 같은 해 11. 30. 지방자치단체장에게 개선명령 이행완료보고를 하여 위 지방자치단체장으로부터 이를 확인받았을 뿐, 그 이전에 달리 오염물질의 재점검이 이루어진 바가 없는 이상, 당초의 오염물질 배출량을 기준으로 하여 같은 해 11. 30.까지의 배출기간에 대한 배출부과금을 산정하여야 하는 것이고, 같은 해 11. 24. 이후 위 지방자치단체장이 오염물질 배출량을 재점검하지 않았다고 하여 그 이후의 기간에 대하여 당초의 오염물질의 배출량을 기준으로 배출부과금을 산정할 수 없는 것은 아니라고 하여 이와 달리 본 원심을 파기한 사례.

❙ 평 석

환경부과금제도는 환경문제 해결을 위한 여러 규제 중 간접적인 규제수단으로서, 원인자책임원칙을 기본으로 하고 있다. 환경유도부담금의 한 형태인 배출부과금은 집단의 사회적 동질성, 목적에 대한 근접성, 집단의 특별한 책임성, 지출의 집단효용성으로 특징되는 특별부과금에 속하는 것이기도 하다. 배출부과금은 수범자로 하여금 오염물질의 배출을 억제하도록 행동을 유도하는 것으로서 어디까지나 간접적이고 보충적인 규제수단이다.

▎참고문헌

정하중, "배출부과금의 제도적 근거와 법적 개선방향," 환경법연구 15권, 한국환경법학회 (1993)

정하중, "배출부과금의 제도적 근거와 법적 개선방향," 환경법, 사법연수원 (2003)

Case Book of Environmental Law

7. 측정대행자의 오염도 검사결과

대법원 1995. 11. 10. 선고 94누5380 판결【수질오염물질배출부과금부과처분취소】
원 심: 서울고등법원 1994. 3. 23. 선고 93구8568 판결

1. 당 사 자	【원고, 상고인】 주식회사 대○식품 【피고, 피상고인】 용인군수
2. 주요쟁점	구 수질환경보전법시행령 제14조 제1항 제1호 소정의 경우를 판단하는 자료로서의 오염도 검사결과는 구 수질환경보전법시행규칙 제25조 제3항 각 호의 검사기관의 것에 한정되는지 여부
3. 사건의 경과	원심에서 배출부과금부과처분취소청구에 대한 기각판결이 내려지자 원고가 상고
4. 결 과	상고 기각
5. 관련조문	구 수질환경보전법(1993. 12. 27. 법률 제4653호로 개정되기 전의 것) 제22조, 제44조, 구 수질환경보전법시행령(1993. 6. 9. 대통령령 제13904호로 개정되기 전의 것) 제14조, 구 수질환경보전법시행규칙(1993. 7. 31. 총리령 제426호로 개정되기 전의 것) 제25조 제2항, 제51조, 제57조
6. 관련판례	대법원 1995. 6. 30. 선고 94누569 판결

▌판시사항

구 수질환경보전법시행령 제14조 제1항 제1호 소정의 경우를 판단하는 자료로서의 오염도 검사결과는 구 수질환경보전법시행규칙 제25조 제3항 각 호의 검사기관의 것에 한정되는지 여부(소극)

▌사실관계

환경단속공무원이 1992. 8. 7. 21:15경 원고 회사가 배출한 폐수시료를 채취한 결과, 관련 법규정에서 정한 배출허용기준을 모두 초과하는 것으로 나타나 피고는 8. 26. 원고에 대하여 구 수질환경보전법 제16조에 의하여 배출허용기준 이내로 처리되도록 개선명령을 발하였고, 원고는 9. 8. 피고에게 개선이행보고를 하였으며, 피고가 9. 16. 원고의 공장에서 시료를 채취하여 수질오염도를 검사한 결과 배출허용기준 이내로 개선되었음이 확인되어, 피고가

당초 시료를 채취한 1992. 8. 7.부터 원고가 개선이행보고를 한 1992. 9. 8.까지의 33일간 중 일요일 등 실제 가동하지 아니한 기간을 공제한 26일을 배출기간으로 하여 1992. 10. 12. 원고에게 수질오염물질배출부과금을 부과한 사안

▌판시요지

1. 구 수질환경보전법(1993. 12. 27. 법률 제4653호로 개정되기 전의 것) 제22조, 제44조 및 구 수질환경보전법시행규칙(1993. 7. 31. 총리령 제426호로 개정되기 전의 것) 제51조 내지 제57조는 측정대행자제도를 두고, 측정대행자가 갖추어야 할 기술능력, 시설 및 장비, 그 지정절차, 정수관리 등에 관하여 구체적으로 규정하면서, 측정대행자에게 측정결과의 기록 및 그 보존의무를 지우고, 그 준수사항 및 결격사유, 그 지정의 취소에 관하여 규정하는 등 환경처장관이 측정대행자의 지정에서부터 이를 엄격하게 규제, 감독하고 있는 점에 비추어 볼 때, 구 수질환경보전법시행령(1993. 6. 9. 대통령령 제13904호로 개정되기 전의 것) 제14조 제1항 제1호 소정의 부과금조정을 위한 오염물질 또는 배출물질의 배출기간이 달라지게 된 경우를 판단하는 자료로써 반드시 같은 법 시행규칙 제25조 제2항 각 호 소정의 검사기관의 오염도 검사결과만에 한정되는 것은 아니고 오염물질의 시료채취 및 그 분석방법 등에 있어 신빙성이 인정되는 한 측정대행자의 오염도 검사결과에 의하여도 가능하다고 할 것이다.

2. 측정대행자의 검사결과를 오염물질의 시료채취 및 그 분석 방법 등에 신빙성을 인정할 자료가 없다고 하여 그 신빙성을 배척한 원심을 정당하다고 판시한 사례.

▌평 석

오염물질의 배출을 억제하도록 행동을 유도한다는 배출부과금제도의 목적을 고려하면 그 부과의 근거가 되는 자료가 반드시 검사기관의 검사결과에 기초한 것이어야 할 필요가 없다는 점에서 위 판시는 타당한 것으로 보인다.

❙ 참고문헌

유희일, "환경행정에 대한 법원의 접근태도," 새울법학 4집, 대전대학교 법문화연구소 (2000)

임영호, "구 수질환경보전법에서 정한 초과배출부과금을 그 근거규정이 시행되기 이전의 수질검사 결과를 기초로 부과할 수 있는지 여부," 대법원판례해설 58호, 법원도서관 (2006)

Case Book of Environmental Law

8. 폐수방류부과금부과처분 취소사건
대법원 1995. 6. 30. 선고 94누569 판결【수질오염물질배출부과금부과처분취소】
원 심: 서울고등법원 1993. 12. 1. 선고 93구15139 판결

1. 당 사 자	【원고, 피상고인】 진○정밀 주식회사 【피고, 상고인】 한강환경관리청장
2. 주요쟁점	수질환경보전법상 배출부과금 조정을 위한 배출기간의 산정방법
3. 사건의 경과	원심은 배출부과금처분 중 일부를 취소하였는데, 이에 피고가 상고
4. 결 과	상고 기각
5. 관련조문	수질환경보전법 시행령(1993. 6. 9. 대통령령 제13904호로 개정되기 전의 것) 제10조 내지 제13조, 제14조 제 1 항 제 1 호, 제 2 항, 수질환경보전법 제22조, 제44조(1993. 12. 24. 법률 제4653호로 개정되기 전의 것), 같은 법 시행령 제14조 제 1 항 제 1 호, 같은 법 시행규칙(1994. 5. 24. 총리령 제453호로 개정되기 전의 것) 제25조 제 3 항, 제51조 내지 57조
6. 관련판례	대법원 1995. 11. 10. 선고 94누5380 판결 대법원 1998. 4. 10. 선고 98두1406 판결

▎판시사항

1. 수질환경보전법 시행령 제14조 제 2 항이 개선명령을 받기 이전에 스스로 장차 있을 개선명령의 내용대로 개선작업을 미리 완료한 사업자에 대하여도 적용되는지 여부(소극)

2. 수질환경보전법상 배출부과금 조정을 위한 오염물질 등의 배출기간을 판단함에 있어 측정대행자의 오염도검사결과를 그 근거로 할 수 있는지 여부(한정 적극)

▎사실관계

피고 소속 공무원이 전자부품을 제조·판매하는 원고 회사 공장의 폐수시설 및 방지시설을 점검하고 시료를 채취하자 원고는 개선명령이 있기 전에 개선작업을 완료하였고, 이후 피고가 시료채취일로부터 명령이행 보고일까지

배출부과금을 부과하자 원고는 실제로 오염물질을 배출한 날에 해당하는 분을 초과하는 부과금에 대하여 취소의 소를 제기한 사안

❙ 판시요지

수질환경보전법 시행령 제14조 제2항은 '오염물질 등의 배출기간이 달라져 부과금을 조정하는 경우에 그 기간은, 개선명령을 받은 사업자가 명령을 이행한 후 이를 보고한 날까지로 한다'는 취지로 규정하고 있다. 그런데 위 규정은 개선명령을 받고 이후에 그 명령을 이행한 사업자에 대하여만 적용되는 규정이고, 개선명령을 받기 이전에 스스로 장차 있을 개선명령의 내용대로 개선작업을 미리 완료한 사업자에 대하여는 적용되지 않는다. 왜냐하면 사업자가 개선명령을 받기 이전에 스스로 장차 있을 개선명령의 내용대로 개선작업을 미리 완료한 경우에는 사업자가 환경처장관에 개선사실을 즉시 보고할 법적인 근거가 없기 때문이다. 따라서 이러한 경우에는 장차 있을 개선명령의 내용대로 개선작업을 사실상 완료한 날까지를 배출기간으로 보고 배출부담금을 산정함이 상당하다.

❙ 평 석

배출부과금제도는 1983년 개정 환경보전법에서 처음 도입된 제도로 처음에는 배출허용기준에 따라 초과한 경우에 한하여 부과되는 직접규제방식이 가미된 형태였다가, 현재에는 이에 더하여 배출허용기준 준수 여부와 관계없이 배출부과금이 부과되는 형태 또한 취하고 있다. 배출부과금제도는 경제적 동기를 이용하여 오염을 유발하는 자에게 부과한다는 점에서 오염원인자 부담원칙을 구현하는 중요한 경제유인적 규제수단이라고 할 수 있다.

배출부과금 산정에 있어 배출기간은 중요한 기준 중 하나이다. 배출기간의 산정은 사업장을 실제 가동하였던 기간을 기준으로 하는 것이 원칙이다. 그리고 만약 사업자가 개선명령을 받지 않은 상태에서 스스로 개선하는 경우에는 배출부과금 제도의 목적 및 취지 등을 고려할 때 개선작업을 사실상 완료한 날까지를 배출기간으로 보는 것이 타당하다.

❙ 참고문헌

정하중, "배출부과금의 제도적 근거와 법적 개선방향," 환경법연구 15권, 한국환경법학회 (1993. 10.)

김홍균, 환경법, 홍문사 (2010)

Case Book of Environmental Law

9. 구미공장사건 : 환경부령으로의 위임이 죄형법정주의에 반하는지 여부
대법원 1992. 12. 8. 선고 92도407 판결【수질환경보전법위반】
원 심 : 대구고등법원 1992. 1. 15. 선고 91노769 판결
제 1 심 : 대구지방법원 1991. 9. 18. 선고 91고합300, 464(병합) 판결

1. 당 사 자	【피고인, 상고인】 두○전자 주식회사 외 6인
2. 주요쟁점	일정기간 동안 지속된 폐수 무단방류 행위를 계속범으로 보아 해당 행위 전체에 대하여 그 기간 중 비로소 제정된 수질환경보전법을 적용할 수 있는지 여부 및 폐수배출시설에서 배출되는 오염물질의 배출허용기준을 총리령으로 정하도록 하고 있는 수질환경보전법 제 8 조가 죄형법정주의에 반하는지 여부
3. 사건의 경과	1심은 피고인 회사에 벌금 3,000만 원을, 나머지 피고인들에게 징역형 내지 집행유예를 각 선고하였고, 원심은 1심 판결 중 피고인 회사에 대한 부분만을 유지한 채, 나머지 피고인들에 대한 부분은 모두 양형부당을 이유로 파기하고 집행유예를 선고하였으며 피고인들이 이에 상고
4. 결 과	상고 기각
5. 관련조문	형법 제 8 조, 부칙 제 4 조 제 1 항, 구 수질환경보전법(1991. 5. 31. 법 제4388호로 개정되기 전의 것) 제 8 조, 제56조 제 3 호, 부칙 제15조
6. 관련판례	대법원 1986. 7. 22. 선고 86도1012 판결 대법원 1989. 5. 23. 선고 89도570 판결

❙ 판시사항

1. 일정기간 동안 지속된 폐수 무단방류 행위를 계속범으로 보아 해당 행위 전체에 대하여 그 기간 중 비로소 제정된 수질환경보전법을 적용할 수 있는지 여부(적극)

2. 수질환경보전법 제56조 제 3 호가 명확성의 원칙에 반하는지 여부(소극)

3. 수질환경보전법 제 8 조가 죄형법정주의에 반하는지 여부(소극)

사실관계

구미시에 있는 피고인 회사 공장에서 폐수가 대구 상수원인 다사취수장으로 흘러들어 수돗물이 오염되고 유산, 사산 등의 피해가 광범위하게 확산되자 피고인 회사 및 그 임직원들이 1990. 10. 21.경부터 1991. 3. 20.경까지 구미공장에서 페놀생산 시에 발생되는 폐수를 낙동강에 무단방류하였다는 혐의로 기소된 사안

판시요지

1. 피고인들의 이 사건 범행(폐수 무단방류 행위)을 계속범으로 보아 그 행위가 종료한 때인 1991. 3. 20.에 시행되고 있는 수질환경보전법의 관계규정을 적용한 원심판결은 정당하다. 왜냐하면 첫째, "1개의 죄가 본법 시행전후에 걸쳐서 행하여진 때에는 본법 시행전에 범한 것으로 간주한다"고 규정하고 있는 형법 부칙 제4조 제1항은 ① 형법을 시행함에 즈음하여 구형법과의 관계에서 그 적용범위를 정한 경과규정으로서, 형법 제8조가 타법령에 정한 죄에도 적용하도록 규정한 "본법 총칙"에 해당되지 않을 뿐만 아니라, ② 행위시법주의에도 반하므로, 신·구형법 사이의 관계가 아닌 다른 법률 사이의 관계에서는 그대로 적용하거나 유추적용해서는 안 되고, 둘째, 수질환경보전법이 시행된 1991. 2. 1. 이후에도 계속되어 온 이 사건 범행을 같은 법 부칙 제15조가 규정하고 있는 "이 법 시행전에 행한 종전의 환경보전법의 위반행위"라고 볼 수도 없기 때문이다.

2. 수질환경보전법 제56조 제3호는 제15조 제1항의 규정에 위반하여 배출시설 또는 방지시설을 정상운영하지 아니한 자를 처벌하도록, 제15조 제1항은 사업자는 조업을 할 때에는 배출시설에서 배출되는 오염물질이 제8조의 규정에 의한 배출허용기준에 적합하도록 배출시설 및 방지시설을 정상운영하여야 한다고 정하고 있고, 제8조는 폐수배출시설에서 배출되는 오염물질의 배출허용기준은 관계중앙행정기관의 장의 의견을 들어 총리령으로 정한다고 각 규정하고 있는 바, 위 각 규정과 같은 법 제11조 제1항, 제12조, 제14조의 규정들을 종합하여 보면, 같은 법 제56조 제3호가 처벌대상으로 규정하고 있는 행위가 구체적이고 명확하지 않다고 볼 수 없다.

3. 오염물질의 배출허용기준은 지역적 사정과 환경의 질적인 향상 및 그

보전을 위한 여러 가지 여건을 감안하여 정하여야 하므로, 수질환경보전법 제8조가 오염물질의 배출허용기준을 직접 법률에서 모두 규정하지 아니하고 총리령 등으로 정하도록 위임하였다고 하여 죄형법정주의에 위반된다고 볼 수도 없다.

❙ 평 석

환경관계법은 구체적인 행위기준을 대통령령이나 환경부령 등으로 정하는 경우가 많으며, 경우에 따라서는 당해 처벌규정이 대통령령이나 환경부령 등으로 정하여진 기준의 위반여부를 문제 삼고 있다. 이 사건에서 대법원은 지역적 사정과 환경의 질적인 향상 및 그 보전을 위한 여러 가지 여건을 감안하여 정하여야 하는 오염물질의 배출허용기준을 직접 법률에서 모두 규정하지 않고 총리령 등으로 정하도록 위임한 것만으로는 죄형법정주의에 위반된다고 볼 수 없다고 판단하였다. 그러나 이와 같은 경우에는 결국 그 처벌의 요건이 법률이 아닌 그 하위법령에 의해 결정되기 때문에 죄형법정주의를 위반할 소지가 있어 입법적인 개선이 필요하다.

❙ 참고문헌

김홍균, “환경범죄의 형사법적 규제,” 법조 52권 3호, 법조협회 (2003. 3.)

Case Book of Environmental Law

10. 산업폐기물로 하천을 매립하여 고수부지를 조성하는 행위가 구 폐기물관리법 및 환경보전법에 위배되는지 여부

대법원 1990. 9. 14. 선고 90도1348 판결【폐기물관리법위반·환경보전법위반】
원 심: 서울지방법원 1990. 5. 15. 선고 90노306 판결
제 1 심: 서울지방법원 동부지원 1989. 12. 14. 선고 89고단2651 판결

1. 당 사 자	【피고인들 및 상고인】 피고인1 외 1인
2. 주요쟁점	산업폐기물로 하천을 매립하여 고수부지를 조성하는 행위가 구 폐기물관리법 및 환경보전법에 위배되는지 여부
3. 사건의 경과	원심에서 공소사실을 모두 유죄로 인정하자 피고인들이 상고함
4. 결 과	상고 기각
5. 관련조문	폐기물관리법 제 2 조, 폐기물관리법시행규칙 제 2 조, 폐기물관리법 제24조 제 1 항, 제43조 제 1 항, 환경보전법 제37조 제 1 항

❙ 판시사항

1. 오래된 빌딩을 부순 벽돌조각 등의 폐기물이 산업폐기물인 건축물폐재류인지 여부(적극)

2. 허가 없이 산업폐기물의 처리를 업으로 한 공소사실을 유죄로 인정함에 있어서 1일 50㎏ 이상의 건축물폐재류를 처리한 것으로만 인정하고 처리한 건축물폐재류의 배출량을 정확하게 특정하지 아니한 원심의 조치의 적부(적극)

3. 산업폐기물로 하천을 매립하여 고수부지를 조성하는 행위가 환경보전법상의 정당한 사유 없이 공공수역에 산업폐기물을 버리는 행위에 해당하는지 여부(적극)

❙ 사실관계

피고인들이 환경청장의 허가를 받지 않고 공공수역에 건축물폐재류의 하차장을 설치한 후, 건축물폐재류를 트럭 1대당 일정한 금원을 받고 1일 평균 2,000톤씩 공공수역인 하차장에 버리도록 한 뒤 불도저 등으로 매립하여 산업폐기물처리를 하여 폐기물관리법 및 환경보전법위반으로 기소된 사안

판시요지

1. 오래된 빌딩을 부순 벽돌조각, 돌조각, 타일조각, 콘크리트 덩어리, 나무조각, 비닐조각, 스티로폴조각 등의 폐기물은 산업폐기물인 건축물폐재류임이 명백하다.

2. 피고인들이 처리한 건축물폐재류 중에 8할 가량의 사토가 섞여 있었다고 하더라도 피고인들이 업으로 처리한 건축물폐재류의 배출량이 1일 평균 50㎏을 초과한 이상 피고인들이 폐기물관리법 제43조 제1항 제6호 소정의 허가를 받지 아니하고 산업폐기물의 처리를 업으로 한 자에 해당하는 것이다.

3. 피고인들이 산업폐기물로 하천을 매립하여 고수부지를 조성하였다고 하더라도, 정당한 사유 없이 공공수역에 산업폐기물을 버리는 행위를 한 이상 환경보전법 제68조 제5호 소정의 "제37조 제1항의 규정에 위반한 자"에 해당한다.

평 석

현행 폐기물관리법상 '폐기물'은 "쓰레기 · 연소재 · 오니 · 폐유 · 폐산 · 폐알카리 · 동물의 사체 등으로서 사람의 생활이나 사업 활동에 필요하지 아니하게 된 물질"이라고 정의되어 있어, '필요'라는 주관적 요소를 그 개념의 기준으로 삼고 있다. 이는 폐기물의 개념이 기술의 발전에 따라 유동적일 수 있다는 점을 함의한다. 아울러 폐기물이 재활용가능한 경우에도, 폐기물의 정의에 해당하면 폐기물이라고 보아야 하고, 다만 재활용을 촉진하는 차원에서 그에 관한 특별한 규율을 둘 수는 있다고 본다. 이와 관련하여 일반사업장폐기물 중의 하나인 건설폐기물에 관하여는 건설폐기물의재활용촉진에관한법률이 제정, 시행되고 있어 별도의 처리기준과 방법에 따르도록 하고 있다.

참고문헌

정훈, "폐기물법상 폐기물의 개념에 관한 고찰," 법률행정논총 21집 2호, 전남대학교 법률행정연구소 (2001. 12.)

박균성, "폐기물 관련 법령의 기본구조," 환경법연구 26권 2호, 한국환경법학회 (2004)

11. 울산·온산공단사건
대법원 1989. 12. 22. 선고 88누8944 판결【간접보상금부과처분취소】
원 심: 대구고등법원 1988. 6. 22. 선고 86구286 판결

1. 당사자	【원고, 상고인】 현○알루미늄공업 주식회사 외 20인 【원고, 상고인 겸 피상고인】 세○금속공업 주식회사 외 2인 【원고, 피상고인】 매○제관 주식회사 외 27인 【피고, 상고인 겸 피상고인】 울산시장
2. 주요쟁점	원고들이 환경보전법상 환경오염방지사업의 원인자에 해당하는지 여부
3. 사건의 경과	원심은 원고들의 청구를 인용, 일부인용 또는 기각하였고, 이에 일부 원고들과 피고가 모두 상고
4. 결 과	원고 현○알루미늄공업 주식회사에 관한 부분만을 파기환송하고, 나머지 상고는 모두 기각
5. 관련조문	구 환경보전법(1986. 12. 31. 법률 제3903호로 개정되기 전의 것) 제43조, 구 환경보전법 시행령(1987. 6. 4. 대통령령 제12172호로 개정되기 전의 것) 제29조 제5호, 구 환경보전법 시행규칙(1987. 8. 3. 보건사회부령 제805호로 전문개정되기 전의 것) 제12조
6. 관련판례	대법원 1989. 10. 24. 선고 88누9251 판결

판시사항

원고들이 환경보전법 시행규칙 소정의 배출허용기준치 이하의 오염물질 등을 배출하였다 하더라도 환경보전법상 원인자에 해당하는지 여부(적극)

사실관계

울산시가 환경오염방지사업의 일환으로서 울산·온산공단지역 주변에 있는 주택의 이전사업을 시행하면서 그 공단지역에 입주해 있는 원고들에 대하여 피해주민들에게 지급하여야 할 간접보상금을 부담시키는 처분을 하자, 원고들이 그 취소를 구한 사안

판시요지

원고들이 모두 공해방지시설을 가동하여 환경보전법 시행규칙 제12조 소정의 배출허용기준치 이하의 오염물질이나 소음·진동만을 배출하였다고 하더라도, 배출허용기준치 이하의 오염물질이나 소음·진동이 다량으로 집적되면 인체에 유해한 영향을 미칠 수 있을 뿐만 아니라, 현실적으로도 제1단계 이주대상지역이 된 울산시 여천동 등 6개 부락의 주민들은 환경오염으로 인하여 적절한 대책이 없이는 더 이상 그곳에서 거주할 수 없게 된 결과가 초래되었으므로, 원고들은 대기오염물질 또는 수질오염물질이나 소음·진동을 배출하여 이주대상지역의 환경을 오염시킨 환경보전법 제43조 소정의 "원인자"에 해당한다.

평 석

오염원인자 부담의 원칙이란 자기 또는 자기의 영향권 내에 있는 자의 행위 또는 물건으로 인하여 환경오염·훼손발생의 원인을 제공한 자가 그 책임을 져야 한다는 원칙을 말한다. 이 원칙은 주로 오염·훼손된 환경의 회복·복원은 물론 피해의 구제에 소요되는 비용을 누가 부담할 것인가라는 환경비용부담의 원칙 또는 환경비용귀속의 원칙으로서 기능을 한다.

구체적으로 누구를 원인자로 할 것인지는 국가의 환경정책에 따라 달라질 수 있으며, 견해 또한 나누어지고 있다. 원칙적으로는 환경문제의 심각성에 비추어 볼 때 원인자의 개념을 확대하는 것이 바람직하겠지만 그 지나친 확대는 산업의 위축이나 노덕적 해이 등 예상하지 못한 부작용을 초래할 수 있는 점에 유의해야 한다. 이에 대한 학설로 형식적 생활관계설은 외형적 생활관계의 장소적 범위 내에서 오염물질을 방출한 자를 원인자로 보고, 사실상의 지배영역설은 사실상의 생활지배의 범위 내에서 오염을 발생시킨 자를, 적합지위설은 환경오염의 원인을 야기하고 오염을 제거·방지하는 데 가장 적합한 상황에 있는 자를, 인과관계 연속에의 참여설은 계속적인 인과관계의 고리 속에서 환경오염에 참여하거나 요인을 분담한 자를 원인자로 파악한다. 대법원은 이 판결에서 구 환경보전법상 오염원인자를 사실상의 지배영역설에 따라 판단한 것으로 보인다.

참고문헌

김홍균, 환경법, 홍문사 (2010)

11번 판례 원문 : 대법원 1989. 12. 22. 선고 88누8944 판결 【간접보상금부과처분취소】

【이 유】

1. 원고 현○알루미늄공업주식회사를 제외한 원고들(2 내지 24 원고들) 소송대리인 변호사 최 명효의 상고이유에 대한 판단.

1986. 12. 31. 법률 제3903호로 개정되기 전의 구 환경보전법 제43조에 의하면 사업자 기타 오염의 원인을 직접 야기하게 한 자(이하 '원인자'라 한다)는 그 사업활동으로 인한 환경오염을 방지하기 위하여 국가 또는 지방자치단체(이하 '시행자'라 한다)가 시행하는 사업에 필요한 비용의 전부 또는 일부를 부담하여야 하되(제 1 항), 시행자가 실시하는 환경오염방지사업의 종류·규모·원인자의 비용부담 기타부담에 관하여 필요한 사항은 대통령령으로 정하도록(제 2 항)규정되어 있고, 1987. 6. 4. 대통령령 제12172호로 개정되기 전의 구 환경보전법시행령 제29조 제 5 호에 의하면 공장 또는 사업장의 주변에 있는 주택 기타시설의 이전사업이 법 제43조의 규정에 의한 환경오염방지사업(이하 '방지사업'이라 한다)의 종류의 하나로 열거되어 있으므로, <u>시행자가 시행하는 방지사업에 필요한 비용의 전부 또는 일부를 부담하여야 할 의무가 있는 '원인자'는 그 사업활동으로 인하여 당해 방지사업이 시행되는 지역의 환경에 오염의 원인을 직접 야기하게 한 사업자를 의미하고, '원인자'가 필요한 비용을 부담하여야 할 방지사업 중에는 구 환경보전법시행령 제29조 제 5 호 소정의 주택기타 시설의 이전사업도 포함되는 것으로 해석된다.</u>

원심은, 1984. 12. 31. 이전에 울산·온산공단지역내에 입주하여 가동 중인 151개의 사업자 중 원고 현○알루미늄공업주식회사, 유○항업주식회사, 대○정밀화학주식회사, 강○열 등은 아황산가스, 암모니아, 염화수소, 염소, 불소, 분진 등의 대기오염물질을 배출하고 있는 사업자이고, 원고 후○카대원전기주식회사, 남○냉동식품주식회사, 일○산업주식회사, 오○진, 김○분 등은 실제로 대기오염물질을 배출하고 있는지의 여부가 조사되지는 않았으나 1년간 고체연료를 200톤 미만 사용하는 구 환경보전법 제15조 소정의 대기오염배출시설설치허가 대상업체로서 대기오염물질을 배출하고 있는 것이 확실시되는 사업자이며, 원고 현○알루미늄공업주식회사, 유○항업주식회사, 후○카대원전기주식회사, 주식회사 울○유통산업, 남○냉동식품주식회사, 울○종합가스주식회사, 일○산업주식회사, 오○진, 강○열, 세○금속공업주식회사, 한○이화주식회사, 장○열 등은 폐수 배출시설설치허가 대상업체로서 폐수를 배출하고 있는 사업자이고, 원고 고○포리머주식회사, 제○지대공업주식회사, 해○공업주식회사, 주식회사 부○기업, 주식회사 보○기업, 울○종합가스주식회사, 김○현, 손○열, 김○도, 최○자, 황○철 등은 소음·진동배출시설설치허가 대상업체(울산종합가스주식회사는 폐수배출시설설치허가 대상업체이기도 하다)로서, 그 사업장이 이 사건 제1단계 이주대상지역내에 위치하고 있는 사업자인 사실 등을 인정한 다음, 가사 위 원고들이 모두 공해방지시설을 가동하여 1987. 8. 3. 보건사회부령 제805호로 전문개정되기 전의 구 환경보전법시행규칙(원심판결서에는 시행령'으로 기재되어 있으나 '시행규칙'의 오기임이 명백하다) 제12조 소정의 배출허용기준치 이하의 오염물질이나 소음·진동만을 배출하였다고 하더라도, 배출허용기준치 이하의 오염물질이나 소음·진동이 다량으로 집적되면 인체에 유해한 영향을 미칠 수 있을 뿐만 아니라, 현실적으로도 이 사건 제1단계 이주대상지역이 된 울산시 여천동 등 6개 부락의 주민들은 환경오염으로 인하여 적절한 대책이 없이는 더 이상 그곳에서 거주할 수 없게 된 결과가 초래되었으므로, 위 원고들은 대기오염물질 또는 수질오염물질이나 소음·진동을 배출하여 이주대상지역의 환경을 오염시킨 구 환경보전법 제43조 소정의 '원인자'라고 볼 것인 바, 울산시가 시행자가 되어 울산·온산공단지역 주변에 있는 주택의 이전사업을 시행함에 있어서 피고는 울산·온산공단지역의 환경오염으로 인한 피해주민들의 제1단계 이주대책에 따르는 이주사업비 중 피해주민들에게 지급할 간접보상금을 위 원고들에게 부담시킴에 있어서, 위 원고들이 이주상지역의 환경을 오염시킨 '원인자'임을 전제로 서울대학교와 부산수산대학교가 한 용역조사의 결과 등에 따른 1984년 1년간의 평균측정치를 기준으로 산정한 각 사업자별 공해기여도와 1984년도 결산재무제표에 따른 각 사업자의 재정능력 등을 참작하여 각 사업자가 부담하여야 할 분담금액을 산출한 끝에 1986. 9. 5.자로 위 원고들에게 원인자부담금인간접보상금을 부과고지하였으므로, 이 사건 간접보상금 부과처분은 적법한 것이라고 판단하였다.

관계증거와 기록, 그리고 관계법령들의 규정 내용에 비추어 볼 때 원심의 위와 같은 사실인정과 판단은 정당한 것으로 수긍이 되고, 원심판결에 심리를 제대로 하지 아니한 채 증거의 판단을 그르친 위법이나 구 환경보전법 제43조의 법리를 오해한 위법이 있다고 볼 수 없으므로 논지는 이유가 없다.

〈이하 생략〉

12. 분뇨종말처리장을 거친 분뇨를 버리는 행위가 구 환경보전법 제37조 제1항 제2호에서 금지하는 행위에 해당하는지 여부 : 환경보전법위반

대법원 1984. 12. 11. 선고 84도1738 판결【환경보전법위반】

원 심 : 수원지방법원 1984. 1. 13. 선고 83노100 판결

환송판결 : 대법원 1982. 12. 28. 선고 81도836 판결

파기환송 전 원심 : 수원지방법원 1981. 1. 27. 선고 80노1131 판결

파기환송 전 제1심 : 수원지방법원 1980. 5. 19. 선고 80고단856 판결

1. 당사자	【피고인들】 피고인들
2. 주요쟁점	환경보전법 제37조 제1항 제2호 소정의 '분뇨를 버리는 행위'의 의미
3. 사건의 경과	제1심 및 환송 전 원심에서 유죄판결이 선고되어 피고인들이 상고하자 대법원은 이 사건 공소사실이 환경보전법 소정의 '분뇨를 버리는 행위'에 해당하지 않는다는 이유로 파기 환송하였고 이에 따라 환송심에서 무죄판결이 선고되자 검사가 상고
4. 결 과	상고 기각
5. 관련조문	환경보전법 제37조 제1항 제2호, 제39조, 오물청소법 제14조 제1항, 오물청소법시행규칙 제2조
6. 관련판례	대법원 1982. 12. 28. 선고 81도836 판결

▎판시사항

환경보전법 제37조 제1항 제2호 소정의 '분뇨를 버리는 행위'의 의미

▎사실관계

피고인들이 오물청소법 소정의 허가 또는 승인을 받지 아니한 분뇨종말처리시설을 운영하면서 위 시설을 거친 분뇨를 방류하였다는 이유로 환경보전법위반죄로 기소된 사안

▎판시요지

환경보전법 제37조 제1항 제2호 규정에 의하면 정당한 이유 없이 동물의 분뇨를 공공수역 또는 산림에 버리는 행위를 금지하고 있는바, 여기에서

분뇨를 버린다고 함은 물리적, 화학적 또는 생물학적 방법에 의하여 분뇨를 안전하게 처리함이 없이 분뇨인 상태 그대로 버리는 것을 말하는 것이다.

한편 같은 법 제39조의 규정에 의하면, 분뇨종말처리장을 설치 운영할 때에는 보건사회부령으로 정하는 방류수 수질기준에 적합하도록 하여야 한다고 되어 있고 오물청소법 제14조 제 1 항의 규정에 의하면 분뇨종말처리시설을 하고자 하는 자는 환경청장의 허가 또는 승인을 받도록 되어 있으므로, 위 환경보전법 제39조에 규정한 분뇨종말처리장은 오물청소법 제14조 제 1 항에 의하여 환경청장의 허가 또는 승인을 받은 처리시설로서 같은 법 시행규칙 제 2 조에 규정한 시설기준과 처리방법을 갖춘 것을 말하는 것이 분명한바, 이러한 시설기준과 처리방법을 갖춘 분뇨종말처리장을 거친 분뇨는 물리적, 화학적 또는 생물학적인 방법에 의하여 안전하게 처리되어 이미 분뇨인 상태로 남아 있는 것이 아니므로 이를 공공수역에 방류한다고 하여 위 환경보전법 제37조에 저촉된다고 볼 수 없을 것이다.[1]

평 석

'분뇨'의 의미를 수질오염이라는 관점에서 목적론적으로 해석한 판시로서 그 내용 자체는 타당하다고 판단되나, 법문언만으로는 일반인의 관점에서 '분뇨'의 의미를 위와 같이 해석하기 어려워 형벌법규의 명확성의 원칙과 관련하여서는 문제가 있다고 보인다.

참고문헌

유희일, "환경행정에 대한 법원의 접근태도," 새울법학 4집, 대전대학교 법문화연구소 (2000)

1 환송 후 원심법원은 다음과 같은 이유로 피고인들에게 무죄를 선고하였다.
" (전략) … 원심이 적법하게 인정한 바와 같이 양돈장에서 배출되는 분뇨를 처리하기 위하여 분뇨 종말처리시설을 설치하여 운영하는 이건의 경우에는 동법 제39조의 적용을 받게 되므로 이러한 경우 동법 제37조의 적용을 받으려면, 첫째 그 분뇨 종말처리시설이 오물청소법 제 9 조 제 1 항, 동 시행규칙 제 2 조의 규정에 의한 시설로서 환경청장의 승인을 얻어 설치한 것이 아닌 경우, 둘째 동 규정에 의하여 설치된 시설이더라도 피고인들이 그 시설을 설치 규정대로 운영하지 아니하거나, 셋째 그 시설을 통하지 아니하고 분뇨를 돈사로부터 직접 하천에 방출하였거나, 넷째 그 시설을 통하여 방출한 경우라면 그 방류수 수질기준이 환경보전법 제39조, 동법 시행규칙 제25조의 법정기준치를 훨씬 넘는 때에 한하여 적용된다 할 것인바, 과연 이건에 있어 위 네 가지 사유 중 어느 하나에 해당함으로써 환경보전법 제37조의 적용을 받게 되는지 여부에 관하여 살펴보기로 한다.

우선 위 첫째 점에 관하여 보건대, 일건기록에 의하면 이건 분뇨종말처리시설은 1975.경 처음으로 설치되어 운영되다가 차츰 양돈수가 증가함에 따라 1979.10.경 그 시설이 추가 확장되어 설치된 사실을 인정할 수 있는 바, 위 분뇨종말처리시설의 각 설치당시 시행된 오물청소법(1973. 3. 8. 개정 법률 제2584호) 제9조 제1항은 지방자치단체가 분뇨종말처리시설을 설치하고자 할 때에는 보건사회부장관의 승인을 얻어야 한다고 규정하여 분뇨종말처리시설의 설치 주체로서 지방자치단체만을 예상하고 있을 뿐 일반 사인이 그 시설을 설치할 경우에 대하여는 아무런 규정이 없어 이건 분뇨종말처리시설을 설치함에 있어 동법 규정에 따른 승인을 얻지 아니하였다 하더라도 그 사유만으로써 이건의 경우 환경보전법 제37조의 적용을 받는다고 할 수 없고, (다만 1979. 12. 28. 법률 제3210호로써 개정된 오물청소법 제9조 제1항은 모든 설치주체에 대하여 환경청장의 승인을 얻도록 규정하고 있다.)
다음 위 둘째 및 셋째 점에 관하여 아울러 보건대, 일건 기록상 피고인들이 그 분뇨종말처리시설을 설치규정대로 운영하지 아니하였거나 그 시설을 거치지 아니하고 분뇨를 돈사로부터 직접 하천에 방출하였음을 인정할 증거가 없고, 끝으로 위 넷째 점에 관하여 보건대, 환경보전법 제39조, 동법 시행규칙 제25조 규정에 의하면 분뇨종말처리시설의 방류수 수질기준은 생물화학적 산소요구량(B.O.D) 40피피엠 이하, 부유물질량(S.S) 70피피엠 이하인바, 검사 작성의 검증조서 및 공판기록에 편철된 경기도 보건연구소장 작성의 오염도검사 결과 통보서 사본(제21정 내지 제26정)의 각 기재에 의하면 각 양돈장에서의 오물을 최종적으로 집결하여 종말처리시켜 하천으로 배출하는 침전지내 배출구 입구에서 채취한 물은 생물화학적 산소요구량 3606.0피피엠, 부유물질량 5640.2피피엠으로 나타나 위 법정기준치를 훨씬 넘어서고 있으나, 위 검증조서의 기재에 의하면 위 침전지내의 물을 채취할 당시 이건 분뇨종말처리 시설을 평상시와 같이 가동시키지 아니하고 수 개의 침전지로 나뉘어 집결되도록 한 오물의 통로를 조작하여 한꺼번에 한 침전지로만 오물을 집결시킨 후 즉시 채취한 것일 뿐 아니라 그 채취방법 또한 명확치 아니한 점, 위 검증조서 및 통보서의 각 기재에 의하면 다른 침전지 배출구 바로 밖 하천에서 채취한 물(위 통보서 검사항목 의뢰번호 제22호)의 수질은 생물화학적 산소요구량이 법정기준치 내인 4.1피피엠으로 나타나(부유물질량은 없음) 위 침전지 내에서 채취한 물과 현격한 차이를 보이는 점 등에 비추어 위 침전지 내에서 채취한 물의 수질로서 곧바로 이건 분뇨종말처리 시설로부터 방출된 방류수의 수질이라고 판정할 수는 없다 할 것이고 달리 이건 분뇨종말처리시설의 방류수 수질을 직접적으로 인정할 증거가 없어 결국 피고인들의 원심판시 소위를 가리켜 환경보전법 제37조가 규정한 동물의 분뇨를 공공수역에 버린 것이라 볼 수는 없다 할 것이다.
그렇다면 (중략) 피고인들이 동물(돼지)의 분뇨를 버린 것이라는 점을 인정할 만한 충분한 증거가 없어 결국 이건 공소사실은 범죄의 증명이 없는 경우에 해당하므로 형사소송법 제352조 후단에 의하여 피고인들에게 무죄를 선고하는 것이다."

08_

토양환경보전법

1. 택시차고지 오염토양 정화명령 이의소송
대법원 2010. 2. 11. 선고 2009두20137 판결【토양정밀조사등명령취소】
파기환송 전 제1심: 서울행정법원 2009. 1. 9. 선고 2007구합27967 판결
파기환송 전 원심: 서울고등법원 2009. 10. 7. 선고 2009누5260 판결
파기환송 후 원심: 서울고등법원 2010. 12. 23. 선고 2010누6542 판결
파기환송 후 상고심: 대법원 2011. 6. 30. 선고 2011두3562 판결

1. 당사자	【원고, 피상고인】 중○산업 주식회사 【피고, 상고인】 서울특별시 동대문구청장
2. 주요쟁점	토양환경보전법상 토양오염관리대상시설 및 오염원인자의 범위
3. 사건의 경과	원심이 이 사건 시설은 토양오염관리대상시설이 아니고 원고는 오염원인자가 아니라고 판단하여 원고의 오염토양 정화명령 취소청구를 인용하자 피고가 상고
4. 결 과	파기 환송(이후 파기환송 취지대로 판결 확정)
5. 관련조문	토양환경보전법 제2조 제3호, 제10조의3 제3항, 제15조
6. 관련판례	대법원 2009. 12. 24. 선고 2009두12778 판결

❙ 판시사항

토양환경보전법상 '토양오염관리대상시설'은, 토양오염물질을 직접 생산 또는 처리하는 시설 등에 한정되지 않고, 토양을 오염시킬 우려가 있는 한 토양오염물질을 포함하거나 배출하는 물품 등을 생산 또는 처리하는 시설 등도 포함하는지 여부(적극)

❙ 사실관계

1987.경부터 택시 차고지로 이용되던 이 사건 토지를 2001.경 양수하여 차고지로 활용하면서 택시운수업을 영위해 온 원고에 대하여, 피고가 토양오염 실태 조사 결과 토양오염물질인 아연의 농도가 토양오염 우려기준을 초과하였다는 이유로 토양정밀조사의 실시 및 오염토양의 정화를 명하자, 원고가 오염토양 정화명령의 취소를 청구한 사안

❙ 판시요지

토양환경보전법이 정하고 있는 '토양오염관리대상시설'은 토양오염물질을 직접 생산 또는 처리하는 시설 등에 한정되는 것이 아니라, 토양을 오염시킬 우려가 있는 시설 등이라면 토양오염물질을 포함하거나 배출하는 물품 등을 생산 또는 처리하는 시설 등도 포함한다고 해석함이 상당하므로, 자동차타이어에 포함된 산화아연이 자동차의 운행 중 마모되는 타이어의 입자에 포함되어 있다가 물에 씻겨 토양에 스며들 수 있음을 인정하면서도 택시 차고지로서 세차장 및 정비소를 갖춘 이 사건 시설이 그 자체로 아연을 생산 또는 처리하는 시설이 아니라는 이유만으로 토양오염관리대상시설이 아니라고 판단할 수는 없다.

아울러, 세차장이나 정비소 앞 채취지점의 지하 1.5m 지점에서 다른 지점에 비하여 많은 양의 아연이 검출된 점 등을 종합하면, 이 사건 토지에 대한 오염은 이 사건 토지가 택시 차고지로 사용된 1987.경 이래 원고가 점유·사용하고 있는 현재까지 계속되고 있다고 볼 것이므로, 원고는 토양오염의 발생 당시 토양오염의 원인이 된 토양오염관리대상시설을 점유 또는 운영하는 자로서 위에서 본 법 제10조의3 제3항 제2호의 오염원인자에 해당한다.

❙ 평 석

이 사건의 제1심 및 원심은, '토양오염관리대상시설'의 의미를 좁게 파악하여 택시차고지인 이 사건 시설이 그 자체로서 아연을 생산·운반·저장·취급·가공 또는 처리하는 시설이라고 보기는 어려우므로, 이 사건 시설은(적어도 아연과 관련하여) 법에서 정한 토양오염관리대상시설에 해당한다고 볼 수 없다고 판시하였으나, 대법원은 '토양오염관리대상시설'의 의미를 실질적으로 파악하여 이 사건 시설 역시 이에 해당한다고 판시하였다. 이러한 입장에 따르면 토양오염관리대상시설의 범위가 상당히 확대될 수 있는데, 토양생태계의 보전을 위하여 토양을 적정하게 관리·보전한다고 하는 토양환경보전법의 입법목적에 부합하는 것으로서 타당한 해석이라고 보인다.

❙ 참고문헌

송동수, "토양오염과 공법상 정화책임," 토지공법연구 14집, 한국토지공법

학회 (2001)

채영근, "오염된 토양의 정화책임," 공법연구 30집 4호, 한국공법학회 (2002)

1번 판례 원문 : 대법원 2010. 2. 11. 선고 2009두20137 판결 【토양정밀조사등명령취소】

【이 유】

1. 토양오염관리대상시설에 대하여

토양환경보전법(이하 '법'이라고 한다)은 그 법률상의 '토양오염관리대상시설'을 "토양오염물질을 생산·운반·저장·취급·가공 또는 처리함으로써 토양을 오염시킬 우려가 있는 시설·장치·건물·구축물 및 장소 등"으로 정의하고 있으며(법 제2조 제3호), 한편 '토양오염물질'에 대하여는 이를 "토양오염의 원인이 되는 물질로서 환경부령이 정하는 것"으로 정의하고(같은 조 제2호), 법 시행규칙(2009. 6. 25. 환경부령 제333호로 개정되기 전의 것. 이하 같다) 제1조의2 [별표 1]은 아연과 그 화합물을 토양오염물질의 하나로 정하고 있다.

한편 시·도지사 또는 시장·군수·구청장은 토양오염이 우려되는 관할구역 안의 지역에 대하여 환경부령이 정하는 바에 따라 토양오염의 실태를 조사하여 그 결과를 환경부장관에게 보고하여야 하는데(법 제5조 제2항), 토양오염실태조사의 방법·절차 등에 관하여 필요한 세부사항은 환경부장관이 정하도록 하고 있다(법 시행규칙 제3조 제3항). 위 위임에 따라 환경부장관이 정한 토양오염실태조사지침(환경부예규 272호)은 토양오염실태조사지역을 오염원에 따라 "공장 및 공업지역, 공장폐수유입지역, 원광석·고철야적 등 지역, 금속제련소지역, 폐기물 적치·매립·소각 등 지역, 금속광산지역, 교통관련시설지역, 사고발생·민원유발 등 지역, 기타 토지개발 등 지역, 공단주변 등 주거지역, 어린이놀이터지역"으로 분류하고 있는데, 이 중 '교통관련시설지역'에는 자동차주차장, 선박정비창, 열차정비창, 비행기정비창, 조선소 등과 아울러 차고지가 열거되어 있다.

이와 같은 토양오염물질 및 토양오염실태조사지역에 관한 관련규정의 내용 및 토양오염이 반드시 직접 토양오염물질을 생산·운반·저장·취급·가공 또는 처리(이하 '생산 또는 처리'라고만 한다)하는 시설 등에서만 발생하는 것이 아니라는 점에 더하여 "토양오염으로 인한 국민건강 및 환경상의 위해를 예방하고, 토양생태계의 보전을 위하여 오염된 토양을 정화하는 등 토양을 적정하게 관리·보전함으로써 모든 국민이 건강하고 쾌적한 삶을 누릴 수 있게 함"을 목적(법 제1조)으로 하는 법의 취지 등을 종합하여 보면, 법이 정하고 있는 '토양오염관리대상시설'은 토양오염물질을 직접 생산 또는 처리하는 시설 등에 한정되는 것이 아니라, 토양을 오염시킬 우려가 있는 시설 등이라면 토양오염물질을 포함하거나 배출하는 물품 등을 생산 또는 처리하는 시설 등도 포함한다고 해석함이 상당하다.

그렇다면 원심이 자동차타이어에 포함된 산화아연이 자동차의 운행 중 마모되는 타이어의 입자에 포함되어 있다가 물에 씻겨 토양에 스며들 수 있음을 인정하면서도, 택시 차고지로서 세차장 및 정비소를 갖춘 이 사건 시설이 그 자체로 아연을 생산 또는 처리하는 시설이 아니라는 이유만으로 토양오염관리대상시설이 아니라고 판단한 것에는 토양오염관리대상시설의 범위에 관한 법리를 오해한 위법이 있다. 이 점을 지적하는 상고취지는 이유 있다.

2. 원고가 오염원인자인지 여부에 대하여

법 제10조 제3항 제2호는 오염원인자 중의 하나로 "토양오염의 발생 당시 토양오염의 원인이 된 토양오염관리대상시설을 소유·점유 또는 운영하고 있는 자"를 정한다.

한편 원심은, 원고가 위 규정의 오염원인자인지 여부에 대하여 이 사건 시설이 토양오염관리대상시설이 아니라고 하거나, 설사 이 사건 시설이 토양오염관리대상시설이라고 하더라도 이 사건 시설이 이 사건 토지의 토양오염의 원인이라고 할 수 없다는 이유로, 원고가 위 규정의 오염원인자에 해당하지 아니한다고 판단하였다.

이 사건 시설이 토양오염관리대상시설에 해당한다는 점에 관하여는 위에서 살펴본 바와 같고, 나아가 이 사건 시설로 인하여 이 사건 토지의 토양이 오염되었는지에 관하여 본다.

원심판결의 이유 및 기록에 의하면, 이 사건 토지는 1987년경부터 택시 차고지로 이용되었고 원고는 2001년경부터 이 사건 토지 및 시설을 임차하여 택시 차고지로 이용하고 있는 사실, 제1심에서 시행된 감정촉탁과정에서 감정기관이 이 사건 토지 중 11곳의 지점에서 지하 1.5m, 3.0m, 4.5m의 각 지점으로부터 시료를 채취하여 각기 아연 검출량을 측정한 결과, 세차장이나 정비소에서 떨어진 곳에 있는 채취지점 1, 8, 9에서는 아연의 검출량이 지하 3.0m, 1.5m, 4.5m 순으로 많은 사실(지하 3.0m 지점에서의 검출량은 채취지점 1에서 1,180mg/kg, 채취지점 8에서 337mg/kg, 채취지점 9에서 2,508mg/kg으로 우려기준(300mg/kg) 또는 대책기준(700mg/kg)을 초과한다), 나머지 채취지점에서는 지하 1.5m, 3.0m, 4.5m 순으로 아연이 많이 검출되었는데 특히 세차장이나 정비소 앞에 있는 채취지점 5, 6의 지하 1.5m 지점에서는 우려기준을 초과하는 아연이 검출된 사실을 알 수 있다.

아연이 물에 씻겨 토양에 스며들었다면 지하로 내려갈수록 그 오염의 정도가 낮아지는 것이 정상이라고 할 것이므로, 지하 1.5m 지점보다 많은 양이 검출된 채취지점 1, 8, 9의 지하 3.0m 지점에서의 아연은 그 전부가 이 사건 시설에서 배출된 아연이 물에 씻겨 스며든 것으로 보기는 어렵다. 그러나 그 밖의 채취지점에서는 지하로 내려갈수록 검출되는 아연의 양이 감소하였고, 특히 오염의 가능성이 크다고 보이는 세차장이나 정비소 앞 채취지점 5, 6의 지하 1.5m 지점에서 다른 지점에 비하여 많은 양의 아연이 검출된 점 등을 종합하면, 1, 8, 9 이외의 채취지점에서 검출된 아연은 이 사건 시설에서 배출된 아연이 물에 씻겨 스며든 것으로 추단함이 상당하다.

한편 이 사건 토지에 대한 오염은 이 사건 토지가 택시 차고지로 사용된 1987년경 이래 원고가 점유·사용하고 있는 현재까지 계속되고 있다고 볼 것이므로, 원고는 토양오염의 발생 당시 토양오염의 원인이 된 토양오염관리대상시설을 점유 또는 운영하는 자로서 위에서 본법 제10조의3 제3항 제2호의 오염원인자에 해당한다고 할 것이다.

이와 달리 판단한 원심에는 토양오염관리대상시설에 대한 법리를 오해하고 이 사건 토지의 토양오염 원인에 관하여 심리를 다하지 아니하였거나 채증법칙을 위반하여 사실을 오인함으로써 판결 결과에 영향을 미친 위법이 있다. 이 점을 지적하는 상고취지는 이유 있다.

2. 한○철강사건 : 토양오염에서의 선의 · 무과실
대법원 2009. 12. 24. 선고 2009두12778 판결【정화조치명령처분취소】
원 심 : 부산고등법원 2009. 6. 26. 선고 2009누829 판결
제 1 심 : 창원지방법원 2008. 12. 18. 선고 2007구합3204 판결

1. 당 사 자	【원고, 상고인】 주식회사 부○ 【피고, 피상고인】 마산시장
2. 주요쟁점	토양오염물질의 생산 등을 함으로써 토양을 오염시킬 우려가 있는 시설 등이 설치되어 있는 부지를 양수한 자가, 토양환경보전법 제10조의3 제 1 항에 정한 오염원인자에 해당하는지 여부
3. 사건의 경과	정화명령처분취소청구에 대한 제 1 심의 기각판결이 원심에서 유지되자 대법원에 상고
4. 결 과	상고 기각
5. 관련조문	토양환경보전법 제 2 조 제 3 호, 제10조의3 제 1 항, 제 3 항 제 3 호

▎판시사항

토양오염물질의 생산 등을 함으로써 토양을 오염시킬 우려가 있는 시설 등이 설치되어 있는 '부지'를 양수한 자가, 토양환경보전법 제10조의3 제 1 항에 정한 오염원인자에 해당하는지 여부(원칙적 적극)

▎사실관계

주식회사 부○이 구 한○철강의 공장 부지를 매입하여 아파트를 신축하려고 하였으나, 해당 토지에서 각종 중금속 및 유류에 의한 오염 및 부지의 조성당시 철강슬래그의 매립으로 인하여 토양이 오염된 사실이 밝혀지고 마산시로부터 토지오염관리대상시설을 양수한 자에 해당하는 것으로 보아 정화조치명령을 받게 되자, 이 사건 토지는 토양오염관리대상시설에 포함되지 아니하고, 매수 당시 토양오염사실을 알지 못하여 선의 무과실임을 주장하며 정화조치명령의 취소를 구한 사안

▎판결요지

1. 토양환경보전법 제 2 조 제 3 호에 규정된 토양오염관리대상시설 중 '장

소'에는 토양오염물질을 생산·운반·저장·취급·가공 또는 처리함으로써 토양을 오염시킬 우려가 있는 시설·장치·건물·구축물이 설치되어 있는 '부지'도 포함되므로, 위와 같은 부지를 양수한 자는 같은 법 제10조의3 제3항 제3호의 규정에 따라 같은 조 제1항의 규정에 의한 '오염원인자'로 보되, 다만 선의이며 과실이 없는 때에는 그렇지 않다.

2. 건설회사 갑이 철강회사 을의 철강공장 부지로 사용되던 토지를 제강설비, 압연설비 일부를 제외한 각종 시설물 및 잔해 등이 야적, 매립, 방치되어 있는 상태로 매수한 사안에서, 공장시설 등의 부지인 위 토지는 토양환경보전법 제2조 제3호에 정한 '토양오염관리대상시설'에 해당하고 그 토지의 양수인인 갑은 위 법 제10조의3 제3항 제3호에 따라 제1항에 정한 '오염원인자'에 해당한다.

▌평 석

대법원은 이 판결에서 토양환경보전법 제2조 제3호에 정한 토양오염관리대상'시설'에는 시설의 부지가 포함되므로, 부지만을 양수한 자도 위 시설을 양수한 자에 해당한다고 판단하였고, 토양환경영향평가 등 조사를 거치지 않고 계약을 체결한 점, 계약 체결 당시 폐기물 책임 약정을 한 점 등을 고려하여 과실을 인정한 원심의 판단을 유지하였다. 토양환경보전법에서는 토양오염관리대상시설과 특정토양오염관리대상시설로 관리체계를 이원화하고 있는데, 이를 규정함에 있어 열거주의를 택하고 있는 후자와는 달리 토양오염관리대상시설에는 예시주의를 택하고 있는 점, 그리고 이에는 장소를 포함시키고 있는 점 및 토양오염 피해의 잠복성 및 심각성을 고려했을 때 이러한 대법원의 태도는 타당한 것으로 보인다. 그리고 이는 개정법에도 도입이 되어 부지 및 토양오염이 발생한 장소 또한 토양오염관리대상시설에 해당함을 명문의 규정으로 인정하게 되었다.

한편으로 토양환경보전법에 따르면 토양오염관리대상시설의 양수인도 오염원인자에 해당하고, 다만 선의·무과실인 경우에 한해서 양수인은 면책될 수 있다. 이때 선의·무과실의 판단 기준이 문제되는데 대법원은 이 판결에서 토양환경영향평가가 오염원인자의 면책사유인 선의·무과실 여부의 중요한 판단기준이 됨을 선언한 점에서 의의를 갖는다. 이러한 대법원의 태도 또한 마찬가지로 개정법에 도입이 되어, 토양환경평가를 받은 경우를 선의·무과실이 인정되는 예로서 명시하고 있다.

▎참고문헌

김홍균, 환경법, 홍문사 (2010)

2번 판례 원문 : 대법원 2009. 12. 24. 선고 2009두12778 판결 【정화조치명령처분취소】

【이 유】

상고이유(상고이유서 제출기간이 경과한 이후 제출된 상고이유보충서의 기재는 상고이유를 보충하는 범위 내에서)를 판단한다.

토양환경보전법(이하 '법'이라 한다) 제2조 제3호는 "'토양오염관리대상시설'이라 함은 토양오염물질을 생산·운반·저장·취급·가공 또는 처리함으로써 토양을 오염시킬 우려가 있는 시설·장치·건물·구축물 및 장소 등을 말한다"고 규정하고, 법 제10조의3 제3항 제3호는 "토양오염관리대상시설을 양수한 자 및 합병·상속 그 밖의 사유로 제1호 및 제2호에 해당되는 자의 권리·의무를 포괄적으로 승계한 자는 제1항의 규정에 의한 오염원인자로 본다. 다만, 토양오염관리대상시설을 양수한 자가 선의이며 과실이 없는 때에는 그러하지 아니하다"고 규정하고 있는바, 법 제2조 제3호에 규정된 토양오염관리대상시설 중 '장소'에는 토양오염물질을 생산·운반·저장·취급·가공 또는 처리함으로써 토양을 오염시킬 우려가 있는 시설·장치·건물·구축물이 설치되어 있는 부지도 포함된다고 볼 것이므로, 위와 같은 부지를 양수한 자는 법 제10조의3 제3항 제3호의 규정에 따라 같은 조 제1항의 규정에 의한 오염원인자로 보되, 다만 선의이며 과실이 없는 때에는 그러하지 아니하다고 할 것이다.

원심은, 원고가 2003. 3. 14. 한○철강 주식회사(이하 '한○철강'이라 한다)로부터 이 사건 토지를 매수하여 2003. 3. 25. 원고 앞으로 소유권이전등기를 마친 사실, 이 사건 토지는 오래 전부터 한○철강의 철강공장 등 부지로 사용되어 오던 것으로서, 한○철강은 2003. 11.말경까지 계속하여 철강공장 등을 가동하였고, 원고는 2004. 3. 31.경 한○철강으로부터 제강설비, 압연설비 일부를 제외한 각종 시설물 및 잔해 등이 야적, 매립, 방치되어 있는 상태로 이 사건 토지를 인도받았으며, 2004. 6.경부터 장기간에 걸쳐 자신의 비용으로 대규모 철거작업을 수행한 사실, 원고 등이 2006. 10. 말경 서울대학교 농업과학공동기기센터 등 3개 연구기관에 의뢰하여 실시된 이 사건 토지에 대한 토양오염정밀조사 결과, 이 사건 토지에서 검출된 아연, 니켈, 불소, 카드뮴 등 9개 항목 토양오염물질이 법 제4조의2가 정한 토양오염의 우려기준을 초과하는 것으로 밝혀진 사실 등에 비추어, 공장시설 등의 부지인 이 사건 토지는 법 제2조 제3호 소정의 토양오염관리대상시설에 해당하고, 이 사건 토지의 양수인인 원고는 법 제10조의3 제3항 제3호 소정의 오염원인자에 해당한다고 판단하였는바, 위 법리와 기록에 비추어 살펴보면, 원심의 위와 같은 판단은 정당하고, 상고이유로 주장하는 바와 같은 법 제2조 제3호 소정의 토양오염관리대상시설의 의미, 법 제10조의3 제3항 제3호 소정의 오염원인자의 범위에 관한 법리오해 등의 위법이 없다.

Case Book of Environmental Law

3. 군산미군기지유류오염사건
대법원 2009. 12. 10. 선고 2009다72384 판결【손해배상】
원 심: 광주고등법원(전주) 2009. 12. 10. 선고 2009나179 판결
제 1 심: 전주지방법원 군산지원 2008. 12. 18. 선고 2007가합3553 판결

1. 당 사 자	【원고, 피항소인, 부대항소인 겸 피상고인】 군산시 【피고, 항소인, 부대피항소인 겸 상고인】 대한민국
2. 주요쟁점	SOFA협정에 따른 대한민국 정부의 면책 범위 및 불법행위 손해배상청구권의 단기소멸시효의 기산점인 '손해 및 가해자를 안 날'의 의미
3. 사건의 경과	군산시의 손해배상 청구에 대하여 대한민국 정부는 SOFA 협정 제 5 조 제 2 항에 기한 면책 및 불법행위로 인한 손해배상청구권의 단기소멸시효 완성을 주장하였으나 받아들여지지 아니하였고, 원고가 청구취지를 확장하여 부대항소한 부분까지 인용되자 상고
4. 결 과	상고 기각(심리불속행)
5. 관련조문	민법 제766조 제 1 항, 대한민국과 아메리카합중국간의 상호방위조약 제 4 조에 의한 시설과 구역 및 대한민국에서의 합중국 군대의 지위에 관한 협정(SOFA협정) 제23조 제 5 항, 대한민국과 아메리카합중국간의 상호방위조약 제 4 조에 의한 시설과 구역 및 대한민국에서의 합중국군대의 지위에 관한 협정의 시행에 관한 민사특별법 제 2 조
6. 관련판례	대법원 2008. 4. 24. 선고 2006다30440 판결

▍판시사항

1. SOFA협정에 따른 면책 범위(=적법한 사용으로 인한 보상금청구권에 제한)

2. 불법행위 손해배상청구권의 단기소멸시효의 기산점인 '손해 및 가해자를 안 날'의 의미(=정밀조사결과가 나온 시점)

▍사실관계

군산시 소재 주한미군기지 북쪽 주변지역이 기름으로 오염된 것을 발견한 주민들의 신고에 따라 군산시가 피해지역의 토양과 지하수를 조사한 뒤 기

지 내부의 폐유저장탱크에서 유류가 유출되었음을 확인하고 SOFA협정에 따라 대한민국에 손해배상을 청구한 사안

▍판결요지

1. SOFA협정 제5조 제2항은 대한민국 정부와 미합중국 간의 관계에서 대한민국 내의 시설과 구역을 대한민국이 미합중국에게 사용할 수 있도록 해주는 내용을 규정한 것으로서, 그 후문에서 정하고 있는 '이러한 사용과 관련하여 제기할 수 있는 제3자의 청구권으로부터 해를 받지 아니하도록 한다'는 것은 전문과의 통일적 해석상 시설과 구역의 적법한 사용으로 인한 보상금청구로부터 면책된다는 것이지, 그 시설과 구역을 사용하는 자의 위법한 행위로 인하여 발생한 손해배상청구의 경우까지 면책된다는 취지는 아니다.

2. 불법행위로 인한 손해배상청구권의 단기소멸시효의 기산점이 되는 민법 제766조 제1항 소정의 '손해 및 가해자를 안 날'이라 함은 손해의 발생, 위법한 가해행위의 존재, 가해행위와 손해의 발생과의 사이에 상당인과관계가 있다는 사실 등 불법행위의 요건 사실에 대하여 현실적이고도 구체적으로 인식하였을 때를 의미하고, 피해자 등이 언제 불법행위의 요건사실을 현실적이고도 구체적으로 인식한 것으로 볼 것인지는 개별적 사건에 있어서의 여러 객관적 사정을 참작하고 손해배상청구가 사실상 가능하게 된 상황을 고려하여 합리적으로 인정하여야 할 것인바, 이 사건 피해지역에 기름이 유출된 것이 처음으로 발견된 것은 2003. 3. 10.경이지만, 그 후 원·피고와 미군측이 공동으로 2005. 11. 1.부터 2006. 3. 17.까지 이 사건 피해지역을 정밀조사하여 이 사건 피해지역의 토양과 지하수가 이 사건 미군기지에서 유출된 기름에 의하여 오염되었다는 결과를 얻었고, 그 후에도 계속 오염의 원인을 조사하면서 이 사건 피해지역의 복구방안과 추가오염의 방지대책에 관하여 논의를 하여 온 점에 비추어 보면, 원고는 위 정밀조사결과가 나온 2006. 3. 17.경 또는 그 이후에야 비로소 이 사건 피해지역의 오염이 이 사건 미군기지에서 유출된 기름에 의하여 발생한 것이라는 점을 현실적이고도 구체적으로 인식하였다고 봄이 상당하다.

❙ 평 석

한미행정협정의 주요 취지가 대한민국과 미합중국 간의 관계를 규정한 것이라는 점에 비추어, 위 협정의 제3자의 청구권에 대한 내용은 가능한 엄격하게 해석한 녹사평역 미군기지 토양오염 사건과 궤를 같이하는 판결로 한미행정협정 제5조 제2항이 한미군의 시설 등 사용과 관련된 불법행위의 피해자에 대한 대한민국의 면책의 근거가 될 수 없음을 다시 확인한 점에서 의의가 있다.

한편으로 오염여부를 감지하기가 힘든 점, 오염물질이 토양에 오랫동안 축적되어 일어나기 때문에 오염되기까지 오랜 세월이 걸리지만 일단 오염되면 오염물질이 자연적으로 제거되지 않고 원상회복이 곤란해지는 점, 그 처리에 긴 시간과 많은 비용이 소요되고 주로 급성보다는 만성적인 질병을 야기한다는 점과 같은 토양오염의 특성상 불법행위로 인한 손해배상청구권의 단기소멸시효의 기산점이 문제된다. 이를 지나치게 앞당겨 보는 경우 토양오염으로 인한 피해자들이 소멸시효의 도과로 인하여 적절한 구제를 받지 못하게 될 우려가 있다. 대법원은 일반적으로 종래의 태도와 비해서 단기소멸시효의 기산점에 대하여 기존의 형식적인 판단에서 벗어나 보다 실질적인 판단을 하는 경향을 보이고 있으며, 이 사건에서 또한 토양에 대한 정밀조사결과가 나온 시점으로 보아 보다 피해자 보호에 중점을 둔 판단을 내리고 있다. 환경침해의 원인자에게 그 법적 책임을 묻는 것은 법적 정의를 구현하는데 필수적일 뿐만 아니라 이른바 외부효과를 내부화하는 강력한 수단이라는 점을 생각해볼 때 오염원인자가 면책될 수 있는 여지를 줄이는 점에서 대상 판결의 의의를 찾을 수 있다.

❙ 참고문헌

조홍식, “토양오염침해에 관한 법적 책임,” 환경법연구 20권, 한국환경법학회 (1998)

Case Book of Environmental Law

4. 녹사평역 미군기지 토양오염 사건

대법원 2009. 10. 29. 선고 2009다42666 판결【손해배상(기)】
원 심: 서울고등법원 2009. 5. 14. 선고 2007나92423 판결
제 1 심: 서울중앙지방법원 2007. 8. 21. 선고 2006가합18858 판결

1. 당 사 자	【원고, 피상고인】 서울특별시 【피고, 상고인】 대한민국
2. 주요쟁점	'한미행정협정'에 의한 대한민국의 환경상 책임 면책 가능성
3. 사건의 경과	원심에서 원고의 손해배상청구를 모두 인용하자, 피고가 이에 불복하여 상고
4. 결 과	상고 기각
5. 관련조문	민법 제750조, 민사소송법 제288조, 대한민국과 아메리카합중국 간의 상호방위조약 제 4 조에 의한 시설과 구역 및 대한민국에서의 합중국군대의 지위에 관한 협정 제 5 조 제 2 항, 제23조 제 5 항, 제 6 항
6. 관련판례	대법원 2002. 10. 22. 선고 2000다65666, 65673 판결 대법원 2004. 11. 26. 선고 2003다2123 판결

❙ 판시사항

'한미행정협정' 제 5 조 제 2 항을 근거로 대한민국이 주한미군의 시설 등 사용과 관련된 불법행위의 피해자에 대하여 면책을 주장할 수 있는지 여부(소극)

❙ 사실관계

녹사평역 부근 주한미군이 관리하는 유류저장시설에서 유출된 휘발유와 등유로 인하여 원고 소유의 토지가 오염되자, 원고가 민법 및 한미행정협정 등을 근거로 피고에 대하여 손해배상금 중 일부를 청구한 사안

❙ 판결요지

'대한민국과 아메리카합중국 간의 상호방위조약 제 4 조에 의한 시설과 구역 및 대한민국에서의 합중국군대의 지위에 관한 협정'(이하 '한미행정협정'이라 한다) 제 5 조 제 2 항은 '대한민국은, 미합중국에 부담을 과하지 아니하고, 한미행

정협정의 유효기간 동안 제2조 및 제3조에 규정된 비행장과 항구에 있는 시설과 구역처럼 공동으로 사용하는 시설과 구역을 포함한 모든 시설, 구역 및 통행권을 제공하고, 상당한 경우에는 그들의 소유자와 제공자에게 보상하기로 합의한다. 대한민국 정부는 이러한 시설과 구역에 대한 미합중국 정부의 사용을 보장하고, 또한 미합중국 정부 및 기관과 직원이 이러한 사용과 관련하여 제기할 수 있는 제3자의 청구권으로부터 해를 받지 않도록 한다'라고 규정하고 있다. 위 규정의 취지와 한미행정협정 제23조 제5항, 제6항의 내용 등을 종합하여 보면, 위 제5조 제2항은 대한민국의 주한미군에 대한 시설제공 의무와 주한미군의 시설 등 사용과 관련된 제3자의 청구권에 대한 대한민국과 미합중국 사이의 관계를 규정한 것에 불과하고, 주한미군의 시설 등 사용과 관련된 불법행위의 피해자에 대한 대한민국의 면책의 근거 규정이 될 수는 없다.

❙ 평 석

이 사건에서 피고는 한미행정협정 제5조 제2항의 문언을 근거로 원고에 대하여 손해배상책임을 부담하지 않는다고 주장하였으나, 원심은 한미행정협정 제5조 제2항은 대한민국 정부와 미합중국간의 관계에서 대한민국내의 시설과 구역을 대한민국이 미합중국에게 사용할 수 있도록 해주는 내용을 규정한 것으로서 그 후문에서 정하고 있는 '이러한 사용과 관련하여 제기할 수 있는 제3자의 청구권'이라 함은 전문과의 통일적 해석상 원칙적으로 시설과 구역의 사용 자체로 인한 보상금청구권을 의미하는 것이라 할 것이고, 그 시설과 구역을 사용하는 자의 위법한 행위로 인하여 발생하는 손해배상청구권을 의미하는 것은 아니라고 봄이 상당하므로, 이를 근거로 피고가 면책을 주장할 수는 없다고 판단하였고, 대법원은 원심의 판단을 유지하였다. 한미행정협정의 주요 취지가 대한민국과 미합중국 간의 관계를 규정한 것이라는 점에 비추어, 위 협정의 제3자의 청구권에 대한 내용은 가능한 엄격하게 해석하는 것이 바람직하며, 이러한 점에서 위 판결은 타당한 것으로 보인다.

❙ 참고문헌

조홍식, "駐韓美軍의 環境責任과 SOFA의 後續協約," 법학 45권 3호, 서울대학교 법학연구소 (2004)

5. 도계부산물 사건
대법원 2008. 6. 12. 선고 2008도3108 판결【폐기물관리법위반】
원 심: 의정부지방법원 2008. 3. 21. 선고 2007노919 판결
제 1 심: 의정부지방법원 2007. 5. 2. 선고 2005고단3009 판결

1. 당 사 자	【피고인】 피고인 【상고인】 검사
2. 주요쟁점	폐기물을 재활용하는 경우 폐기물관리법상 폐기물에 해당하지 않을 요건
3. 사건의 경과	원심이 피고인에게 무죄를 선고하자 검사가 상고
4. 결 과	상고 기각
5. 관련조문	구 폐기물관리법(2003. 5. 29. 법률 제6912호로 개정되기 전의 것) 제 2 조 제 1 호
6. 관련판례	대법원 2001. 6. 1. 선고 2001도70 판결 대법원 2002. 12. 26. 선고 2002도3116 판결

❙ 판시사항

폐기물관리법상 폐기물의 요건

❙ 사실관계

피고인이 퇴비로 사용하기 위하여 닭털, 계분, 왕겨, 톱밥을 혼합하여 발효시킨 후 이를 임야로 옮겨 매립하고 일부는 임야 위에 적치한 행위에 대하여 폐기물관리법위반죄로 기소된 사안

❙ 판결요지

당해 사업장의 사업활동에 필요하지 아니하게 된 물질은 비록 그 물질이 재활용의 원료로 공급된다는 사정만으로는 폐기물관리법 제 2 조 제 1 호의 폐기물로서의 성질을 상실하지는 않는다고 할 것이나, 그 물질을 공급받은 자가 이를 파쇄, 선별, 풍화, 혼합 및 숙성의 방법으로 가공한 후 완제품을 생산하는 경우에 있어서는 그 물질을 공급받는 자의 의사, 그 물질의 성상 등에 비추어 아직 완제품에 이르지 않았다고 하더라도 위와 같은 가공과정

을 거쳐 객관적으로 사람의 생활이나 사업활동에 필요하다고 사회통념상 승인될 정도에 이르렀다면 그 물질은 그 때부터는 폐기물로서의 속성을 잃고 완제품생산을 위한 원료물질로 바뀌었다고 할 것이어서 그 물질을 가리켜 사업활동에 필요하지 않게 된 폐기된 물질, 즉 폐기물에 해당한다고 볼 수는 없다.

▌평 석

본 사건에 적용된 구 「폐기물관리법」(2003. 5. 29. 법률 제6912호로 개정되기 전의 것) 및 현 「폐기물관리법」 제 2 조 제 1 호는 폐기물을 "쓰레기·연소제·오니·폐유·폐산·폐알칼리·동물의 사체 등으로 사람의 생활이나 사업활동에 필요하지 아니하게 된 물질"이라고 정의하고 있다. 즉, 폐기물의 표지로서 '필요성의 상실'을 들고 있다고 할 수 있는데 이를 어떻게 판단할지 문제된다. 이에 대해 본 대법원 판결은 재활용의 원료로 공급된다는 사정만으로는 폐기물로서의 성질을 상실하지는 않는다는 종전 판례(2001. 6. 1. 선고 2001도70 판결 등)를 따르면서, 비록 완제품에 이르지 않았다고 하더라도 가공과정을 거쳐 객관적으로 사람의 생활이나 사업활동에 필요하다고 사회통념상 승인될 정도에 이르렀다면 그 물질은 그 때부터는 폐기물로서의 속성을 잃는다는 기준을 제시하고 있다. 그러나 이러한 판례에도 불구하고 그 구체적인 판단은 여전히 어려우므로 「폐기물관리법」에서 구체적인 예시와 함께 보다 객관적인 기준을 제시하는 정의가 필요하다는 견해가 있다.

▌참고문헌

김홍균, "폐기물재활용의 개념 : 폐기물과의 구별," 저스티스 84호, 한국법학원 (2005)

채영근, "폐기물 관련 법령체계의 문제점 및 개선방안," 환경법연구 31권 2호, 한국환경법학회 (2009)

6. 안산신도시 사건: 조치명령과 손해배상책임 / 채무불이행책임과 하자담보책임
대법원 2004. 7. 22. 선고 2002다51586 판결【손해배상(기)】
원 심 : 서울고등법원 2002. 8. 7. 선고 2002나7697 판결
환송판결 : 대법원 2002. 1. 11. 선고 99다16460 판결
파기환송 전 원심: 서울고등법원 2002. 8. 7. 선고 2002나7697 판결
파기환송 전 제1심: 수원지방법원 1998. 4. 7. 선고 96가합24029 판결

1. 당 사 자	【원고, 피상고인】 한국수자원공사 【피고, 상고인】 피고
2. 주요쟁점	폐기물을 매립한 토지를 매도한 경우 매도인의 채무불이행책임 및 하자담보책임
3. 사건의 경과	원심은 매수인인 원고가 입은 토지의 폐기물처리비용 상당의 손해에 대해 매도인인 피고에게 채무불이행책임과 하자담보책임을 경합적으로 인정하자 피고가 상고
4. 결 과	원심판결 중 지연손해금 부분 파기자판, 피고의 나머지 상고 기각
5. 관련조문	민법 제390조, 제580조

❙ 판시사항

성토작업을 기화로 다량의 폐기물을 은밀히 매립한 토지의 매도인이 협의취득절차를 통하여 공공사업시행자에게 이를 매도함으로써 매수인에게 토지의 폐기물처리비용 상당의 손해를 입게 한 경우, 채무불이행책임과 하자담보책임이 경합적으로 인정된다고 한 사례

❙ 사실관계

원고 한국수자원공사는 이 사건 토지의 공유지분권자인 피고가 판시 토지에 구 폐기물관리법상 각종 폐기물을 은밀히 매립한 것을 모른 채 구 공공용지의 취득및손실보상에관한특례법에 따라 피고로부터 피고 지분을 협의취득하였는데, 피고가 매립한 폐기물로 인하여 매립 부분 주변의 토지와 지하수까지 오염되었고, 안산시로부터 매립된 폐기물 등을 폐기물관리법에 따라 적정하게 처리하라는 행정명령을 받게 되자 이 사건 토지를 포함하여 인근 매립지 전체의 오염복구를 위한 처리공사를 시행하게 되어, 그 비용 상당액을 피고에게 청구한 사안

❙ 판결요지

토지 매도인이 성토작업을 기화로 다량의 폐기물을 은밀히 매립하고 그 위에 토지를 덮은 다음 도시계획사업을 시행하는 공공사업시행자와 사이에서 정상적인 토지임을 전제로 협의취득절차를 진행하여 이를 매도함으로써 매수자로 하여금 그 토지의 폐기물처리비용 상당의 손해를 입게 하였다면 매도인은 이른바 불완전이행으로서 채무불이행으로 인한 손해배상책임을 부담하고, 이는 하자 있는 토지의 매매로 인한 민법 제580조 소정의 하자담보책임과 경합적으로 인정된다.

❙ 평 석

토양오염으로 인한 민사상 책임은, 오염원인자가 토양오염 피해자에 대하여 지는 불법행위책임과 오염된 토지를 목적물로 하는 매매계약의 매도인이 매수인에 대하여 지는 계약상의 책임을 들 수 있다. 후자의 경우 전자의 불법행위책임이 인정되어 손해배상책임을 부담한 토지양수인이 구상권을 행사할 수 있는 상대방을 찾는 과정에서도 문제될 수 있다. 본 판결은 매매목적물인 토지에 불법폐기물이 매립되어 있는 것을 '목적물의 하자'가 있다고 평가하였으며, 매도인의 행위를 채무불이행의 한 유형인 불완전이행에 해당한다고 하여 손해배상책임을 인정하는 한편 민법 제580조에 따른 하자담보책임을 경합적으로 인정하고 있다. 한편 원고는 행정명령에 따라 해당 폐기물 등을 적정히게 처리할 공법상 의무를 부담하게 되었으나, 법원은 이를 이유로 피고에 대한 사법상 청구권 행사를 제한하지 않았다. 아울러 매수인이 입은 손해는 폐기물처리비용 상당액이며 이것이 매매대금을 초과하더라도 손해배상청구권 행사에 장애가 되지 않는다고 하였다.

❙ 참고문헌

조홍식, "토양오염침해에 관한 법적 책임," 환경법연구 20권, 한국환경법학회 (1998)

조홍식, "폐기물관리법상 사업장폐기물 배출사업자의 법적 책임," 법학 45권 2호, 서울대학교 법학연구소 (2004. 6.)

6번 판례 원문 : 대법원 2004. 7. 22. 선고 2002다51586 판결 【손해배상(기)】

【이 유】

1. 원심은 그 채용 증거들을 종합하여 다음과 같은 사실을 인정하고 있다.

가. 손해배상청구권의 발생

(1) 원고는 판시 토지를 포함한 안산시 일대 토지 합계 7,887,814㎡(이하 '사업시행지'라 한다)에 대하여 건설부고시 제594호(1991. 10. 7.자)로 수립된 반월 특수지역 개발구역 중 안산 신도시 2단계 건설사업을 수행하기로 하고, 1992. 3. 11. 당시 건설부장관으로부터 준공예정일을 1996. 12.로 하여 안산시를 서해안 거점도시로 육성하기 위한 사업실시계획을 승인받았으며, 그 승인은 같은 날 건설부고시 제199271호로 고시되었다.

(2) 원고는 1992. 7.경 안산시장에게 사업시행지의 매수 및 손실보상 등 업무를 위탁하였고 안산시장은 원고를 대리하여 폐지 전 공공용지의취득및손실보상에관한특례법에 따라 사업시행지 내에 위치한 판시 토지의 공유지분권자인 피고와 위 토지 취득을 위한 협의를 거쳐 1995. 5. 16. 위 토지에 대한 피고의 지분을 금 8,758,541,900원에 협의취득하고 이에 따라 1995. 9. 22. 원고 명의로 소유권이전등기가 마쳐졌다.

(3) 피고는 판시 토지가 위와 같이 사업시행지에 포함되자 1992. 6.경 인근 도로 및 지표면보다 약 1m 이상 낮은 위 토지의 보상가격을 높이기 위하여 대지조성공사를 하였는데, 그 과정에서 토사와 함께 산업폐기물 등을 매립하기로 소외 1 등과 공모하여 1992. 6.경부터 1993. 11. 하순경 사이에 일반폐기물과 특정폐기물 합계 18,500t을 단속이 뜸한 심야에 집중적으로 실어 운반한 후 판시 토지에 구덩이에 파서 쏟아 붓고 그 위에 다량의 토사를 덮어 외견상으로는 쉽게 발견되지 않도록 하는 방법으로 위 폐기물을 은밀히 매립하였다.

나. 손해배상의 범위

(1) 피고의 폐기물 매립으로 인하여 그 매립 부분 주변의 토지에 중금속 등 오염이 확산되고 지하수까지 오염되었는바, 토양환경보전법시행규칙 및 지하수의수질보전등에관한규칙 등 관계 법령에 의하여 요구되는 기준에 따라 토지와 지하수의 오염도를 산출하여 이를 정상적인 토지와 지하수로 복구하기 위한 비용이 금 16,350,000,000원(판시 토지를 포함하여 인근 매립지 전체의 복구비용)이 소요된다.

(2) 원고는 환송 후 원심의 변론종결 무렵 이미 위 폐기물처리를 위한 공사도급계약을 체결하고 이에 따라 위 감정 결과에서 산출된 비용의 상당 부분을 실제 지출하였거나 위 비용의 지출을 전제로 계약을 체결하여 그 계약에 따른 처리공사를 시행하고 있었다.

2. 원심은 위 사실인정에 터잡아 다음과 같이 판단하였다.

가. 매매계약에 있어서 매도인은 특별한 사정이 없는 한 하자가 없는 정상적인 물건을 인도할 의무가 있는바, 피고가 협의취득절차에서 보상금을 유리하게 책정받기 위하여 성토작업을 하는 과정에서 폐기물을 다량 매립하였으면서도 폐기물이 존재하지 않는 정상적인 토지임을 전제로 하는 협의취득절차를 진행하여 폐기물이 매립된 토지를 인도하였다면 피고는 위 협의취득상의 매도인으로서 계약상의 의무를 제대로 이행하지 않음으로 인하여 원고가 입은 손해를 배상할 책임이 있다.

나. 위 손해배상청구권은 피고에 대하여 매매계약의 내용에 따라 판시 토지를 하자 없는 상태로 인도할 것을 구하는 이행청구권에 갈음하는 것으로서 그 범위가 확정된 이상 원고가 실제로 그 비용을 지출하였는가 여부에 관계없이 피고는 이를 배상하여야 하며 그 범위는 위 폐기물처리비용 중 피고의 소유지분에 상응하는 금액이다.

다. 한편, 하자 있는 토지를 매도함으로써 피고의 위 채무불이행으로 인한 손해배상책임이 발생하더라도 이와 별도로 민법 제580조에 의한 하자담보책임이 발생하므로 피고는 원고에게 하자 있는 토지의 매도로 인한 담보책임으로서 손해배상책임을 부담하지만, 그 경우 손해배상의 범위는 위 채무불이행으로 인한 손해배상으로서 위 폐기물처리비용 상당액 중 피고의 지분 상당액을 초과하지 않는다.

3. 상고이유를 본다.

가. 재판청구권 침해에 관하여

위와 같이 환송 후 원심 변론종결일에 이르기까지 손해배상책임의 발생 및 그 범위에 관하여 충분히 심리된 이상 원심이 폐기물처리작업의 완료 여부와 원고가 이를 위하여 실제로 지출한 비용을 별도로 심리하여 확정할 필요는 없다고 할 것이고, 따라서 이 점에 대한 추가심리를 주장하는 피고의 변론재개신청을 받아들이지 않은 조치는 정당하고 거기에 상고이유 주장과 같이 피고의 주장·입증 기회를 박탈하여 재판청구권을 침해한 위법이 없다.

나. 업무위탁에 의한 협의취득 당사자에 관하여

폐지 전 공공용지의취득및손실보상에관한특례법에 의한 협의취득을 하기 위하여는 매수인은 공공사업을 시행하는 자여야 하는바, 행정청이 아니면서 도시계획사업을 시행하는 자는 도시계획사업에 관한 허가와 고시가 있은 때 위 특례법상 공공사업시행자로서 협의취득을 할 수 있다(대법원 2000. 8. 22. 선고 98다60422 판결 참조).

따라서 원심이, 원고가 사업실시계획에 대한 승인을 받고 이를 고시함으로써 위 특례법상 협의취득의 주체가 되는 사업시행자의 지위를 취득하였고 그 지위에 기하여 안산시에게 협의취득절차에 관한 업무를 위탁하였으므로 안산시는 원고를 대리하여 판시 토지를 매수한 것일 뿐 협의취득의 당사자는 원고라고 판단한 것은 정당하고 거기에 상고이유 주장과 같이 위 특례법상 업무위탁에 관한 채증법칙 위반으로 인한 사실오인, 판례 및 법령 위반의 위법이 없다.

상고이유에서 원용하는 위 대법원 2000. 8. 22. 선고 98다60422 판결은 위 판시 내용에 비추어 오히려 원심의 판단을 뒷받침하는 판결이라고 할 것이다.

다. 채무불이행책임의 요건에 관하여

<u>매도인이 성토작업을 기화로 다량의 폐기물을 은밀히 매립하고 그 위에 토사를 덮은 다음 도시계획사업을 시행하는 공공사업시행자와 사이에서 정상적인 토지임을 전제로 협의취득절차를 진행하여 이를 매도함으로써 매수자로 하여금 그 토지의 폐기물처리비용 상당의 손해를 입게 하였다면 매도인은 이른바 불완전이행으로서 채무불이행으로 인한 손해배상책임을 부담하고, 이는 하자 있는 토지의 매매로 인한 민법 제580조 소정의 하자담보책임과 경합적으로 인정된다</u>고 할 것이다.

<u>한편, 피고가 스스로 법령에 의하여 요구되는 정도와 방법에 부합하도록 폐기물을 처리하여 판시 토지를 정상적으로 복구할 것을 기대하기 어려워 원고가 그 처리비용 상당의 손해배상을 구하는 이 사건에서 원고에게 피고가 스스로 폐기물</u>

을 처리할 것만을 청구하거나 손해배상청구에 앞서 이러한 청구를 먼저 행사하여야 할 의무는 없는 것이고, 나아가 폐기물처리비용이 매매대금을 초과한다는 사정은 원고의 손해배상청구권 행사에 아무런 장애가 되지 않는다고 할 것이다.

한편, 폐지 전 공공용지의취득및손실보상에관한특례법에 의하여 공공사업의 시행자가 토지를 협의취득하는 행위는 사경제주체로서 행하는 사법상의 법률행위이므로(대법원 1999. 11. 26. 선고 98다47245 판결 등 참조) 그 일방 당사자의 채무불이행에 대하여 민법에 따른 손해배상 또는 하자담보책임을 물을 수 있다. 피고가 상고이유에서 들고 있는 대법원 2001. 1. 6. 선고 98다58511 판결은 토지수용법에 의한 수용에서는 목적물에 숨은 하자가 있는 경우에도 하자담보책임이 인정되지 않는다는 것으로서 이 사건과 사안을 달리 하므로 이 사건에 원용하기에 적절하지 않다.

따라서 피고에게 손해배상책임이 있다고 한 원심의 인정 및 판단은 정당하고 거기에 상고이유 주장과 같이 매매대상물의 하자와 불완전 이행의 요건 및 하자담보책임과의 관계, 추완청구권과의 관계, 위 특례법상 협의취득의 법률적 성질 등에 관한 법리오해, 판례 및 법령 위반, 채증법칙 위반 등의 위법이 없다.

라. 손해배상의 범위에 관하여

기록에 비추어 살펴보면, 원심이 위 폐기물처리비용 중 피고의 소유지분에 상응하는 금액을 손해배상액으로 인정하여 위 금원 및 이에 대하여 원고가 위 금액 상당의 배상을 구하는 1997. 4. 15.자 청구취지확장 및 원인변경신청서의 송달 이후의 지연손해금의 지급을 명한 조치는 정당하고 거기에 상고이유 주장과 같이 손해배상액 인정에 있어서 요건사실 누락, 채증법칙 위반으로 인한 사실오인, 심리미진, 판례 위반, 손해배상청구권의 이행기에 관한 법리오해 등의 위법이 없다.

한편, 이미 원고가 환송 후 원심의 변론종결일 무렵 지출할 것이 요구되고 실제로 그 비용의 상당 부분을 지출한 이 사건에서 원고가 그 전액을 지출하지 않았다는 점만으로 중간이자를 공제할 수 없다고 할 것이고, 손해의 발생 및 확대에 기여한 원고의 과실이 전혀 엿보이지 않는 이 사건에서 과실상계의 여지가 없다고 할 것이므로 원심이 중간이자를 공제하지 아니하고 과실상계를 행하지 아니한 것은 적법하고 거기에 중간이자 공제 및 과실상계에 관한 법리오해의 위법이 없다.

상고이유에서 들고 있는 대법원판결들은 모두 이 사건과 사안을 달리 하므로 이 사건에 원용하기에 적절하지 않다.

4. 지연손해금에 관하여 직권으로 본다.

개정 전 소송촉진등에관한특례법(2003. 5. 10. 법률 제6868호로 개정되기 전의 것) 제 3 조 제 1 항 본문 중 '대통령령으로 정하는 이율' 부분에 대하여는 2003. 4. 24. 헌법재판소의 위헌결정이 있었고, 그 후 개정된 위 법률조항과 그에 따라 개정된 소송촉진등에관한특례법제 3 조제 1 항본문의법정이율에관한규정(2003. 5. 29. 대통령령 제17981호로 개정된 것)은 위 개정법률 시행 당시 법원에 계속중인 사건에 대하여 2003. 6. 1. 이후에 적용할 법정이율을 연 2할로 한다고 규정하고 있으므로, 원심판결 중 2002. 8. 8.부터 완제일까지의 기간에 대하여 위 개정 전의 법률 규정을 적용하여 연 2할 5푼의 지연손해금을 인용한 부분은 결과적으로 지연손해금의 이율을 잘못 적용하여 판결에 영향을 미친 위법이 있게 되었다.

그러므로 원심판결의 지연손해금에 관한 피고 패소 부분 중 금 9,224,329,639원에 대한 1997. 5. 21.부터 2003. 5. 31.까지의 연 5푼, 그 다음날부터 완제일까지의 연 2할의 각 비율에 의한 지연손해금을 초과하는 부분을 파기하되, 이 부분은 이 법원이 직접 재판하기에 충분하므로 자판하기로 하는바, 위 파기 부분에 해당하는 제 1 심판결을 취소하여 그에 해당하는 원고의 청구를 기각하고, 피고의 나머지 상고는 이유 없으므로 기각하기로 하고, 소송총비용의 부담을 정하여 관여 대법관의 일치된 의견으로 주문과 같이 판결한다.

Case Book of Environmental Law

7. 불법폐기물로 인한 토양오염
대법원 2002. 1. 11. 선고 99다16460 판결【손해배상】
원 심: 서울고등법원 1999. 2. 2. 선고 98나22989 판결
제 1 심: 수원지방법원 1998. 4. 7. 선고 96가합24029 판결
파기환송 후 원심: 서울고등법원 2002. 8. 7. 선고 2002나7697 판결
파기환송 후 상고심: 대법원 2004. 7. 22. 선고 2002다51586 판결

1. 당 사 자	【원고, 피상고인】 한국수자원공사 【피고, 상고인】 피고
2. 주요쟁점	자기 소유인 토지에 폐기물을 무단 매립한 행위가 불법행위를 구성하는지 여부
3. 사건의 경과	한국수자원공사가 안신신도시개발을 위하여 수용한 일부 토지에서 간척사업 당시 산업폐기물 등 각종폐기물이 매립된 사실이 발견되자 민법상 하자담보책임, 채무불이행 책임 및 불법행위책임에 따른 각 손해배상을 선택적으로 주장하였고 원심에서 불법행위책임에 기한 손해배상이 원심에서 인정되자 피고가 상고
4. 결 과	원심파기 후 환송(상고심은 채무불이행책임 및 담보책임의 경합적용을 인정)
5. 관련조문	민법 제750조
6. 관련판례	대법원 2004. 7. 22. 선고 2002다51586 판결

❙ 판시사항

자신의 소유였던 토지에 폐기물 등을 매립한 행위는 그 소유자 자신에 대한 행위로서 제 3 자에 대한 행위가 아니므로 불법행위가 성립되지 않을 뿐만 아니라 전 소유자가 이 사건 토지에 폐기물 등을 매립한 행위 자체만으로는 당연히 현재의 소유자인 원고에게 어떤 손해가 발생하였다고 볼 수는 없으므로 불법행위가 성립되지 않는다.

❙ 사실관계

한국수자원공사가 반월 특수지역 개발구역 중 안산 신도시 2단계 건설사업 수행하기 위해 원고로부터 수용한 토지가 과거 간척사업을 위한 공유수

면매립과정서 산업폐기물을 포함한 각종 폐기물을 불법 매립하여 조성된 것임이 밝혀지자, 장래에 폐기물을 제거하고 토양 및 지하수의 정화 조치를 취하는데 들게 될 비용을 손해배상으로 청구한 사안

판결요지

토지의 전 소유자가 폐기물관리법에서 규정한 환경부장관 등으로부터의 허가를 받지 아니하고 당해 토지에 폐기물 등을 무단매립하여 그로 인하여 행정적인 제재나 형사처벌 등을 받는 것은 별론으로 하고, 자신의 소유였던 토지에 폐기물 등을 매립한 행위는 그 소유자 자신에 대한 행위로서 제3자에 대한 행위가 아니므로 불법행위가 성립되지 않을 뿐만 아니라 전 소유자가 이 사건 토지에 폐기물 등을 매립한 행위 자체만으로는 당연히 현재의 소유자인 원고에게 어떤 손해가 발생하였다고 볼 수는 없으므로, 전 소유자가 해당 토지에 폐기물 등을 매립하였다는 사실만으로는 그 토지에 관한 소유권을 취득한 현재의 소유자에 대하여 불법행위를 구성하는 것은 아니라고 할 것이며, 위 폐기물 매립행위로 인하여 이 사건 토지와 인접한 토지 소유자(이 사건 토지의 공유지분권자도 포함)나 거주자에게 손해를 가한 경우 그에 대한 불법행위는 성립할 수 있어도, 그 토지의 새로운 취득자에게까지 불법행위가 성립한다거나 당연히 그 손해배상청구권이 승계되는 것은 아니다.

평 석

매도인이 대상 토지를 소유할 당시 위 토지에 폐기물을 매립하고 그 매립사실을 모르고 있는 매수인에게 토지를 매도한 일련의 행위를 일체로 파악한다면 이를 불법행위로 볼 수 있다. 부연하면 위와 같은 일련의 행위를 통해 매수인이 폐기물 제거명령을 받고 또한 토지사용 및 토지매각을 위한 필요상 비용을 들여 폐기물을 제거하게 하여 필연적으로 그로 인한 손해를 입게 한 것을 불법행위로 보는 것이다. 이렇게 본다면 매도인의 행위와 통상의 불법행위 사이의 차이점은 전자가 장기간에 걸쳐서 이루어지기 때문에 손해가 현실화되는 데 시간이 걸리는 점이라 할 것이다. 즉 폐기물이 매립된 토지를 취득하여 소유한 사람이 관할관청으로부터 제거명령을 받거나 또는 토지소유자로서 완전한 토지소유권의 행사를 위해 불가피하게 폐기물을 처리

하여야 할 시점에 손해가 현실화되고 이 때 불법행위가 완성된다고 볼 수 있다.

불법행위가 성립하는 또 하나의 근거는 통상 자신의 소유물을 손괴하는 것과 달리, 폐기물을 자신의 토지에 매립하는 경우에는 일정한 방법과 기준을 따라야 한다는 것이다. 통상의 경우와 달리 자신이 소유한 토지에 폐기물을 매립하여도 형사 처벌까지 받는 것으로 규정되어 있으며, 토양환경보전법 제15조 제1항에 의하면 매립지에 은밀하게 폐기물을 불법 매립한 사실이 추후 드러나는 경우 행정청은 그 발각 당시 토지 소유자에게 폐기물제거명령을 발할 수 있도록 규정하고 있다. 그렇다면 자신의 토지에 폐기물을 불법 매립한 경우에도 사법상 불법행위 책임의 성립을 긍정하는 것이 법체계 전체를 조화롭게 파악하는 방법일 것이다.

▎참고문헌

조홍식, "폐기물관리법상 사업장폐기물 배출사업자의 법적 책임," 법학 45권 2호, 서울대학교 법학연구소 (2004. 6.)

Case Book of Environmental Law

8. 돼지가죽 사건 : 사업활동에 필요하지 아니하게 된 물질
대법원 2001. 12. 24. 선고 2001도4506 판결【폐기물관리법위반】
원 심 : 창원지방법원 2001. 7. 10. 선고 2000노1536 판결
제 1 심 : 창원지방법원 2000. 7. 11. 선고 99고단3731 판결

1. 당 사 자	【피고인】 피고인 【상고인】 피고인
2. 주요쟁점	폐기물관리법상 폐기물의 요건
3. 사건의 경과	원심은 피고인이 폐기물재생처리업의 허가 없이 돼지가죽을 재생처리, 가공한 후 가죽공장에 납품하여 폐기물처리업을 영위하였다는 공소사실에 대하여 폐기된 물질이 재활용 원료로 공급되었으므로 폐기물로서의 성질을 상실하였다는 피고인의 항소이유를 배척하고 유죄를 인정한 1심판결을 유지하자 피고인이 상고
4. 결 과	파기 환송
5. 관련조문	민법 제390조, 제580조

❙ 판시사항

돼지를 도축하는 과정에서 발생한 돼지가죽이 폐기물관리법 제2조 제1호 소정의 폐기물에 해당하지 않는다고 한 사례

❙ 사실관계

피고인은 축산업협동조합과 부산물판매계약을 체결하고 돼지지육을 계속적으로 공급받아 돼지가죽에서 기름을 제거하고 염장처리하는 등의 방법으로 가공한 후 가죽공장에 원자재로 납품하였으며 이는 조합 공판장에서 상업적으로 매각하여 왔는데, 이에 관하여 폐기물관리법위반죄로 기소된 사안

❙ 판결요지

축산업협동조합과 부산물판매계약을 체결하여 돼지가죽을 공급받아 돼지가죽에서 기름을 제거하고 염장처리하는 등의 방법으로 가공한 후 가죽공장에 원자재로 납품하였다면 그 돼지가죽은 조합 공판장에서 상업적으로 매각

하고 있으므로 이에 비추어 본 조합의 의사와 그 물건의 성상 등을 감안하면 이를 두고 사업활동에 필요하지 않게 된 폐기된 물질에 해당한다고 볼 수 없다.

▌평 석

대법원 2008. 6. 12. 선고 2008도3108 판결에서와 마찬가지로 어떠한 경우에 「폐기물관리법」에 따른 폐기물의 요건인 "사업활동에 필요하지 아니하게" 되었다고 판단할지 그 기준이 문제된 사안이다. 원심은 사업장에서 폐기된 물질의 재활용 원료로 공급된다고 하여 폐기물로서의 성질을 상실한다고 할 수 없다는 대법원 2001. 6. 1. 선고 2001도70 판결을 원용하여 이 사건 돼지가축 역시 폐기물에 해당하며 결국 피고인은 폐기물관리법상 허가 없이 폐기물재생처리업을 영위한 것이라고 하였다. 그러나 대법원은 사실관계에 비추어 "조합의 의사와 그 물건의 성상 등"을 기준으로 판단한다면 이 사건 돼지가축은 사업활동에 필요하지 않게 된 폐기된 물질에 해당한다고 볼 수 없다고 하여 폐기물이 아니라고 판단하였다. 본 판결에서는 "조합의 의사와 그 물건의 성상"을 폐기물 판단의 기준으로 삼았으나 이후 대법원 2008. 6. 12. 선고 2008도3108 판결은 "그 물질을 공급받는 자의 의사, 그 물질의 성상 등에 비추어 객관적으로 사람의 생활이나 사업활동에 필요하다고 사회통념상 승인될 정도"에 이르렀는지를 기준으로 판단하고 있다.

▌참고문헌

김홍균, "폐기물재활용의 개념: 폐기물과의 구별," 저스티스 84호, 한국법학원 (2005)

채영근, "폐기물 관련 법령체계의 문제점 및 개선방안," 환경법연구 31권 2호, 한국환경법학회 (2009)

9. 주한미군기지 토양오염정화 관련 소송
서울중앙지방법원 2010. 8. 11. 선고 2009가합145485 판결【오염토양정화】

1. 당 사 자	【원고】 경기도 【피고】 대한민국
2. 주요쟁점	국가가 주한미군에 제공했던 토지를 원래의 소유자인 지방자치단체에 반환할 때 오염물질을 제거할 의무가 있는지 여부
3. 사건의 경과	원고의 토양오염물질 제거 청구를 인용하는 판결 선고
4. 결 과	현재 서울고등법원 2010나82648 항소심 계속 중
5. 관련조문	토양환경보전법 제10조의3 제1항, 제3항 제3호, 제15조의3, 구 주한미군 공여구역주변지역 등 지원 특별법(이하 '지원특별법'이라 한다) 제2조 제5항, 대한민국과아메리카합중국간의상호방위조약제4조에의한시설과구역및대한민국에있어서의합중국군대의지위에관한협정의시행에따른국가및지방자치단체의재산의관리와처분에관한법률(이하 '관리처분법'이라 한다) 제6조 제2항 등

❙ 판시사항

국가가 주한미군에 제공했던 토지를 원래의 소유자인 지방자치단체에 반환할 때 오염물질을 제거할 의무가 있는지 여부(적극)

❙ 사실관계

징발되어 주한미군에게 공여되었던 소유 토지를 징발해제에 따라 반환받은 지방자치단체인 원고가, 각 토지에서 발생한 토양오염을 이유로 국가에게 각 토지의 토양오염 물질 제거를 청구한 사안

❙ 판결요지

피고는 토양환경보전법 제10조의3 제3항 제3호에 정한 오염원인자로서 또는 지원특별법 부칙 제2조, 본칙 제12조 제5항 본문 및 제6항에 따른 원상회복의무로서 이 사건 각 토지에 관하여 반환 후 토지 이용용도에 따른 오염토양 정화기준을 초과하지 않도록 오염된 토양을 정화할 의무가 있고, 또한 지원특별법 부칙 제2조, 본칙 제12조 제5항 본문에 따른 원상회복의

무로서 이 사건 각 토지에 관한 지상물, 지하 매설물, 위험물 등을 제거할 의무가 있다. 이 사건의 경우, 관리처분법상 지방자치단체의 재산을 반환하는 경우 국방부장관의 원상회복의무가 면제된다는 규정이 존재하기는 하나, 지원특별법의 입법목적, 관리처분법의 취지는 적법한 사용 결과에 대하여만 면책된다는 것인 점 등의 사정을 종합하면, 지방자치단체 소유의 재산을 징발해제하여 반환하는 경우 지원특별법에 앞서 관리처분법이 우선적용된다고 해석할 수는 없다.

▌평　석

이 사건 당시의 구 지원특별법 제12조 제5항은 국방부장관으로 하여금 '양여, 매각' 등 처분하기 전에 토양오염을 제거하도록 규정하고 있어, 동 조항이 개인 소유인 사유재산에 한해서만 적용되고 지방자치단체 소유의 재산에 대하여는 적용이 배제되는 것인지에 관하여 견해가 나뉘었다. 그런데, 2010. 3. 31.자로 개정된 지원특별법 제12조 제5항은 '징발해제'의 경우에도 처분 전에 토양 오염을 제거하여야 하는 것으로 개정되었고, 대상 판결은 이러한 지원특별법 개정의 취지 및 관리처분법은 국가와 지방자치단체의 재산이나 예산이 엄격히 구별되지 않던 시기에 제정된 법률인 점 등을 감안하여 국가의 토양오염물질 제거의무를 인정하였는바, 결과적으로 타당한 판결이라고 생각된다.

참고로, 이 사건에서 피고는, 국가와 지방자치단체 상호간에 오염정화에 대한 권한을 다투는 것은 헌법재판소의 권한쟁의심판 대상이거나, 지원특별법에 따른 토양오염 등 제거청구권은 공법상 당사자소송의 대상이므로 이 사건 민사소송은 부적법하다고 주장하였으나, 대상 판결은 이러한 주장 역시 모두 배척하였다. 이 사건에서는 조직법상의 권한 범위가 문제되는 것이 아니고, 공법상의 권리 또는 법률관계 자체를 소송물로 하는 것도 아니므로, 대상 판결의 판시는 타당한 것으로 보인다.

▌참고문헌

송동수, "토양오염과 공법상 정화책임," 토지공법연구 14집, 한국토지공법학회 (2001)

채영근, “오염된 토양의 정화책임,” 공법연구 제30집 4호, 한국공법학회 (2002)

김성수, “국내 환경법의 국제적 적용 — 토양 및 폐기물 환경법의 미군기지 적용 가능성 — ,” 환경 · 에너지문제연구총서 10권, 대한변호사협회 (2003)

Case Book of Environmental Law

10. 아파트부지폐기물매립 사건: 토양오염피해에 대한 하자담보책임
수원지방법원 1996. 10. 24. 선고 95가합17789 판결(확정) 【손해배상】

1. 당 사 자	【원고】 주식회사 태○ 【피고】 피고1, 피고2
2. 주요쟁점	매매목적물인 토지에 폐기물이 매립되어 있을 경우, 이를 매매목적물의 하자로 볼 것인지 여부
3. 사건의 경과	제 1 심 원고 전부 승소 판결 선고
4. 결 과	원심판결 확정
5. 관련조문	민법 제580조, 제575조 제 1 항, 제582조

❙ 판시사항

고층아파트를 건축할 목적으로 매입한 토지에서 일반폐기물이 매립되어 있을 경우의 매매목적물의 하자로 볼 수 있는지 여부의 판단기준

❙ 사실관계

원고가 아파트 건립을 목적으로 피고들로부터 취득한 토지에서 터파기 작업 중 일반폐기물이 매립되어 있는 것을 발견하고 이를 반출한 뒤, 폐기물 처리비용을 매매목적물의 하자에 따른 손해배상책임으로 청구한 사안

❙ 판결요지

매매의 목적물에 관한 하자 여부는 매매의 경위와 목적 등 매매당시의 제반 사정을 고려하여 그 목적물이 통상 갖추어야 할 품질 내지 상태를 갖추었는지 여부에 의하여 판단되어야 할 것인바, (1) 피고들이 원고의 이 사건 토지 매수목적을 잘 알고 있었던 점, (2) 비록 대상 토지의 지목이 전(田)으로 되어 있으나 도시계획법상 이미 전용주거지역으로 지정되어 있던 중 일반주거지역으로 용도변경될 예정이던 점, (3) 대상토지의 과반수가 넘는 면적에 다량의 일반폐기물이 매립되어 있던 관계로(전체 1,224㎡ 중 852㎡에 1,728㎡에 이르는 폐기물이 매립) 일반폐기물처리업자를 통하여 폐기물을 배출할 수밖에 없었고 그 비용으로는 일반 토사반출에 비하여 6배에 달하는 다액의 비용이 소요되는 점, (4) 매매당시 대상 토지에 이와 같은 양의 폐기물

이 매립되어 그 처리비용으로 위와 같은 금액이 소요되리라는 사정을 알았더라면 그 비용 상당액을 당연히 매매대금에서 공제하였으리라고 보이는 점에 비추어 매매목적물의 하자를 가진 것으로 봄이 상당하고, 이에 따른 손해배상의 의무가 있다고 할 것이다.

그 손해배상의 범위에 관하여는, 원고가 대상토지의 매매당시 대상토지의 지하부분에 일반폐기물이 매립되어 있다는 사실을 알았다면 그 제거에 소요되는 비용 중 일반 토사 등을 제거하는 비용을 초과하는 비용을 매매대금에서 공제하였을 것이라고 보여지므로, 그와 같은 초과비용을 손해액으로 인정함이 상당하다.

평 석

토양오염에 관한 계약책임을 추궁하기 위해서 통과해야 할 관문 중 하나는 토양이 오염되었다는 사실 자체가 매매 목적물의 하자에 해당하는가 여부이다. 과거 환경오염이라는 말이 생소하게 들리던 시절에는 토양오염이 매매 목적물의 하자를 구성한다고 보는 문제의식 자체가 없었지만, 환경에 대한 인식이 높아지고 토양오염에 대한 경각심이 높아진 요즈음에는 이는 사회 일반적으로 통용되는 인식이라고 할 수 있다. 법적으로 매매목적물에 관한 하자 여부는 그 목적물이 통상 갖추어야 할 품질 내지 상태를 갖추었는지 여부에 의하여 판단을 하게 되는데, 통상 토지 매매의 경우 그 토지 상하 전체의 이용에 전혀 제약이 없을 것을 전제로 매매되는 것이 일반적이라고 할 수 있으므로 매도인이 대상 토지에 폐기물을 매립하여 토지 지하 부분을 이용할 수 없게 하고 또한 이로 인하여 매수인이 막대한 폐기물 처리비용을 부담하게 하였다면 이는 매매목적물의 하자에 해당한다고 보아야 할 것이다. 이러한 판단은 형평의 관념에도 부합하는데, 매도인은 폐기물을 불법 매립하여 폐기물의 처리비용을 지급하지 않음으로써 부당한 경제적 이득을 얻었기 때문에 폐기물의 처리비용을 나중에라도 부담하도록 하는 것이 형평에 부합한 해석이기 때문이다.

참고문헌

조홍식, “토양오염침해에 관한 법적 책임,” 환경법연구 20권, 한국환경법

학회 (1998)

조홍식, "폐기물관리법상 사업장폐기물 배출사업자의 법적 책임," 법학 45권 2호, 서울대학교 법학연구소 (2004. 6.)

09_

폐기물관리법

1. 오염된 토양의 폐기물성

대법원 2011. 5. 26. 선고 2008도2907 판결【폐기물관리법위반】
원　심: 서울중앙지방법원 2008. 3. 20. 선고 2007노4230 판결
제 1 심: 서울중앙지방법원 2007. 11. 27. 선고 2007고단4425 판결

1. 당 사 자	【피고인】 피고인들
2. 주요쟁점	오염된 토양이 폐기물에 해당되는지 여부
3. 사건의 경과	원심에서 1심의 집행유예 선고를 파기하고 실형을 선고하자 피고들이 상고
4. 결　과	파기 환송
5. 관련조문	구 폐기물관리법(2007. 4. 11. 법률 제8371호로 전부 개정되기 전의 것) 제 1 조, 제 2 조, 제 4 조, 제25조, 제26조, 제59조, 제60조, 토양환경보전법 제 1 조, 제 2 조, 제11조
6. 관련판례	대법원 2002. 10. 22. 선고 2002다46331 판결

▎판시사항

오염토양이 폐기물관리법의 규율 대상인 폐기물인지 여부(소극)

▎사실관계

피고 대○전선이 산업폐기물을 다량 매립해옴으로써 유발된 토양오염을 정화함에 있어서 오염토양이 지정 폐기물에 해당됨에도 불구하고 그 처리를 폐기물 처리업의 허가를 받지 않은 피고 정○이앤지에 위탁하였으며 정○이앤지는 전부를 지정 폐기물로 처리해야 함에도 불구하고 이를 육안으로 구분하여 임의로 지정폐기물과 건설폐기물로 분리·선별하는 방법으로 처리하였는바, 이에 대하여 폐기물관리법 위반으로 기소된 사안

▎판시요지

구 폐기물관리법은 물론 그 밖에 건설폐기물의 재활용촉진에 관한 법률과 그 각 시행령에서도 특정 공사나 작업에 사용된 토사만을 폐기물로 규정하고 있을 뿐, 자연 상태의 토양자체를 구성하는 토사를 폐기물로 규정하고 있지 않는 한편, 토양환경보전법의 규정을 살피면 오염토양은 토양오염물질이

축적되어 사람의 건강·재산, 동·식물의 생육에 지장을 주는 토양이라고 정의할 수 있다. 따라서 각 법령의 규정을 종합하면, 토양은 폐기물 기타 오염물질에 의하여 오염될 수 있는 대상일 뿐 오염토양이라 하여 동산으로서 '물질'인 폐기물에 해당한다고 할 수 없고, 나아가 오염토양은 법령상 절차에 따른 정화의 대상이 될 뿐 법령상 금지되거나 그와 배치되는 개념인 투기나 폐기의 대상이 된다고 할 수는 없다. 그러므로 오염토양 자체의 규율에 관하여는 폐기물관리법의 규정은 성질상 적용될 수 없다 할 것이고, 이는 오염토양이 폐기물관리법상의 폐기물이나 그 구성요소인 오염물질과 섞인 상태로 되어 있다거나 그 부분 오염토양이 정화작업 등의 목적으로 해당 부지에서 반출되어 동산인 '물질'로서의 상태를 일시 갖추게 되었다 하더라도 이는 마찬가지라 할 것이다.

▌평 석

유해물질이 토양에 불가분으로 혼합되었다면 법적으로는 폐기물로 취급할 수 없게 되는 문제가 발생한다. 이때 오염된 토양 자체를 폐기물관리법상 폐기물로 분류하여 폐기물관리법을 적용할 수 있는지 여부가 문제된다. 주로 토양환경보전법에 따른 규제가 불가능한 경우에 의미를 가지게 되는 문제로, 이에 대한 학설로는 크게 오염된 토양 자체는 폐기물이 아니나 적출되는 경우 폐기물에 해당한다는 적출설과 불법매립·투기된 폐기물로 오염된 경우에만 그 오염된 토양을 폐기물로 보는 불법원인설이 있다. 한편 환경부의 방침은 오염된 토양은 원칙적으로 지하에 방치되어 있든 지상으로 옮겨졌든 폐기물로 보지 않되, 예외적으로 불법매립·투기된 폐기물로 인하여 직접 오염된 토사에 한하여 폐기물로 보고 처리하여야 한다는 것으로 불법원인설을 따르고 있는 것으로 보인다.

이 문제는 결국 폐기물을 어떻게 정의하는가의 문제로 볼 수 있는데, 양 학설이나 환경부 방침 모두 폐기물의 정의를 극히 제한적으로 해석하고 있음을 알 수 있다. 그러나 이러한 해석론은 다음과 같은 점에서 문제가 있다. 첫째로 폐기물관리법의 어느 규정을 보아도 폐기물의 해석에 있어서 위와 같이 제한적으로 해석할 근거가 없다. 오히려 폐기물관리법 제 2 조에서 폐기물의 종류에 오니를 명시적으로 포함시키고 있는 점을 고려하면 이는 법규정의 문면에 반하는 해석이라고 볼 여지 또한 존재한다. 둘째로는 제한적 해석론을 취할 경우 법의 사각지대에 속하는 부분이 지나치게 방대해져 토양환경의 실효적인 보호를 도모할 수 없게 될 우려가 발생하는 점이다. 특별한 정책적 이유가 없음에도 그 독성 및 폐해에 있어서 결코 뒤질 것이 없는 오염된 토사를 폐기물의 범주에서 제외시키는 것은 무리이다. 셋째로 이러한 제한적인 해석론의 배경에는 기존의 환경법 체계를 매체 중심적으로만 사고하는 고정관념이 자리하고 있다는 점을 들 수 있다. 환경보호의 구성인자를 보호해야 할 매체와 제어해야 할 오염물질로 이분하여 파악하고 매체에 투입되는 오염물질을 제어하면 환경보호에 만전을 기할 수 있을 것으로 생각하는 사고방식이 바로 그러한데, 이에 대해서는 환경이라는 것은 매체로 나누어지는 것이 아니라 유기적으로 연결된 하나의 체계라는 사실, 그리고 오염물질이 매체와 매체를 가리지 않고 이동한다는 사실을 간과하기에 환경보호에 한계를 드러낸다는 비판이 제기되고 있다. 제한적 해석론의 밑바탕에는 바로 이러한 매체에 대한 집착이 자리 잡고 있기에, 토양을 폐기물이 아닌 매체로서 보고 따라서 원칙적으로 토양은 폐기물이 아니며 예외적으로 그것이 거대한 덩어리로서의 토양환경으로부터 구별하여 파악할 수 있는 경우에만 폐기물이 된다고 해석하는 것이다. 그러나 환경을 보호하기 위하여 발전한 것이 환경법임을 상기해 볼 때 환경법 스스로 만들어 낸 개념에 구속되어 환경보호라는 그 탄생의 목적을 무색하게 하는 것은 자가당착일 수밖에 없다. 오염된 토양은 그것이 거대한 토양의 합체적 구성요소의 형태로 있든 떨어져 나와 개체의 형태로 있든 환경을 침해하는 것으로 교정의 대상으로 보는 것이 타당하다.

▎참고문헌

조홍식, "토양오염침해에 관한 법적 책임," 환경법연구 20권, 한국환경법학회 (1998)

조홍식, "폐기물관리법상 사업장폐기물 배출사업자의 법적 책임," 환경법연구 26권 2호, 한국환경법학회 (2004)

Case Book of Environmental Law

2. 건설폐기물에 의한 주변환경오염에 관한 소송
대법원 2005. 12. 8. 선고 2004도4150 판결【폐기물관리법위반】
원 심: 수원지방법원 2004. 6. 17. 선고 2003노3993 판결
제 1 심: 수원지방법원 평택지원 2003. 10. 15. 선고 2002고단738 판결

1. 당 사 자	【피고인, 상고인】 피고인들
2. 주요쟁점	주변 환경을 오염시켰다고 인정하여 환경법령 위반 행위로 처벌하기 위한 기준
3. 사건의 경과	원심에서 유죄가 인정되자 피고인이 대법원에 상고
4. 결 과	파기 환송
5. 관련조문	구 폐기물관리법 제61조 제 1 호, 제63조 제 1 항 제 1 호, 제12조
6. 관련판례	대법원 2009. 2. 12. 선고, 2007도5372 판결

▎판시사항

폐기물관리법 제61조 제 1 호 위반행위로 처벌하기 위한 요건

▎사실관계

건설현장에서 벌개제근(伐開除根) 공사로 발생한 폐기물인 폐나무뿌리를 그대로 방치하여 해충과 벌레가 발생하고 악취를 야기하자 이에 대하여 폐기물관리법 제61조 제 1 항의 규정에 위반한 죄로 기소한 사안

▎판시요지

환경정책기본법은 제 3 조 제 3 호에서 '환경오염'이라 함은 사업 활동 기타 사람의 활동에 따라 발생하는 대기오염, 수질오염, 토양오염, 해양오염, 방사능오염, 소음·진동, 악취, 일조방해 등으로서 사람의 건강이나 환경에 피해를 주는 상태를 말한다고 규정하는 한편, 제10조에서 정부는 국민의 건강을 보호하고 쾌적한 환경을 조성하기 위하여 환경기준을 설정하여야 하고 그 환경기준은 대통령령으로 정한다고 규정하고 있고, 그 위임을 받은 법 시행령 [별표 1] '환경기준'에서 대기, 소음, 수질의 항목별 기준을 규정하고 있으며, 대기환경보전법, 수질환경보전법, 토양환경보전법, 해양오염방지법 및 각 시행규칙 등에서는 대기, 수질, 토양, 해양 등의 오염물질을 구체적으로 규정하고

있으므로, 폐기물을 그 보관·처리 등의 기준 및 방법에 위반하여 보관·처리함으로써 주변 환경을 오염시켰다고 인정하여 폐기물관리법 제61조 제1호 위반행위로 처벌하기 위해서는, 폐기물의 보관·처리 등 기준 및 방법에 위반한 보관·처리행위로 인하여 위와 같은 환경관련 법령이 규정하고 있는 오염물질이 배출되거나 그로 인하여 사람의 건강이나 환경에 피해를 주는 정도에 이르러야 할 것이고, 이에 이르지 못한 경우라면 폐기물관리법 제63조 제1항 제1호에 의하여 과태료에 처할 수 있을 뿐 제61조 제1호에 의하여 처벌할 수는 없다.

▮ 평 석

이 판결은 환경정책 기본법 등 환경관련 법령의 종합적인 해석을 통하여 환경관련 법률이 규정하고 있는 오염물질이 배출되거나 그로 인하여 사람의 건강이나 환경에 피해를 주는 정도에 이르러야 주변 환경을 오염시킨 경우에 해당한다고 판시함으로써, 폐기물관리법이 처리기준 등에 위반하여 폐기물을 처리한 경우 과태료에 처하도록 하되 주변 환경을 오염시킨 경우에는 형벌로 처벌하도록 규정하면서도 주변 환경오염의 의미 및 기준에 관하여 아무런 규정을 두지 않아 처벌범위가 명확하지 않은 문제점을 해결한 점에 의의가 있다.

▮ 참고문헌

윤병철, “폐기물관리법 제61조 제1호 위반행위로 처벌하기 위한 요건,” 대법원판례해설 59호, 법원도서관 (2006. 7.)

3. 폐기물처리시설입지결정 및 고시처분취소

대법원 2005. 5. 12. 선고 2004두14229 판결【폐기물처리시설입지결정및고시처분취소】
원 심: 대구고등법원 2004. 11. 5. 선고 2004누1255 판결
제 1 심: 대구지방법원 2004. 7. 2. 선고 2003구합8274 판결

1. 당 사 자	【원고, 상고인】 원고1 외 7인 【피고, 피상고인】 포항시장
2. 주요쟁점	행정처분의 직접 상대방이 아닌 제 3 자의 원고적격 인정 여부
3. 사건의 경과	원심이 원고적격 없는 자에 의하여 제기된 소로서 부적법하다는 이유로 각하하자 원고가 상고
4. 결 과	파기 환송
5. 관련조문	구 폐기물처리시설설치촉진및주변지역지원등에관한법률(2004. 2. 9. 법률 제7169호로 개정되기 전의 것, 이하 '폐촉법'이라 한다) 제17조 제 1 항
6. 관련판례	대법원 2005. 3. 11. 선고 2003두13489 판결

❙ 판시사항

환경영향평가대상지역 내에 거주하는 주민들의 경우 폐촉법 이외에도 환경영향평가법에 따른 원고적격이 있는지 여부를 따져야 하는지 여부(적극)

❙ 사실관계

포항시장이 2003. 9. 8. 포항시 남구에 일반폐기물소각시설(소각용량: 200톤/일)을 설치하는 내용으로 폐기물소각시설설치계획입지를 결정·고시하는 처분을 한 데 대하여, 위 소각시설 예정지의 부지경계선으로부터 300m 밖에 있는 지역 주민들이 취소를 청구

❙ 판시요지

폐기물처리시설설치계획입지가 결정·고시된 지역 인근에 거주하는 주민들에게 처분의 근거법규인 환경영향평가법 또는 폐촉법에 의하여 보호되는 법률상 이익이 있으면 위 처분의 효력을 다툴 수 있는 원고적격이 있다고 할 것이다. 그런데 기록에 의하면, 원심에서 원고들은 환경영향평가 대상지

역 내에 거주하는 주민들이므로 폐촉법 이외에도 환경영향평가법에 의하여 서도 이 사건 처분의 취소를 구할 원고적격이 있다고 주장하면서 위 법에 따라 작성된 환경영향평가서 초안까지 증거로 제출하고 있으므로, 원심으로서는 원고들에게 환경영향평가법에 따른 원고적격이 있는지 여부를 따졌어야 함에도 이 점에 관하여는 아무런 판단도 하지 아니한 채 위 환경영향평가서 초안을 근거로 원고들에게 폐촉법에 따른 원고적격이 있는지 여부만을 판단하고 말았으니 원심판결에는 심리미진 또는 판단유탈로 인하여 판결 결과에 영향을 미친 위법이 있다.

❙ 평 석

환경행정소송에서 원고적격이 인정되기 위해서는 당해 처분의 근거법규 및 관련법규에 의하여 보호되는 법률상 이익이 있어야만 하는데, 폐촉법 관련 법령 및 환경영향평가 법령에 의하면 폐기물처리시설설치기관이 1일 처리능력이 100톤 이상인 폐기물소각시설을 설치하는 경우에는 폐촉법에 따른 환경상 영향조사대상에 해당할 뿐만 아니라 환경영향평가법에 따른 환경영향평가대상 사업에도 해당하므로 폐촉법 뿐만 아니라 환경영향평가 법령도 위와 같은 폐기물소각시설을 설치하기 위한 폐기물처리시설설치계획 입지결정·고시처분의 근거법령이 된다. 그러므로 위 폐기물처리시설설치 계획입지가 결정·고시된 지역인근에 거주하는 주민들은 위 처분의 근거법규인 폐촉법 뿐만 아니라, 환경영향평가 법령에 의하여 보호되는 법률상 이익이 있으면 위 처분의 효력을 다툴 수 있는 원고적격을 가지게 된다. 대상판결은 이러한 점을 명시적으로 확인한 점에서 의의가 있다고 할 수 있다.

❙ 참고문헌

김수일, “1일 처리능력 100톤 이상인 폐기물소각시설을 설치하기 위한 폐기물처리시설설치계획 입지결정·고시처분의 효력을 다투는 소송에 있어서 인근주민들의 원고적격,” 특별법연구 7권, 박영사 (2005. 12.)

3번 판례 원문: 대법원 2005. 5. 12. 선고 2004두14229 판결【폐기물처리시설입지결정및고시처분취소】

【이 유】

1. 원심판결 이유에 의하면, 원심은, 피고가 2003. 9. 8. 포항시 남구 대송면 옥명리 200-1 외 2필지상에 일반폐기물소각시설(소각용량: 200톤/일×1기)을 설치하는 내용으로 폐기물소각시설설치계획입지를 결정·고시하는 이 사건 처분을 한 사실을 인정한 다음, 행정처분의 직접 상대방이 아닌 제3자의 경우에도 당해 행정처분의 취소를 구할 법률상의 이익이 있는 경우에는 원고적격이 인정된다는 전제하에, 피고가 사실심 변론종결시까지 폐기물처리시설설치촉진및주변지역지원등에관한법률(2004. 2. 9. 법률 제7169호로 개정되기 전의 것, 이하 '폐촉법'이라 한다) 제17조 제1항 소정의 주변영향지역을 결정·고시하지 않고 있고, 원고들은 위 소각시설 예정지의 부지경계선으로부터 300m 밖에 있는 지역의 주민들로서 원고들의 거주지역이 위 폐기물소각시설설치사업으로 인하여 환경상 상당한 영향을 미칠 것으로 인정되는 지역이라는 점을 인정하기 어렵거나 이를 인정할 만한 증거가 없으므로, 이 사건 소는 원고적격 없는 자에 의하여 제기된 소로서 부적법하다는 이유로 이를 각하하였다.

2. 행정처분의 직접 상대방이 아닌 제3자라 하더라도 당해 행정처분으로 인하여 법률상 보호되는 이익을 침해당한 경우에는 취소소송을 제기하여 그 당부의 판단을 받을 자격이 있다 할 것이고, 여기에서 말하는 법률상 보호되는 이익이라 함은 당해 처분의 근거 법규 및 관련 법규에 의하여 보호되는 개별적·직접적·구체적 이익이 있는 경우를 말하는데, 환경·교통·재해등에관한영향평가법(이하 '환경영향평가법'이라 한다), 같은법시행령, 폐촉법, 같은법시행령의 각 관련 규정에 의하면, 폐기물처리시설설치기관이 1일 처리능력이 100톤 이상인 폐기물처리시설을 설치하는 경우에는 폐촉법에 따른 환경상 영향조사 대상에 해당할 뿐만 아니라 환경영향평가법에 따른 환경영향평가대상사업에도 해당하므로 폐촉법령뿐만 아니라 환경영향평가법령도 위와 같은 폐기물처리시설을 설치하기 위한 폐기물소각시설설치계획입지결정·고시처분의 근거법령이 된다고 할 것이고, 따라서 위 폐기물처리시설설치계획입지가 결정·고시된 지역 인근에 거주하는 주민들에게 위 처분의 근거법규인 환경영향평가법 또는 폐촉법에 의하여 보호되는 법률상 이

익이 있으면 위 처분의 효력을 다툴 수 있는 원고적격이 있다고 할 것이다.

그런데 기록에 의하면, 원심에서 원고들은 환경영향평가대상지역 내에 거주하는 주민들이므로 폐촉법 이외에도 환경영향평가법에 의하여서도 이 사건 처분의 취소를 구할 원고적격이 있다고 주장하면서 위 법에 따라 작성된 환경영향평가서 초안(갑 제9 호증의 1, 2)까지 증거로 제출하고 있으므로, 원심으로서는 원고들에게 환경영향평법에 따른 원고적격이 있는지 여부를 따졌어야 함에도 이 점에 관하여는 아무런 판단도 하지 아니한 채 위 환경영향평가서 초안을 근거로 원고들에게 폐촉법에 따른 원고적격이 있는지 여부만을 판단하고 말았으니 원심판결에는 심리미진 또는 판단유탈로 인하여 판결 결과에 영향을 미친 위법이 있다고 할 것이다.

4. 안성시 쓰레기소각장 설치사건
대법원 2005. 3. 11. 선고 2003두13489 판결【쓰레기소각장입지지역결정고시취소청구】
원 심: 서울고등법원 2003. 10. 28. 선고 2002누16599 판결
제 1 심: 수원지방법원 2002. 9. 4. 선고 2001구9448 판결

1. 당 사 자	【원고, 상고인】 원고 【피고, 피상고인】 안성시장
2. 주요쟁점	행정처분의 직접 상대방이 아닌 제 3 자의 원고적격 인정 여부
3. 사건의 경과	원심이 원고적격 없는 자에 의하여 제기된 소라는 이유로 소를 각하하자 원고가 상고
4. 결 과	상고 기각
5. 관련조문	구 폐기물처리시설설치촉진및주변지역지원등에관한법률(2002. 2. 4. 법률 제6656호로 개정되기 전의 것, 이하 '폐촉법'이라 한다) 제17조 제 1 항, 제 3 항 제 2 호, 폐촉법시행령 제20조, 행정소송법 제12조
6. 관련판례	대법원 2005. 5. 12. 선고 2004두14229 판결 대법원 2006. 12. 22. 선고 2006두14001 판결

❙ 판시사항

폐기물처리시설 설치기관이 주변영향지역으로 지정·고시하지 아니한 경우, 폐기물소각시설의 부지경계선으로부터 300m 밖에 거주하는 주민들이 폐기물소각시설의 입지지역을 결정·고시한 처분의 무효확인을 구할 원고적격을 인정받기 위한 요건

❙ 사실관계

안성시장이 2000. 11. 6. 안성시에서 발생하는 생활쓰레기를 처리하기 위한 쓰레기소각장 설치사업과 관련하여 구 폐기물처리시설설치촉진및주변지역지원등에관한법률 제 9 조에 따라 쓰레기소각장 입지지역을 결정·고시하는 처분을 한 것에 대하여, 이 사건 입지선정계획 공고 당시 입지선정기준이 누락되었거나, 입지선정위원회 위원 중 주민대표 3명은 법의 규정에 따라 시의회가 선정한 사람이 아니므로 이 사건 처분에는 법에 규정된 절차를 위반한 하자가

있고 그 하자의 정도가 중대, 명백하여 당연무효임의 확인을 청구한 사안

❙ 판시요지

구 폐촉법 및 같은법시행령의 관계 규정의 취지는 처리능력이 1일 50t인 소각시설을 설치하는 사업으로 인하여 직접적이고 중대한 환경상의 침해를 받으리라고 예상되는 직접영향권 내에 있는 주민들이나 폐기물소각시설의 부지경계선으로부터 300m 이내의 간접영향권 내에 있는 주민들이 사업 시행 전과 비교하여 수인한도를 넘는 환경피해를 받지 아니하고 쾌적한 환경에서 생활할 수 있는 개별적인 이익까지도 보호하려는 데에 있다 할 것이므로, 위 주민들이 소각시설입지지역결정·고시와 관련하여 갖는 위와 같은 환경상의 이익은 주민 개개인에 대하여 개별적으로 보호되는 직접적·구체적 이익으로서 그들에 대하여는 특단의 사정이 없는 한 환경상의 이익에 대한 침해 또는 침해우려가 있는 것으로 사실상 추정되어 폐기물 소각시설의 입지지역을 결정·고시한 처분의 무효확인을 구할 원고적격이 인정된다고 할 것이고, 한편 폐기물소각시설의 부지경계선으로부터 300m 밖에 거주하는 주민들도 위와 같은 소각시설 설치사업으로 인하여 사업 시행 전과 비교하여 수인한도를 넘는 환경피해를 받거나 받을 우려가 있음에도 폐기물처리시설 설치기관이 주변영향지역으로 지정·고시하지 않는 경우 같은 법 제17조 제3항 제2호 단서 규정에 따라 당해 폐기물처리시설의 설치·운영으로 인하여 환경상 이익에 대한 침해 또는 침해우려가 있다는 것을 입증함으로써 그 처분의 무효확인을 구할 원고적격을 인정받을 수 있다.

❙ 평 석

대상판결은 폐기물처리시설 설치기관이 주변영향지역으로 지정·고시하지 아니한 경우, 폐기물소각시설의 부지경계선으로부터 300m 밖에 거주하는 주민들도 당해 폐기물처리시설의 설치·운영으로 인하여 환경상 이익에 대한 침해 또는 침해 우려가 있다는 것을 입증함으로써 폐기물처리시설의 입지지역을 결정·고시한 처분의 무효확인을 구할 원고적격을 인정받을 수 있다고 최초로 판시한 점에서 그 의의가 있다.

❙ 참고문헌

임영호, "폐기물처리시설의 주변영향지역 밖에 거주하는 주민들이 소각장 입지지역결정·고시처분의 무효확인을 구할 원고적격이 있는지 여부," 대법원판례해설 55호, 법원도서관 (2005. 12.)

∷ 4번 판례 원문 : 대법원 2005. 3. 11. 선고 2003두13489 판결【쓰레기소각장입지지역결정고시취소청구】

【이 유】

1. 원심판결 이유에 의하면 원심은, 피고가 2000. 11. 6. 안성시에서 발생하는 생활쓰레기를 처리하기 위한 쓰레기소각장 설치사업과 관련하여 구 폐기물처리시설설치촉진및주변지역지원등에관한법률(2002. 2. 4. 법률 제6656호로 개정되기 전의 것, 이하 '법'이라 한다) 제 9 조에 따라 쓰레기소각장 입지지역을 결정·고시하는 이 사건 처분을 한 사실을 인정한 다음, 이 사건 입지선정계획 공고 당시 입지선정기준이 누락되었거나 입지선정위원회 위원 중 주민대표 3명은 법의 규정에 따라 시의회가 선정한 사람도 아니므로 이 사건 처분에는 법에 규정된 절차를 위반한 하자가 있고 그 하자의 정도가 중대, 명백하여 당연무효임의 확인을 구한다는 원고(선정당사자, 이하 '원고'라고만 한다)의 주장에 대하여, 법 및 법시행령의 제반 규정의 취지, 목적과 폐기물처리시설 설치로 인하여 침해되는 이익의 내용, 성질, 태양 등을 종합하면, 이 사건 쓰레기 소각시설의 주변영향지역 내에 거주하는 주민들은 이 사건 처분의 효력을 다툴 원고적격이 있다 할 것이나, 법 및 법시행령에 이 사건 폐기물처리시설의 주변영향지역 밖의 주민들의 환경상 이익이나 재산상 이익을 그들의 개별적, 직접적, 구체적 이익으로 보호하려는 내용 및 취지를 가지는 규정을 두고 있지 아니하므로, 다른 사정이 없는 한 이들에게는 위와 같은 이익 침해를 이유로 이 사건 처분의 효력을 다툴 원고적격이 있다고 할 수 없다는 것을 전제로, 법 제17조, 법시행령 제17조, 제20조의 각 규정에 의하면, 이 사건 쓰레기소각장 처리시설의 주변영향지역은 위 시설의 부지경계선으로부터 300m 이내의 지역이므로 특별한 사정이 없는 한 피고의 이 사건 처분의 효력을 다툴 수 있는 원고적격을 가진 자는 위 지역에 거주하는 주민이라야 할 것인데, 위 시설의 부지경계선으로부터 300m 이내의 지역에 사람들이 거주하는 주거지가 형성되어 있지 아니하고, 원고가 위 지역에 거주하고 있지도 아니하므로, 이 사건 소는 원고적격이 없는 자에 의하여 제기된 소로서 부적법하다는 이유로 이를 각하하였다.

2. 법 및 법시행령의 관계 규정을 종합하면, 처리능력이 1일 50t인 소각시설을 설치·운영하고자 하는 환경부장관 또는 지방자치단체의 장(이하 '폐기물처리시설

설치기관'이라 한다)은 입지선정계획을 결정 · 공고하여야 하며(법 제9조 제1항), 폐기물처리시설 설치기관은 폐기물처리시설 설치계획이 공고된 날부터 대통령령이 정하는 기간 내에 당해 폐기물처리시설의 설치 · 운영으로 인하여 환경상 영향을 받게 되는 주변지역(이하 '주변영향지역'이라 한다)을 결정 · 고시하여야 하고(법 제17조 제1항), 주변영향지역은 직접영향권과 간접영향권으로 구분하는데, 직접영향권이란 대통령령이 정하는 바에 따라 구성된 주민지원협의체가 선정한 전문연구기관이 환경상 영향을 조사한 결과 인체 · 동물의 활동, 농 · 축산물, 임산물 또는 수산물에 직접적으로 환경상 영향을 미칠 것으로 예상되어 지역주민을 이주시킬 필요가 있다고 인정되는 지역이며(법 제17조 제3항 제1호), 간접영향권이란 폐기물소각시설의 부지경계선으로부터 300m 이내의 지역으로서 환경상 영향을 조사한 결과 환경상 영향이 미칠 것으로 예상되는 직접영향권 외의 지역을 의미한다고 할 것이지만, 다만 특히 필요하다고 인정되는 때에는 폐기물소각시설의 부지경계선으로부터 300m 밖의 지역도 포함시킬 수 있다고 할 것인바(법 제17조 제3항 제2호, 법시행령 제20조), 위와 같은 관계 규정의 취지는 처리능력이 1일 50t인 소각시설을 설치하는 사업으로 인하여 직접적이고 중대한 환경상의 침해를 받으리라고 예상되는 직접영향권 내에 있는 주민들이나 폐기물소각시설의 부지경계선으로부터 300m 이내의 간접영향권 내에 있는 주민들이 사업 시행 전과 비교하여 수인한도를 넘는 환경피해를 받지 아니하고 쾌적한 환경에서 생활할 수 있는 개별적인 이익까지도 이를 보호하려는 데에 있다 할 것이므로, 위 주민들이 소각시설입지지역결정 · 고시와 관련하여 갖는 위와 같은 환경상의 이익은 주민 개개인에 대하여 개별적으로 보호되는 직접적 · 구체적 이익으로서 그들에 대하여는 특단의 사정이 없는 한 환경상의 이익에 대한 침해 또는 침해우려가 있는 것으로 사실상 추정되어 원고적격이 인정된다고 할 것이고, 한편 폐기물소각시설의 부지경계선으로부터 300m 밖에 거주하는 주민들도 위와 같은 소각시설 설치사업으로 인하여 사업 시행 전과 비교하여 수인한도를 넘는 환경피해를 받거나 받을 우려가 있음에도 폐기물처리시설설치기관이 주변영향지역으로 지정 · 고시하지 않는 경우 법 제17조 제3항 제2호 단서 규정에 따라 당해 폐기물처리시설의 설치 · 운영으로 인하여 환경상 이익에 대한 침해 또는 침해우려가 있다는 것을 입증함으로써 원고적격을 인정받을 수 있다고 할 것이다.

위에서 본 법리를 기록에 비추어 살펴보면, 원고는 위 부지경계선으로부터 최소 900m 이상 떨어진 지역에 거주하는 자인 데다가 이 사건 폐기물처리시설의 부지와 원고가 거주하는 마을 사이에는 임야가 가로막고 있는 사실을 알 수 있고, 이 사건에서 원고가 위 폐기물처리시설의 설치·운영으로 인하여 환경상 이익에 대한 침해 또는 침해우려가 있다는 점을 입증하지 못하고 있으므로, 원고에게는 이 사건 처분의 무효확인을 구할 원고적격이 있다고 할 수 없을 것이다.

원심이 위 폐기물처리시설의 부지경계선으로부터 300m 이내의 지역에 사람들이 거주하는 주거지가 형성되어 있지 아니하고, 원고가 위 지역에 거주하고 있지도 아니한다는 이유만으로 원고에게 원고적격이 없다고 판단한 것은 잘못이라고 할 것이나 이 사건 소가 원고적격이 없는 자에 의하여 제기된 소로서 부적법하다고 본 결론은 정당하고, 거기에 판결 결과에 영향을 미친 위법이 있다고 할 수 없다.

5. 공장경매사건
대법원 2002. 10. 22. 선고 2002다46331 판결【토지인도】
원 심: 수원지방법원 2002. 6. 5. 선고 2001나10936 판결
제 1 심: 수원지방법원 2001. 6. 19. 선고 2000가단94967 판결

1. 당 사 자	【원고, 피상고인】 오○산업 주식회사 【피고, 상고인】 주식회사 바○원
2. 주요쟁점	폐기물관리법상 폐기물 처리의무를 승계한 매수인이 매도인에게 소유권에 기한 방해배제청구를 할 수 있는지 여부
3. 사건의 경과	1심은 경매절차로 사업을 인수한 자는 폐기물의 소유권은 물론 폐기물관리법에 따라 그 처리의무 역시 이전받는다는 이유로 원고의 폐기물 수거 및 토지인도 청구를 기각하였고, 원심은 폐기물관리법에 의해 처리의무가 승계되더라도 소유권에 기한 방해배제청구권 등 사법상 권리행사에 영향이 없다는 이유로 원심판결을 파기하고 원고의 청구를 인용하였으며, 이에 피고가 상고
4. 결 과	상고 기각
5. 관련조문	구 폐기물관리법 제24조 제 5 항, 민법 제214조
6. 관련판례	대법원 1987. 6. 23. 선고 86다카2336 판결

▎판시사항

1. 구 폐기물관리법 제24조 제 5 항 후문이 민사집행법에 의한 경매 등의 절차에 따라 사업장폐기물배출자의 사업을 인수한 자가 사업장폐기물배출자의 사법상의 권리·의무까지 당연히 승계한다는 취지인지 여부(소극)

2. 공장 대지와 건물 및 기계기구를 일괄경매로 취득한 현 소유자의 전 소유자에 대한 사업장폐기물의 취거 및 대지 인도 청구를 인용한 사안

▎사실관계

피고는 염료·안료제조업 등을 목적으로 하는 주식회사인데 공장저당법에 의해 근저당권이 설정되어 있던 피고 소유 공장대지와 건물, 기계 등에 대하여 일괄경매가 실시되고 원고가 이를 경락받아 소유권을 취득하였는데, 공장대지 지상에는 피고가 배출한 사업장폐기물이 처리되지 않고 적치되어 있어

이에 원고가 피고에게 폐기물을 수거하고 해당 부지를 인도하라는 내용의 방해배제청구의 소를 제기한 사안

▌판시요지

폐기물관리법 제24조 제5항 후문에 따라 민사집행법에 의한 경매 등 절차에 따라 사업장폐기물배출자의 사업을 인수한 자는 당해 사업장폐기물과 관련한 권리·의무를 승계한다고 규정되어 있는바, 환경정책기본법 제7조 및 폐기물관리법 제24조 제1항, 제25조가 오염원인자 책임원칙을 규정하고 있는 점에 비추어 보면, 위 승계규정은 방치되는 폐기물의 발생을 예방하기 위하여 오염원인자 책임원칙을 확장한 것으로서 위와 같은 인수자가 사업장폐기물배출자의 공법상 권리·의무를 승계한다는 취지일 뿐이고, 이로써 사업장폐기물배출자의 사법상 권리·의무까지 당연히 승계되는 것은 아니라고 보아야 한다.

▌평 석

폐기물관리법상 법적 문제의 많은 부분은 배출사업자가 스스로 처리하는, 소위 자가처리에서 비롯되어 잠복되어 있다가 폐기물이 투기·매립된 토지의 소유·사용관계에 변동이 생길 때 수면 위로 떠오른다. 폐기물관리법은 폐기물을 투기·매립한 사업장폐기물배출자는 물론 일정한 경우 그 사업의 양수인 등 승계인도 당해 사업장폐기물과 관련한 권리·의무를 승계한다는 규정을 두어 이들 승계인에게도 조지명령의 대상이 되도록 한다. 본 사안과 같이 사업장을 인수한 자가 공법상 폐기물의 처리의무를 승계할 경우 폐기물의 원래 배출자에 대한 손해배상청구권, 소유권에 기한 방해배제청구권 등 사법상 권리행사에 영향을 미치는지 여부가 문제된다. 이에 대해 대법원은 원고가 폐기물에 관한 피고의 지위를 승계함으로써 공법상 의무를 부담한다고 하더라도 피고에 대한 사법상 청구권의 행사하는 것에 직접 영향을 미친다고 할 수는 없다고 하여, 공법상의 조치의무와 사법상 청구권의 행사를 구분하여 판단하고 있다.

▌참고문헌

조홍식, "폐기물관리법상 사업장폐기물 배출사업자의 법적 책임," 법학 45권 2호, 서울대학교 법학연구소 (2004)

5번 판례 원문 : 대법원 2002. 10. 22. 선고 2002다46331 판결 【토지인도】

【이 유】

폐기물관리법 제24조 제5항 후문에 의하면, 민사집행법(구 민사소송법)에 의한 경매, 파산법에 의한 환가나 국세징수법·관세법 또는 지방세법에 의한 압류재산의 매각 기타 이에 준하는 절차에 따라 사업장폐기물배출자의 사업을 인수한 자는 당해 사업장폐기물과 관련한 권리·의무를 승계한다고 규정되어 있는바, 폐기물관리법이 폐기물을 적정하게 처리하여 자연환경 및 생활환경을 청결히 함으로써 환경보전과 국민생활의 질적 향상에 이바지함을 목적으로 하고(제1조), 환경정책기본법 제7조 및 폐기물관리법 제24조 제1항, 제25조가 오염원인자 책임원칙을 규정하고 있는 점에 비추어 보면, 위 승계규정은 방치되는 폐기물의 발생을 예방하기 위하여 오염원인자 책임원칙을 확장한 것으로서 위와 같은 인수자가 사업장폐기물배출자의 공법상 권리·의무를 승계한다는 취지일 뿐이고, 이로써 사업장폐기물배출자의 사법상 권리·의무까지 당연히 승계되는 것은 아니라고 보아야 한다.

원심이 확정한 사실관계 및 기록에 의하면, 원고는 염료 및 계면활성제 제조 판매업 등을 목적으로 하는 회사이고, 피고(변경 전 상호, 한○실업 주식회사)는 염료·안료 제조업 및 판매업 등을 목적으로 하는 회사인 사실, 공장저당법에 의하여 근저당권이 설정되어 있던 피고 소유의 이 사건 공장 대지와 건물 및 기계기구에 대하여 일괄경매가 실시된 결과, 원고가 2000. 9. 4. 이를 낙찰받아 대금을 완납함으로써 그 소유권을 취득한 사실, 그런데 이 사건 공장 대지 중 원심판결의 도면 ①, ②, ③ 표시 부분 각 지상에는 피고가 염료 및 안료를 생산하는 과정에서 배출한 사업장폐기물인 폐수처리 오니(汚泥) 1,500t(이하 '이 사건 폐기물'이라 한다)이 폐기물관리법에 따라 처리되지 아니한 채 500kg 단위의 점보백에 포장된 상태로 적치되어 있는 사실을 알 수 있는바, 사정이 이러하다면, 이 사건 폐기물의 배출자인 피고는 이 사건 폐기물을 독립된 물건의 형태로 원고 소유의 이 사건 공장 대지 위에 적치함으로써 원고의 소유권을 방해하고 있음이 분명하므로, 특별한 사정이 없는 한 위 방해배제를 구하는 원고에 대하여 이 사건 폐기물을 취거하고 그 부분 대지를 인도할 의무가 있으며, 이 사건 공장 대지와 건물 및 기계기구를 일괄하여 취득한 원고가 위 승계규정에 따라 이 사건 폐기물에 관한 피고의 지위를 승계함으로써 행정청에 대하여 공법상 의무를 부담한다 하더라도, 위와 같은 피고의 사법상 취거 및 인도 의무에 무슨 변동이 생기는 것은 아니다.

같은 취지의 원심판결은 정당하고, 거기에 상고이유의 주장과 같은 폐기물관리법 제25조 제5항의 해석에 관한 법리오해 등의 위법이 없다.

6. 폐기물관리법령 소정의 '처리능력'의 의미
대법원 2002. 6. 28. 선고 2000두8967 판결【폐기물초과매립분제거등행정처분무효확인】
원 심: 부산고등법원 2000. 10. 13. 선고 2000누796 판결
제 1 심: 울산지방법원 2000. 1. 26. 선고 98구1461 판결

1. 당 사 자	【원고, 상고인】 주식회사 엔○씨(변경 전 상호: 주식회사 유○화학) 【피고, 피상고인】 울산광역시장
2. 주요쟁점	폐기물관리법령상 '처리능력'의 의미
3. 사건의 경과	원고는 피고가 원고에 대하여 폐기물관리법에 따라 발령한 폐기물의 제거와 매립시설의 원상복구를 명하는 처분, 과징금 부과와 영업정지 처분의 무효확인을 구하는 소를 제기하였으나 제 1 심은 원고 청구를 기각하였고 원심이 이에 대한 원고의 항소를 기각하자 원고가 대법원에 상고
4. 결 과	상고 기각
5. 관련조문	구 폐기물관리법(1999. 2. 8. 법률 제5865호로 개정되기 전의 것) 제12조, 제26조 제 1 항, 제45조, 구 폐기물관리법시행령(1999. 8. 6. 대통령령 제16506호로 개정되기 전의 것) 제 6 조 제 1 호, 구 폐기물관리법시행규칙(1999. 8. 9. 환경부령 제82호로 개정되기 전의 것) 제 6 조 제 1 항 [별표 4] 7. 마., 제18조 제 8 호

판시사항

폐기물관리법령 소정의 '처리능력'의 의미(=당해 매립시설 자체에 의하여 처리할 수 있는 능력) 및 허가된 매립시설로써 허가된 매립용량만큼 매립할 수 없는 경우, 매립시설에 대한 변경허가 등을 받지 않고도 당초 허가된 매립용량만큼 매립할 수 있는지 여부(소극)

사실관계

원고는 폐기물관리법에 따라 매립시설 용량을 210,000m^3으로 한 일반폐기물 최종처리업허가를 당시 관할관청인 경남지사로부터 받았으며, 허가 신청 당시 매립고의 높이를 44.3m로 표시한 매립시설 설계도면을 제출한 바 있는데, 울산광역시는 피고가 허가서에 첨부된 도면의 매립고인 44.3m보다 4m

이상 높은 토벽과 차양막을 세운 다음 폐기물 38,000㎥를 위탁받아 매립한 사실을 적발하고 이는 매립시설의 처리능력을 초과하여 폐기물을 위탁, 처리하는 것에 해당한다는 이유로 폐기물관리법에 따라 폐기물의 제거와 매립시설의 원상복구를 명하는 처분을 하였고, 원고가 이에 계속 불응하자 순차로 과징금 부과와 영업정지 처분을 한 사안

❙ 판시요지

폐기물관리법령에서 말하는 '처리능력'이란, 물적 시설의 경우에 있어서는 '허가된 매립용량'을 의미하는 것이 아니라, '당해 매립시설 자체에 의하여 처리할 수 있는 능력'을 의미하는 것이라고 봄이 상당하므로, 허가된 매립시설로써 허가된 매립용량만큼 매립할 수 없다면, 허가된 매립시설에 의하여 매립할 수 있는 용량만큼 매립할 수 있을 뿐이고, 허가된 매립시설에 대한 변경허가 등을 받지 않고도 당초 허가된 매립용량만큼 매립할 수 있는 것은 아니다.

❙ 평 석

구 「폐기물관리법」(1999. 2. 8. 법률 제5865호로 개정되기 전의 것)은 폐기물처리업을 하는 자는 시 · 도지사 또는 환경부장관의 허가를 받도록 하며, 폐기물의 처리기준으로 구 폐기물관리법시행규칙(1999. 8. 9. 환경부령 제82호로 개정되기 전의 것)은 처리능력을 초과하여 폐기물의 처리를 위탁받아서는 아니 된다고 규정하였다(제 6 조 제 1 항 및 [별표 4] 7. 마. 참조. 현 시행규칙 제32조 및 [별표 4] 1. 라. 에 해당). 폐기물관리법령은 그 외 처리시설인 매립고의 높이 등을 허가기준이나 처리기준으로 들고 있지 않다. 결국 시행규칙상 '처리능력'의 해석이 문제된다. 원고는 허가서에 첨부된 도면의 매립고 높이를 초과한 시설에 폐기물을 위탁받아 매립하였다고 하더라도 허가 매립시설 용량인 210,000㎥에 미달하므로 허가내용에 위반한 사실이 없으며 변경허가를 받아야 하는 사유에도 해당하지 않는다고 주장하였다. 그러나 원심은 처리능력은 허가용량뿐 아니라 매립고에 의하여도 제한을 받으며 그 중 하나의 제한이라도 초과하면 처리능력을 초과하는 것이라고 판단하였다. 이에 대해 대법원은 처리능력이란 '허가된 매립용량'을 의미하는 것이 아니라 '당해 매립시설

자체에 의하여 처리할 수 있는 능력'을 의미한다고 해석하여, 원고의 행위는 처리능력을 초과하여 폐기물을 처리한 경우에 해당한다고 하였다.

▌참고문헌

채영근, "산업폐기물의 적정처리를 위한 법적 방안 연구," 환경법연구 26권 2호, 한국환경법학회 (2004)

Case Book of Environmental Law

7. 생활폐기물처리시설 설치승인취소
대법원 2002. 6. 14. 선고 2000두8523 판결【생활폐기물처리시설설치승인취소】
원 심 : 서울고등법원 2000. 10. 6. 선고 99누15329 판결
제 1 심 : 수원지방법원 1999. 11. 3. 선고 99구653 판결

1. 당 사 자	【원고, 상고인】 원고1 외 7인 【피고, 피상고인】 경기도지사 【제 3 참가인】 여주군수
2. 주요쟁점	설치기관이 매립장 조성면적을 축소함으로써 폐촉법 적용대상에서 제외시킨 경우 절차적 위법이 있는지 여부
3. 사건의 경과	원심의 청구 기각 판결에 대하여 원고들이 상고
4. 결 과	상고 기각
5. 관련조문	폐기물처리시설촉진및주변지역지원등에관한법률(이하 '폐촉법'이라 한다) 제 9 조, 제10조, 구 폐촉법시행령(1997. 12. 31. 대통령령 제15586호로 전문개정되기 전의 것) 제 5 조 제 1 호, 폐촉법시행령 제 6 조 제 1 호, 부칙(1997. 12. 31) 제 1 조, 환경부와그소속기관직제 제14조
6. 관련판례	춘천지방법원 2004. 12. 16. 선고 2003구합1576 판결

❙ 판시사항

1. 폐기물처리시설설치기관이 매립장의 조성면적을 축소함으로써 폐기물매립시설을 입지선정 및 전문연구기관의 타당성조사 등의 절차를 요하는 폐기물처리시설설치촉진및주변지역지원등에관한법률의 적용대상에서 제외시킨 경우, 같은 법상의 절차를 거치지 아니할 때 절차적 위법이 있는지 여부

2. 폐기물처리시설설치기관이 환경부에서 발행한 폐기물처리시설설치업무편람에서 정한 절차를 거치지 아니한 경우, 적법한 행정절차를 위반한 것인지 여부(소극)

❙ 사실관계

여주군수가 매립시설 입지를 선정한 이후에 비로소 폐기물처리시설설치촉진및주변지역지원등에관한법률상 폐기물매립시설 입지선정위원회를 구성하

여 절차를 진행하다가 매립시설 면적을 당초 179,355㎡에서 99,631㎡로 축소한 뒤 피고에게 폐기물관리법에 의한 폐기물매립시설 설치승인신청을 하였는바, 피고가 이를 승인처분한 데 대하여 원고들이 위 승인에 폐촉법에 규정된 절차를 지키지 아니한 위법이 있음을 이유로 취소를 청구한 사안

▌판시요지

1. 폐기물처리시설설치기관이 매립장의 조성면적을 축소함으로써 폐기물매립시설을 입지선정 및 전문연구기관의 타당성조사 등의 절차를 요하는 폐기물처리시설설치촉진및주변지역지원등에관한법률의 적용대상에서 제외시킨 경우, 같은 법상의 절차를 거치지 아니하였다 하여 어떠한 절차적 위법이 있다고 할 수 없다.

2. 환경부에서 1998. 4.경 발행한 폐기물처리시설설치업무편람은 업무의 편의를 위하여 마련된 것으로 어떠한 구속력을 갖는 것이 아니므로, 폐기물처리시설설치기관이 위 편람에서 정한 절차를 거치지 아니하였다하여 적법한 행정절차를 위반한 것이라고 할 수 없다.

▌평 석

폐기물처리시설은 폐기물의 적절한 처리를 위한 기반시설인 동시에, 어디에 입지할 것인지에 대하여 논란이 많을 수밖에 없는 기피시설이다. 이렇듯 폐기물처리시실은 필요악으로서 지역사회에서는 반드시 필요한 시설이기 때문에, 「폐기물처리시설 설치촉진 및 주변지역지원 등에 관한 법률」이 제정되었다. 동법은 폐기물처리시설의 설치와 관련하여 비교적 자세한 절차규정을 두고 있는데 이는 폐기물처리시설의 설치 필요성에 대하여 주민들을 설득하여 합의를 이루고, 이러한 과정 속에서 주민의견을 반영하기 위한 것이다. 하지만 위 절차가 폐기물처리시설의 설치를 강행하는 과정에서 그 구색을 맞추기 위한 절차로 진락할 우려도 존재함을 잊어서는 안 될 것이다.

▌참고문헌

김홍균, 환경법, 홍문사 (2010)

7번 판례 원문: 대법원 2002. 6. 14. 선고 2000두8523 판결 【생활폐기물처리시설설치승인취소】

【이 유】

1. 원심은, 그 판시의 제3참가인(이하 '참가인'이라 한다)이 폐기물처리시설촉진및주변지역지원등에관한법률(이하 '폐촉법'이라 한다)상 폐기물매립시설 입지선정 이전에 밟아야 하는 입지선정위원회의 구성 등 절차에 관하여, 1997. 7. 4. 경기 여주군 강천면 부평리 552 일원 179,355㎡를 매립시설 입지로 선정한 이후에야 비로소 구성하는 등으로 폐촉법에 따른 절차를 취하다가, 1998. 10. 13. 매립시설의 면적을 99,631㎡로 축소하여 피고에게 폐기물관리법 제30조 제2항에 의한 폐기물매립시설 설치승인신청을 하여, 피고가 1998. 12. 23. 그 설치를 승인하는 이 사건 처분을 한 사실을 인정한 다음, 이 사건 처분에는 실질적으로 폐촉법에 규정된 절차를 지키지 아니한 위법이 있다는 원고들의 주장에 대하여, 참가인이 신청한 시설규모가 폐촉법의 적용기준에 미달하므로, 참가인이 폐촉법에 따른 절차를 거치지 아니하였다 하여 위법하다고 볼 수 없다는 이유로 그 주장을 배척하였다.

폐촉법 제9조 및 제10조의 입지선정 및 전문연구기관의 타당성조사 등의 절차를 거쳐야 하는 폐기물처리시설에 관하여 1997. 12. 31. 대통령령 제15586호로 전문 개정되기 전의 폐촉법시행령 제5조 제1호에서는 '조성면적 30만㎡ 이상인 폐기물매립시설'로 규정하고 있었으므로, 그 당시 참가인이 선정한 매립장의 조성면적은 30만㎡에 미달하여 폐촉법의 적용대상이 되지 아니하다가, 그 개정 후(1998. 1. 1. 시행)의 폐촉법시행령 제6조 제1호에서는 '매립량이 1일 300톤 이상으로서 조성면적 15만㎡ 이상인 폐기물매립시설'로 규정함으로써 비로소 폐촉법의 적용대상이 되어 폐촉법 제9조 및 제10조에 따른 입지선정 등의 절차를 거쳐야 할 것인데, 참가인이 그 조성면적을 99,631㎡로 축소함으로써 여전히 폐촉법의 적용대상에서 제외되었고, 폐기물관리법상 별도의 입지선정절차가 규정되어 있지 아니한 이상, 참가인이 폐촉법에 따른 절차를 거치지 아니하였다 하여 어떠한 절차적 위법이 있다고 할 수 없으며, 환경부에서 1998. 4.경 발행한 폐기물처리시설설치업무편람은 업무의 편의를 위하여 마련된 것으로 어떠한 구속력을 갖는 것이 아니므로, 참가인이 위 편람에서 정한 절차를 거치지 아니하였다 하여 적법한 행정절차를 위반한 것이라고 할 수 없으므로, 원심이 이 사건 처분에 절차적 위법이 없다고 본 것은 결국 옳고, 거기에 상고이유에서 주장하는 바와 같은 법리오해 등의 위법이 없다. 이 점에 관한 상고이유의 주장은 모두 받아들일 수 없다.

Case Book of Environmental Law

8. 입지선정절차의 위법성
대법원 2002. 5. 28. 선고 2001두8469 판결【폐기물처리시설설치계획결정취소】
원 심: 대구고등법원 2001. 9. 7. 선고 2001누343 판결
제 1 심: 대구지방법원 2001. 1. 11. 선고 99구4526 판결

1. 당 사 자	【원고, 피상고인】 원고1 외 257명 【피고, 상고인】 경상북도지사
2. 주요쟁점	재조사결과를 지역주민의 공람에 제공하고 경산시의 시보 등에 공고하는 절차를 거치지 않은 것이 입지선정을 위법하게 하는 절차상의 하자인지 여부
3. 사건의 경과	원심은 입지선정위원회가 재조사결과에 관하여도 공람·공고 절차를 거쳐야 한다는 전제하에 원고들의 청구를 인용하였고, 이에 피고가 상고
4. 결 과	파기 환송
5. 관련조문	구 폐기물처리시설설치촉진및주변지역지원등에관한법률(1997. 8. 28. 법률 제5396호로 개정되기 전의 것, 이하 '폐촉법'이라 한다) 제9조, 구 폐촉법시행령(1997. 12. 31. 대통령령 제15586호로 전문 개정되기 전의 것) 제7조 제3항(현행 제10조 제3항 참조), 제4항(현행 제10조 제4항 참조)

❙ 판시사항

폐기물처리시설의 입지선정위원회가 주민의 의견이 반영된 전문연구기관의 제조사결과에 관하여 새로이 공람·공고 절차를 거치지 않고 입지를 선정한 경우, 그 입지선정이 위법한지 여부(소극)

❙ 사실관계

경산시장이 위생쓰레기매립장 입지선정계획을 결정·공고하고 입지선정위원회를 설치하였으며, 입지선정위원회가 입지선정전문연구기관을 선정하여 입지타당성조사계획의 수립 및 조사를 실시하여 경산시 소재 4개 지역을 입지후보지로 선정하고 입지타당성조사보고서를 작성하여 공람 등 절차를 진행했으나 일부 주민들이 반대의견을 제출하였고, 입지선정위원회의 요구에 따

라 입지타당성조사재산정보고서를 작성하여 제출한 후 경산시폐기물처리시설설치계획을 수립하여 환경부장관의 승인을 받아 결정·고시한데 대하여, 재조사결과의 개요도 지역주민의 공람에 제공하고 경산시의 시보 등에 공고하여야 함에도 불구하고 이러한 절차를 거치지 않고 입지를 선정한 것은 위법하다는 이유로 이 사건 처분의 취소를 청구한 사안

▌판시요지

구 폐기물처리시설설치촉진및주변지역지원등에관한법률 제9조 제2항 내지 제4항, 같은 법 시행령 제7조 제3항, 제4항 등 폐기물처리시설 설치에 관한 관련 법령이 입지선정위원회의 입지선정에 앞서 입지타당성조사결과의 공람·공고 절차나 지역주민의 의견제출 절차를 거치도록 규정하고 있는 것은, 폐기물처리시설설치계획의 기초가 되는 입지선정에 있어서 지역주민 등 다수 이해관계인의 의사를 반영하고 그들 상호간의 이익을 합리적으로 조정함으로써 국민의 권리에 대한 부당한 침해를 방지하고 행정의 민주화와 신뢰를 확보하는데 그 취지가 있음은 물론이나, 위 관련 법령이 전문연구기관의 입지타당성 조사결과를 공람·공고토록 하고 주민의 의견이 있을 경우 이를 제출할 수 있다고 규정하고 있을 뿐 주민의 의견제출이 있다 하여 반드시 전문연구기관에 재조사를 의뢰하여야 한다거나 그 재조사결과에 대하여 다시 공람·공고 절차를 거쳐야 하는 것으로는 규정하고 있지 아니하고, 전문연구기관의 당초의 입지타당성조사결과나 재조사결과 모두가 특정 지역에 쓰레기매립장을 설치하는 것이 타당하다는 결론에 있어서 차이가 없어 재조사결과에 관하여 지역주민들 사이에 새로운 이해관계가 발생하지도 않았는바, 이러한 경우에 입지선정위원회가 재조사결과에 대하여 다시 공람·공고 절차를 거치지 않았다 하여 입지선정에 있어서 요구되는 지역주민들의 절차적 권리가 침해된 것이라고 보기 어려운 점 등에 비추어 보면, 입지선정위원회가 주민의 의견이 반영된 전문연구기관의 재조사결과에 관하여 새로이 공람·공고 절차를 거치지 않고 입지를 선정하였다 하여 그 입지선정이 위법하다고 볼 수 없다.

❙ 평 석

행정행위의 절차적 하자에 대한 법원의 통제의 의의 및 필요성 등에 대하여는 재론할 여지가 없다. 그런데 재판실무상, 행정행위의 절차적 하자에 대한 통제라 하여 관련 법령이 요구하는 절차의 의의나 취지, 그 행정행위를 함에 있어서 그러한 절차가 차지하는 위치나 중요성 등에 관하여 깊이 고찰하지 않고, 관련 법령의 규정을 형식적으로만 파악하고 절차적 통제에만 무게를 두어 사소한 절차적 흠결만 있어도 행정행위를 위법한 것으로 보는 경우도 자주 눈에 띈다. 이 판결은 위와 같은 문제점에 대하여 구체적인 사안을 통하여 '절차적 요건의 흠결'과 '행정행위의 효력'의 관계를 설명한 점에서 의의가 있는 판결이라고 할 것이다.

❙ 참고문헌

김용찬, "폐기물처리시설의 입지선정위원회가 주민의 의견이 반영된 전문연구기관의 재조사결과에 관하여 새로이 공람·공고 절차를 거치지 않고 입지를 선정한 경우, 그 입지선정이 위법한지 여부(소극)," 대법원판례해설 41호, 법원도서관 (2002. 12.)

8번 판례 원문 : 대법원 2002. 5. 28. 선고 2001두8469 판결 【폐기물처리시설설치계획결정취소】

【이 유】

1. 원심판결의 요지

원심은 그 채택한 증거들을 종합하여, 경산시장이 1996. 5.경 경산시위생쓰레기매립장 입지선정계획을 결정·공고하고 입지선정위원회를 설치하였고, 입지선정위원회가 주식회사 한국종합기술개발공사(이하 '한국종합'이라 한다)를 입지선정전문연구기관으로 선정한 후 입지타당성조사계획을 수립한 사실, 한국종합이 입지타당성조사를 마치고, 1996. 6.경 경산시 소재 11개 지역 중 남산면 남곡리, 용성면 곡란리, 자인면 읍천리, 동부동 여천리 등 4개 지역을 입지후보지로 선정하고 평가항목과 이에 대한 배점·채점 기준을 설정하여 채점한 결과 남곡리 74점, 곡란리 67점, 읍천리 64점, 여천리 58점의 순으로 점수가 집계되어 남곡리에 쓰레기매립장을 설치하는 것이 타당하다는 내용의 입지타당성조사보고서를 작성하여 입지선정위원회에 이를 제출한 사실, 입지선정위원회는 1996. 6. 13.부터 1996. 7. 5.까지 위 입지타당성조사결과의 개요를 경산시청 청소과에 비치하여 지역주민이 공람할 수 있게 하였고, 경산시장은 1996. 6. 13. 위 입지타당성조사결과의 개요를 경산시 시보에 공고한 사실, 이에 남산면의 주민들이 남산면쓰레기매립장반대추진위원회를 구성하고 위 입지타당성조사결과에 대한 반대의견을 제출하였으며, 입지선정위원회는 1996. 9. 17. 위 4개 후보지의 인근주민이 참석하는 공청회를 개최하여 주민들의 의견을 청취한 사실, 그 후에도 남산면 주민 등의 반대가 계속되자 입지선정위원회는 1996. 11. 21. 한국종합에게, 주민들이 제시한 의견에 대한 답변서와 주민들의 의견을 위 입지타당성조사보고서의 각 항목에 대입하여 수정보완한 내용의 보고서를 각 제출하여 줄 것을 요구한 사실, 이에 한국종합이 1997. 6. 20. 일부 평가세부항목에 대하여 배점·채점기준을 재산정하고 재조사하여 위 세부항목별로 점수의 증감이 있었으나 남곡리 76점, 곡란리 74점, 읍천리 67점, 여천리 60점의 순으로 점수가 집계되었다는 내용의 입지타당성조사재산정보고서를 작성하여 입지선정위원회에 제출한 사실, 입지선정위원회는 위 재조사결과의 개요를 지역주민의 공람에 제공하거나 경산시장에게 통보하지 아니하였고, 경산시장도 위 재조사결과의 개요를 경산시의 시보 등에 공고한 바는 없었던 사실, 입지선정위원회가 1997. 6. 30. 위원전원이 참석한 가운데 투표를 하여 남곡리를 쓰레기매립장 입지로 선정하기로 결의하고 1997. 7. 4. 경산시장에게 그 결의 내용을 통보한 사실, 경산시장이 1999. 4. 6. 남곡리 산 97-1 등의 토지에 쓰레기 매립장을 설치하기로 하는 내용의 경산시폐기물처리시설설치계획을 수립하여 환경부장관에게 승인을 신청하였고, 환경부장관이 위 계획을 승인하여 1999. 4. 29. 환경부고시 제1999-61호로 경산시폐기물처리시설설치계획을 결정·고시한 사실(환경부장관의 위 결정을 '이 사건 처분'이라 한다)을 인정한 다음, 당초의 입지타당성조사 이후 제기된 주민들의 요구사항을 반영하기 위하여 추가로 실시한 재조사에서 평가항목의 배점·채점기준이 수정된 이상, 입지선정위원회로서는 재조사결과의 개요도 지역주민의 공람에 제공하고 또한 경산시장에게 이를 통보하여 경산시의 시보 등에 공고하게 하여야 함에도 불구하고, 입지선정위원회가 이러한 절차를 거치지 않고 입지를 선정한 것은 입지타당성조사결과의 개요를 공람·공고하도록 한 관련 법령의 규정을 위반한 것으로서, 이러한 입지선정위원회의 입지선정에 기한 환경부장관의 이 사건 처분은 위법하여 취소를 면치 못하다고 판단하였다.

2. 대법원의 판단

구 폐기물처리시설설치촉진및주변지역지원등에관한법률(1997. 8. 28. 법률 제5396호로 개정되기 전의 것) 제9조 제2항 내지 제4항은 지방자치단체의 장 등 폐기물처리시설설치기관은 입지선정계획 공고 후 입지선정위원회를 설치하여 폐기물처리시설의 입지를 선정하도록 하여야 하고, 입지선정위원회가 입지를 선정하고자 하는 경우에는 미리 전문연구기관으로 하여금 입지후보지에 대한 타당성을 조사하도록 하여 그 결과를 참작하여야 하며, 입지선정위원회는 전문연구기관의 입지타당성조사의 조사과정 및 결과를 해당 지역의 주민에게 공개하여야 한다고 규정하고 있고, 같은법시행령(1997. 12. 31. 대통령령 제15586호로 전문 개정되기 전의 것) 제7조 제3항, 제4항은 입지선정위원회는 전문연구기관으로부터 입지타당성조사의 결과를 제출받은 때에는 그 결과를 폐기물처리시설설치기관에 통보하고 그 결과의 개요를 입지선정위원회에 비치하여 20일 이상 지역주민 등이 공람할 수 있도록 하여야 하고, 이 경우 폐기물처리시설설치기관은 통보받은 조사결과의 개요를 관보 또는 그 지방자치단체의 공보에 게재하여 공고하여야 하며, 지역주민은 위와 같이 공람·공고된 내용에 대하여 의견이 있는 경우에는 입지선정위원회에 그 의견을 제출할 수 있다고 규정하고 있는바, 위 관련 법령이 입지선정위원회의 입지선정에 앞서 입지타당성조사결과의 공람·공고 절차나 지역주민의 의견제출 절차를 거치도록 규정하고 있는 것은, 폐기물처리시설설치계획의 기초가 되는 입지선정에 있어서 지역주민 등 다수 이해관계인의 의사를 반영하고 그들 상호간의 이익을 합리적으로 조정함으로써 국민의 권리에 대한 부당한 침해를 방지하고 행정의 민주화와 신뢰를 확보하는 데 그 취지가 있음은 물론이다.

그러나 위 관련 법령이 전문연구기관의 입지타당성조사결과를 공람·공고토록 하고 주민의 의견이 있을 경우 이를 제출할 수 있다고 규정하고 있을 뿐 주민의 의견제출이 있다 하여 반드시 전문연구기관에 재조사를 의뢰하여야 한다거나 그 재조사결과에 대하여 다시 공람·공고 절차를 거쳐야 하는 것으로는 규정하고 있지 아니하고, 이 사건에 있어서 한국종합의 당초의 입지타당성조사결과나 재조사결과 모두가 남곡리에 쓰레기매립장을 설치하는 것이 타당하다는 결론에 있어서 차이가 없어 재조사결과에 관하여 지역주민들 사이에 새로운 이해관계가 발생하지도 않았는바, 이러한 경우에 입지선정위원회가 재조사결과에 대하여 다시 공람·공고 절차를 거치지 않았다 하여 입지선정에 있어서 요구되는 원고 등 지역주민들의 절차적 권리가 침해된 것이라고 보기 어려운 점 등에 비추어 보면, 이 사건 입지선정위원회가 주민의 의견이 반영된 전문연구기관의 재조사결과에 관하여 새로이 공람·공고 절차를 거치지 않고 입지를 선정하였다 하여 그 입지선정이 위법하다고 볼 수 없고, 따라서 이러한 입지선정에 기한 환경부장관의 이 사건 처분에 법령상 요구되는 절차를 결여한 위법이 있다고 볼 수 없다.

그럼에도 불구하고, 원심은 이 사건에서 입지선정위원회로서는 재조사결과에 관하여도 공람·공고 절차를 거쳐야 한다는 전제하에 이 사건 입지선정에 기한 환경부장관의 이 사건 처분은 위법하여 취소되어야 한다고 판단하였으니, 원심판결에는 입지선정절차에 있어서의 공람·공고 등에 관한 법리오해의 위법이 있다 할 것이다. 이 점을 다투는 상고이유의 주장은 이유 있다.

9. 화선키메탈사건
대법원 1997. 8. 22. 선고 95누17724 판결【폐기물처리명령취소】
원 심: 대구고등법원 1995. 10. 27. 선고 94구5572 판결

1. 당 사 자	【원고, 상고인】 주식회사 서○은행 대표이사 및 지배인 【피고, 피상고인】 대구지방환경관리청장
2. 주요쟁점	공장용지 등을 경락받은 자가 특정폐기물의 처리를 한 자에 해당하는지 여부
3. 사건의 경과	원심이 원고들의 청구를 기각하자 원고가 상고
4. 결 과	상고 기각
5. 관련조문	구 폐기물관리법(1995. 8. 4. 법률 제4970호로 개정되기 전의 것) 제 2 조, 제45조

❙ 판시사항

특정폐기물이 방치되어 있던 공장의 경락 후 경락자와 종업원의 협의로 공장이 가동되어 추가로 배출된 특정폐기물이 방치됨으로써 인근 상수원 등에 중대한 위해가 발생할 우려가 있는 경우, 경락자에 대하여 한 폐기물처리에 대한 조치명령의 적부(적극)

❙ 사실관계

원고가 대출을 하고 공장용지 및 지상공장건물 등에 근저당권을 설정했던 화○키메탈 주식회사가 부도가 나자 원고가 경매를 신청하여 공장에 특정폐기물이 야적, 매립, 방치되어 있는 상태에서 경락을 받고, 종업원들과 협의하여 공장을 일부 가동하면서 특정폐기물을 배출하여 공장에 야적, 방치하였는바, 피고가 이에 대하여 인근 상수원 등에 발생할 우려가 있는 중대한 위해를 방지하기 위하여 원고에게 특정폐기물처리에 대한 조치명령을 하였는바, 원고가 법리오해 등을 이유로 그 취소를 청구한 사안

❙ 판시요지

은행이 소외 회사에 대하여 금 14억원을 대출하고 그에 상당하는 소외 회사 소유이던 당해 공장용지 및 그 지상 공장건물 등에 관하여 근저당권

설정등기를 경료한 후, 위 회사가 부도나자 근저당권 실행을 위한 경매를 신청하여 공장에 납, 주석 등 당해 특정폐기물 중 일부가 야적·매립, 방치되어 있는 상태에 있는 공장용지 등을 경락받았고, 나아가 위 회사의 부도 후 공장을 관리하여 오면서 종업원들과 협의하여 공장을 일부 가동하고 원료에 대한 관리를 소홀히 함으로 말미암아 당해 특정폐기물 중 일부를 배출하여 공장에 야적, 방치하였으며, 그로 인하여 인근 상수원 등에 중대한 위해가 발생할 우려가 있다면, 은행이 당해 특정폐기물의 처리를 한 자에 해당한다는 취지의 전제 하에, 지방환경관리청장이 위와 같은 위해 발생의 방지를 위하여 은행에게 당해 특정폐기물처리에 대한 조치명령을 한 것은 적법하다.

❙ 평 석

대구고등법원 및 대법원이 원고에게 책임을 지움에 있어서 명시적으로 내세운 근거는 두 가지로 해석이 되는데, 첫째, 원고가 이 사안 토지에 대한 소유권을 취득할 당시 특정폐기물이 야적·방치되어 있다는 사실을 알았다는 점이고, 둘째는 원고가 이 사건 토지에 대한 소유권을 취득한 이후에 추가로 특정폐기물이 발생되도록 했다는 점이다. 그러나 토지매입시 특정폐기물의 존재를 알고 있었다는 것만으로 그에 대한 처리책임을 승계한다고 보아야 할 이론적 근거에 대한 설명이 부족하고, 소유권 취득 후 특정폐기물을 추가로 발생시켰다고 하여 그 이전에 발생한 특정폐기물에 대하여 까지 책임을 지울 수 있는 폐기물관리법상의 근거가 불명확하였다. 다만, 대구고등법원 및 대법원이 판결문에 명시적으로 설시하지는 않았으나, 위와 같은 결론을 낸 배경에는 문제의 토지가 오염되어 있다는 사실이 경락가격에 반영되어 원고가 최저경락 가격의 40%에 불가한 가격으로 매수하였으므로, 오염정화비용을 부담하도록 하는 것이 형평에 부합한다는 생각이 작용했을 것으로 보인다.

❙ 참고문헌

조홍식, “폐기물관리법상 사업장폐기물 배출사업자의 법적 책임,” 법학 45권 2호, 서울대학교 법학연구소 (2004)

9번 판례 원문 : 대법원 1997. 8. 22. 선고 95누17724 판결 【폐기물처리명령취소】

【이 유】

기록과 관계 법령에 비추어 보면, 원심이, 원고가 소외 화○키메탈 주식회사(이하 '소외 회사'라고 한다)에 대하여 금 1,400,000,000원을 대출하고 그에 상당하는 소외 회사 소유이던 이 사건 공장용지 및 그 지상 공장건물 등에 관하여 근저당권설정등기를 경료한 후, 소외 회사가 부도나자 근저당권 실행을 위한 경매를 신청하여 공장에 납, 주석 등 이 사건 특정폐기물 중 일부가 야적·매립, 방치되어 있는 상태에 있는 공장용지 등을 경락받았고, 나아가 소외 회사의 부도 후 공장을 관리하여 오면서 종업원들과 협의하여 공장을 일부 가동하고 원료에 대한 관리를 소홀히 함으로 말미암아 이 사건 특정폐기물 중 일부를 배출하여 공장에 야적, 방치하였으며, 그로 인하여 인근 상수원 등에 중대한 위해가 발생할 우려가 있다고 사실을 인정한 다음, 원고가 이 사건 특정폐기물의 처리를 한 자에 해당한다는 취지의 전제하에, 피고가 위와 같은 위해 발생의 방지를 위하여 원고에게 이 사건 특정폐기물처리에 대한 조치명령을 한 것은 적법하다고 판단한 것은 정당하고, 거기에 논지가 지적하는 바와 같은 법리오해, 채증법칙 위배, 이유불비 등의 위법이 있다고 할 수 없다. 논지는 이유 없다.

Case Book of Environmental Law

10. 건설폐기물처리업 허가소송
대법원 1996. 6. 11. 선고 95도3130 판결【폐기물관리법위반】
원 심: 서울지방법원 1995. 11. 30. 선고 95노4869 판결
제 1 심: 서울지방법원 1995. 7. 14. 선고 94고단6944, 95고단8103 판결

1. 당 사 자	【피고인, 상고인】 난○개발주식회사, 동회사 대표이사 및 건축현장소장
2. 주요쟁점	폐기물을 무단투기하는 등의 방법으로 처리하는 경우 처리업 허가를 받아야 하는지 여부
3. 사건의 경과	원심에서 유죄를 인정하자 피고인들이 대법원에 상고
4. 결 과	상고 기각
5. 관련조문	구 폐기물관리법(1995. 8. 4. 법률 제4970호로 개정되기 전의 것) 제17조 제 1 항, 제26조, 제44조의2

▎판시사항

구 폐기물관리법상 폐기물을 무단투기하는 등의 방법으로 처리하는 경우 처리업 허가를 받아야 하는지 여부

▎사실관계

건축폐재류를 반출한 행위가 허가를 요하는 일반폐기물처리업에 해당한다는 이유로 폐기물관리법위반으로 기소된 사안

▎판시요지

구 폐기물관리법의 관계 규정을 종합하여 보면, 일정한 폐기물을 재활용(재활용을 목적으로 하는 수집, 운반 또는 처리를 포함한다)하고자 하는 자는 동법 소정의 신고를 함으로써 충분하고 따로 일반폐기물 또는 특정폐기물의 처리업 허가를 받아야 하는 것이 아니고, 폐기물을 무단투기하는 등의 방법으로 처리하는 등 이를 재활용이라고 볼 수 없는 경우에는 동법에 따른 폐기물처리업 허가를 받아야 한다.

❚ 평 석

폐기물 무단투기행위에 대하여 엄단한 이 판결은 환경보호의 필요성과 침해의 중대성에 대한 대법원의 인식의 일단을 볼 수 있게 한다.

❚ 참고문헌

정금천, "미국의 환경형법에 관한 연구: 규제유형과 판례를 중심으로," 청주대학교 박사학위 논문 (2000)

11. 건축폐기물 처리 및 공공수역 배출사건

대법원 1990. 9. 14. 선고 90도1348 판결【폐기물관리법위반·환경보전법위반】

원 심: 서울형사지방법원 1990. 5. 16. 선고 90노306 판결

제 1 심: 서울지방법원 동부지원 1989. 12. 14. 선고 89고단2651 판결

1. 당 사 자	【피고인】 피고인1 외 1인 【상고인】 피고인들
2. 주요쟁점	산업폐기물인 건축물폐재류의 범위 및 산업폐기물로 하천을 매립하여 고수부지를 조성하는 행위가 환경보전법상의 공공수역에 산업폐기물을 버리는 행위에 해당하는지 여부
3. 사건의 경과	원심에서 폐기물관리법 및 환경보전법위반 혐의를 유죄로 인정하자 이에 피고인들이 상고
4. 결 과	상고 기각
5. 관련조문	폐기물관리법 제 2 조, 폐기물관리법시행규칙 제 2 조, 폐기물관리법 제24조 제 1 항, 제43조 제 1 항, 환경보전법 제37조 제 1 항

▍판시사항

1. 오래된 빌딩을 부순 벽돌조각 등의 폐기물이 산업폐기물인 건축물폐재류인지 여부(적극)

2. 허가 없이 산업폐기물의 처리를 업으로 한 공소범죄사실을 유죄로 인정함에 있어서 1일 50kg 이상의 건축물폐재류를 처리한 것만 인정하고 처리한 건축물폐재류의 배출량을 정확하게 특정하지 아니한 원심의 조치의 적부(적극)

3. 산업폐기물로 하천을 매립하여 고수부지를 조성하는 행위가 환경보전법상의 정당한 사유 없이 공공수역에 산업폐기물을 버리는 행위에 해당하는지 여부(적극)

▍사실관계

피고인들이 환경청장의 허가 없이 공공수역에 하치장을 설치하여 인근 건축업자들로 하여금 건축물폐재류를 버리도록 하고 매립하여 고수부지를 조성한 데 대하여 폐기물관리법 및 환경보전법위반죄로 기소된 사안

▌판시요지

1. 오래된 빌딩을 부순 벽돌조각, 돌조각, 타일조각, 콘크리트 덩어리, 나무조각, 비닐조각, 스티로플조각 등의 폐기물은 산업폐기물인 건축물폐재류임이 명백하다.

2. 피고인들이 처리한 건축물폐재류 중에 8할 가량의 사토가 섞여 있었다고 하더라도, 피고인들이 업으로 처리한 건축물폐재류의 배출량이 1일 평균 50㎏을 초과한 이상, 피고인들이 폐기물관리법 제43조 제1항 제6호 소정의 허가를 받지 아니하고 산업폐기물의 처리를 업으로 한 자에 해당하는 것이므로 원심이 피고인들이 처리한 건축물폐재류의 배출량을 정확하게 특정하지 아니하였다고 하여 원심판결에 심리미진, 사실오인 또는 폐기물관리법에 관한 법리오해의 위법이 있다고 볼 수 없다.

3. 피고인들이 산업폐기물로 하천을 매립하여 고수부지를 조성하였다고 하더라도, 정당한 사유 없이 공공수역에 산업폐기물을 버리는 행위를 한 이상 환경보전법 제68조 제5호 소정의 "제37조 제1항의 규정에 위반한 자"에 해당한다.

▌평 석

구 폐기물관리법(1991. 3. 8. 법률 제4363호로 개정되기 전의 것) 제2조에 따르면 산업폐기물이란 사업활동에 수반하여 발생하는 오니·잔재물·폐유·폐알카리·폐고무·폐합성수지등 폐기물로서 총리령이 정하는 것을 뜻하였으며, 동법 제6조 제2항, 동법 제7조에서는 산업폐기물은 누구든지 총리령이 정하는 기준 및 방법에 따라 처리하지 않고서는 버려서는 안 된다고 규정하고 있었고, 구 환경보전법 제 37조 제1항에서는 산업폐기물을 정당한 사유 없이 공공수역에 버리는 행위를 금지하고 있었다. 피고인들은 오래된 빌딩을 부순 벽돌조각 등의 폐기물은 산업폐기물이 아니라는 주장을 하였으나 대법원은 이러한 주장을 배척하고 이를 산업폐기물로 보았으며, 피고인들이 동법 제7조에 따른 기준 및 방법에 따라 처리하지 않은 이상 산업폐기물로 하천을 매립하여 고수부지를 조성하였다고 하더라도 이를 산업폐기물을 정당한 사유 없이 공공수역에 버린 행위로 파악하여 구 환경보전법 제 37조 제1항을 위반한 것으로 파악하였다.

❙ 참고문헌

정훈, “폐기물법상 폐기물의 개념에 관한 고찰,” 법률행정논총 21집 2호, 전남대학교 법률행정연구소 (2001. 12.)

박균성, “폐기물 관련 법령의 기본구조,” 환경법연구 26권 2호, 한국환경법학회 (2004)

Case Book of Environmental Law

12. 재활용품 재생자재 적치사건
부산고등법원 2003. 10. 24. 선고 2003누2731 판결(확정) 【방치폐기물제거명령취소】
제 1 심 : 창원지방법원 2003. 6. 19. 선고 2002구합3186 판결

1. 당 사 자	【원고, 항소인】 원고 【피고, 피항소인】 창녕군수
2. 주요쟁점	타인이 투기한 방치폐기물에 대하여 토지의 소유자에게 내린 제거명령의 적법 여부
3. 사건의 경과	1심이 원고의 청구를 기각하자 원고가 항소
4. 결 과	항소 기각
5. 관련조문	폐기물관리법 제45조

▍판시사항

폐기물관리법 제45조 제 1 항 제 3 호에서 폐기물처리에 대한 조치명령의 상대방으로 규정하고 있는 "다른 사람에게 자기 소유의 토지 사용을 허용한 경우 폐기물이 버려지거나 매립된 토지의 소유자"가 용도를 불문하고 타인에게 자신의 토지의 사용을 허용한 경우를 모두 포함하는지 여부(적극)

▍사실관계

원고는 소외인과 토지 매매계약을 체결하면서 특약사항으로 계약 후 이 사건 토지상에 재활용품 재생자재의 적치를 허용하면서, 계약파기시에는 위 토지상에 적치된 제반물건을 10일 이내에 원상복구하여야 하며 이를 위반시에는 매도자가 임의처리하여도 이의를 제기하지 않는다는 내용의 약정을 매매계약서에 명기하였는데, 그 후 소외인은 이 사건 토지에 처리를 위탁받은 폐비닐, 폐합성수지 등 사업장폐기물 180여톤을 투기하였고, 창녕군수는 소외인들에게 제거명령을 하였으나 폐기물 처리가 이행되지 않자, 이 사건 토지의 소유자인 원고에게 방치폐기물의 제거를 명하는 처분을 한 사안

▍판시요지

원고가 이 사건 토지의 매매 당시 재활용품 재생자재의 적치만을 승낙하였을 뿐, 산업폐기물 등을 버리는 것까지 승낙하거나 묵인한 바는 없는 사실

은 인정되나, 그렇다 하더라도 폐기물관리법 제45조 제1항 제3호에서 폐기물처리에 대한 조치명령의 상대방으로 규정하고 있는 "다른 사람에게 자기 소유의 토지 사용을 허용한 경우 폐기물이 버려지거나 매립된 토지의 소유자"가 용도를 불문하고 타인에게 자신의 토지의 사용을 허용한 경우를 모두 포함한다고 해석함이 상당하고, 달리 이를 폐기물의 투기나 매립을 위한 토지사용을 허용한 소유자에 한정되는 것으로 해석할 아무런 근거가 없으므로, 그러한 한정해석을 전제로 한 원고의 주장도 받아들일 수 없다.

평 석

구 폐기물관리법 제45조 제1항은 폐기물이 동법 12조의 규정에 의한 기준에 적합하지 않게 수집·운반·보관 또는 처리된 경우에 행정청이 조치명령을 발할 수 있는 근거를 마련하고 있는 규정이다. 그런데 그중 제3호에 따르면 폐기물을 직접 처리하거나 다른 사람에게 토지 사용을 허용한 경우에는 폐기물이 버려지거나 매립된 토지의 소유자 및 그 승계인을 상대로 하여 조치명령을 내릴 수 있도록 되어 있다. 이에 대해서는 논란의 여지가 있지만 그 근거는 동법 제7조 제3항이라고 볼 수 있다. 동법 제6조 제2항에서는 토지·건물의 소유자·점유자 또는 관리자에게 그가 소유·점유 또는 관리하고 있는 토지·건물의 청결을 유지하도록 노력하여야 하며, 시장·군수·구청장이 정하는 계획에 따라 대청소를 실시하여야 하는 의무를 부과하고 있고 동법 제7조 제3항에서는 이러한 의무가 제대로 이행되지 않았을 경우에 시장·군수·구청장에게 당해 지방자치단체의 조례가 정하는 바에 따라 필요한 조치를 명할 수 있는 권한을 부여하고 있다. 그리고 이런 입장을 취한다고 한다면, 동법 제45조 제1항 제3호의 '토지 사용을 허용한 경우'는 용도를 불문하고 타인에게 자신의 토지의 사용을 허용한 경우를 모두 포함한다고 해석하는 것이 타당하고, 이러한 점을 명시적으로 확인한 점에서 대상판결의 의의를 찾을 수 있다.

참고문헌

조홍식, "폐기물관리법상 사업장폐기물 배출사업자의 법적책임," 법학 45권 2호, 서울대학교 법학연구소 (2004)

13. 건축폐기물 배출자와 폐기물배출자
인천지방법원 1997. 5. 23. 선고 96노1318 판결(확정) 【폐기물관리법위반】
제 1 심: 인천지방법원 1996. 7. 24. 선고 96고단2311, 3294 판결

1. 당 사 자	【피고인 겸 항소인】 피고인1 외 2인
2. 주요쟁점	건축물 철거공사를 수급받은 경우 구 폐기물관리법상 일반폐기물 처리업 허가 없이 폐기물을 직접 또는 위탁하여 처리할 수 있는지 여부
3. 사건의 경과	피고인들에 대해 원심은 일반폐기물처리업 허가 없이 일반폐기물중간처리업을 한 사실을 인정하여 폐기물관리법위반죄를 인정하자 피고인들이 항소
4. 결 과	원심판결 파기 및 피고인들에게 무죄 선고, 확정
5. 관련조문	구 폐기물관리법(1995. 8. 4. 법률 제4970호로 개정되기 전의 것) 제14조, 제17조 제 1 항, 구 폐기물관리법 시행령(1996. 1. 19. 대통령령 제14897호로 개정되기 전의 것) 제 6 조 제 1 호

▌판시사항

도급받은 건축물 철거공사 중 일정량 이상의 건축폐기물을 배출한 자가 일반폐기물 다량배출자로서 그 폐기물을 직접 처리할 수 있는지 여부(적극)

▌사실관계

피고인들은 각각 건설회사로부터 건축물 철거공사를 도급받아 시행하면서 폐기물 중 일부를 폐기물처리시설인 파쇄기를 설치하여 파쇄하고, 이를 현장에서 보조 기층재 등으로 사용하였으며, 일부는 공소외인의 요청에 따라 다른 공사현장에 운반, 매립하였는데 이에 대하여 폐기물관리법위반죄로 기소된 사안

▌판시요지

구 폐기물관리법(1995. 8. 4. 법률 제4970호로 개정되기 전의 것)상의 폐기물 배출자라 함은 폐기물을 직접 발생시킨 자를 말하는 것으로서 각종 건축 및 토목공사에서 공작물의 제거 등에 따라 건축폐재류를 발생시키는 경우에는

그러한 공사행위를 직접 한 자가 배출자가 되고, 따라서 건설업법상의 적합한 도급 및 하도급 관계에 있어서는 수급인(시공자) 또는 최종 하수급인이 일반폐기물 다량배출자의 지위를 갖게 된다고 보아야 하므로, 수급받은 건축물 철거공사 중 일정량 이상의 건축폐기물을 배출한 자는 같은 법 제14조 및 같은법 시행령 제6조 제1호에서 규정하고 있는 일반폐기물 다량배출자로서 비록 그 철거공사의 도급금액 중에 폐기물의 처리비용이 포함되어 있다고 하더라도 폐기물의 처리만을 위탁받아 전문적으로 처리하는 처리업자의 경우와는 달리 폐기물 처리를 영업으로 하기 위한 별도의 허가 없이도 건물 철거공사 중 나오는 건축폐기물을 스스로 처리하는 것이 허용된다.

▎평 석

「폐기물관리법」에 따라 폐기물처리업을 하려는 자는 시도지사 또는 환경부장관의 허가를 받아야 한다. 그렇지만 사업장폐기물 배출자는 폐기물처리업 허가 없이 스스로 폐기물을 처리하거나 이를 위탁하여 처리할 수 있다. 사안의 경우 항소심은 원심과 달리 피고인들은 건설회사로부터 폐기물처리만을 위탁받은 것이 아니라 폐기물 처리를 포함한 건물철거공사를 도급받은 것이라고 인정하였다. 아울러 각종 건축공사에 있어 폐기물배출자는 공사행위를 직접 한 자가 되므로 하도급관계에서는 수급인이 구 「폐기물관리법」(1995. 8. 4. 법률 제4970호로 개정되기 전의 것) 제14조의 일반폐기물 다량배출자(현행법으로는 사업장폐기물 배출자)에 해당한다고 보았다. 따라서 건물 철거공사의 수급인은 일반폐기물 다량배출자로서 폐기물처리업 허가 없이 적법하게 스스로 폐기물을 처리할 수 있다고 판단하였다.

▎참고문헌

김연태, "폐기물의 개념 및 분류 · 처리체계 — 독일의 순환관리 및 폐기물법을 중심으로 —," 환경법연구 25권 1호, 한국환경법학회 (2003)

조홍식, "폐기물관리법상 사업장폐기물 배출사업자의 법적 책임," 환경법연구 26권 2호, 한국환경법학회 (2004)

이기춘, "건설폐기물과 토지소유자의 처리책임에 관한 소고," 환경법연구 31권 3호, 한국환경법학회 (2009)

10_

자연환경보전법

1. 반달곰 사건
대법원 2011. 1. 27. 선고 2010두23033 판결【국제멸종위기종용도변경승인신청반려처분취소】
원　심: 서울고등법원 2010. 9. 30. 선고 2010누5372 판결
제 1 심: 수원지방법원 2010. 1. 20. 선고 2009구합10896 판결

1. 당 사 자	【원고, 피상고인】 원고(곰 사육자) 【피고, 상고인】 한강유역환경청장
2. 주요쟁점	국제적멸종위기종의 용도변경제도에 관련된 근거 규정의 법적 성격
3. 사건의 경과	1심에서 원고 청구가 기각되었고, 항소심에서 원고 일부 승소 판결이 내려지자 피고가 상고
4. 결　과	파기 환송(원고 청구 기각 취지)
5. 관련조문	야생동·식물보호법 제16조 제 3 항, 동 시행규칙 제22조 제 1 항
6. 관련판례	대법원 1998. 2. 13. 선고 97누13061 판결 대법원 2007. 3. 15. 선고 2006두15783 판결

▎판시사항

야생동·식물보호법 제16조 제 3 항에 의한 용도변경승인 행위 및 용도변경의 불가피성 판단에 필요한 기준을 정하는 행위의 법적 성질(=재량행위)

▎사실관계

원고는 피고에게 '자신이 사육하던 반달가슴곰 암컷의 웅지를 비누 등의 제조에 사용하고 발바닥을 요리에 사용할 수 있도록 이 사건 곰의 용도를 사육곰에서 식품 및 가공품 재료로 변경하는 것을 승인하여 달라'는 취지로 국제적멸종위기종 용도변경 승인신청을 하였는데, 이에 대하여 피고가 '수입 또는 반입하여 인공사육중인 곰은 웅담 등을 약재로 사용하는 경우 외에는 용도변경승인 대상에 해당하지 않는다'는 이유로 위 신청을 반려하자 원고가 그 취소를 구하는 소를 제기한 사안

▎판시요지

이 사건 처분의 근거인 법 제16조 제 3 항과, 시행규칙 제22조 제 1 항의 체

제 또는 문언을 살펴보면 원칙적으로 국제적멸종위기종 및 그 가공품의 수입 또는 반입 목적 외의 용도로의 사용을 금지하면서 용도변경이 불가피한 경우로서 환경부장관의 용도변경승인을 받은 경우에 한하여 용도변경을 허용하도록 하고 있으므로, 법 제16조 제3항에 의한 용도변경승인은 특정인에게만 용도 외의 사용을 허용해주는 권리나 이익을 부여하는 이른바 수익적 행정행위로서 법령에 특별한 규정이 없는 한 재량행위이고, 법 제16조 제3항이 용도변경이 불가피한 경우에만 용도변경을 할 수 있도록 제한하는 규정을 두면서도 시행규칙 제22조에서 용도변경 신청을 할 수 있는 경우에 대하여만 확정적 규정을 두고 있을 뿐 용도변경이 불가피한 경우에 대하여는 아무런 규정을 두지 아니하여 용도변경 승인을 할 수 있는 용도변경의 불가피성에 대한 판단에 있어 재량의 여지를 남겨 두고 있는 이상, 용도변경을 승인하기 위한 요건으로서의 용도변경의 불가피성에 관한 판단에 필요한 기준을 정하는 것도 역시 행정청의 재량에 속하는 것이므로, 그 설정된 기준이 객관적으로 합리적이 아니라거나 타당하지 않다고 볼 만한 다른 특별한 사정이 없는 이상 행정청의 의사는 가능한 한 존중되어야 할 것이다.

기록에 의하면, 환경부장관이 2005. 3. 9. 지방환경관서의 장에게 보낸 '사육곰 용도변경 승인 시의 유의사항 통보'에는 사육곰의 용도변경 승인 시 웅담 등을 약재로 사용하는 경우 외에 곰 고기 등을 식용으로 판매하는 용도로 변경하고자 하는 경우에는 용도변경 승인 불허의 조치를 하도록 되어 있는 사실 및 피고는 위 통보에 따라 이 사건 처분을 한 사실을 알 수 있는바, 위 통보는 용도변경이 불가피한 경우를 웅담 등을 약재로 사용하는 경우로 제한하는 기준을 제시한 것으로 보이고, 그 설정된 기준이 법의 목적이나 취지에 비추어 객관적으로 합리적이 아니라거나 타당하지 않다고 볼 만한 다른 특별한 사정이 없으므로, 이러한 통보에 따라 한 이 사건 처분은 적법하다고 할 것이다.

❚ 평 석

야생동·식물보호법 제16조는 우리나라가 「멸종위기에 처한 야생동·식물 국제거래에 관한 협약」(CITES)에 가입함에 따라 국내법 정비의 필요성이 제기되면서 그 일환으로 도입된 법률로서 멸종위기종의 국제거래를 제한하고 있다. 국제적멸종위기종 및 그 가공품을 수출·수입·반출 또는 반입하기 위해서는 동법 제16조 제1항 각호의 허가기준에 따라 환경부장관의 허가를 받아야 하며, 허가를 받아 수입 또는 반입된 국제적멸종위기종 및 그 공품은 그 수입 또는 반입 목적 외의 용도로 사용할 수 없다(동조 제3항). 다만 이에 대한 단서규정으로 용도변경이 불가피한 경우로서 환경부령이 정하는 바에 따라 환경부장관의 승인을 얻은 경우에는 그러지 아니한데, 한편으로 이러한 용도변경이 쉽게 인정될 경우 CITES 및 이를 국내법으로 받아들인 동법 제16조의 취지가 몰각될 우려가 존재하고, 다른 한편으로는 이러한 용도변경의 승인은 수익적 행정행위에 해당하므로 법령에 특별한 규정이 없는 한 재량행위이며, 실제로 동법 제16조 및 동법 시행규칙 제22조를 살펴보면 용도변경의 불가피성에 대한 판단에 있어 재량의 여지를 남겨 두고 있으므로 행정청의 의사는 가능한 한 존중되어야 할 필요가 있다. 대상사건에서 대법원은 이러한 점을 고려하여 원고의 청구를 기각하는 취지로 파기환송 판결을 내린 것으로 보인다.

참고문헌

김홍균, 환경법, 홍문사 (2010)

Case Book of Environmental Law

2. 청계산휴게광장과 도시계획결정
대법원 2007. 1. 25. 선고 2004두12063 판결【도시계획시설결정및지형도면승인처분취소】
원 심: 서울고등법원 2004. 10. 6. 선고 2003누8816 판결
제 1 심: 서울행정법원 2003. 5. 15. 선고 2002구합257 판결

1. 당 사 자	【원고, 피상고인】 원고 【피고, 상고인】 서초구청장
2. 주요쟁점	행정계획의 의미 및 행정주체의 행정계획결정에 관한 재량의 한계
3. 사건의 경과	1심에서 원고가 패소하였고, 항소심에서 추가된 청구 중 일부와 함께 원고 청구가 인용되자 피고가 상고
4. 결 과	상고 기각
5. 관련조문	구 도시계획법(2002. 2. 4. 법률 제6655호로 폐지) 제12조(현행 국토의 계획 및 이용에 관한 법률 제30조 참조), 행정소송법 제27조
6. 관련판례	대법원 1996. 11. 29. 선고 96누8567 판결 대법원 2006. 9. 8. 선고 2003두5426 판결

▎판시사항

행정계획의 의미 및 행정주체의 행정계획결정에 관한 재량의 한계

▎사실관계

원고는 청계산 입구 등산로에 인접한 자연녹지지역, 개발제한구역으로 지정된 토지의 소유자로서, 소유 토지의 일부를 주차장으로 사용해 왔는데, 피고가 도시경관의 향상을 위하여 원고 소유 토지를 포함한 지역에 도시계획시설로 광장을 조성하는 계획을 수립하고 이에 따라 도시계획사업 실시계획의 인가처분을 하자 이에 대하여 취소의 소를 제기한 사안

▎판시요지

원심은, 그 채택 증거들을 종합하여 그 판시와 같은 사실을 인정한 후, 청계산 도시자연공원을 찾는 등산객이 주로 이용하는 원터골 진입로 주변이

무단 주차장화 되어 청계산의 경관과 이미지를 저해하고 있어 휴게광장을 조성하여 이용객들에게 만남의 장소를 제공하고 도시경관을 향상시키고자 하는 목적에서 입안된 이 사건 도시계획사업은 그 필요성이 있고, 피고로서는 이러한 행정목적을 달성하기 위하여 이 사건 도시계획사업을 입안·결정함에 있어서 비교적 광범위한 형성의 자유를 가지고 있다고 할 것이지만, 그 판시사실에 의하여 인정되는 다음과 같은 사정들, 즉 도시계획을 입안함에 있어서는 미리 인구·교통·환경·토지이용 등에 대한 기초조사를 거쳐 추가적인 도시계획시설의 필요성 및 수요를 파악하여 시설의 규모와 편입대상 토지의 범위 등에 대한 검토가 이루어져야 함에도, 피고는 이러한 기초조사도 하지 않은 상태에서 도시계획결정을 입안하여 도시계획위원회의 심의까지 마친 점, 그 후 보완한 기초조사의 결과에 의하더라도 구체적인 조사자료나 근거 없이 주말 등에 원터골을 통하여 청계산 도시자연공원을 찾는 등산객의 수를 2~3만 명으로 추산하고 있을 뿐, 이 사건 토지 부근의 청계산 원터골에 등산객 등을 위한 어떠한 도시계획시설이 있는지에 대한 조사나 추가적인 만남의 장소 또는 휴게장소의 필요성과 그 수요에 대한 조사 등도 없었던 것으로 보이는 점, 이 사건 도시계획사업의 공람공고와 관련하여 서울특별시 도시계획상임기획단은 이 사건 토지와 그 주변의 산림이 양호하고 지반이 낮은 골짜기 형태의 급경사지와 개울을 이루고 있어서 광장 조성시에 대량의 성토 및 절토가 예상되므로 이를 최소화 할 수 있도록 도로변을 중심으로 축소 조정하는 것이 바람직하다는 의견을 제출하였고, 피고가 미리 작성한 이 사건 도시계획사업의 설계도면에 의하더라도 이 사건 토지 전부를 광장으로 조성하지 아니함에도, 피고는 합리적인 근거 없이 위와 같은 의견을 반영하지 아니한 채 이 사건 토지 전부를 위 도시계획사업의 편입대상으로 결정한 점 등을 종합하여 보면, 피고가 이 사건 도시계획사업에 관한 행정계획을 입안·결정함에 있어서 이 사건 토지 전부를 사업부지로 편입한 것은 공익과 사익에 관한 이익형량의 고려 대상에 마땅히 포함시켜야 할 사항을 누락하였거나 정당성 내지 객관성이 결여된 상태에서 이익형량을 하였다고 할 것이므로 이 사건 도시계획결정은 형량에 하자가 있어 위법하고, 이 사건 도시계획사업에 대한 인가처분 및 변경인가처분은 위법한 이 사건 도시계획결정을 기초로 한 후속처분으로서 역시 위법하다는 취지로 판시하였다.

기록과 앞서 본 법리 및 관계 법령에 의하면, 원심의 위와 같은 사실인정과 판단은 정당하고, 거기에 상고이유에서 주장하는 바와 같은 채증법칙 위배로 인한 사실오인, 이유모순, 도시공원법에 관한 법리오해나 공익과 사익의 비교형량에 관한 법리오해의 위법이 없다.

❙ 평 석

우리 대법원은 계획재량과 관련하여, 오래전부터 계획규범의 특성과 형량명령을 인정하고 있다. 그러나 독일 입법례의 영향으로 1980년대 후반에 국내에 도입된 계획재량 및 형량명령의 법리는 도입당시의 수준을 극복하지 못하고 오랫동안 답보상태에 있었다고 한다. 즉, 계획규범의 본질 및 특성을 인정하면서도 사법심사기준으로는 "재량권의 일탈·남용으로 위법"이라는 도식을 되풀이해서 사용하여 왔던 것이다. 나아가 일부 판례에서는 계획규범의 본질을 간과하고 '계획재량=행정(법효과)재량'이라는 법리적 오류를 범하기도 했다는 비판이 있다. 이후 대법원은 계획재량을 통상적인 재량하자론에 의해 사법적 통제를 하던 종래의 법이론을 포기하고, 소위 "형량에 하자가 있어 위법"이라는 부분을 도입함으로써 어느 정도 법리적인 모순을 극복하였다는 평가를 받고 있다. 대상판결도 동일한 취지를 확인한 점에서 그 의의를 찾아볼 수 있다. 그러나 다른 한편으로는 대법원판례에서는 도식화된 선행 판례를 되풀이하고 있을 뿐, 문제가 된 사안에서 구체적으로 어떠한 형량의 하자가 있는지를 규명하고 있지 않다는 점에서 여전히 한계를 노정하고 있다고 볼 수 있다.

❙ 참고문헌

정남철, "명확성 원칙의 판단기준과 사법심사의 한계," 법조 57권 9호, 법조협회 (2008. 9.)

Case Book of Environmental Law

3. 서산 화곡리 임야에서의 토석 채취

대법원 2006. 9. 8. 선고 2005두8191 판결【개발행위(토석채취)불허처분취소】

원 심: 대전고등법원 2005. 6. 23. 선고 2004누1436 판결

제 1 심: 대전지방법원 2004. 5. 12. 선고 2003구합3187 판결

1. 당 사 자	【원고, 피상고인】 현○산업개발 주식회사 【피고, 상고인】 서산시장
2. 주요쟁점	산림 내에서의 건축용 토석의 채취 불허처분에 관하여 적용되는 법령
3. 사건의 경과	1심에서 원고 청구가 기각되었으나 항소심에서 원고 청구가 인용되자 피고가 상고
4. 결 과	상고 기각
5. 관련조문	구 산림법(2002. 12. 30. 법률 제6841호로 개정되기 전의 것) 제90조의2 제 6 항 제 1 호(현행 산지관리법 제28조 참조), 구 산림법 시행령(2003. 9. 29. 대통령령 제18108호로 개정되기 전의 것) 제91조의5 제 1 항 제 5 호(현행 산지관리법 시행령 제36조 제 3 항 제 5 호 참조), 국토의 계획 및 이용에 관한 법률 제58조 제 1 항 제 4 호

❙ 판시사항

구 산림법(2002. 12. 30. 법률 제6841호로 개정되기 전의 것) 제90조의2 제 6 항 제 1 호 규정의 위임에 의한 구 산림법 시행령(2003. 9. 29. 대통령령 제18108호로 개정되기 전의 것) 제91조의5 제 1 항 제 5 호 소정의 채석허가제한지역 규정은 국토의 계획 및 이용에 관한 법률 제58조 제 1 항 제 4 호 규정에 대한 특별법(특별규정)으로서 우선적으로 적용되는지 여부

❙ 사실관계

원고가 서산시 대산항 일대 축조공사를 시행하면서, 공사에 필요한 석재를 확보하기 위해 위 공사현장과 인접한 지역의 토지의 소유자들로부터 사용승낙서를 받고 환경영향평가를 거친 뒤 피고에게 공·사유림 채석허가신청을 하였으나, 피고가 구 자연환경보전법, 국토의계획및이용에관한법률, 산림법

등의 규정을 들어 불허처분을 하자, 위 처분의 취소를 구하는 소를 제기한 사안

❙ 판시요지

구 산림법(2002. 12. 30. 법률 제6841호로 개정되기 전의 것) 제90조의2 제6항 제1호 규정의 위임에 의한 구 산림법 시행령(2003. 9. 29. 대통령령 제18108호로 개정되기 전의 것) 제91조의5 제1항 제5호 소정의 채석허가제한지역 규정은 국토의 계획 및 이용에 관한 법률 제58조 제1항 제4호 규정에 대한 특별법(특별규정)으로서 그 규정의 충족 여부를 떠나 우선적으로 적용되어야 할 규정이라고 할 수는 없고, 따라서 산림 내에서의 건축용 토석의 채취와 관련된 이 사건 처분에 관하여는 구 산림법령 관련 규정과 국토의 계획 및 이용에 관한 법령 관련 규정이 모두 적용된다 할 것이다.

❙ 평 석

원칙적으로 구 산림법 제90조의2 제6항 제1호 규정의 위임에 의한 구 산림법 시행령 제91조의5 제1항 제5호 소정의 채석허가제한지역에 해당하는 경우 설령 국토의 계획 및 이용에 관한 법률 제58조 제1항 제4호 규정에 해당한다 하더라도 채석허가를 할 수 없다는 점에서는 구 산림법 제90조의2 제6항 제1호 규정의 위임에 의한 구 산림법 시행령 제91조의5 제1항 제5호 규정이 국토의 계획 및 이용에 관한 법률 제58조 제1항 제4호 규정의 적용을 배제하는 특별규정인 것처럼 볼 여지가 전혀 없는 것은 아니지만, 구 산림법 제91조의5 제1항 제5호 소정의 채석허가제한지역에 해당되는 경우에도 구 산림법 시행령 제91조의6 제5호 등에 의하여 채석허가를 할 수 있는데, 이러한 경우 공익 등을 고려하여 이러한 채석허가를 할 수 있도록 하면서 외형상 구 산림법 제91조의5 제1항 제5호 소정의 채석허가제한지역에 해당한다는 이유만으로 나찬가지로 공익을 반영하도록 하고 있는 국토의 계획 및 이용에 관한 법률 제58조 제1항 제4호 규정의 적용을 배제한다는 것은 합당하다고 할 수 없다.

또한, 국토의 계획 및 이용에 관한 법률은 국토의 이용·개발 및 보전을 위한 계획의 수립 및 집행 등에 관하여 필요한 사항을 정하고 있는데, 산림

에서의 토석채취허가에 관하여 구 산림법의 적용을 배제하지 않으며, 구 산림법은 산림자원의 증식과 임업에 관한 기본적 사항을 정하고 있는데, 산림에서의 토석채취허가에 관하여 국토의 계획 및 이용에 관한 법률의 적용을 배제하지 않는다.

따라서 구 산림법 제91조의5 제1항 제5호 소정의 채석허가제한지역에서의 채석허가 신청과 구 산림법 제91조의6 제5호에 의한 관계 중앙행정기관 등의 요청이 있는 경우 그 허가에 관하여는 구 산림법 시행령 제91조의5 제1항 제5호, 제91조의6 제5항 규정과 국토의 계획 및 이용에 관한 법령 제58조 제1항 제4호 규정이 모두 적용된다고 보는 대법원의 입장은 타당하며, 이렇듯 구 산림법령 관련 규정과 국토의 계획 및 이용에 관한 법령 관련 규정이 모두 적용된다고 보는 이상, 적용의 선후에 특별한 의미는 없다고 할 것이다.

❙ 참고문헌

김재환, "산림 내에서의 건축용 토석의 채취불허처분에 관하여 적용되는 법령," 대법원판례해설 64호, 법원도서관 (2007. 7.)

Case Book of Environmental Law

4. 공원구역 안의 나무를 고사시키는 행위
대법원 2002. 3. 29. 선고 2001도6904 판결【산림법위반·자연공원법위반】
원 심: 창원지방법원 2001. 12. 4. 선고 2001노865 판결
제 1 심: 창원지방법원 진주지원 2001. 4. 28. 선고 2000고단133 판결

1. 당 사 자	【상고인】 피고인
2. 주요쟁점	구 자연공원법 제36조 제 1 호의 '공원의 형상을 해하는 행위'의 의미
3. 사건의 경과	제 1 심과 항소심에서 모두 유죄판결이 선고되자 피고인이 상고
4. 결 과	상고 기각
5. 관련조문	구 자연공원법(2001. 3. 28. 법률 제6450호로 전문 개정되기 전의 것) 제36조 제 1 호(현행 제27조 제 1 항 제 1 호, 제 2 호 참조), 제57조 제 3 호(현행 제82조 제 3 호, 제84조 제 2 호 참조)

판시사항

공원구역 안의 나무를 고사시키는 행위가 구 자연공원법 제36조 제 1 호 소정의 '공원의 형상을 해하는 행위'에 포함되는지 여부(한정 적극)

사실관계

피고인이 1998. 9.말경 지리산국립공원 구역 내에서 그 곳에 자생하고 있는 참나무 등 입목 15종 114그루 가량에 전기드릴을 이용하여 구멍을 뚫고 그 안에 농약을 투입하여 고사시킨 행위에 대하여 산림법 및 자연공원법위반죄로 기소된 사안

판시요지

구 자연공원법(2001. 3. 28. 법률 제6450호로 전문 개정되기 전의 것) 제36조 제 1 호는 공원구역 안에서 '공원의 형상을 해하는 행위'를 금지행위로 열거하고 제57조 제 3 호는 그 위반행위를 처벌대상으로 하고 있었던바, 공원구역 안에서 자생하고 있는 나무의 상당량에 농약을 투입하여 말라죽게 함으로써 공원의 외관에 실질적인 변경을 초래하였다면 이는 공원의 형상을 해하는 행위로서 처벌대상이 된다고 할 것이고, 후에 전문 개정된 자연공원법 제27조

제 1 항이 제 1 호로 구법 제36조 제 1 호와 동일한 금지행위를 그대로 두면서 제 2 호로 '나무를 말라죽게 하는 행위'라는 금지행위를 신설하였다고 하여 구 자연공원법의 해석상 나무를 말라죽게 하는 행위는 공원의 형상을 해하는 행위에 포함될 수 없는 것으로 해석하여야 하는 것은 아니다.

▌평 석

대법원은 이 사안에서 공원구역 안에서 자생하고 있는 나무의 상당량에 농약을 투입하여 말라죽게 한 행위는 공원의 외관에 실질적인 변경을 초래한 것이고, 공원의 외관에 실질적인 변경을 초래한 행위는 구 자연공원법(2001. 3. 28. 법률 제6450호로 전문 개정되기 전의 것) 제36조 제 1 호에서 금지하고 있는 공원의 형상을 해하는 행위에 해당한다고 보았다. 이후 전문개정을 통해 자연공원법 제27조 제 2 호에 나무를 말라죽게 한 행위가 명문으로 금지되었지만, 상당한 수의 나무를 말라 죽게 함으로써 공원의 외관에 실질적인 변경을 초래할 정도에 이르렀으면 자연생태계와 자연 및 문화경관 등을 보전하고 지속 가능한 이용을 도모함을 목적으로 하며, 국가 및 자연공원에 들어가는 자에 대해 자연공원을 보호하고 자연의 질서를 유지·회복하는 데에 정성을 다해야 할 의무를 부과하는 자연공원법의 취지를 고려하였을 때 이를 구 자연공원법 제36조 제 1 호에서 금지하고 있는 공원의 형상을 해하는 행위에 해당한다고 본 대법원의 입장은 타당한 것으로 보인다.

▌참고문헌

김홍균, "자연공원의 보전과 개발," 법과 사회 19호, 동성출판사 (2000)

5. 국립공원 입장료분배 청구사건
대법원 2001. 12. 28. 선고 2000다27749 판결【공원입장료분배청구】
원 심: 서울고등법원 2000. 5. 2. 선고 99나66900 판결
제 1 심: 서울지방법원 서부지원 1999. 11. 17. 선고 99가합9103 판결

1. 당 사 자	【원고, 상고인】 원고 【피고, 피상고인】 국립공원관리공단, 대한민국
2. 주요쟁점	국립공원 입장료의 성질 및 입장료 수입을 공원관리청에게 전부 귀속되도록 규정한 자연공원법이 국립공원 내 토지소유자의 권리를 침해하는지 여부
3. 사건의 경과	원심에서 원고의 청구를 기각하자 원고가 대법원에 상고
4. 결 과	상고 기각
5. 관련조문	민법 제101조 제 2 항, 헌법 제11조, 제23조, 자연공원법 제26조, 제33조
6. 관련판례	헌법재판소 2001. 6. 28. 선고 2000헌바44 전원재판부 결정

▌판시사항

국립공원 입장료의 성질 및 입장료 수입을 공원관리청에게 전부 귀속되도록 규정한 자연공원법이 국립공원 내 토지소유자의 재산권이나 평등권을 침해하는지 여부

▌사실관계

원고는 한려해상국립공원 금산지구로 지정된 토지의 소유자로 공원관리청인 피고가 1987년부터 위 공원의 입장료로 징수한 금액 중 국립공원 금산지구 전체면적에 대한 이 사건 임야의 면적비율에 따른 분배금을 청구함

▌판시요지

자연공원법(1995. 12. 30. 법률 제5122호로 개정된 것) 제26조 및 제33조의 규정 내용과 입법목적을 종합하여 보면, 국립공원의 입장료는 토지의 사용대가라는 민법상 과실이 아니라 수익자 부담의 원칙에 따라 국립공원의 유지·관리비용의 일부를 국립공원 입장객에게 부담시키고자 하는 것이어서 토지의 소

유권이나 그에 기한 과실수취권과는 아무런 관련이 없고, 국립공원의 유지·관리비는 원칙적으로 국가가 부담하여야 할 것이지만 형평에 따른 수익자부담의 원칙을 적용하여 국립공원 이용자에게 입장료를 징수하여 국립공원의 유지·관리비의 일부에 충당하는 것도 가능하다고 할 것이며, 징수된 공원입장료 전부가 자연공원법 제33조 제2항에 의하여 국립공원의 관리와 국립공원 안에 있는 문화재의 관리·보수를 위한 비용에만 사용되고 있는 점 등에 비추어 국립공원 내 토지소유자에게 입장료 수입을 분배하지 않고 공원관리청에 전부 귀속되도록 규정한 자연공원법 제33조 제1항이 헌법상의 평등권이나 재산권 보장을 침해하는 규정이라고 볼 수 없다.

▌평 석

자연공원법 제37조 제1항에 따르면 공원관리청은 자연공원에 들어가는 자로부터 입장료를 징수할 수 있으며 공원시설을 사용하는 자로부터 사용료를 징수할 수 있다. 그리고 동조 제2항에 따르면 공원사업을 시행하거나 공원시설을 관리하는 자는 시설을 사용하는 자로부터 그 수익의 범위 안에서 사용료를 징수할 수 있다. 이러한 국립공원의 입장료는 수익자부담의 원칙에 따라 국립공원에 입장하는 자에게 국립공원의 유지·관리비의 일부를 징수하는 것으로 민법상 과실로 볼 수 없으므로 국립공원 내 토지소유자는 입장료 수입을 분배할 것을 청구할 수 없다.

다른 한편, 국립공원은 국민이면 누구나 이용할 수 있는 특수한 공공재의 성격을 지니며, 최소한의 환경권 향유 대상이라고 할 수 있다. 그리고 오늘날은 국가의 기능과 역할이 사회복지국가라는 방향으로 변모하고 있으므로, 국립공원은 일반국민들의 휴식공간이자 건강관리 공간으로서, 국민의 삶의 질 향상 차원에서 국가가 그 이용을 장려해야 할 복지인프라에 해당한다고 볼 수 있다. 따라서 자연공원의 성격과 국가의 기능과 역할이 변모한 오늘날에 와서는 국립공원의 이용료 징수제도는 다시 검토해 볼 필요가 있는바, 2007년 국립공원관리공단은 국립공원 입장료를 폐지하였다.

▌참고문헌

함태성, "한국의 자연공원보전법제의 현황 및 발전방향," 환경법연구 28권 2호, 한국환경법학회 (2006. 8.)

6. 한려해상국립공원 내 출입금지구역에서의 실족사 사건
대법원 1997. 8. 29. 선고 97다19137 판결【손해배상(기)】
원 심 : 서울고등법원 1997. 4. 11. 선고 96나37635 판결
제 1 심 : 서울지방법원 1996. 8. 22. 선고 96가합1523 판결

1. 당 사 자	【원고, 피상고인】 원고1 등 【피고, 상고인】 국립공원관리공단
2. 주요쟁점	국립공원 내 위험지역에 대한 관광객 보호를 위한 적절한 보존·관리 방법
3. 사건의 경과	1심과 원심에서 국립공원관리공단의 배상책임을 인정하자 피고가 상고
4. 결 과	파기 환송
5. 관련조문	민법 제750조, 자연공원법 제36조의2
6. 관련판례	대법원 2001. 11. 9. 선고 2001다54045 판결

판시사항

국립공원 내 위험지역에 대한 관광객 보호를 위한 적절한 보존·관리 방법

사실관계

출입금지 경고판을 무시하고 국립공원 내 위험지역에 들어가 사진을 찍다 실족하여 익사하자 망인의 유족들이 국립공원관리공단에게 손해배상을 청구한 사안

판시요지

국립공원이라 함은 우리나라의 풍경을 대표할 만한 수려한 자연풍경지로서 국가차원에서 이를 보전·관리하기 위하여 자연공원법에 의하여 공원으로 지정한 곳인데, 이러한 국립공원은 자연풍경지 그대로를 보호하는 것이 가장 좋은 보전·관리 방법이므로, 비록 그 곳에 위험한 곳이 있다 하여도 피고로서는 인위적으로 난간 등과 같은 인공물을 설치하기보다는 자연공원법 제36조의2에 의하여 이용자의 출입을 제한하거나 금지시킴으로써 자연풍경지를 보호하고 국민의 안전도 도모할 수 있다.

망인이 통상의 주의를 가지고 확인하였더라면 이 사건 사고 장소의 지형이 매우 위험한 곳임을 충분히 알았을 것임에도 이를 무릅쓰고 나아가 실족하였다면 이는 전적으로 망인의 잘못으로 인하여 발생한 사고이며, 국립공원을 관리하는 피고로서는 그곳으로의 출입금지를 시킴으로서 족한 것이지 인공적인 방지시설을 설치할 의무를 지지 아니한다.

▌평 석

그동안 자연공원은 보전(保全) 위주로 관리되어 왔다기보다는 개발 위주로 관리되어왔다. 자연공원관리는 기본적으로 개발보다는 보전을 중심으로 하지만, 자칫 보전적 성격만을 내세우다보면 사유재산권의 침해라는 중대한 문제가 발생하게 되고, 이로 인하여 자연공원의 효율적인 자원관리가 힘들어질 수 있다. 이에 보전과 개발이 적절히 조화를 이룬 자연공원 관리가 요구되는 것이며 최근에는 지속가능한 개발이라는 개념이 대두되어 보전과 개발을 잘 조화시킨 자원관리방안을 제시하고 있기도 하다. 자연공원의 보전에 있어서는 현 세대뿐만 아니라 미래세대까지 고려해야 할 필요성이 있으므로, 지속가능한 개발은 자연공원에 대한 개발압력이 증가하고 있는 시점에서 더욱 중요한 의미를 갖는다. 그동안 우리나라 자연공원은 자연공원법에 명시된 자연공원의 지정목적과는 다르게 자연환경의 보전이 경시되고 오히려 그 이용에 중점이 두어지면서 개발을 유도 내지는 방치하는 방향으로 관리되어 왔는데, 이제부터라도 보전을 우선적으로 고려하는 자연공원관리가 이루어져야 한다. 이러한 사정에 입각해서 볼 때 대상판결은 자연공원의 관리에 있어서 "자연풍경지 그대로를 보호하는 것이 가장 좋은 보전·관리 방법"임을 천명한 점에서 그 의의를 찾아볼 수 있다.

▌참고문헌

김홍균, 환경법, 홍문사 (2010)

7. 경주국립공원 내 간벌허가신청 사건
대법원 1989. 12. 26. 선고 88누11018 판결【산림관리계획허가】
원 심: 대구고등법원 1988. 10. 5. 선고 87구251 판결

1. 당사자	【원고, 피상고인】 원고1 외 1인 【피고, 상고인】 경주시장
2. 주요쟁점	간벌을 위한 산림관리계획허가신청의 반려가 재량권을 남용하여 위법한지 여부
3. 사건의 경과	원심에서 처분의 위법성을 인정하자 피고가 상고
4. 결 과	파기 환송
5. 관련조문	자연공원법 제23조 제1항 제3호 및 제4항, 제50조 제2항, 산림법 제90조

▌판시사항

경주 국립공원으로 지정된 임야에서의 간벌허가신청을 자연경관을 해친다는 이유로 반려한 경주시장의 처분이 재량권을 남용한 위법처분이라고 본 원심의 조치가 법리오해와 채증법칙위반의 잘못이 있다고 한 사례

▌사실관계

경주국립공원의 일부로 자연환경지구로 지정된 임야에 대하여 원고가 간벌을 위하여 신청한 산림관리계획허가신청을 피고가 자연경관을 해친다는 이유로 반려하자 이를 재량권을 남용한 위법처분에 해당한다는 이유로 취소의 소를 제기한 사안

▌판시요지

국립공원구역 내에서의 입목벌채는 시장, 군수 또는 영림서장의 허가를 받은 외에 자연공원법에 따른 공원관리청의 허가를 받도록 하고 공원구역 안에서 산림법 등에 의하여 허가, 인가를 할 경우에는 공원관리청과 협의를 거치도록 규정하고 있는데 그렇게 규정한 취지는 공원의 특수성을 살려 자연경관의 훼손을 막고자 함에 있다할 것이고, 건설부의 공원구역 내 산림관리지침에 의하더라도 간벌은 "자연경관에 지장이 없는 범위 내"에서 실시하도

록 하고 있다. 이 사건 임야는 토함산과 추령단풍 등으로 우리나라의 대표적인 풍경지로 알려져 있고 연중 수많은 관광객이 찾는 경주보문단지에서 추령을 넘어 감포로 통하는 포장도로와 불국사로 통하는 관광도로 바로 옆에 위치하고 있는데다가 그 임야에 있는 입목은 가을철이면 단풍이 곱게 드는 활엽수가 대부분이어서 입목을 벌채하게 되면 그 작업으로 인한 자연경관이 훼손될 우려가 있다고 인정하기에 어렵지 아니하여서 피고가 이 사건 간벌 등의 협의신청을 반려한 것도 옳게 수긍이 간다. 그런데도 원심이 이 사건 간벌로 인한 자연경관의 훼손에 대하여 전문가의 견해를 듣는 등 더 심리하지 아니한 것은 채증법칙을 어기고 심리를 다하지 아니한 것이다.

❙ 평 석

환경관련 소송에서는 흔히 당해 처분으로 얻게 되는 사익 또는 공익으로서의 개발이익과 침해되는 이익으로서의 환경이익이 충돌하는 경우가 많다. 이러한 문제해결을 위해서는 이익형량의 원칙이 동원된다. 즉, 당해 행정처분으로 얻게 되는 이익과 그로 말미암아 침해되는 이익을 비교형량하였을 때 침해되는 이익이 월등히 클 경우 그 처분은 위법을 면치 못하게 되는 것이다. 환경의식이 향상되는 것에 부응하여 법원은 환경보호라는 이익을 중요한 이익으로 고려하고 있으며 위 사안도 이를 확인해주고 있는 판례 가운데 하나이다.

❙ 참고문헌

김홍균, “환경행정소송과 공법상 구제의 확대,” 인권과 정의 321호, 대한변호사협회 (2003. 5.)

8. "야생동물을 포획할 목적"의 의미
제주지방법원 2008. 12. 24. 선고 2008노391 판결【야생동·식물보호법위반】
원 심: 제주지방법원 2008. 8. 20. 선고 2007고정700 판결

1. 당 사 자	【피고인】 피고인
2. 주요쟁점	피고인에게 '야생동물인 꿩을 포획할 목적'이 인정되는지 여부
3. 사건의 경과	1심과 원심에서 모두 포획할 '목적'이 인정되지 않는다는 이유로 무죄를 선고하였고 이에 검사가 상고
4. 결 과	상고 기각(무변론)
5. 관련조문	야생동·식물보호법 제70조 제14호

판시사항

야생동·식물보호법 제70조 제14호 위반죄의 초과주관적 위법요소인 '야생동물을 포획할 목적' 유무의 판단 기준

사실관계

피고인이 비가 내리는 등 꿩을 포획하기에 적절한 날씨일 무렵, 제주시 조천읍 신촌리 농협하나로마트 물류창고 부근 도로상에서, 차량의 조수석에 공기총 1정에 실탄 6발을 장전한 상태로 위 차량의 창문을 개방한 채 부근을 살피면서 천천히 차량을 운행하여 총기와 실탄을 가지고 돌아다니다 적발되자 검사가 야생동식물보호법 위반을 이유로 기소한 사안

판시요지

야생동·식물보호법 제70조 제14호는 고의 외에 초과주관적 위법요소로서 '야생동물을 포획할 목적'을 범죄성립요건으로 하는 목적범임이 그 법문상 명백하고, 그 목적에 대하여는 적극적 의욕이나 확정적 인식임을 요하지 아니하고 미필적 인식이 있으면 족하며, 그 목적이 있었는지 여부는 총기와 실탄을 지니고 돌아다닌 장소와 시간, 돌아다닌 경로 및 경위, 단속 이전에 이미 야생동물을 포획하였거나 포획하려 하였는지의 여부, 총기와 실탄 외의 다른 소지품의 보유 현황, 피고인의 직업 및 경력 등의 제반 사정들을 종합하여 사회통념에 비추어 합리적으로 판단하여야 한다.

▌평 석

최근 수렵 또는 밀렵행위와 무분별한 채취 등으로 야생동식물의 개체 수가 급격히 감소하고 있으며 멸종위기에 몰린 야생동식물의 수각가 점차 늘어나는 등 야생동식물의 멸종 위기가 매우 심각한 상황임에도 불구하고 그릇된 보신문화로 인한 야생동식물에 대한 수요가 증가하면서 야생동식물의 무분별한 포획, 채취, 밀렵, 밀거래가 계속되고 있다. 야생동식물을 보호하기 위한 특단의 조치가 필요한 시점이라 아니할 수 없다. 우리나라에서 야생동식물을 보호하기 위한 근거법률로 중심을 이루는 것은 2004년에 제정된 야생동·식물보호법인데, 동법 제70조 제14호는 '이 법의 규정을 위반하여 야생동물을 포획할 목적으로 총기와 실탄을 지니고 돌아다니는 자'를 형사처벌하도록 규정하고 있다. 이 조항은 생태계의 균형 유지 및 사람과 야생동·식물이 공존하는 건전한 자연환경의 확보라는 야생동·식물보호법의 목적을 두텁게 실현하기 위한 것으로 보이지만, 다른 한편으로 형사처벌이라는 규정하고 있는 효과에 비하여 지나치게 구성요건이 모호하여 죄형법정주의상 명확성 원칙에 위배될 우려가 있고, 이러한 점에서 야생동·식물보호법 제70조 제14호 위반죄의 초과주관적 위법요소인 '야생동물을 포획할 목적'을 엄격하게 해석하는 대법원의 판단은 타당한 것으로 보인다.

▌참고문헌

김홍균, 환경법, 홍문사 (2010)

9. 황금박쥐사건

청주지방법원 2008. 11. 13. 선고 2007구합1212 판결(확정) 【가금~칠금간도로확·포장공사도로구역결정처분등무효확인】

1. 당 사 자	【원고】 황금박쥐, 관코박쥐, 수달, 고니, 장님굴옆새우, 안락꼽등이, 등줄굴노래기와 전국 각 지역에서 환경보호에 관심 있는 자들
	【피고】 충주시장, 원주지방환경청장
2. 주요쟁점	동물과 환경운동가들의 당사자능력 유무
3. 사건의 경과	자연인인 일부 원고들이 황금박쥐 등 동물과 함께 원고의 지위에서 피고들의 고시 또는 처분의 무효확인을 구하는 소를 제기
4. 결 과	소 각하
5. 관련조문	민사소송법 제51조
6. 관련판례	대법원 2006. 3. 16. 선고 2006두330 전원합의체 판결 대법원 2004. 8. 16. 선고 2003두2175 판결

❙ 판시사항

동물과 환경운동가들에게 행정소송법상 원고적격이 인정되는지 여부

❙ 사실관계

피고 충주시장은 충주와 가금을 연결하는 4차선 도로에 관한 도로구역결정을 고시하고, 피고 원주지방환경청장에 이 사건 도로구역결정처분에 따른 환경영향평가서를 제출하였으며, 피고 원주지방환경청장이 이에 대한 환경영향평가 협의의견을 회신하자 원고들이 피고 충주시장의 고시 및 피고 원주지방환경청장의 환경영향평가협의처분에 대하여 무효확인을 구하는 소를 제기한 사안

❙ 판시요지

당사자능력은 민사소송법의 입장에서 독자적으로 결정되는 것인데, 동물들에게 당사자능력을 인정하는 규정이 없고, 이를 인정하는 관습법도 존재하지 않으므로, 당사자능력을 인정할 수 없다.

환경단체나 환경영향평가대상지역 외의 주민들에게 일정한 기준에 따라 원고 적격을 부여하는 단체소송제도가 도입되는 등 별도의 입법적인 조치가 행하여지지 않는 이상, 이들에게 공익적 목적만을 위해 소를 제기할 법률상 이익을 인정할 수 없다.

▌평 석

행정소송 또한 소송의 일종으로 원고는 당사자능력을 보유하여야 하며, 이는 민사소송법에 의하여 규율되고 있다. 민사소송법은 동물에게 당사자능력을 인정하지 않으므로, 원고 중에서 당사자능력을 보유하는 것은 환경운동가뿐이다. 한편 행정소송법 제35조는 무효 등 확인소송에 있어서 법률상 이익을 가지는 자에게 원고적격을 부여하고 있는데, 종래의 통설과 판례는 개별적이고 구체적인 이익을 가진 자에게만 원고적격을 인정하고 법률은 처분의 근거가 된 법률이라는 태도(법적보호이익설)를 취하였지만, 최근에는 행정소송의 목적과 권리구제 등을 고려하여 합목적적으로 판단해야한다는 취지에 따라 법률의 범위를 점차 넓히는 추세가 나타나 원고적격이 확대되고 있다. 그러나 이러한 원고적격의 무분별한 확대는 현행법상 입법재량에 속한 행정소송의 대상 범위의 결정을 사법재량의 영역으로 옮겨 놓음으로써, 결국 사법부 스스로 자기의 권력, 즉 사법권의 범위를 결정하도록 하는 결과를 초래할 수 있다. 하지만 그보다도 더욱 문제인 것은, 법원의 의사결정구조의 취약성이다. 원고적격이 확대되는 경우 이러한 분쟁에 있어 법원이 해결하여야 할 주된 논점은 공익판단, 즉 무엇이 우리 사회에 바람직한가가 된다. 민주공화국에서 공익의 내용은 국민의 선호를 결집한 것이 되어야 하는데, 법원은 그 의사결정구조의 취약성으로 말미암아 국민들의 선호를 결집하는 데 결정적 한계를 노정할 수밖에 없다. 다시 말해 법원은 공익판단을 할 수 있는 제도적 능력을 결여하고 있으며, 이로 인해 결국 객관적 법질서 유지라는 과업을 달성할 수 없게 된다. 이와 같이 본다면 원고적격은, ① 법원으로 가는 관문 역할을 함으로써 삼부 사이에 배분된 권력의 균형을 유지할 뿐만 아니라 ② 법원의 의사결정구조의 취약성을 이용해 자신의 선호를 집단의 선호로 만들려는 정치적 소수자의 경로조작을 사전에 방지하여 공동체의 의사결정을 민주주의 규범에 더욱 복종하도록 하는 기능을 한다고 할 수 있다. 이러한 측면에서 환경운동가의 원고적격을 부정한 대상판결의 태도는 타당한 것이라고 할 수 있다.

▌참고문헌

조홍식, “원고적격의 정치경제학(II) : 대법원의 객관소송관에 관한 분석적 비판을 중심으로,” 법학 46권 2호, 서울대학교 법학연구소 (2005. 6.)

⁑ 9번 판례 원문 : 청주지방법원 2008. 11. 13. 선고 2007구합1212 판결【가금~칠금간 도로확·포장공사도로구역결정처분등무효확인】

【이 유】

1. 처분의 경위

가. 피고 충주시장은 1998. 5. 2. 충주와 가금을 연결하는 6.0Km의 4차선 도로에 관한 도로구역결정을 고시하고, 2005. 10.경 피고 원주지방환경청장에게 환경영향평가서 초안을 제출하는 등 위 도로개설로 인한 환경영향평가에 착수하였다.

나. 피고 충주시장은 2006. 1. 18. 최초의 도로구역결정을 아래와 같이 변경하여 고시(이하 '이 사건 도로구역결정처분'이라고 한다)하였다.

–종류 : 국가지원 지방도(82호)

–노선명(공사명) : 화성~평창(가금~칠금간 도로 확·포장)

–구간

·기점 : 충주시 칠금동 451-11도

·종점 : 충주시 칠금동 509-76천

–총연장 : 0.872Km

–중요경과지 : 탄금대

–결정(변경)이유 : 도로 확·포장

다. 피고 충주시장은 2006. 3. 23. 피고 원주지방환경청장에게 이 사건 도로구역결정처분에 따른 환경영향평가서를 제출하였고, 피고 원주지방환경청장은 2006. 9. 6. 피고 충주시장에게 이 사건 도로구역결정처분에 대한 환경영향평가 협의의견(이하 '이 사건 협의'라고 한다)을 회신하였다.

2. 원고들의 주장

가. 원고 적격에 관한 주장

이 사건 도로구역결정처분에 따른 도로 및 교량의 건설로 인하여 충주시 쇠꼬지 폐갱도 내 및 남한강 유역에 서식하는 원고 1 내지 7은 자신의 생존터전을 잃게 되는 피해를 보았다. 위 원고들은 비록 사람이 아닌 동물이나, 헌법 제10조 및 동물보호법의 여러 규정들에 비추어 볼 때 자신의 존엄과 가치를 지킬 권리가 있다고 보아야 하므로 이 사건 도로구역결정처분 및 협의의 무효 확인을 구할 당사자능력이 인정된다.

또한 그 외 원고들 역시 전국 각 지역에서 환경보호업무에 종사하거나 환경보호에 큰 뜻이 있고, 평소 황금박쥐의 보호에 관심이 있는 자들로서 위법한 이 사건 도로구역결정처분 및 협의로 인하여 천연기념물인 황금박쥐를 포함한 원고 1 내지 7의 생존권이 위협받고 있고, 모든 국민이 보호해야할 자연과 환경이 파괴되고 있으므로, 위 원고들에게 이 사건 도로구역결정처분 및 협의의 무효 확인을 구할 법률상 이익이 인정된다고 하여야 한다.

나. 본안에 관한 주장

피고 충주시장의 이 사건 도로구역결정처분은 관계법령에 따른 환경영향평가 협의를 완료하지 않은 상태에서 이루어졌고, 행정절차법 소정의 처분의 사전통지나 의견청취 절차를 거치지도 않은 것으로서 당연 무효인 처분이다.

또한 피고 원주지방환경청장의 이 사건 협의는 관계법령에 따라 이 사건 도로구역결정처분 이전에 이루어졌어야 함에도 이를 위반하여 이 사건 도로구역결정처분 이후에 이루어졌고, 그 내용도 관계법령에 따른 의견수렴절차를 거치지 않은 채 형식적으로만 이루어져 그 절차와 내용 모두가 위법하여 당연 무효이다.

3. 이 사건 소의 적법 여부에 관한 판단

가. 원고 1 내지 7의 당사자능력 유무에 관한 판단

당사자능력이란 일반적으로 소송당사자가 될 수 있는 소송법상의 능력을 말하는 것으로서 자기의 이름으로 재판을 청구하거나 또는 소송상의 효과를 받을 수 있는 자격을 말한다. 이러한 <u>당사자능력은 소송사건의 구체적인 성질이나 내용에 따라 달라지지 않고 모든 소송에서 동일하게 정해지는 소송법상의 추상적이고 일반적인 관념이며, 어떠한 실체에 당사자능력을 인정할 것이냐의 문제는 민사소송법의 입장에서 독자적으로 결정된다.</u>

살피건대 민사소송법 제51조는 당사자능력에 관하여 민사소송법에 특별한 규정이 없으면 민법과 그 밖의 법률에 따르도록 정하고 있으나, <u>현재 어떠한 법령에도 동물인 황금박쥐를 비롯한 자연물 그 자체에 대하여 당사자능력을 인정하고 있는 규정이 없고, 이를 인정하는 관습법도 존재하지 아니하므로 위 동물들에게 당사자능력을 인정할 수는 없다.</u>

설사 원고 1 내지 7에게 당사자 능력을 인정하려고 해도 원고들이 주장하는 쇠꼬지 폐갱도 내에는 여러 개체의 황금박쥐 등이 서식하고 있는데 그 중 어느 황금박쥐 등이 이 사건 소송을 제기하는 것이지 특정되지 아니하고, 그 황금박쥐 등이 위 쇠꼬지 폐갱도 내의 황금박쥐 종 전부를 대표한다고 볼 근거도 없다. 그렇다고 위 원고들이 황금박쥐를 대리하여 이 사건 소송을 수행할 있다는 어떠한 법률적 근거도 없으므로 이에 관한 원고들의 주장은 받아들일 수 없다.

따라서 원고 1 내지 7은 그 당사자능력을 인정할 수 없다.

나. 원고 8 내지 15 및 원고 18 내지 55의 원고적격에 관한 판단

좋은 환경이란 넓은 의미로 판단하여 볼 때 특정 개개인만을 위한 것이 아니라 이 땅에서 생활하는 누구나가 함께 누릴 수 있는 것으로서, 그에 대한 보호의무 역시 특정인이 아닌 국민 전체가 함께 나누어져야할 짐이라고 보아야 한다. 따라서 행정청이 관련 법규에 따라 환경을 침해하지 않는 범위 내에서 개발사업을 허가하거나, 환경 침해의 우려가 있는 개발사업을 불허가하였으면 모르되, 명백히 환경침해가 발생하는 개발사업이나 건축허가 등을 허가하여 국민 다수가 향유하고 후손들에게 물려줘야 할 자연과 환경이 파괴되는 결과가 발생할 경우, 개발로 인한 이익과 그로 인해 침해되는 이익을 비교형량하여 이러한 처분의 위법 여부를 다툴 수 있는 원고적격이 누구에게 있는지 문제될 수밖에 없다. 특히 행정청의 처분으로 인하여 천연기념물이 멸종되는 경우나 귀중한 명승고적 등의 문화재가 파괴되는 경우, 그러한 천연기념물이나 문화재가 스스로 소송을 제기할 수는 없는 이상 누군가는 사법부에 대하여 이러한 처분의 위법 여부를 판단하여 달라고 소를 제기할 수 있어야 하고, 이에 따라 이러한 처분에 위법이 있는지에 관하여 사법부가 판단할 수 있는 길이 열려 있어야만 한다.

살피건대, 행정처분의 상대방이 아닌 제3자는 당해 처분의 근거 법규 및 관련 법규에 의하여 보호되는 개별적·직접적·구체적 이익이 있는 경우에 한하여 당해 처분의 취소를 구할 법률상 이익이 인정되므로(대법원 1995. 6. 30. 선고 94누14230 판결, 2004. 8. 16. 선고 2003두2175 판결 등 참조), 이러한 처분으로 인하여 자신의 구체적이고 직접적인 이익이 침해되는 자가 있다면 그러한 자에게는 당해 처분의 취소를 구할 원고 적격이 인정될 것이다. 그러나 명백한 환경침해의 우려가 있는 처분임에도 불구하고 그러한 처분으로 인하여 개별적이고 직접적인 이익을 침해받는 자가 없거나, 있다고 하더라도 그러한 자가 소를 제기하지 않고 있는 경우,

이른바 객관소송으로서 이러한 천연기념물 등의 보호와 연구를 전문으로 하는 환경단체나 환경운동가들에게 환경을 침해하는 처분의 위법을 다투고, 당해 개발사업으로 인하여 달성되는 공익과 환경침해로 인한 손해를 비교형량하여 이에 관한 법원의 판단을 받을 기회를 부여할 필요가 있을 수 있다.

하지만 반면, 이러한 단체를 비롯하여 행정처분의 직접 상대방이 아닌 자로 하여금 제한 없이 행정처분의 취소를 구할 수 있도록 하는 것은, 항고소송인 행정소송을 객관소송으로 변질시키고, 남소의 우려와 함께 행정청의 행정력을 심하게 해할 수 있어 쉽게 허용될 수도 없다.

따라서 환경침해의 우려가 있는 행정처분에 대하여 행정처분의 직접 상대방이 아닌 단체나 개인에게 당해 처분의 취소를 구할 원고 적격을 인정하는 문제는, 그에 관한 필요성과 그로 인한 부작용을 모두 고려하여, 법률이 정한 일정한 조건을 갖춘 단체나 개인에 한하여 제한적으로 허용되어야 할 것이고, 이를 위하여 어떠한 구체적인 조건을 갖추어야 할 것인지에 관하여는 여러 가지 제반 사정을 고려하여 입법자가 입법적으로 해결하여야만 한다고 할 것이다.

그렇다면 직접적이고 구체적인 이익이 침해되지 않은 환경운동가들이나 환경영향평가대상지역 외의 주민들에게 천연기념물이나 문화재 등의 보호만을 목적으로 소를 제기할 수 있도록 일정한 조건을 갖춘 이들에게 원고 적격을 부여하는 환경상 단체소송제도의 도입(이에 관하여는 소비자기본법 제70조 규정에 따른 단체소송제도가 많은 참고가 될 것이다) 등 별도의 입법적인 조치가 행하여지지 않는 이상, 이들에게는 이러한 목적만을 위하여서 소를 제기할 법률상 이익을 인정할 수 없다. 또한 이들에게 헌법상의 환경권 등에 기하여서 행정소송을 제기할 원고 적격도 인정할 수 없으므로(대법원 2006. 3. 16. 선고 2006두330 전원합의체 판결 등 참조), 이들은 행정청의 처분으로 인하여 그 처분 전과 비교하여 수인한도를 넘는 환경피해를 받거나 받을 우려가 있다는 것을 입증함으로써만 그 처분 등의 무효확인을 구할 원고적격을 인정받을 수 있다고 할 것이다.

그러나 이 사건에서 보건대, 위 원고들의 주소지에 비추어 위 원고들은 이 사건 도로 인근의 환경영향평가대상지역이 아닌 곳에 거주하고 있는 것으로 보이고, 달리 위 원고들이 이 사건 도로구역결정처분 등으로 인하여 그 처분 전과 비교하여 수인한도를 넘는 환경피해를 받거나 받을 우려가 있다는 점에 관하여 아무런 주장과 입증을 하지 못하고 있으며, 이 사건 도로구역결정처분의 근거법규인 도로법에 의하여 보호되는 이익을 침해당하였다고 할 수도 없으므로, 위 원고들에게는 이 사건 도로구역결정처분의 무효 확인을 구할 법률상 이익이 있다고 할 수 없다.

따라서 위 원고들의 원고 적격을 인정할 수 없으므로, 이에 반하는 위 원고들의 주장은 이유 없다.

다. 원고 최○익, 김○규의 원고적격에 관한 판단

위 원고들이 이 사건 도로구역결정처분에 따른 도로구역에서 반경 1km 이내의 환경영향평가대상지역 안에 거주하고 있는 사실은 당사자들 사이에 다툼이 없다.

살피건대, 환경·교통·재해등에관한영향평가법이 환경영향평가제를 두고 있는 취지는, 도로의 건설 등으로 인하여 직접적이고 중대한 환경피해를 입으리라고 예상되는 환경영향평가대상지역 안의 주민들이 전과 비교하여 수인한도를 넘는 환경침해를 받지 아니하고 쾌적한 환경에서 생활할 수 있는 개별적 이익까지도 보호하려는 데에 있으므로, 환경영향평가대상지역 안의 주민들이 도로구역결정처분 등과 관련하여 갖고 있는 위와 같은 환경상의 이익은 주민 개개인에 대하여 개별적으로 보호되는 직접적·구체적 이익으로서 그들에 대하여는 특단의 사정이 없는 한 환경상의 이익에 대한 침해 또는 침해우려가 있는 것으로 사실상 추정되어 도로구역결정처분 등의 무효확인을 구할 원고적격이 인정된다고 할 것이다. 다만, 환경영향평가대상지역 밖의 주민은 도로구역결정처분 등으로 인하여 그 처분 전과 비교하여 수인한도를 넘는 환경피해를 받거나 받을 우려가 있는 경우에, 도로구역결정처분 등으로 인하여 환경상 이익에 대한 침해 또는 침해우려가 있다는 것을 입증함으로써 그 처분 등의 무효확인을 구할 원고적격을 인정받을 수 있다(대법원 2006. 3. 16. 선고 2006두330 전원합의체 판결 등 참조).

이와 같이 환경영향평가대상지역 안과 밖에 거주하는 주민들을 달리 판단하는 취지는 환경영향평가대상지역 안에 거주하는 사람에 대하여는 그 대상지역 밖에 거주하는 사람들에 비하여 환경상 이익의 침해에 대한 입증책임을 완화하여, 이러한 침해를 스스로 입증하지 않더라도 해당 처분으로 인하여 환경상 침해 또는 침해우려가 있는 것으로 사실상 추정하고, 해당처분의 취소를 구할 법률상 이익을 인정하여 처분의 적법 여부를 다툴 수 있는 원고적격을 부여하고자 함에 있다고 할 것이다.

따라서 환경영향평가대상지역 안에 거주하는 자라고 할지라도, 그들에게 사실상 추정되는 법률상 이익은 전과 비교하여 수인한도를 넘는 환경침해를 받지 아니하고 쾌적한 환경에서 생활할 수 있는 개별적 이익이라고 할 것이므로, 그 거주인의 주장 자체가 해당 처분으로 인하여 자신의 구체적이고 개별적인 환경상 이익이 침해되었다는 것이 아니라, 자신의 개별적인 이익과는 무관하게 천연기념물이 파괴되거나 자연 및 환경이 훼손되었다는 주장인 경우에는, 그 거주인이 처분의 취소로 얻고자 하는 것 역시 법률에 의해 보호되는 자신의 개별적인 환경에 대한 이익이 아니라, 환경파괴를 막고 자연을 보호하고자 하는 일반적이고 객관적인 이익에 있는 것이므로, 이를 법률상 보호되는 직접적이고 구체적인 이익이라고 볼 수 없다.

돌이켜 이 사건에 관하여 보건대, 원고 최○익, 김○규는 이 사건 변론과정에서 자신의 개별적이고 직접적인 권리가 구체적으로 어떻게 침해되었다는 것인지 주장한 바가 없고, 단지 나머지 원고들과 동일하게 이 사건 도로구역결정처분으로 인하여 환경이 파괴되고, 천연기념물 등 자연이 훼손되어 위 처분이 위법하다는 주장만을 하고 있을 뿐이므로, 위 원고들 역시 일반적이고 공익적인 이익을 위하여 이 사건 도로구역결정처분의 취소를 구하고 있다고 보일 뿐이다. 따라서 위 원고들이 다른 원고들과 달리 이 사건 도로구역결정처분에 관한 환경영향평가 대상지역 안에 거주하고 있다는 우연한 사정만으로 위 원고들에 한하여 이 사건 도로구역결정처분의 취소를 구할 개별적이고 직접적인 법률상 이익이 있다고 추정할 수는 없다.

따라서 위 원고들의 원고적격도 인정되지 아니한다.

라. 소 결 론

그렇다면 미성년자인 원고 54, 55의 원고 적격 여부 및 이 사건 협의가 행정처분인지 여부에 관한 판단에 나아갈 필요 없이, 이 사건 소는 원고들의 당사자능력 내지 원고적격이 인정되지 않아 모두 부적법하다.

Case Book of Environmental Law

10. 계룡산국립공원지역 내 토지매수청구사건
헌법재판소 2005. 9. 29. 선고 2005헌마437 전원재판부 결정【토지매수 · 보상불이행등 위헌확인】

1. 당 사 자	【청구인】 청구인 【피청구인】 국립공원관리공단
2. 주요쟁점	국립공원으로 지정되었으나 공원사업시행계획이 이루어지지 아니한 토지에 대하여 행정청이 수용의무를 부담하는지 여부
3. 사건의 경과	국립공원으로 지정된 토지에 대한 매수청구가 거부당하자 헌법소원을 제기한 사안
4. 결 과	부적법 각하
5. 관련조문	자연공원법 제19조 제 2 항, 제22조 제 1 항 및 제 2 항
6. 관련판례	헌법재판소 1996. 11. 28. 선고 92헌마237 결정 헌법재판소 2002. 5. 30. 선고 2001헌마708 결정

▌판시사항

국립공원으로 지정되었으나 공원사업시행계획이 이루어지지 아니한 토지에 대하여 행정청이 수용의무를 부담하는지 여부(소극)

▌사실관계

청구인이 1968. 12. 계룡산국립공원으로 지정 · 고시되고 1970. 3. 국립공원계획상 자연환경지구로 결정 · 고시된 이 사건 토지를 1995. 7. 증여받고, 2004. 5. 피청구인에게 자연공원법 제77조 제 1 항에 따라 매수청구를 하였으나 거부되자 헌법소원심판을 청구한 사안

▌판시요지

행정권력의 부작위에 대한 헌법소원은 공권력의 주체에게 헌법에서 유래하는 작위의무가 특별히 구체적으로 규정되어 이에 의거하여 기본권의 주체가 행정행위를 청구할 수 있음에도 불구하고 그 의무를 게을리 하는 경우에 한하여 허용된다고 할 것이다. 공원사업에 편입된 토지에 대한 수용 및 사용은 당해 공원사업시행계획에 대한 결정 및 고시가 있어야 가능한바, 공원사

업시행계획의 전단계로서 단지 국립공원구역으로의 지정 및 고시의 절차까지만 이루어지고 구체적인 공원사업시행계획의 결정 및 고시가 이루어지지 아니한 상태에 있는 이 사건 토지에 대해서는 이를 수용할 수 있는 법률적 근거가 없으므로 피청구인이 이 사건 토지를 수용해야할 법률적인 의무는 존재하지 아니한다.

▌평 석

자연공원법 제77조에서 매수청구권 제도를 도입한 것은 손실보상을 인정하고 있지 않았던 기존의 태도와 비교했을 때 재산권 제한에 대한 보상이라는 측면에서 중요한 의미를 가진다. 그러나 매수청구권이 인정되기 위해서는 여러 요건이 충족되어야하는데 그 요건을 충족하는 것이 쉽지 않아 완전한 보상조치라고 하기에는 미흡한 점이 있다. 국립공원계획상 자연환경지구로 결정·고시되어 재산권에 대한 제약이 이루어진 후 구체적인 공원사업시행계획의 결정 및 고시가 없다는 이유로 토지소유자로 하여금 30년 이상을 아무런 보상 없이 수인하도록 하는 것은 공익실현의 관점에서도 정당화될 수 없는 과도한 제한이다. 이에 대한 해결책으로 부작위위법확인 소송이나 행정권력의 부작위에 대한 헌법소원을 고려해볼 수 있겠지만 궁극적으로는 자연공원법에 재산권의 침해에 대한 합리적인 보상 절차를 마련할 필요가 있다.

▌참고문헌

김홍균, 환경법, 홍문사 (2010)

11. 북한산국립공원 사건 : 자연공원법 제 4 조 등의 위헌소원

헌법재판소 2003. 4. 24. 선고 99헌바110, 2000헌바46(병합) 전원재판부 결정 【자연공원법제 4 조등위헌소원】

당해사건 : 1. 서울지방법원 99가합84239 【국립공원지정처분에인한손실보상】(99헌바110 사건)

2. 서울지방법원 95가단104824 【부당이득금등반환】(2000헌바46 사건)

1. 당 사 자	【청구인】 청구인1 외 1인
2. 주요쟁점	국립공원지정에 따른 토지재산권의 제한에 손실보상규정을 두지 않은 것이 위헌인지 여부
3. 사건의 경과	청구인들의 위헌제청신청이 기각되자 헌법소원심판을 청구
4. 결 과	합헌
5. 심판대상조항	자연공원법(2001. 3. 28. 법률 제6450호로 전문개정되기 전의 것) 제 4 조
6. 관련조문	헌법 제23조, 제122조, 헌법재판소법 제23조, 자연공원법 제 1 조, 제 2 조

❙ 판시사항

1. 위헌소원청구 후 법률이 개정되어 '보상적 조치'가 규정된 후 이들 조항이 당해사건에 적용되는 경우에도 재판의 전제성을 인정할 수 있는지 여부(적극)

2. 이 사건 법률조항이 비례의 원칙에 어긋나게 토지소유자의 재산권을 과도하게 침해하는지 여부(정족수가 부족하여 합헌)

❙ 사실관계

청구인들 소유의 토지가 각 북한산국립공원으로 지정되어 토지이용의 제한을 받게 되자, 손실보상규정을 두지 않은 자연공원법 조항에 대하여 위헌소원심판을 청구하였는데, 위 심판청구 후 자연공원법이 개정되어 재산권제한의 완화조치로 손실보상과 매수청구권 등이 규정된 사안

❙ 판시요지

[각하의견 4인]

어떤 법률규정이 위헌의 의심이 있다고 하더라도 그것이 당해사건에 적용될 것이 아니라면 애초부터 재판의 전제성 요건은 충족되지 않는 것이다.

[적법요건의 판단 5인]

이 사건 법률조항에 대한 위헌결정 또는 헌법불합치결정에 따른 개선입법에 의하여 당해사건에서 다른 내용의 재판을 할 여지가 있기 때문에 재판의 전제성은 인정된다.

[헌법불합치의견 4인]

국립공원 지정 후 토지를 종래의 목적으로도 사용할 수 없거나 토지를 사적으로 사용할 수 있는 방법이 없이 공원 구역내 일부 토지소유자에 대하여 가혹한 부담을 부과하면서 아무런 보상규정을 두지 않은 경우에는 비례의 원칙에 위반되어 당해 토지소유자의 재산권을 과도하게 침해하는 것이라고 할 수 있다.

'자연보존지구' 내에서는 토지소유자가 산림을 경제적으로 활용할 수 있는 일체의 행위가 금지되어 사적효용성이 폐지되기에 이르렀고, 토지소유자가 공원구역 지정 전에 영림(營林)을 목적으로 토지상황을 적극적으로 형성하였다면 보상 없이 박탈할 수 없는 재산권적 지위를 획득한 것으로 보아야하며, '자연환경지구'안의 나대지의 경우 건물을 신축할 수 없으므로 지정 당시 공부 상 지목이 대지이고 나대지로 형성되어 있다면 사실상 토지의 이용이 폐지되는 효과가 발생하므로 이러한 한도 내에서 이 사건 법률조항은 위헌이다.

[위헌의견 1인]

이사건 심판대상조문은 신법조문으로, 비록 매수청구권 등 보상적 조치에 관한 일부규정을 신설하였지만 금전적 보상의 길을 막아놓은 채 자연공원을 지정하는 것은 여전히 비례의 원칙에 어긋나게 재산권을 과도하게 침해하여 위헌이다.

❙ 평 석

용도지구 내의 행위 제한은 자연공원의 보전이라는 공익을 위해 어느 정도 불가피한 규제라고 할 수 있지만 제한을 받는 개인으로서는 불이익을 입게 되며 특히 그 불이익이 실질적으로 소유권 자체의 의미를 상실하게 할 정도에 이를 경우에는 손실보상의 문제가 대두된다. 이는 공원 내의 사유지 문제와 맞물려 매우 복잡하고 해결이 어려운 양상을 보이고 있는데, 이러한 문제의 근본 원인은 현행법이 사유재산권의 침해에도 불구하고 이를 합리적으로 보상하는 장치를 갖추고 있지 못한 것에 있다. 한편 자연공원법은 처음에는 손실보상의 규정을 두고 있지 않았는데 이에 대해서 헌법 제23조 재산권 보장과 관련하여 위헌의 소지가 있어 헌법소원이 제기되었다. 이 사건에서 재판관 4인은 헌법재판소의 종전 그린벨트 결정에서와 같이 소위 "분리이론"의 입장에서 헌법불합치 결정을 선고해야 한다는 의견이었고, 재판관 1인의 견해는 신법규정을 심판대상으로 하더라도 소위 "경계이론"의 입장에서 금전적 보상의 길을 막은 것은 여전히 위헌이라고 보았으나 위헌정족수에 미치지 못하여 결과적으로 합헌 결정이 내려졌다. 그러나 자신의 사유지가 공원구역이나 용도지구로 지정받아 불이익을 입고 있는 토지 소유자에 대하여 사회가 아무런 보상을 하지 않는 것은 재산권을 과도하게 침해하고 효율적인 자연공원 관리를 어렵게 한다. 결국 재산권을 침해받고 있는 소유자에 대한 적극적인 배려는 자연공원의 지속가능한 개발을 위해 중요한 것으로서 입법자는 다양한 보상가능성을 통하여 재산권에 대한 가혹한 침해를 보상해야 할 필요가 있다.

참고문헌

김현철, "자연공원법 제 4 조 등 위헌소원 — 보상 없는 토지재산권제한의 한계," 헌법재판소결정해설집 2003, 헌법재판소 (2004. 11.)

김홍균, 환경법, 홍문사 (2010)

11번 판례 원문 : 헌법재판소 2003. 4. 24. 선고 99헌바110, 2000헌바46(병합) 전원재판부 결정 【자연공원법제 4 조등위헌소원】

【이 유】

1. 사건의 개요와 심판의 대상

가. 사건의 개요

(1) 청구인 1.은 1976. 12. 21. 의정부시 가능동 산 75의 6 임야 13정 9단 1무보 및 같은 동 산 76 임야 2정 2단보의 소유권을, 청구인 2.는 1982. 4. 22. 서울 도봉구 도봉동 산 49 임야 37,785㎡의 소유권을 각 취득하였다. 한편, 1983. 4. 2. 당시 주무부서인 건설부장관(이후 1990. 12. 27. 법률 제4268호 개정법에서 주무부서가 '내무부'로 바뀌었다가 다시 1998. 2. 28. 법률 제5529호 개정법에서 '환경부'로 바뀌어 현재에 이르고 있다)은 자연공원법(1982. 12. 31. 법률 제3644호) 제 4 조에 따라 위 토지 소재지를 포함한 북한산 일원의 지역을 북한산 국립공원으로 지정하는 처분을 하였다.

(2) 이에 청구인 1.은, 위 처분으로 인하여 청구인 소유의 위 토지에 대한 사권의 행사가 실질적으로 금지되었음에도 국립공원지정처분에 관하여 규정한 자연공원법 제 4 조와 일정한 사항에 관하여 손실보상을 규정한 제43조 제 1 항은 사유토지에 대한 국립공원지정처분으로 인한 손실에 대해 아무런 보상규정을 두지 아니함으로써 헌법 제23조 제 3 항의 정당보상원리에 위배되어 무효이고, 이에 따라 대한민국은 청구인에게 헌법 제23조 제 3 항에 기한 손실보상의 책임이 있다고 주장하면서 대한민국을 상대로 서울지방법원에 99가합84239호로 손실보상금의 지급을 구하는 소송을 제기하고, 동 소송 계속 중 위 자연공원법 조항들에 대해 위헌제청신청을 하였으나 당해사건 법원이 이를 기각하자, 1999. 12. 9. 헌법재판소법 제68조 제 2 항에 따라 이 사건 헌법소원심판을 청구하였다(99헌바110).

청구인 2.는 대한민국을 상대로 서울지방법원에 95가단104824호로 부당이득금반환 또는 손해배상 청구소송을 제기하고 동 소송이 계속 중, 청구인 소유의 위 토지에 대한 자연공원법에 따른 국립공원지정으로 청구인의 소유권이 사실상 형해화되었음에도 불구하고 자연공원법에서는 제43조 제 1 항에서 특별한 경우에 한하여 보상하도록 규정하고 있을 뿐, 위 지정처분의 근거규정인 제 4 조에 아무런 보상규정을 두고 있지 아니하여 이들 규정은 헌법 제23조에서 보장하는 재산권을 침해하는 위헌의 법률조항이라고 주장하면서 위헌제청신청을 하였으나 당해 사건 법원이 이를 기각하자, 같은 해 6. 5. 헌법재판소법 제68조 제 2 항에 따라 이 사건 헌법소원심판을 청구하였다(2000헌바46).

(3) 한편, 자연공원법 제 4 조는 위 국립공원지정처분 당시와 비교할 때 당해사건 법원에 위헌제청신청 당시, 당해사건 법원의 위헌제청신청기각 당시 및 이 사건 헌법소원심판청구 당시 그 내용에 약간의 변경이 있었으나 이는 주무부서 내지는 국립공원지정절차상 관여하는 행정기관의 명칭이 바뀐 것에 불과하고 본질적인 부분은 아무런 변화가 없었다. 반면에, 이 사건 심판청구 후 자연공원법은 2001. 3. 28. 법률 제6450호로 전문개정되어(이하 전문개정전의 법을 "구법," 전문개정 후의 법을 "신법"이라 한다) 제 4 조와 관련하여 그 내용에 상당한 변화를 가져왔다. 즉, 자연공원지정에 따른 재산권제한의 완화조치로서 자연공원의 "폐지" 또는 "구역변경"에 관하여 규정하였고(동법 제 8 조, 동법시행령 제 4 조), 공원사업의 시행을 위하여 필요한 때에는 공원사업에 들어가는 토지와 그 토지에 정착된 물건에 대한 소유권 그 밖의 권리를 수용 또는 사용할 수 있고 이 경우 토지수용법을 준용하도록 규정하므로써 이에 대한 "손실보상"은 물론 "환매권"의 행사도 가능하게 되었다(동법 제22조, 동법시행령 제16조). 뿐만 아니라 협의에 의한 토지 등의 매수에 관한 규정(동법 제76조)과, 일정한 요건을 갖추면 "매수청구권"을 행사할 수 있도록 하는 규정이 신설되었다(동법 제77조 · 제78조, 동법시행령 제43조 · 제44조).

나. 심판의 대상 및 관련조항(생략)

2. 청구인들의 주장 및 관계기관의 의견

가. 청구인들의 주장요지

국립공원으로 지정되면 그 공원구역 안에 있는 모든 산림은 국립공원관리공단이 이를 점유 · 관리하며, 그 공원 안에 있는 사유토지에 대한 소유권행사는 실질적으로 불가능하게 된다. 북한산국립공원 지정처분에 의한 청구인들 소유의 위 토지에 대한 공용제한은 손실보상을 필요로 하는 특별한 희생이라고 보아야 한다. 그러나 구법 제 4 조는 사유토지를 국립공원으로 지정함에 있어 정당한 보상을 전제로 하지 아니하였고 제43조 제 1 항은 사유토지에 대한 국립공원지정처분으로 인한 손실보상에 대해 아무런 규정을 두지 아니하였는바, 이들 규정은 헌법 제23조 제 1 항 및 제37조 제 2 항의 규정에 위반하여 재산권의 본질적 내용을 침해하였을 뿐만 아니라 헌법 제23조 제 3 항에서 규정한 정당보상의 원리에도 위반된다.

나. 위헌제청신청 기각결정의 이유 요지

국립공원의 지정으로 인해 토지를 종래의 목적으로도 사용할 수 없거나 또는 더 이상 법적으로 허용된 토지이용의 방법이 없기 때문에 실질적으로 토지의 사용·수익의 길이 없는 경우에는 토지소유자가 수인하여야 하는 사회적 제약의 한계를 넘는 것으로 보아야 할 것이나, 국립공원지정으로 인한 개발가능성의 소멸과 그에 따른 지가의 하락이나 지가상승률의 상대적 감소는 토지소유자가 감수해야 하는 사회적 제약의 범주에 속하는 것으로 보아야 한다. 국립공원의 지정구역내에 있다 하여도 지정목적에 위배되지 않는 한 본래의 용도로 사용할 수 있으며, 토지소유자가 일정한 요건을 갖추어 허가를 받게 되면 건축물의 신축·개축 등이 가능하다는 점 등에 비추어 보면, 국립공원지역의 지정으로 인한 불이익은 공공의 복리를 위하여 감수하지 않으면 안될 정도의 사회적 제약이라 할 것이므로, 이 사건 법률조항이 이에 대하여 손실보상의 규정을 두고 있지 않다고 하여 헌법에 위반된 것이라 할 수 없다.

다. 환경부장관의 의견요지

국립공원지정처분은 자연생태계와 풍경을 대표할 만한 수려한 자연경관지를 보호·육성하고, 국민의 휴양 및 정서생활 등 적정한 이용을 도모할 수 있도록 하기 위해 사소유권의 행사를 일정 범위내로 제한하는 공용제한의 일종이며 보전목적에서 행해지는 보전제한이다. 이 사건 토지들에 대한 보전제한은 헌법 제23조 제 2 항의 공공복리에 따른 합리적 제한으로서 재산권의 본질적 내용을 침해하는 것이라 할 수 없고, 그로 인한 불이익은 감수하여야 할 정도의 사회적 제약의 범위 내에 있으므로 이에 대해 손실보상규정을 두지 않았다고 하더라도 헌법 제23조 제 1 항·제 3 항, 제37조 제 2 항에 위반된다고 할 수 없다. 신법 제77조 및 제78조는 자연공원의 지정으로 인하여 자연공원 안에 있는 토지를 종전의 용도대로 사용할 수 없어 그 효용이 현저히 감소된 토지의 소유자로서 국립공원 지정 당시부터 그 토지를 계속 소유한 자나 그 상속인은 공원관리청에 그 토지의 매수를 청구할 수 있도록 하는 보상규정을 두고 있으므로, 이 사건 법률조항이 무보상무제한으로 사유재산을 침해 내지 제한하도록 하였다는 청구인의 위헌확인 주장은 심판청구의 이익이 소멸되었다.

3. 재판관 한대현, 재판관 김영일, 재판관 송인준, 재판관 주선회의 헌법불합치 의견

가. 적법요건에 대한 판단

이 사건 각 헌법소원의 당해사건들은 국립공원지정처분을 원인으로 하여 국가를 상대로 제기한 손실보상청구(99헌바110)와 부당이득반환·손해배상청구(2000헌바46) 사건인데, 심판대상인 구법 제4조는 국립공원지정의 근거조항일 뿐이므로 이 규정이 위헌으로 된다 하더라도 직접적으로 손실보상 또는 부당이득반환·손해배상 등 금전의 지급을 명하는 판결을 할 수 없다는 점에서 이론상 재판의 전제성을 인정하기 어려운 면이 없지 않다. 그러나, 헌법재판소는 소위 '그린벨트' 사건(헌법재판소 1998. 12. 24. 선고 89헌마214 결정 등, 판례집 10-2, 927)과 '도시계획장기미집행 사건'(헌법재판소 1999. 10. 21. 선고 97헌바26 결정, 판례집 11-2, 383)에서 수인범위를 넘는 과도한 재산권제한의 위헌성을 문제삼으며 제기한 금전보상(손실보상 또는 손해배상) 청구사건에 대하여 재산권제한 규정의 위헌 여부가 재판의 전제성이 있음을 인정한 바 있다. 이는 당사자의 의도가 반드시 보상금 지급을 구한다기보다는 토지소유권에 가해지는 제한이 과도함을 다투는 취지라는 데에 중점을 두고, 위헌결정 또는 헌법불합치결정에 따른 개선입법에 의하여 당해사건에서 다른 내용의 재판을 할 여지가 있다고 보았기 때문이다. 이 사건에서도 청구인들의 주장은 이 사건 토지에 대한 국립공원지정처분으로 말미암은 청구인들의 손실 또는 손해는 "보상규정을 결여하여 위헌인" 이 사건 법률조항에 근거했기 때문이라는 취지로 이해할 수 있고, 그렇다면 이 사건에서도 재판의 전제성을 인정할 수 있다고 할 것이다. 그 뿐만 아니라 신법에서 앞에서 본 여러 가지 '보상적 조치'를 규정하고 있다 하더라도 청구인들이 당해사건에서 구하는 바는 국립공원지정 자체에 따른 재산권제한에 대한 금전보상이 주된 핵심이고, 위와 같은 보상적 조치를 내용적으로 담고 있는 신법 제4조에 대한 헌법적 평가와 아무런 보상규정이 없는 구법 제4조에 대한 헌법적 평가는 다르다고 할 수 있으므로, 위와 같은 보상적 조치가 내용적으로 포함된 신법 제4조가 위헌인지 여부와는 관계없이(청구인들은 신법규정에 대하여는 이에 맞춰 청구를 변경하거나 아무런 의견도 제출하지 않고 있다) 이 사건 법률조항의 위헌확인을 구하는 이 헌법소원은 심판의 이익을 인정할 수 있다고 할 것이다.

나. 본안에 대한 판단

(1) 자연공원지정제도의 연혁 및 현황

㈎ 공원의 지정 또는 설치와 관리에 관한 사항을 정함으로써 국토의 천연적 자연풍경지를 보호하고 국민의 보건·체육 및 정서생활의 향상에 기여하기 위하여 1967. 3. 3. 법률 제1909호로 "공원법"이 제정되었다. 그러나, 동법은 1980. 1. 4. 폐지되면서 자연공원에 관한 사항과 도시공원에 관한 사항이 분리되어 각 "자연공원법"(1980. 1. 4. 법률 제3243호)과 "도시공원법"(1980. 1. 4. 법률 제3256호)이 제정되었다. 자연공원법은 "자연공원의 지정·보전·이용 및 관리에 관한 사항을 규정함으로써 자연생태계와 자연풍경지를 보호하고, 지속가능한 이용을 도모하여 국민의 보건 및 여가와 정서생활의 향상에 기여함을 목적으로"(구법 제1조) 마련되었다. 이 법에서 '자연공원'은 국립공원·도립공원 및 군립공원으로 구분되는데 이들은 국내(국립공원), 특별시·광역시 및 도내(도립공원) 또는 시 및 군내(군립공원)의 풍경을 대표할 만한 수려한 자연풍경지를 대상으로 지정된다(구법 제2조 제1호 내지 제4호). 대통령령이 정하는 지정기준에 따라 자연경관, 문화경관, 지형보존가능성, 위치 및 국민의 이용편의 등을 고려하여 국립공원은 환경부장관이, 도립공원은 특별시장·광역시장 또는 도지사(이하 "도지사"라 한다)가, 군립공원은 시장이나 군수(이하 "군수"라 한다)가 각 지정한다(구법 제4조 내지 제6조, 제8조 및 동법시행령 제4조). 공원관리청인 환경부장관·도지사 또는 군수는 국립·도립·군립공원으로 지정된 자연공원구역에 대하여 공원을 보호·관리하고 적정한 이용을 도모하기 위하여 필요한 행위의 제한과 공원시설에 관한 공원계획을 결정한다(구법 제2조 제5호, 제10조 내지 제12조, 제17조 제1항). 이때 환경부장관·도지사 또는 군수는 공원의 효율적인 보호와 이용을 도모하게 하기 위하여 자연보존지구·자연환경지구·취락지구·집단시설지구로 구분된 용도지구를 공원계획으로 결정하는데, 허용되는 행위의 기준은 각 용도지구에 따라 달리 규정되어 있다(구법 제16조 제1항·제2항).

㈏ 신법이 시행된 2001년 9월 현재 자연공원은 면적이 총 7,644㎢로서 전국토에 대한 비율은 육지면적을 기준으로 4.8%에 달한다. 자연공원의 대부분을 차지하는 국립공원은 1967년부터 1988년까지 전국에 걸쳐 총 20개가 지정되었으며, 경주를 제외하고는 한려해상·태안해안·다도해해상·변산반도와 같이 풍경이 수려한 4개의 해상공원과 지리산·계룡산·설악산·속리산·북한산 등 15개의 산악공원으로 이루어져 있다. 모두 22개에 달하는 도립공원과 총 31개의 군

립공원도 소수의 해양공원을 제외하면 모두 자연풍경이 수려한 산을 중심으로 지정되었다. 국립공원내의 용도지구별 현황을 살펴보면, 국립공원구역으로 지정된 전체 면적 중에서 자연보존지구는 8.5%, 자연환경지구는 89.6%, 취락지구는 1.5%, 집단시설지구는 0.4%에 해당한다. 국립공원구역내의 토지소유현황을 보면, 국·공유지가 약 74.7%, 사유지 및 사찰에 속한 토지가 약 25.3%를 차지한다(환경부자료).

(2) 이 사건 법률조항에 의한 토지재산권 제한의 내용

㈎ 환경부장관, 도지사 또는 군수는 공원의 효율적인 보호와 이용을 도모하기 위하여 공원구역을 4개의 용도지구로 나누어, 자연보존상태가 원시성을 가지고 있거나 보존할 동·식물 또는 천연기념물 등이 있거나 자연풍경이 특히 수려하여 특별히 보호할 필요가 있는 곳을 '자연보존지구'로, 주민의 취락생활 및 농경지 또는 농어민의 생활근거지로 유지·관리할 필요가 있는 지구를 '취락지구'로, 공원 입장자에 대한 편의제공 및 공원의 보호·관리를 위하여 공원시설이 집단화되었거나 되어야 할 곳을 '집단시설지구'로, 공원구역 중에서 자연보존지구·취락지구·집단시설지구를 제외한 전지구를 '자연환경지구'로 각 결정한다(구법 제16조 제1항). 이 사건 법률조항에 따라 공원구역으로 지정된 구역안에서는 공원계획에 의하여 결정된 각 용도지구 안에서 허용되는 행위 외에는 일체의 토지사용행위가 포괄적으로 제한된다(구법 제16조, 제23조, 제36조). 즉, 공원관리청이 행하는 공원사업 외에는 공원구역내의 자연풍경을 해칠 우려가 있는 모든 행위에 대하여 허가를 받도록 규정하고(구법 제23조 제1항), 용도지구 안에서의 허용행위의 기준에 부합하는 등 일정 요건을 갖추는 경우에 한하여 허가를 하도록 규정하고 있다(구법 제16조 제2항, 제23조 제2항). 그런데 구법 제16조 제2항은 각 용도지구의 목적과 특성에 부합하도록 허용되는 행위를 규율하여, 자연상태의 보존을 목적으로 하는 자연보존지구에서는 허용행위의 기준을 가장 엄격히 정하고 자연환경지구·취락지구 및 집단시설지구로 갈수록 그 기준을 완화하였다. 2002. 10. 23. 접수된 환경부장관의 사실조회회보에 의하면 청구인 1. 소유의 이 사건 토지는 '자연환경지구'에, 청구인 2. 소유의 이 사건 토지는 '자연보존지구'에 해당하므로, 청구인들에게 관련되는 자연보존지구와 자연환경지구에 대하여 자세히 살펴본다.

㈏ 자연보존지구는 자연공원구역 중 "자연보존상태가 원시성을 가지고 있거나 보존할 동·식물 또는 천연기념물 등이 있거나 자연풍경이 특히 수려하여 특별히 보호할 필요가 있는 곳"으로서(구법 제16조 제1항 제1호), 여기에 해당하면 "가.

학술연구 또는 자연보호상 필요하다고 인정되는 행위, 나. 최소한의 공원시설의 설치 및 사업, 다. 군사시설·통신시설·항로표지시설·수원(水源)보호시설 등으로서 이 지역이 아니고는 설치할 수 없다고 인정되는 최소한의 시설의 설치, 라. 관할도지사를 거쳐 문화관광부장관의 추천이 있는 사찰의 복원과 사찰경내지(寺刹境內地)에서의 불사(佛事)를 위한 시설 및 그 부대시설의 설치, 마. 문화관광부장관이 종교법인으로 허가한 종교단체의 시설물 중 공원지정 이전에 건립한 기존 건축물에 대한 환경부령이 정하는 규모이하의 증축·개축·재축 및 그 부대시설의 설치, 바. 자연보존상태의 원시성이나 수려한 자연풍경을 현저히 해하지 아니하는 범위 안에서 산림법에 의한 조림·육림 및 임도(林道)의 설치" 행위만이 허용된다(구법 제16조 제2항 제1호).[1]

자연환경지구는 자연공원구역 중 "자연보존지구·취락지구·집단시설지구를 제외한 전 지구"로서(구법 제16조 제1항 제2호), 여기에 해당하면 "가. 자연보존지구에서의 허용행위, 나. 환경부령이 정하는 현황지목변경 허용기준 범위내에서의 1차산업행위 또는 초지조성행위 및 그 부대시설의 설치행위, 다. 밀집하지 아니하는 공원시설의 설치 및 사업, 라. 조림·육림·벌채·기타 국방상·공익상 필요한 최소한의 행위 또는 시설의 설치 및 환경부령이 정하는 국민경제상 필요한 시설의 설치, 마. 공원지정 이전의 기존 건축물로서 자연풍경과 조화되도록 하는 환경부령이 정하는 규모이하의 증축·개축·재축 및 그 부대시설의 설치와 천재·지변이나 공원사업으로 이전이 불가피한 건축물의 이축, 바. 공원자원을 보호하고 공원입장자의 안전을 도모하기 위한 사방(砂防)·호안(護岸)·방화(防火)·방책(防柵)·보호시설 등의 설치" 행위만이 허용된다(구법 제16조 제2항 제1호).[2]

㈐ 구법 제43조 제1항에서는 일정한 요건 하에 손실보상에 관한 규정을 두고 있다. 그러나 동 조항은, 공원계획의 변경으로 인하여 또는 공익사업을 위하여 동법에 의한 허가를 받은 자에 대하여 허가를 취소하거나 사업을 정지 또는 변경하는 경우(구법 제40조 제1항), 공원관리청이나 공원관리청의 명령·위임 또는 허가를 받은 자가 공원사업을 시행하기 위하여 타인의 토지를 출입하거나 일시 사용하는 경우와 부득이한 사정으로 죽목(竹木) 기타 장애물을 제거 또는 변경하는 경우(구법 제51조 제1항), 감독관청의 처분으로 인하여 공원관리청이 행한 처분이 취소 또는 변경되는 경우(구법 제42조)에 한하여 국가 또는 지방자치단체가 그 손실을 보상하도록 규정하고 있을 뿐, 이 사건 법률조항에 의한 국립공원구역의 지정에 따른 보상규정은 두고 있지 않다.

(3) 이 사건 법률조항의 위헌 여부

㈎ 재산권의 보장과 토지재산권의 사회적 의무

헌법 제23조는 "모든 국민의 재산권은 보장된다. 그 내용과 한계는 법률로 정한다"(제 1 항), "재산권의 행사는 공공복리에 적합하도록 하여야 한다"(제 2 항)라고 규정함으로써 재산권은 법률로써 규제될 수 있고, 그 행사 또한 일정한 제약을 받을 수 있다는 것을 밝히고 있다. 재산권이 법질서 내에서 인정되고 보호받기 위하여는 입법자에 의한 형성을 필요로 한다. 즉 법에 의한 보장 이전의 재산권은 재산에 대한 사실상 지배에 다름아니므로, 다른 기본권과는 달리 그 내용이 입법자에 의하여 법률로 구체화됨으로써 비로소 권리다운 모습을 갖추게 된다. 입법자는 재산권의 내용을 구체적으로 형성함에 있어서 헌법상의 재산권보장(헌법 제23조 제 1 항 제 1 문)과 재산권의 제한을 요청하는 공익등 재산권의 사회적 기속성(헌법 제23조 제 2 항)을 함께 고려하고 조정하여 양 법익이 조화와 균형을 이루도록 하여야 한다(헌법재판소 1998. 12. 24. 선고 89헌마214 결정, 판례집 10-2, 927, 944-945). 나아가, 재산권의 행사가 사회적 연관성과 사회적 기능을 가지면 가질수록 입법자는 보다 광범위한 제한을 가할 수 있고 그러한 조치가 정당화된다. 즉, 재산권의 이용과 처분이 소유자의 개인적 영역에 머무르지 아니하고 국민일반의 자유행사에 큰 영향을 미치거나 문제되는 재산권에 의존하는 경우에는, 입법자가 공동체의 이익을 위하여 개인의 재산권을 제한하는 규율권한은 더욱 넓어진다고 보아야 한다. 무릇 토지는 생산이나 대체가 불가능하여 공급이 제한되어 있고 우리나라의 가용토지면적이 인구에 비하여 절대적으로 부족한 반면에 모든 국민이 생산 및 생활의 기반으로서 토지의 합리적인 이용에 의존하고 있는 정황을 고려하면, 토지는 국민경제의 관점에서나 그 사회적 기능에 있어서 다른 재산권에 비해 보다 강하게 공동체의 이익을 관철할 것이 요구된다(헌법재판소 1989. 12. 22. 선고 88헌가13 결정, 판례집 1, 357, 372). 또한 헌법 제122조는 재산권행사의 사회적 의무성을 강조하는 것에 더하여 "국가는 국민 모두의 생산 및 생활의 기반이 되는 국토의 효율적이고 균형있는 이용·개발과 보전을 위하여 법률이 정하는 바에 의하여 그에 관한 필요한 제한과 의무를 과할 수 있다"고 규정함으로써 토지재산권에 대한 한층 더 강한 규제의 필요성과 그에 관한 입법자의 광범위한 형성권을 표현하고 있다.

㈏ 재산권의 내용과 한계에 관한 규정이자 사회적 구속성을 구체화하는 규정

이처럼 헌법상의 재산권은 토지소유자가 이용가능한 모든 용도로 토지를 사용

할 권리나 가장 경제적 또는 효율적으로 사용할 수 있는 권리를 보장하는 것은 아니며, 입법자는 중요한 공익상의 이유로 토지를 일정용도로 사용하는 권리를 제한할 수 있다. 따라서 토지의 개발이나 건축도 합헌적 법률로 정한 재산권의 내용과 한계 내에서만 가능한 것이다. 자연생태계와 자연풍경지의 보호 등을 목적으로 국립공원을 지정하도록 하는 이 사건 법률조항과 이를 근거로 토지사용을 제한하는 구법조항들(법 제16조, 제23조, 제36조)은 입법자가 토지재산권에 관한 권리와 의무를 일반·추상적으로 확정하는, 재산권의 내용과 한계에 관한 규정이면서 동시에 재산권의 사회적 제약을 구체화하는 규정이다. 모든 토지에는 그의 위치, 성질 및 자연과 풍경과의 관계, 즉 토지의 고유상황에서 나오는 재산권의 내재적 한계가 있는데, 토지소유자는 재산권의 행사에 있어서 토지의 이러한 고유한 상황을 고려하여 모든 토지를 그의 위치 및 상황에 적합하도록 사용해야 한다는 사회적 제약을 받으며, 한편 입법자는 토지소유자로 하여금 토지의 상황에 상응하게 재산권을 행사하도록 규율할 수 있다. 따라서 지역의 풍경을 대표하는 수려한 풍경지이기 때문에 공원구역 지정의 요건을 충족시키는 토지에 대하여 자연보존을 목적으로 부과되는 자연공원법상의 현상유지의무나 사용제한은 토지의 위치와 주변 환경에 비추어 토지재산권에 내재하는 제한을 구체화한 것으로서 사회적 제약의 한 표현이라고 볼 수 있다. 즉, 국립공원 구역의 지정으로 인한 개발가능성의 소멸과 그에 따른 지가의 상대적인 하락이나 지가상승률의 감소는 토지소유자가 감수해야 하는 사회적 제약의 범주에 속하는 것으로 보아야 한다. 구역지정 당시의 상태대로 토지를 사용·수익·처분할 수 있는 이상, 구역지정으로 인한 토지이용의 제한은 원칙적으로 사회적 제약의 범주를 넘지 않기 때문에, 토지이용의 이러한 제한이 부동산시장에서 현실적으로 나타난 결과인 지가의 상대적 하락은 일반국민이 수인해야 하는 사회적 제약으로 보아야 하기 때문이다.

㈐ 비례의 원칙의 위반여부

1) 위에서 본 바와 같이 토지재산권의 강한 사회성·공공성으로 인하여 다른 재산권에 비하여 보다 강한 제한과 의무가 부과될 수 있으나, 토지재산권에 대한 제한입법 역시 다른 기본권에 대한 제한입법과 마찬가지로 과잉금지의 원칙을 준수해야 하고 재산권의 본질적 내용인 사적유용성(私的有用性)과 원칙적인 처분권(處分權)을 부인해서는 안된다. 토지에 대한 사용제한이 언제 토지재산권의 내재적 한계로서 허용되는 사회적 제약의 범위를 넘어 특별한 재산적 손해를 발생시

키는가의 문제를 판단함에 있어서, 다음의 2가지 관점이 유용한 기준을 제공한다(헌법재판소 1998. 12. 24. 선고 89헌마214등 결정, 판례집 10-2, 927, 953-954 참조).

첫째, 토지소유자가 종래 합법적으로 허용된 사용가능성을 이미 현실적으로 행사했는가 하는 점이 중요한 의미를 가진다. 헌법상의 재산권은 무엇보다도, 토지소유자가 종래의 재산권적 법질서가 존속하리라는 신뢰하에서 그의 토지에 가치를 창설한 경우 법질서의 변경에 의하여 토지에 형성된 가치가 갑자기 박탈되거나 절하되는 것으로부터 보호한다. 예컨대 자신의 토지를 농업용으로 사용하기 위하여 토지를 농지로 형성하거나, 대지에 건축물을 설치한 경우 등과 같이 토지소유자가 당시의 법질서를 신뢰하여 그에 부합되게 무엇인가를 실행에 옮겼고 이로써 자본이나 노동을 투입하여 그의 토지를 변화시켰다면, 토지소유자는 법률의 개정이나 토지재산권의 내용을 새로이 규율하는 규정으로부터 보호를 받아야 한다. 이와 같이 기존에 형성된 가치와 상태는 보상없이는 박탈할 수 없는 재산권적 지위를 가지므로, 일단 합법적으로 설치된 건축물이 법률의 제·개정으로 인하여 사후에 불법적으로 된 경우에도 이미 한번 합법성을 부여받은 건축물은 행정청의 철거명령 등으로부터 보호되어 그 상태의 존속을 주장할 수 있다. 종래 합법적으로 행사된 토지사용권과 그로 인하여 형성된 상태는 이를 변경하려는 입법자에 대하여 계속 그의 존속을 관철할 수 있으며, 따라서 입법자는 보상없이는 종래의 합법적인 상태나 사용을 제거 또는 금지할 수 없는 것이다. 그러므로 새로운 법규정으로 이미 실현된 토지사용을 배제한다면, 다시 말하여 구역지정 후 토지를 종래 합법적으로 행사된 토지이용의 목적으로도 사용할 수 없는 경우에는 토지재산권의 제한을 단순히 사회적 제약으로 판단할 수 없고 수용적 효과를 인정해야 한다. 둘째, 사용제한으로 인하여 토지소유자에게 법적으로 허용되는 사적 효용을 가져오는 사용방법이 없기 때문에 토지재산권의 사적 효용성이 폐지된 경우에도, 사회적 제약의 한계를 넘는 특별한 재산적 손해가 발생하였다고 보아 수용적 효과를 인정해야 한다.

2) 앞에서 본 바와 같이, 국립공원구역지정 후 토지를 종래의 목적으로 사용할 수 있는 원칙적인 경우의 토지소유자에게 부과하는 현상태의 유지의무나 변경금지의무는, 토지재산권의 제한을 통하여 실현하고자 하는 공익의 비중과 토지재산권의 침해의 정도를 비교해 볼 때, 토지소유자가 자신의 토지를 원칙적으로 종래 용도대로 사용할 수 있는 한 재산권의 내용과 한계를 비례의 원칙에 부합하게 합헌적으로 규율한 규정이라고 보아야 한다. 그러나 입법자가, 국립공원구역

지정 후 토지를 종래의 목적으로도 사용할 수 없거나 토지를 사적으로 사용할 수 있는 방법이 없이 공원구역내 일부 토지소유자에 대하여 가혹한 부담을 부과하면서 아무런 보상규정을 두지 않은 경우에는 비례의 원칙에 위반되어 당해 토지소유자의 재산권을 과도하게 침해하는 것이라고 할 수 있다. 구체적으로 예를 들면 첫째, '자연보존지구'는 자연경관과 생태계를 그대로 보존하는 것을 주된 목적으로 삼고 있으므로, 토지소유자가 산림을 경제적으로 활용할 수 있는 일체의 행위가 금지된다. 따라서, 토지소유자에게 그의 토지가 단지 명목상으로만 귀속되었을 뿐 실제로 사익을 위해서는 전혀 사용할 수 없고 오로지 공익만을 위해서 존재해야 한다면, 사실상 토지와 소유자와의 귀속관계가 단절되어 토지의 사적 효용성이 폐지되었고 이는 곧 국민이 수인해야 하는 사회적 제약의 범위를 넘었다고 할 것이다. 이러한 경우 자연경관을 해치지 않는 범위 내에서 야생식물의 채취 등 부분적으로나마 사적 효용을 가능하게 하는 허가규정을 삽입하고 국가가 허가를 거부하는 경우에는 손실을 보상하는 규정을 마련함으로써 토지소유자의 가혹한 부담을 완화하거나,[3] 아니면 원시적 자연상태대로 보존할 필요성이 있다면 입법자는 토지소유자의 사적 효용성을 배제하는 대신 그에 대한 보상규정을 두어야 할 것이다. 나아가 토지소유자에 사적 효용성이 소멸한 토지를 계속 보유하도록 하는 것은 경제적으로 무의미하므로, 장기적으로는 국가나 지방자치단체에 대하여 토지의 매수를 청구할 수 있는 권리를 토지소유자에게 부여하는 것이 바람직할 것이다.

둘째, 토지소유자가 공원구역으로 지정되기 전에 영림(營林)을 목적으로 그 당시의 법질서에 따라 조림·육림을 통하여 토지상황을 적극적으로 형성한 경우에는 입법자가 보상 없이는 박탈할 수 없는 재산권적 지위를 획득한 것으로 보아야 할 것이다. 마찬가지로 자연보존지구 안의 토지를 이미 농지나 대지로 합법적으로 이용한 경우에도 구역지정으로 인하여 종래의 용도대로 더 이상 사용할 수 없다면 사회적 제약의 한계를 넘는 특별한 재산적 손해가 발생했다고 보아야 한다. 셋째, '자연환경지구' 안에 위치하는 '나대지'의 경우에도 기존 건축물의 증축·개축만 허용될 뿐 신축을 할 수 없으므로, 토지관련 공부에 지목이 대지로 되어 있고 지정 당시 이미 나대지로 형성되어 토지의 현상도 지목과 일치한다면, 나대지의 소유자에게는 구역지정으로 인하여 토지의 이용이 사실상 폐지되는 효과가 발생하기 때문에, 토지소유자에게 보상없이는 박탈할 수 없는 재산권적 지위를 인정해야 한다.

㈑ 소 결

결론적으로 이 사건 법률조항은 자연공원구역으로 지정된 토지에 대하여 원칙적으로 지정 당시에 행사된 용도대로 사용할 수 있는 한, 이른바 재산권에 내재하는 사회적 제약을 비례의 원칙에 합치하게 합헌적으로 구체화한 규정이라고 할 것이다. 그러나, 예외적으로 종래의 용도대로 토지를 사용할 수 없거나 사적 효용의 가능성이 완전히 배제되는 경우에도 아무런 보상없이 이를 감수하도록 규정하고 있는 한 이러한 부담은 법이 실현하려는 중대한 공익으로도 정당화될 수 없는 과도한 부담이므로, 이러한 한도 내에서 이 사건 법률조항은 비례의 원칙을 위배하여 당해 토지소유자의 재산권을 과도하게 침해하는 위헌적인 규정이다.

4. 재판관 권성의 위헌의견

이 사건에서 심판대상조문은 구 자연공원법(2001. 3. 28. 법률 제6450호로 전문개정되기 전의 것, 이하 구법이라고 부른다) 제 4 조가 아니라 2001. 3. 28. 법률 제6450호로 전문개정된 후의 자연공원법 제 4 조(이하 신법이라고 부른다)이고 이 조문은 위헌이라고 생각하므로 다음과 같이 의견을 밝힌다.

가. 자연공원지정처분의 성격과 효력

자연공원지정처분은 기본적으로 형성처분이다. 조세부과의 처분과 같이 상대방에게 단순히 의무를 지우는 것이 아니고 자연공원이라는 법률적 상태가 이 처분에 의하여 바로 실현되어 버리기 때문이다. 당해소송이 지정처분의 취소를 구하는 소송이라면 그 소송에서 적용될 법률은 처분당시의 법률이고 가사 그 뒤 법의 개정이 있었다고 하더라도 적용될 법률은 여전히 처분당시의 법, 즉 구법이다. 왜냐하면 처분을 취소하여야 할지 여부가 그 처분의 근거가 된 법률의 위헌 여부에 달린 것이라면 그 판단은 처분당시의 법을 대상으로 하여야 하기 때문이다. 그러나 당해소송이 자연공원지정처분의 취소를 구하는 것이 아니고 그 처분으로 인하여 발생한 손실이나 손해에 대한 보상 또는 배상을 구하는 것이라면 이것은 엄밀히 보면 지정처분 그 자체가 위헌이라는 것은 아니고 단지 그에 당연히 수반되어야 하는 보상적 조치가 없는 것이 위헌이라는 주장으로 분석된다. 그러므로 이때에는 자연공원지정처분의 근거법률에 보상적 조치가 수반되지 않은 점에 대한 위헌 여부가 문제되는 것이다. 자연공원지정처분의 효력 자체는 이미 확정적으로 발생되어 계속 유지되고 있는바 이 효력 자체의 변동을 이 소원에서 직접 목표로 하고 있는 것은 아니다. 이처럼 자연공원지정처분 자체의 효력을 문제삼는 헌법소원이 아닌 경우에도, 자연공원지정으로 인한 손실에 대한 금전적 보상을 하지 않는 것이 위헌이라고 판단되는 경우에는 그러한 사태의 원인 즉 '보상의 원인'(자연공원지정)을 제공하는 법률규정은, '보상 없음'이라는 위헌적 사태에 대하여 원인과 결과의 논리적 인과관계를 가지므로, 이때에는 원인에 해당하는 법률규정을 대상으로 하여 그 규정의 미완결성(未完結性)이 초래하는 위헌상황의 확인청구를 할 수 있는 것이다.

나. 법의 전문개정과 구법의 폐지

법이 전문개정되면 구법은 당연히 폐지되는 것이 원칙이지만 그렇다고 하여 신법이 소급적용되는 것은 아니다. 그러므로 구법에 의하여 발생한 효력은 소멸되지 않는 것이 원칙(제도를 폐지하는 경우 등에는 별론이다)이고 그 효력은 장래에도 계속 유지된다. 이것은 법적 안정성의 확보를 위한 것이고, 법률불소급의 원칙과 행위시법 적용의 원칙은 이를 보장하기 위한 것이다. 이러한 이치는 해석상 도출되는 경우도 있고 경과규정에 의하여 선언되는 경우도 있다. 다만, 구법에 의하여 발생한 효력이 소멸되지 않는다고 하는 것에는 전제되는 조건이 있다. 즉, 효력발생의 근거법률이 수정의 형태이든, 동일한 형태이든 또는 대체조문의 형태이든 신법에서 계속 존재하는 경우이어야 한다. 예컨대 자연공원지정제도 자체는 여전히 존속하고 있어야 하는 것이 이에 해당한다. 문제는 동일한 내용의 조문이 신구법 양자에 공히 존재하는 경우 어느 법이 재판에서 앞으로 적용되는가 하는 것이다. 형식상 구법은 폐지되었기 때문에 구법을 더 이상 적용할 수는 없다. 과거에 이미 효력이 발생하여 지금도 현존하는 법률관계가 신법에 의하여 발생한 것이 아님은 사리상 분명하고, 그렇다고 하여 현존하는 법률관계를 구법의 폐지를 이유로 법률상 근거 없는 존재라고 하는 것도 타당하지 아니하고, 또 그렇다고 하여 이러한 난점을 피하는 방법으로 신법에 의한 처분을 반드시 새로 다시 하도록 강제하는 것은 더욱 무리한 일이므로, 이 때에는 경과규정으로 구법에 의한 처분은 신법에 의한 처분으로 본다고 하는 의제의 방법이 사용된다. 이 사건의 경우에 신법 부칙 제4조와 같은 것이 이에 해당한다. 이것은 소급적용은 아니고 단지 의제일 뿐이다. 구법에 의한 처분을 신법에 의한 처분으로 의제하여 법률의 개정 전후에 걸쳐 법률관계의 동일성을 유지하면서, 근거법률이 폐지된 과거의 처분에 대하여 신법을 그 근거법률로 만들어주는 것이다. 그러므로 이 때에는 신법만이 적용되고 신법에서 문제의 조항과 관련되는 추가의 입법이 있었다면 이 추가된 규정도 당연히 적용된다.

다. 이 사건의 경우

이 사건에서 보면 자연공원법이 전문개정되어 구법은 폐지되고 신법이 시행되고 있고, 한편 자연공원제도 및 그 지정제도는 동일하게 신법에서도 존속하고 있으므로 위에서 검토한 바에 의하면 구법 제4조는 폐지되어 더 이상 적용되지 않지만 그에 근거한 자연공원지정처분의 효력은 여전히 신법하에서도 유지되고 있고 이 지정처분의 근거법률은 신법 제4조이며 이 지정처분에 관계된 법률관계에 대하여는 신법만이 적용된다고 할 것이다. 더구나 신법 부칙 제4조는 "이 법 시행당시 종전의 규정에 의하여 공원관리청이 행한 허가 등 처분이나 그 밖의 행위는 이 법에 의하여 공원관리청이 행한 것으로 보며"라고 규정하고 있고 신법 제6조 및 구법 제7조에 의하면 위 부칙 제4조의 공원관리청에는 자연공원을 지정·관리하는 환경부장관이 포함되므로 이들 규정은 위에서 설명한 이치를 법 자체에서 명백히 정리하여 주고 있는 것이다. 따라서 이 사건 및 당해사건에서 문제되는 자연공원의 법률관계를 규율함에 있어서 적용되는 법은 구법 제4조가 아니라 신법 제4조임이 분명하다. 다만, 청구인들이 청구취지에서 적시한 심판대상법률이 구법 제4조이므로 이를 신법 제4조로 변경하는 것이 가능한가 하는 문제가 있지만 이 사건에서처럼 헌법소원의 계속 중에 법률이 개정되었고 그 개정의 전후를 비교할 때 조문의 내용이 동일하여 신, 구의 조문간에 동일성이 인정되는 때에는 당사자의 명시한 반대의사가 없는 한 심판대상조문은 당연히 신법조문으로 변경되는 것이라고 보아야 할 것이다. 이렇게 보는 것이 규범통제의 기능도 함께 수행하는 헌법재판소법 제68조 제2항의 헌법소원재판의 본질에 부합하고 당사자의 의사에도 합치되며 소송경제의 원칙에도 합당하다.

라. 결 론

신법은 매수청구권 등 보상적 조치에 관한 일부규정을 신설하였지만 금전적 보상의 길을 열어놓지 않은 점은 구법과 마찬가지인데, 비록 매수청구권 등 보상적 조치에 관한 일부규정이 신설되어 위헌성이 다소 완화되긴 하였지만, 금전적 보상의 길을 막아놓은 채 자연공원을 지정하는 것은 여전히 비례의 원칙에 어긋나므로 청구인들의 재산권을 과도하게 침해하여 위헌이라고 생각한다. 비례의 원칙

위반에 관하여는 재판관 한대현, 재판관 김영일, 재판관 송인준, 재판관 주선회 네분의 의견과 대체로 맥을 같이 하므로 논의를 생략한다.

5. 재판관 윤영철, 재판관 하경철, 재판관 김효종, 재판관 김경일의 각하의견

가. 이 사건 심판대상 법률조항과 재판의 전제성

무릇 구체적 규범통제절차에 있어서 "재판의 전제성"이란 무엇보다도 위헌 여부가 문제되는 법률조항이 당해 소송사건의 재판에 적용되는 것일 것을 요한다. 따라서 어떤 법률규정이 위헌의 의심이 있다고 하더라도 그것이 당해사건에 적용될 것이 아니라면, 애초부터 재판의 전제성 요건은 충족되지 않는 것이다. 이 사건 심판대상 법률조항인 구법 제4조는 국립공원지정의 근거조항에 불과하고 이 사건 각 헌법소원의 당해사건들은 국립공원지정처분을 원인으로 하여 국가를 상대로 제기한 손실보상청구 또는 부당이득반환·손해배상청구 사건이므로, 위 규정이 위헌으로 된다 하더라도 직접적으로 손실보상 또는 부당이득반환·손해배상 등 금전의 지급을 명하는 판결을 할 수 없으므로 원칙적으로 재판의 전제성이 없다. 다만, 헌법재판소는 앞서본 소위 '그린벨트' 사건(헌법재판소 1998. 12. 24. 선고 89헌마214등 결정, 판례집 10-2, 927) 등에서 수인범위를 넘는 과도한 재산권제한의 위헌성을 문제삼으며 제기한 금전보상 청구사건에 대하여 재산권제한 규정의 위헌 여부가 재판의 전제성이 있음을 인정한 바 있는데, 이는 어디까지나 위헌결정 또는 헌법불합치결정에 따른 개선입법에 의하여 당해사건에서 다른 내용의 재판을 할 여지가 있었기 때문이다. 그러므로 이 사건에서도 위 법률조항의 재판의 전제성이 인정되기 위해서는 위 법률조항의 위헌결정 또는 헌법불합치결정에 따른 개선입법에 의하여 당해사건에서 청구인들이 주장하는 금전보상의 재판을 할 여지가 있어야 할 것이다.

나. 자연공원법의 개정과 효력범위

구 자연공원법은 2001. 3. 28. 법률 제6450호로 전문개정되었으며 위 개정법률이 이 사건의 당해사건에도 적용되므로 구법 제4조는 더 이상 당해사건의 재판규범이 되지 아니한다. 먼저, 위 전문개정된 자연공원법에서는 앞에서 본 바와 같이 공원구역의 '폐지' 또는 '구역변경'에 관한 규정(동법 제8조, 동법시행령 제4조), 공원사업의 시행을 위하여 공원사업에 들어가는 토지 등에 대한 소유권 등 권리의 수용·사용과 이에 대한 '손실보상' 및 '환매권' 규정(동법 제22조, 동법시행령 제

16조), 협의에 의한 토지 등의 매수에 관한 규정(동법 제76조)과, '매수청구권' 규정(동법 제77조 · 제78조, 동법시행령 제43조 · 제44조) 등이 신설되었다. 그러나, 신법에는 구법의 규정에 의한 자연공원지정처분의 효력에 관한 포괄적인 경과규정은 없고, 다만 부칙 제 2 조(용도지구에 관한 경과조치)에서 "이 법 시행당시 종전의 규정에 의한 용도지구 중 취락지구는 이 법에 의하여 자연취락지구로 결정된 것으로 본다"고 규정하고, 제 4 조(계속 중인 행위 등에 관한 경과조치)에서 "이 법 시행당시 종전의 규정에 의하여 공원관리청이 행한 허가 등 처분이나 그 밖의 행위는 이 법에 의하여 공원관리청이 행한 것으로 보며, 공원관리청에 대한 허가의 신청이나 그 밖의 행위는 이 법에 의한 공원관리청에 대한 행위로 본다"는 규정을 두고 있다. 일반적으로 개정법의 경과규정에서 소급효를 부여하는 경우에도 법률관계의 안정을 위하여 개정 전의 법에 의해 이미 발생한 효력은 인정하고 있다(1990. 1. 13. 법률 제4199호로 개정된 민법 부칙 제 2 조, 2001. 7. 24. 법률 제6488호로 개정된 상법 부칙 제 3 조, 2002. 1. 26. 법률 제6626호로 개정된 민사소송법 부칙 제 2 조 각 참조). 따라서, 자연공원법의 경우에도 "구법의 규정에 의한 자연공원지정처분은 신법에 의한 지정으로 본다"는 취지의 명문규정이 없더라도 해석상 구법에 의한 국립공원지정처분은 신법하에서도 당연히 유효하다고 보아야 할 것이다. 이러한 판단은 신법 부칙 제 4 조에서 공원관리청에 관한 사항에 대하여 구법하에서 발생한 효력을 유지하고 있다는 점에서도 뒷받침된다. 이와 같이 구법하의 국립공원지정처분이 신법 시행 이후에도 계속 유효하다고 보면 신법의 매수청구권 등의 보상적 조치에 관한 규정은 구법에 의하여 지정되었든 신법에 의하여 지정되었든 관계없이 모든 자연공원에 관하여 적용된다고 해석되고, 이러한 판단은 2003. 3. 14.자 환경부장관의 추가의견서에서도 확인할 수 있다. 이상 살펴본 바와 같이 청구인들이 헌법소원심판을 청구한 이후에 구법이 위헌적일 수 있다는 반성적 고려에 의하여 법이 개정되어 매수청구권 등 보상적 조치에 관한 규정이 신설되었고, 이들 조항은 이 사건 토지들에 대하여도 적용된다. 그러므로 이로 인하여 심판대상인 구법 즉 매수청구권 등 보상적 조치가 없는 상태에서의 국립공원지정에 관한 근거규정인 구법 제 4 조는 더 이상 적용되지 않게 되었다고 할 것이다. 나아가, 공원지정처분의 근거규정인 구법 제 4 조 자체의 위헌여부가 아니라 공원지정처분에 대한 금전보상 등 보상적 조치에 관한 규정을 두지 아니한 일종의 입법부작위를 다투고 있는 것으로 보이는 이 사건에서는 위 법 개정으로 마련된 여러 보상적 조치를 고려하지 아니한 채 공원지정처분 당시의 구법 제4조만을 가지고 위헌 여부를 따질 수는 없다고 할 것이다.

다. 법률의 폐지 및 개정과 재판의 전제성

법률이 폐지 또는 개정된 경우 구법의 규정은 원칙적으로 재판의 전제성이 없어 위헌심판의 대상이 되지 아니한다. 다만, 법률이 폐지 또는 개정되었다 하더라도 당해사건에서는 구법을 적용할 수밖에 없어 구법의 위헌 여부에 따라 다른 내용의 재판을 하게 되는 경우, 예컨대 당해사건이 개정 전의 법률에 의한 과세처분에 대하여 근거 법률의 위헌무효를 주장하며 그 과세처분의 취소를 구하는 경우 또는 이 사건의 당해사건이 공원지정처분의 근거규정인 구법 제4조의 위헌무효를 주장하면서 공원지정처분 그 자체의 취소를 구하는 경우라면, 재판의 전제성이 인정될 수도 있다. 그러나, 공원지정처분 자체는 다투지 아니하고 그에 대한 보상적 조치의 불비만을 다투는 이 사건의 경우는 위 구법 제4조가 금전적 보상이나 배상을 구하는 당해사건에 직접 적용되는 것이 아니므로 여기에 해당되지 않는다. 한편, 청구인들이 주장하는 바와 같이 금전적 보상조치가 없는 국립공원지정처분이 재산권에 대한 지나친 제한이라고 판단되어 국회에서 현행법(신법)상의 보상적 조치 외에 금전보상과 같은 추가적인 보상조치를 입법한다고 하더라도 이는 전문개정되기 전의 법률인 구법의 개정을 통해서가 아니라 개정된 현행법률의 개정을 통해서 이루어질 수밖에 없는 것이니 이 또한 개정 전의 법률인 이 사건 법률조항의 재판의 전제성을 인정할 근거가 되지 아니하며, 구법 제4조에 대하여 헌법불합치결정을 한다고 하더라도 이미 개정되어 더 이상 적용되지 않는 법률을 다시 개정할 수는 없는 것이니 개선입법을 할 방법도 없다. 나아가, 법률이 개정된 경우에 신법에도 구법에서와 마찬가지의 위헌소지가 있어 헌법적 해명의 필요성이 있다면 적극적으로 본안판단을 할 수 있겠지만, 이 사건에서는 신법에 매수청구권 등 보상적 조치에 관한 규정이 신설되어 위헌 여부가 문제되는 내용에 중요한 변화가 생겼으므로 매수청구권 등 보상적 조치에 관한 규정이 없는 상태에서의 구법 제4조에 대하여 헌법적 해명의 필요성이 있다고 할 수도 없다. 또한, 개정된 신법상의 여러 보상적 조치에 관한 규정에도 불구하고 청구인들이 주장하는 바와 같은 금전보상에 관한 규정이 없음을 이유로 위헌이라고 다투기 위해서는 현재 청구인들의 토지에 적용되고 있는 신법의 법률조항을 그 심판대상으로 삼아야지 구법의 법률조항을 그 심판대상으로 삼아서는 안될 것이다.

라. 소 결

그렇다면 결국 구법 제4조에 대한 이 사건 헌법소원심판은 재판의 전제성이 없어 각하되어야 마땅하다.

1 신법 제18조 제1항에서는 자연보존지구(제1호)를 「"가. 생물다양성이 특히 풍부한 곳, 나. 자연생태계가 원시성을 지니고 있는 곳, 다. 특별히 보호할 가치가 높은 야생 동·식물이 살고 있는 곳, 라. 경관이 특히 아름다운 곳" 중의 1에 해당하는 곳으로서 특별히 보호할 필요가 있는 지역」으로 정의하고 있으며, 제2항은 자연보존지구에서 허용되는 행위에 대하여 「가. 학술연구, 자연보호 또는 문화재의 보존·관리를 위하여 필요하다고 인정되는 최소한의 행위, 나. 환경부령이 정하는 최소한의 공원시설의 설치 및 공원사업, 다. 군사시설·통신시설·항로표지시설·수원보호시설·산불방지시설 등으로서 이 지역이 아니고는 설치할 수 없다고 인정되는 환경부령이 정하는 최소한의 시설의 설치, 라. 대통령령이 정하는 고증절차를 거친 사찰의 복원과 사찰경내지에서의 불사를 위한 시설 및 그 부대시설의 설치. 다만, 부대시설 중 찻집·매점 등 영업시설의 설치는 경내건조물이 정착되어 있는 토지 및 이에 연결되어 있는 그 부속토지에 한한다. 마. 문화관광부장관이 종교법인으로 허가한 종교단체의 시설물 중 자연공원으로 지정되기 전의 기존 건축물에 대한 개축·재축, 대통령령이 정하는 고증절차를 거친 시설물의 복원 및 환경부령이 정하는 규모 이내의 부대시설의 설치, 바. 사방사업법에 의한 사방사업으로서 자연 상태로 그냥 두면 심각한 자연의 훼손이 우려되는 경우에 이를 막기 위하여 실시되는 최소한의 사업」으로 규정하고 있다.

2 신법 제18조 제1항에서는 자연환경지구(제2호)를 「자연보존지구의 완충공간(緩衝空間)으로 보전할 필요가 있는 지역」으로 정의하고 있으며, 제2항은 자연환경지구에서 허용되는 행위에 대하여 「가. 자연보존지구에서 허용되는 행위, 나. 환경부령이 정하는 밀집하지 아니하는 공원시설의 설치 및 공원사업, 다. 환경부령이 정하는 허용기준 범위 안에서의 농지 또는 초지 조성행위 및 그 부대시설의 설치, 라. 농업·축산업 등 1차산업행위 및 환경부령이 정하는 국민경제상 필요한 시설의 설치, 마. 임도의 설치(산불진화 등 불가피한 경우에 한한다), 조림, 육림, 벌채 및 사방사업법에 의한 사방사업과 그 밖의 국방상·공익상 필요한 최소한의 행위 또는 시설의 설치, 바. 자연공원으로 지정되기 전부터 그 지구 안에 있는 기존 건축물에 대하여 주위 경관과 조화를 이루도록 하는 범위 내에서 실시되는 것으로서 환경부령이 정하는 규모이하의 증축·개축·재축 및 그 부대시설의 설치와 천재·지변이나 공원사업으로 이전이 불가피한 건축물의 이축, 사. 자연공원을 보호하고 자연공원에 들어가는 자의 안전을 지키기 위한 사방·호안·방화·방책 및 보호시설 등의 설치」로 규정하고 있다.

3 산림법은 토사유출이나 풍치보호 등을 목적으로 보안림을 지정할 수 있고(제56조), 지정된 보안림 안에서는 허가를 받지 않고는 벌채·채취 등의 행위를 하지 못하도록 규정하고 있으나(제62조), 허가를 받지 못한 자는 행위의 제한으로 인한 손실을 보상해야 한다고 규정하고 있다(제63조). 일본의 자연공원법(1957. 6. 1. 법률 제161호 제정되고 2002. 2. 8. 개정된 것)도 제35조 제1항에서 "나라(國)는 국립공원에 관하여, 도도부현(都島府縣)은 국정공원에 관하여, 제17조 제3항, 제18조 제3항 또는 제18조의2 제3항의 허가를 하지 않는 경우, 제19조의 규정에 의하여 허가에 조건을 붙이는 경우, 또는 제20조 제2항의 규정에 의한 처분을 받았기 때문에 손실을 받은 자에 대하여 통상 생기는 손실을 보상한다"고 규정하고 있다.

Case Book of Environmental Law

12. 국립공원입장료의 국가귀속의 위헌성
헌법재판소 2001. 6. 28. 선고 2000헌바44 전원재판부 결정【자연공원법제33조제1항 위헌소원】
당해사건 : 서울고등법원 99나66900【공원입장료분배청구】

1. 당 사 자	【청구인】 청구인
2. 주요쟁점	공원입장료를 전적으로 국립공원관리공단의 수입으로 귀속시키고 있는 자연공원법 제33조 제1항이 재산권과 평등권을 침해하는지 여부
3. 사건의 경과	청구인이 대한민국을 상대로 공원입장료분배청구의 소를 제기하였으나 기각되자 항소한 뒤 자연공원법 제33조 제1항에 대하여 위헌소원 청구
4. 결 과	해당 조문에 관하여 전원 일치 의견으로 합헌 결정
5. 심판대상조항	자연공원법(1995. 12. 30. 법률 제5122호로 개정된 것) 제33조 제1항
6. 관련조문	민법 제101조 제1항, 민법 제102조, 자연공원법 제23조, 제26조 제1항, 제33조 제2항

❙ 판시사항

국립공원 입장료 수입을 국가, 지방자치단체, 국립공원관리공단의 수입으로만 귀속시키는 자연공원법 제33조 제1항이 국립공원 내에 위치한 토지의 소유자의 재산권, 평등권을 침해하는지 여부(소극)

❙ 사실관계

청구인 소유 임야가 국립공원에 편입되어 있어 공원입장료 중 면적비율에 따른 금액을 분배받을 권리가 있다며 공원입장료분배청구의 소를 제기하였으나 기각되자 항소한 뒤 자연공원법 제33조 제1항에 대하여 위헌소원을 청구한 사안

❙ 판시요지

국립공원의 입장료는 수익자부담의 원칙에 따라 국립공원에 입장하는 자

에게 국립공원의 유지 관리비의 일부를 징수하는 것이며, 공원의 관리와 공원 안에 있는 문화재의 관리·보수를 위한 비용에만 사용하여야 하는 것이므로, 민법상 과실이라고 볼 여지가 없으므로, 국립공원의 입장료를 국가 내지 국립공원관리공단의 수입으로 하도록 한 규정이 국립공원 내 토지의 소유자의 재산권을 침해하는 것이라 할 수 없다. 또한 국립공원 내 토지소유자들은 국립공원의 유지·관리비용을 전혀 부담하고 있지 않을 뿐만 아니라, 징수된 입장료 전부가 국립공원의 관리와 국립공원 안에 있는 문화재의 관리·보수를 위한 비용에만 사용되고 있는 점 등에 비추어 보면, 국립공원 내 토지소유자에게 입장료 수입을 분배하지 않고 공원관리청에 귀속시키고 있는 것이 비합리적이라거나 자의적인 것으로서 평등권을 침해하였다고 할 수 없다.

▌평 석

자연공원법에서는 자연공원에서 입장료를 징수할 수 있고, 이는 부과 또는 징수한 공원관리청이 속하는 국가 또는 지방자치단체의 수입으로 하고 있으며, 이 수입은 오로지 공원의 관리와 공원 안에 있는 문화재의 관리·보수를 위한 비용에만 사용하여야 한다고 규정하고 있다. 이러한 규정을 종합적으로 고려하였을 때 이는 자연환경보전법제에서 이용자부담의 원칙을 적용한 제도라고 할 수 있다. 이러한 이용자부담의 원칙이나 수익자부담의 원칙은 원인자책임의 원칙을 그대로 적용하는 것이 곤란한 경우, 즉 오염원인자를 확정할 수 없거나 환경적 손실을 구체적으로 예측할 수 없는 경우에 적용되거나 오염원인자가 아님에도 재정문제 등 현실적 상황 및 정책적 합목적성에 따라 적용되기도 한다. 자연공원법에서의 입장료는 후자의 경우에 해당한다. 그러므로 이는 민법상의 과실과는 다른 개념이고, 따라서 토지 소유자에게 입장료 수입을 분배하지 않고 공원관리청에 귀속시키고 있는 것이 재산권에 대한 침해라고 볼 수는 없다. 현실적으로 이러한 헌법소원이 제기되는 바탕에는 자연공원법이 재산권의 침해에 대해서 불충분한 보상을 하고 있는 것에 기인하며, 법리상으로도 재산권의 제약은 입장료 수익의 분배가 아니라 손실보상으로 해결하는 것이 타당하다.

❙ 참고문헌

함태성, "한국의 자연공원보전법제의 현황 및 발전방향," 환경법연구 28권 2호, 한국환경법학회 (2006. 8.)

김홍균, 환경법, 홍문사 (2010)

12번 판례 원문 : 헌법재판소 2001. 6. 28. 선고 2000헌바44 전원재판부 결정 【자연공원법제33조제 1 항위헌소원】

【이 유】

1. 사건의 개요와 심판의 대상(생략)

2. 청구인의 주장과 관련기관의 의견(생략)

3. 판 단

가. 심판대상조항의 의미와 목적

이 사건 심판대상조항은 공원의 입장료는 원칙적으로 이를 부과 또는 징수한 공원관리청이 속하는 국가 또는 지방자치단체의 수입으로 하고, 다만 국립공원관리공단이 위탁받아 관리하는 공원의 입장료를 징수한 경우에는 국립공원관리공단의 수입으로 하도록 규정하고 있다. 그리고 이러한 입장료 수익은 공원의 관리와 공원안에 있는 문화재의 관리·보수를 위한 비용에만 사용하여야 한다(자연공원법 제33조 제 2 항). 이와 같이 공원의 입장료를 국가 및 지방자치단체 내지 국립공원관리공단의 수입으로 하도록 한 이 사건 심판대상조항의 입법목적은 공원의 유지·관리를 위하여 수익자부담의 원칙에 따라 공원을 직접 이용하는 자에게 공원관리비용의 일부를 부담하게 하려는데 있다고 일반적으로 설명되어지고 있다.

나. 심판대상조항이 기본권을 침해하는지 여부에 대한 판단

우리나라의 국립공원 구역 내 토지 중 사유지가 차지하는 비율이 약 25%에 이르고, 국립공원 입장료는 민법상 과실이라고 볼 여지가 있으므로 국립공원 입장료를 원칙적으로 국가 내지 국립공원관리공단의 수입으로 하도록 한 심판대상조항이 국립공원 구역내의 토지소유자들의 과실수취권을 배제함으로써 재산권을 침해하는지 여부와 평등의 원칙에 위배되는지 여부가 문제되므로 이에 대하여 살펴본다.

(1) 재산권 침해 여부

㈎ 국립공원의 입장료가 민법상 과실에 해당하는지 여부에 관하여 보면, 일반적으로 어떤 물건으로부터 생기는 경제적 수익을 과실이라 하는데 그 중 물건의 사용대가로 받는 금전 기타의 물건을 법정과실이라고 한다. 여기서 사용대가는

타인에게 물건을 사용케 하고 사용 후에 원물 자체 또는 그 물건과 동종·동질·동량의 물건을 반환하여야 할 법률관계가 있는 경우에 인정된다. 토지나 가옥의 임대료가 대표적인 법정과실이라 할 것이다.

㈏ 그런데 국립공원의 입장료는 다음과 같은 점에서 민법상 과실이라고 할 수 없고, 오히려 수익자 부담의 원칙에 따라 국립공원에 입장하는 자에게 국립공원의 유지·관리비의 일부를 징수하는 것으로 보인다.

㈐ 자연공원제도는 자연생태계와 자연풍경지를 보호하고, 지속가능한 이용을 도모하여 국민의 보건 및여가와 정서생활의 향상에 기여하기 위한 것이므로(자연공원법 제1조), 이러한 공원에 관한 비용은 원칙적으로 공원관리청(국립공원의 경우에는 국가, 도립공원 또는 군립공원의 경우에는 지방자치단체)이 부담하게 되어 있다(자연공원법 제28조). 따라서 국민의 보건 및 여가와 정서생활의 향상에 기여하기 위한 국립공원의 유지·관리비는 원칙적으로 국가가 부담하여야 한다. 국가가 국립공원의 유지·관리비를 마련하는 방법으로는 일반 세금으로 이에 충당할 수도 있겠다. 이 경우에는 일반 국민은 국립공원의 입장을 위하여 입장료를 내지 않아도 될 것이다. 그렇지만 공원을 직접 이용하지 않는 자보다는 공원을 직접 탐방하는 자에게 청소비용 등 공원관리비용을 다소나마 더 부담하게 하는 것이 형평의 원칙에 부합한다는 일종의 수익자부담의 원칙에 따라 국립공원의 입장객에게 입장료를 징수하여 국립공원의 유지·관리비용의 일부에 충당하는 것도 가능하다고 할 것이다. 오히려 국립공원을 이용하지 않는 자의 입장에서 보면 이를 이용하는 자에게 국립공원의 유지·관리비의 일부를 부담시키는 것이 더 공평할 수 있다(유료도로법에 따른 도로통행료도 마찬가지이다). 자연공원법은 후자를 택하여 공원관리청으로 하여금 공원에 입장하는 자로부터 입장료를 징수할 수 있도록 하면서(자연공원법 제26조 제1항), 동시에 이러한 입장료 및 공원에서 생기는 기타의 수익은 공원의 관리와 공원 안에 있는 문화재의 관리·보수를 위한 비용에만 사용하여야 한다(자연공원법 제33조 제2항)고 규정하고 있다. 유료도로법도 마찬가지로 도로의 통행료를 도로의 신설·개축·유지·수선 그 밖의 관리상의 필요한 비용이외에는 사용할 수 없도록 규정하고 있다(제23조). 한편 전국 20개의 국립공원 중 18개의 국립공원을 관리하고 있는 국립공원관리공단의 2000년도 예산을 살펴보면, 국립공원의 유지·관리비로 약 840억여원을 지출한 반면, 입장료 수입은 약 200억여원에 불과할 따름이다. 즉 국립공원관리공단이 전국 18개의 국립공원을 유지·관리하기 위하여 필요한 비용의 약 24%를 국립공원의 입장료를 징

수하여 이에 충당하고 있는 실정이다. 따라서 이와 같은 국립공원의 입장료는 수익자 부담의 원칙에 따라 국립공원의 유지·관리비의 일부를 국립공원의 입장객에게 부담시키는 것으로 민법상 과실이라고 할 수 없다고 할 것이다.

㈑ 그러므로 국립공원의 입장료를 국가 내지 국립공원관리공단의 수입으로 하도록 한 이 사건 심판대상조항은 청구인의 과실수취권과는 아무런 관련이 없는 규정으로 재산권을 침해하는 규정이라고 할 수 없다고 할 것이다.

(2) 평등권 침해 여부

청구인은 국립공원지구내에 속하는 토지소유자간 즉 사인과 공원관리청 사이에서 공원관리청에 대해서만 우월적 지위를 인정하여 전체 입장료를 공원관리청에 전부 귀속시키는 것은 차별적인 것이라고 주장한다. 그러나 앞에서 본 바와 같이 국립공원 입장료는 토지의 사용대가라는 민법상 과실이 아니라 수익자 부담의 원칙에 따라 국립공원의 유지·관리비용의 일부를 국립공원의 입장객에게 부담시키는 것이고, 국립공원내 토지소유자들은 국립공원의 유지·관리비용을 전혀 부담하고 있지 않을 뿐만 아니라, 징수된 입장료 전부가 자연공원법 제33조 제2항에 의하여 국립공원의 관리와 국립공원안에 있는 문화재의 관리·보수를 위한 비용에만 사용되고 있는 점 등에 비추어 보면, 이 사건 심판대상조항이 국립공원내 토지소유자에게 입장료 수입을 분배하지 않고 공원관리청에 귀속시키고 있는 것은 비합리적이라거나 자의적인 것으로 보기 어렵다. 따라서 심판대상조항이 청구인의 평등권을 침해하였다고 할 수 없다.

판례색인

사항색인

ㅇ

ㅈ

조 홍 식

1987년 서울대학교 법과대학 졸업
1989년-1991년 부산지방법원 판사
1993년 University of California, Berkeley, School of Law, LL.M. (Master of Laws)
1994년-현재 미국 뉴욕주 변호사
1995년 University of California, Berkeley, School of Law, J.S.D. (Juridicae Scientiae Doctor)
1997년-현재 서울대학교 법학전문대학원 교수

주요저서
법률가의 윤리와 책임(2판), 2003년, 박영사(공저)
공정거래와 법치, 2004년, 법문사(공저)
국제기준과 법의 지배, 2004년, 박영사(공저)
민주주의와 시장주의, 2007년, 박영사
식품법, 2008년, 경인문화사(공저)
소비자와 법의 지배, 2008년, 법문사(공저)
기후변화와 법의 지배, 2010년, 박영사(공편)
사법통치의 정당성과 한계(2판), 2010년, 박영사

판례환경법

2012년 9월 10일 초판인쇄
2012년 9월 15일 초판발행

저 자 조 홍 식
발행인 안 종 만
발행처 (주)박영사
서울 특별시 종로구 평동 13-31번지
전화 (733)6771 FAX (736)4818
등록 1959. 3. 11. 제300-1959-1호(倫)

www.pybook.co.kr e-mail: pys@pybook.co.kr

정 가 35,000원 ISBN 978-89-6454-769-4